U0309914

水体污染控制与治理科技重大专项“十一五”成果系列丛书

⊙ 水污染控制战略与政策示范研究主题

流域生态补偿与污染赔偿机制研究

Research on river basin eco-compensation and it's mechanism

王金南　刘桂环　张惠远　田仁生　等著

中国环境出版社・北京

图书在版编目（CIP）数据

流域生态补偿与污染赔偿机制研究／王金南等著. —北京：中国环境出版社，2014.6
（水体污染控制战略与政策研究）
ISBN 978-7-5111-1589-8

Ⅰ.①流… Ⅱ.①王… Ⅲ. ①流域—生态环境—环境保护—补偿性财政政策—研究—中国 Ⅳ.①X321.202.2

中国版本图书馆 CIP 数据核字（2013）第 240613 号

出 版 人 王新程
责任编辑 葛 莉 谷妍妍
责任校对 尹 芳
封面设计 陈 莹

出版发行 中国环境出版社
（100062 北京市东城区广渠门内大街 16 号）
网 址：http://www.cesp.com.cn
电子邮箱：bjgl@cesp.com.cn
联系电话：010-67112765（编辑管理部）
010-67113412（教材图书出版中心）
发行热线：010-67125803，010-67113405（传真）
印 刷 北京中科印刷有限公司
经 销 各地新华书店
版 次 2014 年 10 月第 1 版
印 次 2014 年 10 月第 1 次印刷
开 本 787×1092 1/16
印 张 26.75
字 数 638 千字
定 价 78.00 元

水专项“十一五”成果系列丛书

指导委员会成员名单

环境保护部水专项“十一五”成果系列丛书

编著委员会成员名单

环境保护部水专项“十一五”成果系列丛书

《战略与政策主题》编著委员会成员名单

总　序

我国作为一个发展中的人口大国，资源环境问题是长期制约经济社会可持续发展的重大问题。在经济快速增长、资源能源消耗大幅度增加的情况下，我国污染排放强度大、负荷高，主要污染物排放量超过受纳水体的环境容量。同时，我国人均拥有水资源量远低于国际平均水平，水资源短缺导致水污染加重，水污染又进一步加剧水资源供需矛盾。长期严重的水污染问题影响着水资源利用和水生态系统的完整性，影响着人民群众身体健康，已经成为制约我国经济社会可持续发展的重大瓶颈。

"水体污染控制与治理"科技重大专项（以下简称"水专项"）是《国家中长期科学和技术发展规划纲要（2006—2020年）》确定的16个重大专项之一，旨在集中攻克一批节能减排迫切需要解决的水污染防治关键技术、构建我国流域水污染治理技术体系和水环境管理技术体系，为重点流域污染物减排、水质改善和饮用水安全保障提供强有力的科技支撑，是新中国成立以来投资最大的水污染治理科技项目。

"十一五"期间，在国务院的统一领导下，在科技部、国家发展改革委和财政部的精心指导下，在领导小组各成员单位、各有关地方政府的积极支持和有力配合下，水专项领导小组围绕主题主线新要求，动员和组织全国数百家科研单位、上万名科技工作者，启动了34个项目、241个课题，按照"一河一策"、"一湖一策"的战略部署，在重点流域开展大攻关、大示范，突破1 000余项关键技术，完成229项技术标准规范，申请1 733项专利，初步构建了水污染治理和管理技术体系，基本实现了"控源减排"阶段目标，取得了阶段性成果。

一是突破了化工、轻工、冶金、纺织印染、制药等重点行业"控源减排"关键技术200余项，有力地支撑了主要污染物减排任务的完成；突破了城市污水处理厂提标改造和深度脱氮除磷关键技术，为城市水环境质量改善提供了支撑；研发了受污染原水净化处理、管网安全输配等40多项饮用水安全保障关键技术，为城市实现从源头到龙头的供水安全保障奠定科技基础。

二是紧密结合重点流域污染防治规划的实施，选择太湖、辽河、松花江等重点流域开展大兵团联合攻关，综合集成示范多项流域水质改善和生态修复关键技术，为重点流域水质改善提供了技术支持，环境监测结果显示，辽河、淮河干流化学需氧量消除劣Ⅴ类；松花江流域水生态逐步恢复，重现大马哈鱼；太湖富营养状态由中度变为轻度，劣Ⅴ类入湖河流由8条减少为1条；洱海水质连续稳定并保持良好状态，2012年有7个月维持在Ⅱ类水质。

三是针对水污染治理设备及装备国产化率低等问题，研发了60余类关键设备和成套装备，扶持一批环保企业成功上市，建立一批号召力和公信力强的水专项产业技术创新战略联盟，培育环保产业产值近百亿元，带动节能环保战略性新兴产业加快发展，其中杭州聚光研发的重金属在线监测产品被评为2012年度国家战略产品。

四是逐步形成了国家重点实验室、工程中心—流域地方重点实验室和工程中心—流域野外观测台站—企业试验基地平台等为一体的水专项创新平台与基地系统，逐步构建了以科研为龙头，以野外观测为手段，以综合管理为最终目标的公共共享平台。目前，通过水专项的技术支持，我国第一个大型河流保护机构——辽河保护区管理局已正式成立。

五是加强队伍建设，培养了一大批科技攻关团队和领军人才，采用地方推荐、部门筛选、公开择优等多种方式遴选出近300个水专项科技攻关团队，引进多名海外高层次人才，培养上百名学科带头人、中青年科技骨干和5 000多名博士、硕士，建立人才凝聚、使用、培养的良性机制，形成大联合、大攻关、大创新的良好格局。

在2011年“十一五”国家重大科技成就展、“十一五”环保成就展、全国科技成果巡回展等一系列展览中以及2012年全国科技工作会议和2013年初的国务院重大专项实施推进会上，党和国家领导人对水专项取得的积极进展都给予了充分肯定。这些成果为重点流域水质改善、地方治污规划、水环境管理等提供了技术和决策支持。

在看到成绩的同时，我们也清醒地看到存在的突出问题和矛盾。水专项离国务院的要求和广大人民群众的期待还有较大差距，仍存在一些不足和薄弱环节。2011 年专项审计中指出水专项“十一五”在课题立项、成果转化和资金使用等方面不够规范。“十二五”我们需要进一步完善立项机制，提高立项质量；进一步提高项目管理水平，确保专项实施进度；进一步严格成果和经费管理，发挥专项最大效益；在调结构、转方式、惠民生、促发展中发挥更大的科技支撑和引领作用。

我们也要科学认识解决我国水环境问题的复杂性、艰巨性和长期性，水专项亦是如此。刘延东副总理指出，水专项因素特别复杂、实施难度很大、周期很长、反复也比较多，要探索符合中国特色的水污染治理成套技术和科学管理模式。水专项不是包打天下，解决所有的水环境问题，不可能一天出现一个一鸣惊人的大成果。与其他重大专项相比，水专项也不会通过单一关键技术的重大突破，实现整体的技术水平提升。在水专项实施过程中，妥善处理好当前与长远、手段与目标、中央与地方等各个方面的关系，既要通过技术研发实现核心关键技术的突破，探索出符合国情、成本低、效果好、易推广的整装成套技术，又要综合运用法律、经济、技术和必要的行政手段来实现水环境质量的改善，积极探索符合代价小、效益好、排放低、可持续的中国水污染治理新路。

党的十八大报告强调，要实施国家科技重大专项，大力推进生态文明建设，努力建设美丽中国，实现中华民族永续发展。水专项作为一项重大的科技工程和民生工程，具有很强的社会公益性，将水专项的研究成果及时推广并为社会经济发展服务是贯彻创新驱动发展战略的具体表现，是推进生态文明建设的有力措施。为广泛共享水专项“十一五”取得的研究成果，水专项管理办公室组织出版水专项“十一五”成果系列丛书。该丛书汇集了一批专项研究的代表性成果，具有较强的学术性和实用性，可以说是水环境领域不可多得的资料文献。丛书的组织出版，有利于坚定水专项科技工作者专项攻关的信心和决心；有利于增强社会各界对水专项的了解和认同；有利于促进环保公众参与，树立水专项的良好社会形象；有利于促进专项成果的转化与应用，为探索中国水污染治理新路提供有力的科技支撑。

最后，我坚信在国务院的正确领导和有关部门的大力支持下，水专项一定能够百尺竿头，更进一步。我们一定要以党的十八大精神为指导，高擎生态文明建设的大旗，团结协作、协同创新、强化管理，扎实推进水专项，务求取得更大的成效，把建设美丽中国的伟大事业持续推向前进，努力走向社会主义生态文明新时代！

周生贤

2013年7月25日

序 言

《水体污染控制战略与政策示范研究》是国家科技重大专项“水体污染控制与治理”第六主题（以下简称“主题六”），主题六“十一五”阶段总体目标为：以提高水环境管理效能和示范区域水质改善目标为导向，围绕构建水环境战略决策技术平台、理顺水环境管理体制、提高水环境政策效果等三大支撑，明确国家中长期水污染控制路线图，提出水环境管理体制创新、制度创新、政策创新主要方向，改进和完善水污染控制管理机制，增强市场经济手段在水污染控制中的作用和效果，为实现国家水污染防治目标和水环境质量改善提供长效机制。

为此，主题六“十一五”阶段设立了“水污染控制战略与决策支持平台研究”、“水环境管理体制机制创新与示范研究”和“水污染控制政策创新与示范研究”3个项目，包含11个课题，总经费4366万元。经过50余家科研单位近700位科研人员6年的共同努力，目前所有项目和课题均已经完成了验收，实现了主题六的“十一五”预期研究目标，突破了30余项关键技术，产出了近30项技术导则、标准及规范，向有关部门提交人大建议、政协提案、重要信息专报等70余份，取得了丰硕的科研成果，为国家水污染防治战略和政策制定提供了科学依据和技术支持。

主题六在“十一五”阶段取得的主要成果表现在三个方面：一是在国家战略与决策层面，提出了国家中长期水环境保护战略框架和“十二五”水环境保护指标体系，建立了水污染控制技术经济决策支持系统；二是在水环境管理体制机制创新层面，提出了国家水环境保护体制改革路线图，提出了农村水环境与饮用水安全监管机制；三是在水污染控制政策创新层面，建立了基于跨界断面水质的流域生态补偿与污染赔偿技术体系、不同用途差别水价和阶梯水价制度，构建了水环境保护投资预测和投融资框架、水污染物排放许可证管理技术体系，以及水环境信息公开和公众参与制度，集成了流域水环境绩效与政策评估技术体系。

上述研究成果得到了国家有关部委的高度评价和重视，而且许多建议和政策方案已经被相关政府部门采纳和应用。为了进一步总结和推广应用上述研究成果，推动我国水污染控制战略与政策研究，让更多的政府机构、环境决策者、环境管理人员、环境科技工作者分享这些研究成果，主题六将以课题为基本单位，出版《水体污染控制战略与政策示范研究主题》成果系列丛书，并分批次陆续出版。同时，也热忱欢迎大家积极参与“十二五”和“十三五”阶段的水污染防治战略和政策主题研究，共同推动中国水环境保护事业的发展。

主题六专家组组长 王金南

2014年1月25日

前　言

“流域生态补偿与污染赔偿机制研究”课题是水体污染控制与治理国家科技重大专项（以下简称“水专项”）第六主题“水体污染控制与治理战略与政策研究”第三项目“水体污染控制政策创新与示范研究”的课题之一。本课题的研究目标是通过流域生态补偿政策框架与典型区试点研究，建立健全流域生态补偿与污染赔偿政策，促进流域生态环境保护和污染治理，实现流域上下游协调发展和流域环境协调管理。本课题第一阶段执行期为3年（2008—2010年），具体研究任务为：①构建流域生态补偿与污染赔偿政策框架与实施机制；②研究流域生态补偿与污染赔偿的标准核算技术方法；③研究制定流域生态补偿与污染赔偿的财政政策；④开展辽河流域生态补偿与污染赔偿研究及试点；⑤开展东江流域生态补偿与污染赔偿研究及试点；⑥开展闽江流域生态补偿与污染赔偿研究及试点；⑦开展湘江流域生态补偿与污染赔偿研究及试点；⑧研究制定南水北调中线工程水源补给区生态补偿方案；⑨开展河南省省辖流域生态环境补偿试点探索。

自2008年课题启动以来，在水专项办公室和地方环保厅局的大力支持下，课题承担单位环境保护部环境规划院联合环境保护部华南环境科学研究所、环境保护部环境与经济政策研究中心、财政部财政科学研究所、中国水利水电科学研究院、中国科学院生态环境研究中心、广东省环境科学研究院、江西省环境科学研究院、湖南省环境科学研究院、湖北省环境科学研究院、福建省环境科学研究院、辽宁省环境科学研究院、郑州大学等单位，先后30多次赴湖南省湘江流域、河北省子牙河流域、辽宁省辽河流域、江苏省太湖流域、南水北调中线水源区、广东省和江西省东江流域、河南省沙颍河流域、福建省闽江流域等11个省8个典型流域开展“流域生态补偿与污染赔偿”专题调研。水专项总体专家组成员、主题六专家组组长、环境保护部环境规划院副院长兼总工程师、流域生态补偿与污染赔偿课题组长王金南研究员亲自率队并担任调研组长完成了上述所有典型流域的调研活动。流域生态补偿课题组共有约300人次参加了上述集中调研。调研主要采取召开座谈会和现场考察两种方式，收集典型流域已开展的生态补偿相关数据资料，充分了解地方对开展流域生态补偿与污染赔偿研究与示范的政策需求，摸清各典型流域生态补偿的实践基础，充分了解典型流域各利益相关方的意见和建议，对流域生态补偿和污染赔偿机制有了更深入的了解和认识，为设计典型流域生态补偿和污染赔偿试点方案，深入做好水专项流域生态补偿与污染赔偿研究与示范课题奠定了坚实的基础。目前，本课题"十一五"第一阶段的各项研究任务已经完成，课题已搭建起流域生态补偿与污染赔偿的政策框架，形成了我国流域生态补偿财政政策安排的初步方案，提出了流域生态补偿标准确定技术指南与试点技术指南。各试点课题根据课题组研究制定的技术框架和指南，提出并形成了流域生态补偿与污染赔偿的试点方案，结合试点省政府部门的需求开展了相应法规制度的研究，开展了流域生态补偿和污染赔偿试点示范。总体上，本课题圆满完成了课题合同书规定的研究任务，达到了课题合同书规定的考核指标要求。

总体上看，本课题6个试点流域研究进展顺利，地方积极开展实践探索，试点均取得了丰富的成果，为"十一五"试点流域的水质改善起到了有力的促进作用。本课题的标志性成果是：建立了流域生态补偿的国家政策框架，开展了6个流域生态补偿的试点示范，推动了地方流域生态补偿的试点和国家生态补偿立法研究。本课题突破的关键技术：①提出了流域生态补偿与污染赔偿的类型和政策框架；②系统梳理了流域生态补偿与污染赔偿水质标准核算、生态环境保护成本核算等技术方法，针对不同类型提出了流域生态补偿试点技术指南；③从市场和政府两个角度探讨了我国流域生态补偿的财政政策安排；④设计了试点流域的生态补偿实施方案，推进了试点地方以及全国流域生态补偿的工作；⑤提出了《国家生态补偿条例》立法框架以及流域生态补偿法规制定工作。根据"十一五"的研究成果，目前课题已经协助地方起草了10余份关于生态补偿的技术文件，有效地推广和应用了研究成果。

课题的具体成果和贡献表现在以下5个方面：

1. 提出了国家层面的流域生态补偿和污染赔偿政策框架与技术规范

已向环境保护部等部门提交：①《中国流域生态补偿与污染赔偿的政策框架》建议稿；②《地方流域生态补偿和污染赔偿试点方案设计指南》草案和《流域生态补偿与污染赔偿标准核定技术指南》建议稿，同时直接指导本课题6个流域的试点；③关于在《环境保护法》修订中增加有关“建立流域跨界水环境补偿机制”条款的建议；④《关于加快推进2009年生态补偿试点工作建议》；⑤跨省流域生态补偿与污染赔偿的政策思路与建议；⑥典型跨市流域生态补偿与污染赔偿的政策模式和有关建议；⑦向国务院南水北调工程建设委员会提交了《南水北调中线水源区生态补偿方案建议》；⑧参与国家首个跨省新安江流域水环境补偿试点方案设计。

2. 推动开展了6个流域的生态补偿试点研究，促进了流域水质的改善和污染防治

具体为：①研究提出了辽河流域跨省生态补偿与污染赔偿的范围、对象、定量化标准及试点实施方案，并开展了试点效果的初步评估；②系统梳理了东江流域生态补偿与污染赔偿的现有基础，研究提出了东江流域跨省生态补偿与污染赔偿的试点方案和实施建议；③研究提出了完善闽江流域生态补偿与污染赔偿的政策方案和试点实施建议，并开展了试点效果评估；④研究提出了湘江流域生态补偿与污染赔偿的试点实施方案，并下发流域内相关县市积极推动开展试点，同时对试点的效果开展了预评估；⑤研究提出了南水北调中线工程水源区生态补偿方案与政策建议，并作为2011年全国政协提案提交；⑥全面设计和制定了河南省省辖流域的生态补偿方案和相关法规，有效推动了河南省流域生态补偿与污染赔偿的试点，创新性地提出了阶梯式生态补偿标准，促进了河南省省辖流域水质的改善和污染防治。

3. 提供了国家生态补偿立法的技术支撑工作

课题组有王金南研究员、张惠远研究员两位专家担任《国家生态补偿条例》专家委员会委员，课题组参加了立法专家组流域组的全部调研工作，

向有关部门提供了大量的生态补偿研究报告材料，起草了《国家生态补偿条例》流域组调研报告，并协助国家发改委参与起草了《关于建立健全生态补偿机制的若干意见》，参与制定并提出《国家生态补偿条例》及其框架，为国家生态补偿立法工作提供了技术支持，有效推动了国家和地方流域生态补偿的试点以及立法工作，为"十二五"期间我国全面建立流域生态环境补偿机制提供了重要的技术支撑。

4．建立了国家流域生态补偿政策的技术支撑体系

课题组撰写了多篇关于生态补偿的《重要环境信息参考》，主送全国人大、全国政协、国家发改委、财政部和环境保护部等部门相关领导并抄送相关司局及有关单位，为政府有关部门提供了非常重要的决策依据。课题组长王金南研究员就生态补偿进展、南水北调中线水源区生态补偿和三江源生态补偿问题分别向全国人大、全国政协等重要机构和领导所做的专题汇报，得到了国家和部门领导的高度关注。

5．推动了流域生态补偿政策研究的国际学术交流和人才培养

课题组有 10 余人次出访和参加关于生态补偿政策研究的国际学术交流活动；课题组结合课题研究共发表了 40 篇学术论文，与 ADB 联合出版了 1 部生态补偿国际研讨会的会议论文集；课题承担单位环境保护部环境规划院作为协办单位，协助国家发改委分别在宁夏石嘴山、四川雅安、江西九江举办了 3 次生态补偿政策国际研讨会；培养了一批有影响力的青年学术骨干以及 10 多位博士和硕士。

本书是"流域生态补偿与污染赔偿研究与示范"课题的研究成果，是在各子课题成果基础上整理汇编而成。

"流域生态补偿与污染赔偿研究与示范"课题组
2014 年 3 月

目 录

执行摘要

1. 研究任务、成果提交形式与考核指标

“流域生态补偿与污染赔偿研究与示范”课题是水体污染控制与治理国家科技重大专项（以下简称“水专项”）主题六“水污染控制战略和政策研究”第三项目“水体污染控制政策创新与示范研究”的课题之一。本课题的研究目标是通过系统的政策框架研究与典型区试点研究，建立健全流域生态补偿与污染赔偿政策，利用经济手段，促进流域生态环境保护和污染治理，促进流域上下游协调发展和流域环境协调管理。

（1）研究任务。课题将系统的理论、方法与政策研究和典型区试点示范结合起来，研究提出流域生态补偿和污染赔偿政策的总体框架和标准核算方法，并通过典型区域研究与试点，取得实践经验，形成可为国家建立流域生态补偿政策提供支撑的技术方法和政策方案。主要研究与试点任务包括：①流域生态补偿与污染赔偿的政策框架与实施机制研究；②流域生态补偿与污染赔偿的标准核定技术研究；③流域生态补偿与污染赔偿的财政政策研究；④辽河流域生态补偿与污染赔偿试点研究；⑤东江流域生态补偿与污染赔偿试点研究；⑥闽江流域生态补偿与污染赔偿试点研究；⑦湘江流域生态补偿与污染赔偿试点研究；⑧南水北调中线工程水源区生态补偿方案研究；⑨河南省省辖流域生态补偿与污染赔偿试点研究。

（2）考核指标。主要有 5 个考核指标，具体是：完成我国流域生态补偿与污染赔偿的政策建议报告；完成流域生态补偿与污染赔偿的标准核定技术导则和实施规范（建议方案）；提出我国跨省流域生态补偿与污染赔偿的政策框架模式，提供辽河、东江流域的生态补偿与污染赔偿实施方案（建议）；提出我国典型跨市流域生态补偿与污染赔偿的政策框架模式，提供闽江、湘江流域的生态补偿与污染赔偿实施方案（建议）；提出跨流域调水生态补偿的政策框架模式和标准核定方法，并选择南水北调中线工程水源区作为试点区，提出跨流域调水的生态补偿方案与政策建议。

（3）成果提交形式。根据课题研究成果，完成了《流域生态补偿与污染赔偿政策示范课题研究报告》，基于此，起草了《中国流域生态补偿与污染赔偿的政策框架》建议稿、《地方流域生态补偿和污染赔偿试点方案设计指南》草案和《流域生态补偿与污染赔偿标准核定技术指南》建议稿，提出了辽河流域跨省生态补偿与污染赔偿的试点实施方案，提出了东江流域跨省生态补偿与污染赔偿的试点方案和实施建议，提

出了完善闽江流域生态补偿与污染赔偿的政策方案和试点实施建议，提出了湘江流域生态补偿与污染赔偿的试点实施方案，提出了南水北调中线工程水源区生态补偿方案与政策建议，全面设计和制定了河南省省辖流域的生态补偿方案和相关法规等。以上成果有效推动了地方流域生态补偿的实践和示范。

2. 技术路线及实施细则

课题研究的技术思路包括：

（1）系统调研国内外流域生态补偿和污染赔偿的研究与实践基础，了解流域生态补偿及相关领域的研究、实践进展及经验。

（2）在上述工作的基础上，综合分析我国流域环境管理和污染控制的需求、趋势，研究提出我国流域生态补偿和污染赔偿的总体框架。

（3）开展流域生态补偿和污染赔偿的财税政策、标准核算方法体系以及实施机制研究，为典型区试点提供政策框架和技术方法的支持。

（4）选取典型区开展生态补偿的研究与试点工作，界定责任主体，核算补偿标准，提出补偿（赔偿）的范围、方式和保障体系，协调地方政府及有关部门，开展试点工作。

（5）在试点工作基础上，开展综合评估，进一步完善流域生态补偿与污染赔偿的政策框架及技术方法，形成可为国家制定流域生态补偿政策的政策方案、技术方法体系以及实践经验。

3. 研究进展

自 2008 年课题启动以来，在各有关领导和地方环保厅局的大力支持下，课题组开展了大量的调研活动，通过召开座谈会及现场考察等方式，收集典型流域已开展的生态补偿的大量资料，为深入做好水专项流域生态补偿与污染赔偿研究与示范课题奠定了坚实的基础。主要研究成果如下：

（1）研究层面。①总结了流域生态补偿的国内外研究与实践进展：总结了国内外关于生态补偿的内涵研究，分析国内外对生态补偿理解的异同点。系统总结了国内外流域生态补偿方式，并对国内外流域生态补偿的典型案例进行分析，总结出国内外流域生态补偿实践的特点。②提出了流域生态补偿与污染赔偿实施机制：从水质考核制度、监测制度、组织制度和仲裁制度四个方面深入探讨了流域生态补偿与污染赔偿的实施机制。③重点突破了流域生态补偿与污染赔偿标准核算方法：开展了四种生态补偿标准核算方法的研究，即基于生态保护和污染治理成本的核算方法、基于发展机会成本的核算方法、基于生态系统服务功能价值的核算方法和基于水环境保护目标的核算方法。④系统研究了流域生态补偿与污染赔偿财政机制安排：提出了我国流域生态补偿财政政策总体框架，从政府和市场两个角度提出了财政政策工具包，从利益相关方和政府各部门两个层面提出了财政管理工具包。

（2）试点层面。各试点子课题结合《地方流域生态补偿与污染赔偿试点方案设计指南》，与当地环保部门充分衔接与沟通，编写了典型流域的生态补偿与污染赔偿方案，包括明确生态补偿责任主体、监测断面选择、补偿标准确定方法、资金来源途径、激励机制、财政政策安排以及试点效果评估等方面，但各子课题的突破点有所不同。①辽河流域：重点突破了生态补偿与污染赔偿方法，建立了流域跨界水污染行政协调机制。②东江流域：基于流域的跨省际特点提出江西省辖和广东省辖生态补偿方案，设计财政政策。③闽江流域：重点突破了专项资金分配方式以及拓宽资金来源渠道。④湘江流域：重点研究了资金管理机制与实施机制安排，⑤南水北调中线水源区：重点研究了源区生态补偿标准核算方法以及分阶段的财政政策安排。⑥河南省辖流域：重点突破了基于流域责任目标考核断面的生态补偿与污染赔偿类型划分技术，以及流域生态补偿与污染赔偿标准核算方法体系。

4. 研究成果分析

本课题首次系统地研究了流域生态补偿和污染赔偿制度，特别是基于跨界水质的生态环境补偿机制的框架设计、补偿标准、技术支撑和财政安排等，开展了6个流域的生态补偿试点示范，取得了预期效果。

首先，通过建立流域生态补偿的概念、识别流域生态补偿的类型、分析地方实践与长效的生态补偿之间的差距以及跨省流域生态补偿较难推进的现状，明确了流域生态补偿的内涵及地方需求。

其次，初步建立了流域生态补偿机制的框架，主要内容包括基本原则、阶段目标以及关键技术。在关键技术环节，重点突破了补偿赔偿标准核定方法，系统设计了补偿赔偿的政策工具包，加快建立了责权清晰的实施机制。

再次，本课题选取辽河流域、东江流域、湘江流域、闽江流域、南水北调中线水源区以及河南省辖流域开展试点研究，根据不同流域的特征制定了辽河流域、东江流域、闽江流域、湘江流域、南水北调中线水源区以及河南省辖流域等6个流域的生态补偿试点方案，积极开展试点流域的调查并与政府相关管理部门沟通，保证了研究成果的科学性、可操作性和及时性。目前取得的试点流域的部分研究成果已经作为试点地区设计流域生态补偿相关政策法规的依据，有效地推广和应用了研究成果。

最后，基于以上的研究，提出了“十二五”继续开展流域生态补偿试点研究的建议，即技术支撑方面研究重点流域跨省断面生态补偿责任机制，基础评价方面跟踪评价国家流域生态补偿试点绩效，财政制度方面研究流域水质生态补偿的财政转移支付，试点组织方面研究流域跨省界断面监测支撑能力，重点突破流域水质补偿计算模式与实施机制。

5．目前存在的问题

流域生态补偿与污染赔偿政策的实施机制还需完善。课题基于流域生态补偿与污染赔偿的关键问题提出了政策框架，但是对流域生态补偿监测评估机制的研究相对不足，这应在下一步的研究中进行突破与细化。

流域生态补偿与污染赔偿标准核算方法还需验证。课题从流域生态补偿和污染赔偿两个角度提出了标准核算方法体系，虽然开展了典型流域测算，但是还需要选取更多的流域进行测算以提高方法的可操作性，尤其是基于生态系统服务价值的核算方法，计算结果偏高，将计算结果作为补偿的必要性与依据更为合适，这将在下一步的工作中继续深化。

流域生态补偿与污染赔偿的财政政策及制度安排还需细化。课题从宏观上提出了各试点领域的财政政策，主要用于解决各试点地区开展流域生态补偿与污染赔偿面临的政策设计困难，没有将这些政策融入到现有的财政管理体制中，这与课题的长期目标还有一定的差距。

跨省流域生态补偿试点工作需要重点推动。课题 6 个试点子课题通过积极有效的研究，初步形成了可为地方开展流域生态补偿工作的技术基础，但是跨省层面的流域生态补偿工作却很难推动和实现，需要在后续的研究中不断完善和推动。

第1章 概述

流域生态补偿是目前生态补偿政策设计和实践的重要类型。本章主要介绍流域生态补偿的基本概念、类型、途径，建立流域生态补偿的法规和研究基础，识别流域生态补偿设计和试点要重点解决的若干关键问题。

1.1 基本概念和定义

流域生态补偿与污染赔偿作为调整流域生态环境保护的环境及经济利益关系的一种政策手段近年来被广泛提出，目前对这个政策手段的内涵表述很多。为了规范研究，本课题从基本概念解析入手，分析生态补偿与污染赔偿的政策定位、基本性质、基本原则、政策外延及标准等方面，试图理清流域生态补偿与污染赔偿的相关概念和政策范畴。

1.1.1 若干基本概念的辨识

在解析生态补偿政策（机制）时，涉及三个关键词，即生态、补偿和政策（机制）。生态学中的“生态”是指生态系统存在的状态（结构和功能）及其规律；而生态补偿机制中的“生态”则指的是生态系统服务功能、环境服务、生态效应和生态效益。在目前的生态补偿实践中，“生态”甚至就是一种特定水质的流域水体，或者是包含数量和质量的流域水体。

生态系统服务功能是近年来国际上比较通用的说法，Costanza 等和联合国千年生态系统评估（MA）的研究在这方面起到了划时代的作用。生态系统服务功能是指人类从生态系统获得的效益，生态系统除了为人类提供直接的产品以外，所提供的其他各种效益，包括供给功能、调节功能、文化功能以及支持功能等可能更为巨大。因此，人类在进行与生态系统管理有关的决策时，既要考虑人类福祉，同时也要考虑生态系统的内在价值。生态补偿是促进生态环境保护的一种经济手段，而对于生态环境特征与价值的科学界定，则是实施生态补偿的理论依据。通常可以用市场价值法、机会成本法、人力资本法、生产成本法等方法来评估给定区域的生态系统服务功能价值。

《汉语大词典》（1995）对“补偿”一词这样解释：通常是指主体在某一方面有所亏失，而在另一方面要有所获得；与此相关的“赔偿”是指因主体的行动使他人或者集体受到损失而给予补偿。所以，从所涉及的利益本质上来看，二者是一致的，都是对损失的一种弥补，最终达到一种平衡。通常，“补偿”往往强调的是受益者的支付行动，而“赔偿”侧重于强调破坏者的支付行动。这就意味着，生态补偿与污染赔偿，是一个问题的两个方面。

从制度学上来看，机制就是为了实现某一目标的一种制度安排。政策则是为了实现某一目标的一种行动准则。因此，生态补偿机制就可以理解为实现生态补偿这一目标的一种制度安排；而生态补偿政策，则是实现生态补偿这一目标的行动准则。从这个意义上讲，流域生态补偿与污染赔偿制度就是一种在制度安排和政策配套已经确定的、形成规范的、法律安排的，在实践中可以实施的机制和政策手段。

生态（环境）服务付费（Payment for Ecological Services 或 Payment for Environmental Services，PES）则是国际上比较通用的一种关于“生态补偿”的提法，是指生态（环境）服务功能受益者对生态（环境）服务功能提供者付费的行为。这种概念在发达国家以及国际组织中使用比较多。

1.1.2 生态补偿的基本原则

1.1.2.1 公共物品及其类型

完全公共物品。根据萨缪尔森（1954）的定义，完全公共物品（Pure public goods）是指每个人消费这种物品不会导致别人对该物品消费的减少，它必须具备两个特征，一是消费不可分性或无竞争性；二是消费中无排他性。一旦某种物品具有以上特征就可以称为完全公共物品。而私人物品则正好与完全公共物品相反，除了必须具备的消费可分性或竞争性以及消费的排他性之外，还必须具备消费的独立性或无溢出效果。

准公共物品。大多数物品带有某种程度的“公共性质”，这是由于外部影响的存在所引起的，当物品具有某种较大的外部影响时，这种物品就是准公共物品了。完全公共物品可以清晰地区别开来，但准公共物品则主要强调的是消费中的公共特征，其范畴比较含糊。准公共物品可以分为两类，一类的特点是消费上具有非竞争性，但是可以比较容易地做到排他，这称为俱乐部物品（club goods）；另一类则与俱乐部物品相反，即在消费上具有竞争性，但是却无法有效地排他，这类物品通常被称为共同资源（common resources）。俱乐部物品容易产生“拥挤”（congestion）问题，而共同资源则容易产生“公地悲剧”（tragedy of the commons）。“公地悲剧”问题表明，如果一种资源无法有效地排他，那么就会导致这种资源的过度使用，最终导致全体成员的利益受损。

用公共物品理论来理解生态补偿与污染赔偿问题，有助于我们提出明确的政策路径来有效解决流域水资源利用与水环境保护中出现的“公地悲剧”问题。

1.1.2.2　生态补偿与污染赔偿的原则

（1）污染者付费原则

污染者付费原则（Polluters Pay Principle，PPP）1972 年由经济合作与发展组织（OECD）环境委员会首次提出。OECD 确定的 PPP 原则即污染者必须承担控制污染的费用，这种削减措施由公共机构决定并使环境处于一种“可接受的状态”。这一原则在我国的环境保护法律体系中得到确认，呈渐进深化过程：在 1979 年的《中华人民共和国环境保护法（试行）》中规定“谁污染，谁治理”原则，1989 年的《中华人民共和国环境保护法》则修改为“污染者治理”原则，在 1996 年的《国务院关于环境保护若干问题的决定》中发展为“污染者付费”原则（也称“污染者负担”原则）。

“污染者负费”强调污染环境造成的损失及防治污染的费用应当由排污者承担，而不应转嫁给国家和社会，明确了污染者不仅有承担治理污染的责任，而且具有防治区域污染的责任，有参与区域污染控制并承担相应费用的责任。这一原则并未将环境责任主体限于排放者，还包括了污染物的产生者；同时，治理污染的责任范围不局限于主体自身，还扩展至区域的环境保护。这体现了污染者个体责任的扩大和保护公益权的法律要求，更符合环境保护的公益性质和环境资源的公共资源属性（赵旭东，1999）。

（2）使用者付费原则

一般情况下，使用者付费原则（Users Pay Principle，UPP）主要应用于环境设施的建设和运营领域。大部分国家都实施了生活污水处理收费、垃圾处理收费和危险废物处理收费，公众需要对使用环境基础设施付费。UPP 原则的依据是使用者获得的环境公共服务，如市政处理的污水量和垃圾量。

如果将 UPP 原则延伸到生态补偿和环境资源管理领域，则可理解为，在生态恢复能力和环境自净能力范围内的生态环境资源占用，理论上不需要承担生态环境治理的费用。但是，生态环境资源属于稀缺资源，应该按照使用者付费原则（UPP），由生态环境资源占用者向国家或公众利益代表提供补偿。

（3）受益者付费原则

在更大范围的区域之间或者流域上下游，应该遵循受益者付费的原则（Beneficiaries Pay Principle，BPP），受益者应该对环境服务功能提供者支付相应的费用，体现谁受益谁付费。

典型的公共物品由国家承担补偿的主要责任。对国家生态安全具有重要意义的大江大河源头区、防风固沙区、洪水调蓄区等区域的保护与建设，国家级自然保护区与国家级地质文化遗产公园的保护，受益范围是整个国家乃至世界，国家应当承担其保护与建设的主要责任。

区域或流域内的公共资源，由公共资源的全部受益者按照一定的分担机制承担补偿的责任。对于一定区域或者流域内生态服务功能的补偿问题，如特定区域内的水源地保护、防护林建设、风沙源头的控制、洪水调蓄区的维护等建设投入，应该由该生态功能的全体受益者按照一定比例进行分摊。如福建晋江流域内八个区县按照取水量的比例分担流域综合整治专项资金。

（4）破坏者付费原则

破坏者付费原则（Destroyers Pay Principle，DPP）是从上述三大原则基础上演绎而来，主要针对行为主体对公益性的生态环境产生不良影响从而导致生态系统服务功能退化的行为进行的补偿。这一原则适用于区域性的生态问题责任的确定。流域上下游的污染赔偿可以理解为上游主体没有达到跨界断面水质要求而污染下游水体的一种经济赔偿。破坏者付费原则也称为“破坏者赔偿原则”。

1.1.3 生态补偿类型的解析

1.1.3.1 按补偿方式分类

（1）资金补偿

直接以资金作为补充的方式，包含多项费用补偿，例如水资源费、效益补偿费以及损失补偿费等，通过这些费用补偿的形式来实现利用效益的公平性与科学性。

（2）实物补偿

补偿者运用物质、劳力和土地等进行补偿，给受补偿者提供部分的生产要素和生活要素，改善受补偿者的生活状况，增强生产能力。实物补偿有利于提高物质使用效率，如退耕还林（草）政策中运用大量粮食进行补偿。

（3）政策补偿

中央政府对省级政府、省级政府对市级政府的权力和机会补偿。受补偿者在授权的权限内，利用制定政策的优先权和优惠待遇，制定一系列创新性的政策，促进发展并筹集资金。利用制度资源和政策资源进行补偿是十分重要的，尤其是对资金贫乏、经济落后的流域上游地区更为重要。

（4）项目补偿

除通过实施项目，直接促进项目实施区的生态环境保护外，还可引导社会资本投入生态保护与建设中，具有“种子资金”的作用，是政府实施生态补偿的主要方式之一。

（5）智力补偿

补偿者开展智力服务，提供无偿技术咨询和指导，培训受补偿地区或群体的技术人才和管理人才，输送各类专业人才，提高受补偿地区的生产技能、技术含量和组织管理水平。

1.1.3.2 按照实施主体和运行机制分类

按照实施主体和运行机制的差异，生态补偿大致可以分为政府补偿和市场补偿两大类型。

（1）政府补偿机制

主要是以国家或上级政府为实施和补偿主体，以区域、下级政府或农牧民为补偿对象，以国家生态安全、社会稳定、区域协调发展等为目标，以财政补贴、政策倾斜、项目实施、税费改革和人才技术投入等为手段的补偿方式。在我国，财政转移支付是主要的政府补偿机制。

财政转移支付手段主要有以下几种方式：

❖ 生态财政转移支付：是调节政府间关系的一项重要工具，是弥补地方政府环境责任财力不足的一项重要工具。根据生态要素的特点，考虑在中央一般性转移支付制度中增加与生态要素有关的内容，如国土面积、生态功能、生态效率以及现代化指数等。

❖ 生态纵向财政转移支付：即上下级政府间自上而下的纵向财政平衡模式，也称“父子资助式”，是中央政府依据特定的财政管理体制，把地方政府财政收入的一部分集中起来，再根据各地方财政平衡状况和中央宏观调控目标的需要，同时考虑各地方的国土面积和生态功能等因素，把集中起来的财政收入再数量不等地分配给各地方，以达到生态保护并均衡各地财力的目的。

❖ 生态横向财政转移支付：即考虑到同级地方政府之间的生态功能及其关联程度，各同级地方政府之间的横向财政平衡，也称“兄弟互助式”。这种模式是同级的各地方政府之间的平行转移，一般是财力富裕（生态功能相对不足）地区向财力不足（生态功能相对富裕）地区转移。此种模式可作为生态纵向财政转移支付的补充，与生态纵向财政转移支付配合使用。对生态横向财政转移支付政策，可以在公共财政框架下进行制度创新。

（2）市场补偿机制

依托市场法则，规范市场行为，将生态服务功能或环境保护效益打包推入市场，通过市场交易的方式，降低生态保护的成本，实现生态保护的价值。和政府补偿机制相比，市场补偿机制具有补偿方式灵活、管理和运行成本较低、适用范围广泛等特点。但信息不对称、交易成本过高将影响市场补偿机制的运行。同时市场机制本身难以克服其交易的盲目性、局部性和短期行为。

在流域生态补偿及赔偿中，当利益相关者以及买卖双方关系明确，存在现实的购买关系时，就是一种市场的补偿机制。

生态（环境）标志也是一种市场补偿模式。狭义的生态（环境）标志主要指对生态环境友好型的产品进行标记，如生态食品、有机食品、绿色食品的认证与销售；广义的生态（环境）标志除了上述内容外，还包括生态旅游、文化景区或生物遗产地标志等。通过生态（环境）标记，该产品保护生态的附加值最终体现在产品价格上，从而体现生态环境保护的效益。环境标志国外有的称为生态标签（Eco Mark）、蓝色天使（Blue Angel）、环境选择（Environmental Choice），国际标准化组织（ISO）将其统称为环境标志（Environmental Labeling）。国际标准化组织（ISO）已颁布了四项有关环境标志标准，分别是 ISO 14020（环境标志和声明、通用原则）、ISO 14021（环境标志和声明、自我环境声明）和 ISO 14024（Ⅰ型环境标志、原则与程序），以及 ISO 14025（环境标志和声明、Ⅲ型环境声明）。

1.1.4 生态补偿标准与途径

从理论上来讲，边际成本表示当产量增加 1 个单位时，总成本增加多少。基于边际成本的概念，生态保护边际成本就是当生态系统服务功能得到改善或者提高，甚至不再恶化时所需要的生态保护者相应投入的保护行为。

（1）生态补偿标准

当保护者的行为改善了生态系统的服务功能时，会产生正外部性，即外部经济，此时，保护行为所产生的生态服务功能的量（包括质量和数量），可以理解为根据国家法律规定的社会成员都应该承担基本的和公平的环境保护责任下的环境质量或标准，此时生态保护的边际成本是生态建设和保护的成本。而实际上，对于一些具有重要生态功能的地区，例如流域水源保护区和自然保护区，受益者为了自身发展考虑，对这些地区的环境质量标准要求更高，需要保护者进行更大的投入，此时的生态保护边际成本就是保护者投入的生态建设和保护的额外成本，增加的这部分生态系统服务，可以用保护者牺牲的发展机会成本来衡量。这里，生态补偿的标准就是生态保护边际成本，即生态建设和保护的额外成本与发展机会成本的损失。通常由于生态建设和保护的额外成本与生态建设成本很难区分，就以生态建设成本代替，机会成本可以参照国家和类似地区的发展水平来衡量。

当开发者的行为破坏了生态系统的服务功能时，对其他区域产生了负外部性，即外部不经济，而在国家法律和环境保护责任的要求之下，开发者必须减少其开发行为，并对其已经造成的外部不经济承担责任，此时的生态保护边际成本就是恢复被破坏的生态系统应该付出的生态建设投入和被损害地区所损失的发展机会，以及因生态破坏所遭受的损失。这里，污染赔偿标准就是此时的生态保护边际成本，即恢复受破坏地区生态系统服务所需的生态建设和保护的投入以及受破坏地区的机会成本。

（2）生态补偿途径

在上述概念的基础上，最近几年，就有了生态保护奖励、生态建设财政资金、生态税等诸多提法。

生态保护奖励，旨在建立一种激励机制，充分发挥和调动生态功能比较重要地区保护生态环境的积极性，促进区域经济又好又快发展。

生态建设财政资金，就是中央和地方政府专门用于支持生态建设和环境保护设立的专项财政资金。

生态税或环境税，狭义是指对开发、保护和使用生态服务、环境资源的单位和个人，按其对生态系统、环境资源的开发利用、污染、破坏和保护程度进行征收或减免的一种税收。财政部、国家税务总局、环境保护部都在积极研究，计划出台一些针对生态环境保护的独立型环境税，包括污染排放税、生态保护税、硫税、碳税等。这些税目应该根据其征收对象的公共性，在政府间进行财力的划分。主要针对纯公共产品的税收，如碳税就应该称为中央税。针对大企业、个人环境责任的生态环境税，就应该称为地方税。从世界各国的经验来看，生态税是一种与实施生态补偿相关的重要环境经济手段。

1.1.5　流域生态补偿与污染赔偿概念

1.1.5.1　流域生态补偿与污染赔偿

把前面关于补偿与赔偿的思路落实到流域生态环境保护领域，就是流域生态补偿与污染赔偿，其含义可以这样表述：流域生态补偿是指当流域内水资源利用或污染排放能够控制在相应的总量控制或跨界断面的考核标准之内时，如果没有充分利用的水量和环境容量被其他地区占用，产生了正的外部效应，同时流域上游为了给下游地区提供优质的水源而放弃了许多发展机会并增加了许多额外的生态与环境保护的投入，那么，下游应该对上游提供的高于基准的水生态服务进行补偿；流域污染赔偿是指当区域内流域水资源利用或污染排放超过了相应的总量控制标准或跨界断面的水质考核标准时，不仅提高了下游地区治污的费用，还可能对下游直接造成经济损失，产生了负的外部效应，则上游地区应该承担下游地区的超标治污成本并赔偿对下游地区造成的损害，即给予下游地区一定的经济赔偿。

正如“补偿”与“赔偿”是一个问题的两个方面，流域生态补偿与污染赔偿都是流域环境保护中对上下游造成损失的一种弥补行为，它是寻求流域上下游实现经济利益、环境利益均衡和流域和谐健康的两个方面。

1.1.5.2　流域生态补偿与污染赔偿中的类型

根据公共物品理论，饮用水水源地属于俱乐部物品，在消费上具有非竞争性，但可以比较容易地做到排他，而流域水资源则因无法做到有效地排他而成为一种公共资源，于是，就容易出现饮用水水源地消费中的“拥挤”和流域水资源消费中的“公地悲剧”。为了有效地解决这两方面的矛盾问题，引入流域生态补偿与污染赔偿政策路径，也正因为如此，暂且把流域生态补偿和污染赔偿分为饮用水水源地保护经济补偿和一般的流域生态补偿与污染赔偿问题。

饮用水水源地保护的经济补偿问题更容易实现，一是因为城市水源地的生态服务的受益者和水源保护者都可以非常清晰地界定，产权比较清晰，有利于确定补偿和被补偿对象；二是受益者对保护者提供的生态服务产品（优良水源）有强烈的需求，替代性不强，容易通过谈判等方式确定生态补偿的市场价格即实现饮用水水源地保护经济补偿。

一般的流域生态补偿与污染赔偿难以实现的重要原因在于，一是流域水资源在消费上具有竞争性，但无法有效地排他，容易出现对流域水资源的过度使用，导致“公地悲剧”现象时有发生，同时流域生态服务的受益者与保护者因流域尺度不同而难以清晰界定；二是在利益机制的驱动下，上下游对流域生态服务产品都有强烈的需求，难以通过简单的谈判方式解决流域生态补偿与污染赔偿问题。

一般的流域生态补偿与污染赔偿问题又分为跨不同行政辖区的类型，例如跨省、省内跨市以及市内跨县等不同层次的问题。其中，跨省流域生态补偿与污染赔偿相对很难实现，也是目前社会各界积极呼吁建立生态补偿机制的重要领域之一。跨省的流域生态补偿与污染赔偿问题还存在两种情况，一种是跨多个行政区的流域生态补偿与污染赔偿问题，主要是大江大河尺度的流域生态补偿与污染赔偿问题，如长江、黄河等；另一种是跨 2～3 个行政区的流域生态补偿与污染赔偿问题。但相对大江大河尺度而言，跨 2～3 个行政区的流域生态补偿与污染赔偿问题则更容易界定，目前我国正在开展积极地探索。

1.1.5.3 流域生态补偿与污染赔偿中可供选择的政策途径

（1）流域水质协议

通过“流域水质协议”的方式，确定流域上下游应该承担的责、权、利。按照流域水环境功能区划，“十一五”跨界水质目标责任的要求，以流域水质状况作为依据，按照跨界断面水质自动监测数据（目前主要是化学需氧量和氨氮）的月、季或者年平均值进行考核，如果上游来水比上期好转或者高于规定的水质要求，则下游补偿上游；如果上游来水水质比上期恶化或者差于规定的水质要求，则由上游向下游赔偿。

（2）流域水质交易

这种政策途径源于美国的《清洁水法》，被认为是某些情况下改善水质的一种卓有成效且安全环保的方法。一般来说，水质交易双方中的一方面临着较高的污染控制成本，因此，它通过给另一方一部分经济补偿，来达到以较低的成本获得同样或者较大的水质效益。流域水质交易的交易标的通常是一个水体内排污者的排放总量指标，也就是说在特定流域水体水质保持不变和水污染物排放总量不变的前提下，排放者之间进行的排放配额买卖。

（3）流域水权交易

基于市场机制，对流域水资源的使用权实施有偿转让的行为就是水权交易。我国首例结合市场机制的地方性水权交易是东阳与义乌之间的水权交易。2006 年 4 月 15 日，国务院颁布实施的《取水许可和水资源费征收管理条例》第 27 条规定：“依法获得取水权的单位或者个人，通过调整产品和产业结构、改革工艺、节水等措施节约水资源的，在取水许可的有效期和取水限额内，经原审批机关批准，可以依法有偿转让其节约的水资源，并到原审批机关办理取水权变更手续。具体办法由国务院水行政主管部门制定。” 第一次以行政法规的形式对水权变更进行了史无前例的认可。

（4）流域生态补偿基金

这是拓宽对流域生态补偿融资的主要渠道，它的来源有多个方面：一是政府财政资金，在财政预算安排、国家相关补助、流域内违法行为罚没收入等方面安排补偿资金；二是市场调控，如以排污费征收、水电使用价格附加等方式收取生态补偿资金；三是鼓励和吸引社会和公众捐赠，为保护流域生态环境做贡献。

（5）流域污染治理专项资金

靠市场化手段来解决流域污染治理的投融资问题已经是大势所趋，流域污染治理基金是一种有效的组织形式。流域污染治理基金落实到具体的项目上，通过项目来有效治理流域的污染问题。主要是由下游政府或上级政府通过项目的方式，向上游地区提供的以提高流域生态系统质量、确保流域生态价值为目标的项目资金。

1.2　建立流域生态补偿制度的政策依据

1.2.1　政策和法规基础

1.2.1.1　相关规划、文件

近年来，党中央、国务院多次对建立生态补偿机制提出明确要求。

2004 年 3 月印发的《国务院关于进一步推进西部大开发的若干意见》（国发〔2004〕6 号）中指出："建立生态建设和环境保护补偿机制，鼓励各类投资主体投入生态建设和环境保护。"

2005 年 4 月印发的《国务院 2005 年工作要点》（国发〔2005〕8 号）中指出："加强矿产资源开发管理，整顿和规范矿产资源开发秩序，完善资源开发利用补偿机制和生态环境恢复补偿机制。"

2005 年 6 月印发的《国务院关于促进煤炭工业健康发展的若干意见》（国发〔2005〕18 号）中指出："按照'谁开发、谁保护，谁污染、谁治理，谁破坏、谁恢复'的原则，加强矿区生态环境和水资源保护、废弃物和采煤沉陷区治理。研究建立矿区生态环境恢复补偿机制，明确企业和政府的治理责任，加大生态环境治理投入，逐步使矿区环境治理步入良性循环。对原国有重点煤矿历史形成的采煤沉陷等环境治理欠账，要制订专项规划，继续实施综合治理，国家给予必要的资金和政策支持，地方各级人民政府和煤炭企业按规定安排配套资金。"

2005 年 6 月印发的《国务院关于做好建设节约型社会近期重点工作的通知》（国发〔2005〕21 号）中指出："在理顺现有收费和资金来源渠道的基础上，研究建立和完善资源开发与生态补偿机制。"

2005 年 7 月印发的《国务院关于加快发展循环经济的若干意见》（国发〔2005〕22 号）中指出："在理顺现有收费和资金来源渠道的基础上，积极探索建立和完善企

业生态环境恢复补偿机制。”

2005 年 12 月印发的《国务院关于落实科学发展观　加强环境保护的决定》（国发〔2005〕39 号）中指出：“要完善生态补偿政策，尽快建立生态补偿机制。中央和地方财政转移支付应考虑生态补偿因素，国家和地方可分别开展生态补偿试点。”

2005 年 12 月印发的《中共中央、国务院关于推进社会主义新农村建设的若干意见》（中发〔2006〕1 号）中指出：“按照建设环境友好型社会的要求，继续推进生态建设，切实搞好退耕还林、天然林保护等重点生态工程，稳定完善政策，培育后续产业，巩固生态建设成果。继续推进退牧还草、山区综合开发。建立和完善生态补偿机制。做好重大病虫害防治工作，采取有效措施防止外来有害生物入侵。加强荒漠化治理，积极实施石漠化地区和东北黑土区等水土流失综合防治工程。建立和完善水电、采矿等企业的环境恢复治理责任机制，从水电、矿产等资源的开发收益中，安排一定的资金用于企业所在地环境的恢复治理，防止水土流失。”

2006 年 3 月印发的《国务院 2006 年工作要点》（国发〔2006〕12 号）中指出：“抓紧建立生态补偿机制。”

2006 年 3 月全国人大发布的《国民经济和社会发展第十一个五年规划纲要》中指出：“按照谁开发谁保护、谁受益谁补偿的原则，建立生态补偿机制。”

2006 年 4 月 17 日温家宝总理在第六次全国环境保护大会上强调：“按照‘谁开发谁保护、谁破坏谁恢复、谁受益谁补偿、谁排污谁付费’的原则，完善生态补偿政策，建立生态补偿机制。”

2006 年 10 月十六届六中全会发布的《中共中央关于构建社会主义和谐社会若干重大问题的决定》（中发〔2006〕19 号）中指出：“完善有利于环境保护的产业政策、财税政策、价格政策，建立生态环境评价体系和补偿机制，强化企业和全社会节约资源、保护环境的责任。”

2006 年 12 月印发的《中共中央　国务院关于积极发展现代农业扎实推进社会主义新农村建设的若干意见》（中发〔2007〕1 号）中指出：“继续推进天然林保护、退耕还林等重大生态工程建设，进一步完善政策、巩固成果。启动石漠化综合治理工程，继续实施沿海防护林工程。完善森林生态效益补偿基金制度，探索建立草原生态补偿机制。加快实施退牧还草工程。”

2007 年 3 月印发的《国务院 2007 年工作要点》（国发〔2007〕8 号）中指出：“加快建立生态环境补偿机制。”

2007 年 5 月印发的《节能减排综合性工作方案》（国发〔2007〕15 号）中指出：“健全矿产资源有偿使用制度，改进和完善资源开发生态补偿机制。开展跨流域生态补偿试点工作。”

2007 年 7 月印发的《国务院关于编制全国主体功能区规划的意见》（国发〔2007〕21 号）中指出：“以实现基本公共服务均等化为目标，完善中央和省以下财政转移支付制度，重点增加对限制开发和禁止开发区域用于公共服务和生态环境补偿的财政转移支付。逐步实行按主体功能区与领域相结合的投资政策，政府投资重点支持限制开发、禁止开发区域公共服务设施建设、生态建设和环境保护，支持重点开发区域基础设施建设。”

2007年10月15日胡锦涛总书记在党的十七大报告中明确要求：“实行有利于科学发展的财税制度，建立健全资源有偿使用制度和生态环境补偿机制。”

2007年11月印发的《国家环境保护“十一五”规划》（国发〔2007〕37号）中指出：“落实流域治理目标责任制和省界断面水质考核制度，加快建立生态补偿机制。多渠道增加投入，加快治理工程建设。统筹流域水资源开发利用和保护，统筹生活、生产和生态用水，保证江河必需的生态径流”；“明确重点生态功能保护区的范围、主导功能和发展方向，按照限制开发区的要求，探索建立生态功能保护区的评价指标体系、管理机制、绩效评估机制和生态补偿机制”；“加快建立矿山环境恢复保证金制度。推进矿山环境治理，促进新老矿山及资源枯竭型城市的生态恢复”；“优先在西部地区建立和实施生态补偿机制”；“按照‘谁开发谁保护、谁破坏谁恢复，谁受益谁补偿、谁排污谁付费’的原则，以三峡库区、南水北调水源区、重点能源开发区和国家级自然保护区为突破口，扩大试点，完善生态补偿政策，建立生态补偿机制”；“财税部门要研究制定有利于环境保护的财税政策，建立和完善生态补偿机制，支持环境监测预警体系、环境执法监督体系建设。”

2007年12月印发的《国务院关于促进资源型城市可持续发展的若干意见》（国发〔2007〕38号）中指出：“完善资源性产品价格形成机制。要加快资源价格改革步伐，逐步形成能够反映资源稀缺程度、市场供求关系、环境治理与生态修复成本的资源性产品价格形成机制。科学制定资源性产品成本的财务核算办法，把矿业权取得、资源开采、环境治理、生态修复、安全设施投入、基础设施建设、企业退出和转产等费用列入资源性产品的成本构成，完善森林生态效益补偿制度，防止企业内部成本外部化、私人成本社会化”；“结合建立矿山环境治理恢复保证金制度试点，研究建立可持续发展准备金制度，由资源型企业在税前按一定比例提取可持续发展准备金，专门用于环境恢复与生态补偿、发展接续替代产业、解决企业历史遗留问题和企业关闭后的善后工作等。地方各级人民政府要按照‘企业所有、专款专用、专户储存、政府监管’的原则，加强对准备金的监管。”

2008年3月印发的《国务院2008年工作要点》（国发〔2008〕15号）中指出：“改革资源税费制度，完善资源有偿使用制度和生态环境补偿机制。”

2008年7月22日国务院办公厅转发发展改革委《关于2008年深化经济体制改革工作意见的通知》（国办发〔2008〕103号）中指出，“建立健全资源有偿使用制度和生态环境补偿机制”是“建立健全资源节约和环境保护机制”的三大机制之一，《通知》要求财政部、环境保护部和发展改革委牵头负责，推进建立跨省流域的生态补偿机制试点工作。

《2009年政府工作报告》中指出：“推进资源性产品价格改革。继续深化电价改革，逐步完善上网电价、输配电价和销售电价形成机制，适时理顺煤电价格关系。积极推进水价改革，逐步提高水利工程供非农业用水价格，完善水资源费征收管理体制。加快建立健全矿产资源有偿使用制度和生态补偿机制，积极开展排污权交易试点。”

从2005年开始，原国家环保总局（现环境保护部）、财政部、发展改革委、水利部等部门积极酝酿研究制定生态补偿政策，开展流域生态补偿的试点工作。

2007年，原国家环境保护总局印发了《关于开展生态补偿试点工作的指导意见》（环发〔2007〕130号），要求地方逐步在自然保护区、重要生态功能区、矿产资源开发和流域水环境保护等四个领域建立生态环境补偿机制，而流域生态补偿是生态环境补偿的重点领域之一。

2008年，环境保护部印发了《环境保护部关于预防与处置跨省界水污染纠纷的指导意见》（环发〔2008〕64号），要求从源头预防跨省界水污染纠纷的发生，并建立预防与处置跨省界水污染纠纷的长效工作机制。

2008年5月，环境保护部批准了福建省闽江流域等首批开展生态补偿的试点地区。

自2008年以来，财政部陆续出台了几项与生态补偿相关的转移支付政策。主要包括《财政部关于下达2008年三江源等生态保护区转移支付资金的通知》（财预[2008]495号）和《国家重点生态功能区转移支付（试点）办法》等。其中，《财政部关于下达2008年三江源等生态保护区转移支付资金的通知》指出，“按照现行一般性转移支付办法，通过提高部分县区补助系数等方式，现增加你省（自治区、直辖市）2008年中央对地方一般性转移支付，全部用于天然林保护工程、青海三江源和南水北调中线工程丹江口库区及上游地区所辖县区。”

2010年年底，财政部、环境保护部给安徽省下拨5 000万元启动资金，将新安江作为全国首个跨省流域水环境补偿试点。这一试点，对于在我国跨界流域生态补偿具有重要的和非常现实的指导意义。

1.2.1.2 相关法律法规

20世纪七八十年代以来，随着流域环境污染加剧，环境治理任务加重，国家政府和有关部门陆续出台了一系列法律法规和政策文件，要求加强流域环境保护，增加流域环境保护投入，据不完全统计，相关的法律法规有70余部（件）。大多数法律法规尽管没有明确提出流域生态补偿的条文，但生态补偿的含义与内容在相关法律法规中逐步出现。

1988年起实施的《中华人民共和国水法》就已经规定：因“地下水水位下降、枯竭或者地面塌陷等，对其他单位或者个人的生活和生产造成损失的，采矿单位或者建设单位应当采取补救措施，赔偿损失”。这一损失赔偿，实际上就包括了生态补偿的含义。在流域生态补偿中，我国从20世纪末起，就先后开展了天然林资源保护工程、退耕还林工程等，并在三江源开展了生态保护项目。这些从国家层面实施的政策，从一定意义上反映了国家向流域上游进行生态补偿的重视。

各地在原国家环保总局下发的《关于开展生态补偿试点的指导意见》(环发〔2007〕130号)的指导下，从不同的层面，开展了一系列的生态补偿试点，形成了一些地方性的规章。

2008年通过修订并于2008年6月1日起实施的《中华人民共和国水污染防治法》是流域生态补偿的里程碑，首次在国家正式颁布的法律中提出了水环境生态保护补偿的内容。《中华人民共和国水污染防治法》第七条规定：国家通过财政转移支付等方式，建立健全对位于饮用水水源保护区区域和江河、湖泊、水库上游地区的水环境生态保护补偿机制。同时《中华人民共和国水污染防治法》第四条规定："县级以上人民政府应当将水环境保护工作纳入国民经济和社会发展规划。""县级以上地方人民政府应当采取防治水污染的对策和措施，对本行政区域的水环境质量负责。"第五条规定："国家实行水环境保护目标责任制和考核评价制度，将水环境保护目标完成情况作为对地方人民政府及其负责人考核评价的内容。"上述法律规定为建立流域生态补偿和污染赔偿机制提供了强有力的支持，其重要作用在于：

❖ 明确了流域生态补偿是流域水污染防治的重要手段之一，是地方政府为保障辖区内水环境质量可以采取的对策和措施；
❖ 流域生态补偿中，政府需要承担主导性作用，要对辖区内环境质量负责，也就是说要承担流域环境污染的责任；
❖ 明确了国家支持对上游地区、水源保护区建立生态补偿机制，上游地区、水源保护区应该享受生态补偿的效益；
❖ 明确了财政转移支付等作为流域生态补偿的手段，为上级政府开展对流域上游的纵向财政转移支付和流域上下游之间的横向财政转移支付提供了法律支持等。

但从国家层面讲，系统地对流域开展生态补偿，还缺乏完整的制度框架。流域上下游之间环境保护责任如何划分、水体超标造成的损害如何赔偿，上下游之间如何协商，建立怎样的约束和协调机制等都缺乏有效的法律和政策支持。

2010年4月开始，国家启动了生态补偿立法工作，由国家发展改革委牵头起草《生态补偿条例》(以下简称《条例》)，目前正紧锣密鼓地开展工作；配合《条例》的起草，国家发展改革委组织起草了《关于建立健全生态环境补偿机制的若干指导意见》，作为《条例》出台的前奏；流域生态补偿是《条例》的重点领域，由环境保护部牵头组织开展《条例》起草前的"流域组"的相关调研及后续相关文件组织工作。

1.2.2 理论研究基础

近年来，科技部、环境保护部等有关部门陆续组织和开展了一系列生态补偿的研究与探索，对把握国内外生态补偿的研究与实践动态，理清生态补偿的政策含义，建立生态补偿的理论、方法和技术，构建生态补偿的典型模式都起到了重要作用。主要的研究项目和成果包括：

科技部和原国家环保总局主持、由中国环境规划院承担"十五"国家科技攻关"若干重要环境政策与环境科技发展战略研究"课题（2003—2005）设立"生态补偿机制与政策设计研究"专题，从生态补偿的理论方法、政策框架、西部生态补偿、广东省生态补偿和山西煤炭资源开发生态补偿等方面开展研究，对生态补偿理论、方法和重要领域生态补偿思路进行了系统的探讨。

中国环境与发展国际合作委员会作为中国政府的高层决策咨询机构，2006 年组织了"生态补偿机制与政策"课题研究，设置了生态补偿总体框架与重点领域、生态补偿的理论与方法、流域、矿产资源、自然保护区和森林等重点领域生态补偿方法与模式设计，为中国开展生态补偿实践提供了较为系统的理论方法和典型模式的支持。

由财政部财政科学研究所承担的社会科学基金"生态补偿的财政政策研究"（2007—2008 年），已经就流域生态补偿机制提出了基本的框架，探讨了其中的一些核心问题。

部分地方政府也在积极支持生态补偿的研究项目，西藏自治区、福建省及神农架林区等地方政府委托有关研究机构，开展了各自区域内生态补偿的方案研究与政策设计，其中流域生态补偿是地方生态补偿研究的重点领域。

另外，科技部和环境保护部（原国家环保总局）共同组织的相关研究也从环境规划、环境管理、环境评估、环境投融资、环境税收等角度，涉及（流域）生态补偿的内容，为生态补偿的标准核定、绩效评估、资金筹措提供了思路。这些项目包括："松花江水污染应急科技专项跨界流域水环境管理研究"（2005—2006 年）、"环境安全评估体系研究"（2003—2005 年），亚洲开发银行资助开展的"黄河流域跨行政区水环境综合管理项目"（2003—2005 年）、"利用市场经济手段加强环境管理"（1998—2001 年），原国家环保总局和世界银行开展了"市场经济体制下环境经济政策研究"（1995—1996 年）、"跨世纪绿色工程计划项目经济评估"（1998—1999 年）、"海河流域水资源与水环境综合管理"（2004—2009 年）、"淮河流域水污染防治规划评估"（2005—2006 年）等，以及原国家环保总局和 OECD 开展的"中国环境经济政策研究"（1996 年）、"中国－OECD 环境税收政策研究"（1998 年）、"中国环境投融资战略及其试点研究"（2000 年）、"中国环境绩效评估"（2005—2006 年）等。

综上所述，这些在相关领域有代表性的研究项目的实施，使国内研究单位在流域水污染防治的经济政策和相关技术方面积累了丰富的研究经验，为下一步开展流域生态补偿与污染赔偿的研究与试点奠定了良好的基础。

1.3 流域生态补偿与污染赔偿机制的关键问题

如前所述，在国家宏观政策指导下，地方结合流域环境管理的需求，积极开展了流域生态补偿的试点和实践工作，如广东、福建、浙江、江苏、河北、辽宁、湖南都开展了多种形式的流域生态补偿试点，取得了一定的经验。但在实践工作中，遇到了一系列的问题，需要国家给予政策和技术方法的支持。主要问题包括以下几个方面。

1.3.1 责任主体问题

目前，补偿和赔偿的责任主体不明确，国家有关法律规定地方政府是辖区内环境保护的责任主体，无法解决跨界污染控制和流域生态保护补偿的问题。而且地方政府、政府有关部门、乡村集体、企业、林农、农民等责任主体的职责不明，权责不清，造成流域生态补偿与污染赔偿责任主体的模糊与争议。

1.3.2 补偿标准问题

目前，补偿标准难以达成一致，不同利益相关者根据不同的原则与方法，测算补偿与赔偿标准不一，往往有多个数量级的差别，很难达成一致，因此需要国家有关部门和上级政府给出科学合理、公平可行的技术方法指南，支持和指导地方开展试点实践工作。

1.3.3 范围和方式问题

目前，我国的生态补偿与污染赔偿的范围与方式不尽如人意。按照目前的补偿方式，很多生态保护良好区、人口密度低的地区往往得不到生态补偿，而生态破坏与环境污染严重区域反而能得到更多的国家资金与项目支持，某种程度上产生了鼓励生态破坏的效果。同时，作为利益主体的补偿区域的公众利益却得不到应有的实际补偿。

1.3.4 政策机制设计问题

按照《行政许可法》和财政管理体制，很多有利于生态环境保护与生态补偿的措施缺乏法律支持，很多目前行之有效的生态补偿方式往往并不符合财政预算制度和专款专用原则，很多生态补偿的实践活动缺乏有效的行政管理体制的支持，甚至法律的支持，如水权交易，需要国家在政策层面上进一步放开思路，为流域生态补偿提供实践和探索的空间。

在政策设计方面，财政制度的绿色化改革是一个很重要的手段。特别是财政转移支付制度如何与地区的主体功能、生态保护的贡献等挂钩，建立基于生态补偿的财政转移支付制度尤为关键。涉及流域上下游、基于跨界水质协议的生态补偿财政制度虽然有些地方层面的探讨，但国家层面上的制度安排研究有待加强。解决好这些问题将会显著地推动流域生态补偿和污染赔偿制度的发展。因此，必须结合典型流域，对流域生态补偿与污染赔偿的上述难点展开深入细致的研究，结合我国的流域实际特点和现实需求，提出一套流域生态补偿与污染赔偿标准测算指南和政策框架，为最终建立流域生态补偿与污染赔偿机制提供充足的科学依据。

第 2 章

国内外流域生态补偿实践进展

20 世纪 70 年代末期生态补偿机制被引入流域管理领域，其最早起源于德国 1976 年实施的 Engriffsregelung 政策和美国田纳西州流域管理计划，后者是 1986 年开始实施的保护区计划，为减少土壤侵蚀对流域周围的耕地和边缘草地的土地拥有者进行补偿，自此国外很多国家和地区进行了大量的生态补偿实践，采取了一系列的生态补偿措施。我国从 20 世纪 90 年代末期开始关注流域生态补偿的理论与实践探索。本章重点梳理和回顾国内外流域生态补偿的实践进展。

2.1 国外流域生态补偿的实践案例

国外对流域生态系统服务的购买方式主要有市场贸易、一对一补偿、生态标记和公共支付等类型，其中市场贸易、一对一补偿和生态标记属于市场补偿，公共支付属于政策补偿。

2.1.1 市场贸易

市场贸易也叫开放式贸易，是在生态系统服务能够被标准化为可计量的、可分割的商品形式的前提下的一种交易，适用于生态系统服务市场买方和卖方数量较多或者不确定的情况。

2.1.1.1 哥斯达黎加：流域生态保护市场补偿

背景：Energía Global（简称 EG）是一家位于 Sarapiqui 流域、为 4 万人提供电力的私营水电公司，其水源区是面积为 5 800 hm^2 的两个支流域。由于水源不足导致公司无法正常生产，为维持和修复上游地区的森林覆盖，使水电站获得稳定水源，水电公司进行了流域生态保护市场补偿。

形式：EG 按照每公顷 18 美元向国家林业基金提交资金，国家林业基金在此基础上每公顷土地另添加 30 美元，以现金的形式支付给上游的私有土地主，要求这些私有土地主必须同意将他们的土地用于造林、从事可持续林业生产或保护有林地，而那些刚刚来伐过林地或计划用人工林取代天然林的土地主将没有资格获得补助。另外哥斯达黎加公共水电公司（Compania de Fuerzay Luz）和一家私营公司（Hidroelectrica Platannar）也通过国家林业基金向土地进行补偿。

2.1.1.2　澳大利亚 Murray-Darling：流域水分蒸发蒸腾信贷

背景：澳大利亚的 Murray-Darling 流域由于大范围的土地清理及本地树种和植被的砍伐导致地下水补给不断增加，地下水位上升到地表，引起土壤盐碱化严重，下游水质逐渐恶化等问题。澳大利亚开始实施水分蒸发蒸腾信贷。

形式：下游农场主按每蒸腾 100 万 L 水交纳 17 澳元的价格进行购买信贷，或按每年每公顷土地支付 85 澳元进行补偿，支付 10 年。拥有上游土地所有权的州林务局，通过种植树木或其他植物来获得蒸腾作用或减少盐分的信贷，以改善土壤质量。

2.1.2　一对一补偿

一对一补偿又称私人交易，是一种自发组织的市场补偿，在生态服务的受益方和支付方之间进行直接交易，特点是交易双方都较少且比较确定，通过谈判或者中介确定交易的条件和价格。

2.1.2.1　美国纽约市与上游 Catskills 流域的清洁供水交易

背景：纽约市约 90%的用水来自上游 Catskills 和特拉华河。1989 年，美国环保局要求，除非是水质达到了要求，否则所有来自地表水的城市供水都要建立过滤净化设施。纽约市通过估算这样的总费用至少需要 63 亿美元（建立新的过滤净化设施的投资费用 60 亿～80 亿美元，每年的运行费用 3 亿～5 亿美元）。而如果在 10 年内向 Catskills 流域投入 10 亿～15 亿美元用来改善流域内土地利用和生产方式，水质便可以达到要求。

形式：纽约市向 Catskills 流域实行生态补偿。补偿标准通过水务局的协商确定，补偿方式是对用户征收附加税、发行纽约市公债、信托基金等。

2.1.2.2　法国“毕雷矿泉水”付费机制

背景：20 世纪 80 年代，位于法国东北部的 Rhin-Meuse 流域水质受到当地农民大量农业活动的威胁。依赖该地区干净水源制作天然矿物质水的公司不得不做出选择，设立过滤工厂或迁移到新的水源地或保护该地区水源。

形式：位于该地区的天然矿泉水最大制造商毕雷矿泉水公司认为保护水源是最为节约成本的选择，于是投资约 900 万美元购买了流域上游水源区 1 500 hm^2 农业土地，并将土地使用权无偿返还给那些愿意改进土地经营方式的农户。同时，与那些同意将土地转向集约程度低的乳品业农场签订了 18～30 年的合同，且每年向每个农场支付 320 美元/hm^2，连续支付 7 年。

2.1.3 生态标记

生态标记是对生态环境服务的间接支付方式。当消费者愿意以高一点的价格购买经过认证的、以环境友好方式生产出来的产品时，那么消费者便间接地购买了生态环境服务。

2000 年全球经认证的有机农产品的贸易额已达 210 亿美元。据估算，美国消费者愿意每磅咖啡多花费 0.5～1 美元来购买经认证是以环境友好方式生产的咖啡；在瑞典带有绿色标签的电能比普通的价格高 5%左右，消费者通过一种值得信赖的认证体系来购买生态环境服务。

2.1.4 公共支付

公共支付是一种政府提供项目基金和直接投资的补偿支付方式。由于生态系统服务的公共物品性，这种方式最为普遍。

2.1.4.1 哥伦比亚生态服务税

背景：20 世纪 80 年代后期，面对日益严重的水资源短缺和公共财政资金不足的现状，哥伦比亚考卡河流域水稻与甘蔗种植者自发成立了 12 个水用户协会，投资用于流域上游地区的保护。此后又先后成立了另外 11 家水资源利用协会、3 家水资源管理基金会和 3 家河流公司，面积覆盖 100 万 hm^2，涉及 97 000 个家庭。

形式：对水资源的消费支付使用费。协会成员自愿向考卡河流域管理公司额外缴纳 1.5～2 美元，成立独立基金用于改善流域水质和生态环境。1998 年，所有水资源协会收缴的使用费总额高达 60 万美元。

2.1.4.2 巴西巴拉那州生态补偿基金

背景：巴西的州级税收“商品和服务流通所得收入”（ICMS）的 75%依据各地经济活动的财政附加值实行分配，造成经济发展较快、人口密度较大的地区可能比拥有大面积保护区的地区获得更多的资金，分配机制对各地保护林地的积极性也产生了消极的影响。

形式：巴拉那州议会通过了一项法律，要求从 ICMS 收入中拿出 5%的资金作为“生态 ICMS”，根据环境标准进行再分配，其中 2.5%分配给有保护单元或保护区的区域，另外 2.5%分配给那些拥有水源区域的地区，以鼓励保护林地的活动。

2.1.4.3 澳大利亚植被恢复计划

背景：澳大利亚境内的古本—布鲁肯流域很大一部分天然植被面积都被清理改造了，现在不仅急需保护现有天然植被，还要加速建立新的植被区，而政府原有的手段是通过环境管理拨款刺激农户增加资产，如栅栏和植物，但是这种手段通常用于小于

5 hm^2 的土地，在这种背景下，维多利亚州开始实施植被恢复计划。

形式：维多利亚州政府通过政府的奖励机制改变土地的利用类型以帮助当地天然植被的再生，实现自然植被大规模的增加，即植被恢复计划。植被恢复计划的原则是与植树造林相比，其在原有植被的基础上继续保护植被更有效率。但植被恢复计划的适用地区必须满足土壤盐度小、杂草少、种子资源优良等条件。

植被恢复计划的执行过程主要有：在农场主表示意向的前提上，古本—布鲁肯流域管理局参观农场并与农场主协商制定规划图，然后由农场主根据自己的情况定价，在此基础上，管理局评估各农场主方案确定最合适的农场主并签订合同，有效期为 10 年，如果 10 年内农场主将土地权卖给其他农场主，接管的农场主要继续执行合同义务。此外，管理局每年还会对表现出色的农场主颁发一定的奖金。

2.2　国内流域生态补偿的实践案例

前述我国流域生态补偿与污染赔偿可以分为饮用水水源地保护经济补偿和一般的流域生态补偿与污染赔偿两种类型，具体实践案例如下。

2.2.1　饮用水水源地保护经济补偿

水源地保护生态补偿机制是为了改善水源地生态环境、维持水源地的生态系统平衡、维护水源地的生态系统服务功能，以经济手段为主激励水源地的生态保护与建设，遏制生态破坏行为，调整水源地相关利益方生态及其经济利益的分配关系，促进地区间的公平和协调发展的一种制度安排。水源地保护生态补偿在大多数情况下是发达地区对欠发达地区的一种经济补偿，以此替代欠发达地区靠破坏水源地生态环境而换取的经济发展。我国许多地方都在这方面开展了积极的探索，积累了一定的实践经验。

2.2.1.1　省内生态补偿实践

东江流域是香港特别行政区及广东省河源、惠州、东莞、深圳、广州等城市的主要水源，肩负着近 4 000 万人口的生产、生活、生态用水。江西省、广东省非常重视对其境内的东江源区的生态环境保护，并开展了一系列的生态补偿工作。

（1）广东省生态补偿方式

广东省是我国开展生态补偿问题探讨较早的省份。多年来，以税收返还、专项补助、转移支付补助、各项预算补助等财政转移支付方式，加大对境内东江源区的生态补偿力度，省内转移支付的金额从 1991 年的 23.88 亿元上升到 2003 年的 443.34 亿元，省对市县转移支付补助从 5.8 亿元增加到 67.9 亿元。

1991 年，广东省政府发布的《广东省东江水系水质保护经费使用管理办法》规定，每年从东深供水工程水费利润总额中提取 3%～5%的款项用于东江流域水源涵养林建设；1993 年开始从新丰江和枫树坝两大水库发电电量中每千瓦小时提取 5 厘钱

（0.005 元）用于库区上游水土保持生态建设；1999 年启动实施东江流域水源林建设工程，每年投入专项资金 1 000 万元。

2005 年 6 月，广东省发布了《东江源区生态环境补偿机制实施方案》。根据该方案，中央、省、市、县级政府财政每年提供一定数额的生态环境补偿资金用于实施流域生态补偿机制，并由国家协调建立一种流域上下游区际生态效益补偿机制。2005—2025 年，广东省每年从东深供水工程水费中安排 1.5 亿元资金用于保护江西省东江源区的生态环境。

广东省除了采用财政转移支付方式外，还通过产业转移方式促进东江源区河源市的经济发展。产业转移既可以解决珠三角发达地区土地等资源紧缺的矛盾，也可以帮扶河源这种相对落后的地区。2005 年 5 月，中山（河源）产业转移工业园在河源市高新区成立，四年来转移园共引进项目 109 个，完成工业总产值累计 157.5 亿元，2005—2007 年河源市 GDP 增速均名列广东省前两位。

此外，2006 年发布的《广东省跨行政区域河流交界断面水质保护管理条例》规定了交界断面水质未达到控制目标的责任区域内停止审批、核准增加超标水污染物排放的建设项目，从地方法规的层面上为实施政策性流域生态补偿提供了法律保障。

（2）江西省生态补偿措施

举办了三届“香港东江源论坛”。2002 年 5 月，由江西省环境保护局和香港文汇报等有关单位发起的“香港东江源论坛”，引起中央政府和社会的广泛关注，孙鸿烈院士提出应尽快建立生态补偿机制；2006 年 6 月，赣州市人民政府、江西省环境保护局和香港文汇报等机构举办了第二届“香港东江源论坛”，就尽快建立东江源生态补偿机制达成了共识；2010 年 5 月，江西省环保厅、财政厅、水利厅，赣州市人民政府和香港文汇报等机构举办了第三届“香港东江源论坛”，就东江源区和中下游共同保护的合理途径问题进行了探讨。

制定了相应的政策和规划。2003 年 8 月，江西省人大常委会颁布了《关于加强东江源区生态环境保护和建设的决定》，把江西省东江源区生态环境的保护和建设提到了依法保护的高度；2004 年 11 月，江西省环境保护局与省发改委、赣州市人民政府共同编制了《江西省东江源头区域生态环境保护和建设“十一五”规划》，规划中明确要积极争取建立东江源头区域保护与建设长效补偿机制。

加大了对生态环境建设的资金投入。从 2008 年开始，江西省财政专门安排专项奖励资金（2008 年为 5 000 万元、2009 年为 8 000 万元、2010 年为 10 300 万元，并逐年增加）对江西省“五河”和东江源头保护区实施生态补偿。2009 年共投入中央预算内资金和省基建资金 1.5 亿元用于安远、寻乌、定南三县实施退耕还林、生态移民、生态农业等工程建设。

2.2.1.2 跨省界生态补偿实践

北京的密云、官厅两大水库均发源于河北省，因此河北省是北京重要的水源地和生态屏障。为了在不影响河北省经济发展的前提下确保首都用水安全，北京市实施了大量的生态补偿工程。

1995—2004 年，北京市每年向河北省承德市的丰宁县和滦平县提供资金 208 万元以上，累计达 1 800 万元以上，用于水源保护；北京市环保局提供 320 多万元资金用于环保设施建设。北京支援资金与承德市自筹资金统筹支配，用于潮河流域综合治理工程。

北京市建立库区移民辅助金。1997—2004 年，北京市累计向河北省支付移民补助金 1 450 万元，并于 2004 年安排专项资金 870 万元用于张家口市赤城县和北京市延庆县的水土流失治理工程。

2005 年，北京市与张家口、承德两市分别组建了水资源环境治理合作协调小组，计划安排 2 000 万元资金用于张承地区水资源环境治理合作项目。

2.2.2　流域上下游生态补偿与污染赔偿

一般的流域生态补偿与污染赔偿根据补偿方式的不同，可以分为跨界断面水质目标考核模式、设立专项资金模式、水权交易模式、异地开发模式等。

2.2.2.1　跨界断面水质目标考核模式

所谓跨界断面水质目标考核模式，是监测流域的行政交界断面。如果上游地区提供的水质达到目标要求，则下游地区必须向上游地区提供生态补偿；如果未达到目标要求，则上游地区必须向下游地区提供污染赔偿。目前，我国在这方面的实践以省内补偿为主，跨省补偿基本上没有，因为跨省问题需要国家搭建一个平台以便于协商和沟通，所以省内补偿更容易实现。

（1）河北省子牙河流域生态补偿扣缴政策

子牙河水系是我国海河流域五大水系之一，全长 730 余 km，流域面积 7.87 万 km^2。子牙河水系是河北省跨市最多的一条水系，省内流域面积约为 2.7 万 km^2，主要涉及河北省石家庄、邯郸、邢台、衡水、沧州等 5 个设区市 50 多个县（市），人口 3 000 多万。子牙河流域经济最发达，人均 GDP 占河北省的 60%，产业门类最齐全，具有所有的工业门类，企业个数最多，这也导致其各支流成为城镇及工业的排污沟。根据 2007 年的监测数据，子牙河水系 32 个监测断面中劣Ⅴ类断面就有 22 个，成为河北省污染最严重的水系。因此子牙河流域在河北省水系中具有典型性，其成功经验可为其他水系借鉴。

补偿思路。2008 年 3 月，河北省环保厅发布了《关于在子牙河水系主要河流实行跨市断面水质目标责任考核并试行扣缴生态补偿金政策的通知》，对子牙河水系涉及的石家庄、沧州、衡水、邢台、邯郸 5 市 11 条主要河流跨市断面按照政府规定的水质考核标准考核，除沧州市的沧浪渠跨市界出境断面化学需氧量质量浓度低于 150 mg/L 外，其余断面水质化学需氧量质量浓度均要低于 200 mg/L。

通过财政部门每月按环保部门提供的考核断面水质超标倍数，对超标排污的设区市直接从财政年度经费中扣缴补偿金。生态补偿金只能用于：由于子牙河水系污水造成下游沿岸地下水污染，需要打深水井保障群众饮水安全的项目；由于子牙河水系污染造成下游经济损失，经权威部门鉴定，应给予补偿的项目；子牙河流域水污染物减排项目等。

补偿标准。河北省考核断面超标扣缴生态补偿金的标准分为河流入境水质达标（或无入境水流）和河流入境水质超标，而所考核市跨市出境断面水质化学需氧量质量浓度继续增加两种情况，具体补偿标准见表 2-1。

表 2-1　扣缴补偿金标准

条件	超标倍数	扣缴金额/万元
河流入境水质达标（或无入境水流）	＜0.5	10
	0.5～1.0	50
	1.0～2.0	100
	＞2.0	150
河流入境水质超标，而所考核市跨市出境断面水质化学需氧量质量浓度继续增加	＜0.5	20
	0.5～1.0	100
	1.0～2.0	200
	＞2.0	300

（2）辽宁省辽河流域跨界断面考核办法

辽河流域位于我国东北地区南部，是我国七大江河之一，被称为辽宁人民的“母亲河”，也是我国水资源贫乏地区之一。辽河流域工业分布不均衡，工业最密集的区域分布在中下游地区，水资源短缺问题也最为突出。

补偿思路。2008 年 10 月，辽宁省政府发布了《辽宁省跨行政区域河流出市断面水质目标考核暂行办法》。该办法中规定以地级市为单位，对主要河流出市断面水质进行考核，如果水质超过目标值，上游地区将给予下游地区补偿资金。省环境保护行政主管部门负责确定出市断面的具体位置和水质考核目标值，省环境监测中心站负责每月监测出市断面水质。

补偿金由省财政在年终结算时一并扣缴，扣缴补偿金专项用于流域水污染综合整治、生态修复和污染减排工程，补偿给下游城市，入海断面扣缴的补偿资金交由省财政厅统一保管、支配。

补偿标准。按照水污染防治的要求和治理成本计算，辽河干流（包括辽河、浑河、太子河、大辽河）超标 0.5 倍及以下，扣缴 50 万元；每递增超标 0.5 倍以内（含 0.5 倍），加罚 50 万元。其他河流超标 0.5 倍及以下，扣缴 25 万元；每递增超标 0.5 倍以内（含 0.5 倍），加罚 25 万元。

（3）江苏省太湖流域环境资源区域补偿政策

补偿思路。江苏省政府分别于 2008 年年初、2009 年年初发布了《江苏省环境资源区域补偿办法（试行）》和《江苏省太湖流域环境资源区域补偿方案（试行）》。以“谁污染谁付费、谁破坏谁补偿”为原则，在太湖流域部分河流跨行政区断面试点的基础上，在江苏省太湖流域主要河流推行环境资源区域补偿制度，即上游设区的市出境水质超过控制断面水质目标的，由上游设区的市及所辖县（市）政府根据责任对下游设区的市予以资金补偿；对直接排入太湖湖体的河流，上游设区的市入湖断面、入清水廊道断面、入省界断面水质超过控制断面水质目标的，由上游设区的市及所辖县（市）政府根据责任向省级财政缴纳补偿资金。

自 2009 年起，江苏省环保厅会同省财政厅按季度核算、汇总各断面补偿金额，依据设区的市政府报送的分摊意见，直接通知相关设区的市、县（市）政府在收到通知后 10 日内，向省财政缴纳补偿资金，由省财政直接转拨受偿的设区的市和县（市）财政。逾期不缴纳的，由省财政厅负责催缴，仍不按规定缴纳的，由省财政在年度结算时，直接从其财政予以划扣。省财政收取的补偿资金实行专项管理，全部用于太湖流域水环境综合治理。

补偿标准。按照水污染防治的要求和治理成本，环境资源区域补偿因子及标准为：化学需氧量每吨 1.5 万元，氨氮每吨 10 万元，总磷每吨 10 万元。根据此标准确定补偿金额度，即补偿资金为各单因子补偿资金之和，公式如下：

单因子补偿资金=（断面水质指标值－断面水质目标值）×月断面水量×补偿标准

其中，水质目标由江苏省环保厅根据国家及省太湖治理工作要求每年进行调整。

（4）河南省沙颍河流域水环境生态补偿机制

沙颍河是淮河流域最大的一条支流，人口基数大，经济总量和工业产值相对发达，随着沙颍河流域工农业的发展，沙颍河流域水质不断恶化，水环境问题已十分突出。

补偿思路。2008 年 12 月，河南省政府发布了《河南省沙颍河流域水环境生态补偿暂行办法的通知》。根据此通知，2009 年年初开始对沙颍河流域涉及的郑州、开封、许昌、漯河、平顶山和周口 6 市 13 个地表水责任目标断面进行水质监测，监测因子确定为化学需氧量和氨氮。按照与省政府签订的目标值按周计算扣缴的补偿金，扣缴采取待省财政年终结算时扣收该市财力的办法办理，省环境保护行政主管部门负责核定各断面每周超标倍数和补偿金数额。

生态补偿金主要用于流域内生态补偿及水污染防治、环境监测监控能力建设和对水环境责任目标完成情况较好的省辖市的奖励等。河南省环保厅会同省财政厅制订了《河南省沙颍河流域水环境生态补偿、奖励暂行办法》，扣缴生态补偿金的 50%用于对下游的生态补偿，20%用于水污染防治，20%用于沙颍河流域环境监测监控能力建设，10%用于对水环境责任目标完成情况较好的省辖市的奖励。

补偿标准。扣缴补偿金标准为，对各地表水责任目标断面水质出现超出于省政府签订的目标值的，按照“污染重、扣缴额度大，污染轻、扣缴额度小”和“地表水有使用功能”原则扣缴生态补偿金，分为两类：Ⅴ类水以内（化学需氧量质量浓度≤40 mg/L，氨氮质量浓度≤2.0 mg/L）扣缴基准为5万元，劣Ⅴ类水（化学需氧量质量浓度>40 mg/L，氨氮质量浓度>2.0 mg/L）扣缴基准为10万元，具体见表2-2。

表2-2 扣缴补偿金额度

目标值	超标倍数	补偿金
Ⅴ类水以内	0.1～1.0（含）	5万元×（1+超标倍数）
	1.0～2.0（含）	10万元×（1+超标倍数）
	>2.0	50万元×（1+超标倍数）
劣Ⅴ类水	0.1～0.5（含）	10万元×（1+超标倍数）
	0.5～1.0（含）	25万元×（1+超标倍数）
	1.0～1.5（含）	50万元×（1+超标倍数）
	1.5～2.0（含）	100万元×（1+超标倍数）
	>2.0	200万元×（1+超标倍数）

奖励补偿金标准分为两种情况：根据省政府与流域内各市政府签订的环保责任目标，上游城市出境水质超过责任目标时，按周计算对下游城市的生态补偿（表2-3）；对水环境责任目标完成情况较好的省辖市进行奖励（表2-4）。

表2-3 奖励补偿金额度表（补偿）

目标值	超标倍数	补偿金
Ⅴ类水以内	0.1～1.0（含）	2.5万元×（1+超标倍数）
	1.0～2.0（含）	5万元×（1+超标倍数）
	>2.0	25万元×（1+超标倍数）
劣Ⅴ类水	0.1～0.5（含）	5万元×（1+超标倍数）
	0.5～1.0（含）	12.5万元×（1+超标倍数）
	1.0～1.5（含）	25万元×（1+超标倍数）
	1.5～2.0（含）	50万元×（1+超标倍数）
	>2.0	100万元×（1+超标倍数）

表2-4 奖励补偿金额度表（奖励）

出境河流水质	化学需氧量、氨氮达标率	奖励金额
Ⅰ～Ⅲ类	>90%	100万元
Ⅳ、Ⅴ类	>90%，且达标率比上年度每增加1个百分点	20万元，连续两年以上均为100%时，每年对该河流的出境城市奖励100万元
Ⅴ类	>90%，且达标率比上年度每增加1个百分点	10万元，连续两年以上均为100%时，每年对该河流的出境城市奖励50万元

（5）山东全面推行重点流域生态补偿机制

南水北调黄河以南段及山东省省辖淮河流域、小清河流域共涉及山东省 12 个市 69 个县（市、区），是南水北调和“两湖一河”流域中的重点区域。2006 年，山东省主要污染物排放量虽有一定幅度的下降，但仍没有实现年初提出的化学需氧量削减 3.5%、二氧化硫削减 4.0%的目标。同时，山东省水资源严重匮乏，生态系统比较脆弱，水体污染问题尚未得到有效解决。截至 2007 年年底，省辖淮河流域仍有 28.6%的断面未达到国家环保计划目标，南水北调沿线 95.8%的断面达不到调水水质要求，小清河流域水质达标率仅为 4%，水污染防治工作任务十分艰巨。

补偿思路。在这种背景下，山东省人民政府颁布了《关于在南水北调黄河以南段及省辖淮河流域和小清河流域开展生态补偿试点工作的意见》，决定在以上流域开展生态补偿试点工作。

根据试点地区各环境保护主体为实施国家和省环境保护规划、污染减排计划而做出的贡献和付出的额外成本，合理确定补偿对象。生态补偿资金由省与试点市、县（市、区）共同筹集，各市安排补偿资金的额度，根据当地排污总量和原国家环保总局公布的污染物治理成本测算，原则上按上年度辖区内试点县（市、区）所排放化学需氧量、氨氮治理成本的 20%安排补偿资金。

补偿标准。第一，对退耕（渔）还湿的农（渔）民，在湿地发挥经济效益前，按农（渔）民的实际损失给予补偿。实施退耕（渔）还湿的第一年度，原则上按上年度同等地块纯收入的 100%予以补偿；第二年度按纯收入的 60%进行补偿；第三年后不再补偿。

第二，对达到国家排放标准的企业，因实施工业结构调整而造成企业关闭、外迁的，由试点市从补偿资金中安排一部分资金，并结合其他资金，统筹给予补助。

第三，对流域内进入城市污水管网实施“深度处理工程”的，按每年度缴纳污水处理费的 50%补偿；对实施“再提高工程”的，按“再提高工程”所削减污染物处理成本的 50%给予补偿。

第四，对按治污规划新建污水垃圾处理设施的，通过贷款贴息或建成奖励的办法给予一定补偿，加强流域内环境基础设施建设。

第五，支持企业采取先进、适用的新技术、新工艺防治污染，进一步减少污染物排放总量。

2.2.2.2　设立专项资金模式

（1）福建省闽江流域生态补偿机制

闽江是福建省最大的河流，年径流量 621 亿 m^3，流域面积约占福建省总面积的一半，流经区域主要为福州、南平、三明等市。作为福建省的母亲河，福建省为闽江流域设立了生态补偿专项资金。

2005—2010 年，下游地区的福州市政府每年增加 1 000 万元闽江流域整治资金用于支持上游地区的三明市和南平市（各 500 万元），在此基础上，三明市和南平市每年再各增加 500 万元用于闽江流域治理。此外福建省环保局“切块”安排 1 500 万元资金。同时省财政厅、省环保厅制定了《闽江流域水环境保护专项资金管理办法》，用于规范生态补偿的形式和内容。

专项资金主要用于三明市、南平市辖区内列入省财政批准的《闽江流域水环境保护规划》和年度整治计划内的项目实施，重点用于畜禽养殖业污染治理、乡镇垃圾处理、水源保护、农村面源污染整治、工业污染防治及污染源在线监测监控设施等工程的建设。

（2）浙江省“德清模式”

德清县位于浙江省湖州市，其西部地区是全县主要河流的源头和水源涵养区，也是生态林的集中分布区。2005 年 2 月，德清县政府发布了《关于建立西部乡镇生态补偿机制的实施意见》。按照《实施意见》的要求，德清县从六个渠道建立生态补偿资金，进行专户管理。六个渠道包括：县财政每年在预算内资金安排 100 万元；从全县水资源费中提取 10%；在对河口水库原水资源费中新增 0.1 元/t；从每年土地出让金的县得部分提取 1%；从每年排污费中提取 10%；从每年农业发展基金中提取 5%。2005 年筹措资金 1 000 万元。生态补偿资金主要用于西部乡镇的生态保护项目和环保基础设施建设。

2.2.2.3 水权交易模式

水权交易是指由于流域上游地区采取一系列的节水措施使其出境水量超出了目标值，即初始水权未完全使用，则使用这部分水量的下游地区需要向上游交纳一定的使用费购买这部分水资源使用权。

浙江金华江流域开创了我国首例水权交易。位于金华江下游的义乌市是我国著名的小商品城集散中心，工业用水和生活用水严重缺乏，而上游的东阳市水资源相对丰富。2001 年 11 月 24 日，东阳市和义乌市首次签订了城市间协议，东阳市以 4 元/m^2 的成交价格将其境内的横锦水库（4 999.9 万 m^3/a）的永久用水权一次性转让给义乌市，并保证水质达到国家现行 I 类饮用水标准。

2.2.2.4 异地开发模式

为了避免流域上游地区因发展工业造成的污染以及弥补发展权限制的损失，在下游城市建立一个工业区，所得税收属于上游城市，即异地开发模式。

如浙江省金华市在金华江下游异地开发建设流域源头地区。位于上游源区的磐安县，作为生态屏障的重要功能保护区却经济落后，且隶属于下游的金华市，为扶持磐安县经济发展，金华市在金华市工业园区建立了一块属于磐安县的“金磐扶贫经济技术开发区”，并在政策和基础设施建设方面给予支持，而开发区所得税收归磐安县所有。

2.3　国内外生态补偿实践对比分析

在以上我国典型案例中，有一些未列入课题试点的地区，生态补偿工作进展也比较顺利。总体来讲，目前我国开展的生态补偿实践以跨界断面水质目标考核模式居多（表 2-5）。

表 2-5　全国流域生态补偿实践一览

	地区	形式
试点地区	东江流域	饮用水水源地保护经济补偿
	辽宁省辽河流域	跨界断面水质目标考核模式
	河南省沙颍河流域（淮河流域）	跨界断面水质目标考核模式
	福建省闽江流域	设立专项资金模式
非试点地区	京冀间生态补偿实践	饮用水水源地保护经济补偿
	河北省子牙河流域	跨界断面水质目标考核模式
	江苏省太湖流域	跨界断面水质目标考核模式
	山东省南水北调黄河以南段及省辖淮河流域、小清河流域	跨界断面水质目标考核模式
	浙江金华江流域	水权交易模式，异地开发模式

通过对目前国内外流域生态补偿实践的总结可以看出，国际上存在两种补偿模式，即市场补偿和政府补偿。国外主要以市场补偿为主，国内由于市场经济不够成熟，主要以政府补偿为主。两种补偿模式各有利弊，政府补偿能够确保资金到位，保障能力强，但是却受到行政区域的限制；市场补偿相对于政府补偿来讲更容易实现，但是却受到水权的限制，必须在水权清晰且交易成本低的前提下进行。国内外生态补偿实践的主要区别见表 2-6。

表 2-6　国内外生态补偿实践的区别

	内涵	范围	标准	途径	实施效果
国外生态补偿	一种自愿性的交易	涉及的利益相关者较少，范围较小	补偿标准通过交易双方的谈判解决，补偿效果较好，很少存在补偿标准过低导致没有达到刺激保护环境积极性的问题	以市场补偿为主	较好
国内生态补偿	非自愿性的交易，范围更广泛	补偿范围广，涉及的补偿对象多	生态补偿标准主要由政府制定，往往存在补偿标准过低，流域上下游经济发展悬殊很大的问题	以政府补偿为主	有时难以达到预期效果

第3章 流域生态补偿与污染赔偿制度框架

制度框架设计是流域生态补偿与污染赔偿制度的顶层设计。本章将研究提出流域生态补偿与污染赔偿制度的建立原则和目标，确立流域生态补偿与污染赔偿的类型，识别本课题开展流域生态补偿试点示范的范围，提出建立流域生态补偿制度的关键技术问题及其解决方法，指导开展流域生态补偿试点研究。

3.1 流域生态补偿与污染赔偿的原则与目标

3.1.1 基本原则

（1）坚持“谁开发、谁保护，谁破坏、谁恢复，谁受益、谁补偿，谁污染、谁付费”

明确流域生态补偿与污染赔偿的责任主体，确定流域生态补偿与污染赔偿的对象、范围。流域环境和自然资源的开发利用者要承担环境外部成本，履行流域生态环境保护责任、赔偿相关损失，支付占用流域环境容量的费用（赔偿），流域生态保护的受益者有责任向流域生态保护者支付补偿费用（补偿）。

（2）应补则补，奖惩分明

流域生态补偿与污染赔偿牵涉多方利益调整，要广泛调查各利益相关者情况，合理分析生态保护的纵向、横向权利义务关系，科学评估维护生态系统功能的直接和间接成本，研究制定合理的生态补偿标准、程序和监督机制，确保利益相关者责、权、利相统一，做到“应补则补，奖惩分明”。

（3）共建共享，双赢发展

流域生态环境保护的各利益相关者应在履行环保职责的基础上，加强流域生态保护和环境治理方面的相互配合，并积极加强经济活动领域的分工协作，共同致力于改善流域生态环境质量，拓宽发展空间，推动流域上下游可持续发展。

（4）政府引导，市场调控

要充分发挥政府在流域生态补偿与污染赔偿机制建立过程中的引导作用，结合国家相关政策和当地实际情况改进公共财政对生态保护投入机制，同时要研究制定完善调节、规范市场经济主体的政策法规，增强珍惜环境和资源的动力，引导建立多元化的筹资渠道和市场化的运作方式。

（5）试点先行，以点带面

结合试点流域的特点，积极总结借鉴国内外经验，科学论证、积极创新，探索建立多样化的流域生态补偿与污染赔偿方式，取得试点经验，形成示范效应，为加快推进建立流域生态补偿与污染赔偿机制提供经验借鉴，为国家水体污染控制与治理提供政策支持。

3.1.2　阶段目标

（1）第一阶段（2008—2010 年）目标

系统构建流域生态补偿与污染赔偿机制的框架体系，研究建立定量化核定标准与方法体系，推动构建流域生态补偿与污染赔偿的协调渠道与约束机制、筛选补偿与赔偿方式，研究设计流域生态补偿与污染赔偿机制，并选取典型区域开展试点工作，检验方法与技术体系，取得试点经验。

（2）第二阶段（2011—2015 年）目标

进一步完善流域生态补偿与污染赔偿的政策框架与技术方法体系，根据试点地区实践情况进一步优化调整，扩大试点示范范围，形成比较完善的流域生态补偿与污染赔偿技术方法体系，促进试点区域流域环境资源优化利用与流域协调发展，为国家建立流域生态补偿与污染赔偿政策提供比较完善的政策方案。

（3）第三阶段（2016—2020 年）目标

形成完善的流域生态补偿与污染赔偿技术方法体系与政策方案，提供适用于我国各类典型流域的生态补偿与污染赔偿模式，为国家全面实施流域生态补偿与污染赔偿政策提供技术、方法、实践与政策方案设计的支持。试点区域形成流域生态补偿与污染赔偿的长效稳定机制。

3.2　确定流域生态补偿与污染赔偿类型的依据

流域生态补偿与污染赔偿的类型主要依据流域特征来判定和识别。基于三个因素考虑试点研究区：一是考虑流域特征的典型性、代表性；二是考虑类型与空间分布的均衡性；三是考虑工作基础与地方开展试点工作的意愿。同时，要从以下四个方面考虑流域特征。

3.2.1　基于流域的主体功能

从流域的主体功能角度考虑，主要分为三种类型：一是集中式饮用水水源地生态补偿试点研究；二是江河源头水源涵养区生态补偿试点研究；三是跨行政区河流的生态补偿与污染赔偿试点。

因此，根据东江源作为香港地区和珠江三角洲地区的饮用水水源地的功能，选择此区开展集中式饮用水水源地经济补偿的试点研究；根据东江源、南水北调工程中线水源区的水源涵养区特征，选择这两个区开展江河源头水源涵养区生态补偿试点研究；根据辽河、湘江、闽江、河南省省辖流域等跨行政区河流特征，选择这4个流域开展跨行政区河流的生态补偿与污染赔偿的试点研究。

3.2.2 基于流域的尺度

从流域尺度来看，主要涉及两个层面三种类型：即跨省的生态补偿问题和省内跨市的生态补偿问题，其中跨省流域还分为大江大河尺度和跨2～3个行政区的尺度。基于这种思路，东江源、南水北调中线工程水源区、辽河就属于跨省的流域生态补偿问题，而湘江、闽江、河南省辖流域则属于省内跨市的流域生态补偿问题。大江大河尺度，如长江、黄河等，受益者广泛、补偿对象相对不明确、涉及问题复杂，暂不考虑。

3.2.3 基于流域突出的环境与发展问题

流域突出的环境与发展问题主要涉及两个层面：保护“清水”并发展经济和发展经济并有效治理“污水”。对于上述提到的六个试点研究区，南水北调中线工程水源区和东江源就属于在保护好“清水”的前提下，做到经济社会的可持续发展。因此，这里更多地涉及生态补偿问题；而湘江、闽江、辽河、河南省辖流域则属于在发展经济的同时，有效保护“清水”并治理“污水”，因此，既涉及生态补偿，又涉及污染赔偿问题。

3.2.4 基于以上三种因素的综合划分

在试点实践中，以上三种类型划分是相对的，不是完全可以区分开的，例如东江流域既属于江河源头水源涵养区生态补偿类型，又属于跨省的流域生态补偿类型，同时也属于侧重于保护好“清水”的生态补偿类型。为方便接下来的试点研究，这里综合考虑以上三种因素，将流域生态补偿与污染赔偿划分为三类，即跨界流域生态补偿、跨界流域污染赔偿以及水源地保护的生态补偿。

跨界流域生态补偿适用于跨多个行政区域的流域，主干河道给多个行政区域提供生产、生活、生态用水，流域水质相对较好，流域突出的问题是生态保护和建设；或者上游地区社会经济发展与下游地区相比差距很大，无力承担自己辖区内的生态保护和环境治理，则需要建立跨界流域生态保护的补偿机制，共同分担流域内生态保护成本，补偿上游区域的社会经济发展成本。

跨界流域污染赔偿是针对社会经济发展基本均衡的、跨多个行政区域的河流，流域的主要问题是环境污染治理，为了解决流域跨界污染的问题，建立流域跨界水质目标责任经济补偿机制。主要针对跨省、省内跨市县的流域上下游跨界水质目标责任考核。

水源地是指省、市、县乃至乡镇政府正式批准的集中式饮用水水源地。水源地保护的生态补偿重点要解决水源地所在地区和流域环境保护投入和当地居民、政府经济发展受损的问题，重点是建立水源地生态环境保护补偿机制。

其中，辽河流域、广东省辖东江流域、闽江流域、湘江流域、河南省辖流域既包括跨界流域生态补偿又包括跨界流域污染赔偿，江西省辖东江流域、南水北调中线水源区属于水源地保护的生态补偿。由于东江流域江西范围的突出功能是水源涵养功能、广东范围的突出功能是供水功能，因此可以考虑设立跨省的重点生态功能区，以此为平台研究跨省生态补偿。

3.3　流域生态补偿与污染赔偿的关键技术环节

3.3.1　相关利益主体识别

流域生态补偿与污染赔偿的利益相关者包括：①流域资源的所有者；②流域资源的开发使用者；③流域资源的管理者。从这个角度看，流域生态补偿的支付者也存在三个层次：当地（local）、省内（provincial）、国家（country），它取决于资源及生态效益影响涉及的范围。不同层次的补偿以不同的方式或机制来实现。

流域生态补偿主体包括两个方面：①一切从利用流域水资源水环境保护中受益的群体。这些用水活动包括工业生产用水、农牧业生产用水、城镇居民生活用水、水力发电用水、利用水资源开发的旅游项目、水产养殖等。②一切生活或生产过程中向外界排放污染物，影响流域水量和流域水质的个人、企业或单位。主要是具有污染排放的工业企业用水、商业家庭市政用水、水上娱乐及旅游用水等。

流域生态补偿客体是执行水环境保护工作等为保障水资源可持续利用做出贡献的地区和个人。如流域上游区域（包括流域上游周边地区）实施多项水源保护措施，为保障向下游提供持续利用的水资源，投入了大量的人力、物力、财力，甚至以牺牲当地的经济发展为代价。对这些为保护流域水生态安全做出贡献的地区，流域下游乃至国家作为受益地区理应负起补偿的责任。

流域生态补偿的客体也可以分为两类：一是生态保护者，二是减少生态破坏者。流域生态保护者主要包括保护区内涵水林的种植及管理者、上游流域的生态建设及管理者以及其他生态建设及管理者，其主体可能是当地居民、村集体，也可能是当地政府。减少生态破坏者主要指保护区内为维持良好的流域上游生态环境而丧失发展权的主体，如企业在生产品种的选择上，为保持生态而只能选择无污染项目；居民家庭无法选择养殖业，在种植业经营中，由于减少化肥使用量而造成机会损失，当地政府由于无法对旅游资源开发经营、无法招商引资从而带来财政收入的减少等。

3.3.2　确定标准的技术方法

通过建立流域生态补偿与污染赔偿机制，使流域上下游建立一种相对的公平。其不同层次流域生态补偿与污染赔偿的前提见图 3-1。其实质是流域上下游地区政府之间部分财政收入的重新再分配过程，目的是建立公平合理的激励机制，使整个流域能够发挥出整体的最佳效益。其中，赔偿是由上游地区对下游地区污染超标所造成损失的赔偿，赔偿金额与超标污染物的种类、浓度、水量以及超标时间有关。补偿标准测算包括四个方面：

- ❖ 以上游地区为水质水量达标所付出的努力即直接投入为依据，主要包括上游地区涵养水源、环境污染综合整治、农业非点源污染治理、城镇污水处理设施建设、修建水利设施等项目的投资。
- ❖ 以上游地区为水质水量达标所丧失的发展机会的损失即间接投入为依据，主要包括节水的投入、移民安置的投入以及限制产业发展的损失等。
- ❖ 今后上游地区为进一步改善流域水质和水量而新建流域水环境保护设施、水利设施，新上环境污染综合整治项目等方面的延伸投入，也应由下游地区按水量和上下游经济发展水平的差距给予进一步的补偿。
- ❖ 以下游地区恢复治理破坏的流域生态系统的投入为依据，主要包括流域生态建设与恢复治理投入以及受破坏地区的机会成本。

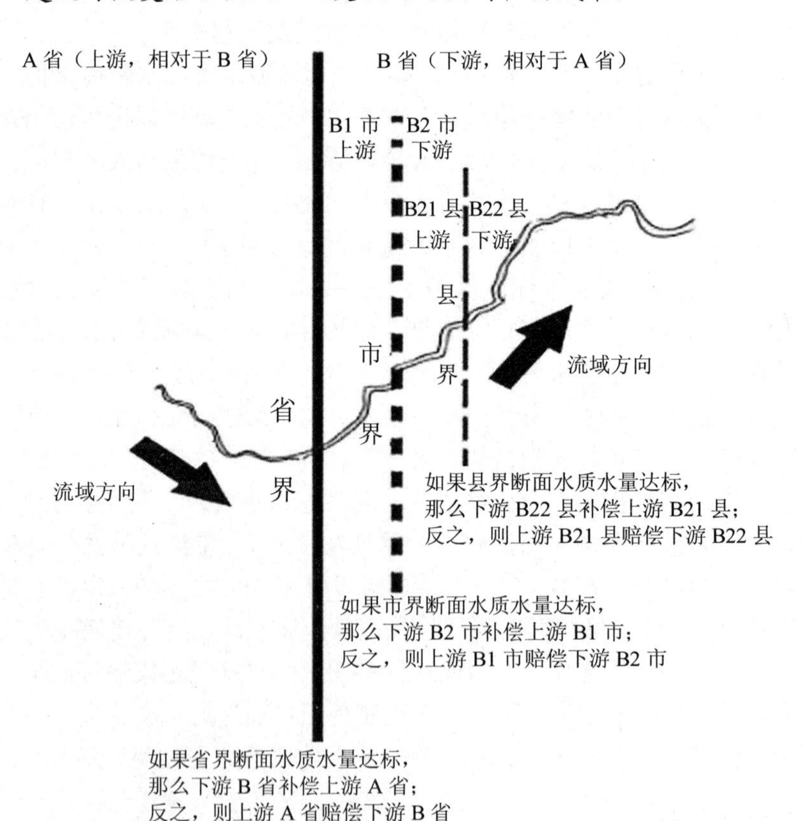

图 3-1　不同层次流域生态补偿与污染赔偿的前提

3.3.3　补偿与赔偿方式确定

3.3.3.1　资金补偿

由于上游对水资源保护所做出努力的最大受益者是流域下游，因此，资金补偿的主体是流域下游政府，同时，上游区域也是生态建设的受益者，也是补偿主体之一。

对于下游而言，可以调节用水的价格，水价一般由工程成本、管理成本和资源成本组成。一般而言，工程成本、管理成本相对固定，上涨空间较小，而资源成本的上涨空间通常比较大，因此，下游地区可以适当提高水资源费征收标准，按比例把部分资金划归流域生态补偿基金，这个做法的可操作性较强。上游也可参照下游提高水价的做法，按地区实际提高上游的用水价格，按比例把提高水资源费中的部分资金划归流域生态补偿基金。至此，流域生态补偿基金的来源就有了稳定的渠道。流域上游必须做到补偿资金的专款专用，主要有 3 个流向：一是上游流域节水、水源保护、生态环境建设资金等；二是水管理费用；三是水源地环境保护费用。资金补偿方式适合于各种尺度流域生态补偿机制。

3.3.3.2　政策补偿

政策补偿是上级政府对下级政府的权力和机会补偿。受补偿者在授权的权限内，利用制定政策的优先权和优惠待遇，制定一系列创新性的政策，在投资项目、产业发展和财政税收等方面加大对流域上游的支持和优惠，促进流域上游经济发展并筹集资金。利用制度资源和政策资源进行补偿十分重要，尤其是在资金贫乏、经济薄弱的流域上游地区，“给政策，就是一种补偿”。

1）针对流域上游生态建设与环境保护特点制定有针对性的财政政策。这种政策适用于大江大河尺度流域生态补偿机制，例如目前对我国西部地区的财政转移支付制度，就是这种政策的体现。

2）制定市场补偿政策。逐步培育流域上下游之间的水权转让市场，下游按照市场价格定期支付区域水资源费用。这种政策适用于市内小尺度流域，涉及的利益相关方较少，流域生态补偿市场相对容易建立。

3）制定技术项目补偿政策。流域下游各级政府每年要在区域内安排一定数量的技术项目，帮助上游地区发展替代产业，或者补助无污染产业的上马，以帮助上游发展生态产业。这种政策因其操作成本较高，更适合省内或市内尺度流域的生态补偿机制。

4）制定鼓励异地开发政策。允许并支持上游在下游适宜地区设异地开发试验区，当地政府要在土地使用、招商引资、企业搬迁等方面给予开发试验区以政策优惠，引导其在开发试验区内安排一些流域上游因生态保护而不能布置的污染项目。受我国目前行政管理体制的限制，异地开发的模式更适合于市内小尺度流域生态补偿机制。

3.3.3.3 产业补偿

借鉴由经济发展梯度差异而引发的产业转移机制来解决流域的生态补偿问题，把下游补偿上游的发展落实到具体的产业项目上，这是一个现实的选择。

壮大与发展流域上游产业，增强其自身的“造血功能”是缩小上下游发展差距，提高当地人民生活水平的最好办法。上游在产业发展中要树立“服务下游，就是发展自己”的观念，搭建好产业转移承接平台用于接纳和汇聚上下游劳动密集型、资源型、高技术低污染型产业，形成产业集群和工业加工区。

产业补偿政策需要把流域作为一个系统来考虑，在一个流域框架内考虑产业的布局与资源的配置，这种政策在跨省流域操作相对困难，在省内相对容易，但也因跨不同地级市导致产业政策会失灵，但在市域内的流域产业政策的发展空间会比较大，政策的操作成本相对小。

3.3.3.4 市场补偿

流域生态补偿市场机制的形成需要具备以下前提：

1）流域上下游生态服务供需矛盾尖锐。下游对水质或水量等要求较高，而上游为了追求经济利益而开设工厂、砍伐森林、坡地开荒等，加重了水质污染和水土流失，农药化肥的使用也造成面源污染。下游为了获得优质水源或合适的水量等生态效益而考虑向上游支付一定的生态补偿费用，对上游生态保护形成激励机制，同时也可以通过协议形式对上游付费，要求上游按生态保护的要求进行生产。

2）公众对流域生态服务功能与价值的认可。流域生态服务功能具有外部性，上中游为服务的提供方，下游为服务的受益方，生态补偿市场机制的形成需要公众尤其是生态服务受益方对流域生态服务功能与价值的认识。因此，加强流域生态服务功能的宣传、教育与培训，也是生态补偿市场机制形成的不可或缺条件。

3）产权清晰，公众或政府具有制度创新的意识。产权是流域生态服务功能形成的基本保证，流域土地和生态服务产权清晰，可以为买卖双方确定一个可以交易的平台。生态服务产权也可以通过公共部门的注册加以明晰。

4）成本效益分析结果较好。由于市场的形成是在经济利益驱使下的一种经济行为，如果这种贸易的成本效益率高于其他方式，这种方式就很容易被接受。

随着中国市场化进程的逐步推进，市场补偿机制应该是中国流域生态补偿机制的发展趋势。可以借鉴国外流域生态补偿的形式，逐步探索一对一的贸易补偿模式和基于市场的生态标记模式。

应该说明的是，前三种生态补偿方式主要以政府主导为主，市场补偿方式是中国流域生态补偿的发展趋势。这四种生态补偿方式是建立中国不同层次流域生态补偿机制的基础，上面仅给出不同层次流域生态补偿机制的逻辑框架，实际操作时应该是这四种生态补偿方式在不同层次流域生态补偿中的有效落实。

试点研究区生态补偿方式建议见表 3-1。

表 3-1　试点研究区生态补偿方式建议

补偿机制类型	资金补偿	政策补偿	产业补偿	市场补偿
南水北调中线工程水源区	适宜	适宜		
东江源	适宜	适宜		
辽河	适宜	适宜		
湘江	适宜	适宜	适宜	
闽江	适宜	适宜	适宜	
小尺度流域	较适宜	较适宜	适宜	适宜

3.3.4　流域生态补偿与污染赔偿资金来源

流域生态补偿与污染赔偿的资金来源有六类：

一是固定来源，即在财政收入中，固定用于流域生态补偿的相关收入。

二是体现在项目预算（包括生态建设、生态保护、生态开发以及其他公共建设项目）中的生态补偿资金，这部分资金根据项目建设的需要来确定，其金额相对不固定。

三是体现在中央对地方转移支付中的生态补偿资金，这部分资金根据财政转移支付制度的计算公式，视中央财政的财力来确定。

四是体现在所在流域上下游同级政府之间的横向财政转移支付，专门用于流域生态保护与环境污染防治，视流域实际和上下游经济发展水平而定。

五是流域上下游政府本级财政收入中的生态补偿资金，可以用于流域补偿的其他支出，由于流域生态功能不同，环境问题不同，地方财力不同，这部分收入在不同地区之间也会存在差异。

六是通过政府引导，来自市场领域的用于流域生态补偿的资金。

3.3.5　流域生态补偿与污染赔偿实施技术支撑

3.3.5.1　流域跨界断面水质考核制度

流域生态补偿与污染赔偿政策的根本目的是调节生态保护背后相关利益者的经济利益关系，对于一个涉及众多利益相关者的政策，要保证公平和合理，就必须让利益相关各方公平参与。基于这项政策实践中存在的责任主体、补偿标准、交易成本和利益相关者协商等难点，在探讨中国流域生态补偿与污染赔偿机制设计时，不可避免地就要引入生态补偿与污染赔偿标准的测算依据。这个测算依据就是上下游要建立“环境责任协议”制度，采用流域水质水量协议的模式，下游在上游达到规定的水质水量目标的情况下给予补偿；在上游没有达到规定的水质水量目标，或者对下游造成水污染事故的情况下，上游反过来要对下游给予补偿或赔偿。其中，赔偿是由上游地区对下游地区污染超标所造成损失的赔偿，赔偿额与超标污染物的种类、浓度、水量以及超标时间有关。而流域跨界断面水质考核是利用环境质量的改善反映区域污染物减排的效果，也是解决跨界环境污染纠纷的有效手段，要解决的主要问题是通过考核来反映环境行政成果。因此，在研究流域生态补偿与污染赔偿机制过程中，就引入了流域跨界断面水质考核制度。

（1）流域跨界断面水质考核标准

1）污染物总量增减法。被考核行政区的出、入境断面确定后，选择污染因子，如氨氮、高锰酸盐指数等，然后进行监测，同时测得流量数据，分别计算出、入境断面的污染物总量通量，再计算出被考核行政区的污染物增减绝对量。

该方法适用于数据量充分，在多数出、入境断面上都建立水质在线监测系统和水文站的跨行政区界的水质断面的考核。优点是科学、准确，能够反映出环境质量的细微改善，即使所有断面都满足功能区划，也可以进行深入考核，实现了环境质量和总量的完整结合，是最理想的考核方法。缺点是投入大、管理复杂，一般的省、市难以在短时间内实现；且监测项目有限，不能在线监测的项目无法考核。

2）水质类别法。此方法是在所有的出、入境断面确定后，确定监测项目，根据监测结果评价出各断面的水质类别，然后再结合水体功能区划，进行评比考核。对超过水体功能区划的同一水质类别断面，评比时可以考虑超标的污染因子数量进行扣分。对于出境等于或好于水质功能区划的断面，同比对照入境断面的水质给予适当的加分。此方法适用于监测项目多、监测频次相对较低的跨界断面水质考核。优点在于不需要流量数据，不需要在线监测系统，比较适合多数经济能力较弱的省、市，是多数省、市现实可用的考核方法。缺点是在反映细微的环境质量改善上不如污染物总量增减法准确，不适合都达标的断面的考核，人工监测工作量较大，数据量较少，偶然性增加。

3）污染物总量增减与水质类别相结合法。该方法是将以上两种方法进行综合，适用于被考核断面存在不能在线监测的特征污染物。既可以计算污染物总量的增减，也可以考核水质类别是否达标。

（2）流域跨界断面水质考核机制

1）流域跨省界断面水质考核机制。跨省界流域生态补偿的关键在于省与省之间的沟通与协调，由上一级政府来调节，为跨省流域生态补偿搭建一个平台，明确上下游的责任和义务。下游作为流域生态补偿的主体，上游作为被补偿主体，上下游达成流域生态环境协议。在此环境协议下，确定流域跨省界断面水质考核标准，构建流域跨省界断面水质考核机制。

具体来讲，监测考核断面由环境保护部会同水利部以及相关省市人民政府设置。敦促各省政府确保省界流域水质达到《“十一五”水污染物总量削减目标责任书》中确定的目标，按照环境保护部《关于预防与处置跨省界水污染纠纷的指导意见》有关要求，明确省界断面水质目标管理的责任主体。环境保护部对跨省界断面水质按年度目标进行考核评定，各省级人民政府对其辖区内水质目标负全责，跨省界水质目标每季度考核一次，考核结果由环境保护部认定和发布，对不能按期完成工作任务的，依照实际水质与目标水质标准的差距，根据环境治理成本，由上游省份对下游省份给予赔偿；对于按期完成任务的，国家要对上游地区实行奖励。

2）流域省内跨市断面水质考核机制。跨市流域生态补偿更多地由省级政府推动，协调各市之间的关系，从而解决流域省内跨市生态补偿问题。省域内跨市流域生态补偿应该在省级环保部门的协调下，建立流域环境协议，明确流域在各行政交界断面的水质要求，按水质情况确定补偿或赔偿的额度。流域的行政交界断面在达到流域环境协议要求时，下游必须向上游生态建设提供补偿，而在未达到流域环境协议要求时，上游必须向下游提供赔偿。

具体来讲，监测考核断面由省环境保护行政主管部门会同省水行政主管部门、各设区的市人民政府设置。水质目标根据国家、省市水污染防治规划和各省有关水环境功能区划确定的控制单元水质目标值及常年流量，结合各省人民政府下达的污染物排放总量控制规划确定，各市人民政府要采取有效措施削减污染物排放量，确保断面水质达到规定的控制目标。跨市水质目标每月考核一次，考核结果由省环境环境保护行政主管部门认定和发布。凡断面当月水质指标值超过控制目标的，上游地区设区的市应当给予下游地区设区的市相应的赔偿资金；凡断面当月水质达到控制目标的，下游地区设区的市应给予上游地区一定的补偿资金，补偿和赔偿标准根据上下游环境保护和生态建设成本确定。

3.3.5.2　流域生态补偿与污染赔偿相配套的污染在线监测制度

水污染源在线监测是政府环境保护部门为控制污染物排放浓度和总量控制的最重要措施，是环境保护部门进行环境管理的基础和技术支持，在线监测是污染源排放实时动态监控唯一可行的技术手段，其重要性是不言而喻的。

为了切实加强对流域水资源的长效管理，确保流域跨界水体水质考核机制的实施，就必须研究并建立与之相配套的流域跨界水体水质污染在线监测制度，从而用来确定监测规范和监测对象，保证在线监测数据的准确性和可靠性，保证在线监测设备的有效运行。

经验证明，水环境监测是严格执法的基础，没有完善的水环境监测网络，就不可能贯彻落实好《水污染防治法》。流域跨界断面水质考核制度能否达到预期的环境监督和环境管理的目的，其配套的污染在线监测是否符合技术要求，管理是否完善，这些是关键所在。

参考《“十一五”水污染物总量削减目标责任书》和环境保护部办公厅《关于印发〈重点流域水污染防治专项规划实施情况考核指标解释（试行）〉的函》以及有关区域发展规划与重点流域跨界断面水质标准，从以下几个方面对流域生态补偿与污染赔偿相配套的污染在线监测制度进行规定：水质监测考核时段为全年，考核因子根据各流域自身特点确定，断面水质状况评价采用每月监测 1 次全年共 12 次的人工监测值或水质自动监测站全年 52 周的月均值。新建成水质自动监测站，通过验收但运行未满 1 年，其数据暂不纳入考核范围。对结果为不达标的断面，在扣除入境水质影响后进行再评价。即在考核时，考虑入境水质对考核断面的影响，如果上游入境断面污染物浓度超过其规定的目标值，则比较出境断面与入境断面的改善或恶化程度。如果上游入境断面污染物浓度未超过其规定的目标值，则不扣除入境水质的影响。若目标断面上游省份未设定水质目标值，上游省份出境水质原则上应不低于被考核省份出境断面水质。

另外，鉴于流域生态补偿与污染赔偿是个典型的涉及多部门的问题，在设计流域污染在线监测制度框架中，要有环保、水利、发改、建设等数个部门参与，以环保部门为主，各个部门协商，最终形成运转有效的统一综合治理机制。在省内跨市流域污染在线监测制度上，由省环境保护行政主管部门负责组织断面水质监测；省水利厅负责组织断面水量及流向监测。监测考核断面水质、水量及流向一般采取自动监测的方法，经省环保厅核准的自动水质监测数据月平均值作为该断面当月水质指标值。尚未设自动监测站的断面，采取省、市环境监测机构联合人工监测的方法，每周监测 1 次，所有有效监测数据的月平均值作为该断面当月水质指标值。水量和流向数据由省水利厅核准，尚未设立自动监测站的，由省、市水文资源勘测机构联合人工监测，监测方法根据河流的水文特征确定监测频次，计算当月水量和流向指标值。不符合质量控制要求的数据无效。省环保厅会同省水利厅于每月 6 日将上月各断面水质、水量及流向进行汇总，将监测结果通报相关市人民政府。

3.3.5.3 流域生态补偿与污染赔偿的组织制度

建立健全流域生态补偿与污染赔偿的组织制度，首先要界定清楚国家、省、市在流域生态补偿与污染赔偿方面的组织实施制度。这个组织制度包括跨省和省内跨市两个层面。

（1）跨省层面的流域生态补偿与污染赔偿组织制度

跨省层面的流域生态补偿与污染赔偿组织制度由国家组织实施，国家和流域相关省建立流域生态补偿与污染赔偿政策试点工作组。工作组由领导小组、咨询专家组和技术组组成。领导小组组长建议由环境保护部主管领导担任，自然生态司、污染防治司、法规司主管司长为副组长，相关业务处室为领导小组成员，必要时可以邀请其他部委相关司局和试点地区政府领导参加，负责对流域生态补偿与污染赔偿及试点工作进行组织和协调。咨询专家组主要由在生态补偿领域卓有成效的专家组成，对生态补偿试点及政策研究工作的系统性、科学性进行把关和咨询。技术组主要由流域生态补偿与污染赔偿课题组主要成员组成。工作组领导小组及各成员组之间要各负其责，密切配合，形成运转有效的协调机制，如环境保护主管部门与水行政主管部门在技术上的协调，发展改革委、财政等部门在项目与资金上的协调等。

（2）省内跨市层面的流域生态补偿与污染赔偿组织制度

省内跨市层面的流域生态补偿与污染赔偿组织制度由各省组织实施。各省政府本着对本辖区环境质量负责的法律责任，以“谁污染、谁付费，谁破坏、谁补偿”为原则，结合本省实际，制定出适用于本省的生态补偿与污染赔偿标准，对损害环境资源作出赔付补偿。省环保厅（局）负责组织断面水质监测；省水利厅负责组织断面水量及流向监测。省环境监测机构负责每月对全省主要河流跨设区市考核断面考核指标进行监测，并统一组织各设区市环境监测站每月对本行政区域内跨县（市、区）考核断面考核指标进行监测；每月汇总全省的省考核断面和市考核断面的监测结果，并报省环保厅（局）。对水质、水量、流向监测数据有异议的，分别由省环境监测机构和省水文水资源勘测机构依照规定裁定。不符合质量控制要求的数据无效。

省环保厅负责汇总省考核断面每季度的监测结果并计算确定每月和季度扣款资金总额，以省环保领导小组办公室名义向设区市政府发出扣缴通知，抄送省财政厅。扣缴资金可暂由省本级垫付，待年终结算时一并扣回，作为全省水污染生态补偿资金，专项用于解决由于河水污染造成下游经济损失应给予补偿的项目和需要打深水井保障群众饮水安全项目，以及水污染综合整治的减排工程。各设区市环保局每季度负责汇总本行政区域内跨县（市、区）考核断面季度监测结果并计算确定每月和本季度扣款资金总额，以市环保领导小组办公室名义向有关县（市、区）政府发出扣缴通知，抄送市财政局，并抄报省环保厅、省财政厅。扣缴资金可暂由市本级垫付，待年终结算时一并扣回，作为本市水污染生态补偿资金。其中涉及省财政直管县（市）扣缴的，由设区市环保局将有关省财政直管县（市）跨界断面水质监测情况和本季度扣缴金额报省环保厅，由省环保厅汇总报省财政厅代为扣缴。各设区市生态补偿金使用管理办法由各设区市参照省补偿办法制订，并报省环保厅、省财政厅备案。省环保厅要加强对各设区市执行情况的检查督导，及时通报情况，并将检查结果作为全省环保目标考核的重要内容。

3.3.5.4　流域生态补偿与污染赔偿的仲裁制度

上一级政府作为流域这一“公共物品”的买方或中间人，负责协调流域上下游之间的利益关系，为上下游流域生态保护搭建协商平台，对于大江大河流域上下游的协商平台应该建立在国家生态安全的框架之下，充分考虑大江大河在全国的生态意义。对于中小尺度的跨省流域，在中央政府的协商下，考虑到流域上游的生态功能，寻找流域上下游都可接受的生态保护目标，共建协商平台。

跨行政区域水污染纠纷由上一级人民政府环境保护行政主管部门组织有关人民政府协商解决；协商不成的，纠纷任何一方可以报请流域水污染防治机构协调解决；当协调不能解决时，由纠纷一方或流域水污染防治机构报上一级人民政府（如果是跨省级行政区水污染纠纷则报国务院）裁决。因水污染引起的赔偿责任和赔偿金额的纠纷，由有关各方协商解决，协商不成的，可以请求相应的环境保护行政主管部门调解或者按有关法律程序裁决。

因跨省界水污染引起的损害赔偿责任和赔偿金额纠纷按《水污染防治法》有关规定执行。在省内跨市流域对水质、水量、流向监测数据有异议的，分别由省环境监测机构和省水文资源勘测机构依照规定裁定。对各级人民政府及有关部门不按期报告、通报，或者拒报、谎报水质、水量监测结果的，按照规定追究有关人员的行政责任。

（1）责任主体

我国《环境保护法》第十六条规定，地方各级人民政府，应当对本辖区的环境质量负责，采取措施改善环境质量。可见，地方人民政府对当地的环境负有管理职责。在流域生态补偿与污染赔偿纠纷中，应将相关的地方人民政府确定为责任主体。

（2）仲裁对象和范围

仲裁对象和范围主要是跨省或跨市流域生态补偿纠纷和污染赔偿纠纷。

（3）裁定的程序

流域生态补偿纠纷和污染赔偿纠纷的仲裁程序应由纠纷双方政府申请而启动。具体程序应参照一般性的行政裁决程序。

（4）仲裁方法和依据

在流域生态补偿与污染赔偿纠纷中，应以跨界断面水质考核的数据为依据，确定责任的归属以及补偿金额。同时，应遵从“谁受益、谁补偿，谁破坏、谁恢复，谁污染、谁治理”的原则。

3.3.6 试点实施效果评估

通过情景分析法研究流域实施生态补偿与污染赔偿的效果，量化生态补偿机制对流域污染防治的政策效应；同时根据对试点研究区的实地跟踪调研，总结相关经验，提出流域生态保护和污染防治的量化指标，评估地方政府和管理部门履行生态补偿与污染赔偿职能的状况、生态补偿与污染赔偿资金使用的效率及经济社会效益等，根据实施效果调整和修正相关政策和补偿方式，并提出若干政策建议。

3.4 流域生态补偿与污染赔偿试点范围识别

3.4.1 辽河试点研究区范围

辽河位于中国东北地区南部，是中国七大水系之一，流域涉及内蒙古自治区、吉林省西部和辽宁省的大部分地区，包括 15 个地市 56 个县（市、旗）。辽河流域水资源严重短缺，西辽河上游水土流失严重，降雨量与径流量偏低，生态用水严重不足，东、西辽河，浑河，太子河等重要支流水质较差，均为Ⅴ～劣Ⅴ类，流域内工业污染严重，面源污染突出。2006 年，辽河劣Ⅴ类水河长占总河长的比例为 58.6%，仅次于海河，是七大水系中水质状况最差的河流之一。蒙—吉、蒙—辽、吉—辽各跨省断面水质均为Ⅴ～劣Ⅴ类，辽河、大辽河入海水质均为劣Ⅴ类，上下游水污染纠纷问题突出。因此，辽河试点研究区范围侧重内蒙古、辽宁、吉林三省区。

3.4.2　东江源试点研究区范围

东江是珠江三大水系之一，发源于江西省寻乌县，经过河源、惠州至东莞市经虎门出海。东江干流全长 562 km，其中广东境内 435 km，占全长的 77.4%；流域总面积 35 340 km^2，其中广东境内 31 840 km^2，占总面积的 90.1%。东江流域以不足 0.4%的国土，拥有着约全国 1.2%的水量，养育着约 4%近 4 000 万的人口，创造着约 15%的 GDP，承担着深圳、东莞、广州、惠州和香港的供水重任，是名副其实的经济水、政治水和生命水。因此，东江源试点研究区的范围涉及位于源区的江西省和下游广东省。

3.4.3　闽江试点研究区范围

闽江是福建省最大的河流，主干流长 559 km，常年径流量 621 亿 m^3（居全国第七位），闽江流域面积 60 992 km^2，约占福建省陆域面积的一半，主要涉及福州、南平、三明等市的 36 个县（市、区），流域人口约占全省人口的 35%，经济总量约占全省的 38%。

闽江流域是福建省工业相对集中的地区，工业废水中 COD 年排放量约占全省的 60%，氨氮年排放量占全省的 40%以上。近年来，闽江流域上、中游地区养殖业发展迅猛，造成水体严重污染；环保基础设施建设明显滞后，生活污染日益突出。

闽江水力资源丰富，据不完全的调查统计，闽江水系中仅流域面积 500 km^2 以上的河流规划建设的水电站就达 452 座（其中已建、在建的水电站有 367 座）。过度和不合理的水能资源开发，对流域水环境和水生态环境的影响日益凸显。

此外，闽江流域的生态补偿工作已试行数年，对调动上游地区环境保护与治理的积极性，促进水环境质量的改善与提高，发挥了积极的作用。但是流域现有的补偿形式单一，以环境污染专项资金为主，补偿对象停留在政府对政府的层面上，基于市场的机制和调控手段等较少，生态补偿范围较小，补偿标准不高，补偿额度与流域治理的规划投资相比差距较大，不能满足上游环境保护的需求。因此迫切需要通过进一步的深入研究和更多的经验积累，完善符合流域环境特征的生态补偿运作方式，并实施规范的管理和科学的绩效评估，才能收到流域生态环境保护与经济发展相协调的成效。

因此，闽江流域试点研究区的范围涉及福州、南平和三明等市。

3.4.4 湘江试点研究区范围

湘江流域湖南省境内干流长 670 km，跨永州、郴州、衡阳、娄底、株洲、湘潭、长沙、岳阳等 8 个市。2005 年年末流域人口占全省总人口的 59.1%，工业总产值占全省总产值的 81.4%，全省冶金、化工、建材、轻工、纺织、食品加工、机械等行业大多分布在该区域。近年来流域社会经济的快速发展，工业结构的偏重与布局不合理，城市环保基础设施建设的滞后，使污染状况不断加剧，造成湘江流域重金属污染严重，污染治理欠账较多，各类水污染物排放呈逐年上升的趋势，部分江段水环境质量已达不到区划标准，工业废水和生活污水排放分别占全省的 59.6%和 62.5%，重金属、粪大肠菌群、氨氮、总磷和化学需氧量等指标严重超标，成为全省污染最严重的河流，湘江流域污染严重制约了流域经济社会持续发展。

因此，湘江流域试点研究区范围涉及永州、郴州、衡阳、娄底、株洲、湘潭、长沙、岳阳等 8 个市。同时以长株潭城市群“两型”社会建设为契机，首先在长沙、株洲和湘潭开展试点研究，力求突破。

3.4.5 南水北调中线工程水源区范围

丹江口水库是南水北调中线工程水源地，水库控制流域面积 9.5 万 km^2。根据《丹江口库区及上游水污染防治与水土保持规划》，丹江口库区及上游地区划分为水源地安全保障区、水质影响控制区和水源涵养区，涉及湖北、河南和陕西三省。

丹江口水库现状水质总体能符合地表水水环境质量标准Ⅱ类标准，能满足南水北调中线水源地的要求。但丹江口水库水质现为中营养状态，氮、磷浓度已达中营养化标准的上限。丹江口水库至今仍基本维持良好水体功能，但是目前的“一库清水”基础并不稳固，库区生态环境脆弱。

3.4.6 河南省省辖流域研究区范围

河南省省辖黄河、淮河、长江、海河四大流域，河南省流域生态补偿为省域跨市界的生态补偿，各流域水系流经县市情况见表 3-2。

表 3-2 河南省辖四大流域流经县市情况

流域名称	水系主要支流	省辖市名称	流经（县、区）名称
河南省省辖海河流域共涉及 5 个省辖市 22 个县市（区）			
河南省省辖海河流域	卫河和马颊河	焦作市	焦作市区、修武县、博爱县、武陟县
		新乡市	新乡市区、新乡县、获嘉县、卫辉市、辉县市
		鹤壁市	鹤壁市区、浚县、淇县
		安阳市	安阳市区、安阳县、汤阴县、内黄县、林州市、滑县
		濮阳市	濮阳市区、清丰县、南乐县、濮阳县

流域名称	水系主要支流	省辖市名称	流经（县、区）名称
河南省省辖淮河流域共涉及 11 个省辖市 67 个县市（区）			
河南省省辖淮河流域	淮河干流及淮南支流、洪河、沙颍河、豫东平原河流	郑州市	郑州市区、新郑市、登封市、新密市、荥阳市（40%）、中牟县
		开封市	开封市区、杞县、通许县、尉氏县、开封县、兰考县
		平顶山市	平顶山市区、舞钢市、汝州市、宝丰县、叶县、鲁山县、郏县
		许昌市	许昌市区、禹州市、长葛市、许昌县、鄢陵县、襄城县
		漯河市	漯河市区、舞阳县、临颍县
		驻马店市	驻马店市区、确山县、泌阳县（40%）、遂平县、西平县、上蔡县、汝南县、平舆县、新蔡县、正阳县
		信阳市	信阳市区、息县、淮滨县、潢川县、光山县、固始县、商城县、罗山县、新县
		商丘市	商丘市区、永城市、虞城县、民权县、宁陵县、睢县、夏邑县、柘城县
		周口市	周口市区、项城市、扶沟县、西华县、商水县、太康县、鹿邑县、郸城县、淮阳县、沈丘县
		洛阳市	汝阳县
		南阳市	桐柏县（60%）
河南省省辖黄河流域共涉及 8 个省辖市 31 个县市（区）			
河南省省辖黄河流域	洛河、伊河、沁河、宏农涧、漭河、金堤河和天然文岩渠等	三门峡市	三门峡市区、渑池县、陕县、灵宝县、卢氏县、义马市
		洛阳市	洛阳市区、偃师县、孟津县、新安县、栾川县、嵩县、宜阳县、洛宁县、伊川县
		郑州市	巩义市、荥阳市（60%）、上街区
		安阳市	滑县
		济源市	济源市
		新乡市	原阳县、延津县、封丘县、长垣县
		焦作市	沁阳市、孟州市、温县、博爱县
		濮阳市	范县、台前县、濮阳县
河南省省辖长江流域共涉及 4 个省辖市 15 个县市（区）			
河南省省辖长江流域	老灌河、唐河、白河	南阳市	西峡、淅川、宛城区、卧龙、南召、方城、镇平、内乡、社旗、唐河、新野、邓州
		洛阳市	栾川县
		三门峡市	卢氏县
		驻马店市	泌阳县

由表 3-2 可知，河南省省辖海河流域覆盖河南省 5 个省辖市，河南省省辖淮河流域覆盖河南省 11 个省辖市，河南省省辖黄河流域覆盖河南省 8 个省辖市，河南省省辖长江流域覆盖河南省 4 个省辖市，各流域水系跨市界明显。

3.5　流域生态补偿与污染赔偿试点框架

3.5.1　试点技术路线

研究试点是本课题的重要和核心任务。根据流域生态补偿与污染赔偿政策框架和

6 个流域试点范围的识别，采用顶层设计结合“自下而上”的方法，课题组提出了如图 3-2 所示的试点技术路线。

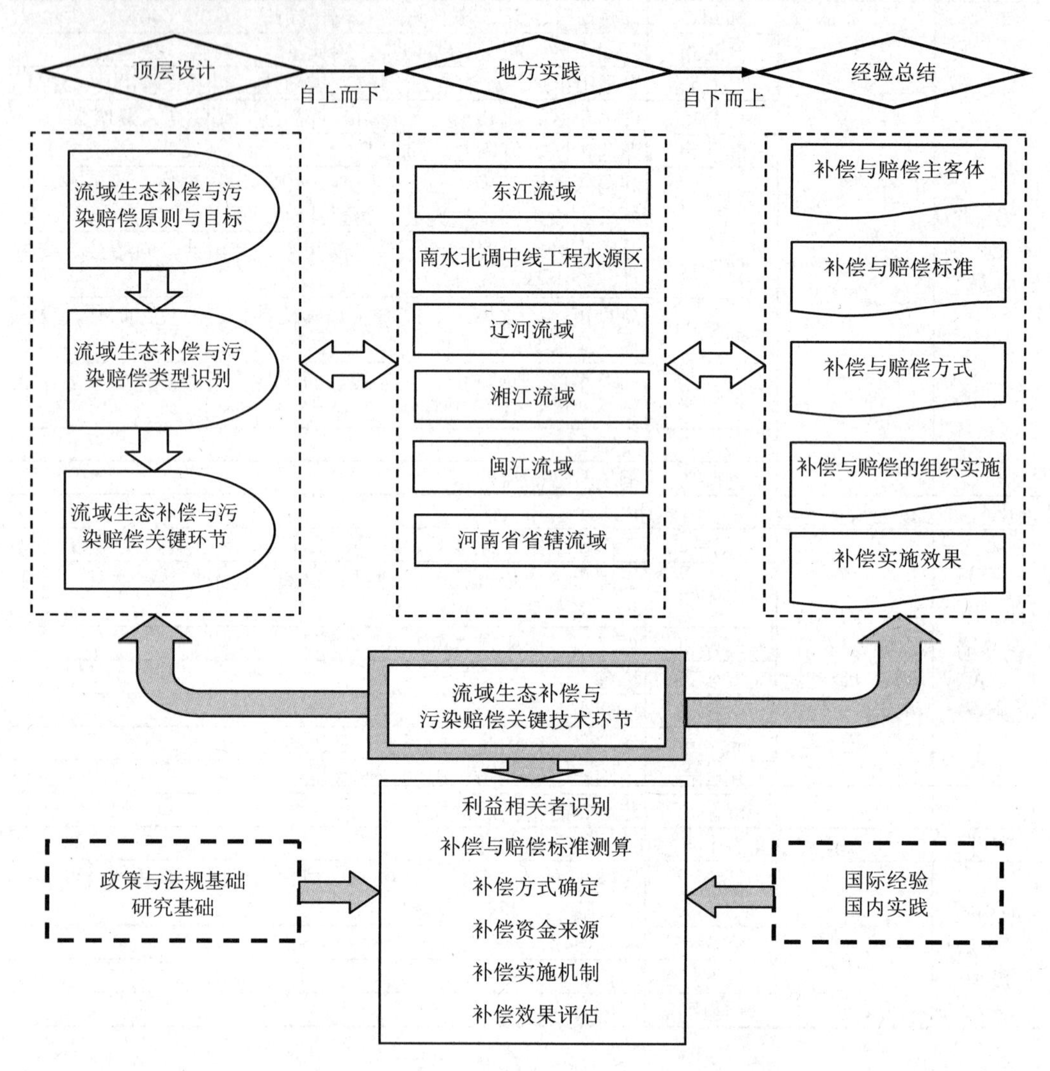

图 3-2 流域生态补偿与污染赔偿试点技术路线

3.5.2 试点方案要点

根据流域生态补偿与污染赔偿政策框架和试点技术路线，课题组提出了 6 个流域试点的技术要点，见表 3-3。6 个试点流域的具体试点技术方案要点分别见第 6 章至第 11 章。

表 3-3　6 个流域生态补偿与污染赔偿试点的技术要点

要点指标	辽河	东江	闽江	湘江	南水北调中线水源区	河南全省流域
试点主持部门	辽宁省环保厅、辽宁省财政厅	江西省人民政府、江西省财政厅、广东省人民政府	福建省环保厅、福建省财政厅	湖南省环保厅	国务院南水北调工程建设委员会办公室	河南省人民政府、河南省环保厅、河南省财政厅
试点主要技术支持单位	中国科学院生态环境研究中心、辽宁省环境科学研究院	环境保护部华南环境科学研究所、广东省环境科学研究院、江西省环境科学研究院	福建省环境科学研究院	环境保护部环境规划院、湖南省环境科学研究院	环境保护部环境规划院、湖北省环境科学研究院	郑州大学、郑州大学环境技术咨询工程公司
试点范围	内蒙古自治区赤峰市、通辽市，吉林省四平市、辽源市，辽宁省沈阳市、朝阳市、阜新市、铁岭市、抚顺市、本溪市、鞍山市、辽阳市、营口市、盘锦市、锦州市	江西省赣州市、广东省河源市	福建省龙岩市、三明市、南平市、宁德市、泉州市、福州市	湖南省岳阳市、长沙市、湘潭市、株洲市、衡阳市、永州市、娄底市、郴州市	陕西省汉中市、安康市，河南省三门峡市、洛阳市、南阳市，湖北省十堰市	河南省焦作市、新乡市、鹤壁市、安阳市、濮阳市，属于海河流域；河南省郑州市、开封市、平顶山市、许昌市、漯河市、驻马店市、信阳市、商丘市、周口市、洛阳市、南阳市，属于淮河流域；河南省南阳市、驻马店市，属于长江流域；河南省三门峡市、洛阳市、郑州市、安阳市、济源市、新乡市、焦作市、濮阳市，属于黄河流域

要点指标		辽河	东江	闽江	湘江	南水北调中线水源区	河南全省流域
补偿类型		跨界流域污染赔偿与生态补偿并存（水质型与保护型）	江西省辖：江河源头水源涵养区生态补偿（保护型）； 广东省辖：跨行政区河流的生态补偿与污染赔偿（水质型与保护型）； 跨省：基于生态功能区的东江源生态补偿（保护型）	跨行政区河流的生态补偿与污染赔偿（水质型与保护型）	跨行政区河流的生态补偿与污染赔偿（水质型）	江河源头水源涵养区生态补偿（水源地）	跨行政区河流的生态补偿与污染赔偿（水质型与保护型）
补偿方式		政府补偿，具体包括资金补偿、政策补偿、产业补偿	政府补偿，具体包括资金补偿、政策补偿、项目补偿	政府补偿为主、市场补偿为辅	政府补偿，以资金补偿为主	在建设期以政府主导为主的财政转移支付补偿为主，在运营期以市场补偿为主	政府补偿，具体包括资金与项目补偿、政策补偿、技术与智力补偿；市场补偿，以异地开发补偿为主
补偿标准	确定依据	以跨界断面主要污染因子浓度指标作为补偿与赔偿依据；根据辽河流域水源涵养区的土地利用变化、污染治理、调整产业结构、限制污染企业生产带来的生态效益等因素确定补偿标准	江西省辖：从水源区生态建设和保护投入与东江源、生态系统价值转移补偿两方面计算，并考虑水量分摊系数进行修正，选取补偿额度较低的标准； 广东省辖：对于实现跨界水质目标的进行生态补偿；对于导致跨界水质低于Ⅲ类标准的进行污染赔偿； 跨省：从对源区政府进行生态保护与建设工程的补助以及对当地发展权限损失的补偿两方面考量生态补偿资金需求	生态补偿从水质、水量和主要污染物排放总量考核，污染赔偿主要从水质和污染事件的影响进行考核	根据确定的考核因子以及考核因子控制值，对各地市跨界考核断面水质监测数据与标准值进行比较，采取超标赔偿和达标补偿的双向补偿方式，以流经断面的污染物超出或低于控制目标的总量为依据核算赔偿或补偿金额	基于水源区生态保护和发展机会成本的方法，从水源区生态环境保护的直接投入和机会成本、水资源效益、水资源服务功能价值、生态破坏损失价值四个方面分析确定最小的核算结果	污染赔偿：通过对比分析污染治理成本和经济损失价值，筛选出更具有可行性和操作性的污染治理成本； 生态补偿：采用依据上游投入的净成本

要点指标		辽河	东江	闽江	湘江	南水北调中线水源区	河南全省流域
补偿标准	标准形式	赔偿标准： 多因子补偿资金＝Σ（断面水质指标－断面水质补偿目标值）×月断面水量×计价标准； 补偿标准： ①土地利用变化带来的生态效益=[（涵养水源效益+净化水质效益）×补偿分摊系数+（保持土壤效益+社会效益）×国家补偿系数]； ②污染治理带来的生态效益=（治污设施固定投资费用+治污设施运营费用）×受益地区分担比例系数； ③产业结构调整带来的生态效益=（受益地区上五年平均人均国内生产总值－水源保护区上五年平均人均国内生产总值）×补偿系数×水源保护地区人口数/水源地可供水资源利用量	江西省辖：基于生态服务价值的补偿标准，计算林地、农田、河库生态系统服务功能价值，并采用取水分配系数计算； 广东省辖： ①月单项考核因子生态补偿资金=（考核因子的控制目标–断面月单考核因子水质指标实测值）×断面月流量×达标补偿标准； ②月单考核因子赔偿资金=（断面月单考核因子水质指标实测值–考核因子的控制目标）×断面月流量×超标赔偿标准 跨省：从跨省生态功能区保护示范、矿区治理、生态公益林建设以及环保能力建设等方面确定生态保护与建设工程补助，从源区财政收入、农民生活水平与周边地区的差异等因素明确当地发展权限的损失	生态补偿：按照水质40%、水量30%和主要污染物排放总量30%的比例进行补偿； 污染赔偿：上游设区市每发生1次重大或特别重大水环境污染事件，且对下游水域产生不利影响造成水质超标的，分别扣减其补偿资金的5%和10%用于对下游设区市政府的赔偿	补偿资金=（水质控制目标－目标断面月单污染因子水质指标实测值）×目标断面月流量×当月天数×达标补偿标准×补偿标准系数	生态建设与保护总成本=直接成本+间接成本 其中，年间接成本=（参照县市的城镇居民人均可支配收入－上游地区城镇居民人均可支配收入）×上游地区城镇居民人口+（参照县市的农民人均纯收入－上游地区农民人均纯收入）×上游地区农业人口	污染赔偿：利用聚类分析原理，研究进水COD浓度与污水治理成本的曲线关系，结合河南省水质情况，根据污水治理厂数据分析的结果（即进水COD浓度与污水治理成本的曲线关系）确定河南省污水治理成本； 生态补偿：如果核算的生态建设成本大于获得的生态效益，下游地区就要以上游地区生态建设成本与生态效益差额作为生态补偿的依据
	标准单一性	多因子	多因子	多因子	单因子	综合考虑机会成本	单因子和机会成本
跨界属性	跨省断面	√	√			√	
	跨市断面	√	√	√	√		√

要点指标		辽河	东江	闽江	湘江	南水北调中线水源区	河南全省流域
水质监测	监测机构	跨省断面：双方共同认可的监测部门 跨市断面：各省环境监测中心站	广东省辖：省环境监测中心	福建省环境监测中心站	湖南省环境监测中心站	—	河南省环境监测站
	仲裁单位	上一级人民政府环境保护行政主管部门与有关人民政府	广东省辖：省政府与环保部门	福建省政府	上一级人民政府与环保厅	—	河南省环保主管部门
	监测频率	自动监测或者未设自动监测站的断面，每周监测1次	广东省辖：设立自动监测站，24 h 监测	—	自动监测或者未设自动监测站的断面，每周监测1次	—	自动监测：每4小时监测1次，每天监测6次；手动监测：每周监测1次
财政安排	专项资金管理部门	环保部东北督察中心	财政部、省级财政管理部门	福建省财政厅	湖南省财政厅、湖南省环保厅	财政部	河南省财政厅
	专项资金来源	①扣缴的污染赔偿金； ②在各级政府的财政收入中固定用于辽河流域生态补偿的资金收入； ③在辽河流域生态建设、生态保护、生态开发以及其他公共建设项目预算中的生态补偿资金； ④中央财政转移支付给内蒙古、吉林和辽宁的生态补偿专项资金； ⑤各省自筹的以省级财政间转移支付为主的辽河流域生态补偿专项资金； ⑥利于资本市场融资等方式筹集生态补偿专项资金	江西省辖： ①国家纵向转移支付； ②省本级财政中，固定划定一部分作为用于东江源区生态补偿； ③社会基金。	①各级财政支持的资金； ②提取部分水资源费用于生态补偿； ③征收流域水能资源开发受益补偿金； ④市场化资金筹措方式，如绿色保险	①中央国家财政拨付一定资金用于湘江流域生态补偿与污染赔偿机制的实施； ②湖南省财政设立生态补偿与污染赔偿基金，初步预计每年启动资金为 8 000 万元； ③各地市财政建立生态补偿与污染赔偿基金	退耕还林、天然林资源保护工程、森林生态效益补偿基金以及对城镇污水处理设施配套管网建设专项奖励补助资金等	①根据水环境破坏程度不同，征收差别税率的水资源税； ②完善行政性水污染收费政策； ③生态补偿扣缴金和环保专项资金； ④充分运用财政贴息、投资补助等投入渠道，吸引社会企业、公众等资金投资生态环境保护与治理领域，积极利用国债资金、开发性贷款等

要点指标		辽河	东江	闽江	湘江	南水北调中线水源区	河南全省流域
财政安排	转移支付	—	广东省辖和跨省： （1）国家和省级纵向转移支付； （2）省内横向转移支付	—	—	①中央下达的一般性转移支付资金； ②健全专项的生态补偿转移支付； ③探索“以奖代补”、“以奖促治”、“因素分配法”等创新型环保资金预算分配机制和方式； （4）基于水价的受水区对供水区的横向财政转移支付	—
试点有效性评价		《辽宁省跨行政区域河流出市断面水质目标考核暂行办法》中对补偿的性质、补偿资金的确定依据、资金来源以及行政管理关系等问题没有明确的规定，本课题做了很好的补充说明，为解决辽宁省境内河流水质污染问题提供了政策基础	①本课题研究成果促进江西省相关政府文件逐步步入法制轨道； ②重点推动广东省政府逐步接纳、建立生态补偿机制的政策思路，其部分研究成果已纳入政府管理规章中； ③正在积极推动建立基于生态功能区的东江源生态补偿补偿机制	①为即将出台的福建省流域生态补偿实施意见提供了技术支撑； ②为福建省重点流域综合整治专项资金的筹措和分配提供技术依据； ③促进了流域生态补偿配套能力的建设	根据本课题研究成果，湖南省环保厅组织生态补偿课题组拟定了《湘江流域生态补偿实施办法（试行）》，并为生态补偿启动经费的确定提供了依据	形成了《关于完善南水北调中线水源区生态环境补偿机制的建议方案》和《南水北调中线水源区生态补偿资金考核分配办法》（建议稿），报送国务院南水北调工程建设委员会办公室，供决策参考，为南水北调中线水源区开展生态补偿工作提供了操作性较强的建议	①为全省流域水环境管理提供依据； ②依据本研究成果，河南省印发了《河南省水环境生态补偿水质监测方案的通知》，建立了监测支撑体系； ③依据本研究成果，河南省印发了《河南省水环境生态补偿工作程序的通知》，为资金管理体系安排提供依据

要点指标	辽河	东江	闽江	湘江	南水北调中线水源区	河南全省流域
“十二五”试点完善建议	①进一步推动建立和完善辽宁、吉林、内蒙古三省（区）针对流域生态补偿与污染赔偿问题协商合作的流域管理平台； ②深入研究建立辽河流域生态补偿与污染赔偿的监督机制，完善资金管理制度和生态补偿效益评估制度，建立健全信息公开制度，并开展示范； ③尝试多种途径的生态补偿方式； ④拓宽筹资渠道，研究引入社会和市场参与资助的途径和模式	①将东江流域跨省生态补偿与污染赔偿纳入“十二五”国家生态补偿试点地区； ②根据自然生态系统的整体性，建立包括江西源头区域和河源市的跨行政区域的国家生态功能保护区，准确定位生态功能保护区社会发展和生态环境保护方向，并建立基于社会公平生态补偿基金支出机制； ③加大国家相关部委的对口援助力度； ④在两省东江源生态补偿试点完善的基础上，重点推进国家层面上的东江源生态功能区财政转移支付政策的试点和落实	①开展多形式的补偿标准研究； ②开展流域水源地保护的生态补偿、流域重要生态功能区和自然保护区的生态补偿等多类型的生态补偿方案研究； ③进一步深入研究水能资源开发的生态补偿标准，制定绿色保险的具体实施细则； ④以汀江作为跨省流域生态补偿的试点	①解决在省财政直管县的财政体制变革的背景下制定生态补偿辅助政策的问题； ②建立跨行政区生态补偿协调管理机构，加强地区间与部门间的协调合作； (3)探索在以政府为责任主体的情况下，在各市为主体单位范围内，对实际造成污染的企业纳入生态补偿主体的范畴，实现全面从源头减少环境污染物的排放； ④逐步开展多途径的补偿与激励方式，促进以政府为主体的生态补偿逐渐向以市场为主体的生态补偿转变	①将水源区列为国家级跨流域调水生态补偿机制试点地区，为其他地区提供示范； ②在水源区建立“全国生态建设综合配套改革试验区”，探索通过生态补偿促进水源地发展的环境经济综合性政策机制； ③推动在鄂豫陕三省中线水源区设立国家绿色GDP考核改革试点，探索体现环保优先的政府官员政绩考核指标体系	①完善生态补偿配套机制。构建生态补偿知识的宣传机制，建立生态补偿项目资金保障体系，完善资金管理机制； ②深化阶梯式生态补偿标准研究。一是水质改善所需成本的核算，主要作为补偿对象进行水质改善的基本保障；二是水质改善后，其价值的增值核算，主要作为激励补偿对象改善水质的动力

第 4 章

流域生态补偿与污染赔偿标准核算方法

计算流域生态补偿与污染赔偿标准的依据是流域上游地区提供的水资源是否产生外部性。当流域产生了负外部性时，下游地区经济发展受到影响且要投入一定的成本用于恢复破坏的流域生态系统，这部分损失应由上游地区进行赔偿；当流域产生了正外部性时，上游地区因保护流域所产生的生态系统服务量、因保护流域所投入的生态建设和保护成本以及牺牲的发展机会成本均应该由下游地区给予一定的补偿。本章重点研究流域生态补偿与污染赔偿标准核算方法。

4.1 流域生态补偿标准核算方法

流域生态补偿标准的核算方法主要包括基于生态系统服务价值的核算方法、基于生态建设与保护成本的核算方法和基于发展机会成本的核算方法三种。生态补偿的主体是享用流域生态系统服务的地区，一般为下游地区；补偿对象是保护和维持流域生态系统服务的地区，一般为上游地区。

4.1.1 基于生态系统服务价值的核算方法

生态系统服务功能指自然生态系统及其物种所提供的能够满足和维持人类生活需要的条件和过程，包括供给服务、调节服务、支持服务和文化服务四类（MA，2007）。生态补偿制度的最终目标是恢复、维护和改善生态系统服务功能，因此生态系统服务与生态补偿制度的关系密切，主要表现在：

第一，生态系统服务价值是生态补偿的重要理论基础。随着生态环境问题逐渐成为人类生存和发展的重要约束以及人类生态系统服务价值认识的发展与深入，人们逐渐意识到，生态系统具有重要的使用和经济价值，包括自然资源、自然环境条件和环境容量等在内的自然环境资源是一种生产要素，而且随着经济社会发展，其稀缺程度不断提高，因此需要对生态系统服务功能的利用者在利用和破坏生态环境中产生的不平等分配关系进行平衡，生态补偿就是一项重要和有效的经济手段，通过“谁破坏、谁恢复，谁收益、谁补偿”的方式，实现对自然资源进行有偿使用。

第二，生态补偿是生态系统服务功能完善的重要保证。关于生态补偿的内涵，学术界有不同的定义或解释，目前更多研究者如吕忠梅、马燕、毛显强以及中国生态补偿机制与政策研究课题组等都是在经济学范畴内对生态补偿进行定义和研究。分析和比较不同的定义和解释方式，可以发现这些研究者都把保护和可持续利用生态系统作为生态补偿的最终目标，对于损害生态系统的收费以及保护生态系统的补偿是其实现方式。

4.1.1.1 标准测算模型

流域下游地区享用的生态系统服务价值是下游地区对上游地区补偿量的直接体现，因此基于生态系统服务价值的核算方法研究的是“应该补偿多少”的问题。这种方法主要有两种模型，模型一是将流域上游地区提供的生态系统服务价值分为三类：自然价值，包括气体调节、气候调节、水源涵养、土壤形成与保护、废物处理、生物多样性保护等；社会价值，包括娱乐文化等；经济价值，包括食物生产和原材料等（徐琳瑜，2006；Costanza，1997）。由于生态系统服务的复杂性，三种服务价值一般采用不同的方法计算，上游地区提供的生态系统服务总价值为三种价值之和。模型二是以土地利用类型面积为依据，按照不同类型的生态系统服务价值系数确定流域上游地区提供的生态系统服务总价值。

流域上游地区提供的生态系统服务由上下游地区共同享用，由于生态系统服务的变化会对人类福祉产生深远的影响（MA，2007），这里以居民生活水平为依据，以下游地区居民收入水平占流域总体水平的比例来确定下游地区的受益程度。居民生活水平按照以下公式确定：

$$L=\alpha T+(1-\alpha)C$$

式中，L——居民生活水平；

T——城镇居民人均可支配收入；

C——农民人均纯收入；

α——人口比例的权重，$\alpha<1.0$。

（1）划分生态系统服务价值的计算法

1）自然价值的计算方法。

①影子价格法。影子价格是指当社会处于某种最优状态时单位资源所产生的效益增量，就是资源合理利用的社会经济效益。能够反映产品价值、资源稀缺程度和对市场的供求关系。影子价格的获取有多种途径，其中求解线性规划模型的对偶解是一种比较常用的方法。资源的最优配置可以转化为一个线性规划问题，该对偶规划的最优解就是该资源的影子价格，即所求的资源价值。假设某资源的优化配置模型为：

$$\max Z = Cf(x)$$

$$\text{S.T. } g_m(x) \leqslant b_m \ (m=1, 2, \cdots, n) \text{ 且 } x\geqslant 0$$

式中，x——资源量；

C——常数；

Z——利用资源量 x 产生的社会净效益；

$g_m(x) \leqslant b_m$——第 m 种资源的约束条件；

b_m——资源 m 的可利用量。

若以上资源优化配置模型为线性的，则其对偶问题中与约束条件对应的对偶变量最优解就是资源的影子价格。若该模型为非线性的，那么根据非线性规划理论，在模型的最优解中和约束条件相应的拉格朗日因子就是资源 m 的影子价格。

此外，影子价格法还可以通过国内市场价格、国际市场价格和机会成本法等方法获得。

则影子价格法的数学表达式为：

$$P=QV$$

式中，P——生态系统服务功能价值；

Q——生态系统产品或服务的量；

V——生态系统产品或服务的影子价格。

影子价格法能够反映资源与总体效益之间的关系，影子价格越大，资源带来的经济效益变化就越大，资源利用效率就越大。但是有些能够产生效益的因素却无法货币化，如科技因素、政策因素，这样就导致影子价格法的计算结果有偏差。

②费用分析法。人类对于周围生态系统的变化会采取必要的措施以便更好地生活，费用分析法是指通过计算这些恢复或者保护环境等措施的费用变化来估算生态系统服务功能价值的方法。根据实际费用的情况，分为恢复费用法、防护费用法和影子工程法。

恢复/防护费用法是指恢复破坏了的生态系统或者避免生态系统遭到破坏所需要的费用。恢复/防护费用法是用来计算那些没有市场价格可以替代的生态环境服务功能的一种计量方法。

影子工程法，又称替代工程法，是恢复费用法的一种特殊形式。影子工程法是用人工建造一个新的工程来替代遭受破坏之前的原生态系统服务功能，用建造新工程所需的费用来估算生态系统功能价值或损失价值的一种方法。影子工程法常应用于环境的经济价值难以直接估算的情况。影子工程法的数学表达式为

$$P=V=\sum X_i \ (i=1,\ 2,\ \cdots,\ n)$$

式中，P——生态系统服务功能价值；

V——人工工程的造价；

X_i——人工工程中 i 项目的建设费用。

③机会成本法。机会成本法是费用-效益分析法的重要组成部分，是指在无市

场价格的情况下，用所牺牲的经济效益来估算资源的机会成本。机会成本法简单易懂，比较直观，能够为决策者提供科学依据，但它往往忽略外部效应，导致估值偏低。

④旅行费用法。旅行费用法（TCM）又称费用支出法或游憩费用法，是一种评价无价格商品的方法，其基本原理是通过往返交通费、门票费、餐饮费等旅行费用来计算环境质量变化所导致的效益上的变化，从而估算环境质量变化带来的经济损失或效益。旅行费用法有三个模型：分区模型、个体模型和随机效用模型。分区模型是：

第一，在设计分区模型时要先做四个假设，一是所有旅行者使用生态系统服务获得的总效益相同，且等于边际旅游者的旅行费用；二是边际旅游者的消费者剩余为零；三是所有人的需求曲线具有相同的斜率；四是旅行费用是一种可靠的替代价格。

第二，以生态系统所在地为中心，将其周围的面积分成距离不等的同心圆。

第三，对消费者的出发地、旅行费用、旅游率和其他各种社会经济因子做游客调查。

第四，进行回归分析，得到“全经验”的需求曲线。其数学表达式为：

$$Q_i = f(TC, X_1, X_2, \cdots, X_n)$$

式中，Q_i——旅游率；

TC——旅行费用；

$X_1, X_2, \cdots, X_n$——包括收入、教育水平和其他有关方面的社会经济变量。

第五，依据所得的需求曲线，采取积分法或梯形面积加和法等计算生态服务价值。

个体模型和随机效用模型是对分区模型进行修正得到的。个体模型弥补了分区模型将分区内所有人视为同质个体的缺陷，也更容易处理时间的机会成本、替代旅游场所等问题。随机效用模型引入生态系统服务的特点，不仅可以评估旅游地的环境价值，而且可以更好地评估某一区域的环境变化价值和景观价值。

2）经济价值的计算方法。

经济价值通常采用市场价值法进行计算。市场价值法也称生产率法，是一种通过市场观测和价格的变化来度量其生态效益大小的方法，把生态环境系统看成一种生产要素，环境的优劣程度及生态效应大小体现在与其相关的生产物质量上，环境系统的变化将导致生产率和生产成本的变化，进而影响价格和产出水平的变化，或者将导致产量或预期收益的损失。

生态系统的变化引起产量的改变。如果产量的改变不会导致供需矛盾整体结构的变化，即产生要素价格不变，那么生态系统服务功能价值为：

$$V = q \cdot (P - C_v) \cdot \Delta Q - C$$

式中，V——生态系统服务功能价值；

P——产品的价格；

C_v——单位产品的可变成本；

ΔQ——产量变化量；

C——成本；

q——产量 Q 的每一单位，通常取值为 1。

如果产量的变化导致产品和生产要素价格的变化，则生态系统服务功能价值为：

$$V=\Delta Q \cdot (P_1+P_2)/2$$

式中，V——生态系统服务功能价值；

ΔQ——产量变化量；

P_1——产量变化前的价格；

P_2——产量变化后的价格。

3）社会价值的计算方法。

计算社会价值比较常见的方法是调查估计法。调查估计法包括支付意愿法和专家调查法两种。

支付意愿法又称条件价值法（CVM），是通过直接调查消费者来了解消费者的支付意愿，或者他们对产品或生态服务的数量选择愿望来评价生态系统服务功能的价值。毛占锋等认为最大支付意愿的补偿标准就是实地调查得到的人均最大支付意愿与人口的乘积的结果，估算公式为：

$$P=\mathrm{WTP} \cdot \mathrm{POP}$$

式中，P——补偿额度；

WTP——最大支付意愿；

POP——人口数。

专家调查法或称专家评估法，是依靠专家的知识、经验和分析能力，采取对专家进行调查的方式来估算资源价值的一种方法。通过调查问卷的有效回复问卷，利用离散变量的数学期望公式进行估算：

$$P=\Sigma A_i C_i \quad (i=1, \cdots, n)$$

式中，A_i——专家所选的数额；

C_i——专家选择该数额的概率；

n——可供选择的概率数。

（2）土地利用类型面积计算法

根据中国质量监督检验检疫总局和中国国家标准化管理委员会联合颁布的《土地利用现状分类》（GB/T 21010—2007），按照林地、草地、耕地、湿地、水域、未利用土地六种土地利用类型确定其单项服务功能价值系数（谢高地，2003），以此作为计算的依据。计算公式为：

$$\mathrm{ESV}=\sum\left(A_k \times VC_k\right)$$
$$\mathrm{ESV}_f=\sum\left(A_k \times VC_{fk}\right)$$

式中，ESV——研究区生态系统服务总价值；

A_k——研究区 k 种土地利用类型的面积；

VC_k——生态价值系数；

ESV_f——单项服务功能价值系数（Costanza，1997）。

VC_k 和 ESV_f 通过谢高地等研究得出的中国不同陆地生态系统单位面积生态服务价值表确定（表 4-1）。

表 4-1　中国不同陆地生态系统生态服务价值（2003）　　单位：元/hm^2

	林地	草地	耕地	湿地	水体	未利用土地
气体调节	3 097.0	707.9	442.4	1 592.7	0	0
气候调节	2 389.1	796.4	787.5	15 130.9	407.0	0
水源涵养	2 831.5	707.9	530.9	13 715.2	18 033.2	26.5
土壤形成与保护	3 450.9	1 725.5	1 291.9	1 513.1	8.8	17.7
废物处理	1 159.2	1 159.2	1 451.2	16 086.6	16 086.6	8.8
生物多样性保护	2 884.6	964.5	628.2	2 212.2	2 203.3	300.8
食物生产	88.5	265.5	884.9	265.5	88.5	8.8
原材料	2 300.6	44.2	88.5	61.9	8.8	0
娱乐文化	1 132.6	35.4	8.8	4 910.9	3 840.2	8.8
总计	19 334.0	6 406.5	6 114.3	55 489.0	40 676.4	371.4

4.1.1.2　典型流域测算研究案例

（1）生态补偿的背景

密云水库位于密云县城北，距北京市中心约 100 km，于 1960 年建成，总库容 43.75 亿 m^3。水库横跨潮河、白河，上游流域面积的 75%位于河北省境内，为北京市提供 50%的供水总量。但是随着水库上游地区人口的增长和经济的快速发展对水资源需求量的增加，水库入库水量不断减少，蓄水量逐年下降。作为北京市重要的水源地，迫切需要生态补偿机制来解决密云水库上下游地区用水矛盾日益突出的问题。

水库流经张家口市的沽源县、崇礼县、赤城县、怀来县，承德市的丰宁满族自治县、滦平县和北京市的怀柔区、密云县、延庆县，以该八县一区作为受偿主体，下游北京市作为补偿主体。

（2）生态补偿标准

根据 2008 年密云水库流域上游地区的土地利用面积以及土地利用类型面积计算

法计算得到 2008 年密云水库流域上游地区提供的生态系统服务价值为 234.70 亿元（表 4-2）。

表 4-2　2008 年密云水库流域上游地区的生态系统服务价值

	林地	草地	耕地	水域	建设用地	未利用土地	合计
土地利用面积/hm^2	978 100	246 300	189 900	37 600	19 500	31 100	1 502 500
生态系统服务价值/亿元	189.11	15.78	11.61	18.08	0	0.12	234.70

根据前述方法计算 2008 年密云水库流域上下游地区的居民生活水平，即上游地区的居民生活水平约为 10 381 元，下游地区的居民生活水平约为 22 628 元，则下游地区的受益比例约为 68.6%，因此 2008 年下游北京市应该补偿给上游地区 161 亿元。

4.1.2　基于生态建设与保护成本的核算方法

为了建立合理有效的水资源保护补偿标准，首先要确定水资源保护经济补偿总量，也就是上游地区提供的生态建设与保护成本。上游地区实施各种水资源保护措施，除了下游用水区是明显的受益地区之外，上游保护区本身也从较好的水资源质量中受益，因此保护区也需要承担一部分成本，由于补偿区的受益表现为水质和水量两个方面，从这两个因素确定补偿区的承担比例，得到补偿区应该承担的补偿总量，同样从水质和水量两个因素计算补偿区各地区的受益比例，确定补偿区各地区承担的补偿量，该核算方法的思路见图 4-1。

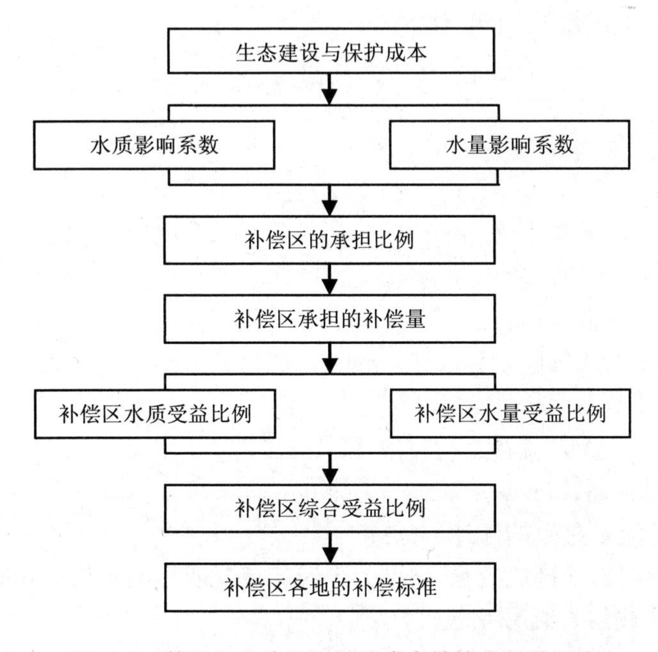

图 4-1　基于生态建设与保护成本核算方法的思路

4.1.2.1 标准测算模型

（1）确定补偿总量

流域生态建设与保护成本计算方法有直接调查法和间接的水环境容量推算方法两种。

1）直接调查法。流域生态建设与保护成本分为直接成本和间接成本。直接成本考虑的是进行水源涵养与生态保护所开展的各项措施，包括在林业建设、水土流失治理和污染防治方面的人力、物力、财力的直接投入；间接成本则考虑的是为保护流域上游水源涵养区的水源涵养和生态功能维护所发生的坡地退耕投入、移民安置的投入，以及关停并转部分企业遭受的潜在经济损失。补偿总量计算公式为：

$$C_t = \mathrm{DC}_t + \mathrm{IC}_t$$

式中，DC_t——直接成本；

IC_t——间接成本。

2）间接的水环境容量推算法。进行流域保护可以通过上游地区损失的水环境容量进行体现，也就是说为了保护流域水质，相对于不实施流域水质保护的情形，这些地区提高了流域的水质目标，相当于这些地区损失了一定的水环境容量。损失的水环境容量对应着基于环境容量价值的水质保护成本和基于经济发展潜力的水质保护成本，这两部分成本就是水源保护区的保护成本 C_t（杨晓灵，2003）。

第一，计算水环境容量损失。对于污染物在横断面混合均匀的中小型河流，可以用以下公式表示污染物的输移转化过程：

$$C = C_0 \exp(-K\frac{x}{u})$$

可以根据该式计算河段的水环境容量：

$$W = \left[C_s - C_0 \exp(-K\frac{x}{u})\right]\exp(K\frac{x}{u})(Q+q)$$

式中，W——环境容量，g/s；

C_s——河段水质目标质量浓度，mg/L，或总量分配后的允许出境通量的相应质量浓度；

C_0——河段上游入流背景质量浓度，mg/L；

Q——设计流量，m^3/s；

u——设计流量相应的流速，m/s；

q——排污口设计排放流量，m^3/s，当河流流量明显大于排放量时，q 可以忽略；

K——污染物综合衰减系数，1/s；

x——排放口与河段下游断面的距离，m。

在进行水环境容量计算时，可以将计算河段内的多个排污口概化为一个集中的排污口，如果概化排污口处于河段的中间位置，上式中 x 取河段长度的 1/2，如果概化排污口处于河段的上端，上式中 x 取河段长度。

计算水环境容量损失，需要考虑同一水体在两种不同水质保护目标下的水环境容量的差值，这两种水质保护目标分别为实际执行的水质保护目标以及流域内条件类似但不需要进行特别保护水体的水质保护目标。

第二，计算基于水环境容量价值的水质保护成本。以水环境容量的价值作为水质保护的成本，相当于把污染物的治理费用作为水质保护的成本，可以根据污染物的平均处理成本与水环境容量损失量进行估算。

第三，计算基于经济发展潜力的水质保护成本。由于潜在水环境容量在一定程度上体现了经济发展潜力，因此可以根据被补偿区损失的水环境容量以及万元工业产值的产污系数计算得到这部分水环境容量可能带来的工业产值。

（2）确定上下游的分配比例

1）计算水量分摊系数。上游地区的总水量既提供了上下游地区的国民经济用水和生活用水，也确保了上下游地区的生态用水，这样确定水量分摊系数为：$KV_t=W_{下}/W_{总}$，$0<KV_t<1$，则下游因利用上游水量而需承担上游生态建设和保护成本 C_t 的分担量为 $C_t \cdot KV_t$，其中用水量包括农业用水量、工业用水量、生活用水量和生态用水量，这些数据通过下游统计调查获取，当数据不完整时可以采用万元国内生产总值（当年价格）用水量进行折算。

2）计算水质修正系数。在水资源利用的过程中，水质的优劣同样能够影响用水效益，上游地区供给下游水量的水质越好，其发挥的效益越大。以常用的水质指标COD 质量浓度作为流域上下游交界断面处的代表性指标，流域下游地区除分摊成本 $C_t \cdot KV_t$ 外，还需要承担水质优于预期目标所少排放的 COD 量 P_t，设上游地区年削减单位 COD 排放量的投资为 M_t（万元/t），则上游地区因向下游地区提供优质水量而获得的补贴为 $P_t \cdot M_t$，因此水质影响系数为：$KQ_t=1+P_t \cdot M_t/C_t \cdot KV_t$。

3）计算受益区最大支付能力。采用各受益区人均国内生产总值来确定各地相应的补偿系数，人均国内生产总值是衡量地区经济发展水平最为直接有效的参数，同时也可以间接反映地区人们用水的支付能力。具体做法为：假设水源涵养保护受益地区有 n 个，设其国内生产总值为 GDP_i，人口为 P_i（i=1，2，…，n），各地区人均国内生产总值占受益全区人均生产总值比例为α_i，则：

$$\alpha_i=\frac{\dfrac{\mathrm{GDP}_i}{P_i}}{\dfrac{\sum \mathrm{GDP}_i}{\sum P_i}}=\frac{\mathrm{GDP}_i \times \sum P_i}{P_i \times \sum \mathrm{GDP}_i}$$

$\alpha_i>1$ 表示地区经济发展水平高于受益区平均水平；$\alpha_i<1$ 表示地区经济发展水平低于受益区平均水平；$\alpha_i=1$ 表示地区经济发展水平处于受益区平均水平状况。这样，

地区间的经济发展水平得以定量区别。按照公平效益原则，经济水平低的地区适当承担较低的水源涵养林补偿费用，经济水平高的地区则承担较多的补偿费用。各地区补偿费承担比例通过各地区人均国内生产总值比例系数占受益全区人均生产总值比例系数来确定：

$$\beta_i = \alpha_i \Big/ \sum \alpha_i$$

（3）确定下游各地的受益比例

受益比例模型的建立条件：为了保证流域的水环境质量，上游区域污染物排放量低于一定水平，使得下游地区获得了更多的环境容量，因此这是下游水环境受益的基础；污染物排放低于一定水平的地区是水资源保护补偿的客体（受偿方），下游受到影响的区域是补偿的主体（补偿方），补偿方按照受益的程度确定经济补偿量；上游地区水资源保护的影响表现在水量和水质两个方面，因此水资源保护补偿方的受益程度需要考虑水量和水质两个方面的因素。

1）水量影响系数。按照下游地区取水量占总取水量的比例，可以确定受益区在水量方面的受益程度：

$$B_i = \frac{V_i}{\sum_{i=1}^{n} V_i}$$

式中，B_i——第 i 个河段在水量方面的受益比例；

V_i——第 i 个河段的取水流量，m^3/s。

2）水质影响系数。采用一维均匀流水质模型的基本方程，假定污染物符合一级衰减反应：

$$\frac{\partial^2 C}{\partial x^2} - \frac{u}{D_x}\frac{\partial C}{\partial x} - \frac{K}{D_x}C = 0$$

式中，C——污染物质量浓度，mg/L；

K——污染物综合衰减系数，1/s；

D_x——纵向离散系数，m^2/s；

u——流速，m/s。该方程可以求得解析解：

$$C = \frac{W}{Qm}\exp[\frac{u}{2D_x}(1-m)x] \qquad x > 0$$

$$m = \sqrt{1 + 4KD_x / u^2}$$

式中，Q——河流流量，m^3/s；

W——单位时间污染物排放量，g/s；

x——到排污口的距离，m。

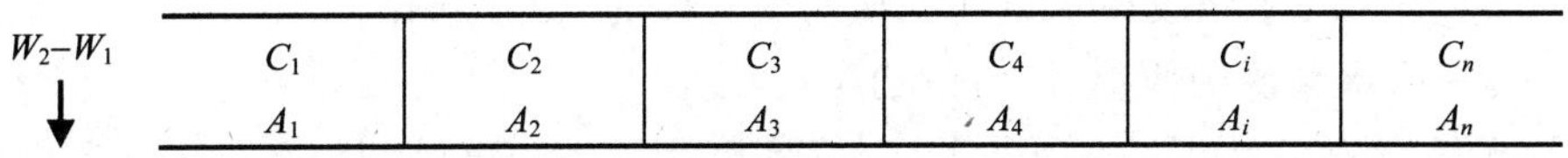

W_2-W_1 ↓	C_1	C_2	C_3	C_4	C_i	C_n
	A_1	A_2	A_3	A_4	A_i	A_n

图 4-2　河流水资源保护补偿模型的河流分段概化图

图 4-2 为河流水资源保护补偿模型的河流分段概化图，流域上游现状水污染负荷量为 W_1，如果不对上游污染负荷进行特别治理和限制发展，其排放的负荷量为 W_2，两种负荷条件下对下游水质的影响分别为：

$$C_1=\frac{W_1}{Qm}\exp[\frac{u}{2D_x}(1-m)x]$$

$$C_2=\frac{W_2}{Qm}\exp[\frac{u}{2D_x}(1-m)x]$$

以上两式相减后得到：

$$\Delta C=\frac{W_2-W_1}{Qm}\exp[\frac{u}{2D_x}(1-m)x]$$

该式表示上游区域低于一定水平的污染物排放量对下游河道水质的影响程度，下游河段受到的影响程度随着距离增大而降低。如果把下游区域分为 n 个河段，那么采用以上方法可以计算得到每个河段受到的影响。

对于河流汇流的作用，可以通过考虑汇流前后流量的比例确定汇流后河流受到的影响。设下游河道流量为 Q_1，上游污染负荷变化量对汇流前河道水质的影响为 ΔC_1，入汇河道流量为 Q_2，那么汇流后河流水质浓度变化值为：

$$\Delta C_3=\frac{\Delta C_1Q_1}{Q_1+Q_2}$$

通过以上方法计算得到水源保护区下游各个河段受到影响后，可以进一步得到某个河段所受影响占整体影响的比例为：

$$A_i=\frac{\Delta C_iL_i}{\sum_{i=1}^{n}\Delta C_iL_i}$$

式中，A_i——第 i 个河段在水质方面的受益比例；

ΔC_i——第 i 个河段污染物质量浓度的变化值，mg/L；

L_i——第 i 个河段的长度，m。

3）综合影响系数。为了综合考虑水量和水质两个因素的影响，赋予两者一定的权重，得到下游各河段的受益程度：

$$E_i=\alpha A_i+(1-\alpha)B_i$$

式中，E_i——第 i 个河段在水量和水质两个方面的受益比例；

α——水量比例的权重（α <1）。

与水质影响空间单元的划分类似，在实际应用中也可以把某个行政区范围内的河段作为计算单元，这样就可以得到各个行政区受到影响的程度。

因此，补偿区某个地区的补偿量 $M_i=E_i \cdot CD_t$。

4.1.2.2 典型流域测算研究案例

为了更好说明基于生态建设与保护成本的核算方法的应用，这里选取了两个流域作为研究区域，以淮河流域跨鲁苏段为研究区侧重计算下游地区承担的总补偿量，以新安江水库流域为研究区侧重计算下游各地区承担的补偿量。由于所掌握数据有限，这里以 2008 年为例计算生态补偿的标准，用于说明这种方法的可行性。

（1）淮河流域跨鲁苏段的生态补偿标准

1）生态补偿的背景。以淮河流域跨鲁苏段作为典型流域计算污染赔偿的标准。通过分析淮河流域概况，淮河流域跨鲁苏段的流域流向，除沛沿河河流流向是江苏到山东外，其他 9 条河流流向均为山东到江苏。山东省作为流域上游地区，经济发展水平位于全国上游水平，2008 年全省实现生产总值 31 072.1 亿元（全国是 300 670 亿元），比 2007 年增长 12.1%，高于全国 GDP 增长速度（9%），高速的经济发展必然会导致流域性的污染问题，要有效解决经济发展与环境保护的矛盾，就需要下游地区补偿上游地区才能刺激上游地区保护流域生态环境的积极性。

在生态补偿标准核算方法的选择上，山东省的经济发展水平较高，不适用基于发展机会的测算方法，流域生态系统服务功能的发挥没有饮用水水源地突出，因此可采用污染赔偿标准测算方法和基于生态保护与污染治理成本的测算方法，前者已在前文中论述，下面就基于生态保护和污染治理成本的补偿标准进行计算。

2）生态补偿的标准。首先，确定山东省保护淮河流域水质的直接成本投入。“十一五”期间，山东省在省辖淮河流域实施的环境保护规划主要有三个，分别是《南水北调东线工程山东段控制单元治污方案》《山东省小流域水污染防治综合治理实施方案（2008—2010 年）》和《南水北调东线济宁市环南四湖大生态带工程建设规划》。规划在 2010 年前投资 196.2 亿元用于区域水污染防治，其中，工业污染防治投资 52.6 亿元，城镇污水处理及相关设施项目投资 42.9 亿元，垃圾处理设施项目投资 19.1 亿元，重点区域污染防治项目 81.6 亿元，平均到每一年的投资约为 39.2 亿元，因此 2008 年山东省保护生态环境的直接成本 C_t 为 39.2 亿元。

其次，确定水量分摊系数。根据《2007 年中国水资源公报》数据，我国人均用水量为 442 m^3。研究区人口及用水量见表 4-3。江苏省用水比例为 31%，所以水量分摊系数 KV_t 为 31%，则 C_tKV_t 为 12 亿元。

表 4-3　江苏、山东两省用水量统计

	人口/万人	用水量/（$\times 10^8$ m^3）	用水比例/%
江苏省辖淮河流域	1 423.18	62.90	31
山东省辖淮河流域	3 166.15	139.94	69
合计	4 589.33	202.84	100

最后，确定水质修正系数。根据公式 KQ_t=1+P_tM_t/C_tKV_t 和 $P_tM_t = \frac{T}{10} \times C \times Q$ 计算得 KQ_t=2.2，KQ_t>1。根据公式 CD_t=$C_tKV_tKQ_t$ 和 KQ_t=1+P_tM_t/C_tKV_t 得到 CD_t=C_tKV_t+P_tM_t，可见江苏省要为其享用的充足水量和优质水资源进行补偿。CD_t=$C_tKV_tKQ_tKE_t$=26.4 亿元，2008 年江苏省应补偿山东省 26.4 亿元。

（2）新安江水库流域的生态补偿标准

1）生态补偿的背景。地处钱塘江流域上游的新安江水库集水面积 10 441 km^2，多年平均入库径流量 97.2 亿 m^3，水库设计正常蓄水位 108 m，相应库容 178.4 亿 m^3。水库具有多年调节性能，供水保证率高，水库水质为 I 类，是下游城乡供水尤其是生活供水的理想水源。

新安江水库的供水区包括水库下游的新安江、富春江和钱塘江的沿线城镇，主要包括建德、桐庐、富阳和杭州市。该区域范围内的水系图见图 4-3，相应的水功能区划见表 4-4。新安江水库下游至钱塘江河段均为开发利用区，水体功能主要包括饮用、景观娱乐、工业、农业和渔业等，新安江水库下泄的优质水源对于这些功能的发挥具有重要作用。

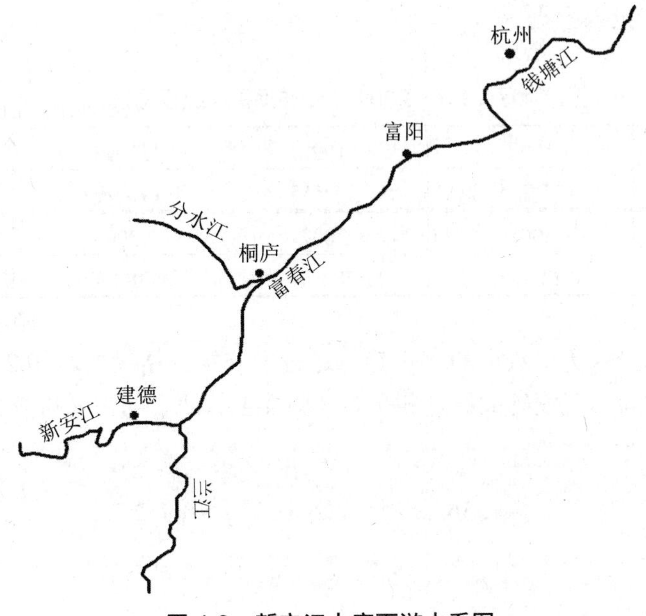

图 4-3　新安江水库下游水系图

表 4-4 新安江水库下游水功能一级区基本信息

功能区名称	范围		长度/km
	起始断面	终止断面	
新安江淳安建德开发利用区	新安江水库坝址	梅城	42.0
富春江建德开发利用区	梅城	富春江水库大坝	26.8
富春江桐庐利用区	富春江水库大坝	窄溪大桥	22.0
富春江富阳开发利用区	窄溪大桥	东江咀	53.0
钱塘江杭州市开发利用区	东江咀	老盐仓	55.8

水库地跨浙江和安徽两省，安徽省黄山市的歙县、屯溪区、徽州区、休宁县、祁门县、黟县和宣城地区的绩溪县部分地区处于水库的库区，这些地区为新安江水库水环境的保护进行了一定的直接和间接投入，并且在一定程度上限制了经济社会发展。这些地区属于库区水环境保护的承担者，应该从下游受益地区得到经济补偿。下游地区是库区水环境保护的受益者，需要按照受益程度对上游地区的保护成本进行分摊。

2）生态补偿标准。

第一，确定水资源保护成本。刘玉龙等调查了新安江水库上游地区的屯溪区、徽州区、歙县、休宁县、黟县、绩溪县 6 个区县在生态保护与建设方面的投入，调查内容包括林业建设与保护、水土流失治理、污染防治等直接投入，还包括发展节水、移民安置、限制产业发展等间接投入或损失。表 4-5 为调查得到的 1997—2004 年生态保护与建设总投入数据。

表 4-5 上游地区 1997—2004 年生态保护与建设总投入 单位：万元

年份	1997	1998	1999	2000
总投入	11 755	13 555	14 960	23 331
年份	2001	2002	2003	2004
总投入	22 967	28 334	28 247	34 658

本研究对总投入历史数据的变化趋势进行了分析，结果显示 1997—2004 年上游地区总投入与时间具有较好的线性相关性（图 4-4），两者的关系可以用以下计算公式表示：

$$Y=3\,256.4x-6\,492.2\times10^{3},\quad r^{2}=0.952\,7$$

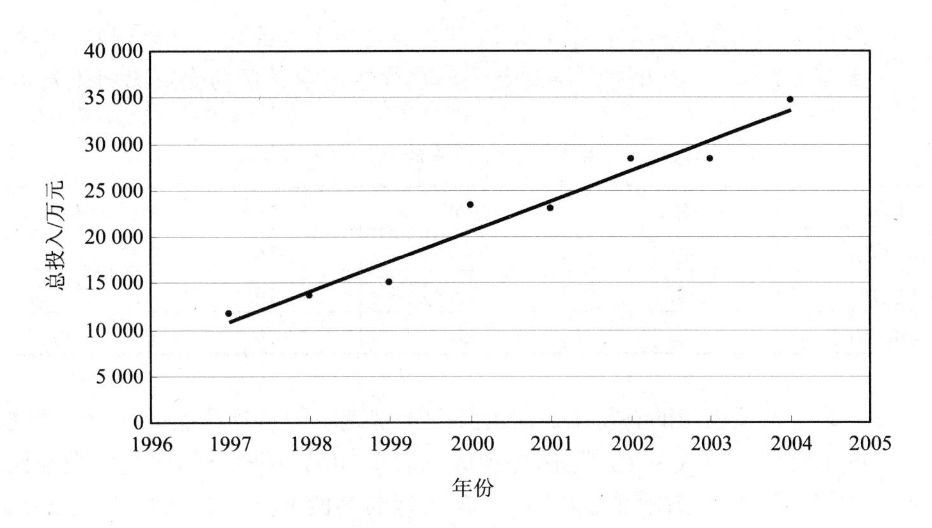

图 4-4　上游地区总投入与时间的相关性分析

本研究以 2008 年作为水资源保护补偿标准计算的水平年，根据以上关系式计算得到 2008 年上游地区生态保护与建设的总投入为 46 650 万元，以此作为新安江水库水资源保护补偿标准计算的依据。

第二，确定下游地区的分配比例。刘玉龙等在水量分摊比例的基础上，进一步通过水质修正系数考虑了水质的影响，计算了 1996—2004 年新安江水库下游需要分摊的系数，这个系数的取值受到水量和水质变化的影响，1996—2004 年多年平均的分摊比例为 0.35，根据这个系数和上游地区 2008 年的保护成本，计算得到补偿区需要承担的补偿总量为 1.63 亿元。

第三，确定下游地区各地的受益比例。

- ❖ 水质影响系数。新安江水库下泄水流现状水质为 II 类，如果不进行特殊的水环境保护，下泄水流水质将出现一定程度的降低，本书假定下泄水质为 III 类，并且以 COD_{Mn} 为代表性指标。参照相关研究成果，新安江下游、富春江河段属于山区性河流，COD_{Mn} 的综合衰减系数为 $0.2\ d^{-1}$，钱塘江河段为感潮河道，COD_{Mn} 的综合衰减系数为 $0.1\ d^{-1}$。河流流量采用水功能区划中的枯水期设计流量。采用环境水力学模型，可以计算得到建德、桐庐、富阳和杭州市四个行政区河段在上游地区污染物减排作用下水体污染物浓度下降的值，进一步考虑各个区域的河长后，可以得到水环境的受益比例。
- ❖ 水量影响系数。新安江水库下游的新安江、富春江和钱塘江是沿线区县重要的饮用水水源地，建德、桐庐和富阳生活和生产用水基本取自这些水源地，杭州市市区 80%的供水来自钱塘江，根据 2008 年这些地区的供水量，可以得到各个区县饮用水取水的比例。
- ❖ 综合影响系数。由于饮用水对于社会经济社会发展的作用十分重要，因此在综合考虑水量和水质两个方面的因素确定各个区县的受益比例时，水量的权重系数取0.6，由此可以得到新安江水库下游受益区的受益比例（表4-6）。

表4-6　新安江水库受益区水量、水质和综合受益比例　　单位：%

区域	建德	桐庐	富阳	杭州市
水质比例	49.7	11.7	26.1	12.5
水量比例	6.2	6.6	14.8	72.4
综合比例	23.6	8.6	19.3	48.5

第四，确定各地承担的补偿量。为了鼓励上游地区的水资源保护行为，新安江水库下游地区的补偿总量取为上游地区保护成本的1.2倍，根据下游区县的受益比例，计算得到建德、桐庐、富阳和杭州市区应该承担的补偿量分别为0.46亿元、0.17亿元、0.38亿元、0.95亿元。

4.1.3　基于发展机会成本的核算方法

所谓发展机会成本是指做出某一决策而放弃另一决策时所丧失的利益，常用来衡量决策的后果。具体来讲，资源是有限的，且具有多种用途，选择了一种方案就意味着放弃了使用其他方案的机会，也就失去了获得相应效益的机会，放弃其他方案中最大的经济效益即该资源选择方案的机会成本。具体到流域上，是指上游地区为流域水质水量达标提高企业门槛而导致有条件投资的企业丧失发展权，以及为了今后进一步改善流域水质水量而在新建流域水环境保护设施、水利设施、新上环境污染综合整治项目等方面的延伸投入。通过比较上游地区与周围地区的经济发展差距可以估算出补偿地区的发展权的损失。

4.1.3.1　标准测算模型

利用相邻县市居民的人均可支配收入与上游地区人均可支配收入对比，估算出相对于相邻县市居民收入水平的差异，从而反映发展权的限制可能给上游地区造成的经济损失，作为补偿的参考依据。补偿的测算公式为：

年补偿额度=（参照县市的城镇居民人均可支配收入−上游地区城镇居民人均可支配收入）×上游地区城镇居民人口+（参照县市的农民人均纯收入−上游地区农民人均纯收入）×上游地区农业人口

4.1.3.2　典型流域测算研究案例

（1）生态补偿的背景

东江流域是珠江流域三大水系之一，发源于江西省赣州市寻乌县、安远县和定南县三县，在广东省的龙川县合河坝与安源水汇合后成东江。东江流域是香港特别行政区及广东省河源、惠州、东莞、深圳、广州等城市的主要水源，肩负着近 4 000 万人口的生产、生活、生态用水。作为一个关联度高、整体性强的区域，东江水资源被称为香港地区和珠江三角洲地区的“生命之水”、“经济之水”和“政治之水”。

近年来，位于东江流域源头区的江西省赣州市寻乌县、安远县和定南县以及上游地区的广东省河源市高度重视东江源区的生态环境保护工作，东江源区人民采取人工植树种草、退耕还林还草、封山育林、限制矿产开发和阻止污染排放等措施，保证向下游地区提供稳定的优质水源。但是，东江源区在产生了积极的生态效益的同时也在一定程度上制约了当地经济社会的发展和农民生活水平的提高。东江发源地的寻乌县和安远县均为国家贫困县，定南县的经济发展情况也不尽理想，与广东省经济发展水平差距甚远。同时巨大的经济落差使东江流域潜伏着巨大的发展冲动与压力，存在着社会安全隐患。因此应该通过发展机会法计算补偿标准以减少东江流域巨大的经济发展梯度。

（2）生态补偿标准

补偿主体为东江流域下游地区的广东省，受偿主体为东江源区的江西省寻乌县、安远县、定南县和广东省河源市。

根据前述公式计算 2009 年东江流域上游地区发展权限制的损失，即上游地区应获得的补偿量为 69.7 亿元，其中江西省东江源区为 24.61 亿元，广东省河源市为 45.09 亿元（表 4-7）。由于数据搜集问题，安远县 2009 年人口数据以 2008 年数据代替，寻乌县城镇居民人均收入以定南县和安远县数据的平均值代替。

表 4-7　2009 年上游地区发展权限制的损失

	定南县	安远县	寻乌县	河源市	全国
城镇居民人均收入/元	10 198	7 430	8 814	12 138	17 175
城镇居民人口/人	41 500	62 900	51 673	820 900	
农民人均收入/元	3 403	2 737	2 633	5 013	5 153
农业人口/人	164 500	302 000	257 828	2 668 900	
发展权损失/亿元	5.77	8.02	10.82	45.09	

数据来源：定南县人民政府，2009 年定南县、安远县、寻乌县国民经济和社会发展统计公报，http: //www.dingnan.gov.cn/zhxw/200910/t20091006_39600.htm。

4.2　流域污染赔偿标准核算方法

流域污染赔偿标准核算方法主要有两种模型，即基于水质水量保护目标的测算方法和基于水污染经济影响损失函数的测算方法。第一种方法侧重考虑受偿区投入的恢复治理成本，根据水质和水量的演变情况进行计算；第二种方法侧重考虑因水质引起的受偿区的经济损失，计算流域污染情况对受偿区经济的影响。污染赔偿的主体是造成跨界河流污染的地区，一般为上游地区；补偿对象是跨界河流污染的受害地区，一般为下游地区。

4.2.1 基于水质水量保护目标的测算方法

4.2.1.1 标准测算模型

基于水质水量保护目标的标准核算方法是在掌握流域水量、水质演变情况的基础上，结合流域综合区划，设定水资源开发利用的总量控制标准和跨界断面水量、水质考核标准，分析流域水资源开发利用与保护活动中存在的赔偿关系，确定赔偿量。这种方法主要有两种计算思路，第一种思路主要以断面水污染物浓度为参考因子，根据受偿区污染治理成本和赔偿区的取水量计算；第二种思路主要以断面水污染物浓度与断面水量为参考因子计算，即按照流域的污染物通量确定赔偿量。

（1）基于跨界断面水质目标的测算方法

跨界断面水质目标考核办法是依据“谁污染、谁治理”的原则，对出境河流水质监测确定污染赔偿标准的一种制度安排。《地表水环境质量标准》规定III类标准适用于集中式生活饮用水地表水源地二级保护区、鱼虾类越冬场、洄游通道、水产养殖区等渔业水域及游泳区。鉴于我国的经济现状，将III类水质标准作为跨界水质是否达标的主要依据比较合适[①]。如果上游地区供给下游地区的水质为III类，上下游之间不进行补偿；如果水质优于III类，下游地区需要对上游地区进行赔偿；如果劣于III类，则上游地区需要对下游地区进行赔偿。主要有两种计算模型：

1）单因子水质指标提高一级受偿区应该获得的赔偿金额为：

$$P=\frac{T}{10}\times C\times Q$$

式中，P——单因子水质指标提高一级的赔偿金额；

T——下游水质提高一级减少的水质指标含量；

C——总成本或直接成本的估计值；

Q——下游入境总水量。

单因子水质指标提高一级的补偿金额之和即为下游应该获得的补偿金额。

2）根据水质指标提高级别计算受偿区应该获得的赔偿金额：

$$P=Q\times\sum（L_i\times C_i\times N_i）（i=1，2，\cdots，n）$$

式中，P——赔偿额度；

Q——下游取水量；

---

① 关于III类标准的解释：选择III类标准作为流域跨区水污染经济补偿的临界点，主要考虑到我国目前水环境的总体水平，如果选择II类水质作为目标，多数地区在经济上难以实现；如果选择IV类水质作为目标，又难以起到治理污染，改善水环境质量的作用。因此，用III类水质作为流域跨区水污染经济补偿的临界点比较合理。

L_i——第 i 种污染物水质提高的级别；

C_i——第 i 种污染物提高一个级别所需的成本；

N_i——超标的倍数。

对于污染物治理成本的确定，刘晓红等以 COD 为代表性指标，选取全国 26 家城镇污水处理厂的成本数据，利用聚类分析法、最小二乘法等计量经济学方法得到了下游进水 COD_{Cr} 含量与 10 mg COD_{Cr} 总成本和直接成本预测表（表 4-8）。其他水质指标的处理成本可以通过一定比例确定，例如可以借鉴经验丰富的江苏省和浙江省的研究结果，江苏省确定 COD 补偿标准为 1.5 万元/t，氨氮为 10 万元/t；浙江省确定 COD_{Mn} 补偿标准为 1 000 元/t，氨氮为 5 000 元/t，据此可以确定氨氮和 COD_{Mn} 的处理成本。

表 4-8　进水 COD_{Cr} 含量与修复 10 mg COD_{Cr} 总成本和直接成本预测

进水 COD_{Cr} 含量/（mg/m^3）	总成本估计值/元	直接成本估计值/元
50（劣Ⅴ类水质）	0.342 9	0.120 4
40（Ⅴ类水质）	0.369 4	0.129 4
30（Ⅳ类水质）	0.398 0	0.139 1
20（Ⅲ类水质）	0.428 7	0.149 5
10	0.461 9	0.160 6

（2）基于污染物通量及总量的测算方法

1）基于跨界超标污染物通量的补偿模型。所谓污染物通量是指某污染物通过目标断面的量，由断面污染物浓度和断面流量相乘得到。与污染物浓度相比，污染物通量还考虑了水体的纳污能力。基于跨界超标污染物通量的标准计算方法是指超过水质控制目标的断面按照超标的污染物项目、河流水量（河长）以及商定的补偿标准确定超标补偿金额。根据我国河流污染的一般特征，可以将 COD、氨氮、总磷和镉等重金属纳入赔偿的范围，但具体污染因子应根据流域的实际情况确定。具体计算公式为：

单因子补偿资金=（断面水质浓度监测值–断面水质浓度目标值）×月断面水量×补偿标准

多因子补偿资金=∑（断面水质浓度监测值–断面水质浓度目标值）×月断面水量×补偿标准

其中，断面水质浓度目标值可以根据行政区域出境河流水质不差于入境河流水质的原则或者以流域综合区划为参考标准确定；补偿标准实际上是单位超标污染物排放通量的补偿金额，可以在考虑流域的污染水平、经济发展水平等因素情况下根据现行的污染物排放收费标准、污染物平均处理成本、污染物排放造成的平均成本等因素确定。

2）基于污染物总量控制的补偿模型。基于污染物总量控制的补偿模型是在模型 1）的基础上，以整个流域及各地区达到环境质量标准为约束条件，以整个流域的环境成本最小为优化目标，确定各地区污染物最优削减配额和转移方法，然后对污染物转移地区和接受污染物转移地区进行环境补偿。该补偿模型可以确定各地区的污染物削减配额和环境补偿配额，使上下游地区达到双赢效果，而且可以有效地解决环境资源和社会资源有效配置问题。

基于污染物总量控制的补偿模型充分发挥各地区污染物削减成本差异优势，优化配置环境资源和社会资源，降低流域及各地区的污染治理成本，可以有效减少跨界污染纠纷。该模型分为两个部分，首先是在确保整个流域及各地区达到环境质量标准的约束条件下，以整个流域的环境成本最小为优化目标，确定各地区污染物最优削减配额；然后对污染物转移地区和接受污染物转移地区进行环境补偿，污染物转移地区对接受污染物转移地区进行合适补偿，确保双方双赢。这两部分互为前提，一方面，只有各地区按照最优削减配额削减污染物，合作治污，才能确保流域总环境成本最小；另一方面，也只有确保流域各地区获得满意的环境补偿方案，才能激励流域各地区实施最优削减配额，各地区合作治污。

①环境成本最小模型分析。流域管理机构在确保流域及各地区达到规定的环境质量（如等于Ⅳ类水质水平）前提下，通过优化各地区污染物削减量和转移量达到流域总环境成本最小。各地区的成本函数分别为：

$$\pi_1（P_1）=AC_1（P_1）+EC_1（P_{01}-P_1-T_{13}）$$

$$\pi_2（P_2）=AC_2（P_2）+EC_2（P_{02}-P_2-T_{23}）$$

$$\pi_3（P_3）=AC_3（P_3）+EC_3（P_{03}-P_3-T_{33}+T_{13}+T_{23}）$$

$$\pi_4（P_4）=AC_4（P_4）+EC_4（P_{04}-P_4+T_{34}）$$

要达到某一标准的环境质量，流域管理机构确定各地区排入本地区河流的实际污染物应等于该地区此标准下的环境容量，即：

$$P_{01}-P_1-T_{13}=P_{1\max}$$

$$P_{02}-P_2-T_{23}=P_{2\max}$$

$$P_{03}-P_3-T_{34}+T_{13}+T_{23}=P_{3\max}$$

$$P_{04}-P_4+T_{34}=P_{4\max}$$

所以可以推得各地区的污染物最优转移量为 $T=（T_{13}，T_{23}，T_{34}）^{T}$，上游地区有可能向下游地区转移污染物（$T_{ij}>0$），也有可能向下游地区转移环境容量（$T_{ij}<0$）。

根据环境损害假定，在确保流域各地区达到规定的环境质量前提下，认为各地区的环境损害成本为零，各地区的环境成本只有污染治理成本，流域总环境成本函数为：

$$\pi_t=\sum_{i=1}^{4}\pi_i=\sum_{i=1}^{4}AC_i(P_i)$$

流域管理机构在优化各地区污染物最优削减配额方案时，受到以下条件约束。各地区的污染物削减量之和应等于流域达到规定的环境质量条件下的污染物削减量总额，即：

$$\sum_{i=1}^{4}P_i=P_{ot}-P_{t\max}$$

根据非毗邻地区污染物不累积假设，当上游地区向下游地区转移污染物时，下游地区必须多削减与上游地区转移的污染物等量的污染物，提供比规定水质标准更高的“清洁水”，才能提供更多的环境容量接纳上游地区转移来的比规定水质标准低的“脏水”，下游地区才能达到流域管理机构规定的水质标准，因此存在以下约束条件：

$$P_{31} \geqslant P_{01} - P_{1\max} - P_1$$

$$P_{32} \geqslant P_{02} - P_{2\max} - P_2$$

$$P_4 \geqslant P_{03} - P_{3\max} - P_{31} - P_{32}$$

由于非毗邻地区污染物不累积的假定，各地区的污染物削减量不能超过与其毗邻地区的标准削减量之和，即

$$P_1 \leqslant P_{01} - P_{1\max} + P_{03} - P_{3\max}$$

$$P_2 \leqslant P_{02} - P_{2\max} + P_{03} - P_{3\max}$$

$$P_{31} + P_{32} \leqslant P_{01} - P_{1\max} + P_{02} - P_{2\max} + P_{03} - P_{3\max} + P_{04} - P_{4\max}$$

$$P_4 \leqslant P_{03} - P_{3\max} + P_{04} - P_{4\max}$$

因此，流域管理机构在保证环境质量假设的前提下，在流域上下游之间存在污染物转移削减的情况下，追求流域总环境成本最小的数学模型为：

$$\min \pi_t = \min(\sum_{i=1}^{4} \pi_i) = \min(\sum_{i=1}^{4} AC_i(P_i))$$

由此可推得各地区的污染物最优削减配额为 $P=(P_1, P_2, P_3, P_4)^{T}$。

基于污染物总量控制的补偿模型保证了流域全局最优，满足集体理性原则，但是不能保证流域各地区最优，不满足个体理性原则。各地区执行管理机构优化的污染物最优削减配额和最优转移量方案与执行比例配额方案比较，有些地区由于削减了更多污染物，向下游地区转移了环境容量，削减成本必然增加；相反，有些地区由于获得其他地区的环境容量，可以减少污染物削减量，削减成本必然减少。因此，满足全流域环境总成本最小的优化配额方案对某些地区是无激励的，不满足个体理性原则，这些地区不会接受更不会认真执行这样的配额方案。由于流域具有明显的空间整体性和流动单向性特点，各地区的排污决策具有传递性和示范性的特点，流域的某个地区不执行管理机构的最优配额方案，就会产生连锁反应，各地区都不执行管理机构的最优配额方案，那么模型失效，各地区又回到各自为政的状态，产生跨界污染赔偿纠纷。

②环境补偿模型分析。由于流域可以看作是环环相扣的链条，其中任何一环脱落，都会导致整个链条失效。在整个流域中，如果某一个地区不执行管理机构优化方案，且没有得到有效制止与纠正，其他地区会很快仿效，这样补偿模型就失效了。因此环境补偿机制不但要遵循“双赢”原则，而且要遵循“多赢”原则，使流域各地区的环境成本尽最大可能达到最低，使各地区达到“共赢”的效果。

要使补偿模型有效，在不考虑管理成本的情况下，环境补偿机制应使接受污染物

转移地区和转移污染物地区满足以下条件：经环境补偿后，接受污染物转移地区和转移污染物地区都要有利可图，即接受污染物转移地区不但获得了削减转移污染物的成本补偿，而且还应获得一定收益。若在不影响本地区水环境功能规划的情况下，采取了污染物转移削减方式，转移污染物地区支付给接受污染物转移地区的费用一定要小于自己削减转移污染物的成本。

设接受污染物转移地区削减转移污染物的费用为 C_2，转移污染物地区削减转移污染物费用为 C_1，（C_1-C_2）为污染物转移削减节余的费用，K（$0 \leqslant K \leqslant 1$）为上方环境补偿分配比例系数，对于接受污染物转移地区应满足：

$$K \cdot (C_1-C_2) > 0$$

对于转移污染物地区，应满足：

$$(1-K) \cdot (C_1-C_2) > 0$$

各地区的环境成本都比比例配额情况下的环境成本减少，这样的环境补偿才有可能使各地区满意，流域管理机构的措施才有可能实施，各地区才有可能合作，才可能避免发生跨界污染赔偿纠纷。如果环境补偿机制使有的地区获得更多的利益，有的地区利益受到很大损害，从个体理性的角度考察，利益受到损害的地区不会执行最优配额方案，即使通过行政命令强制实施，这些地区也会变相抵制，最终结果是各地区争吵不断，协调成本增加，补偿模型失效。

对于转移污染物地区和接受污染物转移地区，从个体理性出发，转移污染物地区希望少向接受污染物转移地区支付削减费用，接受污染物转移地区希望本地区得到更多的补偿费用，但污染物转移削减所节余的费用是一定的，因此转移污染物地区和接受污染物转移地区对节余费用的争夺是对立的，如何比较公平地确定环境补偿方案是流域管理机构一个比较棘手的问题，也是影响补偿模型有效实施的关键因素。从个体理性角度来看，对转移污染物地区和接受污染物转移地区来说，只要是对双方有利可图的环境补偿方案都可以实施，但是不同方案的执行成本是有差别的，进而影响到补偿模型的效率。如果转移污染物地区和接受污染物转移地区对协调方案感受程度高，那样执行起来阻力小，很顺畅，流域管理机构的协调成本会大幅降低，补偿模型的执行效率会提高；反之，如果有些地区对协调方案公平感受程度低，这些地区可能不认真执行管理机制，则流域管理机构协调成本增加，模型的执行效率降低。

从个体理性角度出发，只要转移污染物地区对接受污染物转移地区支付了削减费用，接受污染物转移地区就已经保证不亏本，但是由于接受污染物转移地区知道转移污染物地区因为污染物转移而节约大笔削减费用，转移污染物地区也知道接受污染物转移地区知道这种情况，因此，可认为接受污染物转移地区和转移污染物地区进行一场完全信息静态博弈，对转移污染物转移处理产生的节余费用进行讨价还价，最终达到均衡。如果流域管理机构不能比较公平地进行环境补偿，必然导致接受污染物转移地区和转移污染物地区产生利益冲突，由此导致跨界污染纠纷。

接受污染物转移地区即下游地区的最终补偿数额为：

$$R=C_2+K\cdot(C_1-C_2)$$

接受污染物转移地区获得的净收益为：

$$I_2=K\cdot(C_1-C_2)$$

转移污染物地区净收益为：

$$I_1=C_1-R=C_1-C_2-K\cdot(C_1-C_2)$$

式中，I_1——流域管理机构分配污染削减配额和环境补偿量之后，地区 i 获得的净收益；

C_1——转移污染物地区削减污染物成本；

C_2——接受污染物转移地区削减污染物成本；

K——节余费用分配系数；

I_2——下游地区获得的污染物削减净收益。

接受污染物转移地区和转移污染物地区为了获得相对公平，通过利益双方协商，确定净收益的分配比率，得出 K 值，从而确定节余费用分配方式。如果双方确定从这一交易中获得相等的净收益，那么 $I_1=I_2$，可得 $K=0.5$。这种分配方法为节余费用均分法。节余费用均分法首先是转移污染物地区向接受污染物转移地区支付削减费用，然后是对于污染物转移削减产生的总节余费用等比分配。

在环境补偿分配方案确定后，流域各地区（除流域的首端地区和末端地区外）的环境成本由三部分组成：本地区污染物削减成本，本地区与其上游地区发生污染物转移所支付的补偿成本（或获得的补偿收益），本地区与其下游地区发生污染物转移所支付的补偿成本（或获得的补偿收益）。流域上游地区的环境成本由两部分组成：本地区污染物削减成本，本地区与其下游地区发生污染物转移支付的补偿成本（或获得的补偿收益）。流域下游地区的环境成本也由两部分组成：本地区污染物削减成本，本地区与其上游地区发生污染物转移所支付的补偿成本（或获得的补偿收益）。

流域管理机构通过行政手段分配各地区的污染削减配额和环境补偿量，确保各地区都能从中获益，并且各地区还能感受到公平，这样各地区之间因为污染物转移而发生的流域跨界污染赔偿纠纷的情况就会减少。那么下游地区所获得的总赔偿额为：

$$R_{总}=C+KI$$

式中，R——上游地区由于向下游地区转移污染物而需付给下游地区的总污染赔偿金额；

C——多因子污染物补偿资金；

I——污染物转移削减节余费用；

K——节余系数。

其中，I 是否存在取决于对流域水环境功能区划的设定，通过行政部门协调是否可以在满足功能区划标准的前提下，进行污染物转移削减。

4.2.1.2 典型流域测算研究案例

（1）污染赔偿的背景

淮河流域地处我国东部，介于长江流域和黄河流域之间，是我国的南北分界线。淮河流域包括河南、安徽、江苏、山东 4 省的 35 个地市 151 个县（市、区）。2005 年流域内人口约 1.7 亿，人口密度是全国平均人口密度的 5 倍，居全国大江大河流域之首，人口数量大是淮河流域污染严重的因素之一。

此外，与全国相比，淮河流域的 GDP 结构和就业结构均为第一产业比重大，第三产业比重小，存在着结构性污染依然突出、部分治污工程进展缓慢、面源污染日益突出、治污配套措施不完善等问题，产业层次低、结构不合理是淮河流域经济结构的明显特征，导致淮河流域具有突出的跨界水环境污染防治问题。

为了保证淮河流域跨界断面水环境质量，实现重点工业污染源全面稳定达标排放，控制水污染物排放总量，可通过跨界水质控制目标实现污染赔偿机制的实施，采用基于跨界断面水质目标的测算方法计算淮河流域污染赔偿的标准。

（2）污染赔偿标准

1）赔偿范围。现有淮河流域山东省和江苏省的污染赔偿数据，因此以淮河流域鲁苏地区为研究对象。根据国家对淮河流域水污染防治规划执行情况，确定淮河跨鲁苏交界流域污染赔偿的范围为淮河流域的河流，分别为：白马河、韩庄运河、邳苍分洪道、沙沟河、沭河、新沭河、武河、沂河、沛沿河、不牢河，除沛沿河河流流向是江苏到山东外，其他 9 条河流流向均为山东到江苏，见表 4-9。涉及的行政区包括：山东省枣庄市、济宁市、菏泽市、临沂市、沂源县、莒县和宁阳县四市三县，江苏省徐州市和连云港市两市。

表 4-9 山东江苏交界河流及断面名称

河流	省份	断面	常年流向
白马河	山东	捷庄	鲁→苏
韩庄运河	山东	台儿庄大桥	鲁→苏
沙沟河	山东	沙沟桥	鲁→苏
沭河	山东	高峰头	鲁→苏
新沭河	山东	临沭大兴桥	鲁→苏
武河	山东	310 公路桥	鲁→苏
沂河	山东	港上	鲁→苏
邳苍分洪道	江苏	西偏泓	鲁→苏
沛沿河	江苏	李集桥	苏→鲁
不牢河	江苏	蔺家坝	鲁→苏

2）测算思路。根据搜集到的山东、江苏交界断面的月均流量和水质监测值，采用跨界断面水质目标的测算方法计算淮河流域污染赔偿的标准，其中流域跨省断面水质目标以《淮河流域水污染防治规划（2006—2010 年）》为依据。根据前述公式计算得到 2008 年江苏赔偿山东 COD 处理成本为 18 219.41 万元，根据我国已有的实践经验，按照 COD 处理成本为氨氮处理成本的 15%计算，得到 2008 年江苏赔偿山东氨氮处理成本为 121 462.74 万元，合计约为 14 亿元，因此 2008 年江苏应赔偿山东约 14 亿元（表 4-10）。

表 4-10　2008 年山东入江苏交界断面赔偿金统计表　　单位：万元

	1 月	2 月	3 月	4 月	5 月	6 月	7 月	8 月	9 月	10 月	11 月	12 月	合计
补偿 1	6.96	−1 384.27	6.96	6.96	6.96	6.96	−920.66	−4 069.65	−9 412.14	−1 772.89	695.72	2 093.41	−14 735.68
补偿 2	290.31	290.31	290.31	290.31	290.31	290.31	290.31	1 451.56	0	0	0	0	3 483.73

注：补偿 1 代表山东入江苏交界断面的补偿金，补偿 2 代表江苏入山东交界断面的补偿金。
正值代表上游对下游的赔偿金，负值代表下游对上游的补偿金。

4.2.2　基于水污染经济损失函数的测算方法

4.2.2.1　标准测算模型

确定水污染损失的赔偿标准就是根据受偿区受到污染物超标排放影响的程度，结合水污染对受偿区经济的影响，确定水污染损失赔偿的补偿区对各个受偿区应该承担的赔偿量。首先，需要计算水污染经济损失的赔偿量。本研究认为，应该以受偿区由于水污染所造成的经济损失作为补偿量，可以采用水污染经济损失模型进行计算。由于对受偿区产生污染的区域可能包括其上游的多个区域，受偿区如果超标排污，也会对其本身的水质产生影响，因此需要确定受偿区受到这些地区影响的比例。采用水质模型可以计算得到对受偿区产生影响地区的影响程度，进而得到这些地区在总体影响中所占的比例。根据影响比例，结合水污染赔偿量，可以计算得到各个赔偿区应该承担的赔偿量。

（1）水环境质量—社会经济关系函数

根据水环境质量对水服务功能影响特点，水环境质量对社会经济活动的影响过程大致呈 S 形曲线态，如图 4-5 所示。

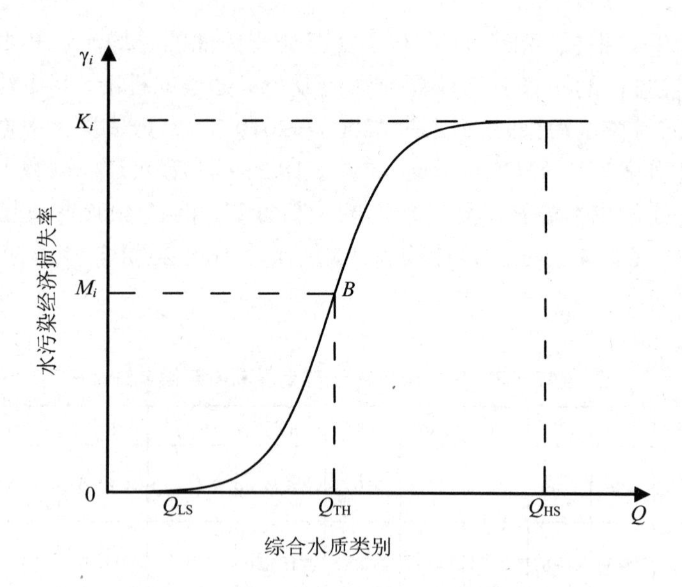

图 4-5 水污染经济损失函数示意图

图 4-5 中横坐标 Q 为综合水质类别，表征水质状况；纵坐标为水污染经济损失率，表示水污染的经济损失程度，具体可以用各项经济活动的水污染经济损失率 γ_i 表示，γ_i 为水污染对第 i 分项经济活动造成的经济损失量 ΔF_i 占该项经济总量 F_i 的比值。即：

$$\gamma_i = \frac{\Delta F_i}{F_i}$$

水质对各类社会经济影响过程客观上具有以下一些共同特征：

- ❖ 上下极限。当水体未被污染，水质很好，水质 $Q < Q_{LS}$ 时，水环境质量很少乃至不会对社会经济造成损失，接近于零；当水质恶化到一定程度，水质 $Q > Q_{HS}$ 时，水体基本上丧失了应有的服务功能，水污染造成的经济损失率趋向稳定状态，达到最大值 K_i（$K_i < 1$）。在我国的水质标准分类和水质评价体系中，当水质超过Ⅴ类后，水质标准不再分级，水质评价结果都归类为劣Ⅴ类水体。
- ❖ 非线性与拐点。水质对经济影响的关系是非线性且连续渐变的过程，中间会出现拐点 B，对应的水污染经济损失率假定为 M_i，相应的水质类别定义为 $Q = Q_{TH}$。当水质处于 $Q_{LS} < Q < Q_{TH}$ 时，也即水环境质量处于恶化的初始阶段量时，水污染对社会经济影响的增长速率也通常呈上升趋势；而当水质处于 $Q_{TH} < Q < Q_{HS}$ 时，即水环境质量污染达到一定程度以后，水污染对社会经济危害的增长速率通常呈下降趋势，并逐渐趋向恒定，达到水污染影响的损失上限 K_i。

通过对几十种常用函数类型进行适定性检测试验分析，本研究采用双曲线型函数来反映水质—经济影响关系特性，函数表达式为：

$$\gamma_i = K_i \left[\frac{e^{a(Q-Q_{TH})} - 1}{e^{a(Q-Q_{TH})} + 1} + M_i \right]$$

式中，i——第 i 项经济活动，也即指反映水环境污染经济损失计算的各个分项；

a——表征 S 曲线形态的水质敏感系数，a=0.54；

Q——研究区域平均综合水质类别，$Q = \sum_{i=1}^{6} \left(Q_i L_i / \sum_{j=1}^{6} L_j \right)$；

L_i——各水功能区的河长；

Q_{TH}——水质拐点，Q_{TH}=4；

M 和 K 值——分别代表不同水质状况下水环境污染经济损失率，M_i=0.5K_i。

（2）描述水污染损失赔偿关系的水质模型

上下游地区的水污染损失赔偿关系主要体现为上游地区排放的污染物对下游地区水质产生影响，这种影响主要与上游地区污染物排放量以及污染物在水体中的输移转化过程相关，因此可以采用水质模型的方法对这种影响进行描述。

模型建立的条件：本模型的基础之一是水污染物的总量控制原则，即对于具体的功能区或者污染源，规定了污染物的最大排放量（水环境容量或者控制入河量），下游河段的水质超标来源于上游超过本地容许排放量的部分（以下简称超量排放）；污染物排放超标的污染源（企业或者区域）是水污染损失赔偿的主体（补偿方），超量排放影响的区域是补偿的客体（受偿方）。

采用一维均匀流水质模型的基本方程，假定污染物符合一级衰减反应：

$$\frac{\partial^2 C}{\partial x^2} - \frac{u}{D_x}\frac{\partial C}{\partial x} - \frac{K}{D_x} C = 0$$

该方程可以求得解析解：

$$C = \frac{W_E}{(Q_0 + Q_E)m} \exp[\frac{u}{2D_x}(1-m)x] \qquad x>0$$

$$m = \sqrt{1 + 4KD_x / u^2}$$

式中，K——污染物综合衰减系数；

Q_0——上游来流量，m^3/s；

Q_E——污水排放量，m^3/s；

W_E——单位时间污染物排放量，g/s；

x——到排污口的距离，m。

该式可以表示为：

$$C = C_0 e^{kx}$$

式中，C_0——污染源排放处的混合浓度，$C_0 = \dfrac{W_E}{(Q_0 + Q_E)m}$；

k——反映对流、扩散和衰减作用的综合系数，$k = \dfrac{u}{2D_x}(1-m)$。

该方程称为输入响应模型，模型满足叠加原理，可以对污染负荷的不同部分进行计算，然后进行叠加，也可以对同一位置上不同污染源的作用进行叠加。

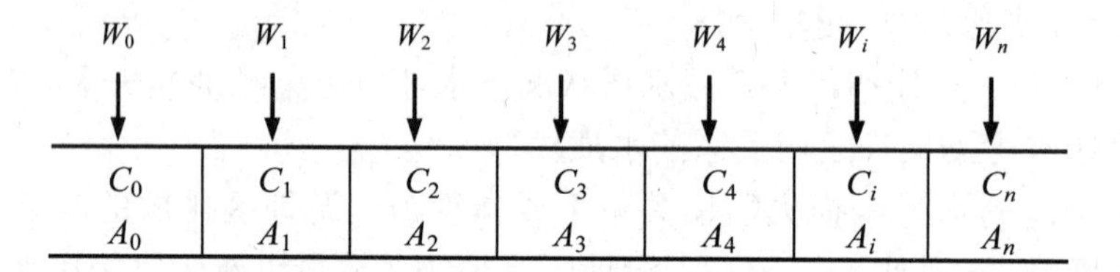

图 4-6　河流水污染损失赔偿模型的河流分段概化图

河流水污染损失赔偿的概化见图 4-6，图中 A_n 表示各个河段，W_n 为各个河段超过水环境容量排放的污染负荷量，C_n 表示各个河段超过水环境容量排放的污染负荷对本河段水质的影响。

采用输入响应数学模型，对超过水环境容量部分排放量的作用进行计算。对于某个河段，水质的变化包括上游和本地排放两部分的作用。上游各个功能区对其水质的影响可以由输入响应模型计算得到，从简化和安全的角度考虑，本地排放的影响可以用排放混合浓度来代表。据此可以得到各个河段受到超量排放影响的水质浓度（表 4-11）。

表 4-11　上游水功能区超量排放部分对下游水质影响关系

	A_0	A_1	A_2	…	A_i	…	A_n
A_1	$C_0\exp(k_0x_{0,1})$	C_1	0	…	0	…	0
A_2	$C_0\exp(k_1x_{0,2})$	$C_1\exp(k_1x_{1,2})$	C_2	…	0	…	0
A_3	$C_0\exp(k_2x_{0,3})$	$C_1\exp(k_2x_{1,3})$	$C_2\exp(k_2x_{2,3})$	…	0	…	0
A_4	$C_0\exp(k_3x_{0,4})$	$C_1\exp(k_3x_{1,4})$	$C_2\exp(k_3x_{2,4})$	…	0	…	0
⋮	⋮	⋮	⋮		⋮		⋮
A_i	$C_0\exp(k_{i-1}x_{0,i})$	$C_1\exp(k_{i-1}x_{1,i})$	$C_2\exp(k_{i-1}x_{2,i})$	…	C_i	…	0
⋮	⋮	⋮	⋮		⋮		⋮
A_n	$C_0\exp(k_{n-1}x_{0,n})$	$C_1\exp(k_{n-1}x_{1,n})$	$C_2\exp(k_{n-1}x_{2,n})$	…	$C_i\exp(k_{n-1}x_{i,n})$	…	C_n

表中某一列上的各项代表了某个河段超量排放对下游各个功能区的影响，某一行上的各项表示某个河段受到上游和本地超量排放的影响，表中的数据形成了矩阵 $\boldsymbol{A}_1$，该矩阵表示河段超量排放所对应的水质超标浓度。

$$\boldsymbol{A}_1=\begin{bmatrix} a_{01} & a_{11} & 0 & 0 & \cdots & 0 & \cdots & 0 \\ a_{02} & a_{12} & a_{22} & 0 & \cdots & 0 & \cdots & 0 \\ a_{03} & a_{13} & a_{23} & a_{33} & \cdots & 0 & \cdots & 0 \\ a_{04} & a_{14} & a_{24} & a_{34} & \cdots & 0 & \cdots & 0 \\ \vdots & \vdots & \vdots & \vdots & & \vdots & & \vdots \\ a_{0i} & a_{1i} & a_{2i} & a_{3i} & \cdots & a_{ii} & \cdots & 0 \\ \vdots & \vdots & \vdots & \vdots & & \vdots & & \vdots \\ a_{0n} & a_{1n} & a_{2n} & a_{3n} & \cdots & a_{in} & \cdots & a_{nn} \end{bmatrix}$$

对矩阵 $\boldsymbol{A}_1$ 进行变换，先对每行上的元素求和，然后将该行的每一个元素都除以该值，即：

$$b_{ij}=a_{ij}/\sum_{k=1}^{n}a_{kj}$$

从而得到矩阵 $\boldsymbol{A}_2$，该矩阵表示河段超量排放所对应水质超标量的百分比，也就是上游及本河段超量排放对水质超标的贡献率：

$$\boldsymbol{A}_2=\begin{bmatrix} b_{01} & b_{11} & 0 & 0 & \cdots & 0 & \cdots & 0 \\ b_{02} & b_{12} & b_{22} & 0 & \cdots & 0 & \cdots & 0 \\ b_{03} & b_{13} & b_{23} & b_{33} & \cdots & 0 & \cdots & 0 \\ b_{04} & b_{14} & b_{24} & b_{34} & \cdots & 0 & \cdots & 0 \\ \vdots & \vdots & \vdots & \vdots & & \vdots & & \vdots \\ b_{0i} & b_{1i} & b_{2i} & b_{3i} & \cdots & b_{ii} & \cdots & 0 \\ \vdots & \vdots & \vdots & \vdots & & \vdots & & \vdots \\ b_{0n} & b_{1n} & b_{2n} & b_{3n} & \cdots & b_{in} & \cdots & b_{nn} \end{bmatrix}$$

（3）区域间水污染损失赔偿标准计算模式

水污染损失采用水污染经济影响损失函数，依据相应区域的统计资料，计算得到区域内各功能区的水污染损失量，设各行政区由于水质超标所产生的水污染经济损失量为矩阵 $\boldsymbol{B}$：

$$\boldsymbol{B}=\begin{bmatrix} e_1 \\ e_2 \\ e_3 \\ e_4 \\ \vdots \\ e_n \end{bmatrix}$$

对两个矩阵进行运算，用 $\boldsymbol{A}_2$ 的第 i 行的每个元素乘以 B 的第 i 行的元素，即：

$$d_{ij}=b_{ij}\times e_i$$

从而得到矩阵 $\boldsymbol{D}$：

$$\boldsymbol{D}=\begin{bmatrix} d_{01} & d_{11} & 0 & 0 & \cdots & 0 & \cdots & 0 \\ d_{02} & d_{12} & d_{22} & 0 & \cdots & 0 & \cdots & 0 \\ d_{03} & d_{13} & d_{23} & d_{33} & \cdots & 0 & \cdots & 0 \\ d_{04} & d_{14} & d_{24} & d_{34} & \cdots & 0 & \cdots & 0 \\ \vdots & \vdots & \vdots & \vdots & & \vdots & & \vdots \\ d_{0i} & d_{1i} & d_{2i} & d_{3i} & \cdots & d_{ii} & \cdots & 0 \\ \vdots & \vdots & \vdots & \vdots & & \vdots & & \vdots \\ d_{0n} & d_{1n} & d_{2n} & d_{3n} & \cdots & d_{in} & \cdots & d_{nn} \end{bmatrix}$$

矩阵 $\boldsymbol{D}$ 的各个元素表示某个污染源超量排放对本地或者下游某河段所造成的经济损失量，也就是应该承担的赔偿量。矩阵中第 i 行所有元素的总和就是第 i 个河段的水污染经济损失量，第 j 列所有元素的总和就是第 j 个河段由于超量排放应该付给下游河段的补偿量。

4.2.2.2 典型流域测算研究案例

（1）污染赔偿的背景

太湖流域范围内的江南运河北起江苏镇江，绕太湖东岸达江苏苏州，南至浙江杭州，流经镇江、常州、无锡、苏州、嘉兴和杭州 6 个地区，江南运河及流经区域的地理位置示意图见图 4-7。本研究范围内的江南运河包括 8 个一级水功能区和 26 个二级水功能区，一级水功能区基本信息见表 4-12。

江南运河水污染问题十分突出，根据《太湖流域及东南诸河水资源公报 2008》，江南运河评价河长 322.2 km，全年期水质III类的河长 6.5 km，占评价河长的 2.0%；Ⅳ类 35.2 km，占 10.9%；Ⅴ类 49.6 km，占 15.4%；劣Ⅴ类 230.9 km，占 71.7%。通过基于水污染经济影响损失函数的测算方法可以分析出流域严重的水污染问题对下游经济发展情况的影响，进而计算出下游地区应该对上游地区的赔偿金额。

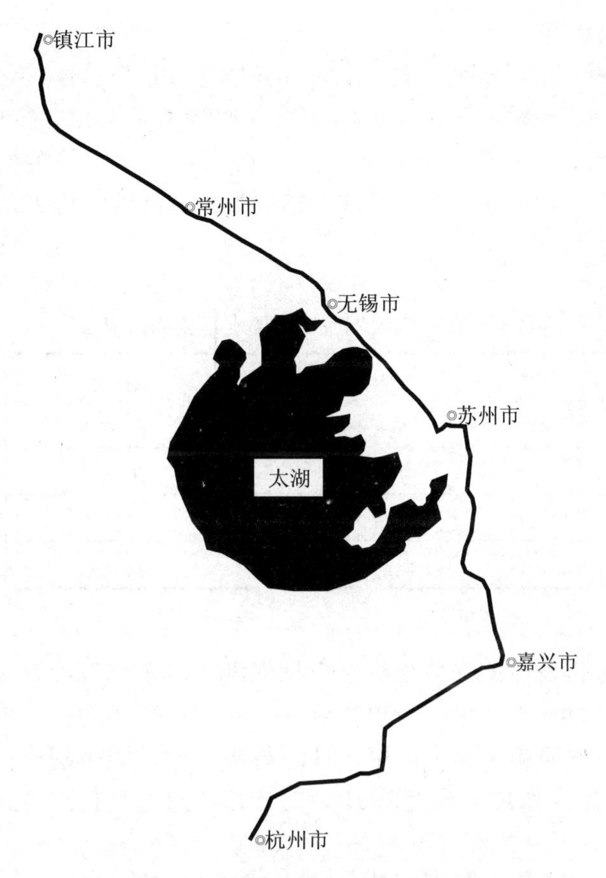

图 4-7　太湖流域江南运河示意图

表 4-12　江南运河一级水功能区基本信息

水功能区名称	范围		长度/km
	起始断面	终止断面	
江南运河镇江常州开发利用区	长江谏壁闸	常州新闸五星桥	59.0
江南运河常州无锡开发利用区	常州新闸五星桥	望亭立交	67.8
江南运河苏州开发利用区	望亭立交	平望八坼镇界	61.5
江南运河吴江缓冲区	平望八坼镇界	太浦河	4.9
江南运河（新京杭运河）吴江开发利用区	太浦河	平望盛泽镇界	6.8
江南运河（京杭古运河）浙苏缓冲区	苏州平望镇东（接新运河）	浙江王江泾镇东	15.0
江南运河（京杭古运河）嘉兴开发利用区	王江泾	博陆镇	68.8
江南运河（京杭古运河）杭州开发利用区	博陆镇（桐乡交界）	三堡船闸（钱塘江沟通口）	43.6

（2）污染赔偿标准

1）水污染影响程度。根据《太湖流域水环境综合治理总体方案》（以下简称《方案》），2005 年太湖流域两省一市主要污染物入河量见表 4-13。参照《方案》中给出的各个市级行政区污染物排放量分布，可以得到各个地区的污染物入河量。依据 2006—2007 年两省一市主要污染物排放量指标数据，可以得到 2008 年各个地区的污染物入河量。

表 4-13　2005 年太湖流域主要水污染物入河量　　单位：t/a

行政分区	COD	NH_3-N	TP
江苏省	598 458	57 824	5 700
浙江省	221 920	20 381	3 631
上海市	206 760	16 524	2 724
流域总量	1 027 138	94 729	12 055

以 COD 作为代表性的水质指标，根据太湖流域水资源综合规划中确定的水功能区环境容量和 COD 入河量，可以得到各个水功能区的超量排放量。采用输入响应模型，模型参数参照相关研究成果，计算得到上游功能区超量排放对下游水功能区的影响，形成 COD 浓度响应矩阵 $\boldsymbol{A}_1$，对该矩阵进行变换后得到水质超标贡献率矩阵 $\boldsymbol{A}_2$。

2）水污染经济损失计算。根据各个地区 2008 年环境状况公报，得到各个地区的水质情况，见表 4-14。采用水污染经济影响损失函数，依据相应区域的统计资料，计算得到本实证研究中涉及地区的水污染损失量，见表 4-15。这种方法计算得到的损失量是区域的水污染经济损失量，而本研究所建立的方法需要的是对应于一定河段的水污染经济损失量。本研究采用了简化的处理，认为一般情况下污染损失在行政区内的空间分布是比较均化的，将该区域的污染损失除以相应的总河长得到单位河长所对应的经济损失量，进而可以得到各个河段对应的经济损失量。实际上，各个河段的水质状况以及水域功能是不同的，相应的水污染损失情况也有一定的差异，在具体的应用过程中可以根据水体实际情况，结合基础资料条件采用更加合理的方法，以反映不同河段在水污染损失方面的差异。

表 4-14　2008 年相关地区平均水质类别

地区	嘉兴	苏州	杭州	无锡	常州	镇江
水质类别	5.47	4.00	4.16	3.42	4.04	3.51

表 4-15　2008 年相关地区水污染经济损失量

地区	镇江	常州	无锡	苏州	嘉兴	杭州
经济损失/亿元	22.04	38.06	46.86	99.80	62.78	29.61
GDP 总量/亿元	1 421.00	2 202.20	4 400.00	6 701.00	4 781.16	1 585.18
经济损失占 GDP 的比例/%	1.55	1.73	1.01	1.49	1.31	1.87

3）水污染损失赔偿标准。在区域水污染经济损失计算结果的基础上，按照江南运河在各地区范围内河长占区域总河长的比例，计算得到各个河段所对应的损失量，形成矩阵 $\boldsymbol{B}$。对矩阵 $\boldsymbol{A}_2$ 和矩阵 $\boldsymbol{B}$ 进行运算，得到对应于各个水功能区的水污染损失赔偿关系矩阵 $\boldsymbol{D}$。把各个区域内功能区的补偿量求和，得到不同地区之间的水污染损失赔偿量（表 4-16）。

表 4-16　2008 年京杭运河（太湖流域）沿线行政区之间水污染损失赔偿量　　单位：亿元

地区	镇江	常州	无锡	苏州	嘉兴	杭州
镇江	3.98					
常州	1.07	3.61				
无锡	0.52	1.75	1.26			
苏州	1.01	3.41	2.45	4.96		
嘉兴	0.54	1.80	1.29	2.62	3.62	
杭州	0.16	0.54	0.39	0.80	1.09	1.09
合计	7.29	11.10	5.39	8.39	4.71	1.09

本研究河流的一般流向是从镇江流向杭州，镇江段的上游为连接长江的闸门，长江水质优良，因此不存在对下游河流污染的问题。表 4-16 各列上的数据表示某地区对本地和其他地区应该负担的水污染损失量，例如镇江对本地、常州、无锡、苏州、嘉兴和杭州的水污染经济补偿量分别为 3.98 亿元、1.07 亿元、0.52 亿元、1.01 亿元、0.54 亿元和 0.16 亿元。由于镇江河段上游来流水质良好，因此江南运河镇江段的水污染经济损失量由镇江承担。对于某个地区，其水污染损失包括自身承担和上游地区补偿两部分，例如常州的水污染经济损失量由两个地区承担，镇江向常州补偿 1.07 亿元，常州自身负担 3.61 亿元。各地区承担的补偿量总和为 37.97 亿元，与这些地区总经济损失量相等。

以上计算结果显示了在一条河流上不同地区之间水污染损失的补偿量，采用同样的方法可以得到其他河流上的补偿量，进而得到地区之间的水污染损失赔偿量。地区之间的补偿关系直接受到入河控制量计算结果及入河负荷量调查结果的影响，在实际应用中应该保证这些基础数据的可靠性，并且随水环境规划和污染源调查的进展进行动态的调整。

4.3 流域生态补偿标准核算方法总结

通过研究与案例分析，得出以下结论：

（1）流域生态补偿标准核算方法的特点

1）基于生态保护与建设成本的计算方法主要是对当地生态环境保护投入进行补偿，目的是保护和实现流域生态系统服务的基本功能，换句话说，是用较低的成本获得较高的生态效益。但是，这种方法没有考虑当地人的生存需要，当地农民要维持生计仍然有可能威胁流域生态环境，很难保证流域生态补偿机制的可持续发展。因此基于生态保护与建设成本的补偿标准可以看做是计算补偿额度的一个基准值。

2）基于发展机会成本的计算方法的原则是补偿居民的收益损失，这样的计算结果能在保证农民收入水平不降低的同时维持农民保护生态环境的长效机制，但对上游地区的后继工作及下代人的补偿考虑不足。这种方法适用于上下游经济发展水平差距较大的流域，因为在上下游经济发展水平差距不大的流域，计算结果偏低，很难达到理想的补偿效果。

3）生态系统服务价值是流域生态补偿机制的最终实现形式，因此基于生态系统服务价值的计算方法能够充分发挥流域的生态系统服务功能，但是由于评估生态系统服务方法的不同会导致计算结果差别很大，具有很大的不确定性，并且计算结果往往偏高。我们建议对于其较高的补偿标准，进行分块补偿，一部分以“直补”的方式由下游地区一次性的补偿给上游地区，另一部分以收取税费的方式分年度补偿给上游地区。

（2）流域污染赔偿标准核算方法的特点

1）基于水质水量生态补偿标准核算方法考虑了上游对下游、下游对上游的双向补偿，能够更好地激励流域上下游各级政府及有关部门保护流域水环境的内在动力，更加全面。但是如果流域上游地区的经济发展比较落后，流域上游地区的水质超标时几乎没有经济实力进行补偿，将导致补偿无法继续下去。因此跨界断面水质水量生态补偿标准核算方法适用于水体污染严重和跨界影响问题突出、上下游经济发展差距不大的流域。

2）基于水污染经济影响损失函数的计算方法利用环境水力学方法和环境经济学方法，综合分析了水环境影响的自然过程以及水污染经济损失与水资源保护成本的关系，很好地反映了水环境影响和经济补偿关系，但是这种模型仅侧重研究了上游对下游的赔偿，适用于上游出境水质污染问题突出、上下游经济发展差距不大的流域。

（3）各种方法的优先选择建议

基于以上的分析，现提出各种补偿类型标准核算方法的优先选择建议（表 4-17）。

表 4-17　各种核算方法的优先选择建议

研究方法	特点	适用地区
基于生态系统服务价值的核算方法	充分体现流域提供的价值； 计算结果偏高	流域上游提供丰富的生态系统服务，如饮用水水源地等
基于上游供给成本的核算方法	保证了补偿的基本需求，但没有考虑当地人的生存需要； 数据量较大，结果偏低	上游水质良好，流域上下游经济发展差距较小
基于发展机会成本的核算方法	维持了上游环境保护的长效机制，但对上游地区后继工作以及下代人的补偿考虑不足； 公式简单，可操作性强	上游水质良好，流域上下游经济发展差距较大
基于流域上下游断面水质目标的核算方法	双向补偿，激励各级政府保护流域水环境的内在动力，但存在公平性的问题； 公式简单，但数据需求较高，结果适用性高	跨界流域污染问题突出，流域上下游经济发展差距不大
基于流域上下游考核断面水污染物通量的核算方法	双向补偿，激励各级政府保护流域水环境的内在动力，但从成本角度考虑缺乏全面性； 公式简单，数据量较小，结果适用性高	跨界流域污染问题突出，流域上下游经济发展差距不大
基于水污染经济影响损失函数的核算方法	建立了上下游水污染-经济影响模型，促进了水污染的有效治理，但只能用于上游对下游的赔偿； 模型较复杂，数据量较大，但结果适用性强	跨界流域污染问题突出，流域上下游经济发展水平相当

第5章

流域生态补偿与污染赔偿的财政政策

要形成适合中国特色的流域生态补偿的财政政策，首先要从理论上对生态补偿的一些基本逻辑有一个明确的认识，再按照流域生态补偿和污染赔偿的特点，寻找并解决好制定财政政策的关键问题，然后根据流域生态补偿的特点，明确补贴方式和方法。本章正是遵循上述制度分析框架，重点研究了流域生态补偿与污染赔偿的财政政策框架。

5.1 流域生态补偿财政政策总体框架

5.1.1 生态补偿的两个属性：自然与社会

按照一般的理解，生态补偿实际上可以分为两种类型。一是自然属性的生态补偿，《环境科学大辞典》对其的定义是："生物有机体、种群、群落或生态系统受到干扰时所表现出来的缓和干扰、调节自身状态以使生存得以维持的能力，或者可以看作生态负荷的还原能力。"二是社会属性的生态补偿，即人类通过对生态系统的干预确保生态环境质量或功能的行为，使生态系统在人与自然的交换中，实现自我平衡发展，并通过这种生态系统的自我平衡，实现人与自然交换的可持续发展，最终达到人类社会经济的可持续发展。

5.1.1.1 生态补偿的基本逻辑

我国目前推行的生态补偿，实际上是第二类型社会属性的生态补偿，包含以下基本的逻辑：

第一，生态系统对人类具有生态服务功能。

第二，人类是需要通过生态服务功能，来实现人类社会的可持续发展的。而生态服务功能的取得方式，就是人类干预生态系统。

第三，生态系统所提供的生态服务功能是有一个临界点的，当人类干预生态系统的程度，控制在生态系统的自然恢复能力范围内，不影响生态系统自身的可持续发展的情况下，生态系统可以为人类提供持续的生态服务功能，从而实现人与自然的和谐发展。

第四，人类对生态系统的干预程度，往往会超过这个临界点，从而使生态系统的自我平衡打破，生态环境恶化。为此，就必须对人类干预生态系统的行为进行调节。

第五，这种调节人类干预生态系统行为，是以人类活动所获得的生态服务功能为依据的。当人类活动是为了取得生态服务功能，而且取得的生态服务功能超过了临界点时，就会产生负外部性，因此，产生这一活动的相关人群或组织，就需要对生态系统进行赔偿；当人类活动是为了增加生态系统的生态服务功能时，就会产生正外部性，因此，产生这一活动的相关人群体或组织，就需要一些奖励措施予以鼓励。

第六，在不同的经济体制下，对人类干预生态系统的行为进行赔偿或奖励，是可以通过市场或政府为主体来实现的。通过政府或市场搭建的平台，对人类干预生态系统的行为进行调整，这个过程实际上就是人与人之间经济利益关系的调整。而这种调整过程就是生态补偿。

第七，通过生态补偿机制，政府或市场取得的赔偿或奖励资金，还需要通过这一平台用于生态系统的恢复与治理，从而实现自然属性的生态补偿（即第一类型的生态补偿），最终实现人与自然的和谐发展。换言之，第二类型社会属性的生态补偿，最终是为了实现第一类型自然属性的生态补偿。

5.1.1.2　生态补偿需要解决的关键问题

从上面七个层层递进的逻辑来看，生态补偿是一个有着严密的逻辑，确保人类社会自身的可持续发展，确保人与自然和谐发展的重要的机制。在这个机制中，有几个关键问题，需要在流域生态补偿与污染赔偿的研究中予以解决。

（1）生态补偿的基础是什么

上述逻辑已经明确了生态服务功能，就是生态补偿的基础。它既是建立生态补偿机制的前提，也是计算生态补偿资金的依据。但如果以生态服务功能作为生态补偿的基础，就产生了以下两个技术难点：

首先，生态服务功能实际上可以分为两个层次：在生态系统自我平衡临界点之内的生态服务功能和临界点之外的生态服务功能。在临界点之内的生态服务功能，人类的干预行为并不会对生态系统产生影响，因此，是不需要进行生态补偿的。只有在人类干预生态系统的行为影响了临界点以外的生态服务功能，才需要进行生态补偿。目前，国际上还没有一项技术，能界定某一生态系统的自我平衡临界点。

其次，由于生态系统是一个由各种自然要素构成的复杂系统，具有环境与资源的双重属性，因此，生态服务功能具有十分广泛的含义，包括来自自然资本的物流、能流和信息流，它们与人造资本和人力资本结合在一起产生人类的福利，它包括了人类直接和间接从生态系统得到的生活必需品服务功能（如食物、木材、水、纤维等）、调节服务功能（如调节气候、洪水、疾病、废物和水质等）、文化服务功能（如休闲、审美、精神享受等）、支持性服务功能（如土壤构成、光合作用、营养循环等）。而对这些生态服务功能的价值化，是通过环境经济评价的方式来进行的。由于评价方法大量地渗入了人类的主观因素（如机会成本法、置换成本法等），因此，计算形成的生态服务功能，将会产生一个天文数字，难以成为生态补偿的依据。典型的例如：按照我国学者对全国流域地表水 7 项生态服务功能进行的评价，其价值为 2000 年国内生产总值的 11%。这一数据，显然难以成为生态补偿的依据。

因此，生态服务功能尽管是生态补偿的逻辑起点，但却难以成为建立生态补偿机制的基础。

通过研究，本研究认为建立生态补偿机制的真正基础，是人类干预生态系统过程中所产生的外部性。当这种外部性为正时，需要生态补偿；当这种外部性为负时，需要的是生态赔偿（或称污染赔偿）。

（2）建立怎样的生态补偿平台

从上述逻辑可以看出，按照外部性原理，生态补偿最终转化为一种调整人与自然交换过程中利益关系的机制。这种机制，最终体现为人与人之间分配关系的调整。而这种调整，是需要通过一定的交易平台来实现的。在不同经济体制下，生态补偿的平台是不同的。国际上主要通过市场方式进行，而我国究竟要建立一个什么样的生态补偿平台呢？

中国特色的社会主义市场经济，是一种建立在政府宏观调控下，发挥市场资源配置基础性作用的经济体制，因此，在这种体制下，我国需要建立的是一种以政府为主体的生态补偿体系。而以外部性作为建立生态补偿的基础，正好符合了我国公共经济建设的基本思路，为我国建立政府主导型的生态补偿机制提供了条件。

（3）生态补偿是不是一种独立的环境经济政策

从上述基本逻辑来看，生态补偿是一种对人类干预生态系统行为的调整。而实际上，在建立生态补偿机制前，我国已经有一系列的环境经济政策，具备了同样的功能。这些环境经济政策包括：政府的税收（如资源税）、非税收入（如排污费）、政府补贴（如节能减排奖励）、价格（如绿色食品价格）、水权交易等。那么，生态补偿和这些制度是一种什么样的关系，它能成为一种独立的制度吗？

我国的生态补偿，是从国际上的生态服务功能付费（payment for ecological/environmental services）这一制度演化而来的。它是一种基于对生态系统服务功能和生态系统市场价值的认识而发展起来的促进生态环境保护的经济手段，是直接体现生态价值的一种交换形式，核心是把生态服务直接价值化、产品化、商品化。因此，从这个意义上讲，生态补偿既是整个环境经济政策的重要组成部分，又是一种独立的政策体系。它不是简单的激励或惩罚措施，而是用外部性理论，更直观、更具体、更系统地用生态补偿的逻辑重塑环境经济政策，从而使《生态补偿条例》得以编制，既有利于形成一个覆盖整个生态环境领域的补偿机制，更能有效地促进生态环境保护，减少环境污染和生态破坏。

5.1.1.3　政府生态补偿的基本逻辑

在政府主导型的生态补偿模式下，政府的生态补偿逻辑就显得尤为重要。按照公共财政的理论，可以形成如下的政府生态补偿逻辑体系。

第一，政府参与生态补偿，并以政府为主导，建立生态补偿的交易平台，是以外部性作为我国建立生态补偿的基础。外部性作为市场失灵的一种重要表现，使生态补偿成为公共财政的覆盖对象。

第二，在政府参与生态补偿、建立生态补偿平台的过程中，以外部性为依据，生态服务功能转化为政府购买的一种生态公共产品。而根据生态服务功能的服务对象范围，这种公共产品既可以分为纯公共产品，也可以分为准公共产品。因此，政府需要形成两种机制。一是按照公共性，确定各级政府在生态补偿中的事权和财权，二是按照其准公共性的程度，确定市场参与生态补偿的程度，并为此建立市场参与生态补偿的准入体系。

第三，在政府参与生态补偿后，生态补偿作为弥补外部性的一项重要的分配工具，既能独立地运行，又需要与其他分配工具有机结合起来，共同构建生态文明所需的公共产品体系。在这个过程中，适度补偿的目标，将和其他社会经济发展的目标进行必要的组合，从而形成符合各地发展要求的、各具特色的生态补偿模式。

第四，无论是哪种模式，生态补偿的最终目标，是实现第一类型即自然属性的生态补偿，因此，政府在搭建生态补偿交易平台、完成了人与人之间分配关系的调整、实现了对人类干预生态系统行为的调整后，还需要通过政府的努力，把生态补偿资金切实地应用到生态系统中，确保生态系统的自我平衡，实现自我属性的生态补偿。

5.1.1.4　生态补偿财政政策要解决的关键问题

上述政府层面生态补偿的基本逻辑，可以引申出制定生态补偿财政政策中如下关键问题。

（1）生态补偿如何与其他分配工具组合

生态补偿仅仅是整个环境经济政策的一个组成部分，不能解决所有问题。但仅仅依靠生态补偿这一个工具，同样也难以达到生态补偿的最终目标。“治山”必须和“治穷”结合起来，这是我国生态补偿实践中一个最基本的经验。因此，在编制《生态补偿条例》时，既要科学地对生态补偿这一分配工具进行制度设计，更需要对生态补偿如何实现与其他分配工具的有机整合进行相关的制度设计。而做好这一工作的核心，就是在《生态补偿条例》中，充分考虑我国主体功能区规划的需求。

2010 年国务院发布的《全国主体功能区规划》，其基本目标“就是要根据各区域资源环境承载能力、现有开发密度和发展潜力，统筹考虑未来我国人口分布、经济布局、国土利用和城镇化格局，将国土空间划分为优化开发、重点开发、限制开发和禁止开发四类主体功能区，并按照主体功能定位调整完善区域政策和绩效评价，规范空间开发秩序，形成合理的空间开发结构，实现人口、经济、资源环境以及城乡、区域协调发展”[①]。因此，主体功能区规划，实际上是一个具有生态保护和区域经济发展双重目标的规划。

要实施这一规划，首先面临的问题就是禁止开发、限制开发地区在形成了以生产生态服务功能为主体的发展格局后，将失去经济发展的机会。因此，《生态补偿条例》的修订，首先需要考虑的是这两个主体功能区的生态补偿问题。而要实现生态保护与区域协调发展的双重目标，仅仅依靠生态补偿是不够的，还需要包括财政转移支付制度等一系列工具的配合。因此，需要建立这样的一种机制，既要在各种分配工具的配合中保持生态补偿的独立性，同时，又要在补偿过程中避免生态补偿成为一些贫困山区“等、靠、要”的正当理由。

（2）政府的生态补偿责任如何划分

生态服务功能范围的不同，使得生态公共产品具有不同的公共性。根据这种公共性的不同，需要在政府间形成层级不同的生态补偿责任机制。从上述政府生态补偿的逻辑讲，《生态补偿条例》需要形成包括宏观、中观、微观三个层次的生态补偿体系。

第一层次，宏观层面的基本补偿。各级政府，包括中央政府与地方政府，向全体居民提供基本的生态服务。政府提供公共产品的成本归宿是全体社会成员，因此，全体社会成员成为间接的补偿主体。政府是补偿主体的代表，代表那些生态服务受益者进行补偿，或代表那些生态破坏者进行赔偿。从全国性基本公共产品角度考虑，需要国家制定方向性的政策，例如根据目前主体功能区规划，对禁止开发区和限制开发区进行补偿。中央政府负责全国性生态产品的供给，在国家主权范围内不受地理空间的限制，受益范围是全国的自然人和法人，由于生态问题的社会性和环境保护的公益性，决定了政府作为补偿主体参与生态补偿活动的必然性和重要性。目前我国实施的退耕还林、退牧还草和生态公益林补偿工程，虽然具有一定的区域性，但是由于这些地域的生态环境已经深入地影响到全国的社会经济发展，毋庸置疑地成了全国性的生态产品，中央政府也成为工程建设经济补偿成本的最基本也是最主要的承载主体。

第二层次，中观层面的补偿。对区域之间生态服务提供进行补偿。如下游地区对上游地区的利益相关者的生态补偿。上游地区不仅对生态保护进行了资金投入，而且限制了自身若干产业的发展，从中受益的下游地区应对上游地区进行生态补偿。相反地，如果上游地区提供的生态服务不能满足下游地区的需求，那么上游地区的政府就成为补偿主体。某些大中型生态服务项目，既需要地方政府提供，也需要中央政府提供。这要求根据生态服务的受益范围，上级政府对下级政府进行的生态项目投入进行

---

① 摘自中国国务院办公厅《关于开展全国主体功能区划规划编制工作的通知》，2006 年 10 月。

一定比例的支付，例如，中央对省、市、县进行支付，省对市、县进行支付，市对县进行支付，或者同级政府之间进行支付。

第三层次，微观层面的补偿。即在政府的引导下，形成一对一的交易补偿。自然资源的开发利用者对资源生态恢复和保护者的补偿，如采煤、采矿、水利开发等，开发利用受益者应给予当地生态利益牺牲者补偿。

（3）社会属性的生态补偿如何最终落实到自然属性的生态补偿

《生态补偿条例》财政政策的根本目标，是建立本研究所讲的第二类型即社会属性的生态补偿体系，以调整人类干预生态系统的行为。但其最终目标仍然是实现第一类型的生态补偿，实现生态系统的自我平衡。因此，在进行生态补偿制度设计时，最核心的问题是，如何确保生态补偿资金最终用于生态保护。

要形成这样的机制，仅仅依靠一个制度是很难的。这就需要按照绩效预算的理念，以确保生态系统的自然平衡为目标，建立起生态补偿的资金管理体系。

按照这样的思路，在制定生态补偿财政政策时，需要形成如下几个层次的生态补偿资金管理制度。

一是以确保生态系统自然平衡为目标的公共产品标准支出体系。习惯上，我们都是按照以收定支的思路，设计资金管理办法。生态补偿的目标十分明确，因此，有必要按照结果导向的理念，从最终的目标入手，先建立起确保生态系统自然平衡为目标的公共产品标准支出体系，并把这一体系纳入公共财政的基本公共产品均等化体系中，使生态补偿财政政策与公共财政改革实现有机的接轨。

二是以提高资金使用绩效为目标的生态补偿工具体系。要提高这种公共产品均等化程度，就必须形成补偿与赔偿相结合的补偿工具体系。不同的补偿方式，其效果是完全不同的，生态补偿财政政策的核心内容，就是要形成一套有利于提高资金使用绩效的工具，并且使这些工具能与其他的财政分配工具形成有机的联系，实现生态目标。

三是以衡量资金使用最终绩效为目标的生态补偿标准体系。生态补偿的标准，不仅要用于对生态补偿使用结果的监督检查，更要作为生态补偿各项工具的基本依据，使各项分配工具在具体应用的过程中，能够按照科学化、精细化的要求，更好地提高资金的使用效率。

四是以确保基本公共产品需求为目标的资金保障体系。要实现生态补偿的最终效果，其基础是形成稳定的生态补偿资金，保证这些基本公共产品的生产。因此，需要在政府的主导下，建立起政府对政府、政府对市场、市场内部三个层次的生态补偿资金筹措体系，确保生态保护的资金需要。

五是以提高筹资绩效为目标的生态服务功能交易方式。生态补偿资金筹资的过程，实际上就是一个生态服务功能的交易过程。制度设计好不好，直接影响着交易成本。因此，需要在制定生态补偿财政政策的过程中，按照公共财政的理念，设计政府间的生态补偿交易方式；按照市场经济的基本要求，设计政府与市场、市场内部生态补偿的交易方式，从而提高生态补偿的效率，确保这一机制在我国得到有效的推广。

5.1.2 流域生态补偿中关键财政政策问题

在明确了上述基本问题后，就需要研究在制定流域生态补偿与污染赔偿财政政策的过程中，可能面临的关键问题。从调研情况看，这些关键问题主要包括以下几个方面。

（1）界定流域生态补偿与污染赔偿的利益相关者

目前，补偿和赔偿的责任主体不明确，国家有关法律规定地方政府是辖区内环境保护的责任主体，无法解决跨界污染控制和流域生态保护补偿的问题。而且地方政府、政府有关部门、乡村集体、企业、林农、农民等责任主体的职责不明，权责不清，造成流域生态补偿与污染赔偿责任主体的模糊与争议。

（2）解决生态补偿与污染赔偿的标准问题

目前，补偿标准难以达成一致，不同利益相关者根据不同的原则与方法，测算补偿与赔偿标准不一，往往有多个数量级的差别，很难达成一致，因此需要国家有关部门和上级政府给出公平可行的技术方法，支持地方试点实践工作。这部分工作，将通过本项目的其他子课题予以解决。

（3）解决生态补偿与污染赔偿的范围和方式问题

目前，我国的生态补偿与污染赔偿的范围与方式不尽如人意，按照目前的补偿方式，很多生态保护良好区、人口密度低的地区往往得不到生态补偿，而生态破坏与环境污染严重区域反而能得到更多资金与项目支持，某种程度上产生了鼓励生态破坏的效果。因此，需要根据财政政策制度设计的要求，将前面分析的生态补偿的方式方法转化为财政资金运行的方法，并形成相关的机制，以确保流域生态补偿与污染赔偿财政政策的全面到位。

（4）解决生态补偿与污染赔偿的政策设计问题

按照《行政许可法》和财政管理体制，很多有利于生态环境保护和生态补偿的措施缺乏法律支持，很多目前行之有效的生态补偿方式往往并不符合财政预算制度和专款专用原则，很多生态补偿的实践活动缺乏有效的行政管理体制的支持，甚至法律的支持，如水权交易，需要国家在政策层面上进一步放开思路，为流域生态补偿提供实践和探索的空间。

因此，必须结合典型流域，对流域生态补偿与污染赔偿的上述难点展开深入细致的研究，结合我国的实际特点和现实需求，提出一套流域生态补偿与污染赔偿标准测算指南和政策框架，为最终建立流域生态补偿与污染赔偿机制提供充足的科学依据。

5.1.3　流域生态补偿财政政策的总体框架

通过上述分析可以看到，仅仅形成流域生态补偿与污染赔偿的财政政策是不够的，还需要根据流域生态补偿与污染赔偿的特点，形成确保财政政策落实的相关机制。由此，可以形成如下的财政政策总体框架。

5.1.3.1　流域生态补偿与污染赔偿的财政政策工具包

这是流域生态补偿与污染赔偿财政政策的核心，即根据如下分类，形成财政政策体系。

（1）以政府为主体的生态补偿财政政策框架

在这一框架内，形成以中央财政转移支付制度为主，以流域生态系统基础标准为依据的纵向生态补偿政策体系；以政府间横向转移支付制度为主，以流域生态系统补偿标准为依据的横向生态补偿政策体系。在这一框架下，可以形成如下四大类的财政政策。

- ❖ 公共财政政策
- ❖ 税收和专项资金政策
- ❖ 税收优惠与发展援助政策（异地开发）
- ❖ 经济合作政策

（2）引导市场机制参与流域生态补偿的政策框架

在这一框架内，形成以生态系统外部性内部化为主要内容，把生态补偿机制内置到企业核算体系的政策框架体系；以捐赠、提供就业机会、提供发展经济机会等为主要手段，以提高企业家社会责任、提高流域受益地区社会责任为主要内容的政策框架体系。在这一框架下，可以形成如下三大类的政策框架。

- ❖ 一对一的市场交易
- ❖ 可配额的市场交易
- ❖ 生态（环境）标志

需要说明的是，在这一领域，财政政策是通过税收优惠或企业财务会计政策进行间接调节的，因此，这方面的财政政策，实际上已经融入以政府为主体的财政政策框架中。关于这一领域生态补偿的其他政策（如产业政策、产权交易政策等），暂不列入本课题的研究范围。

5.1.3.2　流域生态补偿与污染赔偿财政资金的管理流程

流域生态补偿与污染赔偿的财政政策，其根本的作用是对资源的配置情况进行调整，这种调整，最终要转化为财政资金的规模与结构，以及财政资金自身的运行机制和财政资金对市场资源配置的调控能力。因此，在这一部分需要认真按照公共财政的要求，设计流域生态补偿与污染赔偿财政资金的管理流程。

在流域生态补偿的过程中，由于利益相关方包括了生态补偿资金的支付者（如企业）、管理者（如财政）和享受者（如农民），因此，整个资金管理流程，需要涵盖这三方面的利益主体。而更重要的是，由于生态补偿资金在管理过程中，需要形成政府各部门良性的协调机制，因此，还需要在政府间建立生态补偿与污染赔偿资金的政府间管理机制。

根据这样的理解，流域生态补偿与污染赔偿财政资金的管理流程，包括两大方面：一是流域生态补偿与污染赔偿财政资金在利益相关方之间的管理流程；二是流域生态补偿与污染赔偿财政资金在政府各部门之间的管理流程。

5.1.3.3 流域生态补偿与污染赔偿财政管理体制

流域生态补偿与污染赔偿财政政策只有融入现有的财政管理体制中，才能形成良好的运行机制，确保这些政策的到位。因此，需要在形成了财政政策工具包、财政资金管理流程的基础上，通过制度创新，把这些财政政策融入现有的财政管理体制中。

要把流域生态补偿与污染赔偿的财政政策全面融入现行的财政管理体制，需要做大量的工作，从目前流域生态补偿与污染赔偿机制的运行情况看，当前核心要解决的是以下几个方面机制的融合。

（1）流域跨界断面水质考核制度与财政制度的融合

依据《"十一五"水污染物总量削减目标责任书》等有关法律法规的要求，参照相关区域发展规划和重点流域跨界断面水质标准，并结合区域生态用水需求，研究确定跨界流域交界断面水质考核标准；根据跨界水体水质考核标准，建立跨界流域断面水质考核机制，明确考核主体、考核对象、考核时间、考核范围、考核方法、考核结果认定与发布方式等；确定跨界水质污染赔偿裁定、生态补偿标准确定之间的关系。这些制度，都需要通过制度设计，实现与财政制度的融合。

（2）流域生态补偿与污染赔偿相配套的污染在线监测制度

为确保跨界水体水质考核机制的实现，需要研究并建立全国跨界水体水质在线监测制度，制定水质在线监测方案，研究建立国家和地方政府的分工与协作，确定监测规范和监测对象，研究数据的有效性和认定办法，研究在线监测制度与跨界水质考核机制的关系等。重点研究环境保护部负责的跨省流域断面水质监测方案和各省环保局负责的本省跨界断面水质监测机制与方案。

（3）流域生态补偿与污染赔偿的组织制度

根据不同尺度流域水环境保护问题的特点和实施生态补偿与污染赔偿的政策框架，理清各级政府在不同尺度流域生态补偿与污染赔偿中发挥的作用，明确各级政府的职责。对于跨省流域生态补偿与污染赔偿，探索国家层面各相关部门应该发挥的作用，为跨省流域生态补偿与污染赔偿搭建平台；对于省内跨市的流域生态补偿与污染赔偿工作，研究省级政府及其相关部门的作用，为省内流域生态补偿与污染赔偿搭建平台。同时，研究不同政府部门在建立流域生态补偿与污染赔偿制度中的职能分工，建立相应的考核体系。

（4）流域生态补偿与污染赔偿的仲裁制度

研究中央政府承担跨省流域生态补偿与污染赔偿的协调和仲裁机制，明确责任主体、仲裁对象和范围、裁定的程序、仲裁的方法和依据等，推动建立跨省流域生态补偿与污染赔偿机制；研究提出各省政府承担本辖区跨市流域生态补偿与污染赔偿的协调和仲裁机制，明确责任主体、仲裁对象和范围、裁定的程序、仲裁的方法和依据等，推动本辖区内相对完整的流域建立生态补偿与污染赔偿机制。

5.1.3.4　流域生态补偿与污染赔偿实施效果评估

通过情景分析法研究流域实施生态补偿与污染赔偿的效果，量化生态补偿机制对流域污染防治的政策效应；同时根据对试点研究区的实地跟踪调研，总结相关经验，提出流域生态保护和污染防治的量化指标，根据实施效果调整和修正相关政策和补偿方式，并提出若干政策建议。

5.2　流域生态补偿与污染赔偿财政政策工具包

从财政意义上讲，建立流域跨界水质目标生态补偿，就是要明确各级政府在流域水质治理上的事权与财权关系，对事权财权不对称的，通过转移支付形式予以解决。

按照现行的分税制财政体制，环境治理的责任主要体现在地方政府。对地方政府的财力不足以完成其环境治理责任的，由中央政府通过转移支付解决。根据这一制度设计的基本原理，以及流域水质目标，可以形成相应的财政制度安排。

5.2.1　财政体制政策工具

财政体制是整个财政政策的核心。它包括了三部分的内容：一是界定各级政府在社会经济发展中的事权。二是根据其事权，确定各级政府的财权。三是通过财政转移支付制度，解决一级政府财权与事权不平衡的问题，实现财权与事权的一致。

在政府主导型的生态补偿制度下，财政制度成为流域生态补偿与污染赔偿最基础的制度：通过对各级政府事权的界定，明确各级政府在流域生态治理中的责任；通过各级政府财权的界定，明确各级政府本级财力中，可用于生态补偿和污染赔偿的资金来源；通过政府间转移支付制度，明确上级政府或同级政府弥补本级政府在流域生态治理中事权与财权的差异，实现本级政府财权与事权的一致。因此，作为流域生态补偿与污染赔偿的重要组成部分，财政体制政策需要包括以下几方面的内容。

5.2.1.1　事权：各级政府在流域生态治理的责任

流域上下游生态责任的界定，是流域生态补偿的核心问题。在流域生态补偿与污染赔偿的实践中，流域的生态责任可以分为基础标准与补偿标准两大类。

（1）基础标准

基础标准可以用流域上游政府应该承担的向下游提供的基础水质、水量等标准生态指标体系来体现。从技术角度讲，可以体现为跨界断面标准的基本水质、水量，如每秒 1 000m^3 水量、III类水质标准。

基础标准是上游政府确保流域达到基本生态要求、确保为下游提供基本水质水量的基础性标准，这一事权，是地方政府向社会提供基本公共产品的重要组成部分，是地方政府应有的义务。

基础标准最后是由水质、水量等一系列指标组成的。这组数据，将成为衡量地方政府在流域生态治理中履行义务情况的重要依据。因此，如何确定这一标准体系，将成为确保地方政府履行义务的重要条件。由于水质水量分属环境、水利等职能部门进行管理，为了确保这一标准的公正性，需要由上游政府的上一级政府，协调其下属的环境、水利部门，共同确定。当生态补偿涉及两个省时，还需要中央政府协调环境保护部和水利部确定这一标准。目前生态补偿还处于试点期间，这一标准一般需要通过上游的省级政府确定。

（2）补偿标准

补偿标准是指流域下游政府向上游政府提出或流域上下游政府共同商定的、上游需要提供高于基础标准的水质、水量等生态指标体系，如每秒 2 000 m^3、II类水质标准。

补偿标准是上游政府根据下游政府要求确定的或流域上下游政府共同商定的标准。这一标准要高于基础标准，也是上游政府在其应尽义务基础上追加上去的工作要求。因此，这一补偿标准的确定，需要两个基本的程序：一是由下游政府提出，并通过协商，经得上游政府的同意，双方共同商定，形成一个高于基础标准的水质水量指标体系。二是由上下游政府共同的上级政府以任务的方式提出，成为下游政府的工作任务。

（3）确定基础标准与补偿标准的意义

确定基础标准与补偿标准，对于流域生态补偿和强化地方政府在流域生态治理上的责任，有着十分重要的意义。生态补偿作为一项科学处理上下游政府之间分配关系的政策，必须有一个基本的计算指标体系。目前流域生态补偿与污染赔偿中建立起来的以断面水质水量为依据计算生态补偿与污染赔偿的方法，已经较好地解决了指标体系不足的问题。通过这套指标体系，可以分清地方政府在流域生态治理中，哪些是上游政府自身的应有责任，哪些是需要下游政府补偿的责任。这种标准的确认，可以为建立起不同层次的流域生态补偿与污染赔偿机制奠定基础。

5.2.1.2 财权：满足基本标准事权的财力保障

按照财政体制的基本逻辑，在明确了上游政府在流域生态治理上的事权后，就有必要为这一事权，配备必要的财权，以确保地方政府能有足够的财力实现这些事权。

根据标准的不同，其所匹配的财权也不相同。对流域生态补偿与污染赔偿来讲，其财权配备的基本要求是：本级政府自身的财权解决流域环境治理的基本标准的事权需要；其不足部分，通过财力性转移支付制度解决；上级政府和下游政府提供的专项转移支付制度所形成的财权，满足上游政府履行补偿标准部分事权所需要的财力。从一般意义上讲，财权主要是指满足基础标准的财力制度设计。

为了确保流域的生态情况达到基础标准的要求，上游政府就有必要用其自身的财力来履行好对流域的生态治理责任。因此，基础标准所对应的是上游政府本身的财力。按照现行的分税制财政体制，本级政府用于流域生态补偿的财力包括了以下几个方面。

（1）税权

除了拥有的所属税款（包括地方税与共享税的地方部分）的支配权外，地方政府仅仅在部分小税种上有一定的征收管理权，即地方政府对地方税可以因地制宜、因时制宜地决定开征、停征、减征税、免税，确定税率和征收范围，而且地方政府的征收管理权的运行没有规范的制度可循，影响了地方税收的调控能力。

在我国现行的税制中，没有与流域生态补偿直接相对应的税制。但随着我国主体功能区规划的实施，为了确保下游地区水资源安全，一些大江大河的上游大多被划为了禁止开发和限制开发区，这些地区的经济结构将因这一规划而发生重大变化。由此产生的问题是，原来地方政府的一些主要税收收入来源将因此急剧减少，直接影响地方政府的收入，最终导致政府在履行流域生态责任中缺乏必要的收入来源。典型的例如：中央地方共享税中的增值税，将因经济结构转型而出现明显地减少；地方税制中的财产类税收，也因实施主体功能区规划，而出现税源枯竭的问题，并因此直接影响地方政府难以形成足够的财力以确保流域生态环境达到基础标准。

因此，在税权划分上，需要解决以下两个问题。一是赋予地方政府更多的税权，包括立法权及执法权。在生态补偿试点阶段，不可能对全国性的税收制度进行调整，只能在一些试点地区（如禁止开发区）调整税权，使其在一些与环境保护相关的税种上拥有更宽松的调整税率或减免税的权力，以此来推动本地区的环境保护行动。二是规范地方政府税收执法权。在地方政府取得相应的税收立法权或执法权后，还必须有一个权力运用的规范制度。

要解决上述两方面的问题，需要中央层面的宏观决定。目前，流域生态补偿还处于试点阶段，解决这两方面问题的条件还不够成熟，由于税权配置不合理而产生的上游政府财力的不足，就需要通过中央对地方的转移支付来解决。

（2）费权

尽管税收与政府性收费是两种不同类型的财政收入，但为了防止乱收费，中央对非税收入的财权管理基本上参照了税收的财权管理。政府性收费的开征以及征收标准等，大部分集中在中央和有立法权的省级政府，而目前开展流域生态补偿试点工作主要由省级政府及地市以下级政府负责，作为一项单项的改革，在流域生态补偿中，对收费权进行改革还面临着一系列的制度障碍。

但从我国实践看，生态补偿更多的是通过收费形式来实现外部性的内部化，典型的如矿产资源开发领域制订了一系列的收费制度。在流域生态补偿领域，除了水利部门征收的水资源费、水权交易费用等政府性非税收入项目外，还基本上没有收费项目。因此，有必要通过下放地方政府的收费权，在收费制度上进行相关的创新。从我国实践看，这种创新主要体现在以下两个方面。

一是市场化手段。流域生态补偿与污染赔偿的收费项目，很多是可以通过市场化手段，即通过价格体系增加相关的政府收费附加的形式来调整的。如上游绿色农业产品的生态标记（典型的例子是：为支援江西东江流域上游，广东省内在销售赣州地区的柑橘时额外增加了一部分价格，这个价格，既是东江上游柑橘绿色化的生态标记，也是广东对赣州地区农民的一种生态补偿。另外，新安江流域上游的农夫山泉矿泉水，每销售一瓶，即提取一分钱，作为生态补偿资金，也可以视做一种价格附加）、旅游门票附加生态补偿费（典型的例子是：黄山在旅游门票中提取一定比例用于生态补偿）等。但这种价格附加，必须在政府收费权的管辖范围之下，通过政府审批制度才能形成。因此，在现行的收费权财权管理制度很难进行全面调整的情况下，可以充分利用“价格听证会”这一制度，对生态补偿试点地区需要开征的收费项目，通过听证的方式确定收费项目和收费标准。

二是行政手段。尽管水权交易等行为被有些研究者列入了市场化手段，但从我国现行的行政管理体制看，水权交易仍然是两级政府之间的行为。目前，我国在收费制度上，仍然以纵向的管理权为主，即一级政府决定在本辖区内的行政收费。在流域生态补偿与污染赔偿的过程中，行政手段形成的收费模式，将从两个方面进行制度创新。①继续按照纵向收费的模式，在现有的政府非税收入制度中，针对流域生态补偿与污染赔偿进行制度创新。典型的例如：我国水资源费的费率很低，据测算还有20%以上的上涨空间，为了提高生态补偿资金的筹集能力，流域相关政府可以根据生态补偿的需求，通过提高水资源费的形式，在水价中形成生态补偿与污染赔偿资金，从而获得整个流域不同政府的生态补偿资金来源。目前在南水北调中线的生态补偿研究中，就有学者采取了这种研究思路，即通过水资源费，在湖北、河南、河北、北京、天津的水价中形成不同比例的生态补偿金，来支付南水北调中线的生态补偿资金。②在我国还没有形成横向转移支付制度的前提下，两个平级政府之间通过政府收费权的形式，进行政府收费权制度的创新。目前在流域之间开展的水权交易、排污费交易，实际上就是一种政府收费方式的改革。这种改革有力地促进了地方政府生态补偿资金的形成。

（3）发债权

按照《预算法》的规定，地方政府没有发债权。但随着财政政策的变动与财政制度的完善，地方债的相关问题也会得到逐步解决。例如：2009 年，为了解决经济刺激计划的融资需求，中央政府允许地方政府发行总额约为 2 000 亿元的地方债券，用于中央项目的地方配套，缓解地方资金不足的境况。2010 年，财政部还专门成立了预算司债务处，以提高地方发债的能力。在生态补偿试点领域，对地方债也有着特殊的需求。

为了更好地保护环境，提高生态系统服务功能，生态补偿试点地区在财力不足的情况下，可能会出现三种债务问题：第一，由于把区域的经济功能转化为生态功能，地方财政的财源受到影响，财力不足，容易出现入不敷出，这些财政赤字多数表现为隐性赤字；第二，地方政府为了加大环境保护的投入，在建设性财力不足的情况下，需要通过举债开展一些环境保护和环境建设方面的综合投资；第三，在生态补偿过程中，为了提高生态补偿资金的使用效率和效益，生态补偿资金的提供方可能会通过债权形式，支持生态补偿接受方加强生态补偿资金的管理。

我国流域上下游之间经济发展的差异较大，要使流域上下游既能实现生态文明的和谐发展，又能实现社会经济发展的和谐，流域上游面临着巨大的支出压力。在通过生态补偿与污染赔偿资金，从上级政府、流域下游政府和市场上取得一定的生态补偿资金之外，流域上游地方政府仍然面临着生态补偿资金的不足。因此，需要研究地方的生态建设债问题，通过中央形成规范性的管理办法，对一些符合条件的生态补偿试点地区，试行以发放地方生态建设债的方式扩大生态补偿资金的来源。

（4）地方融资权

目前，我国还没有生态债，难以较好地解决生态补偿中的资金不足问题。在这种情况下，就需要充分考虑地方政府的融资权问题，通过上游政府的投融资体制来解决地方建设生态、保护流域环境的资金需要。

由于地方债务较大，已经严重增加了我国的财政风险，为此，国务院于 2010 年颁布了 19 号文件，对政府的投融资平台进行了整顿。目前，这项工作还在推进之中。通过地方投融资平台的整顿，地方政府依靠出卖土地举债等行为将得到遏制，地方政府从金融、企业等市场要素中取得资金的难度加大，将直接影响到流域上游地区生态补偿资金的筹措能力。为了较好地解决这一问题，需要创新地方政府投融资管理体制。

目前，地方政府的投融资，主要是通过金融信贷工具来实现的。在落实国务院 19 号文件、整顿地方投融资平台的同时，地方政府需要提高投融资平台的市场化能力，利用市场化手段，形成新型的政府投融资体系，以解决地方包括流域生态建设在内的环境保护治理资金。

从现行的金融管理体制来看，政府投融资体制创新中比较合理的切入点包括：

一是充分利用金融租赁手段，提高政府筹集生态补偿资金的能力。金融租赁在我国刚刚起步，在国际上，它是仅次于信贷，略低于资本市场的三大金融工具之一，对于促进社会经济的发展，特别是先进技术与设备的应用，发挥了重要作用。我国的流域生态补偿与污染赔偿，是一种政府主导型的机制，因此，需要在政府投融资体制中引进这一先进的金融工具，为生态补偿资金的筹措增加资金来源。目前，比较可行的办法包括：通过政府采购转租赁的方式，提高政府采购能力，解决好生态补偿中必需的流域断面水质水量监测设备购置能力；通过生态债转租的方式，解决上游政府生态债不足的问题；通过上游政府承租相关生态补偿所需要设备和固定资产、下游政府支付租金的形式，形成金融平台下的生态补偿新机制。

二是充分利用基金等金融工具，提高生态补偿资金的筹资能力。基金是一项目前使用比较广泛的金融工具，除了以资本市场为主要投资对象的基金外，还存在着一系列以股权投资为主的投资基金、产业基金等。通过政府引导、市场参与的方式，形成新的政府投融资渠道，解决上游政府生态补偿资金不足的问题。按照目前的金融管理体制，比较可行的办法包括：利用产业基金，形成上下游政府共同支持上游地区按照主体功能区规划要求，实现产业转型；利用投资基金，支持上游企业实现企业发展方式转型；通过投资基金，解决政府生态建设中的重大投资项目的资金需要。

（5）环境收益权

与生态补偿直接相关的一类财权是环境收益权，而环境收益权又是从环境所有权、环境管理权、环境使用处分权等派生出来的。与资源环境相关的收益权一直都是中央与地方争夺的焦点。在地方政府看来，收益应当归于资源环境的所属地，因为地方政府承担了资源环境的开发成本，没有收益的配套，地方政府无力进行相应的生态补偿。而在中央政府看来，资源环境属于国家所有，而且很多资源环境问题关系到国家安全，因此收益权理当归中央所有。中央与地方在环境收益权分配上的分歧，增加了生态补偿制度建设的困难。

在环境产权中，最根本的产权是所有权。按照我国《宪法》规定，所有的环境资源都属于国家所有。企业的矿产资源开发，实际上行使的是环境使用处分权。取得这种使用处分权，要通过“租”的方式获得政府的许可。在这个过程中，环境收益权应该归属中央。

一是以资源税形式，体现国家对环境资源的级差收入的调节，促进环境资源的合理开发与利用。按照我国现行税制的规定，资源税是对相关资源进行调控的一项财政工具，是国家的强制性征收措施。资源特殊性质决定了资源税一般都是中央税，而且在不同国家资源税征收的目的也不尽相同。1994 年实施的分税制财政体制，把资源税列入了地方政府的财权，成为地方政府形成生态补偿和污染赔偿的重要来源。因此，流域中的相关资源开发所形成的资源税，也将成为地方政府筹集生态补偿资金的重要来源之一。

二是以特别附加税体系的形式，体现环境资源的代际外部性和可持续发展要求。与所有产业一样，利用环境和生态资源作为生产资料的企业，在发展过程中，都有一个生命周期。目前，体现在矿产资源开发中的资源枯竭型城市和资源枯竭型企业，典型地反映了资源开发企业生命周期对企业自身和当地城市的影响。流域生态补偿中，同样存在着流域以及流域周边环境和生态资源的开发问题。如：流域本身，就存在水资源的综合利用问题；流域周边的储水区，存在着矿产资源开发和农业综合利用问题。这些资源的开发，都会形成相关的税收收入。为了确保这些产业能形成整个生命周期的可持续发展，有必要参考国际上“矿产资源储备资金”的模式，在这些税收收入中，提取一定比例作为产业进入衰退期后的转型资金，来解决其代际差异问题。

地方政府的环境收益权主要是通过管理权的形式来实现的。这种管理权主要体现在政府的非税收入管理上。因此，地方政府的环境收益权的财权划分，基本上与前面所讲的非税收入财权相类似。

5.2.1.3 转移支付制度：弥补基本标准事权与财权不匹配的财力保障

在公共财政向民生财政转型的背景下，本级政府对流域的生态责任，将成为政府向社会提供基本公共产品的重要内容。因此，流域上一级政府在其本级财政中安排的财力，属于基本公共产品的成本。流域上游政府维持流域生态系统，并为流域下游提供符合基础标准的水资源的事权，属于基本公产产品成本的范畴。当其本级政府的财权不足以弥补这一事权时，需要上级政府通过转移支付制度来完成。

在分税制财政体制下，我国的转移支付制度可以分为财力性转移支付制度（又称一般性转移支付制度）和专项转移支付制度两类。其中，财力性转移支付制度，主要解决地方政府向社会提供均等化公共产品所需要的成本。因此，上游政府所承担的流域生态治理基本标准的事权，在其自身财力不足的情况下，需要通过财力性转移支付制度解决。

因基本公共产品均等化，是中央政府的事权，因此，这方面的转移支付制度，主要通过中央政府对地方的一般性转移支付解决。省级政府主要是根据中央对地方的一般性转移支付制度的基本逻辑，按照本省的实际，在省以下一般性转移支付制度中，进行必要的调整。

（1）中央对地方的一般性转移支付制度

财力性转移支付制度，是按照基本公共产品均等化的要求设计的，这一制度覆盖了一般预算的全部，包括标准财政收入、标准财政支出和转移支付支出三个方面。在这一制度中，流域的生态补偿与污染赔偿内容，分散在标准财政收入（如上游划入禁止开发区后，增值税、营业税主要税种的标准财政收入变化的计算方法）、标准财政支出（如“211”科目中生态补偿相关直接支出的标准支出计算方法）、转移支付支出各个方面，因此，很难从这一财力性转移支付制度中，形成专门针对流域的转移支付制度。

为了能在财力性转移支付制度中，更好地体现流域生态补偿与污染赔偿的内容，需要按照财力性转移支付制度设计的基本原理进行制度设计。

现行的一般性转移支付制度，是通过计量经济学的办法，选择一些影响基本公共需求的因素，通过回归分析等办法，确定这些因素对转移支付额度的相关系数，最终形成一个回归模型，以此来确定转移支付额度。如：对于车辆燃修费这一财政支出，在一般性转移支付中，就采取了如下的计算方法：

$$E_6=K_1+K_2$$

式中，E_6——车辆燃修费支出；

K_1——车辆燃油费标准支出；

K_2——车辆修理费标准支出。

$$K_1=s \cdot a \cdot p \cdot q \cdot w$$

其中，s——标准车辆数；

a——单车燃油量；

p——燃料的单位价格；

q——高原系数；

w——公路运输距离系数。

$$K_2=s \cdot r \cdot t$$

其中，r——单车年维修定额；

t——路况调整系数。

对于上述计算公式中的各项指标，财政部具体规定了公式或标准。如：标准车辆数（s）有两种计算方法：

一是按全国平均人（指标准行政人员加公检法人员）车比确定。即：

s=全国平均人车比×（地方实际行政人员+公检法人员）

二是按公式计算（人数与小汽车数均为行政部门和公检法部门的总数），即：

s =财政部掌握的实际小汽车数/地方厅局上报的实际人数×地方厅局上报的标准人数

按照这一思路，要在一般性转移支付制度中体现流域生态补偿的需求，就需要通过“增加因素或调整系数”的办法，对这一制度进行必要的改革和完善。为此，需要在一般性转移支付制度中，增加如下因素或系数。

1）国土面积因素。原来的一般性转移支付制度中，只考虑了有人居住的国土面积，实际上主要体现国土面积的经济功能和社会功能。但对于体现生态功能为主体的无人居住或人口密度较低的国土面积，则没有进入一般性转移支付的范畴。2008 年，财政部调整了一般性转移支付的办法，把无人居住或人口密度较低的国土面积，也纳入了计算一般性转移支付的因素。但在具体因素的选择上，没能充分考虑这些国土面积所体现的生态功能。因此，为提高改革的可操作性，需要按照国土面积所承担的生态功能，通过国土面积，计算其生态补偿系数。

不同的国土面积有着不同的生态功能。生态补偿的目标就是按照其生态功能，对该地区进行必要的补偿。补偿的内容包括该国土面积创造的生态功能。

人口密度较低的国土面积所创造的生态功能，基本上是纯公共产品，由全国甚至全人类共同享受。如藏北无人区作为世界级的高海拔生物多样性地区，它提供的生物基因库，是全人类共同的财产。因此，这些人口密度较低的国土面积实现的生态功能，需要由中央政府通过一般性转移支付来购买。

按照目前生态经济学的计算方法，禁止开发区、限制开发区的生态功能，是一个天文数据。如据有关专家（谢高地等，2003）测算，每年西藏草地的生态系统服务功能价值为 3 040 亿元，每年森林生态效益估算为 4 700 亿元，森林和草地的生态功能价值为 7 740 亿元。单位面积林地生态效益约为 2 610 元/（亩 • a），单位面积草地生态效益约为 253 元/（亩 • a）。如果按此测算，中央财政几乎不可能购买。因此，建议参考现有的生态补偿政策，进行必要的调整。

目前，我国已经建立了生态公益林生态补偿机制，在这一机制下，每亩生态林可获得 5 元/a 的生态补偿。按照这一标准，实际只补偿了按照生态经济学理论计算出来的生态价值的 0.19%（5/2 610）。参考这一补偿标准，可以计算禁止开发区、限制开发区按不同的生态功能获得转移支付额。

2）生态功能区。国务院印发的《全国主体功能区规划》是实践生态文明建设的一项重大举措。按照这一划分，我国分为四大生态功能区。其中的禁止开发区、限制开发区，主要体现生态功能。因此，在这两个生态功能区，要严格限制经济功能的发展，转而通过生态保护等手段，提高我国的生态安全。

生态功能区，实际上也是一个国土面积的概念。但它主要强调的是生态功能的建设和因此失去的经济发展机会。因此，按生态功能区划进行的生态补偿与按国土面积的地理性质进行的生态补偿，有着不同的切入点。按国土面积划分的补偿对象是这些地区产生的生态功能，而按生态功能区进行的生态补偿对象，则是这些地区生产生态功能的成本和因此失去的发展机会。

一是生产生态功能的成本。一个地区要形成良好的生态功能，必须进行必要的生态保护、生态建设和生态治理，因此需要投入一定的成本。目前，我国一般通过项目预算的办法，来弥补这些地区的生态建设成本。典型的如三江源的建设成本，就是通过国务院批准，在国家发改委立项，投资 75 亿元，对三江源自然保护区的生态建设进行了大规模的投入。由于每个生态功能区在建设生态功能上的成本是不同的。因此，对这部分成本的弥补，用一般性转移支付制度，难度较大，需要通过在中央项目预算立项的办法来进行必要的弥补。

二是生态功能区丧失的发展机会成本。生态功能区确定后，最大的问题是将因此丧失经济发展的机会，把建设的重点从以 GDP 为中心转向以生态效应为中心。这种转变，一方面需要地方政府提供必要的财力用于生态建设，另一方面又将因经济发展功能的衰退而失去大量的财政收入。这种因政策性因素导致的地方财政增支减收，需要通过中央对地方的一般性转移支付制度解决。要核定一个地区因生态功能区的划分而造成的具体增支减收数是十分困难的，因为发展机会成本是一个变量。如一个禁止开发区，由于水质好、环境好，本是建设化工生产基地的最佳地区，但由于国家确定了该地区为禁止开发区，这个化工基地就不可能存在了。但不能因此就说，中央应该按该地区建设化工基地的税收，对其进行补偿。因此，对生态功能区丧失的发展机会成本，只能通过与其自身的历史发展情况进行比较得出结果。

根据研究，我们认为，对禁止开发区和限制开发区，可以通过以下方式，把生态功能因素纳入一般性转移支付范围，对这些地区进行生态补偿。

一般性转移支付中最核心的两个指标就是标准财政收入和标准财政支出。在这两个指标的最终计算结果中增加一个“生态功能区系数”，可以较好地解决这一问题。

3）标准财政收入的调整。标准财政收入，是各项标准财政收入累加后形成的。如标准营业税收入、标准增值税收入等。在划分为禁止开发区或限制开发区后，这些收入都会萎缩。若按每项税收计算，难度很大。因此，可以在现有一般性转移支付计算模型的基础上，先算出标准财政收入，再采取增加一个生态功能区系数的办法，来调整生态功能区对财政收入的影响。即：

生态功能区标准财政收入=标准财政收入–生态功能区调节系数

标准财政收入是一般性转移支付制度计算形成的；调节系数的计算，可以按照以下的办法进行：

先假设某一地区在确定为生态功能区前（即基数年），已经在财政收入努力程度上达到了 100%，实现了应收尽收。这就意味着，在国家还没有出台生态功能区政策前，该地区的财政收入已经达到了该地区发展水平下的最佳状态。在被划入禁止开发区或限制开发区后，它的税收下降，应为在此最佳状态基础上、考虑其适当的财政收入增长系数后之差。即：

对生态功能区影响的财政收入补偿=基数年财政收入×财政收入增长系数–发生期财政收入

按照这样的逻辑，我们可以确定一个地区的生态功能调节系数如下：

假设某省划入禁止开发、限制开发地区前的财政收入为 A（即基数年收入）；2010 年，全国财政收入的平均增长速度为 n_1；该省财政收入的增长速度为 n_2，则 2010 年，该省划入禁止开发、限制开发区前的财政收入应为：$A[1+(n_1+n_2)/2]$。

2010 年，该省划入禁止开发、限制开发地区的实际财政收入为 B，则因生态功能区的划分，导致这些地区损失的财政收入为：$A[1+(n_1+n_2)/2]-B$。

这就是禁止开发区、限制开发区的标准财政收入的调节系数。具体计算的情况如下：

假设：基数年该省划入禁止开发、限制开发地区的地方财政收入为 100 亿元，2010 年因生态功能区划分，导致了该地区的地方财政收入减收到 80 亿元。按照现行的一般性转移支付制度，核定该省上述地区的标准财政收入为 70 亿元。2010 年，全国财政收入的增长速度为 15%，该省财政收入的增长速度为 20%。则该省禁止开发区、限制开发区的标准财政收入为：

标准财政收入=一般性转移支付制度计算形成的标准财政收入+生态功能区调节系数

=70+{100×[1+（0.15+0.20）/2]−80}

=70+（117.5−80）

=70+37.5

=107.5

4）标准财政支出的调整。划分为禁止开发、限制开发区后，地方财政支出的结构将发生重大调整，一方面，财政用于支持经济发展的支出减少；另一方面，财政用于生态建设的支出增加。因此，在地方财政支出上，主要是财政支出结构的调整，在规模上，由于已经在标准财政收入中弥补了因生态功能区导致的收入损失，因此，不必要再在标准财政支出中进行弥补。地方政府需要增加的生态建设、生态保护等成本，可以通过标准财政收入的增加以及财政支出结构的调整来取得。

5）现代化指数。现代化指数实际上反映了一个地区经济发达的程度。由于以体现生态功能为主，因此，在一些人口密度较低、主要生产生态功能地区，其现代化水平要普遍低于全国平均水平。这里既有历史原因，更是国家宏观政策的结果（一个典型的例子是，在计划经济时期，我国在青海、甘肃等地建设了重大项目，可以拉动这些地区的发展，而当时的广东等东南沿海的发展水平，却要低于西部地区）。因此，无论是从生态功能角度，还是从财政体制的基本原则——实现基本公共产品供给的均等化角度，这些现代化指数较低地区，都需要一般性转移支付的支持。

中国科学院每年都对我国不同省份的现代化指数进行分析。从 2002 年各省现代化指数表可知，我国各省份的现代化水平差距很大，现代化水平最高的上海和最低的西藏，可以相差 70 个百分点。因此，对不发达地区进行转移支付，是目前财政体制改革的重要任务。

把现代化指数转化为一般性转移支付制度的系数，有多种方法，其中操作性比较强的是：在一般性转移支付额的基础上，根据各地的现代化指标确定一个系数，对现代化程度较低的地区在转移支付上进行倾斜，以提高这些地区的公共产品均等化水平。

（2）省以下一般性转移支付制度

中央对地方的一般性转移支付制度的改革，是一个渐进的过程，要在这一制度中，全面反映流域生态补偿与污染赔偿的要求，还需要在《生态补偿条例》出台后，经过认真的论证，逐步调整。目前，流域生态补偿与污染赔偿的改革试点，主要是在地方层面。因此，如何在省以下一般性转移支付制度中体现流域生态补偿和污染赔偿的要求，是当前急需研究的重点。

5.2.2 政府转移支付政策工具

上游政府除了通过本级财政取得流域生态治理责任这一事权相对应的财权外，还需要通过上级政府或下游政府的转移支付，获得与补偿标准相适应的财权。

5.2.2.1 上级政府的专项转移支付

按照现行的财政体制，一级政府的事权，主要是针对其辖区本身的事权，对于跨区域的相关事权，需要上级政府予以解决。在流域生态补偿中，上游政府经常会面临一些体现在本流域、但对整个区域社会经济发展都会产生重大影响的流域生态治理的事权，这些事权，具体体现在上游政府，但影响面却已经扩大到上游政府辖区之外。针对这种情况，现行的财政体制专门设计了专项转移支付制度来解决这一问题。

按照流域生态环境治理责任影响面的大小，专项转移支付制度的提供者，可以是中央政府（对影响面涉及全国的一些生态治理项目，典型的如三江源的生态保护），也可以是省级政府。在目前流域生态补偿与污染赔偿的试点中，专项转移支付制度主要体现在省级政府。为了解决流域重大的生态治理任务，省级政府往往通过两种方式对上游政府提供必要的财政支持。

（1）流域生态治理专项资金

即针对流域某一生态治理任务，由省级政府提供主要的财力，上游政府提供必要的配套资金，作为流域生态治理专项资金，在一定的时间内完成这一治理任务。

目前，我国在流域生态补偿过程中，已经形成了一系列专项流域生态治理专项资金。比较典型的例如：三江源的生态保护专项资金，南水北调中线生态环境治理规划的专项配套资金等。这些来源于中央的流域生态治理专项资金，主要用于解决其影响面涉及全国的流域生态治理问题。

同时，各省在流域生态治理的过程中，也形成了各具特色的生态治理专项资金。这些资金，既包括水利系统的水利工程专项投入，也包括农业系统的土地植保等方面的专项投入，还包括林业系统的森林保护、沙漠治理等方面的专项投入。这些专项资金，尽管其功能是生态治理资金，但在其效果上，仍然是地方政府用于弥补其实现补偿标准生态治理事权的财力需要。

在生态治理专项资金中，存在一个重要的问题，就是生态补偿的要求能不能在这些专项资金中得到充分体现。这就涉及前面分析时所讲的，生态补偿政策是不是作为一项独立型的环境经济政策问题。从某种程度上讲，生态补偿政策始终是和其他经济政策紧密有效地结合在一起才能发生作用的，因此，它是一种融入型的环境经济政策。生态治理的专项资金在生态补偿这一概念出现前就已经存在。当前开展流域生态补偿与污染赔偿试点的核心，就是要通过这一试点，在这些专项资金中体现生态补偿的要求。

以三江源生态保护专项资金为例。这是新中国成立以来，针对我国大江大河上游进行流域综合治理投资量最大的一项专项资金，其期初的投资预算就达 75 亿元。但从这一预算的结构看，很多应该体现生态补偿概念的相关项目没有纳入预算，导致专项资金难以覆盖青海省履行“补偿标准”事权所需要的财力，在一定程度上影响了三江源生态保护的顺利推进。因此，在专项资金这一财政工具应用中，需要充分考虑上游政府在履行补偿标准事权方面的客观需要，把流域生态补偿与污染赔偿的相关需求纳入专项资金的预算中。

（2）专项转移支付

专项转移支付资金，是上级政府围绕着流域治理，从其本级政府财力中集中部分资金，作为一项长期的资金，按照确定的计算方法，给予上游政府一定的财力支持，以解决流域治理中跨区域的生态治理问题。

专项转移支付制度，包括中央对地方的专项转移支付制度和省级政府对省以下政府的专项转移支付政策。目前，我国已有的和流域生态补偿与污染赔偿相关的专项转移支付制度包括：

1）中央对三江源等生态保护区专项转移支付。从 2008 年起，中央安排了三江源等生态保护区的转移支付资金。这项转移支付制度，与即将出台的国家级主体功能区规划相协调，按照现行一般性转移支付办法，通过提高部分县区补助系数等方式，增加中央对地方一般性转移支付，全部用于天然林保护工程、青海三江源和南水北调中线工程丹江口库区及上游地区所辖县区。这是中央财政对重点生态功能县的支持，并要求省市两级财政逐步提高对上述生态功能县的补助水平，享受此项转移支付的基层政府要及时将转移支付用于涉及民生的基本公共服务领域，并加强监督和管理，切实提高公共服务水平。

这项制度的转移对象主要是三江源和南水北调中线，因此是比较典型的针对流域的专项转移支付制度。这一制度的核心，是在一般性转移支付已经弥补了地方政府在提供基本公共产品上财力不足的前提下，进一步补给地方政府的财力，因此是典型意义的针对地方政府所承担的“补偿标准”事权所设计的专项转移支付制度。

2）省级政府形成的专项转移支付制度。为了解决省级层面流域生态补偿问题，各省目前已经分别形成了各具特色的专项转移支付制度。其中，浙江省的制度出台时间最早、内容比较系统，在省级流域生态补偿的专项转移支付中，具有较强的代表性。

根据《浙江省生态环保财力转移支付试行办法》（浙政办发〔2008〕12 号），浙江省省本级财政将对主要水系源头所在市、县（市）的生态环保建立起财力转移支付制度。其主要内容包括：

转移支付的原则。按照“谁保护，谁得益”、“谁改善，谁得益”、“谁贡献大，谁多得益”以及“总量控制、有奖有罚”的原则，全面实施省对主要水系源头所在市、县（市）的生态环保财力转移支付制度。

转移支付的对象。浙江省财力转移支付的对象为浙江省境内八大水系（即钱塘江、曹娥江、甬江、苕溪江、椒江、鳌江、瓯江、京杭大运河）干流和流域面积 100 km^2

以上的一级支流源头及流域面积较大的市、县（市），并以省对市县财政体制结算单位来计算、考核和分配转移支付资金。源头地区主要是指干流和流域面积 100 km^2 以上的一级支流、境内一级支流 100 km^2 以上面积占一级支流总面积 65%以上及一级支流 100 km^2 以上的流域面积大于 1 200 km^2。按照这个标准，八大水系源头地区的范围覆盖全省 45 个市、县（市）（不含宁波地区）。结合各地的财力状况，省财政设置不同的兑现补助系数，分档兑现补助额，27 个欠发达市县兑现补助系数为 1；3 个发达市和 3 个经济强县兑现补助系数为 0.3；其余 12 个县（市）兑现补助系数为 0.7。

转移支付的依据。浙江省财政生态环保转移支付制度充分利用浙江省目前已经全面建立的环境监测装置，围绕水体、大气、森林等生态环保基本要素，设置生态功能保护、环境（水、气）质量改善两大类因素相关指标作为计算补助的依据，结合污染减排工作有关措施，运用因素法和系数法，计算和分配各地的转移支付金额。生态功能保护类指标共两类，省级以上公益林面积占 30%，大中型水库面积占 20%；环境质量改善类指标共两类，主要流域水环境质量占 30%，大气环境质量占 20%。

同时，引入奖罚机制，对水体和大气环境质量设立警戒指标标准，对环境质量改善的地区，无论是上下游都实行“奖励补助”；对环境质量下降的地区，无论是上下游都实行“扣罚补助”，以此来确立正确的政策导向，并从体制层面建立激励和约束机制。

资金来源和使用。在考虑对源头地区转移支付的资金来源问题时，省政府没有触动中下游市县的财政体制既得利益，而选择从省级财政收入“增量”中筹措安排。生态环保财力转移支付的资金总量一年一定，列入当年省级财政预算。2007 年度安排生态环保转移支付资金 6 亿元，之后将视财力情况逐步增加。省生态环保财力转移支付资金属财力性转移支付资金，由市、县（市）政府统筹安排，包括用于当地环境保护等方面的支出。

5.2.2.2 省内上下游政府的横向转移支付制度

上游政府为提供基础标准而付出的生态建设、生态恢复等成本，在其自身财力不足的情况下，应通过中央对流域上游的转移支付来弥补，流域下游则通过与中央的财政体制来体现对维护这部分生态系统的义务。流域上游政府提供高于基础标准，或者流域下游政府提出要求上游政府提供高于基础标准的水资源，上游政府就有权向下游政府提出生态补偿的要求，下游政府就有义务向上游政府提供生态补偿。这种提供方式主要通过上下游政府间的横向转移支付制度来完成。

目前，我国还没有形成规范的横向转移支付制度，仅仅在对口支援西藏、新疆、四川等地区方面形成了一些专项的横向转移支付制度。在流域生态补偿中，开展上下游政府间的生态补偿与污染赔偿，需要在横向转移支付制度中形成比较规范的制度创新，并要在创新中主要解决以下两方面的关键技术。

一是开展流域上下游政府生态补偿资金流程设计，按照现行的财政管理体制，形成规范、有序、透明、公开的资金管理流程，确保上下游政府共同监管生态补偿资金。

二是形成计算横向转移支付的标准模式。在这一模式下，既要考虑流域的生态价值，又要考虑上游地区生态建设、生态恢复成本和因此损失的发展机会成本，更要考虑下游地区的支付意愿和支付能力。

通过这几年的试点，已经在省内的流域生态补偿试点形成了以省级政府为生态补偿交易平台，上下级政府以断面水质水量为依据，开展生态补偿和污染赔偿的横向转移支付制度。2009 年，国务院办公厅转发环境保护部会同发展改革委、监察部、财政部、住房和城乡建设部、水利部制订的《重点流域水污染防治专项规划实施情况考核暂行办法》，专门对以跨界断面的水质水量为标准进行流域污染赔偿的制度，进行了具体的规定。

按照我国目前流域生态补偿与污染赔偿的试点实践，建立在跨界断面水质水量基础上的生态补偿与污染赔偿横向转移支付制度，其主要内容应包括以下几个方面。

（1）补偿内容

这一横向转移支付制度，其补偿的内容是上游政府为提供符合下游政府提出的水质水量“补偿标准”事权所需要的财力。即当跨省流域水质的监测指标，达到了由下游政府提出、由上级政府确认或上下游政府共同商定的标准后，下游政府按照规定的计算方式，通过省级财政划拨账户，支付一定的生态补偿资金；当跨界断面水质水量达不到“补偿标准”要求时，上游政府通过省级财政划拨账户，向下游政府支付一定的生态赔偿金。

（2）补偿和赔偿标准

横向转移支付的标准，就是下游政府提出、经上级政府批准或上下游政府共同商定的跨界断面的水质水量指标体系。这一指标体系，也是上游政府履行流域生态治理的“补偿标准”事权。具体可以包括：跨界断面的单位水量、单位超标倍数、单位污染物排放量的补偿或赔偿资金。在核定补偿和赔偿金时，应充分考虑水质状况、污染物类型、河流流量、影响范围、河流污染物通量以及经济发展水平等因素，使得补偿和赔偿尽可能公平合理。

补偿和赔偿标准是通过水质和水量等环境指标来体现的，反映了上游政府供应这一标准水质水量的上游生态建设和保护成本，包括直接投入成本和机会成本。直接成本指上游地区为保护、维持或者恢复生态环境而投入的成本，是实际发生的支出和费用；机会成本指上游因失去发展机会而带来的损失。成本测算标准有投入法、机会成本法、费用效益法等。而这些成本，从某种意义上讲，是下游政府不了解或了解后难以监测的，因此，这些标准的确定，一般可以采取两种方法：

一是下游政府提出，由上级政府核定。目前开展的流域生态补偿，主要是在省内层面开展，因此，上游政府和下游政府都归一个省级政府管理。在这种情况下，下游政府提出的流域生态要求，最终需要通过省政府考虑上游政府的生态治理成本等因素，由省政府最终核定。为了使生态补偿与污染赔偿的标准更具公正性，也可以直接由省政府相关部门确定。

二是由下游政府提出，并经与上游政府协商后确定。上下游政府可以形成流域环境协议，确定上游地区供给下游地区的水环境质量标准，如果上游地区供给下游地区的水质达到流域环境协议的要求，上下游都不进行补偿；如果供给水质优于流域环境协议的要求，下游地区需要对上游地区进行补偿；如果供给水质劣于协议标准，则上游地区要对下游地区进行赔偿。补偿或者赔偿标准的核定要基于污染物的治理成本来测算，根据试点流域环境主要问题，污染因子主要考虑化学需氧量（COD）、氨氮、重金属等。

根据上述标准的测算，生态补偿与污染赔偿金扣缴标准有两种：第一种是行政区域出境河流水质不差于入境河流水质；第二种是出境河流水质满足跨界断面水质控制目标的要求。具体由试点流域各地区政府协商选择其中一种或者二者相结合的方式。

以跨界断面主要污染因子浓度指标作为补偿与赔偿依据相对可操作，例如可制定四级污染物质量浓度，即低于 0.5 mg/L、0.5～1 mg/L、1～2 mg/L、高于 2 mg/L 等。

（3）生态补偿与污染赔偿资金的确定

超过水质控制目标的断面，按照超标项目、河流水量（河长）以及商定的补偿标准，征缴超标补偿金。如果入境河流水质超标，则在出境水质超标的补偿金中扣除。根据我国河流污染的一般特征，将 COD、氨氮、总磷和镉等重金属纳入超标补偿的范围。补偿金的扣缴金有单因子和多因子两种类型：

单因子补偿资金＝（断面水质指标–断面水质补偿目标值）×月断面水量×补偿标准

多因子补偿资金＝Σ（断面水质指标–断面水质补偿目标值）×月断面水量×补偿标准

根据上述补偿金核算公式，补偿标准实际上就是单位超标污染物排放通量的补偿金额。该补偿标准可以在考虑流域的污染水平、经济发展水平等因素情况下，根据现行的污染物排放收费标准、污染物平均处理成本、污染物排放造成的平均损失成本等因素确定。

在上述计算公式中，确定补偿资金的标准是流域生态补偿与污染赔偿横向转移支付制度的核心。为了提高制度的可操作性，这一标准需要由省级财政部门根据上下游政府之间财力的差异，并考虑上游政府流域生态治理的成本最终核定。

（4）流域生态补偿资金的计算

在明确了上述计算依据后，需要最终确定流域生态补偿与污染赔偿资金的计算办法。

流域生态补偿与污染赔偿资金的最终计算结果，直接影响着上下游政府之间的财力结构，因此，在计算过程中，必须保持公开和公正，并具有较强的可操作性。按照这一基本原则，流域生态补偿与污染赔偿资金的计算采取如下方法，即省政府确认流域生态补偿与污染赔偿资金计算的公式，环保部门提供水质监测的指标数据，水利部门提供水量监测的指标数据，财政部门确定单位生态补偿和污染赔偿的标准，并由财政部门根据上述取得的数据和公式，进行计算，计算结果通过政务公开的渠道，对社会公布。

（5）流域生态补偿资金的管理

由于目前我国的财政制度中，还没有建立起政府可以直接进行横向间资金往来的制度，因此，这种横向转移支付制度需要建立在省级政府作为交易平台的基础上。通过省级政府，上下游政府之间就流域生态治理、生态补偿等问题进行协商，同时，通过这一制度形成的生态补偿与污染赔偿资金也分别由上下游政府缴纳到省财政设立的专项账户，由省财政负责管理。资金的使用，则由上下游政府共同提出，省财政负责审批。

5.2.2.3　省间横向转移支付制度

以断面水质水量为依据的横向转移支付制度，主要适用于省内流域的生态补偿与污染赔偿，其交易平台实际上是省政府。跨省的流域生态补偿与污染赔偿，由于其共同的上级政府为中央政府，因此，很难建立起这种以断面水质水量为依据的横向转移支付制度。为了解决这一问题，比较可行的办法就是由上下游政府共同建立起流域生态治理和生态补偿的基金，以基金作为交易平台，共同承担起“补偿标准”的事权。

根据市场化程度不同，上下游政府可以建立起两种不同类型的生态补偿基金。

一是建立在生态补偿委员会基础上的交易平台模式。在这一模式下，以流域上下游共同的上级政府为主体，建立以上级政府为指导，上下游政府相关部门、流域生态补偿专家、流域生态补偿利益相关方（如上游农民代表）等参加的流域生态补偿委员会，共同协商流域生态补偿的相关问题，并就补偿总额、补偿标准等方面进行集体决策。这一模式可称为政府主导型的模式。

二是建立在生态补偿基金管理委员会基础上的交易平台模式。在这一模式下，流域上下游的交易双方作为流域生态补偿基金会的参与者，共同协商流域生态补偿过程中的相关问题。这一模式的参加者可能仍以上下游政府为主，但其交易方式，则更市场化。因此，这一模式可称为市场主导型模式。

5.2.3　税收和非税收入工具

尽管目前的流域生态补偿与污染赔偿是一种政府主导型的机制，但企业等市场主体的参与仍然是生态补偿中必不可少的。对这些市场要素的调节，主要是通过税收与非税收入政策来实现的。一是鼓励市场资源参与流域生态补偿的税收、非税收入政策。如：增值税抵扣政策、企业所得税减免政策、个人所得税减免政策、政府规费减免政策、国有资源的使用管理政策等。二是环境污染赔偿制度的非税收入政策。如：非税收入政策（如排污费、水资源费等非税收入政策），罚没收入政策（如超标罚款），区域间的赔偿政策（如上下游之间的赔偿金管理等）。目前，我国在流域生态补偿与污染赔偿中，可以发挥作用的主要税收与非税收入工具包括以下几种。

5.2.3.1 税收工具

根据现行税法，我国的税收制度一般可以分为四大类 28 个税种[①]。第一，在生产、流通或服务领域，按纳税人取得的销售收入或营业收入征收的流转税类，包括 7 个税种，即增值税、消费税、营业税、关税、资源税、农业税（含农业特产税，已停征）、牧业税（已停征）。第二，按照纳税人取得的利润或纯收入征收的所得税类，包括 3 个税种，即企业所得税、外商投资企业和外国企业所得税（前二者已合并）、个人所得税。第三，对纳税人拥有或使用的财产征收的财产税类，包括 10 个税种，即房产税、城市房地产税、城镇土地使用税、车船使用税、车船使用牌照税、车辆购置税、契税、耕地占用税、船舶吨税、遗产税（未开征）。第四，对特定行为或为达到特定目的而征收的行为税类，包括 8 个税种，即城市维护建设税、印花税、固定资产投资方向调节税（已停征）、土地增值税、屠宰税、筵席税、证券交易税（未开征）、燃油税（未开征）。

在该税收体系中，与生态补偿直接相关的税收制度主要是以下三个领域：一是在流转税领域，通过对生产、消费过程中容易产生环境污染等问题的产品征收消费税、资源税等，对生产、消费环保产品、环保服务进行相关的税收减免等办法，来弥补因此产生的外部性；二是在所得税领域，通过所得税汇算清缴前的税前扣除项目的细化，使企业能在税前列支和环境保护、生态补偿相关的支出，提高企业履行生态责任的能力；三是在行为税领域，通过对土地开发、燃油等影响环境的行为征收相关的特别税，来弥补因此造成的外部性。

除此之外，财政部、国家税务总局、环境保护部正在积极研究，希望出台一些新的针对生态环境的税种，如生态环境税、碳税、硫税等，从而把和环境相关的税收制度分为两大类税收体制。一是“融入型”环境税收制度，主要是完善现有税制，在税收政策中体现环境保护、生态补偿，提高税制的绿色化。二是“独立型”环境税收制度，指在现有税制之外，开征一些新的针对环境的税种，如排污税、碳税、硫税、汽车燃料税、轻型燃油税、电力税、气候变化税、煤炭焦炭税、航空燃油税、发动机交通工具税、废弃物最终处理税、包装税、水资源税和采矿税等。

从税制的本质讲，税收是国家为实现其职能，凭借其政治权力，依法参与单位和个人的财富分配，强制、无偿地取得财政收入的一种形式。税收的强制性、无偿性和固定性这些基本特征，决定了税收的立法依据是国家政权。生态补偿方面的财政收入制度遵循的主要原则是“使用者付费”，在诸多方面可能更适宜运用非税收入安排。

因此，根据我国国情，在生态补偿的收入体系中，调控的重点是非税收入制度，对于与之相关的税收制度，则需要按照先易后难、分步推进的原则逐步完善。首先，

---

① 这些税种包括 1993 年税制改革后曾经存在过的税种，以及近年来社会上呼吁较大的一些税种。

根据绿色税制的要求，对我国现行税制进行微调，特别是调整增值税、消费税、所得税、关税、资源税的有关政策规定；其次，推行费改税，将原先具有收费功能的收费改为环境税或能源税，如将排放污水收费改为征收污染税；最后，研究开征独立的环境税和能源税，如产品污染税、垃圾税、噪声税、二氧化碳税、二氧化硫税和能源税等。

税收制度的变化，是需要严格的法律程序的。因此，在流域生态补偿与污染赔偿试点中，税收工具使用得并不多。尽管如此，如下几个主要税种在征管方法上的科学应用，对于推进市场主体参与流域生态补偿与污染赔偿仍有着一定的作用。

（1）消费税

消费税是通过对部分消费品的差别税收政策来调节消费结构、引导消费方向的，因此，可以将容易给环境带来污染的消费品和资源消耗量大的消费品纳入消费税征收范围，根据消费品对环境的影响程度设置不同的税率，对直接或间接造成环境污染的部分产品实行高税率，对环保产品实行税收优惠。目前与环境保护相关的消费税，如对鞭炮焰火、汽油、柴油及小汽车、摩托车、轮胎、一次性筷子及实木地板等环境不友好产品或造成环境污染的产品征缴消费税，而对一些环境友好型产品如子午线轮胎免征消费税。

目前，消费税改革的趋势是新增两大类税目，在消费税中融入环境保护和生态补偿的理念。一是新增高税率的税目，纳入含磷洗涤剂、汞镉电池、臭氧损耗物质、过度包装材料、一次性方便餐具等使用过程或使用后可能污染环境的产品；二是新增零税率的税目，如清洁能源（生物能源）等。在远期可能的条件下增设煤炭资源消费税税目，将煤炭、焦煤和火电等高污染、高能耗的产品纳入消费税的征收范围，根据煤炭污染品质（煤炭和焦炭中硫含量或排硫量）确定消费税税额，制定高污染、高能耗产品名录。采用低征收额、大征收面的方式进行征收，对清洁煤免征消费税。

流域生态补偿与污染赔偿的一个重要任务，就是严格按照主体功能区规划的要求，对上游的产业结构进行转型。因此，在试点过程中，需要对现有的产业结构以及转型后的产业结构作系统的研究，并以消费税以及消费税的发展趋势来调节产业转型，提高流域上游产业结构的绿色化。

（2）资源税

资源税是对我国境内开采应税矿产品和生产盐的单位与个人就其应税数量征收的一种税，目前的征收范围仅包括原油、天然气、煤炭、其他非金属矿原矿、黑色金属矿原矿、有色金属矿原矿、盐这七类。现行资源税征收面窄、征收额小，对环境保护的调控能力弱。

资源税的改革趋势，主要是通过逐步扩大征收范围，将目前资源税的征收对象扩大到矿藏资源和非矿藏资源，增加水资源税、森林资源税和草场资源税，逐步提高税率，对非再生性、稀缺性资源课以重税。将现行资源税按应税资源产品销售量计税改为按实际产量或者动用的资源量计税，促进资源开发者珍惜资源和节约资源。

在流域生态补偿与污染赔偿中，资源税的作用并不明显。但目前开展生态补偿试点的流域上游，大量地存在着一批矿产资源开发企业。需要通过加大资源税征管力度，来促进这些企业的转型。

5.2.3.2 非税收入工具

上述与环境保护相关的税收的征收面广，征收费率低，应该属于政府提供公共服务的最基本的资金保障内容，在流域生态补偿与污染赔偿过程中起到的作用不大。而针对环境保护的收费制度则是根据相对明确的受益对象征收的，针对性强，一般是专款专用性质，与税收并不是简单的重复关系，是流域生态补偿与污染赔偿中最常用的财政政策工具。

非税收入大多数属于政府规费。这部分内容已经在财政体制中的财权部分进行了细化分析，在这里不再展开。

5.2.3.3 税费减免工具

税费形式是通过对高能耗、重污染的生产行为及消费行为征收税费，提高其成本或降低利润以抑制企业生产，或者通过推动产品价格上升而抑制消费，以减轻或消除污染，保护生态环境。相反地，税费减免则通过税收优惠等形式鼓励节能、防污产品的生产与消费，或引导激励厂商采取防污治污措施，从而保护环境。因此，在流域生态补偿与污染赔偿中，应用得最多的是税费减免这一工具。

（1）增值税减免

为了推进和谐社会的建设，在增值税政策调整中，需要继续对资源综合利用生产方式实行优惠照顾，鼓励企业进行清洁生产，对采用清洁生产工艺、清洁能源、综合回收利用废弃物进行生产的企业，在增值税方面给予优惠。

增值税减免政策的管理权在中央，但在征管方面，给予了地方国家税务部门较大的自主权。在流域生态补偿与污染赔偿中，为了使上游地区的产业结构调整到符合禁止开发区、限制开发区的要求，需要充分利用增值税的减免政策，在流域上游建立起良好的税收环境，吸引绿色经济到上游投资，调动上游地区已有企业改造转型的积极性。

（2）企业所得税减免

中外企业所得税法“两税合一”后，在所得税税前扣除项目和减免税项目中，已经考虑了生态方面的政策需求。根据生态补偿的特点和要求，还需要在以下领域做进一步的改革完善。如：对企业从事符合条件的环境保护项目的所得免征或减征所得税，包括对本企业生产过程中产生的废气、废液、废渣进行治理以达到环保要求的项目，对其他企业或居民生活中产生的废水、垃圾等废物进行治理的项目，生产环保产品的项目，环保技术研究、开发和转让项目，环保咨询、信息和技术服务等环保项目；对企业用于购置环保专用设备的投资额按一定比例减免税额，对环保设备实行加速折旧；对企业环保技术研究与开发费用可以在计算应纳税所得额时加计扣除（如 150%）；对企业计提的用于生态环境恢复的专项资金准予扣除；鼓励企业进行环保投资，实行环保投资、再投资的税收抵免等等。充分运用这些政策工具，对于推进流域生态补偿与污染赔偿有着积极的意义。

（3）营业税减免

营业税的调控对象主要体现在服务性行业。因此，从环境保护和生态补偿的政策需求出发，需要对环保技术转让、环保咨询、信息技术服务等取得的收入给予税收减免；对从事环保型建筑、建筑环保型改造所取得的收入给予减免。

（4）非税收入的减免

非税收入的减免权一般掌握在省级政府。为了推进流域生态补偿与污染赔偿制度，对非税收入，省级政府可以采取相应的减免制度，鼓励上游企业转型，推进下游经济参与到流域生态补偿中。

（5）非税收入的转让

在流域生态补偿中，还出现了政府间、政府与市场间非税收入的转让问题。

政府间的非税收入转让，主要体现为环境收益权在政府间的转让。典型的例子是水权交易、排污权交易等。这种转让过程，相当于一种生态功能服务付费制度，是当前流域生态补偿与污染赔偿制度中创新空间最大的领域。

政府与市场间的非税收入转让，主要体现在政府投融资领域。非税收入往往表现为事业性收费和经营性收费，在政府投融资时，这些非税收入往往成为投资或融资的还贷来源。典型的例子是：在 BOT 投资过程中，污水处理费、垃圾处理费等政府规费收入，成为企业投资建设污水处理厂、垃圾处理场的主要收入来源；在生态旅游开发过程中，有生态补偿含义的一些旅游收费，成为企业投资旅游项目的收入来源；在金融融资过程中，政府的一些规费收入，如水费、公路收费权等，成为地方政府偿还金融企业债务的重要来源。这一领域，也是当前流域生态补偿与污染赔偿制度中创新空间最大的领域。

5.2.4 财政补贴政策工具

财政补贴政策工具，与税收、非税收入政策工具一起，组成了比较完整的鼓励市场资源参与生态补偿和把生态补偿资金落实到具体补偿对象的政策体系。

财政补贴政策，实际上是本级政府从上级政府、下游政府和市场领域取得生态补偿资金后，通过财政支出的形式，把这部分资金分配到具体的补偿或赔偿对象的过程。因此，它是一项财政支出政策，是生态补偿第二层面的政策工具体系。

因此，财政补偿政策这一工具，具有两方面的政策目标：一是鼓励市场资源参与流域生态补偿的财政补贴政策。如企业通过提供就业机会、产品销售机会、子女教育机会等方式参与生态补偿，财政给予必要补贴等。二是把生态补偿资金落实到具体的生态补偿与污染赔偿对象，弥补其发展机会成本。

针对这两个目标，目前的财政补贴主要包括以下几方面的内容。

5.2.4.1 “211 环境保护”支出科目建设与生态补偿支出

2007 年财政部的预算科目改革，第一次把环境保护支出以“211 环境保护”支出科目（以下简称“211”科目）的形式，纳入《2007 年政府收支分类科目》中 17 个政府支出功能分类科目中。“211”科目，把原来统计政府用于环保的支出从“基本建设支出”、“科技三项费用”、“工业交通事业费”、“离退休支出”、“行政管理费”、“排污费支出”等若干大类科目取出，新分类统一在“环境保护”一个大类中，反映政府对环保的投入。它标志着财政对环境保护工作的进一步支持，且较为全面、系统地反映了政府各项环境保护支出。流域生态补偿与污染赔偿的大部分支出，需要通过这一科目进行核算。

“211”科目的设计，既合理借鉴国际经验，与国际口径有效衔接和可比，又充分考虑国情，尽可能满足各方面的管理需要。基本上反映了环境保护部门的各项支出，反映了政府提供环境公共产品的各项支出。这一科目体系中，既包括了部分生态保护与建设项目的生态补偿直接支出，也包括了为实现生态补偿而发生的间接支出。例如，在“07 款退耕还林”科目中，一方面，通过 05、99 项科目，核算本级政府在退耕还林中的工程建设支出；另一方面，通过 01、02、03、04 项科目，核算本级政府在退耕还林中的各项生态补偿支出。项目类资金与生态补偿类资金的联合运用，既可以弥补我国生态保护上的历史欠账，也可以实现生态补偿的目标，从而使财政支出资金的绩效达到最大化。

在流域生态补偿与污染赔偿的实践中，上游政府从转移支付资金、本级财力以及下游政府提供的生态补偿资金中形成流域生态补偿与污染赔偿的资金来源后，将这些生态补偿资金纳入本级预算，并主要通过“211”科目分列到该科目下属的各款项中，支付给补偿或赔偿的对象，最终实现生态补偿与污染赔偿的目的。

5.2.4.2 专项支出

“211”科目的核算对象是纳入环境保护政策范畴的相关环境支出。而我国的很多生态补偿政策，实际上体现在各个行业政策之中。因此，除了通过上述与环境保护相关的支出外，上游政府还需要通过一系列与各项行业发展政策相关的财政支出实现生态补偿。

根据财政部颁布的《2007 年政府收支分类科目》，分散在各个行业政策中的生态补偿支出，包括环境保护部门、农业部门、林业部门、水利部门等支出。因为对生态补偿的支出最终要通过这些职能部门的操作来实现，因此，把这些部门的生态补偿支出纳入其财政支出科目中核算，有利于强化生态补偿的管理。但同时，这种分散在各个部门的财政支出，也容易出现重复支出、部门间职能交叉等问题。因此，在上游政府取得了生态补偿与污染赔偿的资金后，还需要通过支农支出等其他预算科目形成各项支出，专项用于对生态补偿对象和污染赔偿对象的各项补贴。

5.2.4.3　转移性支出

本级政府除了要承担本级政府辖区内的生态补偿责任外，还需对其享受的区域外生态服务功能进行补偿，或对本地区的生态服务功能对区域外地区产生的影响进行赔偿或得到补偿。虽然这是通过政府间的财政分配关系进行协调的，但从本级财政来讲，也形成了本级财政的转移性支出。

转移性支出包括两个方面：一是下游政府通过横向转移支付制度，支付给上游政府的相关支出，这部分支出，可以视为下游政府对上游政府在流域生态治理中承担相关责任的一种补贴。二是上游政府直接通过转移性支出，把生态补偿资金转化为生态补偿和污染赔偿对象的收入，实现生态补偿和污染赔偿的目标。

转移性支出类似于农业领域中种粮补贴、农机购机补贴，是一种“直补”，也是最直接的生态补偿。在流域生态补偿中，最终的补偿对象是比较明确的，如上游产业结构中需要转型的企业、当地居民等。因此，在流域生态补偿与污染赔偿制度设计的过程中，还需要根据适度补偿的最终对象的实际，设计“直补”的计算公式，在生态补偿与污染赔偿资金到位时，直接转移给生态补偿对象。

除了上述纯政府行为的转移性支出外，还有一种政府与市场互动型的转移性支出。当下游政府或参与生态补偿的市场主体，在提供生态补偿资金时，直接指定了补偿主体（如某企业通过捐赠的形式，直接补偿给当地农民，用于解决当地农民的生活困难），这种转移性支出，有些纳入了政府的预算管理范围，有些是在补偿者和补偿对象之间直接开展的。对这类转移性支出，上游政府需要建立起一套规范的管理制度，来提高这些资金使用的效率，确保生态补偿资金的到位。

5.2.5　企业财会制度工具

企业财会政策，是为了实现外部性内部化而必须建立的针对企业资金管理、价格管理等方面的财政政策，包括成本管理政策、利润管理政策、收入管理政策等。

目前，企业的财会政策主要通过《会计通则》《财务准则》来实现，企业有较大的自主权，政府主要通过对上述财会基本制度规定的调整，以及影响企业投入产出的税收、非税收入政策来影响企业行为，促进企业实现外部性内部化。因此，上述财会政策主要体现在两大领域：一是税收、非税收入的相关政策。如：在所得税的税前列支政策中，对环境的捐赠有相关的制度规定；对企业环保投入的税前列支也有相关的制度规定。二是《财务通则》《会计准则》的相关规定。

《企业财务通则》（以下简称《通则》）经过修订后，较为合理地确定了政府财政管理的边界，对投资者与经营者的财务行为进行了规范，着力维护企业投资者与债权人、企业与职工等各相关方的权益。具体地说，《通则》以企业价值最大化为财务管理目标，明确了政府投资等财政资金的财务处理政策，改革了企业职工福利费的财务制度，明确了企业的社会责任，构建了有利于企业自主创新和可持续发展的分配制度，建立了“激励规范、约束有效”的财务运行机制，强化了企业财务风险管理。从本质上，《通则》改变了财政对企业财务的传统管理模式，更多地侧重于引导企业加强内部财务控制，致力于建立以《通则》为主体，以企业财务行为规范、财政资金监管办法为配套，以企业集团内部财务办法为补充的开放性的企业财务制度新体系。同时，适应公共财政的需要，加强了各级财政部门对企业财务的指导、监督，为企业公平竞争创造良好的政策环境。《通则》的实施，有利于促进企业完善内部治理结构，实现企业与社会的和谐发展，而企业尤其是国有和国有控股企业的发展壮大，正是全面建设小康社会的坚实基础。

5.2.5.1 企业社会责任核算

在《会计准则》和《财务通则》中体现了流域生态补偿与污染赔偿的理念，财会制度成为流域生态补偿的重要政策工具，关键在于抓住了财务制度中对企业社会责任的相关规定。从某种意义上讲，企业等市场主体参与生态补偿，本身就是一种企业社会责任的具体体现。关于社会责任，可以有多种表达方式。国资委颁布的《关于中央企业履行社会责任的指导意见》中，把中央企业的社会责任定义为：“自觉遵守法律法规、社会规范和商业道德，在追求经济效益的同时，对股东、职工、消费者、供应商、社区等利益相关者和自然环境负责，实现企业和社会、环境的全面协调可持续发展。”中央企业在履行社会责任时，要把握好三项原则：一是坚持履行社会责任与促进企业改革发展相结合；二是坚持履行社会责任与企业实际相适应，立足基本国情，立足企业实际，突出重点，分步推进；三是坚持履行社会责任与创建和谐企业相统一，把保障企业安全生产，维护职工合法权益，帮助职工解决实际问题放在重要位置，营造和谐劳动关系。在这一大的概念下，企业等市场主体对生态的社会责任，实际上就是要求不同尺度的利益集团，在其成本中能自觉地承担用于社会发展的成本（如环境、生态可持续发展的成本），同时，在与大自然进行交换的过程中，能按照最基本的道德规范，在不影响大自然可持续发展的情况下，利用好生态环境资源。

从国际经验看，促进企业家、个人承担社会责任最主要的制度安排，是所得税制（包括企业所得税、个人所得税、遗产赠与税等）中的税前扣除制度。一些发达的市场经济国家，由于建立了比较规范的税前扣除制度，使一大批企业、个人愿意在税前通过捐赠、资助等办法，关心生态，支持生态事业。而我国目前的所得税制设计中，税前扣除项目很难体现支持企业、个人承担社会责任。目前新出台的所得税法，在这方面进行了调整。一是对企业在环境领域的贡献给予了一定的优惠。如企业综合利用资源，生产符合国家产业政策规定的产品所取得的收入，可以在计算应纳税所得额时减计收入。企业购置用于生态环境、节能节水、安全生产等专用设备的投资额，可以按一定比例实行税额抵免。二是对企业的公益性捐赠支出上限，从原来的年度利润总额 3%调整为 12%。但是，按照 2006 年财政部、国家税务总局规定的企业捐赠渠道，企业、个人除了通过中国绿化基金会、中国生物多样性保护基金会对生态环境方面进行的捐赠可以税前扣除外，其他的项目，如目前企业与个人普遍参加的义务植树等生态性捐赠或支出项目，都不在企业、个人所得税的扣除范围。

5.2.5.2 环境成本核算

环境成本是从一个新的角度去分析企业的成本和收益，使企业按照新的模式来进行经营决策。完善的环境成本管理系统可以使企业管理者识别、量化环境成本，提供制定产品结构、产品定价策略的信息，还可以应用于企业成本分摊、投资项目评估、作业流程设计等方面。有效运作的环境成本管理系统对于提高企业环境成本核算与控制，促进企业等市场主体参与流域生态补偿与污染赔偿，都有着重要的现实意义。

环境成本核算体系至少应包括如下内容：环境成本的分类、环境成本的确认、环境成本科目的设置、环境成本的计量与记录、环境成本的会计处理等。同时，在企业发展战略中，还需要制定企业中长期环境成本控制的目标，从生产规模、技术和工艺的选择上严格按环境成本控制的目标进行，从产品的选材、生产以及销售上尽量回避、减少扩大环境负荷而追加的成本。对各种污染处理系统项目进行可行性分析，尽量控制污染处理系统的建造、营运成本。运用事前规划法对环境成本实施全过程控制。

采取多种渠道控制环境治理成本，这是环境成本控制的关键部分，包括环保设施运转、环境项目运行、环境污染控制措施和环保事务的管理。加强对企业各生产环节影响环境的因子的跟踪监测，以避免发生不必要的事故、损失或罚款成本；采用集中排污治理的方式来降低区域内各个企业的环境成本支出；淘汰那些落后的技术工艺，采用先进清洁的生产工艺。

5.2.5.3 环境成本信息披露

实现企业环境成本信息披露机制，对于提高企业履行生态社会责任，调动其参与流域生态补偿与污染赔偿，有着重要意义。目前，环保部已经正式发文，建立对上市公司环境成本信息的披露机制。在此基础上，需要逐步扩大范围，使更多企业纳入环境成本信息披露机制之中。做好这项工作的核心是在财务会计报告的附表和报表附注中披露企业的环境成本及相关信息，从环境成本项目、环境成本政策和其他说明事项三个方面，监管企业履行生态社会责任的情况。

5.3 流域生态补偿与污染赔偿财政管理工具包

从严格意义上讲，生态补偿与污染赔偿政策，从来都是和其他政策目标紧密结合在一起的，因此，它是一个“融入型”的财政政策，单独的生态补偿政策工具在现行的财政工具中并不多。因此，在实施上述财政政策工具的同时，需要一系列财政管理制度配套。由于流域生态补偿与污染赔偿涉及财政管理的方方面面，因此，现行的各项财政管理制度，都会在一定程度上影响流域生态补偿和污染赔偿的绩效。这就是生态补偿工作需要财政部门积极参与的重要原因。

除了现有的财政管理制度外，针对流域生态补偿与污染赔偿，还需要形成如下几方面的管理制度，来提高这些财政政策工具的实施效果。

5.3.1 数据管理制度

流域生态补偿与污染赔偿的核心，是建立以跨界断面水质水量为依据的政府在流域生态治理中的基础标准事权和补偿标准事权，并根据这一事权，形成相关的转移支付制度。在具体实施的过程中，需要通过建立流域生态补偿与污染赔偿制度的数据库，来支撑这些财政工具的实施。

在本项目的其他子课题中，已经形成了流域生态补偿计算方法和数据管理体系。在此基础上，需要按照财政管理的要求，对这些数据进行实时管理。即无论是环保部门，还是水利部门或其他政府部门提供的数据，都需要通过一个数据平台，转化为财政政策可以实际操作使用的数据，从而使环境数据转化为“金财工程”的重要组成部分，不仅应用到省级专项转移支付等现有的财政政策工具中，还可以成为改革税收、中央对地方一般性转移支付制度的重要依据。

5.3.2 财政组织制度

目前我国流域生态补偿与污染赔偿试点，主要在省内流域尺度内开展，跨省流域的试点工作除了南水北调中线工程外，都还没有推进。在这种情况下，如何形成流域生态补偿与污染赔偿的组织制度，成为试点能否全面推进的关键。

由于我国现行的行政管理体制和财政管理体制都没有建立起同级政府横向交流、横向资金转移的机制，因此，在开展省内流域生态补偿与污染赔偿的试点过程中，省级政府承担着重要的组织作用，需要在省级政府的相关部门中建立起流域生态补偿与污染赔偿的交易平台。

在目前流域生态补偿与污染赔偿的试点中，省级政府的交易平台主要体现在省级财政流域生态补偿的专用账户管理上。由于目前正处于试点阶段，因此，各地对专用账户管理采取了各种办法。这些办法，有的很有成效，有的还不能较好地解决流域生态补偿与污染赔偿中的一些关键问题。如有些省采取了封闭运行的办法，即专用账户只准进，不准出，从流域生态补偿资金的筹措来讲，这种账户管理方法非常有效，但由于没有资金的出口，这就导致横向转移支付制度到了省级财政专户层面，就再难以进入到第二层面的流域生态补偿，即只进行了生态补偿资金的筹集，而没有真正补到补偿主体中，影响了生态补偿政策的效果。在目前流域生态补偿资金总量规模不大的情况下，采取这种办法可以使流域生态补偿与污染赔偿成为促进地方政府履行其生态责任的一种重要手段，但真正的生态补偿，即向补偿对象付费，仍无法解决。因此，需要通过省政府的协调，形成政府考核机制、职能部门数据支撑机制及流域生态补偿和污染赔偿资金筹集与拨付机制统一的管理体制，确保省级交易平台的顺利运行。

为了更好地规范流域生态补偿与污染赔偿的试点工作，建立起有效的交易平台，建议在省级财政形成如下的机制，来确保流域生态补偿与污染赔偿试点工作的实施。

1）由省级环保部门牵头，组成流域生态补偿与污染赔偿试点工作领导小组，组织省级政府相关部门，对流域生态补偿与污染赔偿的试点方案和相关制度进行设计。

2）省级财政部门根据试点方案和相关制度，建立流域生态补偿与污染赔偿试点的专门工作小组，专题负责试点工作中流域生态补偿与污染赔偿资金的核算和管理。

根据财政部门现有的职能分工，流域生态补偿与污染赔偿涉及财政部门的预算和经济建设两个职能机构。其中，预算部门主要负责纵向转移支付的核算和管理。这套管理制度，在 1994 年分税制财政体制形成后，就已经逐步形成。与流域生态补偿和污染赔偿相关的纵向转移支付制度，需要通过预算部门的努力，融入现有的相关制度中，确保这些专项资金的到位。经济建设部门主要负责横向的转移支付制度。在目前还没有形成规范的横向转移支付制度的基础上，需要由经济建设部门通过建立流域生态补偿与污染赔偿专项资金账户的办法，来形成交易平台，做好流域生态补偿与污染赔偿资金的核算与管理。

3）财政的经济建设部门，作为生态补偿的主体，参与到流域生态补偿与污染赔偿试点中。尽管这一交易平台的交易对象是上下游政府，但作为省级政府的流域生态补偿，还面临着跨省断面无法实现生态补偿的问题（如辽河流域，既存在着吉林省与辽宁省跨省断面的水质水量变化，辽宁省无法从吉林省取得生态补偿资金的问题，也存在着辽河入海口的水质水量变化，无法从海上取得生态补偿资金的问题），因此，这种补偿主体的缺位，需要通过省级政府来弥补（如辽河流域中，跨省断面对方的吉林省、入海口，都通过省级财政来替代）。这实际上形成了跨省断面水质水量由省政府负责生态补偿或污染赔偿、境内跨地（州）断面水质水量与地市政府进行相互的生态补偿或污染赔偿、境内跨县断面水质水量与县级政府进行相互的生态补偿或污染赔偿这样的生态补偿与污染赔偿机制。而省级政府所履行的这一生态补偿主体责任，最后要由财政的经济建设部门承担流域生态补偿与污染赔偿资金的支付责任。

4）省级财政的经济建设部门，通过拨付种子资金的办法，建立起流域生态补偿与污染赔偿的专项资金。在试点阶段，由于省级财政的经济建设部门所承担的跨省断面的生态补偿支付责任是可以计算但没有支付对象的，因此，需要省级财政经济建设部门首先从财政的预算中，安排出一块资金，代替跨省断面的补偿主体，形成一块流域生态补偿与污染赔偿资金。这块资金，既是流域生态补偿与污染赔偿专项资金的种子资金，也是在具体开展生态补偿与污染赔偿实践中，向跨省断面中本省地市方支付生态补偿与污染赔偿资金的准备金。

5）省级财政决定流域生态补偿与污染赔偿资金的计算方法。如果按照流域的生态功能计算生态补偿与污染赔偿资金，最终会形成一个天文数字，难以成为试点的具体操作工具。因此，在计算流域生态补偿与污染赔偿资金时，需要以环境、水利等部门提供的数据为基础，充分考虑流域上下游政府财力的承受能力的需求，确保一个相对合理的补偿标准，并最终形成计算流域生态补偿与污染赔偿的方法。由于只有省级财政才了解上下游政府的财力结构，因此，这一计算方法需要通过财政部门内部预算以及经济建设、农业等部门的协商后确定。

6）上下游政府根据省级财政确定的计算方法和省级环境、水利部门监测的断面水质水量数据，向省级财政建立的流域生态补偿与污染赔偿资金专项账户缴纳生态补偿或污染赔偿资金。这是开展流域生态补偿与污染赔偿试点期间的核心工作，其中关键是需要通过行政信息公开制度，在财政部门的信息公开栏中，及时把环保、水利等部门提供的数据向社会公布，并接受社会各界的监督。

7）省级财政经济建设部门，根据各地市上缴的资金额度，分别转拨给接受补偿的上游政府，或接受赔偿的下游政府。省级财政经济建设部门建立的这一账户，仅仅是上下游政府开展流域生态补偿和污染赔偿的交易平台，因此，这一专项资金账户中的资金，并不是省级财政的资金，而是省级财政代管的流域生态补偿资金，需要按照计算形成的数据，分别拨付给补偿或赔偿对象。

8）上下游政府在接收到省级财政转来的来自断面对方政府支付的流域生态补偿或污染赔偿资金后，需要把这一资金作为专项资金，纳入本级财政预算，并通过预算支出，支付给最终的补偿或赔偿对象。

5.3.3 财政仲裁制度

在生态补偿实践中，补偿资金提供者与补偿对象，在补偿范围、补偿规模、补偿标准等方面，都会存在一定博弈；在具体实施过程中，也会产生一定的矛盾。这种矛盾，除了通过协商机制予以解决外，还需要一个中立的仲裁机制对双方的矛盾进行裁决。

在省内流域的生态补偿与污染赔偿中，省级财政利用生态补偿专用账户承担着生态补偿交易平台的功能。而仲裁机制，则需要以环保部门为主线，联合其他职能部门共同推进。

由于流域生态补偿与污染赔偿，涉及上下游政府的直接利益，而环保、水利等是计算生态补偿和污染赔偿资金所必需的数据提供者，最终都会直接或间接地在上下游以生态补偿资金为基础上的相关生态建设中取得相关利益，因此，这些数据提供者，基本上是一个利益相关群体。在这种情况下，由环保部门作为仲裁机构，最终会面临着其他利益相关者对其公正性的质疑。

为了更好地解决这一问题，需要形成以仲裁委员会为基础的仲裁机构。即：以省级环保部门作为仲裁委员会的牵头人，联合上下游政府、财政、水利、发改委等主管部门，共同组成仲裁委员会。当上下游政府就流域生态补偿与污染赔偿的相关问题发生矛盾时，按如下程序予以解决：

1）当上下游政府对于流域生态补偿与污染赔偿的计算方法出现争议时，由财政部门牵头，联合环保、水利等部门，对其计算方法进行重新验算，在此基础上，调解上下游的矛盾。对确因计算方法不科学导致双方矛盾的。先按原方法落实本期生态补偿资金，在仲裁委员会向省政府提出修改计算办法的建议并获得省级政府同意后，再按新的办法，计算生态补偿和污染赔偿资金。

2）当上下游政府对流域生态补偿与污染赔偿的计算结果出现争议时，由于流域生态补偿与污染赔偿资金往往与其他财政资金混合在一起向下拨付，或者财政在计算流域生态补偿资金时，会在计算公式外考虑一些其他因素，因此，需要由财政部门牵头，负责向仲裁委员会做出计算方法的说明。

3）当上下游政府对流域生态补偿与污染赔偿计算的基础数据发生争议时，由环保部门牵头，对争议数据进行重新测量。由于流域水资源是一个变量，因此，计算时提供的数据，与环保部门重新测量的数据有一个误差。为了解决这一问题，需要省政府在确定流域生态补偿与污染赔偿的相关制度时，对这一误差范围作出科学的界定。当测量数据与计算数据的差在误差范围内时，即算正确。

4）当上下游政府对流域生态补偿与污染赔偿的过程或程序发生争议时，由环保部门牵头，联合仲裁委员会的组成机构，对程序进行重新审议，并据此提出调解意见。

这套仲裁机制不属于财政政策工具包的内容。但这一仲裁机制对财政管理体制有着重要的意义。当交易双方发生矛盾并进入仲裁程序后，作为生态补偿交易平台，省级财政仍需要按照生态补偿资金管理的要求，及时划拨资金给生态补偿对象，确保补偿对象取得合理的收益。一旦仲裁后，省财政拨付的资金超过了仲裁确定的金额，就需要交易的另一方或者省财政在生态补偿专户中予以追加。

5.3.4　非税收入管理制度

非税收入是流域生态补偿与污染赔偿实践中，应用频率仅次于转移支付制度的财政工具。我国非税收入的规模大、品种多，管理制度比较复杂，在开展流域生态补偿与污染赔偿实践的过程中，需要整合这些政策，提高非税收入在试点实践中的调控能力。

除了做好单项非税收入的管理外，更重要的是要发挥各种非税收入工具组合应用的能力。由于在流域生态补偿中，水资源是主要的环境资源，因此，很多非税收入都是以水资源为征收对象的。这就需要在非税收入的组合中，形成良好的协作机制。

例如生态环境补偿费、矿产资源补偿费、排污费等的征收目的及依据是有差别的，有些是根据国家所有权征收的，有些是根据使用权征收的，有些是为了实现调控目标征收的。生态环境补偿费、矿产资源补偿费及排污费等具有赔偿性质，更主要的是购买政府治理污染、恢复生态环境的服务，但是又要根据不同的服务项目进行征收，以促使私人部门在各个方面都能加强环境意识、保护环境。

例如，针对排污行为，随着排污权交易这种新的环境经济政策的出台，目前出现了排污权交易、排污费、污水处理费等三种征收依据（污水排放量）相同的政府性收费，这就很容易被理解为重复征收。而实际上，这三项制度的征收目的是完全不同的，因此是不能合并的。在流域生态补偿中，一方面要强化单项非税收入的管理，另一方面，需要调整非税收入的征管制度，以方便缴费者为原则，调整收费环节或收费程序，提高这些组合政策的综合能力。

5.3.5 政策绩效评价制度

环境管理绩效制度是生态补偿的财政制度实施的基本保障。通常情况下，环境管理绩效制度主要是按照生态文明的要求评价环境管理质量的一系列制度。基于生态文明的政府环境管理，需要各地方政府在制定环境管理政策的过程中，结合地方实际，制定符合当地发展的环境管理体制。在流域生态补偿与污染赔偿的试点过程中，需要形成更为广泛的绩效管理制度，也就是说，绩效评价指标不仅仅限于环境管理的内容，而是基于社会经济可持续发展来设计环境管理绩效制度。

无论是中央政府对地方政府的生态补偿，还是区域之间的生态补偿，主要都是由两部分组成的，一是补偿方对被补偿方生态建设项目的直接投入；二是补偿方支付补偿资金，这项资金由被补偿方根据生态服务质量要求统筹使用。后者就需要通过一系列指标来衡量被补偿方的资金使用效果，即被补偿方是否在不影响当地居民基本生产生活水平情况下提供高质量的生态服务。

绩效管理实际上是把投入产出概念引入生态补偿的一种机制。在现行的生态补偿实践中，政府和补偿对象的着力点，都放在生态补偿资金筹集（即投入）的管理上，千方百计增加生态补偿资金的来源。在绩效管理的理念下，流域生态补偿与污染赔偿将主要评价产出和成果。也就是说，根据环境要求来选择和确定一定时期内运用各类资金所要达到的成果目标，然后根据实现成果的目标来确定所需的产出，再根据产出指标来确定所需的投入。

因此，设计一套比较标准的流域生态补偿与污染赔偿的绩效评价指标体系，对于推进试点工作就显得十分重要。在这一指标体系中，主要包括以下三大类指标：

❖ 投入指标，衡量的是政府在环境保护以及其他公共产品与公共服务方面的投入（支出）规模。例如，环境保护投入占生态补偿资金总额的比例（%），其中包括环境基础设施的建设、污染的治理，对当地居民的现金补偿投入与实物补偿投入等。

❖ 产出指标，衡量的是政府资金投入后所实现的社会、经济、生态效益。其中，社会效益指标反映了受偿地受偿前后的社会事业发展差异，包括教育、医疗、社会保障等。经济效益指标反映了受偿地受偿前后的经济发展差异，总体经济发展情况，当地居民的生活质量变化情况，主要包括人均 GDP 增长率、人均可支配收入增长率、环保产业产值比重等。生态效益指标反映了受偿地的生态环境质量改善情况，如单位 GDP 耗水量、土地、林木减少率，环境容纳量率，工业废水排放总量、生活污水排放量、COD 排放总量、二氧化硫排放总量、工业固体废物产生量、工业二氧化硫去除率等。

❖ 成果指标，衡量的是这些产出，主要是生态服务质量是否达到生态补偿资金提供方的要求或者生态补偿基金委员会的环境质量要求，如工业废水排放、水质水量、水土流失、大气环境、生物多样性保护达标率等。

在上述指标体系的基础上，可以形成比较完整的评价制度，来评价生态补偿参与者在履行流域生态治理社会责任中的努力程度和实际效果，并以此作为考核上下游政府的重要依据。同时，根据评价结果，对生态补偿和污染赔偿资金的投入规模进行必要的调整。

为了提高流域生态补偿与污染赔偿的效果，在试点过程中，可以建立如下三个层面的绩效评价体系。

一是以财政部门为主体，通过对生态补偿资金使用情况的考核，评价生态补偿资金的使用绩效；

二是以生态补偿所在地的政府为主体，评价生态保护政策的落实情况，提高生态保护区管理的效率和质量，政府相关部门履行生态补偿职能的情况，政府、企业、公民环境保护的权利、义务和责任的落实情况等；

三是以生态补偿的主管部门为主体，或授权有资质的中介机构，构建与生态保护职责和生态补偿对称的评估体系，科学地测度生态补偿试点地区生态环境价值变化情况，形成相关的监测指标体系，并据此评价生态补偿对环境变化的绩效。

5.4　流域生态补偿与污染赔偿试点财政政策工具集

上述研究所形成的流域生态补偿与污染赔偿的政策工具包，是基于整个流域生态补偿与污染赔偿实践所形成的。它既包括了试点期间所需要的各项政策工具，也包括了规范的生态补偿制度中的各项工具。为了对当前开展的流域生态补偿与污染赔偿的试点工作有更好的指导作用，在本部分就试点工作期间所需要的工具，归结形成一个工具集。

5.4.1 政策工具集框架

目前，我国的流域生态补偿与污染赔偿主要采取三种形式：一是跨界流域的生态补偿试点；二是跨界流域的污染赔偿试点，三是水源地保护的生态补偿与污染赔偿试点。上述三种试点方式的划分，是建立在生态补偿工作的实际需求基础上的。但从财政政策的角度讲，其所涉及的政策是一致的。

5.4.1.1 财政政策工具集

为了更好地说明问题，我们首先将前面分析的各项政策工具归结为一个政策工具集的框架。在这个框架中，既包括了中央政府层面制定流域生态补偿与污染赔偿政策的各项政策工具，也包括了在开展流域生态补偿与污染赔偿试点工作中所需要的政策工具。因此，这是一个既考虑了当前需求，也考虑了改革发展要求的政策工具集框架（图 5-1）。

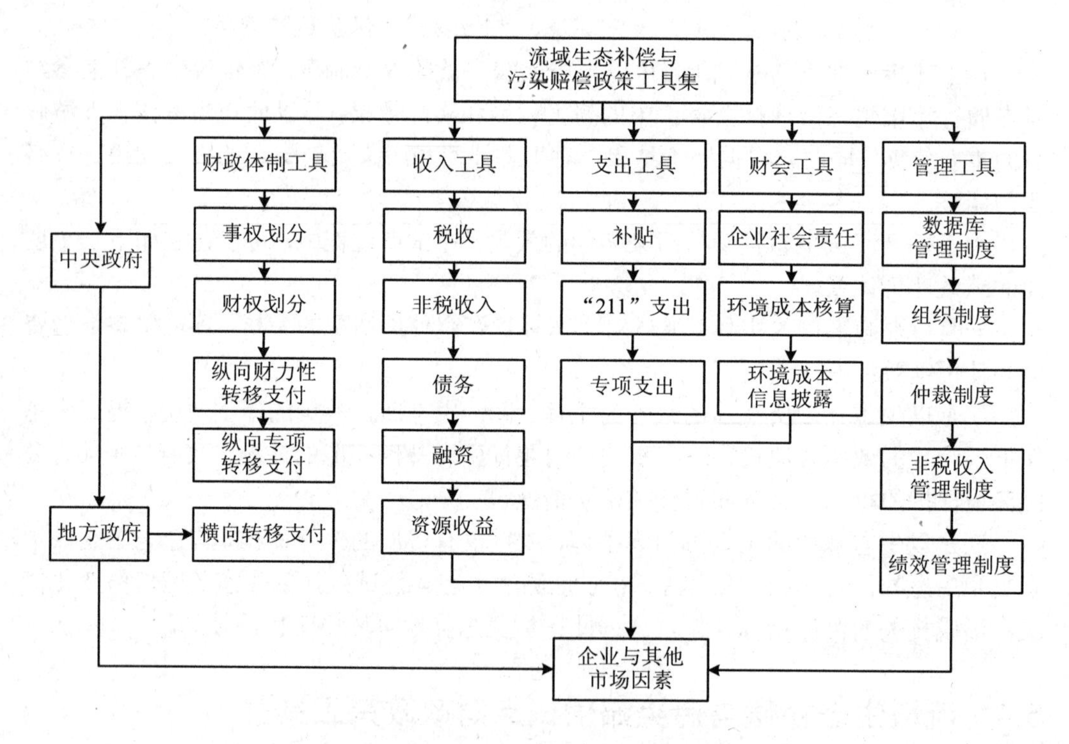

图 5-1 生态补偿与污染赔偿的政策工具集框架

5.4.1.2 试点财政政策工具集

在 5.4.1.1 基础上，我们按照当前流域生态补偿与污染赔偿试点工作的要求，对这一工具集进行了必要的整合，把其中属于中央综合改革中需要考虑的相关政策工具剔除，并根据各地试点的需求，形成了符合当前试点工作要求的政策工具集。在这个工具集中，中央政府提供转移支付资金的支持，主要的试点工作由地方政府来完成（图 5-2）。

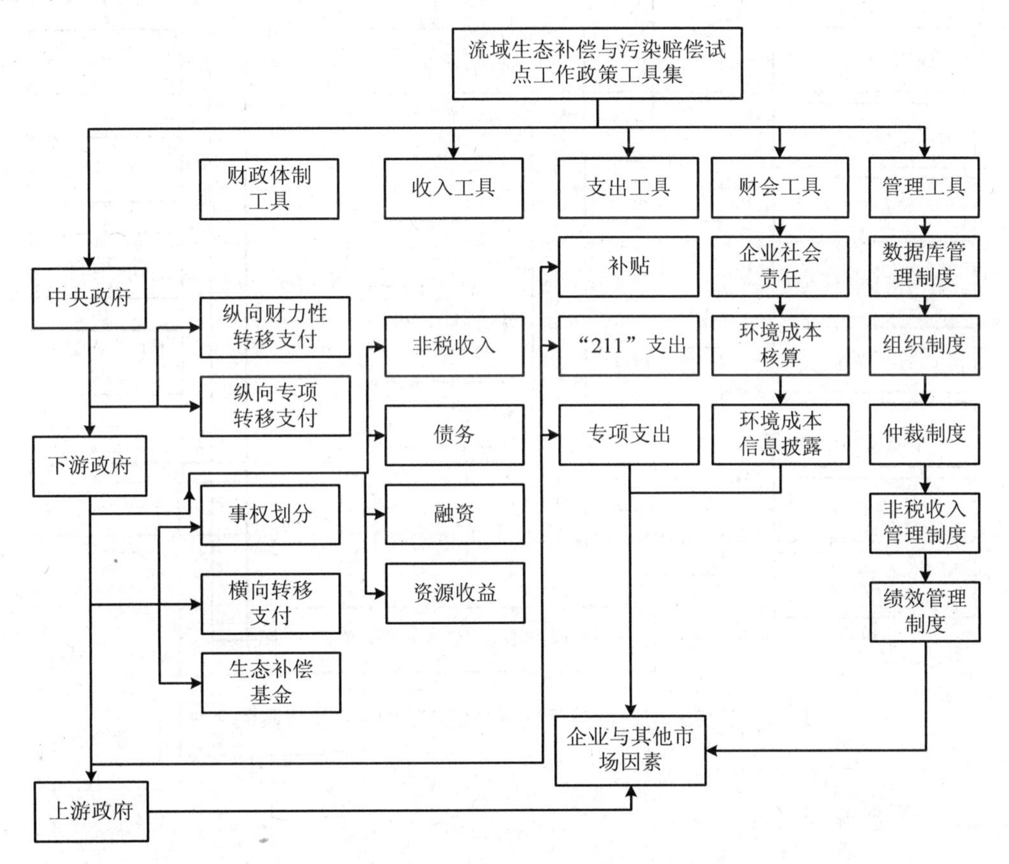

图 5-2 流域生态补偿与污染赔偿试点工作政策工具集之一

5.4.1.3 试点可操作的财政政策工具集

把这个试点工作中的工具集再进一步细化，就可以形成比较符合实际工作需要的工具集。从财政意义上讲，流域生态补偿与污染赔偿试点工作的核心就是建立起一项专项的资金管理制度。一方面，要形成规范的筹集流域生态补偿与污染赔偿的资金来源，使各项资金都能建立在以断面水质水量为核心的反映生态环境变化的相关指标体系之上；另一方面，要形成规范的资金使用管理制度，使生态补偿与污染赔偿资金最终能通过改变企业和个人等市场主体的行为，实现人与自然的和谐发展，实现生态补偿的最终目标。最终要形成一套比较完整的资金管理制度，确保资金运行过程中，能符合公共财政的管理要求，实现财政资金管理的科学化、精细化；既能符合生态补偿与污染赔偿的实际需求，也能及时反映生态补偿与污染赔偿的需求（图 5-3）。

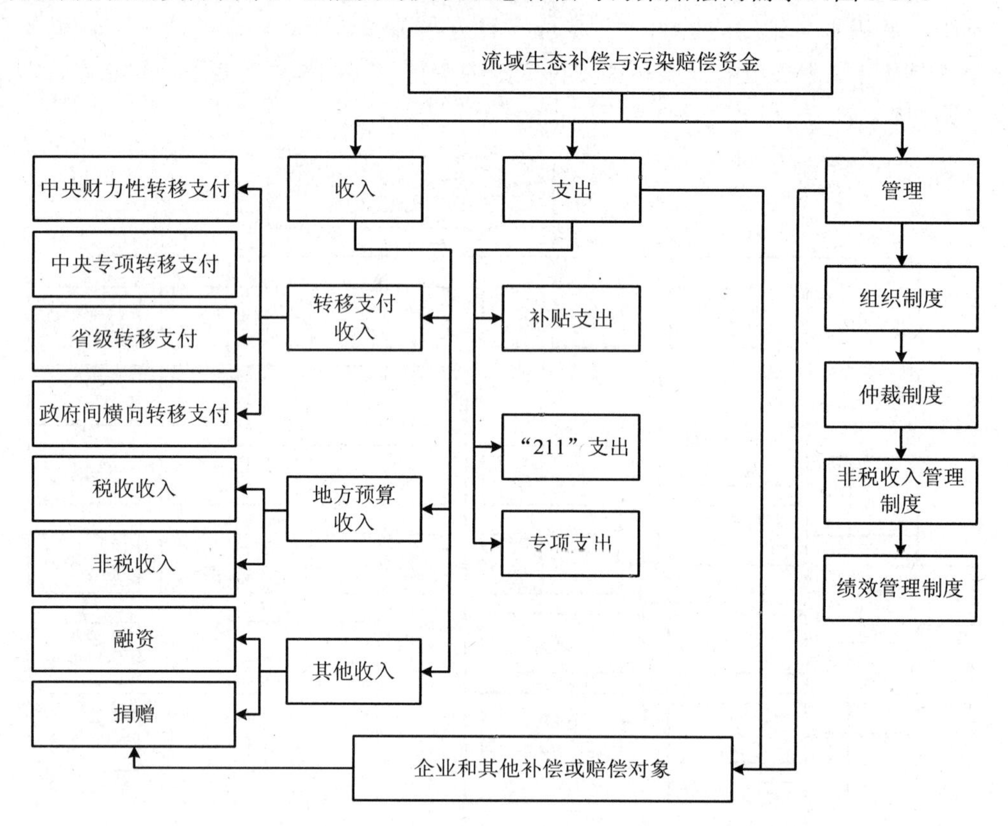

图 5-3　流域生态补偿与污染赔偿试点工作的政策工具集之二

5.4.2　资金筹集工具

在中央层面还没有开展规范的生态补偿政策的前提下，各地开展流域生态补偿与污染赔偿的试点，需要在地方政府的事权与财权框架内，开展各项试点方案的设计。因此，在生态补偿资金的收入筹集工具中，包括两方面内容：一是积极通过流域生态补偿与污染赔偿的试点工作，形成相关的数据库和经验，向中央政府提出改革的相关建议，为整体改革提供必要的依据。二是根据试点地区的实际，设计流域生态补偿与污染赔偿的具体方案。

5.4.2.1　中央生态补偿专项资金的精细化

2008 年起，中央安排了三江源等生态保护区的转移支付资金，取得了较好的效果。但这项制度的核心，实际上是中央对地方政府的财力补偿，即根据三江源地区、南水北调中线各县因流域水资源的保护而造成的增支减收因素确定转移支付资金额，这些转移支付资金并入县级财政的财力中，由县级财政统筹安排使用。

在这种制度安排下，得到补偿的县财政将按照其自身的需要来安排这块资金。在当地财力严重不足的情况下，这些资金将被首先安排到教育、农业、科技等财政必保的领域，真正用于生态补偿的并不多。为了解决好这一问题，需要通过试点，从两个方面向财政部提出进一步提高专项转移支付绩效的建议。

（1）提高专项转移支付制度的精细化水平

目前针对生态补偿的专项转移支付，其计算的主要依据是纳入转移支付范围的县级财政的减收增支因素，或者讲，是这些县财政的财力与全国平均财力的差。为了提高这一制度的精细化水平，建议环保部在总结各地省以下专项转移支付制度的基础上，积极向财政部提出建议，在这一制度中增加以下几方面的因素或系数。

1）面积。流域面积或水资源保护区的面积，是建议这项转移支付制度的基础。在中央对地方的一般性转移支付制度中，面积一直是一项重要的计算依据。在这项专项转移支付制度中，把水资源的面积（流域面积或水资源保护区面积）作为计算依据，可以直接提高转移支付的针对性。

各县的水资源面积，可以直接从统计部门掌握的资料中查询，具有较强的客观性，可以确保这一因素作为转移支付的计算依据。

2）水质。水质是影响生态补偿或污染赔偿的最关键因素。把水质作为这一制度中计算转移支付额的依据，可以进一步强化制度的针对性。但是，由于水质是随着水污染治理的力度和自然条件的变化而不断变化的，因此，把水质作为计算依据，需要环保部门、水利部门形成规范的统计数据库，以上一年度平均水质作为计算依据。

面积、水质作为转移支付计算依据的方法。按照目前这一专项转移支付的计算方法，某县 2010 年转移支付金额的计算方法为：

转移支付额 1=〔全国平均标准财政收支差–（该县标准财政收入–该县标准财政支出）〕×财政支付能力系数

增加面积和水质因素后，可以形成如下的计算公式：

转移支付额 2=转移支付额 1×（该县水资源面积×系数 1+该县水质×系数 2）

其中，系数 1 和系数 2，按照试点地区形成的相关数据，通过回归计算形成。

（2）提高专项转移支付资金使用的绩效

专项转移支付资金到相关的县后，需要和县财力统筹安排。纳入这一转移支付对象的县，受水资源保护的影响，其财力水平普遍较低，当这笔资金纳入县财力统筹安排时，往往难以补偿到相关的对象，实现生态补偿的目标。为此，建议环保部综合各地试点经验，积极向财政部建议，建立专项转移支付资金管理使用办法，指导各地用好这笔转移支付资金。

在分税制财政体制下，县财政有权根据自身的财力需要安排资金。但纳入这一专项转移支付的地区，基本上都是国家重点的水源地保护区（其中，三江源是中华水塔，对这一地区的保护是整个长江、黄河和澜沧江源头的水资源保护，南水北调中线是包括北京、天津等受水区的源头保护），因此，有必要对其财政的支出结构作出规定，并把这些规定能否实现作为该县能否纳入这一专项转移支付对象的依据。

根据流域生态补偿和污染赔偿试点经验，建议环保部向财政部提出以下几方面的建议：

第一，纳入这一专项转移支付制度的县，其“211”科目支出占财政支出的比例，要逐年提高2个百分点。“211”科目是县级财政用于生态补偿的重要支出渠道，其补偿的对象直接体现为生态系统。为了提高这一领域的补偿力度，有必要仿照当前财政的一些法定支出的相关规定（如支农支出、教育支出的增长速度要高于财政收入和支出的水平，科技支出的比例要达到财政总支出1%以上的水平等），建立“211”科目的考核指标，促进纳入转移支付对象的县强化环境投入。其中，2个百分点是建立在课题组对相关试点地区财政收支结构的分析基础上提出的。

第二，纳入这一专项转移支付制度的县，其支农支出的增长速度要高于财政支出增长速度的10%以上。支农支出是财政支出中的“法定支出”，按照相关的法律规定，支农支出的增长速度，必须高于财政支出的增长速度。但高多少并没有具体的规定。而流域生态补偿的重要对象就是“三农”领域，包括了农民收入的损失、农业生产条件要求的提高，以及农村生活环境的变化。为此，有必要在专项转移支付的管理制度中，增加这方面的规定。

5.4.2.2 省级专项转移支付制度的精细化

为了提高区域内流域生态补偿的能力，目前，开展流域生态补偿与污染赔偿试点的相关省，先后建立了各种形式的纵向转移支付制度。在综合各地已有制度的基础上，为了提高试点水平，使试点工作从探索阶段向规范发展阶段转型，环保部有必要联合财政部，就省以下流域生态补偿与污染赔偿的专项转移支付制度提出指导意见，进一步提高各省已有制度的精细化水平。这一指导意见中的关键条款应包括：

（1）转移支付的原则

省以下的专项转移支付，一方面，仍需要按照“谁保护，谁得益”、“谁改善，谁得益”、“谁贡献大，谁多得益”以及“总量控制、有奖有罚”的原则；另一方面，更需要结合当地实际，坚持“总体规划、有序推进”的原则。

（2）转移支付的对象

作为生态补偿的一项重要工具，省以下专项转移支付的补偿对象是生态系统，但根据财政体制的要求，它的转移支付对象只能是县级财政。因此，在转移支付对象的选择上，可以有以下几个方案：

1）以流域所在地县的整个财力，作为专项转移支付对象。财政部实施的三江源等专项转移支付制度，实际上就是采取了这一方案。在这个方案下，最根本的是要选择好转移支付的县。

并不是流域经过的所有县都可以成为转移支付对象，它需要由一定的标准来进行界定。从各地试点实践看，界定的标准可以以流域面积、森林面积（主要考虑森林对流域水资源涵养功能）作为主要的指标，按照当地特点，确定具体的标准，最终界定转移支付的县。

如浙江省实施的生态补偿财力转移支付制度，其确定转移支付的对象是：浙江省境内八大水系（即钱塘江、曹娥江、甬江、苕溪江、椒江、鳌江、瓯江、京杭大运河）干流和流域面积 100 km^2 以上的一级支流源头及流域面积较大的市、县（市）。源头地区主要是指干流和流域面积 100 km^2 以上的一级支流、境内一级支流 100 km^2 以上面积占一级支流总面积 65%以上及一级支流 100 km^2 以上的流域面积大于 1 200 km^2。按照这个标准，八大水系源头地区的范围覆盖全省 45 个市、县（市）（不含宁波地区）。

2）以县财政中的某一专项资金，作为转移支付对象。根据财政体制的有关规定，上述以整个县的财力作为转移支付对象的专项转移支付资金需要纳入县财政的可用财力中，与县财政自身的财力统筹使用。换言之，它能提高县财政公共产品的供给能力，但不一定能全面用于生态补偿。为了避免这种制度的弊端，一些试点地区采取了针对县财政中某一专项资金作为转移支付对象的方法。

（3）转移支付的依据和计算方法

转移支付的依据，是指按照什么样的标准来计算转移支付额。与横向转移支付（即以跨界断面水质水量为依据的生态补偿）不同，这种纵向的省以下转移支付制度，必须建立在整个生态系统的相关指标基础上。从目前试点地区的实践看，作为计算转移支付金额依据的指标主要包括：水资源、大气两项基本资源的环境监测指标，主体生态功能保护区指标、体现水资源涵养功能的森林面积，以及影响生态功能的当地农牧民人数或户数等。

在明确了计算依据后，还需要根据财政转移支付制度的基本方法，以“因素加系数”的基本计算模型形成转移支付资金的计算公式，在此基础上形成比较公平的分配机制。

（4）资金来源和使用

无论是哪种专项转移支付资金，在进入县财力后，一般都会面临着如何使用的问题。按照现行的财政管理体制，这些转移支付资金，一般由当地政府统筹安排，用于包括环保在内在各项社会事业发展中。对于针对某一专项支出的转移支付资金，在安排时，对生态补偿的贡献率相对较高一点。但不管哪种方式，由于生态补偿与污染赔偿资金安排的事权在地方政府，因此，它能否用于生态补偿，或者有多大比例用于生态补偿，关键还需要看地方政府对生态补偿的重视程度。

（5）资金的绩效评价

如果把转移支付资金的使用，寄托在地方政府对生态补偿重视程度这种主观判断上，生态补偿的转移支付就很难发挥真正的效果。因此，在建立生态补偿转移支付制度的同时，还需要建立起针对生态补偿与污染赔偿转移支付资金的绩效评价制度，并把评价结果作为计算生态补偿资金的重要依据。只有这样，才能使这种主观判断转化为客观的评价。

在目前的试点工作中，由于试点工作刚刚起步，这种绩效评价工作还没有跟上。因此，随着流域生态补偿与污染赔偿试点工作的全面推进，需要借鉴其他公共领域的经验，把绩效评价制度引进到生态补偿领域，建立起以结果为导向、以目标实现程度和人民的满意程度为主要依据的绩效评价指标体系，用这种制度所形成的激励约束机制，推进我国流域生态补偿与污染赔偿的财政制度向规范化方向有序发展，实现生态补偿制度的可持续发展。

第 6 章

辽河流域生态补偿与污染赔偿试点研究

本章针对辽河流域水资源分配与利用过程中存在的生态服务利益关系以及跨省界水污染纠纷问题，开展跨省界的水资源生态补偿与污染赔偿机制的理论研究与试点示范，确定辽河流域跨省生态补偿与污染赔偿的范围和对象及定量化标准，就资金来源、生态补偿与污染赔偿的渠道和方式，提出辽河流域生态补偿与污染赔偿的标准体系与政策实施框架。

6.1 辽河流域开展生态补偿的基础

6.1.1 流域自然与行政状况

辽河流域位于我国东北地区西南部，东经 116°30′～125°47′，北纬 38°43′～45°，是我国东北地区南部的最大河流，也是我国七大江河之一。

辽河流域地跨内蒙古自治区、吉林省、辽宁省，内辖 15 个省（区）辖市，分别是内蒙古的赤峰、通辽，吉林省的四平、辽源，辽宁省的沈阳、鞍山、抚顺、本溪、营口、辽阳、盘锦、铁岭、阜新、锦州、朝阳（图 6-1、表 6-1）。其中有县、旗、县级市 50 个，见表 6-1。辽河流域总人口 3 500 万人，其中非农业人口 1 465.5 万人；工业总产值 3 999.8 亿元，其中辽宁省 3 837.5 亿元，占全流域工业总产值的 95.9%。辽河流域工业种类齐全，以冶金、石油、煤炭、电力、化工、机械、电子、毛纺、棉纺、印染、造纸、建材、制革、食品、酿造等为主。工业分布不均衡，工业最密集的区域在辽河中下游。因此辽河流域是我国水资源贫乏地区之一，特别是中下游地区水资源短缺更为严重。

整个流域东西宽、南北窄。流域总面积 21.9 万 km^2，河长 1 390 km。辽河流域为树枝状水系，由两个水系组成：一个为东辽河和西辽河，于福德店汇流后为辽河干流，经双台子河由盘山入海，干流长 516 km；另一个为浑河和太子河，于三岔口汇合后经大辽河由营口入海（大辽河长 94 km，主要支流有西拉木伦河、英金河、老哈河、教来河、清河、柳河、浑河、太子河等）。其中，西辽河、东辽河、招苏台河、条子河 4 条为跨省河流（图 6-2）。流域面积 6.9 万 km^2，其中，耕地面积 1.97 万 km^2，占流域土地面积的 29.31%；森林面积 2.56 万 km^2，其中天然林占 2/3。辽河流域山地主要分布在流域的东西两侧，东为长白山地，西为冀热山地和大兴安岭南端山地，成为辽河平原的东西屏障。地势自北向南，由东、西向中部逐渐倾斜。

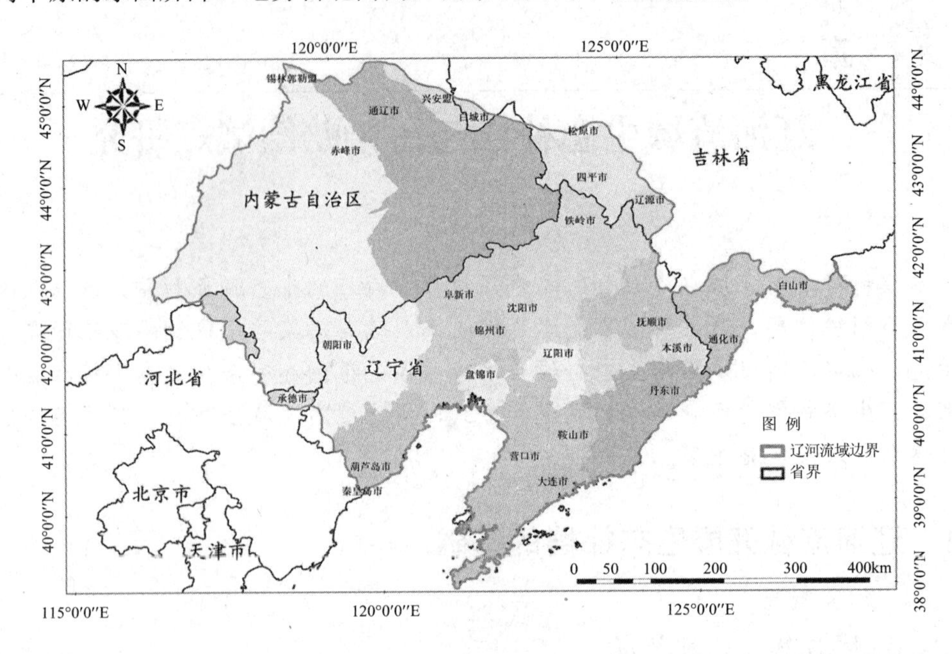

图 6-1　辽河流域行政区划图

表 6-1　辽河流域所跨行政区域范围

内蒙古自治区 2 个地市 14 个县（旗）	
赤峰	赤峰市区、宁城县、林西县、阿鲁科尔沁旗、巴林左旗、巴林右旗、克什克藤旗、翁牛特旗、喀喇沁旗、敖汉旗
通辽	通辽市区、开鲁县、库伦旗、奈曼旗、科尔沁左翼中放、科尔沁左翼后旗
吉林省 2 个地市 5 个县市	
四平	四平市区、公主岭市、双辽市、梨树县、伊通满族自治县
辽源	辽源市区、东辽县
辽宁省 11 个地市 37 个县市	
沈阳	沈阳市区、新民市、辽中县、康平县、法库县
朝阳	朝阳市区、凌源市、北票市、朝阳县、建平县、喀喇沁左翼蒙古自治县
阜新	阜新市区、彰武县、阜新蒙古自治县
铁岭	铁岭市区、调兵山市、开原市、清河区、铁岭县、西丰县、昌图县
抚顺	抚顺市区、抚顺县、新宾满族自治县、清原满族自治县
本溪	本溪市区、桓仁满族自治县、本溪满族自治县
鞍山	鞍山市区、海城市、台安县、岫岩满族自治县
辽阳	辽阳市区、弓长岭区、灯塔市、辽阳县
营口	营口市区、鲅鱼圈区、大石桥市、盖州市
盘锦	盘锦市区、大洼县、盘山市
锦州	锦州市区、凌海市、义县、黑山县、北镇市

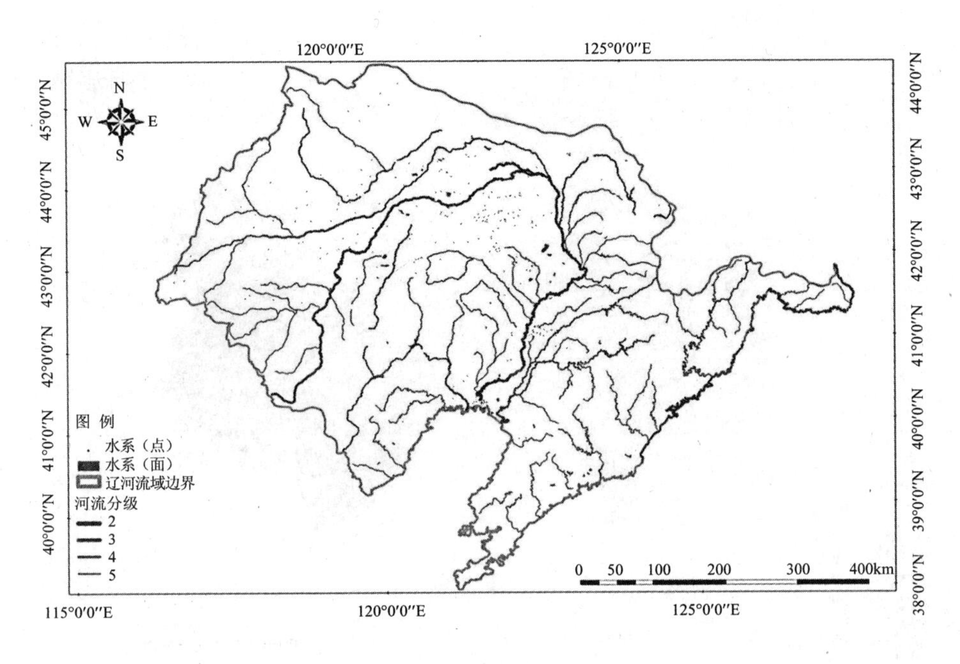

图 6-2 辽河流域水系示意图

6.1.1.1 气象概况

辽河流域处于中高纬度，属于温带季风气候，其特点是冬季以西北季风为主，夏季以东南季风为主。温度变化较大，寒暖、干湿分明，多年平均气温自下游平原向上游山区逐渐降低。多年平均气温中部为 4～9℃，西部山区为–2～–1℃。

6.1.1.2 降水概况

地区分布：辽河流域降水量自西北向东南递增，多年平均降水量在 350～1 200 mm。如图 6-3 所示。太子河上游，因离黄海较近，降水量较大，多年平均降水量在 900 mm 左右。往西北因受长白山西南延续部分阻隔，年降水量逐渐减少，本溪、抚顺一带年均降水量在 800 mm 左右，沈阳、铁岭一带约为 700 mm，法库、新民和盘山一带约为 600 mm。再往西随着水汽来源减少，年均降水量逐渐减少，至老哈河建平一带只有 380～400 mm。2004 年辽宁省内辽河流域平均降水量为 629.5 mm，折合水量 916.0 亿 m^3，比多年平均值减少 8.5%，比上年增加 21.0%。

年内分配：受季风气候影响，辽河流域各地降水季节变化很大，年内分布很不均匀。全年降水主要集中在汛期 6—9 月。冬季寒冷雪少，每年 11 月至次年 3 月，5 个月降水量仅占全年降水的 4%～10%。春季 4—5 月降雨很少，一般为 50～120 mm。正常年份 6—9 月四个月降水量占全年的 70%～82%，7—8 月占全年降水量的 50%。

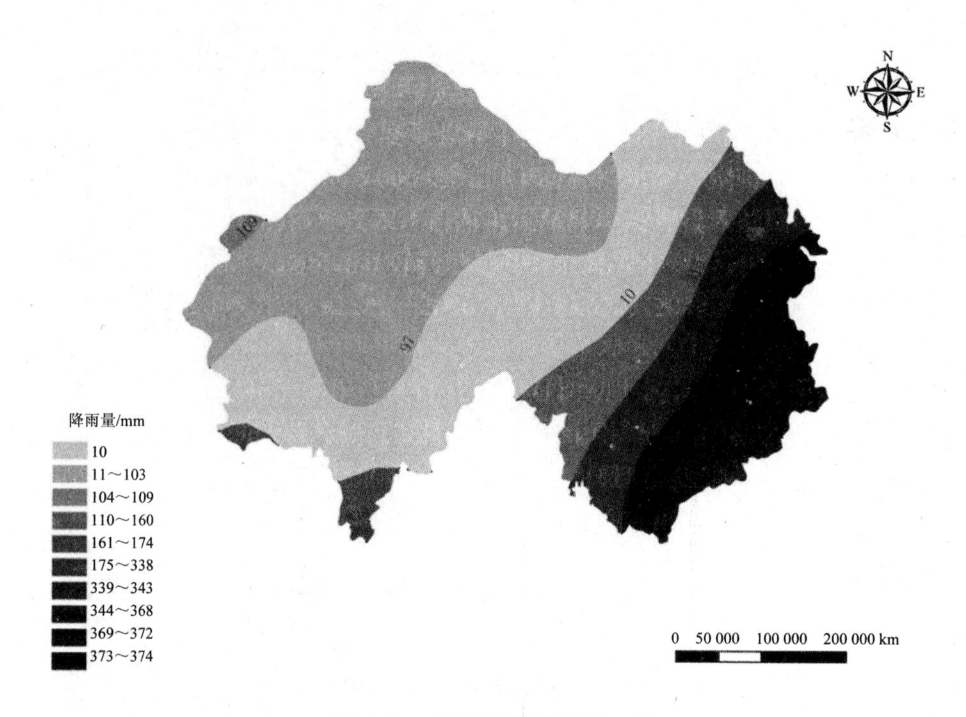

图 6-3 辽河流域降雨量示意图

年际变化：辽宁省辽河流域降水年际变化很大，丰水年、枯水年降水量比值一般可达 2.1～3.5。年际变化多为两三年左右的枯、丰交替，而且丰水期和枯水期呈现一定的周期性，丰水期、枯水期连续的年限为 8～14 年，平均为 11 年左右。洪水主要由暴雨产生，多发生在 7 月、8 月，其次数约占洪水总次数的 90%。降水量的辽河流域土壤类型分布与地形关系密切。东部为山地丘陵，主要为棕壤土；西部为褐土；辽河中部冲积平原为草甸土；近河与河间、河道区零星分布有风沙土及泥炭沼泽土；滨海地区及低洼地区分布有滨海氯化物盐土和内陆苏打盐土。草甸土、滨海盐土及盐化草甸土和河谷分布的草甸棕壤土，在长期人为活动下，发育成较大面积的水稻土（图 6-4）。

6.1.2 流域社会经济状况

6.1.2.1 行政区划与人口状况

流域内辖 15 个地级市，分别是内蒙古的赤峰、通辽，吉林省的四平、辽源，辽宁省的沈阳、鞍山、抚顺、本溪、营口、辽阳、盘锦、铁岭、阜新、锦州、朝阳。其中有县级市 50 个。该区域人口约 3 500 万人，其中非农业人口约 1 465.5 万人。人口分布不均衡，密度最大的是辽宁省所辖区域，密度最小的是内蒙古自治区所辖区域。

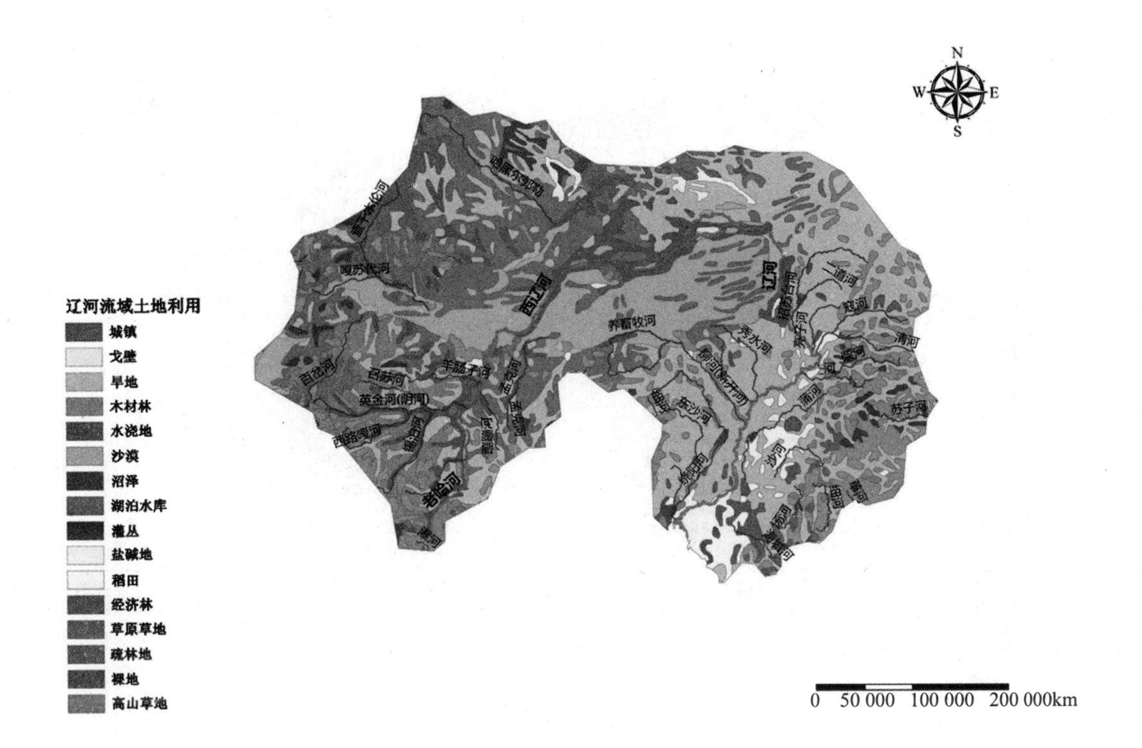
N
W
E
S
西辽河
辽河
养畜牧河
羊肠子河
召苏河
英金河(阴河)
百岔河
秀水河
清河
苏子河
沙河
辽河流域土地利用
城镇
戈壁
旱地
木材林
水浇地
沙漠
沼泽
湖泊水库
灌丛
盐碱地
稻田
经济林
草原草地
疏林地
裸地
高山草地
0　50 000　100 000　200 000km

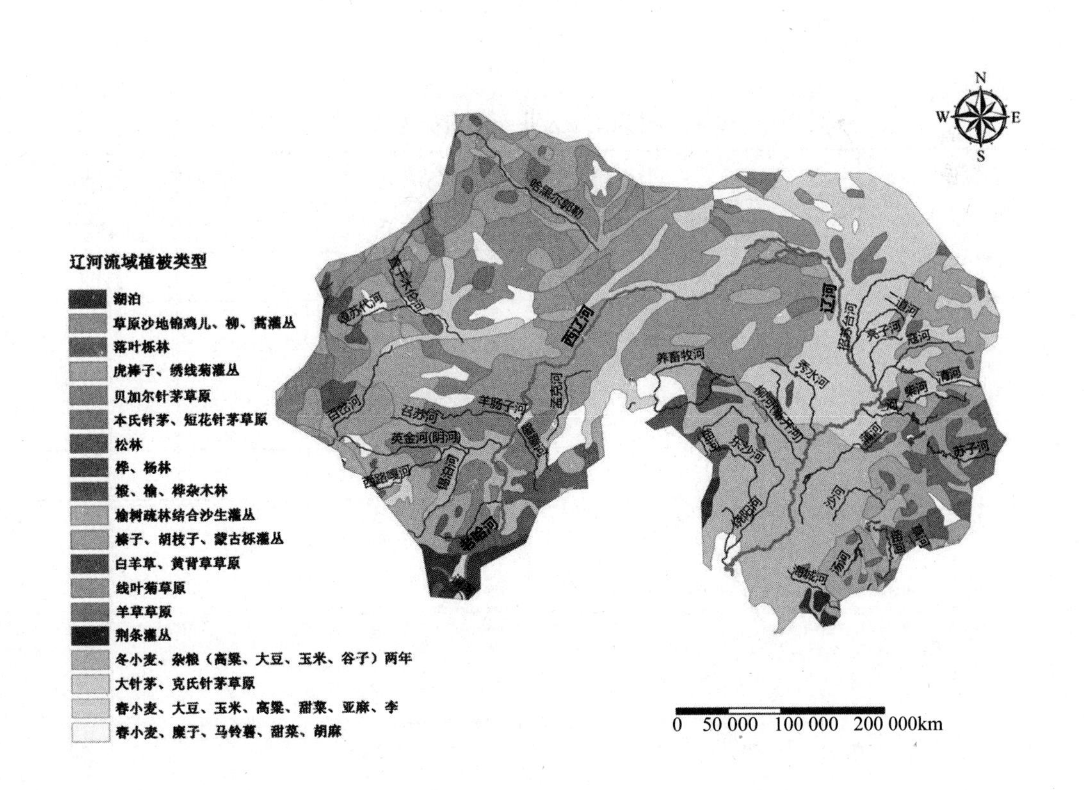
N
W
E
S
西辽河
辽河
养畜牧河
羊肠子河
召苏河
英金河(阴河)
百岔河
秀水河
清河
苏子河
沙河
辽河流域植被类型
湖泊
草原沙地锦鸡儿、柳、蒿灌丛
落叶栎林
虎榛子、绣线菊灌丛
贝加尔针茅草原
本氏针茅、短花针茅草原
松林
桦、杨林
椴、榆、桦杂木林
榆树疏林结合沙生灌丛
榛子、胡枝子、蒙古栎灌丛
白羊草、黄背草草原
线叶菊草原
羊草草原
荆条灌丛
冬小麦、杂粮（高粱、大豆、玉米、谷子）两年
大针茅、克氏针茅草原
春小麦、大豆、玉米、高粱、甜菜、亚麻、李
春小麦、糜子、马铃薯、甜菜、胡麻
0　50 000　100 000　200 000km

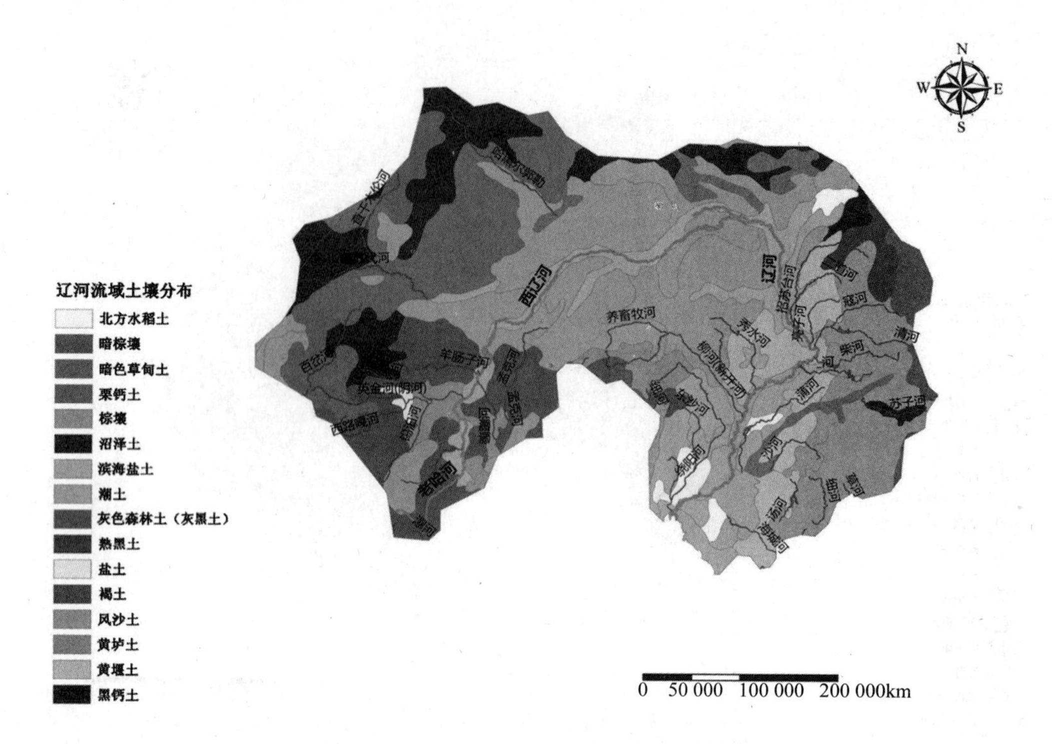

图 6-4 辽河流域土地、植被、土壤分布情况

表 6-2 2006 年辽河干流及主要支流流域人口与 GDP

省份	项目	辽河干流	浑河	太子河	大辽河
辽宁省	流域 GDP/亿元	1 828	1 538	1 293	457
	流域人口/万人	1 461.2	768.1	648.9	231.1
吉林省	流域 GDP/亿元	551	—	—	—
	流域人口/万人	454.52	—	—	—
内蒙古自治区	流域 GDP/亿元	428	—	—	—
	流域人口/万人	710.43	—	—	—

数据来源：《辽河流域 2006—2010 年水污染防治规划》。

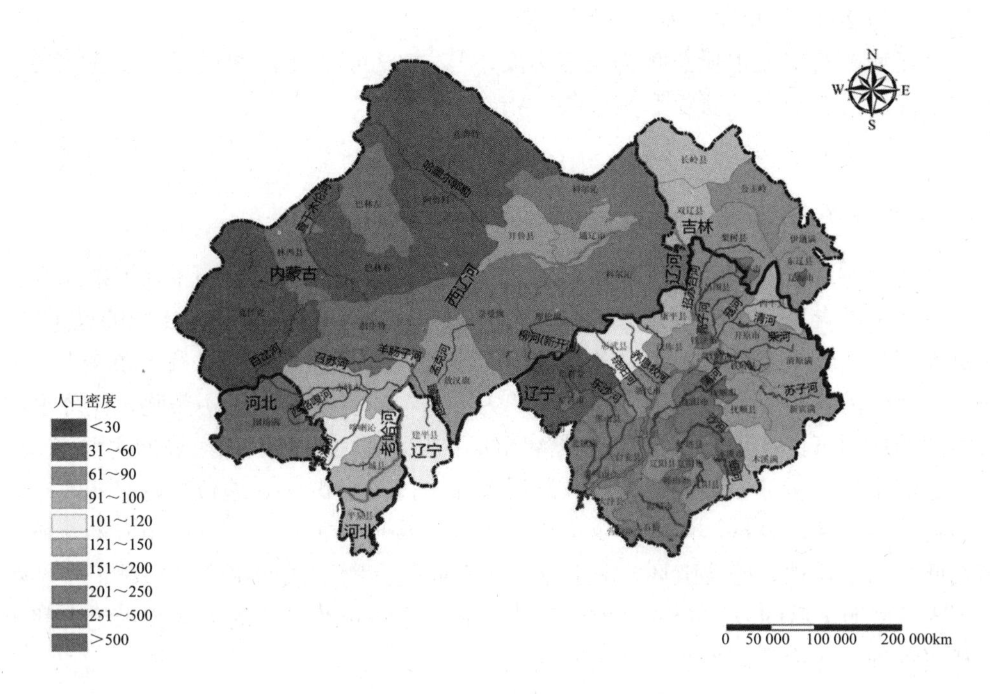

图 6-5　辽河流域人口密度示意图

6.1.2.2　工农业经济发展状况

辽宁省工业总产值占全流域工业总产值的 94%。辽河流域产业结构特征是以重化工业为主体，工业种类齐全，主要有冶金、石油、电力、煤炭、机械、电子、毛纺、棉纺、印染、造纸、建材、制革、食品、酿造等。工业分布不均衡，工业最密集的区域在辽河中下游。另外，该区域也是我国农牧业生产基地。

6.1.3　流域水系水质状况

辽河流域水资源严重短缺，西部干旱少雨，年降水量仅 300～500 mm，年均蒸发量为 1 100～2 500 mm，降雨量与径流量偏低，生态用水不足，水土流失严重，且长期断流，东部条子河、招苏台河污染严重。

根据《2008 年中国环境状况公报》，辽河水系水质总体为中度污染。37 个地表水国控监测断面中，Ⅱ～Ⅲ类、Ⅳ类、Ⅴ类和劣Ⅴ类水质的断面比例分别为 35.1%、13.5%、18.9%和 32.5%。主要污染指标为石油类、高锰酸盐指数和氨氮。

辽河干流水质总体为中度污染。老哈河和东辽河水质良好，西辽河为中度污染，辽河为重度污染。与上年相比，西辽河水质明显下降，辽河、老哈河和东辽河水质无明显变化。

辽河支流水质总体为重度污染，西拉沐沦河为轻度污染，条子河和招苏台河为重度污染，与2007年相比，水质无明显变化。

大辽河及其支流水质总体为重度污染，与2007年相比，水质无明显变化。主要污染指标均为石油类、氨氮和高锰酸盐指数。

3个省界断面中Ⅱ类水质1个、Ⅴ类水质2个。与2007年相比，水质无明显变化。

6.1.4 流域水环境影响因子

辽河上游地区农牧业生产集中，农业面源污染严重，严重影响了辽河的水质。农牧业生产中不合理的土地利用方式，对地表植被的大量破坏，农药、化肥的过量使用，畜禽粪便与人类生活垃圾的随意堆放，生活区地表的各类污染物以及乡镇企业、工农业生产产生的各种有害"三废"物质等产生许多不固定的非点源污染物，在降水和径流的冲刷作用下，在地表形成径流或渗入地下成为辽河水系面源污染的主要来源。

辽河干流上游的铁岭段，农业面源污染在水污染中占主导地位，随着高效农业和集约化养殖的飞速发展，由农业生产带来的水污染日益突出。过量施用农药化肥、畜禽粪便和污水排放、植被破坏、水土流失和农业废弃物造成的水污染问题正在不断增加。技术普遍落后的乡镇企业分散在广大农村，这些企业排放的大量废水绝大部分未经任何处理，成为造成农村水环境污染的重要因素之一。

水土流失严重是辽河干流上游地区面源污染的重要来源，水系河流含沙量大，大量泥沙携带有机质带入河道造成河流水质悬浮物和COD浓度增高。造成水土流失的主要原因：①土地资源开发利用中忽视保护工作，对资源掠夺式开发，残渣尾矿随处乱放，个别地区在淘金、取沙中侵蚀耕地；②超坡耕种、过度开荒，在25°坡度以上垦殖，植被破坏造成土地沙化；③洪水灾害造成的耕地毁坏。

农业生产中农药、化肥的大量使用是辽河上游另一重要的非点污染源。辽河干流上游地区是重要的粮食产区，过量的农药、化肥的使用，随着降水形成的地表径流或农田灌溉回归水，最终进入水体形成污染，监测断面氨氮含量呈逐年上升的趋势。来自畜禽养殖业的污染对小城镇及农村的生态环境产生了严重的影响，大中型畜禽养殖场排出的粪便多采用水冲式处理，其粪便未经处理就随污水一起进行排放，造成地表水和地下水污染。辽河流域化肥及农药使用强度如图6-6所示。

6.1.5 流域水环境保护经济手段

为解决辽河水污染严重的问题，辽宁省在保护重要水源地和促进水污染治理工作的开展方面陆续出台了针对林业与水土保持的财政补偿政策，并制定了辽河流域水污染治理规划，以期实现改善辽河水质，合理、有效利用和保护辽河流域水资源的目的。

6.1.5.1 林业补助资金

以国家财政补贴的形式，对国家重点公益林进行生态效益补偿，用于对包括东辽河和西辽河源头、水土流失严重地区、辽东重要水源涵养区等区域内国家重点公益林的维护、管理和经营。其中，2001—2006 年辽宁省对抚顺新宾、清原、抚顺县，丹东凤城、宽甸，本溪桓仁、本溪县，鞍山岫岩、铁岭西丰县 9 个东部水源涵养林重点县实行天然林保护补助，补助金额为 4 130 万元/a，5 年补助 20 650 万元。2008 年开始每年对东部生态重点地区补助 1.5 亿元。

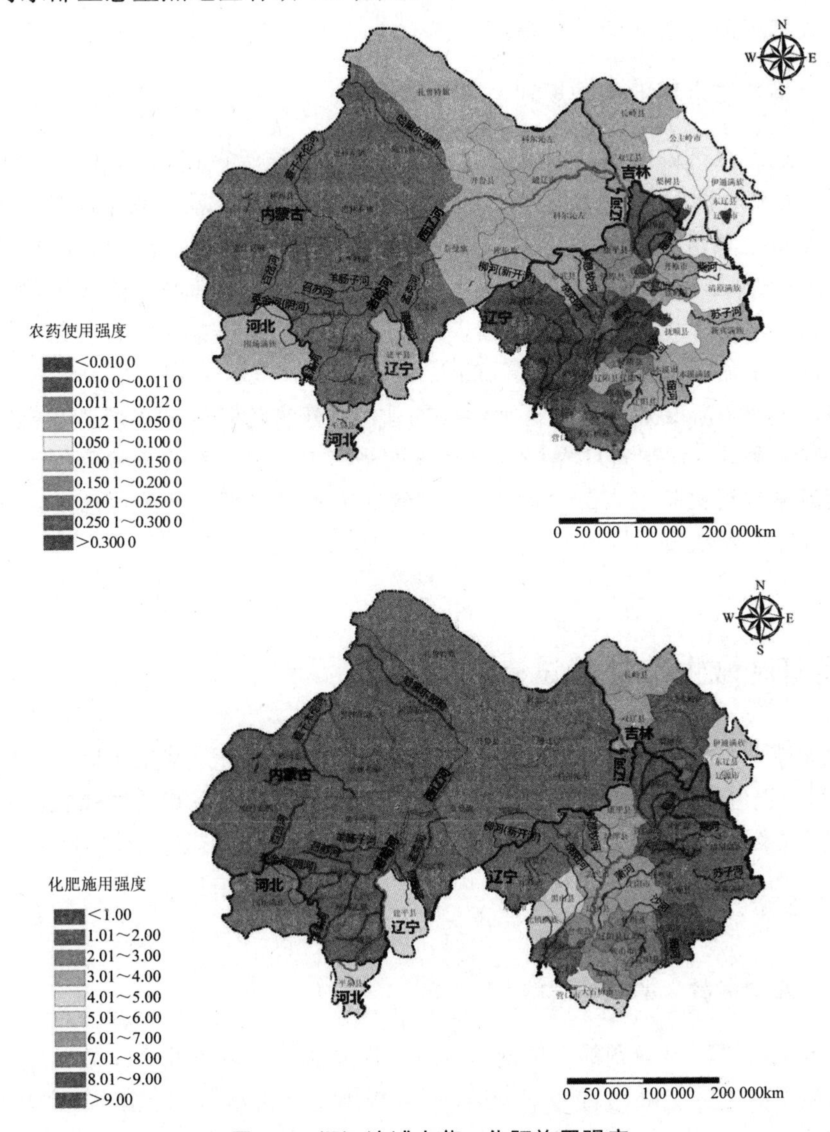

图 6-6　辽河流域农药、化肥施用强度

6.1.5.2　水土保持补助资金

从 2004 年开始，辽宁省平均每年投入 1 200 万元用于水源涵养区水土流失治理，并逐年增加投入力度，补助范围为以上 9 个重点县外加铁岭县。从 2005 年起，辽宁省每年补助东部山区大型水库上游水源涵养区生态环境治理资金 2 000 万元。

6.1.5.3 环境污染治理资金

2005—2006年，辽宁省环境保护局共安排省级环保专项资金1 800万元，用于大伙房水库环境污染及安全综合整治工程。包括建设生物有机肥厂收集处理畜禽养殖污水、建设人工湿地污水处理系统等。

6.1.5.4 辽河流域水环境保护规划

为解决辽河水污染严重的问题，辽宁省提出全流域治理辽河。2005年11月，辽宁省中部七城市（沈阳、铁岭、抚顺、鞍山、营口、辽阳、本溪）联手制订出台了《辽河、浑河流域七城市环境保护与生态建设规划》，七城市的环保部门共同探讨了治理辽河、浑河的办法。2006年，七城市共同签订了《辽宁中部城市群（沈阳经济区）水环境综合整治一体化合作框架协议》，“旨在通过制定统一规划，使用统一法规，共同消除目前‘上游污染，下游治理’的现状”。此外，辽宁省提出联动内蒙古自治区与吉林省，实施全流域共同治理辽河污染的建议，建立跨省区的水质监管机制。2007年，吉林省环保局、辽宁省环保局与吉林省四平市、辽宁省铁岭市政府领导共同签署了《辽河流域水污染防治省际会商机制》，建立了两省相邻地区环保部门定期会商制度、辽河流域省界水质共同监测制度、辽河流域水污染防治工作互检制度、工作信息通报制度。

6.2 辽河流域生态补偿试点方案设计

辽河流域上下游地区跨界水污染纠纷问题已经相当严重，产生了巨大的经济和社会危害，目前已经成为辽河流域行政管理机构和流域各地区极其关注和急需解决的问题。本节从流域污染赔偿产生的机理入手，探讨辽河流域污染赔偿机制。

6.2.1 试点示范思路

6.2.1.1 “双向付款”的赔偿思路

解决流域跨界污染问题的“单向付款”合作办法存在以下几个主要问题：①因为下游地区从上游地区的减污行为中受益，所以提出了下游地区向上游地区“单向付款”的解决办法。但是，如果上游地区即使削减污染物的排放量仍然未能改变对下游地区造成污染的局面，下游地区认为向上游地区付款不公平而拒付，那么上下游地区就会产生污染纠纷。②如果下游地区的污染物削减成本比上游地区的更低，上游地区向下游地区转移污染物并且由下游地区削减，削减同样数量的污染物需要更低的成本，那么更不能采取下游地区向上游地区“单向付款”的解决办法，特别是这种下游地区向上游地区“单向付款”的办法无法达到联合成本最小。

为了克服以上“单向付款”合作办法存在的问题，针对辽河流域设计了解决流域跨界污染问题的理论框架，采取“双向付款”的方法，即如果上游地区向下游地区转移了污染物，那么可以采取国际上广为接受的“污染者付费原则”；但是，如果上游地区向下游地区转移了环境容量，那么下游地区应向上游地区“付款”。这种方法的目的是激励各地区合作治污，确保流域环境成本最小。

所以对流域跨界水污染建立行政协调机制，在确保整个流域及各地区达到环境质量标准的约束条件下，以整个流域的环境成本最小为优化目标，确定各地区污染物最优削减配额和转移方法，然后对污染物转移地区和接受污染物转移地区进行环境补偿。行政协调机制不但能有效地解决环境资源和社会资源有效配置问题，而且通过环境补偿机制使上下游地区达到“双赢”效果，可以较好地解决流域跨界水污染赔偿问题。各地区的环境补偿与上下游毗邻地区的污染物削减成本以及污染物转移量（或环境容量转移量）有关。行政协调机制是流域管理机构依靠行政手段确定各地区的污染物削减配额和环境补偿配额。

针对辽河流域讨论采用“双向付款”解决跨界流域污染赔偿的理论框架，在流域管理机构宏观调控下，采用行政手段，流域的某地区如果接受了其上游地区的超标污染物，上游地区向其支付污染赔偿；如果接受了上游地区的低于标准的污染物（即转移了环境容量），则他向上游地区支付污染赔偿。同样，该地区如果向其下游地区转移了超标污染物，他就会向下游地区支付污染赔偿；如果向下游地区转移了低于标准的污染物，下游地区也会向他支付污染赔偿。

与“单向付款”方法相比，“双向付款”方法具有以下优点：①“双向付款”方法符合普遍接受的“污染者付费原则”，不论是上游地区还是下游地区，只要转移污染物，就要支付环境补偿；只要接受了转移环境容量，就要获得环境补偿。②“双向付款”方法使流域总环境成本最小。“双向付款”方法充分发挥出削减成本差异的优势，在流域管理机构调控下，“双向付款”方法使污染物（环境容量）高效、合理流动，削减成本低的地区要削减更多数量的污染物，削减成本高的地区要削减少量的污染物，使流域总环境成本最小。③行政调节模型是流域管理机构依靠行政手段确定各地区的污染物削减配额和环境补偿配额。确保上下游地区达到“双赢”效果，可以较好地解决流域跨界水污染纠纷问题。④“双向付款”解决流域跨界污染赔偿理论框架准许流域管理机构选择调控方式。可以根据流域的实际情况灵活选择行政手段、税收手段或排污权交易等方式，发挥出所选调控方式在解决污染赔偿方面的优势。

6.2.1.2 对不同断面水质条件综合评价

水环境质量评价是通过不同时段、不同参数的水质评价，指出水体的污染程度、主要污染物质、污染时段、位置及发展趋势。对水环境进行全面的综合评价，识别辽河流域水环境存在的问题，是用行政手段解决流域污染纠纷的基础。

6.2.1.3 确定水环境功能区划

水环境功能区是各级环境保护行政主管部门为执行《中华人民共和国水污染防治法》和《地表水环境质量标准》（GB 3838），针对水域使用功能、经济发展以及污染源总量控制的要求，划定的水域分类管理功能区（主要包括自然保护区、饮用水水源保护区、渔业用水区、工农业用水区、景观娱乐用水区等），以及混合区、过渡区等管理区，确定水环境功能区是采用行政手段解决流域污染赔偿问题的必要条件。

水环境功能区划分首先要掌握水域现状功能，现状功能和潜在功能有无矛盾，以水质现状和目前的主导使用功能为基础，考虑经济承载能力，在保证社会各行业对水质要求的前提下，切合实际地划定流域各区域的水体功能。其次，在划分功能区类型和执行水质目标要求时，应立足近期和中期社会发展实际情况，宽严适度，加强可操作性，直接服务于环境管理决策，促进水环境保护和水资源开发利用。根据“十一五”规划及各水质断面当前的水质条件，确定不同区域及水质断面的水体功能区划，得出断面需达标的水质标准。

基于水环境功能，通过行政手段协调利益相关方，确定污染物排放及削减方法，从而实现水体功能及最经济削减成本的博弈。

6.2.1.4 制定辽河流域污染赔偿机制实施与示范方案

基于各断面水质标准可达情况和水体功能区划，通过行政部门与利益相关方之间的协商，制定污染物削减及转移方案，协商污染物计价标准，设定其他利益分配方式，确定流域跨界污染赔偿实施与示范思路方案。

6.2.2 试点基本原则

6.2.2.1 先易后难、先重点后全面

全面分析流域内水资源分配、保护与利用现状，整体把握流域内建立生态补偿与污染赔偿机制需要解决的关键问题，针对其中重要且易于突破的环节，设计建立生态补偿与污染赔偿机制，开展局部试点工作，结合试点研究不断完善流域生态补偿与污染赔偿的政策、机制，逐步在全流域推广实施。

6.2.2.2 注重实际，易于操作

生态补偿与污染赔偿机制设计需要充分利用生态学、环境经济学、流域管理理论和财政学的方法，结合流域的污染控制和生态保护实际情况，从流域内基本公共产品均等化、生态环境效益共享、保护责任分担和水资源合理分配利用等方面，建立生态补偿与污染赔偿机制。补偿标准的确定要依据科学的核算方法，更重要的是要便于操作，要与各级政府跨界断面水质考核相结合，通过协商取得流域上下游各利益

相关者和政府部门的认可与配合。

6.2.2.3　补偿标准优先考虑可行性，兼顾科学性

针对补偿标准开展理论基础研究与讨论工作，采用科学的计算方法，通过行政管理部门以及利益相关者之间的协商，建立可行的补偿标准。

6.2.2.4　权责一致，政府主导，市场参与

从统筹流域内环境保护、公平分享流域生态环境效益、促进流域内协调发展的角度，建立流域上下游政府在生态补偿和污染赔偿中的责任基线，按照责权一致、权利与责任对等的原则，界定流域内不同主体的责任。

以生态保护为突出问题的流域，上下游共同分担水源涵养区生态保护的任务；以水污染治理为突出问题的流域，需要分别承担各自区域内的水污染治理责任。

在流域生态补偿与污染赔偿试点的初期，以地方政府为主体，由流域上下游的地方政府牵头开展生态补偿和污染赔偿的方案设计、协商工作。财政、环保、水利、林业、国土资源等部门分工协作，从部门职责和业务管理的角度，分别就建立补偿专项资金、跨界水质考核、水资源分配等问题，提供生态补偿与污染赔偿的配套政策、实施规范和技术支撑等。

6.2.3　试点方案设计目标

通过在辽河流域开展生态补偿与污染赔偿政策试点研究，建立、完善、实施和推广辽河流域生态补偿与污染赔偿机制，为辽河流域水环境管理提供有效的和可操作的政策实施方案与手段，建立典型的北方流域跨界生态补偿与污染赔偿的政策与综合管理模式，为建立和完善我国流域生态补偿与污染赔偿政策提供研究基础和方法、技术与实施的支撑，最终实现以下目标。

6.2.3.1　改善河流水质

基于辽河流域污染严重、历史久的实际情况，针对跨省河段污染赔偿与生态补偿因素共存，并可能相互转化的特点，提出基于 COD、氨氮等污染物控制与污染评估的辽河流域跨界污染赔偿标准体系，以及基于成本核算、生态服务功能评价的生态补偿标准体系，特别是河流水质生态补偿与污染赔偿转化结点的确定和流域水质联合管理方案。

6.2.3.2　流域水源涵养区的生态保护与恢复建设

通过建立辽河流域水源涵养区的生态补偿机制，采取资金补偿、政策补偿等多种手段，促进流域上游水源涵养区的生态恢复建设，合理开发利用水资源，改善流域水环境质量。

6.2.4 试点方案设计要点

从辽河流域特点和流域内存在的主要水环境问题来看，目前辽河流域首要解决的是流域跨界的污染赔偿问题。在这一问题解决的基础上，开展辽河流域水源涵养区的生态补偿政策试点（表 6-3）。

表 6-3 辽河流域生态补偿政策阶段类型

阶段	类型	主要问题	利益相关者关系
1	流域污染赔偿	流域性水体污染严重和跨界影响问题突出	流域内各地区政府，基于跨界水质控制目标确定补偿责任
2	流域水源涵养区生态补偿	流域内生态保护以及对上游地区发展机会成本的影响	流域内各地区政府，都属于流域生态保护的责任者

针对辽河流域特征、流域内生态环境保护的需求和流域环境管理的特点，从补偿（赔偿）责任主体界定、标准核定、补偿机制（途径）设计和实施机制等方面，设计辽河流域生态补偿与污染赔偿方案，并根据不同区域的特点，进行调整和补充，在实践中不断完善。

6.2.4.1 责任主体

流域内各地区的政府，由政府承担补偿或赔偿的责任并落实到具体的企业和个人，如受偿地区的居民、排污企业等。

6.2.4.2 断面确定

在全流域覆盖的前提下，以现有的国控及省级监测断面为基础，按照便于分清责任，具有代表性和可操作性的原则，由流域内各级环保部门共同协商设定。特别是跨省水质监测断面的确定，需得到双方认可。

6.2.4.3 污染物指标

根据辽河流域的主要污染物类型，当前阶段将 COD 作为污染赔偿的考核指标，在此基础上，考虑将氨氮加入作为下一阶段污染物考核指标，并探讨污染物总量控制在辽河流域污染赔偿政策制定中的可操作性与可行性。

6.2.4.4 监测要求

跨市断面由各省环境监测中心站负责统一监测，跨省断面通过双方协商由双方共同认可的监测部门进行监测。

6.2.4.5　关键技术

（1）污染赔偿的定量化技术方法体系

根据辽河流域跨省断面及其他主要控制断面的污染物排放特点，建立污染损害与污染治理成本定量核算模型，构建污染水体的社会经济综合损失评估体系，结合上下游社会、经济发展现状、污染损害程度及受偿与支付意愿调查，提出辽河流域污染赔偿标准定量核算的方法与技术。

（2）生态补偿的定量化技术方法体系

结合辽河流域上下游自然、社会、经济发展状况及利益相关方受偿与支付意愿调查，构建辽河流域水源涵养区生态服务功能的经济价值评估模型与流域生态环境保护效益评估模型，提出机会成本、生态环境保护成本及生态环境损失的定量化核算方法与技术。

（3）生态补偿与污染赔偿的可操作方法体系

通过对资金、实物、市场、金融等补偿及赔偿手段的研究，探索可适用的辽河流域生态补偿与污染赔偿的具体方式及途径，提出兼顾生态安全与区域公平的可操作型政策体系与管理方案，以及生态补偿与污染赔偿并存问题的协调机制。

6.2.4.6　补偿标准

在评估核算的基础上，通过利益相关方的协商最终确定。根据流域环境协议，确定上游地区供给下游地区的水环境质量标准，如果上游地区供给下游地区的水质恰好达到流域环境协议的要求，上下游都不进行补偿；如果供给水质优于流域环境协议的要求，下游地区要对上游地区进行补偿；如果供给水质劣于协议标准，则上游地区要对下游地区进行赔偿。补偿或者赔偿标准的核定要基于污染物的治理成本来测算，根据试点流域环境主要问题，污染因子主要考虑化学需氧量（COD）、氨氮、重金属等。

辽河流域的生态补偿标准具体涉及两个层面：一是省内跨市断面的水质生态补偿标准；二是跨省（主要是辽宁和吉林）断面的水质生态补偿标准。同时，还涉及水源地的生态补偿标准。因此，辽河流域的生态补偿标准是一个综合的标准体系。本研究首先从理论角度提出了辽河流域生态补偿标准的制定思路，然后结合辽河流域的具体特点确定相应的补偿标准。具体的试点补偿标准确定见第 6.3 节有关内容。

6.2.4.7　补偿途径

现阶段以资金补偿为主，逐步过渡到包括社会经济与生态环境保护的项目投入、产业扶持以及其他优惠政策等手段。

6.3 辽河流域生态补偿试点技术支持体系

辽河流域是一条横跨三省，双干流，多支流，水系复杂的国家一级河流。由于自然条件的复杂性，给主客体界定带来一些困难，为了简化界定和后续问题讨论的难度，本研究在界定生态补偿主客体中遵循两个基本原则：第一，考虑辽河流域的自然特点，界定不同类型生态补偿的主客体；第二，为了便于补偿标准的计算和生态补偿机制具体实施，主客体界定以行政单元作为基本依据。

6.3.1 污染赔偿金定价模型

6.3.1.1 赔偿依据

赔偿标准是以单位水量、单位超标倍数、单位污染物排放量为主，以上下游经济发展差异为补充，选取相关的指标，计算出来的赔偿资金。在核定赔偿金时，应充分考虑水质状况、污染物类型、河流流量、影响范围、河流污染物通量以及经济发展水平等因素，使得赔偿尽可能公平合理。

根据流域环境协议，确定上游地区供给下游地区的水环境质量标准。计价标准主要以利益双方及流域管理机构协商方式为主。计价标准的核定要基于污染物的治理成本来测算，根据试点流域环境主要问题、技术水平、区域经济发展情况、污染物类型，不同的区域可以确定不同的计价标准。辽河流域的污染因子主要考虑化学需氧量（COD）、氨氮、重金属等。

6.3.1.2 核算模型

以跨界断面主要污染因子浓度指标作为补偿与赔偿依据相对可操作，例如可制定四级污染物质量浓度指标，即低于 0.5 mg/L、0.5～1 mg/L、1～2 mg/L、高于 2 mg/L 等。

超过水质控制目标的断面，按照超标的项目、河流水量（河长）以及商定的补偿标准，确定超标补偿金。如果入境河流水质超标，则在出境水质超标的补偿金中扣除。根据辽河流域污染的一般特征，将 COD 定为主要控制指标，氨氮、总磷和镉等重金属也纳入超标补偿的范围。补偿金的扣缴金有单因子和多因子两种类型，如：

$$C=(q_s-q_i)\times Q\times S$$

即：

$$C=T_{ij}\cdot S$$

$$C_n=\Sigma(q_s-q_i)\times Q\times S$$

即：

$$C_n=\Sigma(T_{ij}\cdot S)$$

式中，q_s——断面水质指标；

q_i——断面水质补偿目标值；

Q——月断面水量；

T_{ij}——上游地区 i 向下游地区 j 转移的污染物量（$T_{ij}>0$）或环境容量（$T_{ij}<0$），统称为转移量；

S——污染物计价标准；

C——单因子补偿资金；

C_n——多因子补偿资金。

根据上述补偿金核算公式，计价标准实际上就是单位超标污染物排放通量的补偿金额。该计价标准可以在考虑流域的污染水平、经济发展水平等因素情况下，根据现行的污染物排放收费标准、污染物平均处理成本、污染物排放造成的平均损失成本等因素确定。

6.3.2　基于总量控制的行政协调模型

针对我国日益严重的跨界污染问题，从 20 世纪 90 年代中期开始，我国政府开始在全国各大流域内推行流域管理机制，强化流域管理机构的行政调控作用，国家环保总局、水利部、国家计委、财政部及流域各地区人民政府等单位共同负责流域水污染防治规划的制订、实施及监督。目前的流域管理机制是流域管理机构根据流域水体的环境质量要求计算出整个流域几年内总削减量，然后以相同的比例分配各地区各年度的污染物削减量配额，各地区必须按照污染物削减量配额独立完成污染治理任务。这种流域污染治理模型的第一个显著特点是流域管理机构通过行政手段等比例分配各地区的削减量配额，第二个显著特点是各地区必须独立完成流域管理机构分配的削减配额，不准许地区转移削减。由此导致了以下两个主要问题：

第一，这种调控无法有效配置流域环境容量资源，加大了流域的污染物削减成本。由于流域各地区不同的产业结构、企业所有制组成结构、自然资源禀赋、区域污染治理技术与水平等因素对污染物削减费用都会产生重要影响，各地区的污染物削减成本差异很大。不考虑各地区削减成本差异性，等比例确定各地区的削减配额，无法发挥出低削减费用地区的优势，无法达到环境容量资源的优化配置，因此这种看似公平的方法并不是最有效率的，实际上对各地区并不公平。另外，各地区独立完成削减配额可能导致严重的跨界污染纠纷。由于各地区的经济发展水平、自然禀赋、污染物处理技术和处理能力等方面各不相同，经济欠发达地区可能没有足够的资金支持，污染物处理技术落后，污染物处理能力不足，可能导致这些地区无法完成污染物削减配额，只有向其下游地区转移污染物；而经济发达地区有足够的资金支持，先进的污染物处理技术，充足的污染物处理能力，但流域管理机构的配额不能充分发挥出这些地区污染物处理能力，导致这些地区污染物处理能力受到限制，发挥不出削减规模效益。由于没有环境补偿机制，有削减能力的地区没有责任和动力去削减其他地区的污染物，污染物削减成本低的地区也没有义务去削减污染物削减成本高的地区的污染物。但当上游地区向下游地区转移污染物时，上下游地区必然产生跨界污染纠纷。

第二，在没有流域管理机构有效管理的情况下，各地区各自为政的排污决策行为导致严重的流域跨界污染纠纷，而流域管理机构通过现行比例配额模型不但无法解决已存在的跨界污染纠纷，还可能加剧各地区的污染纠纷。

因此，应借鉴国内外先进的流域管理经验和管理方法，结合辽河流域的实际情况，建立更加有效的流域管理机制来解决流域跨界污染纠纷。

对辽河流域污染采用行政协调手段。行政协调模型不但可有效解决环境资源和社会资源有效配置问题，而且通过环境补偿机制使上下游地区达到“双赢”效果，可以较好地解决流域跨界水污染赔偿问题。各地区的环境补偿与上下游毗邻地区的污染物削减成本以及污染物转移量（或环境容量转移量）有关。行政协调模型是流域管理机构依靠行政手段确定各地区的污染物削减配额和环境补偿配额。

流域跨界污染赔偿行政协调模型充分发挥各地区污染物削减成本差异优势，优化配置环境资源和社会资源，降低流域及各地区的污染治理成本，可以有效减少跨界污染纠纷。流域跨界污染赔偿行政协调模型分为两个部分，首先是在确保整个流域及各地区达到环境质量标准的约束条件下，以整个流域的环境成本最小为优化目标，确定各地区污染物最优削减配额；然后对污染物转移地区和接受污染物转移地区进行环境补偿，污染物转移地区对接受污染物转移地区进行合适补偿，确保双方“双赢”。这两部分互为前提，一方面，只有各地区按照最优削减配额削减污染物，合作治污，才能确保流域总环境成本最小；另一方面，只有确保流域各地区获得满意的环境补偿方案，才能激励流域各地区实施最优削减配额，各地区合作治污。所以，要使行政协调模型在解决流域跨界污染赔偿问题中发挥作用，两部分都不能偏废。如果不能确保上下游地区在管理机制下达到“双赢”，那么，成本增加地区要么拒不接受上游地区转移的污染物，要么拒不向下游地区支付污染物转移的环境补偿，使流域管理机构确定的最优削减配额方案无法实施，会产生流域跨界污染赔偿纠纷。

6.3.2.1 环境成本最小模型分析

见 4.2.1.1 节“（2）基于污染物通量及总量的测算方法”之“①环境成本最小模型分析”。

6.3.2.2 环境补偿－收益模型分析

见 4.2.1.1 节“（2）基于污染物通量及总量的测算方法”之“②环境补偿模型分析”。

6.3.3　污染赔偿监测方法

6.3.3.1　断面水质考核制度

（1）跨省界断面水质考核

监测考核断面由环境保护部会同水利部、相关省市人民政府设置。敦促各省政府确保省界流域水质达到《“十一五”水污染物总量削减目标责任书》中确定的目标，按照《环境保护部关于预防与处置跨省界水污染纠纷的指导意见》有关要求，明确省界断面水质目标管理的责任主体。环境保护部对跨省界断面水质按年度目标进行考核评定，各省级人民政府对其辖区内水质目标负全责，跨省界水质目标每季度考核一次，考核结果由环境保护部认定和发布，对不能按期完成工作任务的，依照实际水质与目标水质标准的差距，根据环境治理成本，上游省份对下游省份给予赔偿；对于按期完成任务的，国家要对上游地区实行奖励。

（2）省内跨市断面水质考核

监测考核断面由省环境保护行政主管部门会同省水行政主管部门、各设区的市人民政府设置。水质目标根据国家、省市水污染防治规划和各省有关水环境功能区划确定的控制单元水质目标值及常年流量，结合各省人民政府下达的污染物排放总量控制规划确定，各市人民政府要采取有效措施削减污染物排放量，确保断面水质达到规定的控制目标。跨市水质目标每月考核一次，考核结果由省环境保护行政主管部门认定和发布。凡断面当月水质指标值超过控制目标的，上游地区设区的市应当给予下游地区设区的市相应的赔偿资金；凡断面当月水质达到控制目标的，下游地区设区的市应给予上游地区一定的补偿资金，补偿和赔偿标准根据上下游环境保护和生态建设成本确定。

6.3.3.2　省内跨市流域污染在线监测制度

省环境保护行政主管部门负责组织断面水质监测；省水利厅负责组织断面水量及流向监测。监测考核断面水质、水量及流向一般采取自动监测的方法，经省环保厅核准的自动水质监测数据月平均值作为该断面当月水质指标值。尚未设自动监测站的断面，采取省、市环境监测机构联合人工监测的方法，每周监测 1 次，所有有效监测数据的月平均值作为该断面当月水质指标值。水量和流向数据由省水利厅核准，尚未设立自动监测站的，由省、市水文资源勘测机构联合人工监测，监测频次根据河流的水文特征确定，计算当月水量和流向指标值。不符合质量控制要求的数据无效。省环保厅会同省水利厅于每月将上月各断面水质、水量及流向进行汇总，将监测结果通报给相关市人民政府。

6.3.4 流域污染赔偿方法

6.3.4.1 赔偿依据

赔偿标准以单位水量、单位超标倍数、单位污染物排放量为主，以上下游经济发展差异为补充，选取相关指标，计算出赔偿资金。在核定赔偿金时，应充分考虑水质状况、污染物类型、河流流量、影响范围、河流污染物通量以及经济发展水平等因素，使得赔偿尽可能公平合理。辽河流域试点第一阶段的污染因子主要考虑化学需氧量（COD）。

6.3.4.2 核算模型

详见 6.3.1.2 节。

6.3.5 流域生态补偿标准

流域作为一个生态系统，可以提供多种生态系统服务。但由于流域所提供服务在空间及时间上具有流转性，因而对于不同空间尺度，流域提供的生态系统服务不同。流域上游进行生态环境建设后，其产生的生态环境服务量将增加。增加的生态系统服务一部分存留在当地发挥生态服务效益，一部分流向流域下游。

辽河流域的水源涵养区的生态建设所带来的生态效益主要可以分为三个方面：①由于水源涵养区为了增强水源涵养能力而进行的植被恢复等生态建设措施所带来的土地利用变化所增加的生态效益；②流域上游地区为了改善或保持辽河水质，投资建设污水处理或垃圾收集等措施，减少水污染所带来的生态效益；③水源地保护区为了改善辽河水质或保护水源地水质而调整当地的产业结构，限制污染企业建设和生产，从而减少污染物排放，改善辽河水质所带来的生态效益。

6.3.5.1 土地利用变化带来的生态效益的补偿

土地利用变化带来的是生态系统水源涵养能力、土壤保持能力、水质净化能力等生态系统功能的变化，进而给流域上下游地区带来生态效益。辽河流域生态恢复和生态建设项目将进行大规模的退耕还林还草和植树造林活动，大规模的土地利用变化给全流域带来生态效益，下游地区作为生态效益的直接获益者应对上游地区进行补偿。其生态效益主要包括 4 个方面，计算公式为：

$$V=(V_1+V_3)\times a+(V_2+V_4)\times e$$

式中，V_1——涵养水源效益；

V_2——保持土壤效益；

V_3——净化水质效益；

V_4——社会效益；

a——补偿分摊系数；

e——国家补偿系数。

①涵养水源效益 V_1。土地利用变化带来的土地水源涵养能力提高所带来的生态效益。

②保持土壤效益 V_2。土地利用变化，如建设水源涵养林等措施能够有效阻止雨水冲刷，有效保护土壤，避免沙土入河或水库造成损失。在计算中可以由减少洪水灾害所带来的价值体现。

③净化水质效益 V_3。人们能够享用比较清洁的饮用水，是由于上游土地利用变化后的森林植被在净化水质中起着极其重要的作用。其产生的效益是净化水质的价格的构成部分。

④社会效益 V_4。土地利用变化带来的社会效益体现在植树造林后林地能够防洪蓄洪、防风阻沙，维护社会稳定与发展。国外研究资料表明，森林对洪峰的最大削减量可达 50%，削减风速可达 80%以上，其产生的效益可以由减少洪水灾害所产生的效益计算。

6.3.5.2 污染治理带来的生态效益

辽河全流域水污染问题严重，水污染治理是辽河生态环境保护的核心问题。辽河流域特别是大辽河上游地区的水污染问题已经对辽河水质特别是饮用水水源地水质造成了严重危害，在流域上游地区建立集中式污染处理厂和垃圾处理设施是非常必要和迫切的。污染处理设施能有效地减少污染物排放量，对于改善辽河水质意义重大，同时带来的生态效益也是巨大的。这种效益直接关系到流域下游地区的用水安全。污染治理带来的生态效益的补偿额通过计算其污染设施建设与运营费用确定，即：

$$S=(E+U)\times d$$

式中，E——治污设施固定投资费用；

U——治污设施运营费用；

d——受益地区分担比例系数。

6.3.5.3 产业结构调整带来的生态效益

限制性生产效益是流域上游地区限制工业发展及改变农业生产方式为下游用水受益方提供安全保障所带来的生态效益。流域上游地区这种保护水资源的行为对社会产生了外部经济性。这种外部经济性，可以通过对保护方实施一定的补偿来激励其继续保护水源，达到为社会提供更多的可利用水量的目的。补偿方法可通过分析计算水源保护区与受益区之间的经济差异，作为评价补偿的基础依据。可用下式表示：

$$P=(G_1-G_2)\times c\times N/W$$

式中，P——单位水量补偿值；

G_1——受益地区上五年平均人均国内生产总值；

G_2——水源保护区上五年平均人均国内生产总值；

c——补偿系数，即水源保护对区域经济的影响系数；

N——水源保护地区人口数；

W——水源地可供水资源利用量。

一个地区的经济发展受诸多要素影响，如地理环境、资源矿藏、资金投入、人力资源、人文环境以及国家、地区各项政策等。这些要素有的难以定量描述，如对于因水源保护政策而导致的水源保护区的经济损失，想准确地描述是有一定的难度，因此，只能用一种概算方式来确定。由于水源地保护而限制当地经济发展，受影响最直接的是当地的财政收入和农民的收入，其他的影响因素也有，但影响较小。所以，水源受益区应当对水源保护区受影响最直接的地方财政收入损失做补偿。其补偿系数可用公式确定：

$$c = \text{水源地上五年平均财政收入}/\text{水源地上五年平均国内生产总值} \times 100\%$$

在地区经济影响因素信息不完备的情况下，采用上述方法确定此系数，能比较近似地评价水源保护引起的水源地经济损失。水源受益区与水源保护区国内生产总值之间的差值乘以此系数，就是水资源受益区对水资源保护区的经济补偿值。

综上所述，辽河流域生态补偿标准由土地利用变化带来的生态效益的补偿、污染治理带来的生态效益的补偿和限制性生产效益的补偿三部分组成。其计算公式为：

$$Z = V + P + S$$

式中，V——土地利用变化带来的生态效益的补偿；

P——调整产业结构限制污染企业生产带来的生态效益的补偿；

S——污染治理带来的生态效益的补偿。

6.3.6 补偿标准的确定

生态补偿标准的核算目前还很不成熟。核算方法很多，每一种方法计算得到的结果往往差异很大，在现实的应用中很难得到利益相关者的一致认可。因此在生态补偿的实践中，行之有效的方法通常是以标准核算为基础，通过协商达成一致确定补偿标准。

生态补偿标准自由协商的背后是生态系统服务的受益方与供给方的经济博弈过程，自由协商往往难以达成保护—补偿的协议，需要在补偿者和受偿者之间有一个有效的协商与仲裁机制，从而促进利益相关者通过有限次的协商达成补偿协议。

在目前的生态补偿实践中，上一级政府往往作为流域这一“公共物品”的买方或中间人，负责协调流域上下游之间的利益关系，为上下游流域生态保护搭建协商平台。在上一级政府的协调下，考虑流域上游的生态功能，寻找流域上下游都可接受的生态保护目标，共建协商平台。在建立协商共享平台的基础上还需要建立流域环境保护仲裁制度。当发生纠纷时，由上一级人民政府环境保护行政主管部门组织有关人民政府协商解决；协商不成的，纠纷任何一方可以报请流域水污染防治机构协调解决；当协调不能解决时，由纠纷一方或流域水污染防治机构报上一级人民政府裁决。

辽河流域实施生态补偿的协商双方为省级政府及各利益相关方，其组织、协调、仲裁主体应为有权管理和仲裁跨省界水污染纠纷的国家级管理机构或流域管理部门，如环保部东北督察中心，或在松辽水利委设流域环境管理部门，负责省间协调、沟通，并有权管理下拨到省的环保资金，行使监督、管理和仲裁的职能。

6.4　辽河流域生态补偿试点财政政策设计

6.4.1　补偿资金的主要来源

1）根据断面水质考核指标，扣缴的污染赔偿金。

2）在各级政府的财政收入中，固定用于辽河流域生态补偿的资金收入。

3）在辽河流域生态建设、生态保护、生态开发以及其他公共项目预算（包括建设项目）中的生态补偿资金。这部分资金由于是根据项目建设的需要确定的，因此存在着金额相对不固定的问题。

4）为改善辽河流域生态状况，确保辽河流域水资源的可持续供给，中央财政转移支付给内蒙古、吉林和辽宁的生态补偿专项资金。这部分资金的具体数额需要根据中央财政的财力，应用财政转移支付制度的计算公式计算确定。

5）各省自筹的辽河流域生态补偿专项资金，通过省级财政间的转移支付专门用于辽河流域水源涵养区的生态环境保护和环境污染治理。

6）在政府引导下，通过市场方式，利用资本市场融资等方式筹集的生态补偿专项资金。

6.4.2　生态补偿金的主要支付方式

（1）资金补偿

资金补偿是指以直接或间接的方式向受补偿区提供资金支持，用以帮助受补偿区克服生态建设资金短缺的制约，加大基础设施建设，促进社会经济发展。资金补偿是经济补偿多种方式中最直接、最直观和相对有效的生态补偿方式，不能完全被其他补偿方式代替。资金补偿的主体主要是生态系统服务的受益地区的政府，针对流域，主要是指流域的下游地区的政府。针对辽河流域的水源涵养区，资金补偿的主体是辽宁省政府及各级政府。常见的资金补偿方式有补偿金、赠款、减免税收、退税、信用担保的贷款、补贴、财政转移支付、贴息等。

（2）政策补偿

政策补偿主要是指上级政府对下级政府的权力和机会补偿。受补偿者在授权的权限内，利用制订政策的优先权和优惠待遇，制订一系列创新性的政策，在投资项目、产业发展和财政税收等方面加大对流域上游的支持和优惠，促进流域上游经济发展并筹集资金。

（3）产业补偿

为了确保辽河流域水资源的可持续供给，恢复辽河流域生态系统功能，辽河流域上游地区投入了大量的人力、物力和财力进行生态建设和生态恢复，限制了当地的社会经济发展。经济相对发达的下游地区，在生态补偿中可以通过产业转移，也就是把补偿落实到具体的产业项目上，壮大与发展流域上游产业，提高当地人民生活水平。

6.5 辽河流域生态补偿试点效果评估

6.5.1 流域生态补偿实施情况

2008 年 8 月，辽宁省颁布了《辽宁省跨行政区域河流出市断面水质目标考核暂行办法》（以下简称《办法》），在辽宁省全面启动辽河流域生态补偿机制，为解决辽宁省境内河流水质污染问题提供了政策基础。《办法》规定辽宁省以地级市为单位，对主要河流出市断面水质进行考核，水质超过目标值的，上游地区将给予下游地区补偿资金。辽宁省环保局负责确定河流出市断面的具体位置以及水质考核目标值。河流出市断面水质由辽宁省环境监测中心站负责每月监测 1 次，并上报省环保厅。辽宁省环保厅根据监测结果，确定各市应缴纳的补偿资金总额，最终由辽宁省财政厅在年终结算时一并扣缴。这笔补偿资金作为辽宁省水污染生态补偿专项资金，用于流域水污染综合整治、生态修复和污染减排工程。全省共设 27 个出市断面监测点，其中辽河流域 9 个城市设 10 个监测断面，监测项目为化学需氧量。2008 年 11 月开始执行。出市断面水质考核目标值，针对各监测断面的上游来水情况，由省环境保护行政主管部门分年度下达。各监测断面及年度目标值见表 6-4。

表 6-4 辽河干流出市断面及水质考核目标（COD）值

序号	所属城市	断面名称	河流名称	跨界情况	2008 年水质考核目标（COD）值/（mg/L）	2009 年水质考核目标（COD）值/（mg/L）	2010 年水质考核目标（COD）值/（mg/L）
1	沈阳	红庙子	辽河	沈阳—盘锦	50	40	40
2		于家房	浑河	沈阳—营口	30	30	30
3	鞍山	小姐庙	太子河	鞍山—营口	36	36	36
4	抚顺	七间房	浑河	抚顺—沈阳	23	23	23
5	本溪	兴安	太子河	本溪—辽阳	20	20	20
6	营口	辽河公园*	大辽河	入海	13*	10*	10*
7	辽阳	下口子	太子河	辽阳—鞍山	22	20	20
8	铁岭	朱尔山	辽河	铁岭—沈阳	60	50	40
9	盘锦	赵圈河*	辽河	入海	18*	15*	15*

注：*表示数值为高锰酸盐指数。

6.5.2　流域水环境质量改善状况

2009 年，辽河流域干流 COD 污染明显减轻，各断面年均值均符合Ⅴ类标准。辽河、浑河和太子河全河段 COD 浓度比 2008 年下降 5.5%～59.4%，其中辽河沿程 8 个断面 COD 浓度下降均在 12.6%以上。2009 年，枯水期水质为 2007—2009 年最好，首次各断面枯水期均值符合Ⅴ类水质标准，而 2007 年、2008 年枯水期仅有 53.8%和 50.0%的断面符合Ⅴ类标准。2009 年 5—12 月，干流断面各月 COD 浓度均符合Ⅴ类水质标准。

2009 年，辽河流域共监测 41 条支流，同比上年 58.5%的支流 COD 浓度下降 17.3%～84.5%，其中 27 条支流符合Ⅴ类水质标准，占 65.8%；超标断面比例比 2008 年、2005 年分别下降 14.6%、25.2%。

在监测的 27 个断面中，2009 年 5—12 月比 2008 年 5—12 月超标断面数量均有下降（图 6-7）。

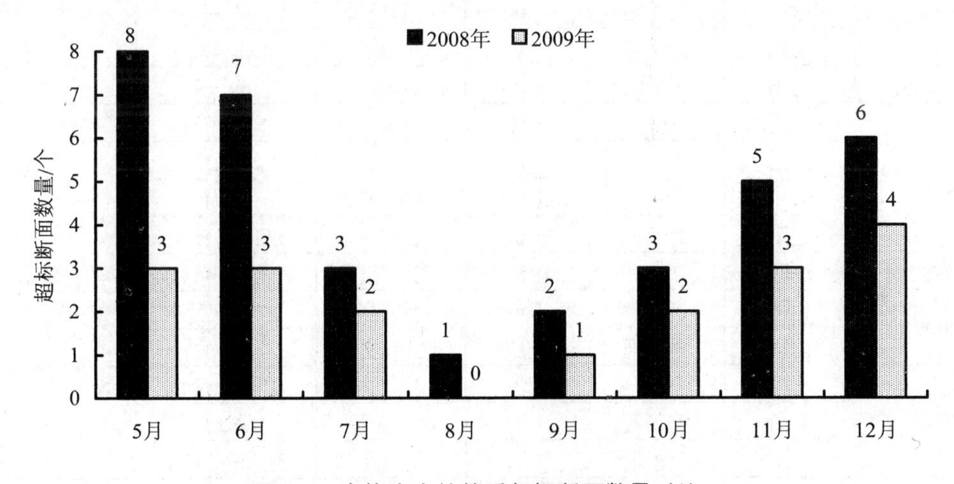

图 6-7　实施生态补偿后超标断面数量对比

按全指标评价：2009 年度，27 个监测断面中劣Ⅴ类水质断面为 15 个，超标主要因子为氨氮，占 56%，与 2008 年持平；Ⅴ类水质断面为 2 个，占 7%，比 2008 年减少了 4 个；Ⅳ类水质断面为 6 个，占 22%，比 2008 年增加了 3 个；Ⅱ类水质断面为 3 个，占 11%，比 2008 年增加了 1 个；Ⅰ类水质断面为 1 个，占 4%，与 2008 年持平。27 个断面中，6 个断面水质优于 2008 年，占 22%；18 个断面水质与 2008 年持平，占 67%；3 个断面水质由Ⅴ类下降为劣Ⅴ类。

按 COD 评价：2009 年度，27 个断面中劣Ⅴ类水质断面为 1 个（大凌河西八千），占 3%，比 2008 年减少了 5 个；Ⅴ类水质断面为 3 个，占 11%，与 2008 年持平；Ⅳ类水质断面为 8 个，占 30%，比 2008 年增加了 2 个；Ⅲ类水质断面为 7 个，占 26%，比 2008 年增加了 2 个；Ⅰ类水质断面为 8 个，占 30%，比 2008 年增加了 1

个。27 个断面中，11 个断面优于 2008 年，占 41%；14 个断面水质与 2008 年持平，占 52%；2 个断面水质劣于 2008 年，占 7%。

自《办法》实施以来，辽河干流各月超标断面情况见表 6-5。

表 6-5 辽河干流各月超标断面

实施年月	城市名称	河流名称	类别	断面名称	跨界情况	超标断面个数
2008/11	沈阳	浑河	干流	于家房	沈阳—营口	2
	本溪	太子河	干流	兴安	本溪—辽阳	
2008/12	沈阳	浑河	干流	于家房	沈阳—营口	3
	本溪	太子河	干流	兴安	本溪—辽阳	
	辽阳	太子河	干流	下口子	辽阳—鞍山	
2009/2	沈阳	浑河	干流	于家房	沈阳—营口	5
		辽河	干流	红庙子	沈阳—盘锦	
	鞍山	太子河	干流	小姐庙	鞍山—营口	
	营口	大辽河	干流	辽河公园	入海	
	辽阳	太子河	干流	下口子	辽阳—鞍山	
2009/3	鞍山	太子河	干流	小姐庙	鞍山—营口	1
2009/4	沈阳	浑河	干流	于家房	沈阳—营口	5
	本溪	太子河	干流	兴安	本溪—辽阳	
	营口	大辽河	干流	辽河公园	入海	
	辽阳	太子河	干流	下口子	辽阳—鞍山	
2009/7	沈阳	浑河	干流	于家房	沈阳—营口	1
2009/11	沈阳	浑河	干流	于家房	沈阳—营口	2
	营口	大辽河	干流	辽河公园	入海	
2009/12	沈阳	浑河	干流	于家房	沈阳—营口	3
	营口	大辽河	干流	辽河公园	入海	
	辽阳	太子河	干流	下口子	辽阳—鞍山	
2010/1	沈阳	浑河	干流	于家房	沈阳—营口	1
2010/2	沈阳	浑河	干流	于家房	沈阳—营口	1
2010/3	抚顺	浑河	干流	七间房	抚顺—沈阳	2
	铁岭	辽河	干流	朱尔山	铁岭—沈阳	
2010/4	沈阳	浑河	干流	于家房	沈阳—营口	2
		辽河	干流	红庙子	沈阳—盘锦	
2010/5	沈阳	浑河	干流	于家房	沈阳—营口	2
		辽河	干流	红庙子	沈阳—盘锦	

辽河干流 9 个考核断面 COD 监测质量浓度，2008 年、2009 年、2010 年同月对比如图 6-8 所示：

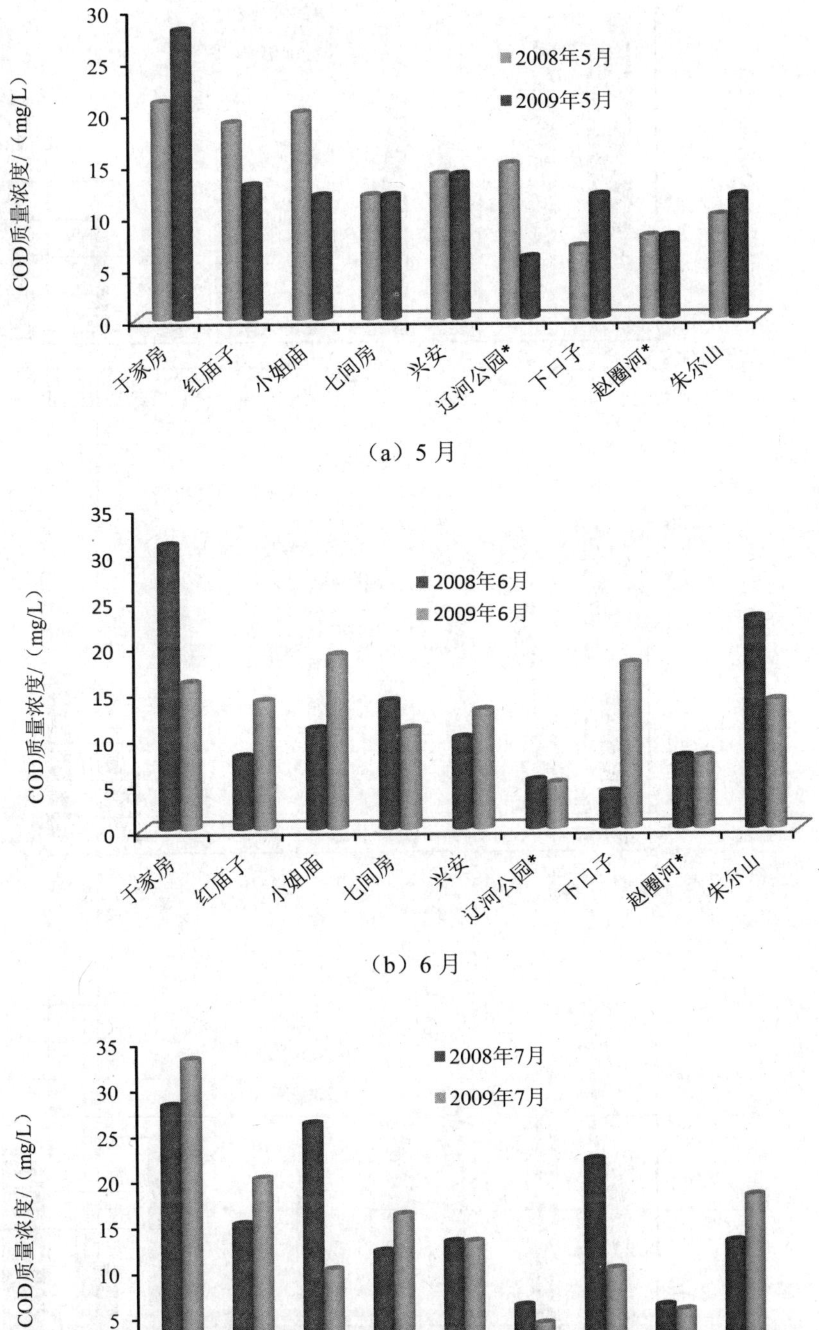
COD质量浓度/（mg/L）
2008年5月
2009年5月
于家房
红庙子
小姐庙
七间房
兴安
辽河公园*
下口子
赵圈河*
朱尔山
2008年6月
2009年6月
2008年7月
2009年7月

（a）5 月

（b）6 月

（c）7 月

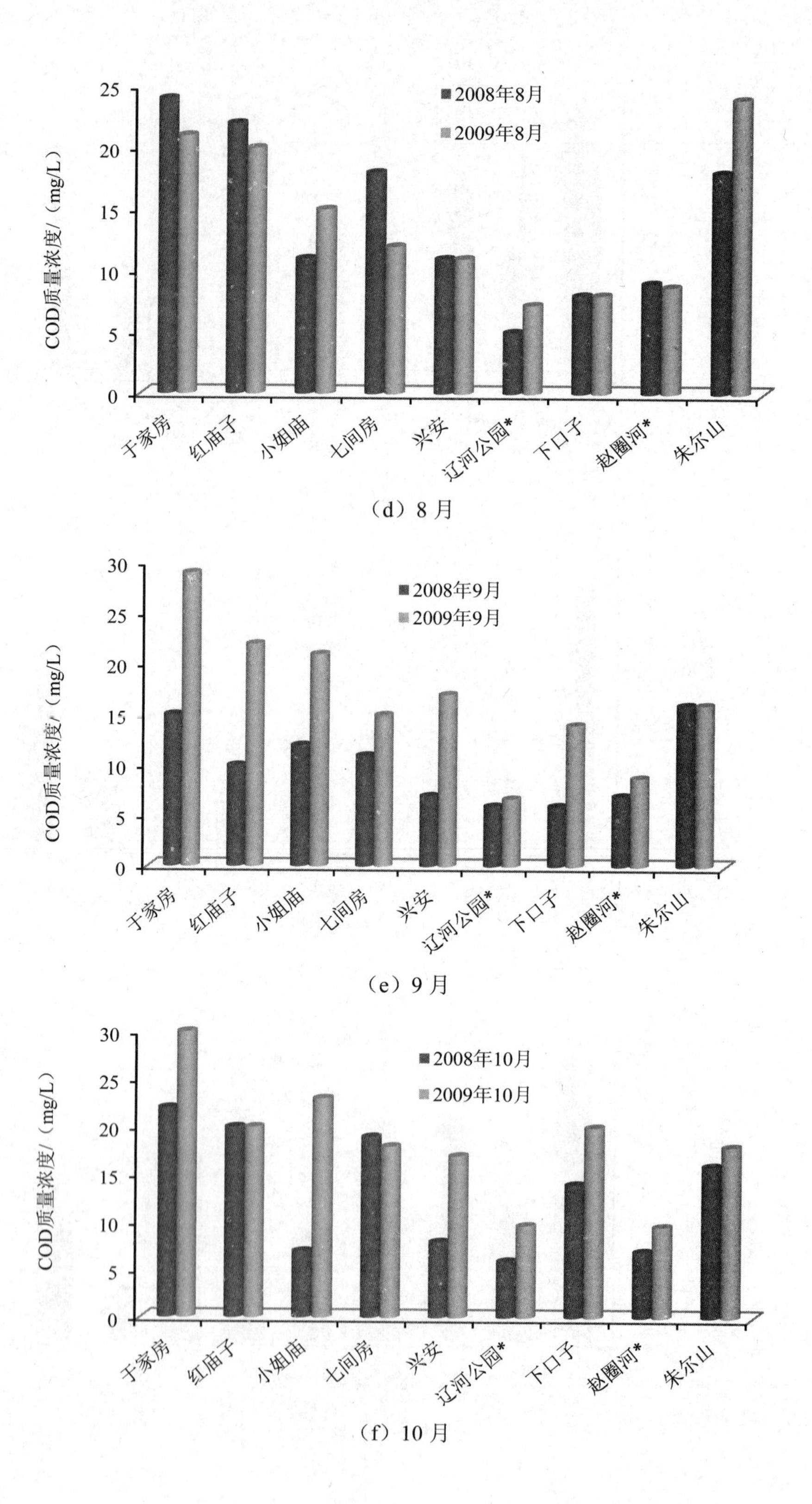

2008年8月
2009年8月
COD质量浓度/（mg/L）
0
5
10
15
20
25
于家房
红庙子
小姐庙
七间房
兴安
辽河公园*
下口子
赵圈河*
朱尔山

（d）8 月

2008年9月
2009年9月
COD质量浓度/（mg/L）
0
5
10
15
20
25
30
于家房
红庙子
小姐庙
七间房
兴安
辽河公园*
下口子
赵圈河*
朱尔山

（e）9 月

2008年10月
2009年10月
COD质量浓度/（mg/L）
0
5
10
15
20
25
30
于家房
红庙子
小姐庙
七间房
兴安
辽河公园*
下口子
赵圈河*
朱尔山

（f）10 月

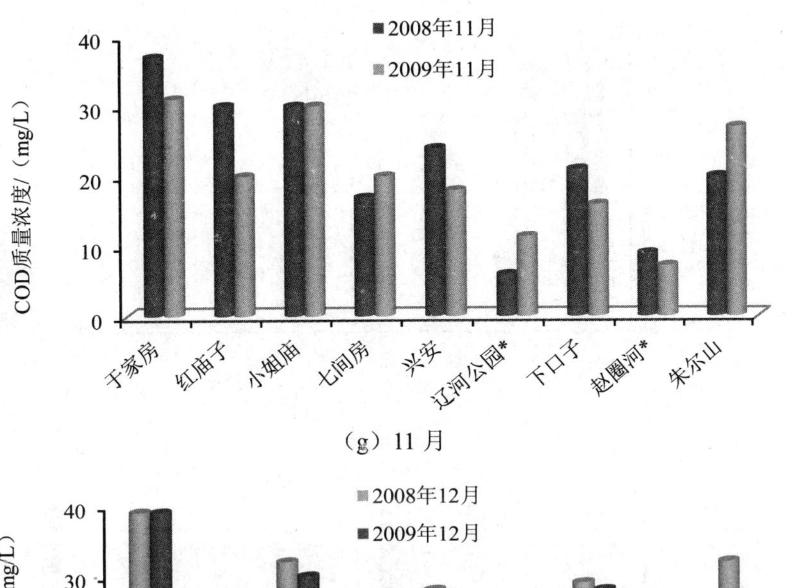

（g）11 月

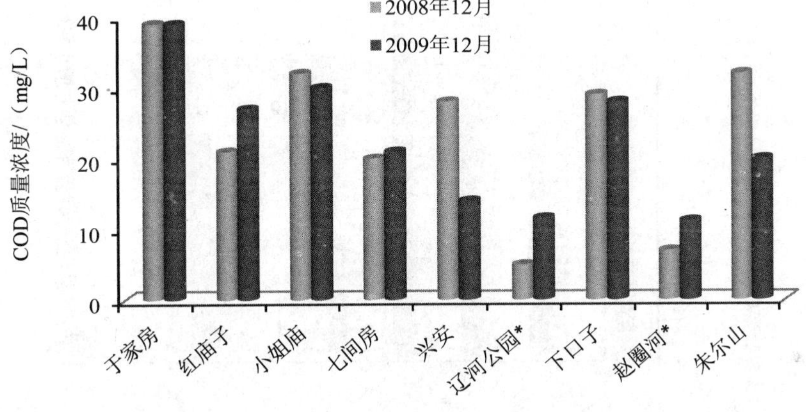

（h）12 月

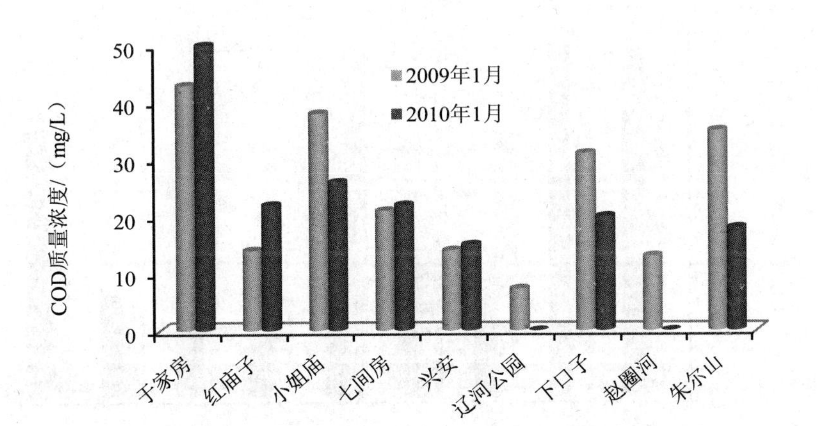

（i）1 月

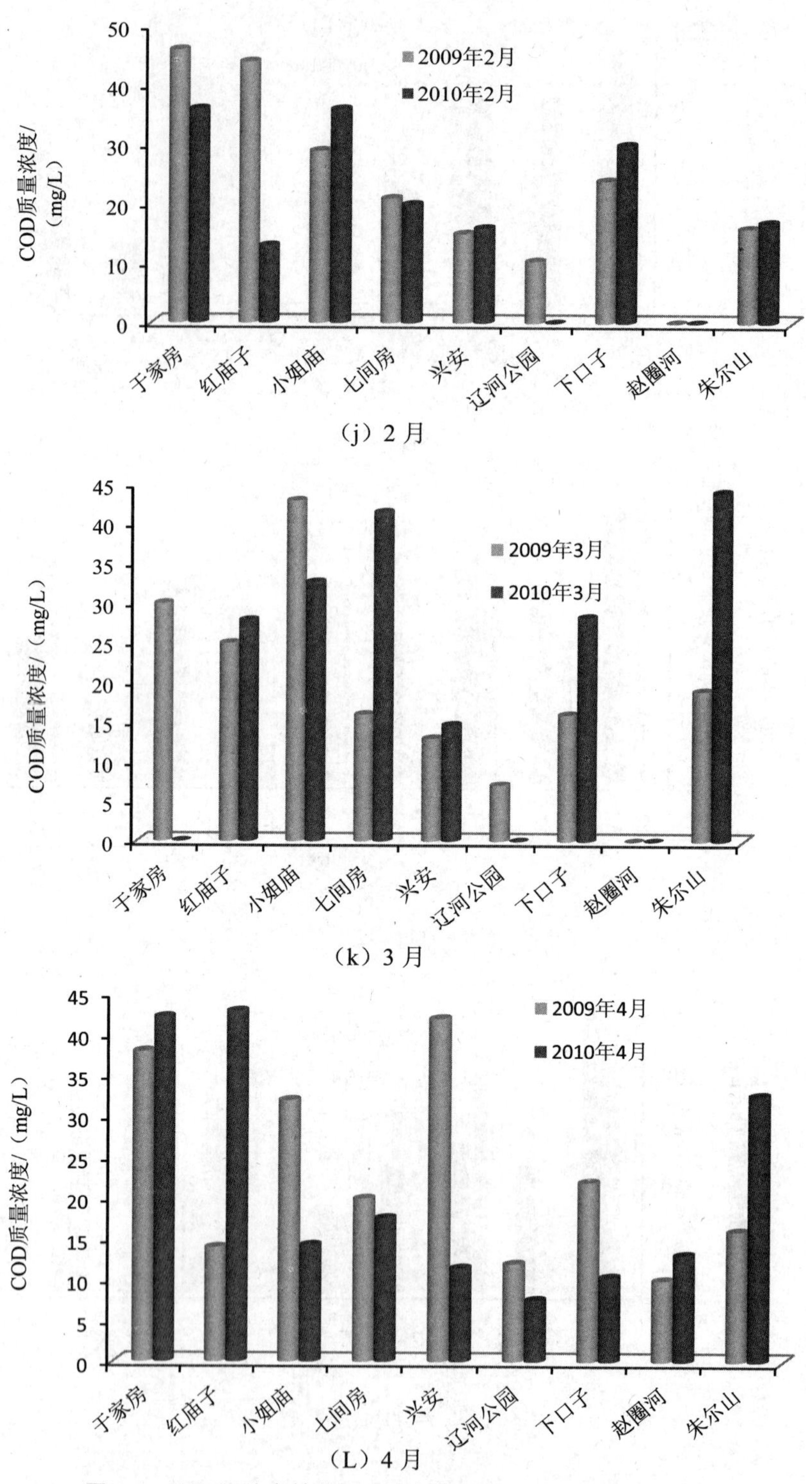

图 6-8 辽河干流考核断面三个年份同月对 COD 监测对比

6.5.3　补偿资金扣缴及使用情况

2009 年 1 月至 2010 年 4 月，所有 27 个监测断面，扣缴金额共计 2 900 万元。辽宁省将这笔补偿资金作为水污染生态补偿专项资金，用于流域水污染综合整治、生态修复和污染减排工程。2011 年，辽宁省财政厅和环保厅联合印发了《关于印发辽宁省跨行政区域河流出市断面水质超标补偿专项资金管理办法的通知》，专项资金主要用于辽宁省内可提高流域水环境质量、降低环境污染的各类建设及科研规划类项目。具体包括：

1）污染减排项目；

2）水污染综合整治项目；

3）水体生态修复项目；

4）水环境监管能力建设项目；

5）省级环境保护部门推进流域水污染治理方面的规划科研项目；

6）省政府确定的其他水污染防治项目。

6.5.4　跨省界生态补偿试点进展

2009 年 6 月，在环境保护部东北环保督查中心的组织协调下，吉林、辽宁两省签订《吉林省、辽宁省辽河流域跨省断面联合监测协议书》，建立了跨省河流水质联合监测机制。确定了联合监测断面的位置，就监测时间、监测方式以及数据使用情况等内容达成一致意见。

2008—2010 年辽河入辽宁省各监测断面主要污染物浓度对比，如图 6-9 至图 6-12 所示。

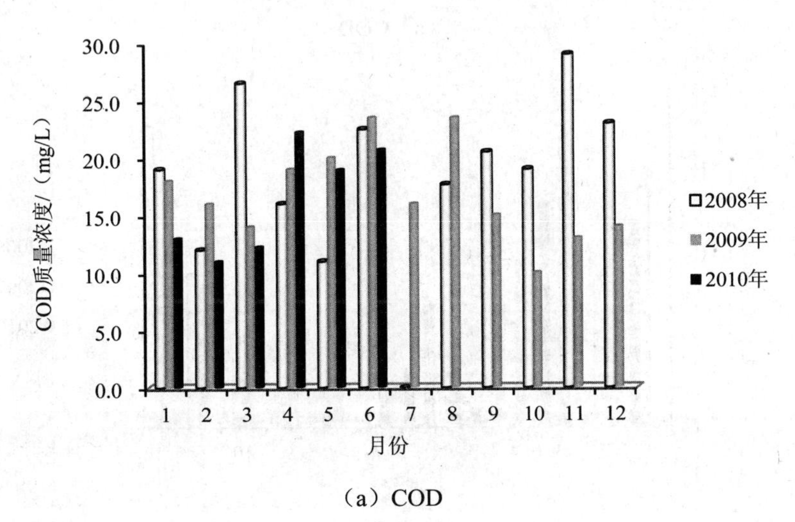

（a）COD

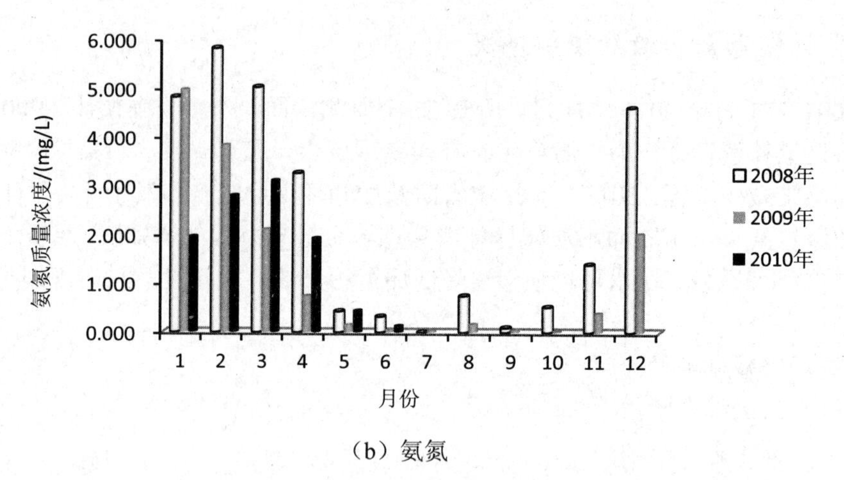

（b）氨氮

图 6-9　2008—2010 年东辽河吉—辽断面 COD、氨氮质量浓度

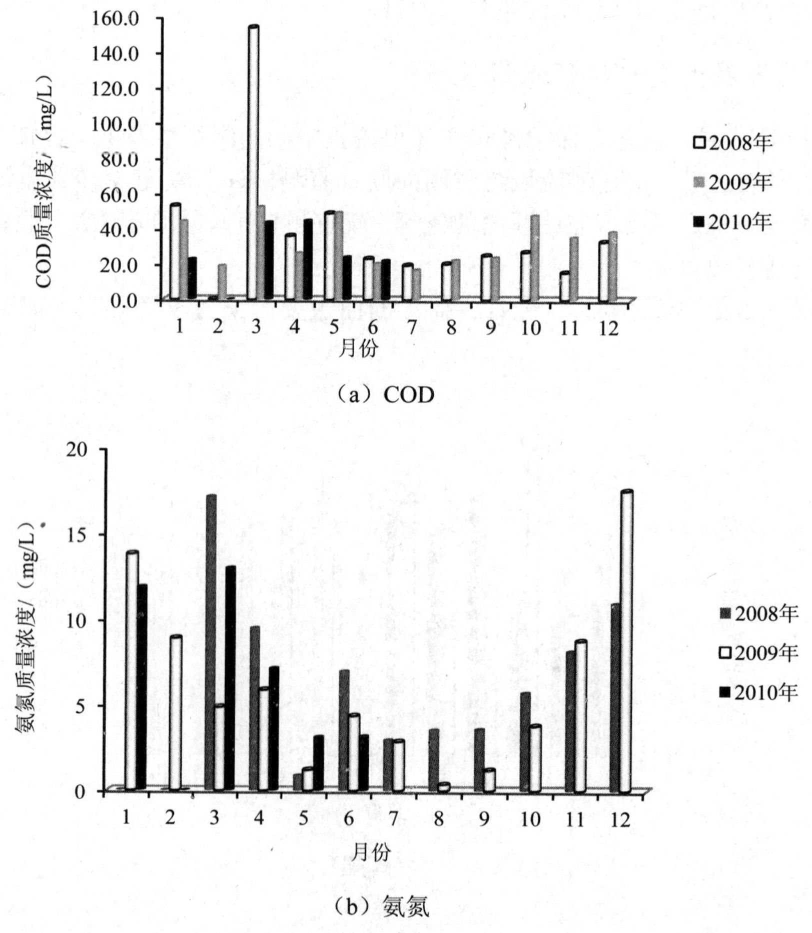

（a）COD

（b）氨氮

图 6-10　2008—2010 年招苏台河吉—辽断面 COD、氨氮质量浓度

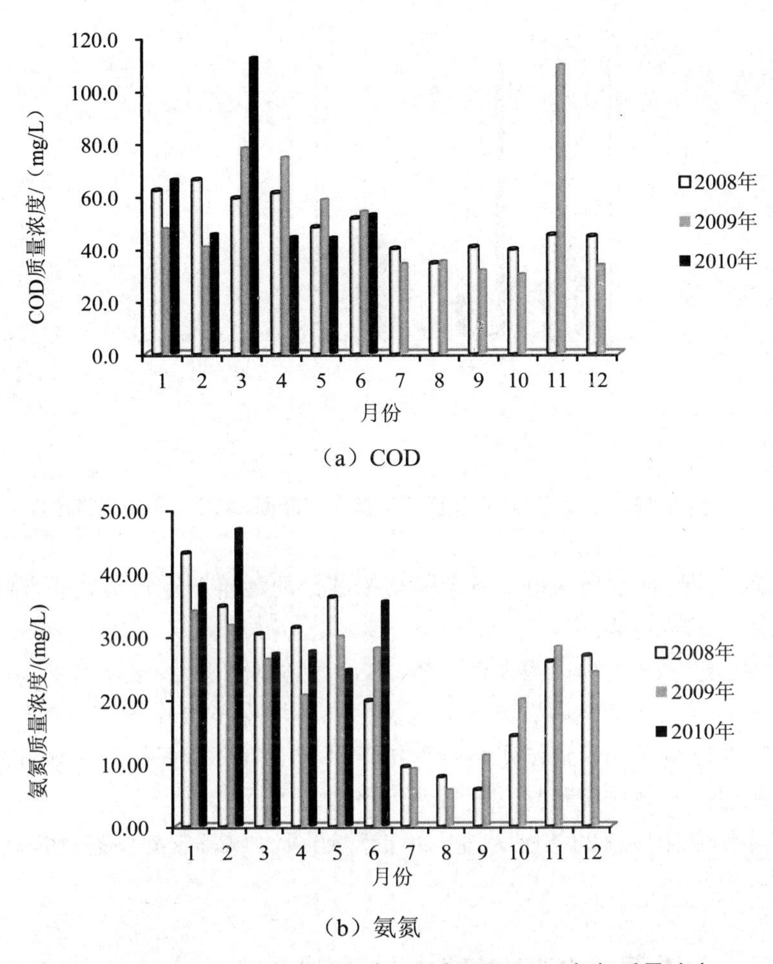

（a）COD

（b）氨氮

图 6-11　2008—2010 年条子河吉—辽断面 COD、氨氮质量浓度

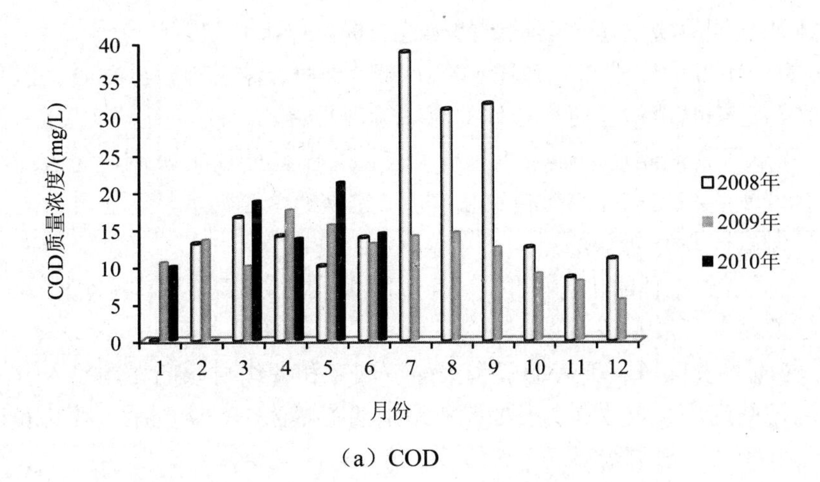

（a）COD

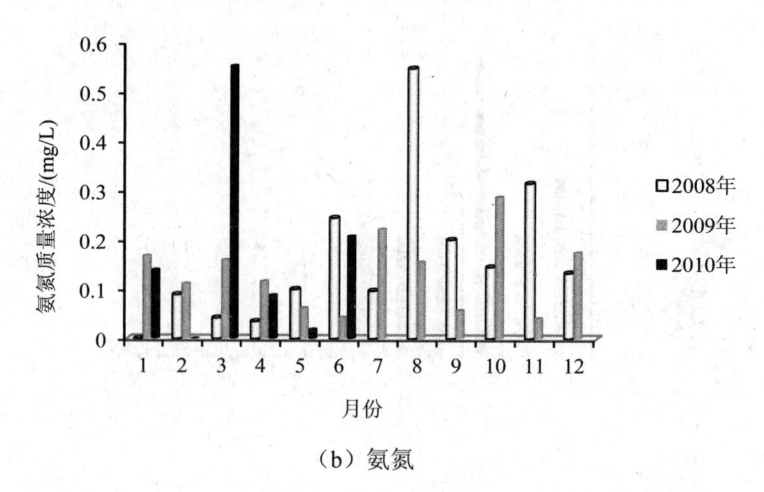

（b）氨氮

图 6-12　2008—2010 年西辽河蒙—辽断面 COD、氨氮质量浓度

东辽河、西辽河水质较好，条子河与招苏台河污染严重，实施联合监测后，吉—辽断面总体呈好转趋势。

内蒙古、辽宁、吉林、黑龙江四省（自治区）环保厅经多次磋商，于 2010 年 2 月联合签署了《东北地区四省（区）区域生态环境保护合作备忘录》，合作内容包括共同推进生态环境保护、流域水环境保护、区域大气环境保护、区域危险废物管理、区域环保执法、区域环境科技、区域环保产业等方面。

跨省环保合作协议的签署为进一步推动辽河流域跨省界生态补偿机制的建立奠定了重要的沟通平台。

6.6　辽河流域下一步完善试点的建议

对未来辽河流域生态补偿机制的构建，提出以下建议：

1）进一步推动建立和完善辽宁省、吉林省和内蒙古自治区三省（区）针对流域生态补偿与污染赔偿问题协商合作的流域管理平台。

2）深入研究建立辽河流域生态补偿与污染赔偿的监督机制，完善辽河流域补偿资金的管理制度和生态补偿效益评估制度，建立健全辽河流域生态补偿与污染赔偿的信息公开制度，并开展示范。

3）尝试多种途径的生态补偿方式，如市场化的水权交易、异地开发、项目补偿、产业补偿等，并开展示范。

4）拓宽筹资渠道。现有的资金渠道以国家和各级财政的专项投入以及对破坏流域生态环境的政府、企业、个人处罚所缴纳的罚款为主，研究引入社会和市场参与资助的途径和模式，并开展示范。

第7章

东江流域生态补偿与污染赔偿试点研究

本章重点围绕流域生态补偿与污染赔偿研究与示范的总体目标，结合前面章节有关生态补偿政策框架和标准核算方法的研究，从东江流域生态建设实际需求出发，建立具有可操作性和示范效应的跨省流域生态补偿与污染赔偿机制，并给出政策选择的建议，为国家建立跨省流域生态补偿与污染赔偿政策提供技术方法与实践经验的支持。

7.1 东江流域开展生态补偿的基础

7.1.1 流域自然与社会状况

东江流域发源于江西省境内赣州市寻乌县桠髻钵山，源区包括寻乌、安远、定南三县，上游称寻乌水，在广东省的龙川县合河坝与安远水汇合后称东江，然后流经河源、惠州、东莞，在东莞流入狮子洋（图7-1）。东江是珠江三大水系之一，东江流域以不足0.4%的国土面积，拥有约全国1.2%的水量，养育着约4%近4 000万的国民，创造着约15%的GDP；东江流域养育着的珠三角东部城市群是我国三大经济圈之一，不仅是拉动珠江流域发展的龙头，更是中国融入全球一体化经济的桥头堡。东江又是我国最重要的饮用水水源之一，东江水质的好坏事关香港的繁荣稳定以及珠江三角洲经济圈东部城市群的供水安全，事关我国的现代化进程和中华民族的崛起大业，是名副其实的经济水、政治水和生命水。

7.1.1.1 东江源区自然经济状况

（1）自然状况

从地理地貌上看，东江源区寻乌、安远、定南三县属多山地区。位于武夷山南端余脉与南岭东端余脉交错地带，属亚热带南缘，是一个以山地、丘陵为主的地区，地貌可概称为“八山半水一分田，半分道路与庄园”。

从气候特征上看，东江源区呈典型的亚热带丘陵山区湿润季风气候，具有热量丰富、雨量充沛、阳光充足、四季较分明的特点。常年平均气温 18.9℃，极端最高气温为 38.6℃，极端最低气温为−7.9℃，大于 10℃积温为 5 678～5 957℃，年均日照时数为 1 690～1 984 h，无霜期 282～293 天。年降雨量 1 526～1 700 mm，降水量集中、强度大，年际及月际变化大。

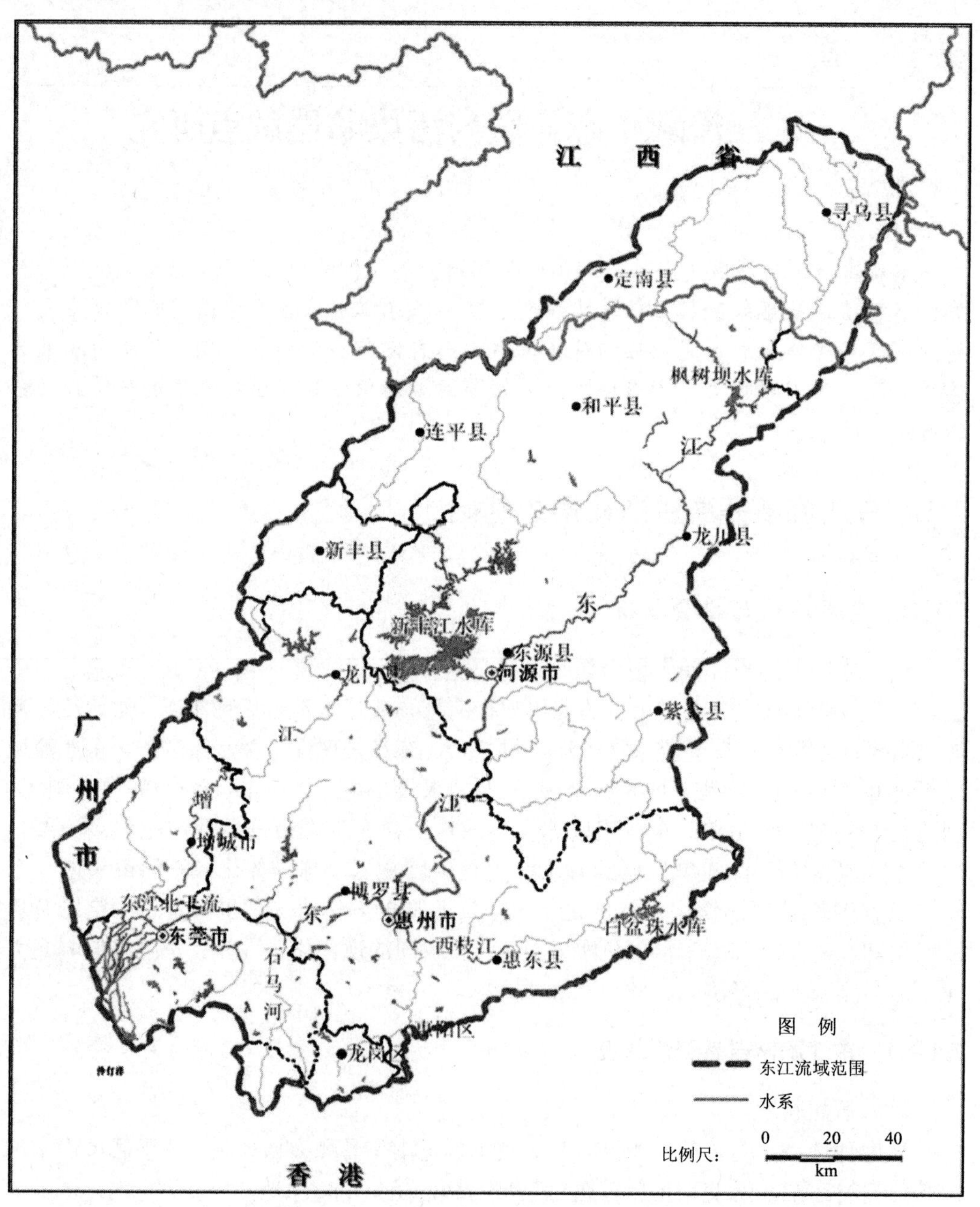

图 7-1 东江流域图

从水系分布上看，东江水系主要有寻乌水和贝岭水，寻乌水发源于寻乌县的桠髻钵，干流长度 127 km，其主要支流有马蹄河、龙图河、岑峰河、神光河；贝岭水又叫定南水，发源于寻乌县境西北大湖岽山岭间，主河长 93 km。寻乌水在广东省的龙川县合河坝与安远水汇合后称东江，然后流经河源、惠州、东莞三市汇入珠江。

目前，东江源区林木资源丰富，森林覆盖率达 72.3%，形成了东江的水源涵养基地。源区人均耕地 0.69 亩，低于全国人均水平的一半。随着人口自然增长和各种开发建设用地的增加以及生态退耕、封山育林等生态保护措施的实施，人地矛盾将更加尖锐。源区矿产资源丰富，特别是钨、铅、锌、铜和稀土等矿产资源丰富，素有“稀土王国”之称。源区水资源总量为 44.0 亿 m^3，输入广东境内约 29.21 亿 m^3，占东江年平均径流量的 10.4%。

（2）社会经济状况

东江源头区域的定南、寻乌、安远三个县的有色金属、稀土矿产及林木资源十分丰富，赣州的森林覆盖率高达 74%，黑钨和重稀土储量全国第一，既是“绿色宝库”又是“聚宝盆”，但是由于源头区域特殊的生态环境功能与地理区位，为了保护好东江的饮用水水源，不能进行广泛开采，资源优势无法转化为经济优势，经济发展受到极大限制，人民群众生活水平较低。源头区域生态环境保护和建设投入的紧迫性与地方政府财力的有限性之间的矛盾十分突出。

2008 年，定南、寻乌、安远三县财政收入为 8.1 亿元，占全省财政收入（816.8 亿元）的 0.99%；三县农民人均收入分别为 0.31 万元、0.29 万元和 0.24 万元，全国农村人均收入和江西省农民人均收入分别为 0.48 万元和 0.47 万元，三县农民人均收入远低于国家和江西省农民人均收入。迄今安远、寻乌仍是国家级贫困县，定南县为省级贫困县。

2008 年，源区的三产结构分别为：寻乌 32.8∶29.5∶37.7、安远 36.5∶25.2∶38.3、定南 18.7∶47.5∶33.8。源区经济发展仍然以农业为主，综合经济实力不强，产业结构不尽合理，三大产业的关联度小，因而导致其综合经济实力不强，总体效益较低。源区经济发展概况见表 7-1。

表 7-1　2008 年东江源区三县经济发展概况

县市	生产总值（GDP）/亿元	财政总收入/亿元	地方财政收入/亿元	地方财政支出/亿元	农民人均收入/万元
定南	23.26	3.80	1.85	4.96	0.31
安远	23.74	2.00	1.20	6.18	0.25
寻乌	24.27	2.30	1.35	5.51	0.24

数据来源：江西省统计局，江西省统计年鉴 2009. 北京：中国统计出版社，2009。

7.1.1.2 广东省辖东江流域的社会经济基本状况

东江干流在广东省内主要流经河源市、惠州市、东莞市和广州市。此外，处于流域范围内的还有深圳市。

1）河源市是国务院于 1988 年 1 月 7 日批准设立的地级市，管辖源城区、东源县、龙川县、紫金县、连平县、和平县共五县一区。全市现设有 98 个乡镇，4 个街道办事处，1 251 个村委会和 154 个社区居委会。2007 年年末，全市户籍总人口 335.43 万人。其中，城镇人口 81.07 万人，占全市户籍人口比重为 24.2%；农村人口 254.36 万人，占全市户籍人口比重为 75.8%。

2007 年河源市生产总值 332.34 亿元。其中，第一产业增加值 50.09 亿元，第二产业增加值 172.67 亿元，第三产业增加值 109.58 亿元。第二产业增加值占全市生产总值的比重达 51.9%，对全市经济增长的贡献率达 75.5%。人均生产总值达 11 862 元（按现价汇率折算为 1 563 美元）。全年完成地方财政一般预算收入 15.16 亿元。

2）惠州市位于广东省东南部，珠江三角洲东北端，南临南海大亚湾，与深圳、香港毗邻，是中国大陆除深圳市外距离香港最近的城市，是广东省的历史文化名城，在古代即有“岭南名郡”、“粤东门户”之称。现辖惠城、惠阳两区和惠东、博罗、龙门三县，设有大亚湾经济技术开发区和仲恺高新技术产业开发区两个国家级开发区。全市共有 72 个镇（办事处），1 231 个村（居）委会，户籍总人口 293.22 万人。

2008 年惠州全市 GDP 1 290.4 亿元。其中，第一产业增加值 90.7 亿元；第二产业增加值 759.4 亿元；第三产业增加值 440.3 亿元。三大产业结构为 7.0∶58.9∶34.1。现代服务业增加值占第三产业增加值的比重为 45.7%。人均 GDP 达 33 077 元，按市场平均汇率折算为 4 725 美元。

3）东莞市 1985 年撤县建市，1988 年升格为地级市。东莞市现辖 28 个镇、4 个街道办事处，386 个村委会、205 个居委会。全市总面积 2 465 km^2，截至 2008 年年底，常住人口 694.98 万人，其中本地户籍人口 174.87 万人，外来常住人口 520.11 万人。另有海外华侨 20 多万人、港澳同胞 70 多万人。

2008 年东莞市 GDP 3 702.53 亿元。其中，第一产业增加值 12.3 亿元；第二产业增加值 1 954.17 亿元；第三产业增加值 1 736.06 亿元。三大产业比例为 0.3∶52.8∶46.9。人均生产总值达 53 285 元。

4）广州市是广东省省会，是广东省政治、经济、科技、教育和文化的中心。2005 年 4 月行政区划调整后，广州市辖越秀区、海珠区、荔湾区、天河区、白云区、黄埔区、花都区、番禺区、南沙区、萝岗区 10 个区和从化市、增城市 2 个县级市，总面积 7 434.4 km^2，2007 年年末全市户籍总人口为 773.48 万人，常住人口超过 1 000 万人。

2008 年广州市实现地区生产总值 8 215.82 亿元，人均地区生产总值 81 233 元。地方财政一般预算收入达 621.96 亿元。产业结构进一步优化，三大产业结构比例为

2.04∶38.94∶59.02。

5）深圳位于珠江口东岸，与香港一水之隔。深圳市共设 6 个市辖行政区，其中，深圳经济特区内 4 个区，即福田区、罗湖区、南山区、盐田区；特区外 2 个区，即宝安区、龙岗区。6 个区共辖 55 个街道 727 个社区。全市总面积 1 952.84 km^2，其中深圳经济特区面积为 395.81 km^2。2008 年年末，全市常住人口 876.83 万人，其中户籍人口 228.07 万人。

2008 年深圳全市国内生产总值达 7 806.54 亿元，较上年增长 12.1%。2008 年人均 GDP 达到 13 153 美元。2008 年深圳三大产业结构比例为 0.1∶48.9∶51.0，产业结构进一步优化。

7.1.2　流域饮用水水源地及供水分析

7.1.2.1　东江源饮用水水源地分布

东江源区有寻乌县自来水厂取水口（九曲湾水库）保护区和定南县自来水厂取水口（礼亨水库）保护区两个饮用水水源地保护区（表 7-2）。

表 7-2　东江源头饮用水水源地保护区面积

保护区名称	所在县	所属流域	一级保护区面积/km^2	二级保护区面积/km^2	准保护区面积/km^2
九曲湾水库	寻乌县	寻邬水	1	40	—
礼亨水库	定南县	定南水	0.78	34.12	—

寻乌县自来水厂取水口（九曲湾水库）水源地，是现用湖库型水源地，处于寻乌水流域。水源地服务城镇为三标乡，服务人口 3.39 万人，设计取水量 300 万 t/d，有取水口 1 个，暗管输水。水源地现有水质监测站点 1 个，水质类别为 II 类，水质达标率为 100%，贫营养状态，上游来水水质类别为 II 类。

定南县自来水厂取水口（礼亨水库）水源地，是现用湖库型水源地，位于历市镇，处于定南水流域。水源地服务城镇为历市镇，服务人口 7 万人，设计取水量 2.5 万 t/d，有取水口 1 个，暗管输水。水源地现有水质监测站点 2 个，水质类别为 II 类，水质达标率为 95.45%，贫营养状态，上游来水水质类别为 II 类。

7.1.2.2　广东省辖东江流域饮用水水源地的分布

广东省东江流域城市饮用水水源地的分布比较广泛，其中最主要的有 10 个水源地，见表 7-3。

表 7-3 东江流域城市饮用水水源地分布情况

城市	水源地名称	保护区级别	保护区面积/km^2
广州	西洲水厂	一级保护	—
	新塘水厂	一级保护区	—
		二级保护区	—
		准保护区	—
深圳	西丽水库	一级保护区	9.08
		二级保护区	19.04
	梅林水库	一级保护区	4.34
	铁岗水库—石岩水库	一级保护区	36.116
		二级保护区	35.174
		准保护区	36.73
	松子坑水库	一级保护区	3.09
惠州	汝湖段	一级保护区	—
河源	新丰江水库	一级保护区	—
		二级保护区	—
		准保护区	—
东莞	东莞水厂	一级保护区	—
		二级保护区	—
		准保护区	—

注：部分水源保护区面积资料欠缺。

7.1.2.3 供水量

供水量指各种水源工程为用户提供的包括输水损失在内的毛供水量，按地表水源、地下水源和其他水源（污水处理再利用量和集雨工程供水量）统计。海水直接利用量（不包括海水淡化处理量）另行统计，不计入总供水量中。

2005 年东江流域总供水量为 39.4 亿 m^3（不包括对香港供水量 7.7 亿 m^3），比上年增加 1.4 亿 m^3。以地表水源供水为主，占总供水量的 96.6%，地下水源仅占 3%，其他水源占 0. 43%。在地表水供水量中，提水工程占 40.2%，蓄水工程占 32.6%，引水工程占 27.3%。引水工程供水较上年减少 5.5%，蓄水量、提水量均较上年有所增加（表 7-4）。

表 7-4 东江流域 2004 年、2005 年供水量情况表　　单位：亿 m^3

年份	蓄水量	引水量	提水量	地下水	其他供水	总供水量
2004	11.5	11.0	14.1	1.3	0.12	38
2005	12.4	10.4	15.3	1.2	0.17	39.4

7.1.3　东江流域主体功能区划

7.1.3.1　东江源主体功能区划

东江源主导生态功能是由确保东江源的水源地的地位来决定的，即要保证源区河流有足够的水资源量和有水质达标的源头水，用以保证当地、珠江三角洲和香港特别行政区近 3 000 万人口供水、经济繁荣和社会稳定。因此，东江源生态功能保护区的主导生态功能应为水源涵养功能。

7.1.3.2　广东省辖东江流域主体功能区划

（1）《广东省环境保护规划》所作的主体功能区划

《广东省环境保护规划》在全省陆域范围内划分了三个不同级别的控制区：严格控制区、引导开发区和集约利用区，其中集约利用区又包括农业开发区和城镇开发区两类。东江流域主要城市的陆域生态控制区情况见表 7-5。

表 7-5　东江流域主要城市的陆域生态控制区情况

地区	严格控制区		引导开发区		集约利用区			
					农业开发区		城镇开发区	
	面积/km^2	比例/%	面积/km^2	比例/%	面积/km^2	比例/%	面积/km^2	比例/%
河源市	3 418.02	21.92	8 850.68	56.77	2 573.97	16.51	748.00	4.80
惠州市	1 881.19	16.74	5 861.64	52.15	3 026.32	26.93	470.58	4.19
东莞市	15.68	0.61	736.61	28.85	204.36	8.00	1 596.91	62.54
深圳市	158.43	8.32	809.16	42.47	2.51	0.13	935.23	49.08
广州市	858.41	11.80	2 216.23	30.47	3 455.24	47.51	742.48	10.21

（2）《广东省主体功能区规划》所作的主体功能区划

由广东省发展改革委牵头编制的《广东省主体功能区规划》将在全省范围内明确“优化开发、重点开发、限制开发、禁止开发”四大类功能区的分布和范围，但目前该规划的编制工作仍在进行中，需待该规划编制完成后才能进一步明确东江流域的主体功能区划情况。

（3）东江流域水功能区划

根据《广东省水功能区划》，东江水系共划分为 74 个一级水功能区，其中水库一级功能区 45 个，湖泊一级水功能区 1 个。

保护区 12 个，其中 1 个属于自然保护区水域，即东江干流佗城保护区，是珍贵的鼋资源自然保护区；大型供水水源地及输水线路和水库保护区 3 个，即东深供水水源地和东深供水渠保护区、新丰江水库保护区；其余为源头水保护区。保护区水质保护目标均为Ⅱ类。

缓冲区 3 个，长度为 14 km，即寻乌水赣粤缓冲区、安远水赣粤缓冲区和东江干流博罗—潼湖缓冲区。

保留区 11 个，其中 3 个为水库保留区。

开发利用区 49 个，其中水库开发利用区 41 个、湖泊开发利用区 1 个。干流上划分出 3 个开发利用区，其余均在支流上。规划水平年水质目标除淡水河深圳—惠阳开发利用区为Ⅲ～Ⅴ类，其他均为Ⅱ～Ⅲ类。41 个水库开发利用区规划水平年水质目标均为Ⅱ类。湖泊开发利用区为西湖开发利用区，其主要功能为旅游景观，规划水平年水质目标为Ⅲ类。

7.1.4 重要生态功能区划概况

2002 年 11 月，江西省人民政府向国家申报批准东江源区为特殊生态功能保护区，成立了由副省长为组长的江西省东江源国家级生态功能保护区领导小组，并编制了建设规划。2005 年 8 月，东江源被纳入中国环境保护国际合作委员会“生态补偿机制研讨会暨环境保护国际合作委员会课题”的典型案例。2006 年，江西省政府向国务院再次申报建立东江源国家级生态功能保护区，同年 11 月，东江源国家级生态功能保护区通过了国家环保总局组织的国家级生态功能保护区评审委员会评审。2007 年，国家环保总局将江西东江源、甘肃甘南、云南东川作为向国务院申报建立的第一批国家级生态功能保护区。

7.1.5 东江流域生态补偿试点基础

7.1.5.1 国家层面

早在 2001 年，水利部在〔2001〕水保办字第 48 号文答复第九届全国人大四次会议第 2972 号建议中指出：“东江源头寻乌河流域属珠江水系，是香港的主要饮用水水源地，防治水土流失，保护该区域生态环境十分重要。”广东省政府办公厅在粤府办〔2001〕7 号文答复第九届全国人大四次会议第 2972 号建议中指出：“东江发源于江西省寻乌县桠髻钵，上游地区良好的水土涵养使东江的水质得以保持在Ⅰ、Ⅱ类水的良好水平。为保护东江水质，使东江中下游地区及香港地区有清洁、良好的饮用水水源，‘十五’期间加大寻乌水地区的水土保持是非常必要的。”

2003 年 3 月，时任国务院副总理曾培炎曾对东江源生态环境问题和东江源生态功能保护区的建设作出重要批示：“东江源生态环境问题应予重视。要结合东江源生态功能保护区的建设统筹考虑，加以推进。”国家发展和改革委员会负责人给曾培炎副总理的《关于推进东江源区生态环境保护工作的报告》中明确提出：“东江源区保护面临着典型的环境与发展的矛盾，如果不从整体上推进这一地区的生态环境保护和可持续发展，必将危及广东和香港的供水安全，也将导致地区经济继续陷入困境。应由广东和香港对东江源头区生态保护给予一定补偿，国家适当增加投入。”他还代表国家发改委提出了“通过东江源国家级生态功能保护区，建立起责任、监督、补偿三方面有机结合的机制，把各方面的积极性很好地结合起来”的东江源区生态环境保护的总体思路，并提出建议：“一是国务院有关部门要尽快完善和审定《东江源国家级生态功能保护区规划》，使东江源生态保护工作有一个总的框架。发改委考虑利用现有资金渠道（包括以工代赈、生态环境建设等），适当调整和整合相关计划，增加对东江源区的支持。二是建议环保、国土资源、农业、水利、中科院等部门继续督促地方政府巩固工业污染治理成果。尽快增加水质和水文监测网点，加强东江流域水资源保护和统筹管理，开展遥感调查，改善东江源区的生态管理的信息手段，增强生态管理能力。三是加强对珠江流域‘9+2’合作机制的指导，调动各方积极性，推进流域的生态合作，特别是拉近粤、赣两省以东江水资源为纽带的合作。”

2005 年 7 月，全国政协人口资源环境委员会向全国政协领导和国家有关部委报送了《关于在东江流域进行生态补偿机制试点的建议》，并抄送江西省委、省政府。江西省政府领导当即批示有关部门抓紧工作，积极跟进。2005 年 8 月，中国环境与发展国际合作委员会（以下简称“国合会”）“生态补偿机制研讨会暨环境保护国际合作委员会课题组启动会”在北京召开，东江源被纳入课题组流域生态补偿研究的典型案例。2006 年 3 月，课题组就建立东江源生态补偿机制的依据与原则、补偿方式、补偿组织实施以及国家、江西省、广东省的责任界定等方面提出了初步的政策建议。课题中期成果就如何建立东江源区生态补偿机制提出了一个比较清楚、操作性较强的框架，但没有涉及补偿的具体资金数额（中国环境规划院，2006）。叶全胜和李希昆（2005）提出了在东江源上下游地区之间建立水权交易市场的建议，并参照东阳市与义乌市水权成交价格 4 元/m^3 的标准，提出了粤港受益地区应每年支付给东江源地区近 117 亿元的补偿标准。他们还就建立协调的环境资源管理体制和生态补偿机制的紧迫性、生态补偿立法的必要性等方面提出了积极的建议。

7.1.5.2　地方层面

（1）东江源生态补偿工作进展

从 2001 年至今，上至国家，下至东江源区各县，都就东江源的生态保护与建设开展了一系列的调查、宣传工作，与东江源生态保护与建设进程及生态补偿的宣传与推介工作相比，东江源生态补偿的研究工作起步相对较晚，自 2005 年开始开展比较系统的调查和研究。尽管东江源生态补偿的工作一直在推动，但尚未取得实质性的进展。

2001 年，水利部及广东省政府就明确指出东江源头寻乌河流域属珠江水系，是香港特别行政区的主要饮用水水源地，防治水土流失，保护该区域生态环境十分重要。2002 年，江西省政府向国家环保总局报告，建议建立江西省东江源国家级生态功能保护区，国家环保总局派专家到东江源头进行考察；2002 年年底，江西省东江源国家级生态功能保护区建设试点领导小组成立。2003 年，江西省环保局局长提出“关于对江西东江源区实施资源和生态补偿的建议”，建议按资源有偿使用和“谁受益，谁付费”的原则，从香港特别行政区向广东省支付的水费中按东江源区径流的水质、水量比例，分配给东江源地区；同时建议国家和东江下游经济发达地区应对东江源地区的产业结构调整及生态保护和建设给予资金支持。2004 年，江西省环保局参加“泛珠三角 9+2 第一次区域环境保护合作联席会议”，提出东江源生态共享及利益共享机制；同年 10 月，广东省政府已将区域环境保护合作协议上报国务院港澳办。2005 年 6 月 10 日，东江源生态建设和保护项目在赣州正式启动。随后的几年里，陆续开展了东江源生态保护的相关论坛、专题和调研，有力推动了东江流域生态补偿机制的建立。2009 年，水专项“流域生态补偿与污染赔偿研究与示范”课题在东江流域开展子课题“东江流域生态补充与污染赔偿试点研究”。

目前在东江流域已实施的生态补偿，包括中央政府和省政府对水库移民和生态公益林的补偿，以及广东省政府对河源市的财政转移支付。涉及的补偿对象主要有水库移民、生态公益林的林农、河源市政府。

（2）广东省辖东江流域生态补偿进展

1）对东江水库移民的补偿与扶持政策。20 世纪 80 年代，广东省政府开始加大对水库移民工作的投入。但按人均计算，从 1958 年新丰江水库建库至 2002 年的 45 年间，对水库移民的补助人均每年不足 100 元。2002 年，广东省政府《关于调整省属七座水电厂水库利益分配和工作责任的实施意见》出台；2003 年，广东省财政厅与省扶贫办制定颁布了《广东省省属水电厂水库移民资金管理办法》。根据这两个文件的规定，实行电厂利润省市二八分成和税收返还，专项用于解决水库移民遗留问题；并从 2003 年起，向省属七座水库水电厂按 0.5 分/（kW・h）的标准分别征收水土保持费和水资源费，用于扶持库区和水源区移民应承担的水土保持和水源涵养费用；省财政继续每年安排水库移民专项资金 1 亿元。

现在，在中央政府和广东省政府的双重补偿政策下，东江流域两大水库（新丰江水库和枫树坝水库）库区移民的生活条件得到了较大的改善，已有 21 286 户（约占一半）移民的住房完成了改造，农村移民 100%参加了农村合作医疗保险，1 万多移民参加了就业培训并实现就业。

2）对流域生态公益林的补偿政策。作为东江上游的河源市有国家级生态公益林 158 万亩，省级生态公益林 617 万亩（省级生态公益林与国家级生态公益林之间有部分重叠，即有 135 万亩既是国家级生态公益林也是省级生态公益林）。新丰江水库和枫树坝水库周边、水源头地、东江两岸的山林都是国家级生态公益林。

广东省于 1999 年 1 月出台了《广东省生态公益林建设管理和效益补偿办法》，在全国率先开始实行生态公益林效益补偿制度。当年核定的补偿标准是省级生态公益林按每年 2.5 元/亩进行补偿；2000—2002 年补偿标准提高到每年 4 元/亩；2003—2007 年补偿标准又提高到了每年 8 元/亩。根据 2003 年 7 月出台的《广东省生态公益林效益补偿资金管理办法》的规定，补偿基金分为两部分，75%专项用于损失性补偿，直接支付给补偿对象；25%用作管护经费。也就是说，发放到林农手中的补偿款每亩只有 6 元。中央财政对生态公益林的转移支付是从 2004 年开始的，每亩每年补偿 5 元。其中，4.5 元是补偿性支出，用于补偿国家重点公益林专职管护人员的管护费或林农的补偿费，以及管护区内的补植苗木费、整地费和林木抚育费（广东省目前是将 3 元用于林地的管护、聘请护林员等，1.5 元用于补种造林等，林农实际没有拿到补偿款）；0.5 元是公共管护支出，用于国家重点公益林的防火、防虫和资源监测（这部分资金是留在国家林业局统筹的）。2007 年 3 月，财政部、国家林业局颁布了《中央财政森林生态效益补偿基金管理办法》，将补偿性支出标准提高至 4.75 元，将公共管护支出降低至 0.25 元。

3）广东省政府对河源市的补偿。广东省政府对河源市的补偿主要是通过财政转移支付的方式，各种补偿项目虽然未明确以生态补偿的名义进行，但实际上产生的是生态补偿的效用。这些转移支付主要是专项用于东江的生态环境保护。包括：从 1993 年开始，从新丰江、枫树坝两大水库发电电量中每千瓦时提取 5 厘钱（0.005 元）用于库区上游水土保持生态建设；每年从东深供水工程税费收入中安排 1 000 万元，用于东江流域水源涵养林建设；从 1999 年开始，每年投入专项资金 1 000 万元，启动实施东江流域水源林建设工程；2005 年东江水质监测管理费用是 190 万元，2006 年增加至 250 万元；其他专项例如，对河源市污水处理厂项目省财政已支付 8 105 万元（目前工程总投入资金 9 308 万元），对东埔河整治工程省投入资金 500 万元（目前工程已投入总资金 1 188 万元）。

除了财政转移支付外，近年来，广东省又通过产业转移，帮助河源市在保护东江水资源环境的同时发展经济。在广东省委、省政府的支持下，中山（河源）产业转移工业园在河源市高新区落户。在产业转移工业园基础设施建设方面，广东省政府也拨付了 0.4 亿元的扶持资金，帮助河源市解决产业转移工业园启动建设资金不足的问题。2006 年，广东省政府又将“广东省手机检验检测中心”和“国家终端产品检验中心”设在河源市，并将河源市确定为“广东省手机生产基地”，帮助河源市发展低污染的手机制造业。

7.1.5.3　存在的问题

尽管东江流域较早地开展了有关生态补偿的试点，但现有的补偿还远远不足以弥补为保护东江流域生态所付出的成本，东江流域生态补偿机制仍面临着较多的困难和制约，目前主要存在以下一些问题：

1）法律基础薄弱。生态补偿机制的建立、生态补偿行为的实施等都需要通过国家或地方立法等刚性约束来实现。虽然近年来，我国有关水资源、流域管理、环境保护的法律法规正逐步完善，在许多法规和政策文件中也规定了对生态保护和建设的扶持和补偿，但当前的法律法规体系仍较薄弱，存在一些问题，不利于东江流域生态补偿机制的建立和有效运转。主要体现在对生态补偿利益相关者的界定，补偿内容、方式和标准的规定不明确，以及立法落后于生态保护和建设的发展，对新的生态问题和生态补偿方式缺乏有效的法律支持。

2）水资源产权不明晰。水资源的流动性和开放性决定了水资源产权界定的难度。而我国对水权的研究既落后于发达国家，也滞后于水资源配置制度改革的实际。这就导致在实际中与水资源相关的权益难以确定，也阻碍着生态补偿制度的建立。只有明晰了水资源产权，才能明晰利益相关者，明晰市场交易的主体与内容。但是，目前东江流域生态补偿面临的最主要的问题恰恰是水资源的产权难以明晰。如果说水资源是国有的，那么谁代表国家行使水资源的所有权呢？当发生跨流域取水时，所支付的费用应该给河流所在的市，还是包括上游地区？面对这些有争议的问题，水权的界定，以及以界定水权为基础的水权交易式的生态补偿都显得较为困难。

3）补偿方式单一。目前在东江流域实施的生态补偿都是以政府为主导，并主要依靠上级政府财政转移支付。无论是对水库移民的补偿与扶持，还是对生态公益林的补偿，都是由省政府以及中央政府财政转移支付来实施的，广东省对河源市的补偿也是以财政转移支付为主。上下游之间横向的转移支付几乎没有（仅深圳市与河源市之间因“对口扶贫”的关系，会对河源有一些援助）。在生态补偿问题上，下级政府会对上级政府产生一种惯性的依赖，遇到跨区域需要协调的问题，地方政府和政府部门首先想到的就是请求共同的上级政府来解决，而不是试图通过横向间的沟通来达成一致。而从现在已实行的生态补偿来看，上级政府在这中间确实起到了关键的作用，广东省内对东江上游的补偿，就是由广东省政府这个上、下游共同的上级政府来实施的。但是面对流域生态补偿这一系统工程，这种单一的体制显然是不足的。政府的财政转移支付有赖于政府的财政能力，这种补偿方式在补偿金额上总是明显不足。只有拓宽多种补偿方式，引入市场机制，让水资源生态服务的受益方参与进来，才能筹集更多的补偿资金，完善补偿机制。

4）下游积极性不高。在生态补偿中，上游通常是被补偿的对象，而下游则是实施补偿的主体，换句话说，上游是生态补偿的受益方，而下游则是生态补偿的付出方。所以，在生态补偿机制的探索与建立中，出现了上游积极性高，四处奔走呼吁，而下游则被动、回避的现象。尽管广东省对东江的上游河源市给予了较多的补偿，但是就整个流域而言，位于下游的广东省很难与源头的江西省协商生态补偿的问题；相反，作为源头的江西省自2002年开始就通过政府、人大、政协以及新闻媒介等多种途径，向中央呼吁建立东江源生态补偿机制。在广东省内，下游的东莞市对于生态补偿的态度同样消极，认为生态补偿应是省政府的责任，东莞每年向省政府上缴利税，补偿的资金应该由省政府统筹。

5）补偿标准偏低。补偿标准偏低的直接后果就是造成了补偿对象保护水资源环境的积极性不高。对生态公益林的补偿，林农实际上只能拿到每亩林地每年6元的补偿，这仅仅够林农管护林木的成本，也即林农投入保护的成本，这与林农种植经济林的收益相比，相距甚远。尤其是近年来，林木价格逐步上涨，山地价值不断提升，林地租金随之上调，林农经营商品林与生态公益林的经济效益差距越来越大。这就导致林农对生态公益林的管护缺乏积极性，甚至在个别地区出现偷砍偷伐的现象。对移民的补偿和扶持虽然有所增加，但目前仍有大部分移民生活困难，生活水平在当地农民平均水平以下。现有的补助资金主要用于帮助移民兴建住房，解决居住问题，要彻底改善移民的生产、生活水平，还远远不够。一些仍然居住在库区的移民为生活所迫，也出现了偷砍偷伐的现象。因此，补偿标准偏低，导致补偿对象获补偿不足，对生态保护积极性不高，进而会影响流域生态保护的成效。

6）非政府组织及公民参与缺乏。流域生态环境保护不仅仅是政府的责任，也不仅仅是某个水电站或某些农民的责任；不仅仅是政府受益，也不仅仅是某个水电站或某些农民受益。流域生态环境保护应当是人人参与，人人受益。非政府组织与公民的参与，能做到政府所不能做的事，可以拓宽筹集资金的渠道，还能给予当地农民经济援助以外的技术支持，帮助他们发展生产，脱贫致富；非政府组织与公民的参与，还能帮助利益相关者表达他们的利益诉求，在政府与他们之间架设沟通的桥梁。但从目前我国的流域生态环境保护及生态补偿机制来看，非政府组织及公民的参与是非常微弱的，尤其是在经济欠发达地区，几乎没有非政府组织或公民参与其中。

7.2　东江流域生态补偿试点方案设计

7.2.1　试点示范总体思路

东江流域既是源头区域江西省赣州市的饮用水水源，也是下游广东省珠三角城市和香港特别行政区的重要饮用水水源，整条流域上饮用水取水口星罗棋布，有多处被划为饮用水水源保护地。因此，东江流域生态补偿涉及两个层面的生态补偿问题：一是江西省和广东省分别对省内流域的补偿；二是跨省流域生态补偿。按照先易后难的原则，在“十一五”期间重点推进省内补偿的实施，在此基础上，“十二五”期间将深入推动跨省流域生态补偿工作。

基于上述思路，本专题研究分为两部分：①江西省辖东江流域生态补偿试点方案；②广东省辖东江流域生态补偿试点方案。

7.2.2　江西省辖东江流域试点方案

7.2.2.1　东江源生态补偿的主体和客体

（1）生态补偿主体的确定

东江源生态补偿问题，涉及国家、江西省、广东省和源区三县四方责任主体。根据“谁受益，谁支付”原则，显然东江源区生态环境保护建设的受益方除了源区自身外，主要就是下游的广东省（珠江三角洲）和香港特别行政区，因此东江源区生态补偿的主体应该是广东省和香港特别行政区。但根据我国《水法》并从我国的体制看，对于跨省的生态补偿问题，目前应该坚持政府主导为主、市场调节为辅的生态补偿机制，即"纵向补偿为主，横向补偿为辅"，利益关系方的共同上一级财政——中央财政应该成为主要支付方，即主要补偿主体。由于源区三县目前经济较为落后贫困，自身进行生态补偿的能力十分薄弱。因此，东江源区的生态补偿主体采取应以国家和社会补偿为主、自我补偿作为补充的办法较为切实可行。

（2）生态补偿客体的确定

流域上游的生态保护直接影响到下游地区的生态质量，对上游地区的生态保护努力和机会成本应给予相应的补偿。生态资源由社会共享，然而通常却是贫困源区担负着保护东江上游生态的重任，在目前生态补偿制度尚未完善的情况下，与享受生态收益的下游地区相比，显然有失公平。需要通过生态保护补偿机制，由经济比较发达的下游地区"反哺"上游地区。因此，补偿对象为东江源头寻乌、安远和定南三县。

7.2.2.2 东江源生态补偿江西省辖补偿标准

本节分别从水源区生态建设和保护投入与东江源、生态系统价值转移补偿两方面计算生态补偿额度。考虑水量分摊系数进行修正，对江西省辖东江源区三县补偿量进行测算。

（1）东江源供给成本核定

东江源供给成本即生态建设和保护成本，包括直接投入成本（DC）和间接成本（IC）。以源区已付出的投入为依据，通过实地调研和资料统计分析得出源区 2006—2009 年直接投入成本；间接成本采用机会成本法分别以赣州地区和江西省的发展水平为参考，计算出限制工业发展的损失并取平均值。计算直接投入成本（DC）和间接成本（IC）之和得到生态建设和保护的总成本（C），见表 7-6。

表 7-6 东江源供给成本总投入

地区	年份	投入成本（DC）/万元	间接成本（IC）/万元	总成本（C）/万元	合计/万元	平均值/（万元/a）
寻乌县	2006	2 073.60	49 549.50	51 623.10	247 683.55	61 920.89
	2007	2 933.00	54 101.85	57 034.85		
	2008	5 533.00	60 133.65	65 666.65		
	2009	9 629.00	63 729.95	73 358.95		
安远县	2006	1 832.70	64 774.9	66 607.6	319 649.84	79 912.46
	2007	2 003.10	73 643.25	75 646.35		
	2008	2 545.43	83 892.60	86 438.03		
	2009	15 226. 52	90 957.86	90 957.86		

地区	年份	投入成本（DC）/万元	间接成本（IC）/万元	总成本（C）/万元	合计/万元	平均值/（万元/a）
定南县	2006	30 471.30	21 385.65	51 856.95	231 563.74	57 890.94
	2007	30 849.30	25 612.90	56 462.20		
	2008	28 725.10	28 532.90	57 258.00		
	2009	35 188.84	30 797.75	65 986.59		
源区		151 784.37	647 112.76	798 897.13	798 897.13	199 724.29

（2）东江源生态服务价值核定

引用刘青等对东江源区生态系统服务功能价值评估结果，并补充计算河库生态系统净化环境功能价值，得出东江源区生态系统服务功能价值，同时对东江源区生态系统的 7 类服务功能进行分析，确定补偿范围，从而得出东江源区生态系统服务功能价值的补偿金，见表 7-7。

表 7-7　东江源区生态系统服务功能价值

地区	林地生态系统			农田生态系统			河库生态系统			价值合计/万元
	面积/hm^2	所占比例/%	价值/万元	面积/hm^2	所占比例/%	价值/万元	面积/hm^2	所占比例/%	价值/万元	
寻乌县	121 672.6	54.67	10 852.00	14 091.15	60.01	1 582.76	2 953.95	51.48	70 127.75	82 562.51
安远县	37 996.57	17.07	3 388.40	3 698.63	15.75	415.41	787.31	13.72	18 689.84	22 493.65
定南县	62 891.19	28.26	5 609.61	5 692.75	24.24	639.33	1 996.41	34.80	47 405.70	53 654.64

（3）补偿标准

在确定江西省辖东江源区的建设性补偿标准时，本课题采用取水分配系数来计算江西省辖补偿额度。东江多年平均地表径流总量为 297 亿 m^3，在江西境内年径流量约 32 亿 m^3，流入广东境内约 29.21 亿 m^3。东江在江西境内的流量约 91.3%流入广东境内，因此江西省辖补偿金额所占份额为补偿标准的 8.7%。

1）基于上游供给成本的补偿资金。东江源区 2006—2009 年生态保护建设的总成本为 798 897.13 万元。根据东江源供给成本总投入（表 7-6）和下游水量分摊系数可计算得到 2006—2009 年基于东江源区生态保护建设总成本的补偿金，为 69 504.05 万元，年均补偿额度为 17 376.01，具体见表 7-8。

表 7-8 东江源供给成本总投入江西省辖补偿额度

地区	年份	C/万元	江西省辖补偿额度/万元	江西省辖补偿额度/（万元/a）
寻乌县	2006	51 623.1	4 491.21	5 387.12
	2007	57 034.85	4 962.03	
	2008	65 666.65	5 713.00	
	2009	73 358.95	6 382.23	
安远县	2006	66 607.6	5 794.86	6 952.38
	2007	75 646.35	6 581.23	
	2008	86 438.03	7 520.11	
	2009	90 957.86	7 913.33	
定南县	2006	51 856.95	4 511.56	5 036.51
	2007	56 462.2	4 912.21	
	2008	57 258	4 981.45	
	2009	65 986.59	5 740.83	
源区		798 897.13	69 504.05	17 376.01

2）基于生态服务价值的补偿资金。基于研究区生态系统服务功能价值，依据江西省水量分摊系数可计算得到江西省对东江源区的年补偿金为 13 807.84 万元。各县的补偿资金见表 7-9。

表 7-9 基于生态服务价值的江西省辖补偿额度

补偿对象	寻乌县	安远县	定南县
江西省辖补偿额度/（万元/a）	7 182.94	1 956.95	4 667.95

3）江西省辖补偿额度的确定。以上分别是基于源区生态保护建设总成本的补偿和基于源区生态系统服务功能价值的补偿标准。将两种补偿标准列入表 7-10。

表 7-10 两种补偿标准对比分析

补偿对象	基于供给成本的补偿/（万元/a）	基于生态服务价值的补偿/（万元/a）
寻乌县	5 387.12	7 182.94
安远县	6 952.38	1 956.95
定南县	5 036.51	4 667.95
合计	17 376.01	13 807.84

由于东江流域属于跨省流域，东江源区仅涉及寻乌、安远和定南三县且支流大都直接流入广东，本课题研究的东江流域省内补偿仅作为自我建设性补偿，在对补偿标

准进行两种初步核算的基础上，选择一个既能承受得起，又能够使生态保护者体会到有所回报的补偿标准。本研究选取两者中补偿额度相对低的基于生态服务价值的补偿标准作为江西省辖补偿标准，见表 7-11。

表 7-11　江西省辖补偿额度

补偿对象	寻乌县	安远县	定南县	合计
补偿额度/（万元/a）	7 182.94	1 956.95	4 667.95	13 807.84

4）现有补偿金额的分析。本研究核算得出江西省辖生态补偿资金为 13 807.84 万元/a。据 2008 年 4 月江西省出台的《江西省人民政府关于加强“五河一湖”及东江源头环境保护的若干意见》（赣府发〔2009〕11 号）及本省区域内的生态补偿机制实施方案，补偿范围主要包括省内五条大河流域源头以及东江源地区。另据《江西省“五河”和东江源头保护区生态环境保护奖励资金管理办法》，江西省政府每年安排一定数量的专项资金用于源头地区生态环境保护，这是目前对东江源补偿的唯一来源，且呈逐年增加的趋势，2008—2009 年 “五河一湖”及东江源头污染防治与环境保护专项资金分别为 5 000 万元、8 000 万元和 10 400 万元。东江源头保护区涉及安远和寻乌两个县，2008 年和 2009 年寻乌县和安远县分别获得 783 万元和 182 万元补偿资金，东江源生态补偿资金仍存在很大的缺口。

7.2.2.3　东江源生态补偿方式与资金来源

（1）补偿方式

针对东江源区生态补偿，本研究认为，以下三种方式较为适合：

1）经济补偿。补偿方式应以资金补偿为主。一方面，东江源区生态恢复建设需要大量资金，而资金投入不足一直是东江源区生态经济建设制约的“瓶颈”，现有省内对东江源区的生态补偿资金还存在很大的缺口。另外，生态产业调整，需要高科技投入；生态移民与新农村建设，需要进行大规模基础设施建设。这些工程项目的实施都需要巨大的资金投入，仅靠源区三县难以自保的财政是不可能实现的。另一方面，东江源区生态建设的主力是农民，只有在收入得到保障之后，他们才会有长期进行生态建设的积极性，而生态建设的成果也才能得到巩固。

2）政策补偿。政策补偿是在其他相关政策为了保护生态环境而限制源头区发展的情况下，在另外的方面做出的适当放宽，从而不影响到源头区域的发展。东江源区生态补偿机制还处于起步阶段，需要国家以及江西省给予一些政策支持。建议国家将东江源区列为国家级生态功能保护区，确立东江源区的生态保护地位，对源区实施优惠的税收和财政政策，扶助源区的经济发展。

3）项目补偿。项目补偿为保护地区的可持续发展打下基础。上游地区由于生态保护的原因不得不拒绝一些效益好但是有污染的企业项目，即使其污染程度很低也不能建在保护地区。建议国家将东江源生态功能保护区规划重点工程项目列为优先支持生态保护项目，给予资金和技术上的支持。对源区生态环境保护、水土保持、农村环境综合治理、环境监测能力建设等项目给予优先考虑，得到国家更多的支持和帮助。下游应多开展项目补偿，帮助上游区群众建立替代产业，或者对低污染产业给予补助以发展生态经济产业。在东江源区也可以异地开发的模式进行生态补偿。在防止重复建设和禁止转移落后技术及污染环境项目前提下，采取多种方式进行合作，加强对口支援，鼓励内外资企业、民间团体投资和参与东江源头区生态建设。同时在拉动内需项目上给予优先考虑。

（2）经费来源

建立东江源区生态补偿专项资金，由国家和江西省政府共同出资建立补偿专项资金。

1）纵向转移支付。经济学家庇古认为，在国民经济生产和消费过程中，具有正外部性的活动因从市场交换中得不到应有的补偿而受到抑制，这种外部性的消除只有通过国家干预，以财政税收方式给予具有外部经济性的活动以补偿，用以维系其活动进行的持续。流域水环境保护和建设具有明显的正外部经济性，通过财政机制为流域水资源生态补偿提供资金支持，是解决生态补偿资金需求的重要方式。这种方式的实质是通过政府财政的积累再分配，确保在市场失灵的条件下，政府财政统筹成为补偿基金的主要来源，使流域水资源生态补偿在财政机制支持下能够顺利进行。流域水资源生态补偿“必须主要靠政府的力量，应将生态环境建设的支出列入整个国民经济和社会发展的大盘子”。流域水资源生态补偿资金应由国家财政重点保证，地方规划流域水资源生态补偿资金需求要纳入地方财政预算，形成“中央、省、市”三级财政补偿资金，使国家补偿资金与地方配套资金形成互补关系，以保证流域水资源生态补偿有足够的资金来源。

国家可通过税收财政杠杆进行调控，向受益东江源的广东省和香港特别行政区收缴一定的生态补偿费和生态补偿税，将其纳入国家预算，由财政部门统一管理，国家每年将这部分资金返还给东江源区。在国家财政转移支付项目中，应增加生态补偿项目，用于东江源区省级生态功能保护区建设及生态恢复等。建立激励环境保护与生态建设的财政补贴制度，增加对生态保护良好区域或生态环境保护成绩显著区域的补助。

目前，东江源生态补偿仅有省内的江西省“五河”和东江源头保护区生态环境保护奖励资金没有来自其他途径的纵向资金，应加强补偿资金的其他途径来源，形成“中央、省、市”三级财政补偿资金，使国家补偿资金与地方配套资金形成互补关系，以保证东江源生态补偿有足够的资金来源。

2）江西省本级财政。在省级财政收入中，固定划定一部分用于东江源区生态补偿。江西省生态补偿的专项资金一方面来源于原有的江西省“五河”和东江源头保护区生态环境保护奖励资金，另一方面是政府财政新增资金。

3）社会基金。通过公益性部门筹集该项基金的方式是接受捐赠。基金的来源主要是国际组织、外国政府、单位、个人和国内单位、个人的捐款或援助。目前，环境问题已成为世界关注的热点，接受一些国际组织和外国政府、单位的捐款或援助是可能的，已有一些国际组织对我国保护森林资源提供资金援助。并且，随着我国社会经济的发展、收入及生活水平的提高，环保意识也将不断提高，一些具有较高环保意识的个人和组织会加入捐助者的行列。因此，接受捐赠也是东江流域水资源生态补偿资金筹集的重要途径。

7.2.2.4　东江源生态补偿保障机制框架

为确保东江源江西省辖生态补偿政策的顺利实施，综合考虑本研究区具体情况与本课题的研究目标，本项目从组织协调机制、资金运作机制和制度保障机制三个方面构建东江源生态补偿保障机制总框架（图 7-2）。

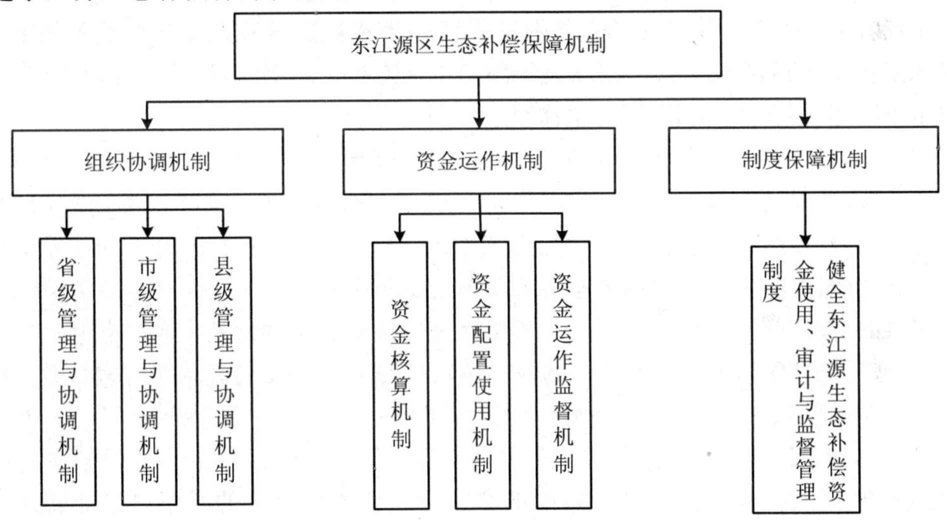

图 7-2　东江源生态补偿保障机制框架

（1）东江源生态补偿组织协调机制

由江西省发改委、省财政厅、省水利厅与省环保厅等相关部门共同组建东江源生态补偿省级管理与协调中心。主要负责：研究制定本研究区实施流域生态补偿的方针、政策和具体实施措施；协调省水利厅、省财税部门等相关省级部门的利益关系；制定从受益部门征收生态补偿费或税的具体政策与规定；执行国家生态补偿的相关政策与决策；申请中央公共财政的环保专项或生态补偿专项资金；制定省公共财政转移支付为生态补偿资金的具体政策与措施；制定生态补偿资金使用与监督政策；制定生态补偿项目的申请与审批规章；制定生态补偿资金使用效果的评估规范；协调解决流域生态补偿的争议与纠纷问题；协调涉及广东省的跨省际流域生态补偿工作。

由赣州市发改委、市财税、市物价、市水务、市林业、市旅游与市环保等相关职能部门共同组建流域生态补偿市级管理与运行办公室。主要负责：执行国家与省生态补偿方针、政策；研究制定本研究区实施生态补偿的市级政策与具体措施；协调水务、水电、财税、农业、旅游与林业等相关市级部门的利益关系；执行国家或省制定的从受益部门征收生态补偿费或税的具体政策与规定；制定实施生态补偿的具体执行规范与监察细则；执行生态补偿资金的发放与生态项目的申报工作；承办生态补偿的各种日常工作。

由源头三县发改委、财税、水利、林业、农业、环保等相关职能部门共同组建流域生态补偿县级管理与运行办公室。主要负责：执行国家与省市生态补偿方针、政策；执行国家或省市制定的从受益部门征收生态补偿费或税的具体政策与规定；制定实施生态补偿的具体执行规范与监察细则；执行生态补偿资金的生态项目的申报工作；承办生态补偿的各种日常工作。

（2）东江源生态补偿资金运作机制

1）东江源生态补偿额度核算机制。东江源生态补偿核算机制包括完善的生态补偿核算制度、明确的生态补偿核算执行部门、完善的生态资源核算价格政策及科学的生态价值与生态补偿标准核算方法体系。

❖ 生态补偿核算制度和方法。生态补偿核算制度的建设包括从受益于生态系统的物质价值和生态功能性服务价值两个方面明确生态价值核算的细目，建立包含生态补偿核算细目的绿色 GDP、林业、水利和国民经济发展等统计申报体系，建立科学的生态补偿核算与执行制度。

❖ 生态补偿核算执行部门。按照现行的政府职能机构结构，江西省财税职能部门会同各级统计、审计职能部门协调实施生态补偿的统计与核算工作，财税部门负责征收、分配和使用生态补偿资金。

2）东江源生态补偿资金配置使用机制。为了使东江源区的生态补偿资金能够有效或高效使用，使其既能够对受影响的个人进行公平、合理的补偿，又能够通过补偿资金的资本化经营来带动地方经济的发展，并在该运作过程中实现生态补偿资金的增值管理与使用，建议将源区的生态补偿资金安排为“输血型”与“造血型”两种使用模式。“输血型”资金主要指公益性生态保护项目的支持资金；“造血型”资金则主要对非公益性并且具有增值效应的生态产业项目给予资金支持。

对东江源的“输血型”生态补偿资金是专项针对公益性环保建设与维护项目安排的生态补偿资金，如对农村乡村生活污染的湿地处理、农村沼气利用工程、保护区生态系统的正常维护等项目。

源区的“造血型”生态补偿资金重点倾斜对“造血型”生态产业项目的支持，鼓励支持生态工业、生态农业和生态旅游业，以及现有企业进行的循环经济或清洁生产技术改造的项目，以实现源区生态补偿资金的自我增值、自我循环，逐步实现本流域生态补偿资金内涵式扩大的目标。

3）东江源生态补偿资金的激励与赔偿机制。

❖　激励机制。

对于为生态建设与维护做出明显贡献的生态县、部门、企业及其个人给予生态补偿奖励。奖励的措施包括：

对个人发展生态产业、营造水土保持优势森林系统，给予一倍以上生态产出效益的生态奖励资金，或给予优先、优惠支持生态产业项目发展资金，推动个人生态户的示范与普及；对企业发展生态产业、开发生产环保产品和节能减排产品、实施循环经济项目，给予产品税收优惠，或免去所得税，或给予其产生的环境效益 10%～50%的奖励，或给予优先贷款与优惠贷款支持。

对于县政府，在生态补偿实施起步阶段，由于历史遗留的环境问题较多，且东江源区三县内支流大都为跨省性质，故东江流域江西省辖生态补偿以激励为主，暂不考虑污染赔偿。生态补偿分近期（3 年）和中远期实施。源区三县设置考核断面，对于年度水质优于Ⅲ类水质所占比例达到 80%以上的县给予一定奖励，奖励资金由省财政拨付给当地政府。生态补偿实施近期不实行惩罚制度。生态补偿实施中远期阶段，对于年度水质低于Ⅲ类水质所占比例超过 50%以上的县，扣除其该年度的生态补偿资金。

❖　处罚与理赔机制。

与奖励相对应的是对污染、破坏环境的行为部门、企业及其个人实施严厉处罚。处罚措施包括：

对个人经营的环境效益较差的经济林、个人发展的污染环境的项目，给予一定比例减扣或全额扣缴生态补偿资金的处罚，推动生态补偿实施的公平性；对企业生产有害环境产品，应征收占总销售额一定比例的生态补偿费，用于环境治理和弥补优惠环保企业减少的税收；对于污染与破坏环境的企业，给予污染物治理成本 3～5 倍的罚金；对于相关的政府职能部门，给予干部限制提拔或不被提拔的处罚，并将用于政府部门的生态补偿激励资金扣除或转变为“造血型”项目的支持资金。

任何项目承担单位，对于拨付的补偿专项资金使用出现违规现象，财政部门应停止拨付或者收回资金，并视情节轻重给予一定的罚款，同时追究有关单位和人员的责任。

❖　奖惩执行机制。

由江西省环保厅会同省财税、审计职能部门，制定生态补偿激励与处罚制度，通过生态补偿监督委员会定期检查、评估与监督生态补偿资金执行效果以及上游生态建设或沿线生态维护状况，每年向省财税主管机构提交一次生态补偿评估报告并给出生态补偿执行的年度调整计划，省财税主管机构以此下达年度生态补偿执行计划。

4）东江源生态补偿资金运作监督机制。为了保证生态补偿资金能够安全、高效率运行，防止生态补偿资金出现因“寻租”、腐败或改变用途等导致的资金运作低效率、无效率问题，必须建立有效的研究区生态补偿资金监督机制。

❖ 建立生态补偿资金监督委员会。生态补偿资金监督委员会是保障对东江源生态补偿资金有效运作行使监督职能的基本职能部门。其基本组成至少应该包括省环保、财税、审计等主管职能部门，且由省审计主管职能部门牵头（图 7-3）。

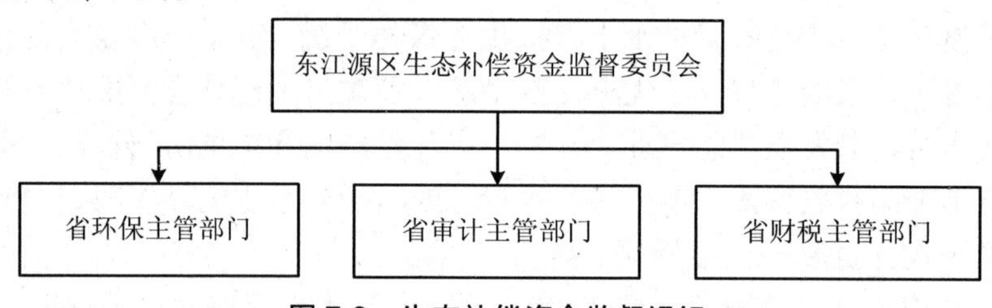

图 7-3 生态补偿资金监督组织

❖ 流域生态补偿资金审计监督内容。至少应包括建立与完善生态补偿费征收的监督机制，生态补偿资金的使用监督机制，实施生态补偿的信息公开制度，实施生态补偿项目公开申请与公平评审机制，生态补偿资金运作效益评估制度，生态补偿受益区年度生态补偿资金实施与运作报告制度。

❖ 公众参与监督制度。建立公众参与监督制度，引入专家参与流域管理机制，健全源区生态补偿资金监督体系社会化、民主化，以降低管理成本，提高监督效率。要将源区生态补偿资金监督委员会建成社会公众参与监督的民主化平台，吸收与邀请利益相关者各方，包括生态建设区代表、生态保护区代表、源区移民代表、供水企业代表、上游居民代表、下游居民代表、下游受益企业代表等，共同参与生态补偿资金运作的监督程序中。

（3）东江源生态补偿制度保障机制

健全东江源生态补偿资金使用、审计与监督管理制度。设立东江源生态补偿资金专项账户，将中央公共财政支付的生态补偿资金、省财政支付的生态补偿资金，以及通过共建共享和听证机制开征的水电生态附加费、水费生态附加费、旅游风景区生态附加费所筹措的生态补偿专项资金列入省及市公共财政设立的生态补偿基金专户进行专户管理。建立以省财政、省审计与省环保主管机关为核心的东江源区生态补偿资金使用、监督与审计体系，各市县环保局主管机构和各县乡镇人民政府每年组织年中、年末两次对生态补偿基金进行检查。

为了加强东江源区生态效益补偿基金的管理，规范支出行为，确保资金及时到位、专款专用，由省财政厅和省环保厅负责制定东江源区生态效益补偿基金管理办法，对专项资金的补助范围、标准和对象，资金申拨、使用和核算，监督、检查和档案管理等内容作出明确规定。

7.2.3 广东省辖东江流域试点方案

7.2.3.1 基本原则

（1）循序渐进，协商共识原则

建立生态补偿标准机制是对现有利益格局的调整，会有很大阻力。另外，确定补偿标准某些依据难以量化，也不可能一步到位。所以，建立流域生态补偿机制必须循序渐进，先易后难，先少后多，具体机制要通过相关责任方的协商来设计，以共识为基础，确保机制落实。

（2）公平公正，权责一致

依据水环境功能区划，逐步建立责权利相一致的规范有效的生态补偿机制。流域上游政府有责任提供基本的生态服务，而下游政府也没必要为此付出生态补偿资金；当下游政府要求上游政府提供更高生态服务要求或是当前已经享用高于基本要求的生态服务时，下游政府就有必要向上游政府提供必要的生态补偿资金。

（3）共建共享，双赢发展

流域生态环境保护的各利益相关者应在履行环保职责的基础上，加强流域生态保护和环境治理方面的相互配合，并积极加强经济活动领域的分工协作，共同致力于改善流域生态环境质量，拓宽发展空间，推动流域上下游可持续发展。

（4）多方并举，合力推进

既要坚持政府主导，努力增加公共财政对生态补偿的投入，又要积极引导社会各方参与，探索多渠道多形式的生态补偿方式，拓宽生态补偿市场化、社会化运作的路子。

（5）生态补偿与污染赔偿并重，奖罚分明

对于履行东江水质保护职责，实现跨界水质目标的，应适当进行生态补偿；对于未能履行东江水质保护职责，导致跨界水质低于III类标准的，应进行污染赔偿。生态补偿与污染赔偿并重，奖罚分明，促进地方政府积极履行东江水质保护职责。

7.2.3.2 政策目标

广东省辖东江流域生态补偿与污染赔偿政策的推广应遵循循序渐进、逐步试点与推广的原则，采取在重点小流域开展试点，获得政策实施经验并总结、完善后在全省东江流域开展的策略。因此，广东省辖东江流域生态补偿与污染赔偿的政策目标设定为：

第一阶段：开展深惠淡水河（龙岗河、坪山河）、深莞观澜河（石马河）流域生态补偿与污染赔偿试点，并在 2012 年年底开展政策实施效果评估，作为在广东省辖东江流域开展生态补偿与污染赔偿的准备。

第二阶段：根据淡水河、观澜河（石马河）试点经验，完善配套财政政策、技术支持系统等，开展广东省辖东江流域生态补偿与污染赔偿。

7.2.3.3 补偿（赔偿）范围

广东省辖东江流域生态补偿与污染赔偿实施的范围包括东江干流以及淡水河、观澜河等若干重点支流小流域。其中，东江干流生态补偿与污染赔偿选择江口、东岸两个监测断面作为考核断面；重点流域方面，淡水河流域选择西湖村与上垟两个考核断面，观澜河流域选择企坪断面作为该流域的考核断面（具体考核断面信息见表7-12）。在上述监测断面上建设与完善在线水质监测站，监测数据由广东省环境监测中心直接掌握并定期发布，作为实施生态补偿与污染赔偿的依据。

表7-12 东江流域生态补偿与污染赔偿考核断面

河流名称	断面名称	地点	交界关系
东江干流	江口	紫金古竹镇	河源→惠州
东江干流	东岸	东莞桥头镇	惠州→东莞
新丰江	马头福水（福水）	韶关市新丰县	韶关州→河源
增江	九龙潭	龙门县永汉镇	惠州→广州
龙岗河	西湖村	惠阳秋长镇	深圳→惠州
坪山河	上垟	宝安坪山镇	深圳→惠州
观澜河	企坪	宝安观澜镇	深圳→东莞
秋香江	榄溪渡口	河源紫金县	河源→惠州

7.2.3.4 责任主体界定

主要从以下重点小流域来分析。

（1）淡水河

深圳市的龙岗河与坪山河汇入惠州市境内，成为淡水河，因此，在淡水河流域中，深圳市作为该流域的上游地区，负有保护水质、保证交界断面水质达到III类水质标准的责任，惠州市作为流域的下游，负有当上游来水水质优良时支付生态补偿的责任与在来水造成污染时获得污染赔偿的权利。

当交界断面水质劣于III类时，深圳市根据水质污染情况，对下游惠州市进行污染赔偿，此时，深圳市为淡水河流域污染赔偿的主体，惠州市为接受污染赔偿的客体。

当交界断面水质为III类时，两市之间不进行补偿与赔偿。

当交界断面水质优于III类时，惠州市应根据交界断面水质情况，对上游深圳市进行生态补偿，此时，惠州市为淡水河流域生态补偿的主体，深圳市为生态补偿的客体。

（2）观澜河

观澜河自深圳市流入东莞市，因此，在观澜河流域中，深圳市作为该流域的上游地区，负有保护水质、保证交界断面水质达到III类水质标准的责任，东莞市作为流域的下游，负有当上游来水水质优良时支付生态补偿的责任与在来水造成污染时获得污染赔偿的权利。

当交界断面水质劣于III类时，深圳市根据水质污染情况，对下游东莞市进行污染赔偿，此时，深圳市为淡水河流域污染赔偿的主体，东莞市为接受污染赔偿的客体。

当交界断面水质为III类时，两市之间不进行补偿与赔偿。

当交界断面水质优于III类时，东莞市应根据交界断面水质情况，对上游深圳市进行生态补偿，此时，东莞市为淡水河流域生态补偿的主体，深圳市为生态补偿的客体。

（3）东江干流

东江流域供水地区，包括广东省惠州、东莞、广州、深圳和香港特别行政区，是东江水环境保护的受益者，负有对其享受的优质饮用水进行支付的责任，是东江流域生态补偿的补偿主体。东江流域供水地区的政府及公众应承担东江优质饮水保护的成本，同时负有对上游地区水环境保护工作进行主动监督的责任。

东江流域上游地区是东江流域生态补偿的客体，包括广东省河源市与韶关市新丰县。东江流域上游地区政府与公众有责任开展区域水环境保护，向中下游地区提供优质水源，从而取得生态补偿的权利，但当产生负生态效益（即水质劣于III类）时，具有承担污染赔偿的责任。

7.2.3.5　考核因子及考核目标

根据近年来所选考核断面的水质情况以及广东省的水环境压力，广东省东江流域跨界交界水质达标考核与生态补偿试点中选择氨氮、COD和总磷作为考核因子。

为了适应流域水环境状况的变化与管理的需要，以三年为周期，对生态补偿考核因子进行再评估与调整（表7-13）。

表7-13　东江流域生态补偿与污染赔偿考核目标

河流名称	断面名称	地点	交界关系	水质考核目标
东江干流	江口	紫金古竹镇	河源→惠州	II类
东江干流	东岸	东莞桥头镇	惠州→东莞	II类
新丰江	马头福水（福水）	韶关市新丰县	韶关州→河源	II类
增江	九龙潭	龙门县永汉镇	惠州→广州	II类
龙岗河	西湖村	惠阳秋长镇	深圳→惠州	III类
坪山河	上垟	宝安坪山镇	深圳→惠州	III类
观澜河	企坪	宝安观澜镇	深圳→东莞	III类
秋香江	榄溪渡口	河源紫金县	河源→惠州	II类

7.2.3.6 补偿（赔偿）标准核算

（1）水质达标生态补偿标准测算

利用多因子指标测算模型，当某一断面水质保护效果良好，则该断面上游行政区政府的生态补偿金额为单项考核因子生态补偿资金之和。即：

年生态补偿资金=当年月生态补偿资金之和

月生态补偿资金=月单项考核因子生态补偿资金之和

月单项考核因子生态补偿资金=（考核因子的控制目标–断面月单项考核因子水质指标实测值）×断面月流量×达标补偿标准

其中，氨氮、COD 和总磷的达标补偿标准参考城市污水处理厂污染物削减成本平均水平，分别取 900 元/t、700 元/t 和 5 万元/t[①]。

（2）水质超标污染赔偿标准测算

利用多因子指标测算模型，当某一断面水质保护效果未达到要求时，则该断面上游行政区政府缴纳的污染赔偿金额为根据单项考核因子污染赔偿资金之和。为了体现污染赔偿对上游污染行为的惩戒作用，提高生态补偿对流域水环境保护的激励作用，污染赔偿标准拟为生态补偿标准的 3 倍。即：

年污染赔偿资金=当年月污染赔偿资金之和

月污染赔偿资金=月各单考核因子赔偿资金之和

月单项考核因子赔偿资金=（断面月单项考核因子水质指标实测值–考核因子的控制目标）×断面月流量×超标赔偿标准

其中，氨氮、COD 和总磷的超标补偿标准参考城市污水处理厂污染物削减成本平均水平，分别取 2 700 元/t、2 100 元/t 和 15 万元/t[①]。

7.2.3.7 补偿（赔偿）方式

广东省辖东江流域生态补偿与污染赔偿的补偿与赔偿金的支付主要通过财政转移支付实现，由政府代表该地区的人民，就其享受的正外部性或产生的负外部性进行支付。

（1）重点支流流域生态补偿与污染赔偿方式

对于石马河、淡水河等支流流域的生态补偿与污染赔偿，由于具有明确的上下游关系且关系对等（一般是地级市对地级市）、涉及的地级市数量比较少，故选择横向转移支付作为生态补偿与污染赔偿金的支付形式。以石马河为例，若深圳与东莞两市跨界交界断面——企坪断面的水质劣于地表水水质Ⅲ类标准，则由深圳市向东莞市转移支付污染赔偿金；若该断面水质优于地表水水质Ⅱ类标准，则由东莞市向深圳市转移支付生态补偿金；若该断面水质为地表水水质Ⅲ类标准，则两市无须进行转

---

① 总磷削减成本水平参考：念东，王佳伟，刘立超，等. 城市污水处理厂化学除磷效果及运行成本研究. 给水排水，2008，34（5）：7-10.

移支付。

（2）干流生态补偿与污染赔偿方式

对于广东省辖东江干流生态补偿与污染赔偿，位于上游地区的河源市是生态补偿的客体与污染赔偿的主体，位于中下游并自东江取水作为饮用水的惠州市、东莞市、深圳市与广州市为生态补偿的主体与污染赔偿的客体。由于涉及的地级市数量较多，且各市所享受的来自东江上游提供的生态服务随自该河流的取水量的不同而改变导致补偿资金分配核算复杂等，故采用纵向转移支付的形式。当韶关市出境断面——福水与河源市出境断面——江口的水质优于地表水水质Ⅱ类标准时，根据中下游四市取水规模分配其生态补偿金，省级财政在四市财政资金中扣除，并通过纵向财政转移支付转移给河源市，作为东江上游水环境保护专项资金。当福水、江口断面水质劣于地表水水质Ⅲ类标准时，由省财政在韶关市与河源市财政资金中扣除东江水污染赔偿金，用于东江流域水环境保护投入。当福水、江口断面水质达到地表水水质Ⅲ类标准时，省政府既不对河源市进行转移支付，亦不扣除韶关、河源两市财政资金。

7.3　东江流域生态补偿试点技术支持体系

7.3.1　构建适应生态补偿的流域通量监测体系

东江流域生态补偿与污染赔偿的实施需要以跨行政区交界断面水质与水量监测能力的提高为基础。目前，东江流域干流与支流交界断面的水质与水量监测主要存在以下问题：一是水质与水量监测分别由环保部门与水利部门负责，环保部门无法实时获得水量监测数据。二是水质监测布点与水文监测布点一般并非完全相同，无法同时获得跨行政区交界断面的水质与水量数据。三是目前东江干流与支流水质监测尚未实现实时自动监测。

为实施东江流域生态补偿与污染赔偿，应从以下几方面进行东江干流与重点支流跨界断面水质与水量监测能力建设：一是统一协调调整流域交界断面水质监测断面与水量监测断面的布设，尽量实现两类监测断面的基本重合。二是在东江干流与重点支流跨行政区交界断面建设自动监测站，实现水质与水量同步、自动、24 小时监测，为生态补偿资金责任确定与金额核定提供依据。三是构建东江流域水质与水量监测数据实时共享数据系统，利用该系统实时获得东江干流及重点支流跨行政区交界断面水质与水量数据。

7.3.2　构建流域水质保护与生态补偿协调机制

广东省辖东江流域生态补偿与污染赔偿政策的实施涉及广东省及其下辖河源、惠州、东莞、深圳与广州五市，无论是淡水河、石马河等重点支流，还是东江干流，流域生态补偿与污染赔偿实施的前期、过程中以及政策的阶段性完善全过程均需要进行大量的沟通、协调工作。因此，需要及时构建完善的、有效的流域水质保护与生态补偿协调机制。

广东省辖东江流域水质保护与生态补偿协调机制的核心是建立广东省东江流域水质保护与生态补偿联席会议。定期举行东江流域水质保护与生态补偿联席会议，河源、惠州、东莞、深圳和广州五市以及省政府、环保部门、水利部门等部门代表参加该联席会议。会议以东江水质保护与生态补偿为主要议题，商讨东江水质水质保护的具体措施落实、跨界污染事故处理、生态补偿资金确定与使用监督、生态补偿制度完善意见协商等。同时，在省环保厅下设东江流域水质保护与生态补偿常务小组，负责东江水质保护与生态补偿相关日常联系与协调事务。

7.3.3 构建流域生态补偿资金的监督管理机制

实施生态补偿与污染赔偿政策的核心不在于补偿（赔偿）资金的收取，而是实现生态补偿责任与权利的对称分布，更多地集结流域水环境保护力量。因此，在东江流域生态补偿与污染赔偿机制的构建中，应进一步建立和完善补偿（赔偿）资金的监督管理机制，保证资金的合理使用。

首先，在生态补偿资金与污染赔偿资金的收取环节，根据上一年的考核断面水质与水量情况、中下游各地级市取水情况等，核算各地市应缴纳生态补偿或污染赔偿资金的数量，利用省财政在下一年的第一个月地级市财政拨款中进行扣缴并纵向转移支付给补偿客体。而对于横向转移支付的，直接实现。

其次，设立专门的东江生态补偿与污染赔偿专项基金（以下简称“基金”），作为补偿（赔偿）客体的地级市获得的该项资金全数进入该基金，专款用于东江水环境保护相关项目。

最后，使用该基金的东江水环境保护相关项目均应进行项目申报与验收。项目申报材料应论证该项目对改善东江水质的贡献及其投资规模的合理性；项目建成后应进行验收，重点考核该项目的运行能否达到项目申报中的东江水质改善承诺，如若无法实现该承诺，应责令限期整改或收回部分拨款。

7.3.4 构建生态补偿资金的激励与赔偿机制

（1）激励机制

为促进流域内各利益相关方积极开展生态保护，共同保护东江水生态安全，对生态建设与维护做出明显贡献的生态市、县、部门、企业及个人给予生态补偿奖励。奖励措施包括：

对个人发展生态产业、营造水土保持优势森林系统，给予一倍以上生态产出效益的生态奖励资金，或给予优先、优惠支持生态产业项目发展资金，推动个人生态户的示范与普及；对企业发展生态产业、开发生产环保产品和节能减排产品、实施循环经济项目，给予产品税收优惠，或免去所得税，或给予其产生的环境效益10%～30%的奖励，或给予优先贷款与优惠贷款支持。

对于东江上游市县，在生态补偿实施起步阶段，由于历史遗留的环境问题较多，以激励为主，暂不实施污染赔偿。生态补偿分近期（3 年）和中远期实施。现有市、县设置考核断面，对于年度水质优于Ⅲ类水质所占比例达到 80%以上的县给予一定奖励，奖励资金由省财政拨付给当地政府。生态补偿实施近期不实行惩罚制度。生态补偿实施中远期阶段，对于年度水质低于Ⅲ类水质所占比例超过 50%以上的县，扣除其该年度的生态补偿资金。

（2）处罚与理赔机制

与奖励相对应的是对污染、破坏环境的行为部门、企业及其个人实施严厉处罚。具体处罚措施包括：

对个人经营的环境效益较差的经济林、个人发展的污染环境的项目，给予一定比例减扣或全额扣缴生态补偿资金的处罚，推动生态补偿实施的公平性；对企业生产有害环境产品，应征收占总销售额一定比例的生态补偿费，用于环境治理和弥补优惠环保企业减少的税收；对于污染与破坏环境的企业，给予污染物治理成本 3～5 倍的罚金；对于相关的政府职能部门，给予干部限制提拔或不被提拔的处罚，并将用于政府部门的生态补偿激励资金扣除或转变为“造血型”项目的支持资金。

任何项目承担单位，对于拨付的补偿专项资金使用出现违规现象，财政部门应停止拨付或者收回资金，并视情节轻重给予一定的罚款，同时追究有关单位和人员责任。

（3）奖惩执行机制

两省环保厅分别会同两省省财税、审计职能部门，制定生态补偿激励与处罚制度，通过生态补偿监督委员会定期检查、评估与监督生态补偿资金执行效果以及上游生态建设或沿线生态维护状况，每年向省财税主管机构提交一次生态补偿评估报告并给出生态补偿执行的年度调整计划，省财税主管机构以此下达年度生态补偿执行计划。

7.3.5 构建东江生态补偿后评估机制

为保证东江流域生态补偿与污染赔偿试点工作的效果，在东江流域生态补偿与污染赔偿机制实施的全过程贯彻生态补偿后评估机制，通过阶段性评价流域生态补偿试点方案落实实施的可操作性、实施效果，识别方案存在的问题，及时调整与完善，确保东江流域生态补偿与污染赔偿试点取得一定的效果。

在实施方案制定阶段，引入广东省、江西省以及东江流域内主要地区利益相关方的意见，利用问卷调查、听证会、专家咨询等途径，广泛吸收各利益相关方的诉求与意见，逐步修正完善，形成适合东江流域实际的、可操作性强的流域生态补偿与污染赔偿试点方案。

在流域生态补偿与污染赔偿试点过程中，以一年或三年为周期，开展政策评估，主要评估流域配套监测能力、资金核算、支付与管理渠道、流域生态补偿协调机制等流域生态补偿与污染赔偿机制实施的技术支撑体系的建设进展，现有核算标准下上下游生态补偿与污染赔偿规模及其对流域生态保护促进贡献等情况。建议在实施流域生态补偿与污染赔偿试点之初，以一年为周期进行评估、反馈与政策完善，提高机制的完善性与可操作性；随后，以三年为周期进行，既保证机制及时适应社会经济发展与流域保护需求，又确保机制相对稳定性。

7.4 省内东江流域生态补偿试点财政政策设计

7.4.1 江西省东江流域生态补偿财政政策设计

东江源区作为东江流域源头，在确保为东江流域下游香港特别行政区、深圳等城市提供稳定水资源方面起着十分重要的作用，从江西省辖东江源生态补偿的财政政策方面考虑，应着重完善国家和江西省级生态补偿的纵向财政转移支付政策。通过提高国家和江西省级层面财力性转移支付中森林覆盖率、水资源量、功能区类型等生态补偿因素的比重，弥补东江源区寻乌、定南和安远三县与江西省其他市县的财力差距，提高源区三县政府基本公共服务的水平。在专项转移支付制度上，加大国家对源区政府的专项转移支付力度，支持退耕还林、天然林资源保护工程、珠江防护林工程、小流域治理、农业综合开发、扶贫开发、以工代赈、农村沼气、国家重点生态公益林管护等一系列项目。同时，加强江西省对东江源区的项目补偿和税费减免政策力度，包括增加预算内和国债项目投资安排份额，在节能工程项目，生态工业园项目等有资源高效利用项目、水土保持工程项目、林业生态建设项目、矿山生态环境修复和环境保护、城镇环境保护工程投资、生态农业及新农村建设项目方面对东江源区进行倾斜，以及在税收方面对东江源区三县进行部分减免，如对生态农业、高科技产业等实行所得税、增值税、营业税等有限期的减免政策，以帮助源区实现产业升级。

7.4.2 广东省东江流域生态补偿财政政策设计

从近期来看，以国家和广东省政府为实施和补偿的主体，以东江流域上游河源市和各个县级政府为补偿对象，通过纵向财政转移支付的方式，以实现东江流域上下游地区基本公共服务的均等化为目标，在纵向财政转移支付标准计算中要考虑生态补偿因素，如降水量、地形地貌（海拔、坡度）、流域中的地理位置（上、中、下游位置）、植被覆盖度（森林覆盖度及森林质量因素）、生态地位（在全国和区域生态功能区划中的类型、功能区面积占国土面积比例）等，同时考虑人口密度和社会经济发展相对指数（现代化指数）等因素，提高东江流域上游政府财力水平，激励地方政府生态环境保护积极性。并通过专项转移支付针对东江流域上游重点生态项目提供专项转移支付资金，如退耕还林、生态公益林和天然林保护的补偿。

在国家和广东省对东江上游县市进行纵向转移支付的同时，也可以根据“谁受益，谁补偿”的原则，东江流域上下游政府在广东省政府的指导下，通过协商的模式建立横向转移支付制度。在目前对东江流域下游企业和居民开征生态补偿费或生态税可能性比较小的情况下，由下游企业居民所在地的政府作为代表，通过每年政府编制财政预算的形式为生态补偿预留财政资金。从长期考虑，企业和个人作为生态系统服务的消费者，可通过在东江流域征收生态补偿费和生态补偿税的方式直接为东江流域生态补偿提供财政资金。下游所提供横向财政转移支付资金可以由上下游的共同上级政府——广东省政府进行管理，上下游政府监督横向财政转移支付资金的使用。同时，上下游政府也可以通过建立生态补偿基金的形式搭建横向财政转移支付的平台，成立专门的机构管理、监督和使用转移支付资金。

从长期来看，东江流域可以建立东江流域水源保护区生态补偿机制的监督机构——东江流域水资源管理局，其成员来自生态效益补偿的受益方、出资方的政府代表、相关专家和普通民众，可有权定期对补偿工作进行监督检查，并对资金使用情况进行审计。东江流域水资源管理局的主要监督检查包括：

其一，补偿费征收监督。东江流域水资源管理局有权对东江流域水源保护区管理分局征收补偿费的行为实行有效的监督。

其二，补偿费使用监督。东江流域水源保护区管理分局征收的补偿费应建立专户储存，专款专用。东江流域水源保护区管理分局向东江流域水资源管理局提出计划，东江流域水资源管理局的财政、审计等部门按程序监督，以保证补偿费用于东江流域水源生态保护工作的进行，保障东江流域水源涵养与保护行动稳定开展，促进其发挥最大的环境、经济和社会效益。

其三，东江流域水源保护效益与损失监督和监测。东江流域水资源管理局还有权监督东江流域水源涵养林保护行政执法和水源涵养林建设的行为，监测保护效益与损失变化并评估。

7.5　跨省东江流域生态补偿政策方案设计

鉴于目前流域上游江西省和下游广东省对于省际间生态补偿不能达成共识，因此“十一五”期间东江流域跨省的生态补偿试点无法开展。为此，本研究分别提出了 3 种研究方案，方案一是基于上游江西省角度而制定的研究方案；方案二是基于下游广东省角度制定的研究方案；方案三是基于东江源生态功能区的中央财政转移支付研究方案。课题组建议“十二五”期间，财政部和环境保护部按照方案三实施。

7.5.1　方案一：基于上游江西省角度而制定的方案

7.5.1.1　补偿主体和客体

生态补偿主体以国家和主要受益方广东省为主，补偿客体即补偿对象为东江源寻乌、安远和定南三县。

补偿标准参照以下方法和过程确定：

1）分担率的确定。在确定下游受益区对东江源的补偿标准时，采用取水分配系数来计算补偿额度。根据 7.2.2.2（3）所述，对东江源的补偿金额所占份额为补偿标准的 91.3%。

2）基于上游供给成本的补偿资金。根据 7.2.2.2（1）的计算结果，东江源区 2006—2009 年生态保护建设的总成本为 798 897.1 万元。根据东江源供给成本总投入（表 7-8）和下游水量分摊系数可计算得到基于东江源区 2006—2009 年生态保护建设总成本的补偿金为 729 393.09 万元，具体见表 7-14。

表 7-14　东江源供给成本总投入补偿额度

地区	年份	C/万元	补偿额度/万元	年均补偿/（万元/a）
寻乌县	2006	51 623.10	47 131.89	56 533.77
	2007	57 034.85	52 072.82	
	2008	65 666.65	59 953.65	
	2009	73 358.95	66 976.72	
安远县	2006	66 607.6	60 812.74	72 960.08
	2007	75 646.35	69 065.12	
	2008	86 438.03	78 917.92	
	2009	90 957.86	83 044.53	
定南县	2006	51 856.95	47 345.40	52 854.43
	2007	56 462.20	51 549.99	
	2008	57 258.00	52 276.55	
	2009	65 986.59	60 245.76	
源区		798 897.13	729 393.09	182 348.28

3）基于生态服务价值的补偿资金。根据 7.2.2.2（2）的计算结果，东江源生态服务价值为 158 710.80 万元。依据水量分摊系数可计算得到东江源区的年补偿金为 144 902.96 万元，各县的补偿资金见表 7-15。

表 7-15　基于生态服务价值的辖补偿额度

补偿对象	寻乌县	安远县	定南县
补偿额度/（万元/a）	75 379.57	20 536.70	48 986.69

4）补偿上限与下限。对此基于源区生态保护建设总成本的补偿和基于源区生态系统服务功能价值的补偿。在对补偿标准进行两种初步核算的基础上，建议将补偿金额定在每年 144 902.96 万～182 348.28 万元（表 7-16），选择一个既能承受得起，又能够使生态保护者体会到有所回报的补偿标准。

表 7-16　两种补偿标准对比分析表　　单位：万元/a

补偿对象	基于供给成本的补偿	基于生态服务价值的补偿
寻乌县	56 533.77	75 379.57
安远县	72 960.08	20 536.70
定南县	52 854.43	48 986.69
合计	182 348.28	144 902.96

7.5.1.2　补偿方式与资金来源

补偿方式采用经济补偿、政策补偿和项目补偿三种方法，资金通过建立东江源生态补偿专项资金来筹集，由国家、广东省政府共同出资建立补偿专项资金。

7.5.1.3　激励与赔偿机制

（1）激励机制

对生态建设与维护做出明显贡献的县、部门、企业及其个人给予生态补偿奖励。奖励的措施包括：

对个人发展生态产业、营造水土保持优势森林系统，给予一倍以上生态产出效益的生态奖励资金，或给予优先、优惠支持生态产业项目发展资金，推动个人生态户的示范与普及；对企业发展生态产业、开发生产环保产品和节能减排产品、实施循环经济项目，给予产品税收优惠，或免去所得税，或给予其产生的环境效益 10%～50%的奖励，或给予优先贷款与优惠贷款支持。

对于县政府，在生态补偿实施起步阶段，由于历史遗留的环境问题较多，故生态补偿以激励为主，暂不考虑污染赔偿。生态补偿分近期（5 年）和中远期（10 年）实施。源区三县设置考核断面，对于年度水质优于Ⅲ类水质所占比例达到 80%以上的县给予一定奖励。生态补偿实施近期不实行惩罚制度，鼓励积极进行生态保护与建设；生态补偿实施中期，对于年度水质低于Ⅲ类水质所占比例超过 50%以上的县，扣除其该年度的生态补偿资金。

（2）处罚与理赔机制

对污染、破坏环境的行为部门、企业及其个人实施严厉处罚。处罚的措施包括：

对个人经营的环境效益较差的经济林、个人发展的污染环境的项目，给予一定比例减扣或全额扣缴生态补偿资金的处罚，推动生态补偿实施的公平性；对企业生产有害环境产品，应征收占总销售额一定比例的生态补偿费，用于环境治理和弥补优惠环保企业减少的税收；对于污染与破坏环境的企业，给予污染物治理成本 3～5 倍的罚金；对于相关的政府职能部门，给予干部限制提拔或不被提拔的处罚，并将用于政府部门的生态补偿激励资金扣除或转变为“造血型”项目的支持资金。

任何项目承担单位，对于拨付的补偿专项资金使用出现违规现象，财政部门应停止拨付或者收回资金，并视情节轻重给予一定的罚款，同时追究有关单位和人员责任。

（3）奖惩执行机制

由广东和江西两省的环保厅会同财税、审计职能部门，制定生态补偿激励与处罚制度，通过生态补偿监督委员会定期检查、评估与监督生态补偿资金执行效果以及上游生态建设或沿线生态维护状况，每年向财税主管机构提交一次生态补偿评估报告并给出生态补偿执行的年度调整计划，财税主管机构以此下达年度生态补偿执行计划。

7.5.2 方案二：基于下游广东省角度制定的方案

7.5.2.1 补偿方案思路

以改善流域生态环境质量，促进区域经济协调发展，实现流域经济环境协调发展为目标，建立东江流域生态补偿机制。东江流域的生态补偿机制要采取上下游之间生态补偿与污染赔偿同时开展的方式，以便真正体现公平公正。根据流域生态补偿与污染赔偿的定义及东江流域的实际情况，东江流域开展生态补偿与污染赔偿的总体思路是：当上游来水水质优于Ⅱ类水质标准限值时，下游地区应该对上游地区按照补偿标准进行补偿。当上游来水水质劣于Ⅲ类水质标准限值时，则上游地区应该对下游地区按照赔偿标准进行赔偿。当上游来水水质介于Ⅱ～Ⅲ类水质标准限值之间时，则上下游地区之间不进行补偿与赔偿。

7.5.2.2 水质目标与考核断面确定

（1）水质目标的确定

流域生态补偿是指当流域内水资源利用或污染排放能够控制在相应的总量控制或跨界断面的考核标准之内时，如果没有充分利用的水量和环境容量被其他地区占用，产生了正的外部效应，同时流域上游为了给下游地区提供优质的水源而放弃了许多发展机会并增加许多额外的生态与环境保护的投入，那么，下游应该对上游提供的高于基准的水生态服务进行补偿。流域污染赔偿是指当区域内流域水资源利用或污染排放超过了相应的总量控制标准或跨界断面的考核标准时，不仅提高了下游地区治污的费用，还可能对下游直接造成经济损失，产生了负的外部效应，则上游地区应该承担下游地区的超标治污成本并赔偿对下游地区造成的损害，即给予下游地区一定的经济赔偿。根据流域生态补偿与污染赔偿的定义，则东江流域开展生态补偿与污染赔偿的水质目标应该为：

1）生态补偿水质目标。由于东江干流东莞石龙以上河段的水质现状和水质区划目标均为Ⅱ类，而进行上下游生态补偿的前提条件是上游来水水质得到保护不对下游地区造成污染，若东江流域上游来水劣于Ⅱ类实际上已经对下游地区带来了不利影响，因此建议如果要在东江流域上下游之间进行跨省生态补偿机制，那么进行补偿的水质目标（所选取的跨省考核断面水质目标）应该定为Ⅱ类。当上游来水水质优于Ⅱ

类水质标准限值时，则下游地区（广东）应该对上游地区（江西）按照补偿标准进行补偿。

2）污染赔偿水质目标。由于东江干流东莞石龙以上河段的水环境功能主要是以饮用为主，而地表饮用水的水质目标必须达到III类水以上，若东江流域上游来水劣于III类则实际上已经破坏了下游地区的水环境功能，因此建议如果要在东江流域上下游之间进行跨省污染赔偿机制，那么进行赔偿的水质目标（所选取的跨省考核断面水质目标）应该定为III类。当上游来水水质劣于III类水质标准限值时，则上游地区（江西）应该对下游地区（广东）按照赔偿标准进行赔偿。

当上游来水水质介于II～III类水质标准限值之间时，则上下游地区之间不进行补偿与赔偿。

（2）考核断面的确定

根据东江流域内主要水系在江西省与广东省之间的跨界情况，主要选取 3 个跨界断面为考核断面，各断面情况及水质目标见表 7-17。

表 7-17　东江跨界考核断面及考核目标

河流湖库	考核断面	补偿水质目标	赔偿水质目标	水环境功能区类型	备注
东江—寻乌水	江西与广东交界处	II	III	景观、农	省界
东江—定南水	江西与广东交界处	II	III	景观、农	省界
东江—贝岭水	江西与广东交界处	II	III	景观、农	省界

7.5.2.3　生态补偿与污染赔偿的标准及金额计算方法

对于东江流域上下游之间生态补偿与污染赔偿标准，建议按流域生态破坏的重建成本来计算，即通过恢复成本法或者重置成本法来计算确定上下游之间的生态补偿资金。所谓重置成本法，又称为恢复费用法，是通过估算环境被破坏后将其恢复原状所需支出的费用来评估环境影响经济价值的一种方法。采用重置成本法对环境资产进行评估时必须首先确定环境资产的重置成本。重置成本是按在现行市场条件下重新购建一项全新环境资产所支付的全部货币总额。对于东江流域上下游之间生态补偿或污染赔偿标准的具体计算，主要是根据来水的实际水质与目标水质之间的差距，按照把目标水质恢复到实际水质（赔偿时是把实际水质恢复到目标水质）所需的恢复成本进行计算。东江流域补偿和污染赔偿标准建议参考城市污水处理厂污染物削减成本的平均水平确定，其中氨氮、COD 和总磷初步建议分别取 900 元/t、700 元/t 和 5 万元/t。

（1）补偿与赔偿金额的计算方法

东江流域上下游之间生态补偿（或污染赔偿）金额由各考核监测断面的污染物通量与生态补偿标准确定，超标污染物通量由考核断面水质浓度监测值与考核断面水质浓度目标值的差值乘以考核断面水量确定。其中，跨界考核断面生态补偿水质浓度目标值取地表水环境质量Ⅱ类标准限值，污染赔偿水质浓度目标值取地表水环境质量Ⅲ类标准限值。考核污染因子推荐采用氨氮、COD 和总磷三个因子。

（2）水质达标生态补偿金额测算

利用多因子指标测算模型，当某一考核断面水质保护效果良好，水质优于Ⅱ类标准时，则下游行政区政府对上游行政区政府在该断面支付的生态补偿金额为根据单项考核因子生态补偿资金之和。即：

年生态补偿总金额=当年月生态补偿金额之和

月生态补偿金额=月各单项考核因子生态补偿金额之和

月单项考核因子生态补偿金额=（考核因子的水质控制目标–断面单项考核因子月水质指标实测值）×断面月流量×达标补偿标准

其中，氨氮、COD 和总磷的达标补偿标准参考城市污水处理厂污染物削减成本平均水平，分别取 900 元/t、700 元/t 和 5 万元/t。

（3）水质超标污染赔偿金额测算

利用多因子指标测算模型，当某一断面水质保护效果未达到要求（劣于Ⅱ类标准）时，则该断面上游行政区政府对下游行政区政府在该断面缴纳的污染赔偿金额为根据单项考核因子污染赔偿资金之和。即：

年污染赔偿总金额=当年月污染赔偿金额之和

月污染赔偿金额=月各单项考核因子污染赔偿金额之和

月单项考核因子污染赔偿金额=（断面单项考核因子月水质指标实测值–考核因子的水质控制目标）×断面月流量×超标赔偿标准

其中，氨氮、COD 和总磷的超标赔偿标准仍参考城市污水处理厂污染物削减成本平均水平，分别取 900 元/t、700 元/t 和 5 万元/t。

（4）水质既有达标也有超标的补（赔）偿金额测算

利用多因子指标测算模型，当某一断面某些时段水质保护效果良好达到要求（水质优于Ⅱ类标准），某些时段未达到保护要求（劣于Ⅲ类标准）时，则在该断面缴纳的生态补偿金额（或污染赔偿金额）为该断面全年补偿总金额与赔偿总金额相互扣减后的金额。上下游行政区政府之间每年缴纳的生态补偿金额（或污染赔偿金额）为各个断面全年补偿总金额与赔偿总金额相互扣减后的金额。

7.5.2.4 生态补偿与污染赔偿方式及资金渠道

在东江流域之内如果要开展广东省和江西省两省之间的生态补偿与污染赔偿工作，建议生态补偿或污染赔偿的实施方式主要还是以国家财政转移支付为主，其他方式为辅，避免由两省之间相互协调确定而出现难以达成共识的局面。因此，建议由国家相关部门，基于有效加强东江流域水质保护管理的目的，制定类似《东江流域河流跨省断面水质目标考核及补偿办法》等相关文件，然后交由广东省和江西省两省共同实施。这些相关文件应该具体规定跨省断面水质目标值、补偿标准、补偿金额计算方式、补偿金使用范围、支付方式等一系列的内容，明确上下游双方的权利和义务。需要强调的是，在明确上游达标交水可以获得补偿的同时，所制定的方案也必须要同时明确上游在不能达标交水的情况下所必须承担的赔偿责任，以避免上游地区出现所得补偿金不能很好用于改善上游地区生态环境，甚至只索取补偿不履行保护义务的情况。

由于建议广东省和江西省之间的生态补偿主要还是采取以国家财政转移支付为主的方式，因此补偿资金主要还是来源于财政收入。每年可由国家协调安排专项财政资金组成东江流域专项补偿资金。这一专项补偿资金除了用于对上游江西省地区进行补偿外，还用于对广东省处于上游的河源等地区的补偿或赔偿。

7.5.3　方案三：基于生态功能区的东江源生态补偿方案

7.5.3.1　东江源重点生态功能区范围调整

传统意义上的“东江源”的范围是江西省定南县、安远县和寻乌县三县，主要考虑了流域水源涵养的功能。2008 年 7 月，环境保护部和中国科学院发布的《全国生态功能区划》将江西东江源区划定为水源涵养生态功能类型区，行政区涉及定南南部、安远南部和寻乌。这一主体功能的科学定位显示了江西省辖东江源区巨大的生态系统服务价值。但是考虑到生态系统的完整性，从流域的供水功能角度分析，广东省东江流域上游的新丰江水库和枫树坝水库区域也应列入生态功能区范围内。新丰江水库和枫树坝水库是广东省两大重要的饮用水水源保护区，新丰江水库位于广东省河源市东源县境内，是广东省乃至华南地区最大的水库，枫树坝水库位于广东省河源市龙川县境内，是广东省第二大水库，两大水库的生态安全对保障广东省的用水安全以及广东省经济可持续发展具有重要的战略意义。因此，建议扩大原有东江源生态功能区的范围，重新划定东江重点生态功能区。

根据主导功能、生态系统完整性、可操作性、协调性等原则，基于生态功能重要性评价结果，东江流域物产种类繁多，森林覆盖率高、水源涵养功能重要性高，而东江流域作为东深供水工程的饮用水水源地，直接肩负着河源、惠州、东莞、广州、深圳以及香港近 4 000 万人口的生产、生活、生态用水，保障下游地区的社会经济发展。因此，东江流域的主导生态系统功能为水源涵养功能。

依据《生态功能区划暂行规程》，区域水源涵养功能的重要性评价指标主要是整个区域对评价地区水资源的依赖程度及洪水调节作用，根据评价地区所处的地理位置，以及对整个区域水资源的贡献进行评价。对于东江江流域而言，新丰江水库和枫树坝水库既是城市水源地，又发挥着重要的洪水调蓄作用，也是农灌取水区。另一方面，从对流域水资源的贡献程度看，东江流域多年平均径流量 326.6 亿 m^3，其中，江西省东江源占 8.36%；枫树坝水库占 12.73%；新丰江水库占 18.77%；东江河源水文站（新丰江汇入东江）占 41.90%（表 7-18）。由此看来，东江干流河源站以上的上游地区对东深工程的水资源的贡献程度为 59.90%（东深工程东江干流博罗站多年平均径流量 234 亿 m^3）。

表 7-18　东江部分水文站水文特征

水文站	集水面积/km^2	水资源贡献率/%
东江源（江西）	3 502	8.36
枫树坝水库	5 151	12.73
龙川水文站	7 699	18.24
新丰江水库	5 740	18.77
河源水文站	15 170	41.90

此外，枫树坝水库和新丰江水库多年来一直保持着Ⅰ～Ⅱ类地表水水质标准，上游地区为之作出了巨大的贡献。因此，不论从生态系统结构还是水源涵养功能的贡献程度看，枫树坝水库、新丰江水库及其上游地区是水源涵养重要区域，具体包括江西省赣州市的安远县、寻乌县、定南县，广东省韶关市的新丰县和河源市的东源县、连平县、和平县、源城区、龙川县东江干流河源站以上的集水区域。

根据可操作性原则，与行政区划进行衔接，从便于操作和管理的角度，尽可能使重点生态功能区的边界与行政区划吻合，确定东江重点生态功能区的范围（图 7-4）。

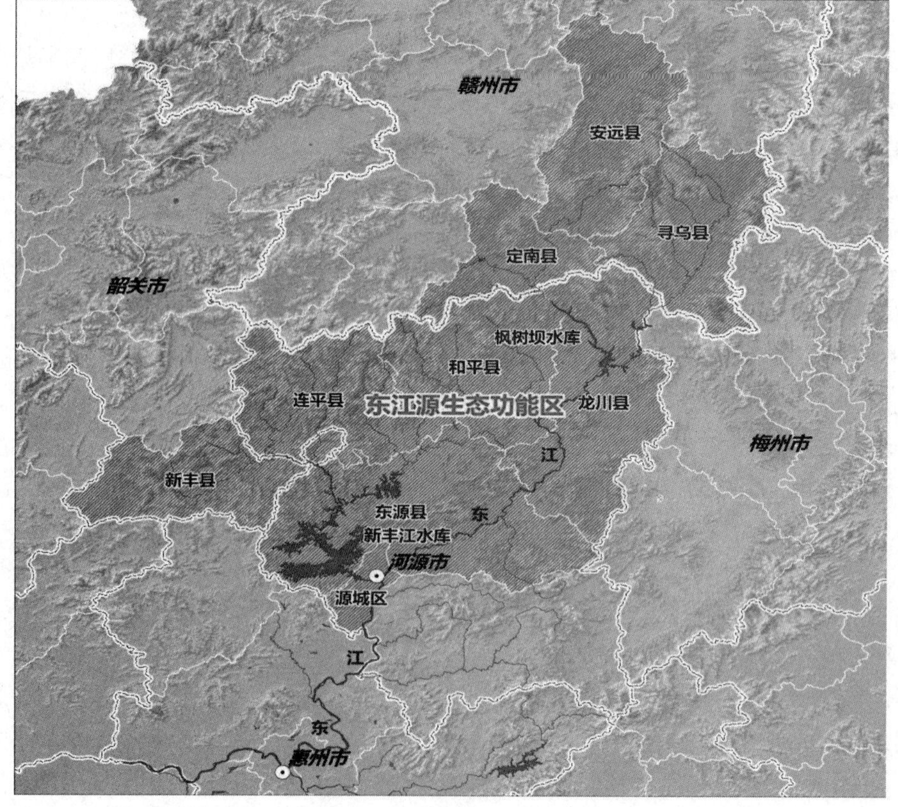

图 7-4　建议东江源跨省生态功能区调整方案

东江源重点生态功能区具体包括江西省赣州市的安远县、寻乌县、定南县，广东省韶关市的新丰县和河源市的东源县、连平县、和平县、源城区、龙川县，总面积 19 877 km^2（表 7-19）。

表 7-19　涉及江西和广东两省的东江重点生态功能区范围

省	市	县	面积/km^2
江西省	赣州市	安远县	2 375
		寻乌县	2 311
		定南县	1 316
广东省	河源市	龙川县	3 088
		和平县	2 311
		连平县	2 025
		东源县	4 070
		源城区	365
	韶关市	新丰县	2 016
合计		9 县（区）	19 877

7.5.3.2　东江源重点生态功能区生态补偿方案

（1）生态补偿资金需求

根据前面提出的东江源的经济发展与环境保护的矛盾以及目前迫切需要解决的问题，结合东江源“十一五”环境保护的目标完成情况，本方案认为应该从对源区政府进行生态保护与建设工程的补助以及对当地发展权限损失的补偿两方面考量生态补偿资金需求。“十二五”期间共需要资金 19 700 万元，其中 2012 年约安排 3 940 万元。

1）生态保护与建设工程的补助。主要从跨省生态功能区保护示范、矿区治理、生态公益林建设以及环保能力建设等方面开展工程建设，5 年共需要 12 950 万元，其中 2012 年安排 2 590 万元（表 7-20）。

2）对当地发展权限损失的补偿。主要考虑源区因流域环境保护而需要关停并转工业厂矿所减少的地方税收和就业机会、当地农民改变传统生产与生活方式所增加的成本等，通过源区财政收入、农民生活水平与周边地区的差异并考虑人口规模、可居住面积、海拔、温度等成本差异系数，计算源区发展权限的损失额度，暂按照每个县市 150 万元的标准每年安排 1 350 万元。以 5 年为一个周期，约需要资金 6 750 万元，其中 2012 年安排 1 350 万元。

表 7-20 “十二五”东江源生态补偿项目建设需求

序号	项目名称	建设依据与内容	建设地点	“十二五”期间投资/万元	2012 年投资/万元
1	跨省生态功能区保护示范工程	此项工程预计需要 1 000 万元/a，5 年共需要 5 000 万元。基于东江源跨省生态功能区，加强流域水土流失治理，水源地保护治理，农业面源污染治理等，形成跨省生态功能区生态保护示范模式	源区 9 县	5 000	1 000
2	矿区治理工程	寻乌、安远、定南三县的稀土矿产十分丰富，赣州的黑钨和重稀土储量全国第一，依据资源优势，源区一度过度开发利用矿产资源，造成植被破坏和水土流失，近几年源区大力整治矿产开采业，但是由于资金的原因治理效果不够理想。“十二五”期间，建议对三县的生产矿山矿区，逐年安排一定面积的恢复治理面积，对关闭矿区，采取修建污水处理工程、挡土墙、谷坊等工程，恢复植被。此项工程预计需要 600 万元/a，5 年共需要 3 000 万元	安远、寻乌、定南	3 000	600
3	生态公益林建设工程	虽然东江源流域整体森林覆盖率不断提高，但由于林种结构不合理，林种、树种单一，森林涵养水源功能不高。“十二五”期间，建议源区围绕生态林业建设的目标，调整林分结构，提高森林质量，封山育林、荒山造林，进一步提高森林覆盖面积。此项工程预计需要 540 万元/a，5 年共需要 2 700 万元	源区 9 县	2 700	540
4	环保能力建设工程	东江源区内县级和镇级环保机构的环境能力建设投入不足，而环境能力建设对生态补偿资金的核算、补偿项目的实施等内容具有重要的作用，因此“十二五”期间，建议源区完善环境监测与监察的配套设备，建立东江源区生态环境综合信息管理系统，对全区进行全方位的生态环境监控。此项工程预计需要 50 万元/（县·a），5 年共需要 2 250 万元	源区 9 县	2 250	450
合计				12 950	2 590

（2）转移支付资金来源渠道

根据财政部 2011 年 7 月发布的《国家重点生态功能区转移支付办法》（财预〔2011〕428 号），作为全国重要生态功能区，中央财政应该加大对东江源区的转移支付力度，并由省级与县市级财政给予一定的支持，考虑流域的经济发展特征，建议按照中央财政 70%，广东省财政配套 15%，江西省财政配套 10%，源区县市财政配套 5%的比例共同构成东江源生态补偿专项资金。

中央财政以纵向转移支付的方式对源区进行补偿，将东江源跨省生态功能区的生态保护与建设纳入国家纵向转移支付和生态建设与保护投资的范围内，并在目前财政转移支付项目中增设生态补偿科目，实现纵向转移支付。

江西省财政和源区县市级财政将源区生态环境保护作为经常性预算科目，从财政支出中划拨专款用于生态补偿。

广东省财政通过向流域地区的资源（矿产资源、水电资源、旅游资源等）开发企业的营业收入中提取部分资金、制定资源开发行业的补偿政策等方式增加预算内和国债项目对生态环境保护的投资份额，作为固定的生态补偿资金。此外，广东省也可以通过异地开发模式，在其区域内安排一定数量的技术项目，帮助源区发展替代产业，补偿源区丧失的发展机会。

（3）生态补偿的监测与评估机制

监测数据是项目效益的直接依据，因此建议建立东江源生态补偿项目监测体系，在流域内布设监测网点，开展定点监测与宏观监测相结合的办法，并融入调查监测法，对项目取得的生态、经济和社会效益进行全面的跟踪监测与评估。建立实施评估机制，实行源区年度生态补偿实施情况的报告制度和生态补偿实施情况部门年度审计制度，财政部与环境保护部委托相关部门对项目配套监测体系、资金支付与管理渠道、协调机制等东江源区生态补偿实施过程的技术支撑体系进行评估与考核，同时各级政府和有关部门要定期公布生态补偿重点工程项目的进展情况，接受公众监督。

7.6　东江流域生态补偿试点效果预评估

我国的生态补偿已经从实施方案、政策设计的工作逐步走向实践，通过各省的试点工作得到开展，这对于国家正在制定的《生态补偿条例》是非常重要的。另一方面，关注生态补偿试点效果，从中获取经验和教训，也是生态补偿在非试点地区推广的重要工作。因此，生态补偿试点效果的评估对于后续工作的开展是非常必要的。由于现有试点工作的效果不能在近期得到全面反映，因而需要通过预评估的方式来分析效果。

从环境保护优化经济增长的角度，预评估主要包括资金使用和生态补偿资金或方案效果评价两个部分。效果评价则主要通过水环境状况、自然生态环境状况和产业发展、补偿/赔偿客体收入等指标反映。一个初步的预评估指标体系见表 7-21。

在本项目的工作中，江西省在 2008 年之后出台了《生态补偿类资金的使用办法》，广东省内一直采用《广东省跨行政区河流交界断面水质保护管理条例》，而江西省和广东省之间的跨省生态补偿尚未开展。因此，本报告中将主要对江西省内和广东省内的生态补偿效果进行预先评估，根据资料的可获取性，评估指标主要包括资金使用和环境状况两部分。

表 7-21　水源区生态补偿试点效果预评估指标体系

指标类型	一级指标	二级指标
社会经济指标	生态补偿资金	资金到位率、资金使用率、向下转移支付率
	社会进步	人均可支配收入、基尼系数、就业率
	经济发展	人均 GDP、三次产业比例
环境生态指标	环境状况	COD 排放量、氨氮排放量、水环境功能区水质达标率、饮用水水源地水质达标率、工业废水排放达标率、城镇生活污水集中处理率
	自然生态状况	水源涵养指数、森林覆盖率、湿地面积所占国土面积比例

（1）江西省

如前所述，为推动东江源生态补偿机制的建立，江西省一直在努力，尤其是 2003 年以来各级领导都很重视东江源生态补偿机制的建立，并在多次会议上提及。2008 年 9 月，江西省环保局组织有关市、县环保部门共同编制了《东江源生态环境补偿试点工作计划》报省政府（待批）；2008 年 11 月，江西省政府批复了省财政厅、省环保局联合制定的《江西省“五河”和东江源头保护区生态环境保护奖励资金管理办法》，安排专项奖励资金（2008 年为 5 000 万元，2009 年增至 8 000 万元，并逐年增加），对江西省“五河”和东江源区保护区实施生态补偿。

2009 年 9 月，江西省林业厅联合省财政厅下达了林业惠农资金 11.27 亿元，其中退耕还林工程粮食补助资金 5.65 亿元，退耕还林工程现金补助资金 0.52 亿元，中央和省财政生态公益林补偿资金 5.1 亿元。中央和省财政生态公益林补偿资金主要用于江西 5 100 万亩生态公益林林权所有者及管护者的补偿费和管护费。资金补偿标准为 10 元/亩，在 2008 年标准的基础上提高了 2 元/亩，这是江西省第三次提高补偿标准。据统计，江西省财政安排的生态公益林补偿资金总额达到 3.8 亿元，位居全国前列。江西退耕还林粮食补助资金发放标准为 210 元/亩；退耕还林现金补助发放标准为 20 元/亩，根据 2009 年退耕还林秋季自查验收结果发放。资金发放前，将对退耕还林面积、验收合格面积、应发放的补助资金进行张榜公示。下达给农户的退耕还林补助资金和生态公益林补偿资金将全部纳入财政“一卡通”，实行“一户一卡”，严防虚报冒领、截留挪用，确保林农利益。尽管现有的补偿资金逐步增长，但是根据前面的分析，所需生态补偿资金与需求的缺口仍然比较大。

从水环境状况上，1985—1999 年：①定南县城下断面除氨氮外，其余监测因子均能满足水质目标，该水体接纳的废水除生活污水外，还有选矿废水和化工废水，氨氮超标严重，为劣Ⅴ类水质。②定南八罗排断面监测因子能满足Ⅲ类水质目标要求。③四个出境断面中，除斗晏电站坝下氨氮（Ⅳ类）超过水质目标（Ⅲ类）要求外，其余监测因子均可满足Ⅱ～Ⅲ类水质目标要求。

依据《地表水环境质量标准》（GB 3838—2002）中的评价标准，以 2009 年赣州市水文局水环境监测中心监测的 pH、DO、COD_{Mn}、BOD_5、氨氮、总氮、总磷、总砷、氰化物、挥发酚、六价铬等 11 个指标为基础，采用单因子评价法，按汛期（4—9 月）和非汛期（10 月至次年 3 月）对其进行评价，由评价结果可见，东江源区水质为劣 V 类水，其汛期水质要优于非汛期水质，寻乌水优于定南水。寻乌水的超标指标主要是氨氮、总氮。定南水的超标项目除了氨氮、总氮、总磷，还有有毒性指标总砷。

采用季节性肯达尔检验法进行水质趋势分析，结果表明，东江源区五日生化需氧量、氨氮、总磷、总氮、硫酸盐、总硬度、总砷、高锰酸盐指数上升比例 TUPm 均大于下降比例 TDNm，表明 8 个指标均趋于恶化；pH 的 TUPm＜TDNm、TUPDO＞TDNDO 表明东江源区溶解氧、pH 指标趋于改善；WQTIUP＞WQTIDN，表明东江源区水质整体状况趋向恶化。

因此，从生态补偿资金不足的情况与水质恶化的趋势分析，环境质量与资金投入呈同步关系，生态补偿政策实施效果在近期尚未得到反映，需要待远期的进一步考察。同时也说明如若依靠单一的财政补贴，不能解决东江源区的水环境质量保障问题。

（2）广东省

广东省是我国开展生态补偿问题探讨较早的省份，1993 年广东省政府就出台了《广东省跨市河流边界水质达标管理试行办法》，2006 年又出台了《广东省跨行政区河流交界断面水质保护管理条例》，关于交界断面水质未达到控制目标的责任区域内停止审批、核准增加超标水污染物排放的建设项目的规定，从地方法规的层面上为实施政策性流域生态补偿提供了法律保障。开展的具体工作有财政转移支付、生态公益林补偿、环保专项资金、探索流域协调机制、资源与环境有偿使用政策等。在国家以及各省的促进下，广东省也于 2009 年开展了生态补偿机制设计与政策研究工作，并以省内重点督办的深莞惠地区作为工作重点。

对比 2005 年和 2009 年广东省状况公报进行分析。2005 年全省 21 个地级以上城市 66 个饮用水水源地水质总达标率为 87.5%。水质达标率达 100%的城市有 19 个，广州和深圳两市未完全达标，分别为 71.1%和 87.1%，主要污染指标为氨氮、粪大肠菌群、BOD 和总氮。江河水系中，东江干流和珠江三角洲主要干流水道水质良好，部分水量较小的支流（龙岗河、坪山河）和珠江三角洲部分城市江段（珠江广州河段、深圳河、东莞运河）水质受到重度污染。惠州西湖三个湖泊均达到功能区水质标准。新丰江水库、枫树坝水库、流溪河水库水质均达到或优于Ⅲ类，水质良好。白盆珠水库为Ⅳ类水质，受总磷轻度污染。全省排放总量 63.8 亿 t，其中工业废水排放量 23.2 亿 t，工业废水达标排放率 82.9%，城镇生活污水排放量 40.6 亿 t，占总排放量的 63.7%。COD 排放总量 105.8 万 t，其中工业废水中 COD 排放量 29.2 万 t，比上年增加 17.1%；有毒有害污染物（氰化物、砷、汞、镉、铬、铅、挥发酚）排放量 76.5 t；石油类排放量 549.8 t。工业废水中氨氮排放量 0.9 万 t，基本与上年持平。

2009 年全省共统计 21 个地级以上城市 76 个饮用水水源地，水质总达标率为 95.0%。其中，深圳市水质总达标率比 2008 年上升了 2.4 个百分点，首次完全达标；

21 个地级市中仅广州市未全部达标，水质达标率为 82.2%，较 2008 年上升 1.2 个百分点。江河水质方面，全省主要江河 75.0%的断面水质优良。深圳是全省江河污染最严重的地区，全省 7 个受重度污染的江段中，龙岗河、坪山河和深圳河均在深圳。跨市河流交界断面水质达标率微升 0.5 个百分点；其中，交界断面水质达标率升高的城市有广州、佛山、河源 3 个城市，观澜河等跨界断面污染物浓度超标；惠州西湖水质由Ⅲ类下降为Ⅳ类。污水减排方面，全省 2009 年 COD 减排 5.24 万 t，全年排放量比 2008 年下降 5.44%，比 2005 年下降 13.87%。

截至 2010 年，广东省尚未出台有关于生态补偿的正式政策，东江流域依靠的主要是跨界水质保护条例。从 2005 年与 2009 年的对比分析可见，饮用水水源地的水质好转，COD 排放量减排 13.87%，在东江河源、广州等地区环境改善的同时，干流水质敏感区的惠州和深圳水质状况依然严重，总体上东江水质保持稳定，改善效应不明显。经济快速发展与环境质量之间的矛盾没有得到根本缓解。

7.7 东江流域试点存在的问题及其完善建议

7.7.1 生态补偿试点存在的问题

“十一五”期间，通过本子课题的研究，协助江西省政府建立了东江源头区域生态补偿机制，并先后颁布了《江西省“五河”和东江源头保护区生态环境保护奖励资金管理办法》（赣财办〔2008〕269 号）和《江西省人民政府关于加强“五河一湖”及东江源头环境保护的若干意见》（赣府发〔2009〕11 号），使东江源区生态补偿工作逐步步入法制轨道。尽管广东省尚未建立有效的东江流域生态补偿机制，但已将其政策思路纳入政府管理工作中，多个政府文件都明确提出须建立生态激励型财政机制[①]和在东江流域的淡水河、观澜河（石马河）开展生态补偿与污染赔偿试点工作[②]，有理由相信，建立广东省辖东江流域生态补偿与污染赔偿机制指日可待。

然而，建立东江流域跨省生态补偿与污染赔偿机制却鲜有进展，造成这一局面的原因在于中央、江西省和广东省三者间非合作博弈：

（1）中央

鉴于东江流域的重要性和特殊性，中央政府一直重视并积极号召尽早启动东江流域的生态补偿，但是作为国家，其需要协调的大小流域众多，如果由中央财政承担起所有的流域补偿资金，其成本过高，国家的基本思路是在中央组织协调下，建立起以省级横向补偿为主，中央财政引导或奖励为辅的利益补偿机制。且广东省是经济发达地区，有较强的财政能力，东深供水工程每年的收益也不少。

---

① 《转发省财政厅关于调整完善激励型财政机制意见的通知》（粤府办〔2010〕1 号）。

②《印发〈珠江三角洲环境保护一体化规划（2009—2020 年）〉的通知》（粤府办〔2010〕42 号）以及《广东省环境保护厅关于环境保护工作促进全省加快经济发展方式转变的意见》（粤环发[2010]54 号）。

（2）江西省

江西省政府认为，东江源区三县为保护东江水质付出了一定的代价，作为受益者的国家和广东省均有责任对江西省进行补偿。其中，江西省认为国家应：①批准东江源区为国家重点生态功能保护区建设示范区，准确定位其经济社会发展和生态环境保护方向，并给予政策和资金支持。同时，全国主体功能区划已将东江源头区域定南、安源和寻乌列入国家级限制开发区，此类区域应享受国家财政倾斜。②建议从广东省上缴的财政资金中专门列专项资金，用于东江源生态补偿。③加大国家的对口援助力度，包括天然林保护工程、生态公益林工程、退耕还林工程、生态农业试点项目、水土保持项目、环境基础设施建设、生态环境监测能力建设等方面。

江西省认为广东省应：①用财政收入的一部分建立生态补偿基金支付给东江源区三县政府用于生态环境保护和建设。②下游发达地区与源区三县结对，开展技术和发展援助，希望能从中下游引进一些无污染的产业来源区，帮助源区发展。

（3）广东省

广东省作为东江流域的保护者和受益者，对于东江流域生态补偿问题也有自己的看法：①水资源属于国家所有，保护水资源是每个人的责任。在一定程度上，广东省是东江流域水资源的享用者和受益者，但广东省在自身经济获得发展的同时，为国家也作了应有贡献，例如广东省每年向国家缴税约占全国税收的 1/6，而税收的功能就在于协调区域发展。因此，应该从国家层面建立生态补偿，地方政府之间的横向补偿是不现实的。②从江西入境的水量仅约占东江水资源总量的 10%，其水质远不如河源境内新丰江水库的Ⅰ类水，东江水质好，主要是从新丰江汇入的大量优质水。江西省进入广东省境内的部分水质指标为劣Ⅴ类，如果真要补偿的话，应该是江西省补给广东省政府。③如果广东省补偿了江西省以后，珠江上游的云南、贵州、广西也要求广东给予补偿，那广东补偿得起吗[①]？

透过东江流域跨省生态补偿中中央、江西省和广东省政府间的非合作博弈这一现象应该看到，跨省生态补偿，其利益主体复杂，仅依靠地方立法和地方实践，要在多个利益相关方的复杂利益纠葛中实现真正突破，是非常困难的。其实自 20 世纪 90 年代，我国地方政府纷纷探索、建立了具有地方特色的流域生态补偿机制，并取得许多成功经验。然而，综观全国，到目前为止，凡是跨省的流域补偿，却少有成功的案例。

7.7.2　继续推进东江源试点的建议

2010 年由国家发改委牵头，11 个部委参与的《生态补偿条例》起草工作正式启动，这将为建立东江流域跨省生态补偿与污染赔偿机制提供基础条件。针对东江流域跨省生态补偿与污染赔偿机制建立的政策需求，提出以下建议：

① 根据 2009 年课题组与广东省政府相关部门座谈会议政府部门代表发言整理。

1）将东江流域跨省生态补偿与污染赔偿纳入“十二五”国家生态补偿机制试点地区，开展流域生态补偿的试点。并根据东江源区生态效益的外溢程度，理清中央、广东省和江西省政府三者的责任，探索建立基于水质资源有偿使用的跨省生态补偿与污染赔偿机制。制度设计的总体思路是：建立完善的水资源有偿使用制度，通过“国家所有、全民使用、使用者向国家支付，国家向保护（生产）者转移”的办法，实现对水源保护区的生态补偿。即东江流域内所有用水城市（包括江西省赣州市，广东省的河源市、惠州市、东莞市、广州市、深圳市和香港特别行政区）应向国家缴纳水资源费（税），然后由国家根据成本效益的核算标准向水源保护区包括江西赣州市源头区域和广东省河源市进行转移支付（图 7-5）。在实际操作中，国家可以委托地方政府或流域管理机构来进行水质资源费（税）的管理。

建立基于水资源有偿使用的生态补偿机制的根本好处在于：变现在的“政府支援”为“社会（收益者）支付”，不但可以解决利于保护者的生存问题、极大地提高流域保护者的积极性，保证下游可以“源源不断”地得到优质水资源，同时还可以减轻政府的财政负担，最终可以实现“多赢”目标。

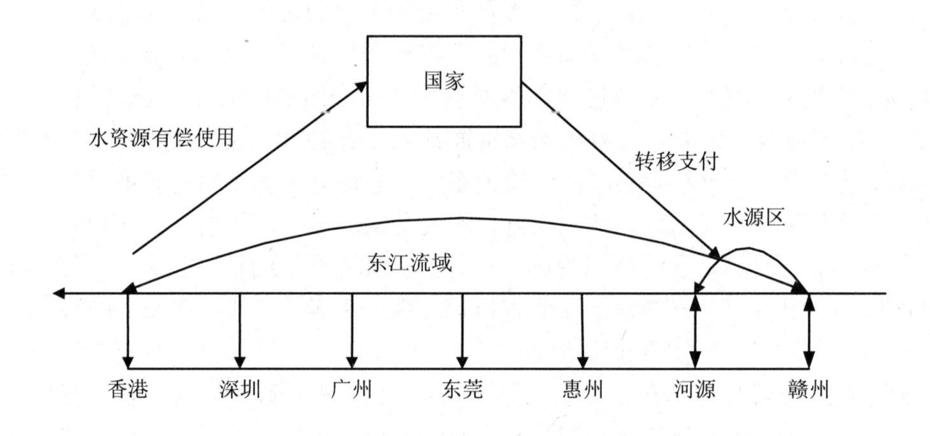

图 7-5　东江流域水质资源有偿使用与生态补偿

2）根据自然生态系统的整体性，建立包括江西源头区域和河源市的跨行政区域的国家生态功能保护区，准确定位生态功能保护区社会发展和生态环境保护方向，并建立基于社会公平生态补偿基金支出机制。用于生态补偿的水资源费（税）支出包括：①水质保护；②保证社会公平与域内群众的生活；③域内后代的教育；④域外的投资与发展；⑤域内人口向域外外迁定居；⑥域内人口域外就业的支持。当前水资源税的用途是支付生态公益林的补偿、生态功能保护区污染防治措施的建设费与运营费和支持当地产业转型的费用。长远来说，费用应投入到产水区人民的教育及人口有序转移向生态功能保护区外的城市区域，利用公共财政转移支付为引导，以我国城市化为契机，实现产水区人口的战略性转移。

3）加大国家相关部委的对口援助力度，包括天然林保护工程、生态公益林工程、退耕还林工程、生态农业试点项目、水土保持项目、环境基础设施建设、生态环境监测能力建设等方面。加大项目投资力度，完善“项目支持”形式，提高补偿资金利用效率。目前，在源区的生态建设补偿政策如退耕还林、农村能源建设、水土保持等也是采用“项目支持”的形式，但实施成本太高，是在政府的逐级推动下进行的，并且还存在着资金分散、部门分割、重复建设和资源浪费等现象。因此，今后必须整合生态环境建设的各项资金，打破部门和地区界限，以项目建设为中心，由市场主体来具体实施，通过运用市场机制来提高生态建设补偿效率。

4）“十二五”期间，在江西、广东两省东江源生态补偿试点完善的基础上，重点推进国家层面上的东江源生态功能区财政转移支付政策的试点和落实。建议成立东江源区生态补偿联席会议，中央负责协商东江源区的生态补偿事宜，建立江西、广东两省的东江源区生态补偿联席会议机制，定期召开联席会议，召集广东和江西两省政府及流域内县市级政府与财政、环保、水利等部门的代表和群众代表参加会议，并就补偿资金确定与使用监督、项目实施、补偿制度完善意见等问题进行商讨与协商。同时，邀请流域利益相关方代表参会，广泛听取各利益相关方的诉求和意见。

第8章 闽江流域生态补偿与污染赔偿试点研究

本章根据闽江流域生态补偿的现有基础，选择闽江流域开展流域生态补偿的示范研究，主要解决福建省内跨设区市流域的生态补偿和污染赔偿问题，围绕建立政府指导和市场调节相结合的流域生态补偿机制与政策，进行闽江流域生态补偿方案的设计，提出完善闽江流域生态补偿机制的政策建议。通过在闽江流域取得的试点经验，为形成国家层面上省内跨市流域生态补偿政策提供方法、技术与实践经验的支持。

8.1 闽江流域开展生态补偿的基础

8.1.1 流域自然与社会概况

闽江是福建省最大的河流，是福建人民的母亲河，由沙溪、建溪、富屯溪等支流和闽江干流组成，主干流长 559 km，常年径流量 621 亿 m^3（居全国第七位）。闽江流域面积 60 992 km^2（在全国居第 11 位），约占福建省陆域面积的一半，主要涉及福州、南平、三明等市的 36 个县（市、区），流域人口约占全省人口的 35%，经济总量约占全省的 38%，是福建省重要的经济区之一，在全省经济、社会和环境的可持续发展中占有十分重要的地位。

闽江流域是福建省工业相对集中的地区，工业废水中 COD 年排放量约占全省的 60%，氨氮年排放量占全省的 40%以上，特别是在上游沙溪等河段分布着化工、冶金、农药等企业，存在着明显的环境风险隐患。近年来，闽江流域上、中游地区养殖业发展迅猛，造成水体严重污染；环保基础设施建设明显滞后，生活污染日益突出。

闽江属山区性河流，中、上游滩多水急，水力资源丰富，理论蕴藏量 641.8 万 kW，约占全省的 60%，可开发水力装机容量约 468 万 kW，是福建省水能资源重要开发地段。据不完全的调查统计，闽江水系中仅流域面积 500 km^2 以上的河流规划建设的水电站就达 452 座（其中已建、在建的水电站有 367 座）。过度和不合理的水能资源开发，对流域水环境和水生态环境的影响日益凸显。

闽江流域上、下游地区的经济发展存在程度不同的差异，总体上可归结为沿海与内地、城市与农村之间的差距。下游的福州市地处沿海地区，经济较发达；上、中游的三明、南平市地处闽西北内陆山区，经济欠发达，社会文化落后，而生态优势明显，旅游资源丰富，是重要的生态功能区。2005 年下游福州市的地区生产总值和财政收入分别是上游三明市的 3.8 倍和 5.0 倍，是中游南平市的 4.2 倍和 6.5 倍。由于生态功能区划的定位限制以及特殊生态功能区保护的需要，上游地区的经济发展要受到一定的制约，导致流域上下游间更大的经济差距和社会发展的愈加不平衡。上游地区发展经济、摆脱贫困的强烈需求，使流域生态环境面临越来越大的压力（表 8-1）。

表 8-1　闽江流域所跨行政区域

市名	县（市、区）名
龙岩	连城县、长汀县
三明	宁化县、建宁县、清流县、明溪县、泰宁县、大田县、永安市、梅列区、三元区、尤溪县、将乐县、沙县
南平	武夷山市、政和县、光泽县、松溪县、浦城县、建阳市、邵武市、建瓯市、顺昌县、延平区
宁德	屏南县、古田县
泉州	德化县
福州	永泰县、闽清县、闽侯县、鼓楼区、台江区、仓山区、马尾区、长乐市

8.1.2　流域生态补偿的实践与探索

“九五”期间，福建省政府组织实施了闽江流域水环境综合整治工程，取得了显著成效。2000 年，全流域 I ～III类水质比例达到 91.5%，比 1995 年提高了 48 个百分点，流域水质得到明显改善。但从 2002 年开始流域污染出现反弹，水质呈现逐年下降的趋势，至 2004 年 I ～III类水质比例下降到 83%。自 2005 年开始，福建省在闽江流域开展生态补偿试点工作，发挥政府主导作用，多方位筹措治理资金。至 2008 年，福州市政府每年新增 1 000 万元资金，三明、南平在原有的闽江流域环境整治资金的基础上，再各配套 500 万元，同时，省发改委和省环保厅每年各安排 1 500 万元资金，共计筹措 5 000 万元，专项用于闽江流域的环境综合整治。省财政厅、省环保厅制定了《闽江流域水环境保护专项资金管理办法》，规范了生态补偿的形式和内容。生态补偿资金主要用于《闽江流域水环境保护规划》的项目实施，重点用于畜禽养殖业污染治理、乡镇垃圾处理、水源保护、农村面源污染整治、工业污染防治及污染源在线监测监控设施等工程的建设。2008 年 5

月，在本课题组的直接推动下，环境保护部将闽江流域列为全国首批开展生态环境补偿的六个试点地区之一。

实施流域生态补偿在一定程度上弥补了流域环境治理资金的缺口，有效改善了闽江水质。例如，2005 年筹措的 5 000 万元上下游补偿资金分别带动了三明市和南平市 1.53 亿元和 1.07 亿元的治理投入，占两市流域环境治理投入的比例分别为 14.0%和 18.9%。闽江流域水质呈现出逐年好转的趋势，全流域Ⅰ～Ⅲ类水质达标率从 2004 年的 83.0%提高到 2005 年的 92.0%、2006 年的 95.6%、2007 年的 98.2%和 2008 年的 98.5%。

闽江流域的生态补偿工作已试行数年，对调动上游地区环境保护与治理的积极性、促进水环境质量的改善与提高发挥了积极的作用。但是流域现有的补偿形式单一，以环境污染专项资金为主，补偿对象停留在政府对政府的层面上，市场经济的机制和调控手段等操作运用较少，生态补偿范围较小，补偿标准不高，补偿额度与流域治理的规划投资相比差距较大，不能满足上游环境保护的需求。因此需要在现有初步实践的基础上，通过本试点研究，进一步完善流域上下游生态补偿机制，推动全省重点流域水环境综合整治工作，促进跨行政区域的流域生态环境保护。

8.2 闽江流域生态补偿试点方案总体设计

8.2.1 生态补偿的原则

（1）兼顾上下游的利益，体现公平公正的原则

流域上游地区为保护生态环境，发展受到了一定的限制，流域下游地区的发展有赖于良好的水环境质量，上下游拥有平等分享流域生态环境效益的权利，以及共同维护生态环境的义务。对生态环境的过度开发进行遏制，合理地体现资源消耗和环境保护的真实成本，有利于在时间上体现代际之间的公平，在空间上促进区域和流域的可持续发展，实现上下游的互惠互利、共同发展。

（2）明确上下游的责权利，坚持奖惩分明的原则

流域上下游要形成“谁开发、谁保护，谁受益、谁补偿，谁污染、谁赔偿”的共识。各级政府对行政区域交界断面水环境质量负责，组织落实各项流域水环境综合整治任务，成绩显著的由省政府给予一定的奖励。水资源和水能资源等开发受益者承担相应的生态补偿责任。上游地区因污染事故造成流域生态破坏并对下游水环境造成严重污染的，要对下游地区进行赔偿。

（3）拓展生态补偿的资金渠道，实行政府主导与市场机制相结合的原则

流域生态环境保护任务艰巨，需要长期努力和大量资金的支持。要转变仅仅依靠政府财政转移支付的单一补偿模式，在逐渐加大财政投入的基础上，积极引导社会各方参与，建立多元化的补偿资金筹措渠道，实现政府主导与市场化、社会化运作相结

合的生态补偿模式。

（4）探索科学可行的补偿方式，鼓励先行先试的原则

闽江是国家流域生态补偿的试点，要因地制宜地开展生态补偿工作，开拓创新，先行先试，建立完善生态补偿机制，为全省其他流域水环境管理提供经验。要进一步对上游地区生态环境保护的直接投入、丧失的机会成本、生态环境损失和生态服务价值等补偿标准进行科学测算；积极探索建立流域上下游协商制度，开展水权交易，鼓励购买生态标记产品等补偿方式；在大胆实践的基础上，加强对绿色保险、绿色信贷，对需要特殊保护的重要生态区域实行国家购买，对水电站征收生态补偿费，利用水价杠杆促进优质优价等相关政策研究；开展“异地开发”等生态补偿试点，通过加强上下游经贸合作等方式，促进上游自然保护区和重要生态功能区的保护。

8.2.2　生态补偿重点解决的问题

开展闽江流域生态补偿的示范研究，主要解决福建省内跨设区市流域的生态补偿和污染赔偿问题，围绕建立政府指导和市场调节相结合的流域生态补偿机制与政策，提出完善闽江流域生态补偿机制方案及其分阶段实施计划。

1）解决现有流域生态补偿资金不足的问题，研究多渠道的补偿资金筹措方案，合理测算各级政府应分担的资金投入。

2）研究建立基于市场机制的生态补偿模式，解决现有流域生态补偿方式单一的问题。探讨实行水能资源有偿开发等市场化的补偿模式，对梯级开发水电站征收生态补偿金，制定水电站的生态补偿方案。

3）以保护流域饮用水水源、重要生态功能区，保证上下游间交界断面水质水量，促进流域的污染控制和生态改善为目标，研究流域上下游生态补偿与污染赔偿方案，选择合理指标，提出可量化的生态补偿与污染赔偿标准，制定流域生态补偿资金的分配方法。

4）解决现有生态补偿未与污染治理和水质改善的绩效相挂钩等问题，制定考核办法，明确目标责任，建立健全生态补偿的绩效考核机制。

8.2.3　总体思路及关键技术环节

闽江流域试点工作的目的，是以建立和完善基于交界断面水质水量指标的流域上下游生态补偿和污染赔偿机制为目标，充分考虑与流域现有生态补偿办法的衔接，以下是其基本框架和总体工作思路。

（1）界定并明确补偿责任主体

流域内各级政府作为生态补偿和污染赔偿的责任主体需要共同分担生态保护的责任，并对辖区内的水环境质量负责，承担各自区域内的环境污染治理任务。流域水资源和水能资源开发受益者要承担相应的生态补偿责任，流域环境污染和生态破坏者要承担相应的赔偿责任。

（2）研究生态补偿资金的筹措方案

根据流域综合整治目标和工作任务，确定补偿资金需求，核定地方政府和相关部门的出资数额，并提出其他市场化的补偿资金筹措方案，如向水电站征收的生态补偿金与生态破坏赔偿金。

（3）制定补偿资金的分配方法

以流域上下游间交界断面的水质、水量指标为考核依据，对流域上下游地区实施奖惩。下游在上游达到规定的水质水量目标的情况下给予补偿；上游没有达到相应的水质水量目标，或者对下游造成水环境污染事故的，上游应对下游予以赔偿。研究制定补偿标准、补偿方式和补偿资金分配方法。

（4）制定与补偿方案相适应的考核办法

设计科学量化的考核指标与标准，制定上下游生态补偿的绩效考核办法，明确各相关责任主体的目标责任，使生态补偿与污染治理、生态保护和水质改善的绩效相挂钩。

（5）生态补偿的实施机制与保障体系

提出建立闽江流域生态补偿机制所需要的法规、政策和财政制度安排，以及机构、组织、协调等管理机制和能力建设等保障措施。

8.3 闽江流域生态补偿试点总体技术方案

8.3.1 生态补偿的类型

按照子课题 1 有关流域生态补偿与污染赔偿的类型划分的方法，流域生态补偿与污染赔偿的类型将根据不同流域特征和流域内面临的突出问题，划分为三大类型：一是跨界流域污染赔偿；二是跨界流域生态补偿；三是水源地保护的生态补偿。

闽江流域水环境功能以Ⅰ～Ⅲ类水质为主，在污染物排放总量逐年递增情况下，闽江流域水质总体保持优或良好，近几年，Ⅰ～Ⅲ类水质河段所占比例均达 90%以上，河流水质呈总体向好趋势（图 8-1）。2009 年，闽江 57 个省控监测断面（含 29 个交界断面）水质为优，水质保持稳定。水域功能达标率为 98.2%，其中 29 个交界断面水质达标率为 96.6%；Ⅰ～Ⅲ类水质比例为 97.7%，高于全省平均水平（93.8%），其中，Ⅱ类水占 52.6%，Ⅲ类水占 42.1%；Ⅴ类、劣Ⅴ类水的比例不到 1%（图 8-2）。

因此，对于水质相对较好的闽江流域，应属跨界流域生态补偿类型。流域主要跨福州、南平、三明三个设区市，主干河道承担了沿线区域生产、生活、生态用水的功能，流域突出的问题是生态保护和建设，需要通过建立跨界流域生态保护的补偿机制，使上下游地区共同分担流域内生态保护成本，同时，下游地区应补偿上游区域的社会经济发展成本。

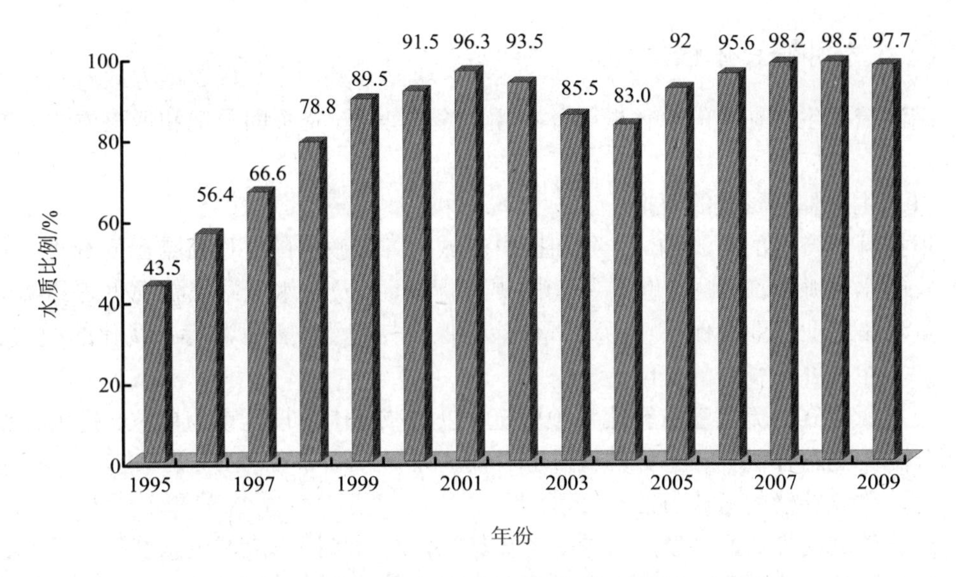

图 8-1　闽江流域 I～III 类水质比例变化情况(1995—2009 年)

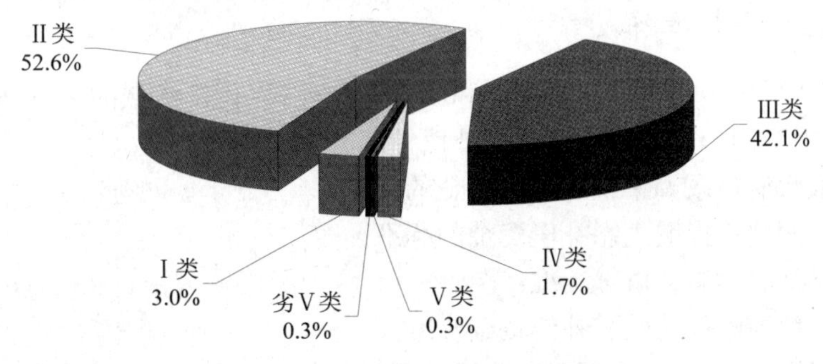

图 8-2　2009 年闽江流域各类水质比例

8.3.2　生态补偿的模式

针对闽江流域的生态补偿问题类型，生态补偿模式应以政府主导与市场机制并举的方式，其中政府主导是闽江流域生态补偿重点考虑的形式。考虑与现有生态补偿方式的衔接，闽江流域的生态补偿仍以设立流域生态环境保护专项资金的方式，在增加流域内各地区政府投入的基础上，多渠道争取生态环境保护投入。

通过学习和借鉴国外经验，研究建立基于市场机制的生态补偿模式。培育资源市场，探讨实行水资源利用有偿转让和水能资源有偿开发等资源使用权交易市场化的补偿模式，以及实行绿色信贷和绿色保险，以引导市场机制参与流域生态补偿。

8.3.3 生态补偿总体框架

闽江流域生态补偿的总体框架体系由资金的来源、资金的分配和考核方法三部分组成。

（1）生态补偿资金的筹措

根据补偿资金的来源构成，分别提出流域内各级政府的补偿资金出资标准，流域内征收的水资源费部分用于生态补偿的提取标准，以及向水电站征收的生态补偿金标准、重污染行业企业投保环境污染责任险的保费与赔偿限额标准等市场化的模式。

（2）生态补偿资金的分配

根据所建立的流域生态补偿专项资金，以流域范围内设区市为单位，提出各设区市所分配的生态补偿资金基数的标准和计算方法。

（3）生态补偿的考核方法

根据流域交界断面水质、水量的考核结果，进一步提出流域生态补偿、污染赔偿以及奖励办法，对各设区市所分配的生态补偿资金进行增补或核减，确定最终的补偿资金分配方案。

8.3.4 生态补偿标准确定

根据前述所确定的生态补偿类型和生态补偿模式，闽江流域的生态补偿标准根据具体情况选用不同形式的标准。具体补偿标准有以下 4 种类型：

1）各级政府财政筹集生态补偿资金的标准；

2）水资源费中提取生态补偿资金的标准；

3）电站征收生态补偿金标准；

4）绿色保险收取的生态补偿资金标准。

以上 4 种生态补偿标准的确定分析详见 8.4 节。

8.4 闽江流域生态补偿资金的筹措

目前，闽江流域生态补偿的资金渠道主要以环境污染专项资金为主，包括省直相关部门的专项资金，以及下游福州市财政对流域上游地区的补偿资金和上游设区市相应配套的部分资金，资金总额相对较小，与流域治理的规划投资相比差距较大，不能满足上游生态环境保护的需求。为满足流域水环境保护的资金需求，需要在逐渐加大财政投入的基础上，积极引导社会各方参与，建立政府主导与市场化相结合的补偿资金筹措渠道。

8.4.1 各级财政支持的资金

流域内各级政府作为生态补偿的责任主体需要共同分担生态保护的责任和环境污

染治理任务，安排必要的补偿资金。各地区政府出资标准主要综合考虑各地区的 GDP 总量、人口数量、财政收入、取水量等因素，按照一定的权重因子，确定年度应注入的补偿资金。省直相关部门投入的补偿资金也应随区域社会经济发展逐步增加。

省财政整合各部门的专项资金，统筹福州市财政对流域上游地区的补偿资金及上游设区市相应配套的部分资金，纳入由省财政厅设立的闽江流域水环境保护专项资金（以下简称“专项资金”）专户。2010 年各级财政支持的闽江流域生态补偿资金共计 1 亿元，其中省级财政 6 000 万元，福州市 3 000 万元，三明市 500 万元，南平市 500 万元。从 2011 年起，流域各级政府可根据 GDP 的增长，相应提高出资的额度，亦可通过上下游协商的方式增加生态补偿资金。

8.4.2　提取部分水资源费用于生态补偿

8.4.2.1　主要法规依据

2007 年，福建省人民政府根据《中华人民共和国水法》《取水许可和水资源费征收管理条例》《福建省取水管理办法》和《福建省行政事业性收费管理条例》，制定印发了《福建省水资源费征收使用管理办法》，根据取水许可管理权限的规定，按照“谁发证、谁收费”的原则，水资源费由县级以上人民政府水行政主管部门分级负责征收。水利部授权流域管理机构发放的取水许可证的取用水单位和个人的水资源费由省水行政主管部门征收。一些地方如宁德市在实际执行中由水政监察队伍收取或由供电公司代收。

保护水资源是生态补偿的重要任务，水资源费部分用于流域生态补偿符合《取水许可和水资源费征收管理条例》《水资源费征收使用管理办法》《福建省水资源费征收使用管理办法》等国家和地方法规的相关规定。

《取水许可和水资源费征收管理条例》第三十六条指出：征收的水资源费应当全额纳入财政预算，由财政部门按照批准的部门财政预算统筹安排，主要用于水资源的节约、保护和管理，也可以用于水资源的合理开发。

《水资源费征收使用管理办法》第二十一条指出：水资源费专项用于水资源的节约、保护和管理，也可以用于水资源的合理开发。使用范围包括：水资源费应用于江河湖库及水源地保护和管理、水资源应急事件处置工作补助等。

《福建省水资源费征收使用管理办法》第十五条第二款指出：水资源费的使用范围包括：水资源管理、保护，水功能区管理，水资源质量监测。

因此，根据以上条例、办法的规定，提取部分水资源费用于流域生态补偿，正符合水资源费的使用方向。

据调查，福建省级入库的水资源费目前主要用于水库除险加固和农村饮水工程，在当前流域水环境保护任务日愈加重的情况下，按照国家和地方法规的相关规定，非常有必要将现有水资源费进行整合，将所征收的水资源费中的部分资金纳入流域水环境保护资金专户，用于流域的生态补偿。

8.4.2.2 水资源费征收情况

按现行的《福建省水资源费征收使用管理办法》，水资源费的征收标准见表 8-2。

表 8-2 福建省水资源费征收标准

<table>
<tr><td rowspan="4">用途</td><td rowspan="4">水源
取用水类别</td><td rowspan="4">地表水</td><td colspan="4">地下水</td></tr>
<tr><td colspan="3">除城乡自来水企业外取用地下水</td><td rowspan="3">城乡自来水企业取用地下水</td></tr>
<tr><td colspan="2">自来水公共管网覆盖区域</td><td rowspan="2">自来水公共管网没有覆盖的区域</td></tr>
<tr><td>超采区
限采区</td><td>一般区域</td></tr>
<tr><td colspan="2">水力发电取用水</td><td>0.008</td><td></td><td></td><td></td><td></td></tr>
<tr><td colspan="2">火力发电贯流式冷却取用水</td><td>0.006</td><td></td><td></td><td></td><td></td></tr>
<tr><td rowspan="2">城乡生活取用水</td><td>一类区</td><td>0.06</td><td rowspan="6">按其取用水用途，比照当地自来水公司分类到户价格水平</td><td rowspan="4">0.50</td><td rowspan="4">0.25</td><td rowspan="6">0.15</td></tr>
<tr><td>二类区</td><td>0.05</td></tr>
<tr><td rowspan="2">工业取用水</td><td>一类区</td><td>0.08</td></tr>
<tr><td>二类区</td><td>0.07</td></tr>
<tr><td rowspan="2">除工业取水之外的其他生产经营取用水</td><td>一类区</td><td>0.12</td><td rowspan="2">1.20</td><td rowspan="2">0.60</td></tr>
<tr><td>二类区</td><td>0.10</td></tr>
</table>

注：① 工业取用水包括火力发电闭式冷却等取用水；

② 表中水力发电和火力发电贯流式冷却的计征单位为元/（kW·h），其他的计征单位均为元/m^3；

③ 一类区为福州、莆田、泉州、厦门、漳州市，二类区为龙岩、三明、南平、宁德市；

④ 对处于海水与淡水交界处的火力发电企业，按用水量的实际淡水消耗量征收水资源费，其中淡水比例的界定，由省水利厅组织论证确定。

根据调研，2008 年福建全省共征收水资源费 2.15 亿元，其中省级征缴入库 8 075 万元，仅少数大型企业缴纳的水资源费即占省级收入的 80%左右（其中位于闽江流域的水口、安砂等水电站以及位于汀江流域的棉花滩水电站等约 4 000 万元，福州华能等电厂约 2 500 万元，闽江流域内的华电集团永安火电、邵武电厂均免征，其余主要征自工业、生活等取用地表水）。全省征收的水资源费有 10%上缴中央，5%用于水行政主管部门水资源费征管业务费，20%为地市征收，剩余的 65%中还需将 35%划拨林业部门用于水源涵养工程建设及生态公益林补偿；特别是 2009 年省水利厅为配套中央增投项目资金，以水资源费作为抵押，从地方债券中贷款 1 亿元，用今后征收的水资源费统贷统还，需到 2015 年方能偿清；再加上水资源费的征收有难度，总的资金有限。

由此可见水资源费未足额征收，还有一定潜力。通过建立生态补偿机制，在一定程度上可加大水资源费的增收力度，同时也将为流域生态补偿的资金来源提供有力保障。2008 年福建全省水电站发电量 331 亿 kW·h，若水资源费能足额征收，仅水电这部分就可收得 2.6 亿元，按 0.003 元/（kW・h）的提取标准即可筹集生态补偿金 9 930 万元。对现已征缴入库的水资源费若均按征收标准的 30%提取用于流域生态补偿，则 2008 年全省共可从水资源费中提取 6 450 万元的生态补偿资金。

福建省级征收的水口、棉花滩、安砂 3 座水电站，每年平均发电量超过 70 亿 kW・h，就可征收水资源费近 6 000 万元。如果能加大水资源费的增收力度，做到足额征收，估算增收的水资源费可比原有至少增加 50%，增收额度可达 1 亿元以上；而水电增收的水资源费则可比原有增加数倍。因此只要水资源费能足额征收，在原有确定的资金用途（包括配套中央增投项目资金贷款的还款）外，是有资金余量可用于流域生态补偿的，既可保障原有的水资源费的资金，又可为流域生态补偿筹措必要的资金。

8.4.2.3　水资源费提取标准

闽江流域内征收的水资源费部分用于生态补偿，具体提取标准见表 8-3。其中，向水力发电企业征收的水资源费，按 0.003 元/（kW・h）的标准提取；向城乡生活取用地表水、工业取用地表水和其他取用地表水征收的水资源费，按现行征收标准的 30%提取。所提取的水资源费由省财政划入生态补偿专项资金。

2008 年福建全省共征收水资源费 2.15 亿元，其中省级征缴入库 8 075 万元，若均按征收标准的 30%提取用于生态补偿进行估算，则共可提取 6 450 万元的生态补偿资金。2008 年福建全省水电站发电量 331 亿 kW・h，按 0.003 元/（kW・h）的提取标准估算，仅水电这部分就可收得生态补偿金 9 930 万元。

表 8-3　水资源费部分用于生态补偿的提取标准

取用地表水类别	取用水区域	目前水资源费收取标准	生态补偿提取额度	备注
水力发电取用水		0.008 元/（kW・h）	0.003 元/（kW・h）	
城乡生活取用水	一类区	0.06 元/m^3	0.018 元/（kW・h）	按 30%提取
	二类区	0.05 元/m^3	0.015 元/（kW・h）	
工业取用水	一类区	0.08 元/m^3	0.024 元/（kW・h）	
	二类区	0.07 元/m^3	0.021 元/（kW・h）	
除上述之外的其他取用地表水	一类区	0.12 元/m^3	0.036 元/（kW・h）	
	二类区	0.1 元/m^3	0.03 元/（kW・h）	
	火力发电贯流式冷却取用水	0.006 元/（kW・h）	0.002 元/（kW・h）	

注：① 一类区为福州、莆田、泉州、厦门、漳州市；二类区为龙岩、三明、南平、宁德市。
② 其他取用地表水即为除了水力发电取用水、城乡生活取用水、工业取用水之外所有的取用地表水，包含火力发电贯流式冷却取用水。

8.4.3 征收流域水能资源开发受益补偿金

8.4.3.1 水电站征收生态补偿金的范围

福建省水能资源过度开发造成的流域生态破坏和河流自净能力下降的问题较为突出，为恢复受损的流域生态环境以改善水环境质量，保障流域生态需水量以维护流域生态安全，有必要提高水电行业的准入门槛，实行水能资源有偿开发的市场化生态补偿方式，对不能满足生态需水和水环境质量要求的电站征收生态补偿金，以解决现有流域生态补偿方式单一的问题。

应征收生态补偿金的电站主要包括以下三种类型：

一是新核准建设的水电站。补偿金的征收应能足以影响小水电的利润，从而提高水力发电投资成本，杜绝小水电无序开发。

二是水电站建成后造成水环境质量恶化或生态破坏严重的。即在对流域内水电站开展环境影响后评价的基础上，根据评估结果，将造成流域水环境质量明显恶化、生物多样性锐减、水土流失、生态破坏等严重影响的水电站列入实施生态补偿的范围，开征生态补偿金。补偿标准应科学合理，既能满足污染治理和生态恢复的基本需要，又不影响多数水电站的正常生产运转。

三是达不到最小下泄流量要求的水电站。根据前期已开展的闽江流域规划环境影响评价，要求流域内各水电站均应按最小下泄流量放水，以保证下游基本的生态需水量。一般水电站在发电时，下泄流量远大于天然情况下河道的流量，但在不发电时，往往无下泄流量或下泄流量很小。因此，应对不按下泄流量要求进行调节运行的水电站征收生态补偿金，征收的补偿金可以水电站的下泄流量达不到要求的累计时间为依据，厘定的补偿标准原则上应高于或相当于该时段水电站的发电利润，以充分发挥经济杠杆作用。

8.4.3.2 水电站生态补偿金的征收标准

为科学合理地制定上述水电站的生态补偿标准，课题组充分调研了福建省水电企业实际情况，并与越南的水电生态补偿金征收标准进行了对比。

（1）新核准建设及建成后环境影响严重的水电站

根据调研结果，福建省一装机容量为6万kW中型水电站的发电净利润约为0.063元/（kW·h），规模越大、利润越高，规模越小、相应利润越低，甚至部分小水电处于亏损或持平状况下运行。对新核准建设的和建成后造成水环境质量恶化或生态破坏严重的水电站，若按0.005元/（kW·h）的标准征收生态补偿金，则对装机容量小的新建小水电将足以起到抑制作用，对造成明显环境影响或生态破坏的已建小水电也会形成制约，促成其恢复受损的流域生态环境或因运转不良及效益较差而被自然淘汰，而所征收的标准低于水资源费的征收标准（0.008元/（kW·h）），因此不会损害大多数电站的经济利益。

在确定小水电生态补偿标准方面，研究小组借鉴了越南的经验。越南森林面积达81.6%的林同省于 2008 年开始试点林业生态服务收费，水力发电厂、供水公司和旅游公司作为森林保护的受益者，要求应支付服务费用以建立林业保护与发展基金。其中水力发电厂按 20 越南盾/（kW・h）的标准征收，2009 年 1 月至 2010 年 3 月其支付的服务费用占到了基金总额的 92%。2010 年 9 月越南颁布出台的《森林环境服务付费政策法令》明确要求水力发电站的森林环境服务费用支付标准为 20 越南盾/（kW・h），约相当于人民币 0.006 8 元/（kW・h）。可见，闽江流域拟定的水电站生态补偿标准（0.005 元/（kW・h））与越南的水力发电站森林环境服务费用支付标准基本相当。

（2）达不到最小下泄流量要求的水电站

对达不到最小下泄流量要求的水电站，若以其流量达不到要求的时间段，按每小时每千瓦装机容量 0.05 元的标准征收，则足以促使其在确保下泄流量的前提下，进行优化运行调控，同时也会促成那些难以满足下泄流量要求且效益较差的小水电的自然淘汰。

福建省地处亚热带，气候温和，雨量充沛，森林覆盖率达 63.1%，保证了地表流域水资源的补给。一般情况下，一年内电站只有枯水期蓄水时段不放水，其流量才会小于最小下泄流量。根据闽江流域水电开发规划，闽江流域水电站现有总装机容量约为 316 万 kW（含水口电站 140 万 kW），若以电站每年平均有 2 个月枯水期的蓄水时段不能满足下泄流量来计算（即约 14 h/ d，共计 840 h/ a），则闽江流域每年对达不到下泄流量的水电站可征收的生态补偿费约有 1.327 亿元，可大大弥补现有生态补偿资金的不足。

综上所述，在不损害大多数守法合规的水电企业经济利益和保证其正常运转的前提下，为实现优胜劣汰，促进水能资源的有序开发和流域水环境保护，引导流域水电行业的科学发展，确定对闽江流域水电站生态补偿金的具体征收标准为：一是新核准建设的水电站，按 0.005 元/（kW・h）征收；二是水电站建成后造成水环境质量恶化或生态破坏严重的，按 0.005 元/（kW・h）征收；三是达不到最小下泄流量的，以其流量达不到要求的时间段，按每小时每千瓦装机容量 0.05 元征收。

8.4.4 市场化资金筹措方式：绿色保险

借助绿色保险筹集生态补偿资金是闽江流域生态补偿的一个创新。主要考虑对流域内的重污染行业企业，强制要求购买污染责任保险，交纳绿色保险金，以拓宽生态补偿资金的筹措渠道。

建立绿色保险制度，是保障流域水环境安全、有效实施生态补偿的重要措施。流域内农药、化工、造纸、纺织印染等重污染行业以及使用或排放有毒有害物质的企业均要购买污染责任保险。一旦发生重大或特别重大水环境污染事件，保险公司负责及时理赔，保证污染企业和当地政府对事故的应急处置以及对受害者的赔偿。同时，污染事故对下游水质造成不利影响的，其排污企业须将获赔的部分保险金作为赔偿支付给下游政府。

通过引入绿色保险等经济手段，即可通过市场化的手段分散风险，提升企业环境风险预防能力，实现政府主导与市场机制相结合，改变了过去“企业污染，群众受害，政府担责，全社会埋单”的被动局面，避免了生态补偿资金分配时因上下游环境风险要素缺失而导致的不公正；同时提取保险赔偿后的部分结余用于流域上下游生态补偿，亦是拓展补偿资金的渠道。

8.4.4.1 国内外绿色保险的发展现状

绿色保险主要是指环境责任保险，即围绕环境污染风险，以被保险人发生环境污染事故对第三者造成的损害而依法应承担的赔偿责任为标的的一种保险。环境污染责任保险制度起源于工业化国家，是通过社会化途径解决环境损害赔偿责任问题的主要手段之一。目前，美国、德国、英国、法国、瑞典等发达国家针对如油污损害、核反应堆事故或部分法律规定必须投保的均是强制险。随着近年来全球环境问题日益加剧和污染事故频发，发达国家的环境污染责任保险已逐步向强制保险方式发展，保险范围重点集中于存在重大环境风险的企业，范围逐渐扩大，所定的保险费率和赔付限额也日趋合理科学。

2007 年 12 月，原国家环保总局与中国保监会联合出台了《关于环境污染责任保险工作的指导意见》，各地也尝试用不同方法、在不同行业和领域开展了探索与实践。如湖南省 150 余家企业投保了环境污染责任险，已有 16 家企业先后在发生环境污染事故后获得了保险公司的服务和赔偿；江苏省多部门联合推出了《关于推进环境污染责任保险试点工作的意见》，确定加快推进全省环境污染风险试点工作；云南省昆明市规定，从 2009 年 10 月 1 日起，将全市 25 个主要污染行业全部纳入投保范围，滇池周边已有 45 家重污染企业投保环境污染责任险。同时，环境污染责任险也被纳入地方相关法规条例，如《沈阳市危险废物污染环境防治条例》规定，支持和鼓励保险企业设立危险废物污染损害责任险种；《上海市饮用水水源保护条例》规定，鼓励饮用水水源保护区内的企业、运输危险品的船舶投保有关环境污染责任保险；《河南省水污染防治条例》规定，鼓励单位和个人通过保险形式抵御水环境污染风险；《河北省减少污染物排放条例》规定，要积极推进有毒有害化学品生产、危险废物处理等重污染单位参加环境污染责任保险。

8.4.4.2 基本思路和方案设计

根据国内外绿色保险的实践经验，环境责任保险承担的赔付金额过大，承保过窄，经营此类保险的风险大大高于其他商业保险，保险公司的热情不足；大型企业自认财力雄厚，可自行解决污染赔偿问题；而一些污染责任损害如油污损害的赔偿限额很大，国内保险公司不具有承保能力。部分中小型污染企业还不能接受为污染事故的风险和损害埋单，社会责任意识欠缺。

在当前市场各方准备不足、企业投保意识明显不强、法律法规尚不完善等制约因素下，结合福建省实际，既兼顾各方的利益，又体现公平公正，可通过强制投保、试点承保的方式开展先行先试，再逐步完善。而技术层面上损害范围的确定和评估、证据锁定与采集、保险费率核算、索赔时效等都还有待于在试点实践中进一步解决和完善。

闽江流域绿色保险的初步试点方案设计：流域内农药、化工、造纸、纺织印染、皮革等重污染行业，使用或排放有毒有害物质的企业，以及存在重大环境安全隐患的企业应当购买环境污染责任保险。投保企业一旦发生重大或特别重大水环境污染事件，保险公司对依法应承担的赔偿责任负责及时理赔，保证排污企业和当地政府对事故的应急处置以及对受害者的赔偿。同时，污染事故对下游水质造成不利影响的，排污企业须将部分赔款支付给下游政府用于改善水环境质量。环境污染责任保险保费在确保污染赔付的前提下，结余部分的 70%纳入省级流域生态补偿专项资金之中，于下年度统筹安排使用。企业投保环境污染责任保险的保费及赔偿限额标准（仅适用于试点期限间）见表 8-4。

表 8-4　福建省绿色保险保费及赔偿限额

<table>
<tr><th rowspan="2">企业分类</th><th colspan="4">保险费/万元</th><th colspan="2">事故赔偿限额/万元</th><th colspan="2">排污企业对下游政府的赔偿金额</th></tr>
<tr><th>年营业额 500 万元以下</th><th>年营业额 500 万～3 000 万元</th><th>年营业额 3 000 万～2 亿元</th><th>年营业额 2 亿元以上</th><th>重大环境事件</th><th>特别重大环境事件</th><th>重大环境事件</th><th>特别重大环境事件</th></tr>
<tr><td>重污染行业</td><td>7</td><td>10</td><td>12</td><td>14</td><td>350</td><td>450</td><td rowspan="4">按排污企业所获赔偿金额的 35%</td><td rowspan="4">按排污企业所获赔偿金额的 50%</td></tr>
<tr><td>使用或排放有毒有害物质的企业</td><td>9</td><td>12</td><td>14</td><td>16</td><td>400</td><td>600</td></tr>
<tr><td>生产具有剧毒特性的危险化学品的企业</td><td>11</td><td>13</td><td>16</td><td>20</td><td>450</td><td>700</td></tr>
<tr><td>存在重大环境风险的企业</td><td>15</td><td>18</td><td>21</td><td>24</td><td>1 500</td><td>3 000</td></tr>
</table>

试点方案主要考虑对闽江流域内的重污染行业企业，强制要求购买污染责任保险，交纳绿色保险金。据初步估算，闽江流域大约共有 1 100 家企业应实施绿色保险，预计年可收取约 1.2 亿元的绿色保险金，表 8-5 列出了闽江流域废水排放量前 20 家企业名单。

表 8-5　闽江流域废水排放量前 20 家企业名单

企业名称	行业名称	保险费/万元	工业总产值/万元	废水产生/t	COD排放量/t
福建省青山纸业股份有限公司	造纸及纸制品业	14	147 482	89 329 000	8 308.16
福建省南纸股份有限公司	造纸及纸制品业	14	127 806	23 500 000	3 974.62
福建三钢（集团）三明化工有限责任公司	化学原料及化学制品制造业	24	107 243.7	2.93×10^8	1 294.05
福建纺织化纤集团有限公司	化学纤维制造业	14	53 171	16 186 786	1 131
福建省三钢（集团）有限责任公司	黑色金属冶炼及压延加工业	24	1 115 483	1.06×10^8	408.24
邵武中竹纸业有限责任公司	造纸及纸制品业	14	46 000	9 304 939	2 821.94
浦城正大生化有限公司	医药制造业	14	30 000	5 258 476	1 373.6
福建华电永安发电有限公司（永安火电厂）	电力、热力的生产和供应业	14	32 356	2 540 131	172.93
连城县东方经济开发有限公司	造纸及纸制品业	12	12 000	4 080 000	886.58
宁化行洛坑钨矿有限公司	有色金属矿采选业	14	30 240	14 881 680	278.62
福建省利树浆纸有限公司	造纸及纸制品业	12	3 822.8	3 079 200	565.34
福建三农集团股份公司	化学原料及化学制品制造业	16	51 317	5 886 508	187.62
福建省东南电化股份有限公司	化学原料及化学制品制造业	24	79 119.4	25 551 602	203.4
福州耀隆化工集团公司	化学原料及化学制品制造业	24	40 300	3 172 789	312.46
浦城绿康生化有限公司	医药制造业	12	13 678.6	2 564 415	818.05
连城鸿泰化工有限公司	化学原料及化学制品制造业	16	6 350.6	3 015 000	239.95
福建省南平市榕昌化工有限公司	化学原料及化学制品制造业	24	28 000	21 715 690	285.93
福建省三联化工股份有限公司	化学原料及化学制品制造业	21	9 513	4 557 960	113.22
福建省福抗药业股份有限公司	医药制造业	14	140 500	2 190 000	901.73

8.4.4.3　框架流程

闽江流域绿色保险的框架流程主要分为投保、事故发生、理赔、生态补偿四个部分，在不同阶段又可按具体情况分为 15 个步骤，详见图 8-3。

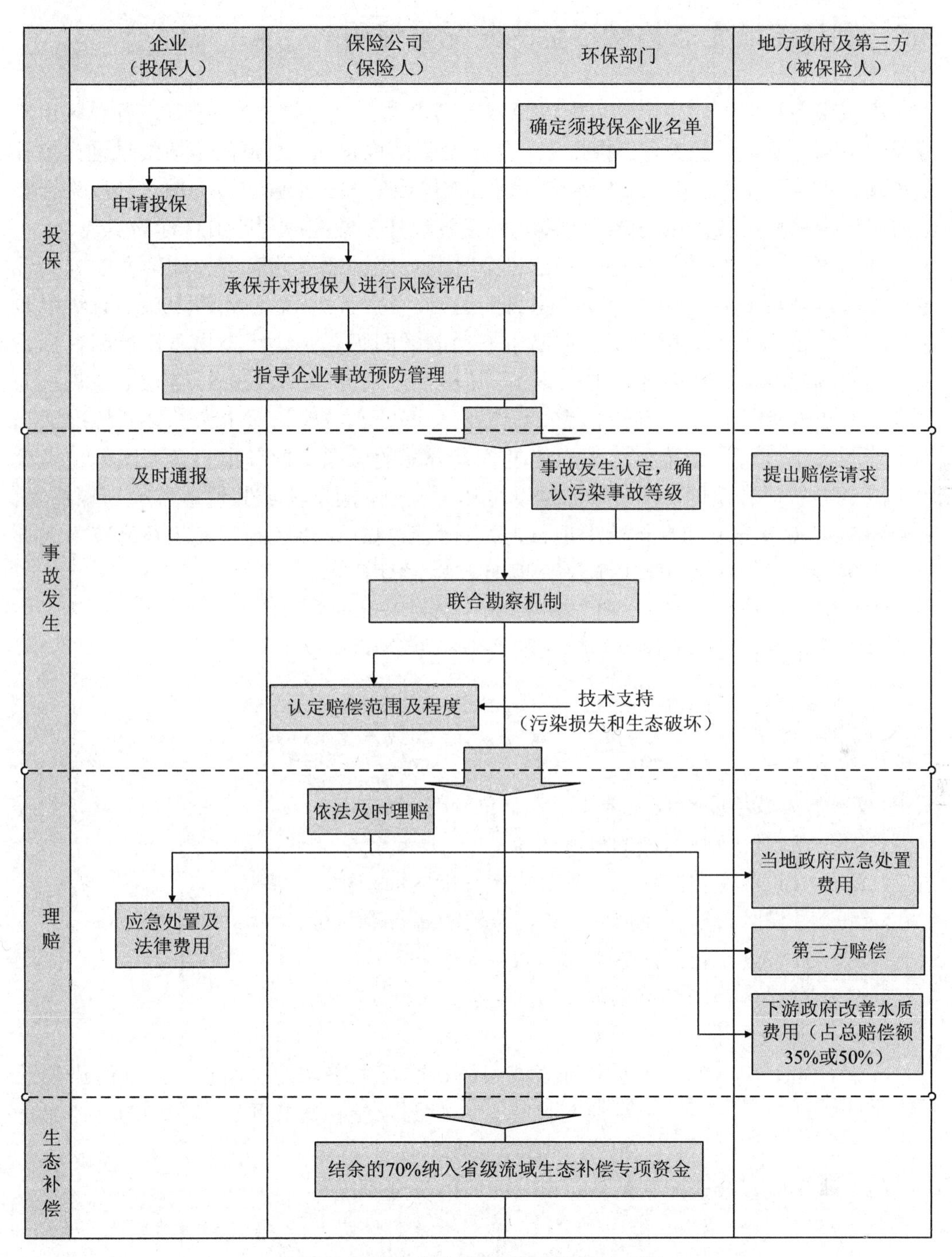

图 8-3　闽江流域绿色保险流程示意图

8.5 闽江流域生态补偿资金的分配与使用

流域生态补偿专项资金的分配以流域范围内设区市为单位，首先确定各设区市所分配的生态补偿资金基数，再根据上一年度交界断面水质、水量的考核结果进行增补或核减。补偿资金的使用主要围绕《福建省人民政府关于加强重点流域水环境综合整治的工作意见》中各流域的整治重点，确保各项任务的完成和整治目标的实现。

省和设区市财政转移支付的补偿资金分配按照福建省政府办公厅转发的《关于重点流域水环境综合整治资金安排意见的通知》执行。资金总额的50%由省级财政按生态补偿范围内的流域面积、重要生态功能区面积、主要污染物总量控制目标、人口等四项指标分配到各市、县（区），其权重分别为30%、20%、30%、20%。为鼓励上游更好地保护生态环境，为下游提供良好的水资源，对上游的补偿标准适当高于下游，年度考核结果作为下一年度资金分配的依据，部分市、县（区）在考核中未能全额获得补偿的，其扣减的额度可作为奖励，用于流域其他地方的生态补偿。其余50%的资金分配到具体治理项目，按贷款贴息、以奖代补、拨款补助等方式补偿，由各市、县（区）按程序向省环保厅、财政厅申报。

闽江流域各市、县（区）生态补偿金分配采用以下公式计算：

（1）本年度直接分配到某设区市的资金额度

$$F_i=\frac{FW_aA_iC_i}{\sum_{i=1}^{n}A_iC_i}+\frac{FW_eE_iC_i}{\sum_{i=1}^{n}E_iC_i}+\frac{FW_tT_iC_i}{\sum_{i=1}^{n}T_iC_i}+\frac{FW_pP_iC_i}{\sum_{i=1}^{n}P_iC_i}$$

式中，F——流域年度财政生态补偿资金总额的50%；

A_i——i设区市辖区内的流域面积；

E_i——i设区市辖区流域内重要生态功能区面积；

T_i——i设区市辖区流域内主要污染物总量控制目标；

P_i——i设区市辖区流域内人口数；

C_i——i设区市的补偿系数；

n——流域内设区市的个数；

W_a、W_e、W_t、W_p——分别为流域面积、重要生态功能区面积、主要污染物总量控制目标、人口四项指标的权重，其值分别为30%、20%、30%、20%。

（2）本年度直接分配到某县、市（区）的资金额度

$$f_j=\frac{F_iW_aa_jc_j}{\sum_{j=1}^{m}a_jc_j}+\frac{F_iW_ee_jc_j}{\sum_{i=1}^{m}e_jc_j}+\frac{F_iW_tt_jc_j}{\sum_{i=1}^{m}t_jc_j}+\frac{F_iW_pp_jc_j}{\sum_{i=1}^{m}p_jc_j}$$

式中，F_i——分配给 i 设区市年度财政生态补偿资金；

a_j——j 县、市（区）辖区内的流域面积；

e_j——j 县、市（区）辖区流域内重要生态功能区面积；

t_j——j 县、市（区）辖区流域内主要污染物总量控制目标；

p_j——j 县、市（区）辖区流域内人口数；

c_j——j 县、市（区）的补偿系数；

m——i 设区市辖区流域内县、市（区）的个数；

W_a、W_e、W_t、W_p——分别为流域面积、重要生态功能区面积、主要污染物总量控制目标、人口四项指标的权重，其值分别为 30%、20%、30%、20%。

考虑到生态补偿的对象主要为上游地区，因此对上游地区的补偿系数要高于下游地区。闽江流域上游至下游各设区市的补偿系数分别取为龙岩 1.5、三明和南平 1.4、宁德和泉州 1.2、福州 1。2009—2010 年，闽江流域各市、县（区）生态补偿金分配计算结果见表 8-6。

表 8-6　闽江流域生态补偿资金分配基数（财政转移支付部分）　单位：万元

龙岩	连城县	长汀县										
合计：136	98	38										
三明	宁化县	建宁县	清流县	明溪县	泰宁县	大田县	永安市	梅列区	三元区	尤溪县	将乐县	沙县
合计：2 041	222	128	150	130	150	192	291	102	121	167	146	242
南平	武夷山市	政和县	光泽县	松溪县	浦城县	建阳市	邵武市	建瓯市	顺昌县	延平区		
合计：2 022	225	62	154	94	249	265	282	246	148	297		
宁德	屏南县	古田县										
合计：160	27	133										
泉州	德化县											
合计：111	111											
福州	永泰县	闽清县	闽侯县	鼓楼区	台江区	仓山区	马尾区	长乐市				
合计：530	127	103	149	18	12	19	40	62				

对于从水资源费中提取的生态补偿资金按照同级征收、同级使用的原则，由省里根据流域水环境整治的重点统筹安排，至 2011 年，年度资金的 70%用于畜禽养殖禁养区、禁建区的整治工作。向水电站征收的生态补偿资金优先安排电站周边的生态环境保护及农村环境综合整治。下游政府获得的生态赔偿金额应优先安排受污染水域的生态恢复。

8.6 闽江流域生态补偿与污染赔偿的考核方法

福建省政府重点流域水环境综合整治工作领导小组下设流域生态补偿专业委员会，负责审查闽江流域的生态补偿工作方案，并组织对各设区市进行考核。考核内容包括水质、水量、主要污染物的排放总量以及污染治理项目的进度和资金使用情况。

8.6.1 生态补偿的考核

（1）水质

流域各设区市交界断面的化学需氧量、高锰酸盐指数、五日生化需氧量、溶解氧、氨氮、总磷和特征污染物需符合国家地表水III类标准（GB 3838—2002）。特征污染物根据流域主要水环境问题及产业类型确定。交界断面水质达标率大于或等于 80%或较上年提高 5 个百分点以上的，给予上游设区市全额补偿；达标率在 60%～80%之间的，按比例补偿；达标率低于 60%的，不予补偿。

（2）水量

各设区市交界断面的流量需满足下游生态需水，生态需水量根据流域规划环评所要求的水量或按该断面多年平均流量的 10%确定，全年流量符合要求的时间按小时计达到 90%以上的，全额给付生态补偿金；在 60%～90%之间的，按比例补偿；低于 60%的，不予补偿。对异常干旱年份或上游设区市来水小于生态需水量要求的，酌情支付补偿金。流量监测数据根据交界断面水质自动监测站的监测结果确定，目前不具备流量监测的采用邻近水文站的数据或上游水电站下泄流量的监控数据进行推算。

（3）主要污染物排放总量

流域生态补偿范围内各县、市（区）的化学需氧量和氨氮的排放量需达到年度总量控制目标，并完成相应的污染减排任务；各设区市交界断面主要污染物化学需氧量、氨氮的通量应小于环境容量。3 项指标均符合要求时，全额给付生态补偿金；达到年度总量控制目标的，按总额的 30%支付生态补偿金；完成污染减排任务的，按总额的 20%支付生态补偿金；通量符合要求的，按总额的 50%支付生态补偿金；3 项指标均不符合的，不支付补偿金。

根据考核结果，按水质 40%、水量 30%和主要污染物排放总量 30%的比例进行补偿，表 8-7、表 8-8 列出了闽江流域交界断面及考核要求。

8.6.2 污染赔偿的考核

按照《国家突发环境事件应急预案》对环境事件的分类，上游设区市每发生 1 次重大或特别重大水环境污染事件，且对下游水域产生不利影响造成水质超标的，分别扣减其补偿资金的 5%和 10%用于对下游设区市政府的赔偿。如所扣减的补偿资金及保险金不足以赔付对下游造成的环境污染损失，上游设区市及排污企业应额外支付其不足部分。

表 8-7　闽江流域设区市交界断面及考核要求

上游设区市	河流名称	交界断面	水质		水量/（m^3/s）	主要污染物排放总量		
			监测项目	特征污染物		流域内县、市（区）的化学需氧量总量控制目标（2009 年）/t	通量/（t/a）	
							化学需氧量	氨氮
龙岩市	北团溪	连城罗王（龙岩—三明）	化学需氧量、高锰酸盐指数、五日生化需氧量、溶解氧、氨氮、总磷和特征污染物，需符合 GB 3838—2002Ⅲ类标准	—	≥4.1	7 972	≤3 330	≤150
	文川溪	山峰电站下游（龙岩—三明）		—	≥1.0		≤1 000	≤50
	长潭河	清流廖坊（龙岩—三明）		—	≥0.8		≤830	≤40
三明市	沙溪干流	水汾桥（三明—南平）		—	≥38.5	43 742	≤47 500	≤2 370
	金溪	樟应（三明—南平）		—	≥33.1		≤35 670	≤1 700
	尤溪	拥口大桥（三明—南平）		铅	≥13.5		≤19 530	≤970
南平市	南平福州段干流	古田黄田（南平—宁德）		—	（位于库区，不考核）	44 120	（位于库区，不考核）	（位于库区，不考核）
宁德市	南平福州段干流	闽清雄江（宁德—福州）		—	（位于库区，不考核）	5 231	（位于库区，不考核）	（位于库区内，不考核）
泉州市	大樟溪	永泰横龙（泉州—福州）		氰化物	≥3.6	1 598	≤3 330	≤150
福州市	闽江干流	闽安（福州入海）		—	（位于感潮河段，不考核）	12 198	（位于感潮河段，不考核）	（位于感潮河段，不考核）

表 8-8　闽江流域县、市（区）交界断面及考核要求

河流名称		交界断面	水质		水量/（m^3/s）	主要污染物排放总量		
			监测项目	特征污染物		上游县、市（区）化学需氧量总量控制目标（2009 年）/t	通量/（t/a）	
							化学需氧量	氨氮
沙溪	九龙溪	肖家（宁化—清流）	化学需氧量、高锰酸盐指数、五日生化需氧量、溶解氧、氨氮、总磷和特征污染物，需符合 GB 3838—2002III类标准	—	≥1.8	1 233	≤6 000	≤220
	干流	安砂水库出口（清流—永安）		—	≥5.1	753	≤19670	≤600
	干流	贡川大桥（永安—三明市区）		—	≥23.1	6 081	≤28 830	≤1 440
	干流	斑竹溪渡口（三明市区—沙县）		—	≥29.8	10 731	≤35 900	≤1 790
	鱼塘溪	瑶奢（明溪—三明市区）		—	≥0.7	1 176	≤1 670	≤80
富屯溪	金溪	袁庄（建宁—泰宁）		—	≥8.5	1 214	≤6 170	≤300
	金溪	万全（泰宁—将乐）		—	≥23.8	1 948	≤23 830	≤1100
	干流	光泽和顺（光泽—邵武）		—	≥11.0	1 436	≤7 870	≤390
	干流	顺昌富文（邵武—顺昌）		氟化物	≥21.0	6 639	≤13 230	≤660
	干流	浪石（顺昌—南平市延平区）		氟化物	≥62.5	2 734	≤58670	≤2930
建溪	崇阳溪	武夷山兴田（武夷山—建阳）		—	≥17.8	1 800	≤13 330	≤500
	南浦溪	建阳坪州桥（浦城—建阳）		氟化物	≥9.2	3 156	≤11 000	≤390
	南浦溪	外溪（建阳—建瓯）		氟化物	≥12.4	4 334	≤8 330	≤400
	干流	建瓯蓬墩（建阳—建瓯）		氟化物	≥19.7	4 334	≤19 000	≤900
	松　溪	松溪梅口（松溪—政和）		氟化物	≥6.8	1 036	≤4 270	≤210
	松　溪	政和西津（政和—建瓯）		氟化物	≥10.4	1 518	≤6 530	≤320
	干流	建瓯房村（建瓯—南平市区）		—	≥52.3	4 489	≤52 330	≤2 610
闽江南平—福州段	尤溪	高才村（大田—尤溪）		铅	≥4.5	3 779	≤5 900	≤240
	达才溪	钱坂（屏南—古田）		—	≥0.1	1 281	≤3 000	≤150
	干流	闽侯下西园（闽清—闽侯）		挥发酚	≥308.0	1 863	≤210 900	≤10 000
	干流	原厝（闽侯—福州市区）		—	≥120.0	2 044	≤185 230	≤9 200
	大樟溪	永泰塘前（永泰—闽侯）		—	≥13.5	1 807	≤8 670	≤430
	大樟溪	大樟溪口（闽侯—福州市区）		—	（位于感潮河段，不考核）	2 044	（位于感潮河段，不考核）	（位于感潮河段，不考核）

8.6.3　水质改善奖励办法

根据流域年度考核结果，对成绩突出、符合以下四种条件之一的设区市给予奖励：①交界断面水质全部达到 I～II 类优良水质；②交界断面水质达标率保持在 97%以上；③交界断面水质达标率大于或等于 80%且较上年提高 5 个百分点以上；④主要污染物总量达到考核要求且较上年削减 3%以上。奖励资金由福建省统筹安排，用于受奖励设区市的生态补偿工作。

8.7　闽江流域生态补偿的示范效果分析

8.7.1　推动福建省流域生态补偿机制全面开展

（1）为全面建立福建省省级流域生态补偿机制提供技术支撑

根据本子课题研究成果，福建省环保厅起草了《福建省人民政府关于闽江、九龙江、敖江流域生态补偿实施意见（代拟稿）》上报省政府，并由省政府征求了相关部门和流域各设区市政府的意见，经进一步修订后将由省政府正式颁布实施。基于本子课题研究成果，福建省政府已要求福建省环保厅着手开展省内仅有的跨省界流域——汀江流域（福建流入广东）的生态补偿方案设计。因此，本研究所提出的闽江流域生态补偿方案不仅完善了闽江流域的生态补偿机制，而且该方案也将推广应用于福建省其他重点流域，为全面建立福建省省级流域生态补偿机制提供了技术支撑。

（2）流域生态补偿资金分配机制建立，促进流域生态补偿政策全面开展

根据本研究所提出的流域生态补偿资金分配方法，福建省财政厅和福建省环保厅已按该方法对 2009 年和 2010 年重点流域的综合整治专项资金进行分配，分解到流域内各县（市、区）。在 2010 年 4 月 6 日由福建省财政厅、福建省环保厅共同下发的《关于 2010 年度福建省环境保护专项资金申报事项的通知》（闽建财〔2010〕41 号）中指出："闽江、九龙江、敖江流域综合整治专项资金，50%资金按生态补偿范围内的流域面积、重要生态功能区面积、主要污染物总量控制目标、人口等因素计算分配给流域内各县（市、区）；另外 50%资金由流域设区市和县（市、区）按照省里确定的资金投向，向省财政厅、环保厅申报项目，细化分配到具体项目。"同时，《通知》还明确提出了资金的补偿方向是"包括流域生态恢复、小流域环境治理项目，省级环境优美乡镇、省级生态村创建、自然保护区建设，以及省农村环境综合整治项目（包括农村饮用水水源保护、生活污水处理、畜禽养殖污染治理、农业面源污染和土壤污染防治养猪零排放等推广应用项目以及与村庄环境质量改善密切相关的综合整治项目）……饮用水水源保护以及饮用水水源保护区的整治项目。包括县级（含县级）以上水源地污染整治、污染治理和截污设施建设、排污单位搬迁，以及水源保护区有关设施建设项目。水质监测监控项目包括水质自动监测站建设、流域断面水质监测、水

电站最小下泄流量的监控以及流域管理相关项目”。因此，本研究成果已为福建省水环境综合整治工作提供了科学支撑和技术依据，促进了福建省流域水环境生态补偿政策的全面开展。

8.7.2 促进跨行政区域的流域生态环境保护

流域生态补偿机制的进一步完善，调动了各地水污染防治及污染减排的积极性，有力推动了福建省重点流域水环境综合整治工作，促进跨行政区域的流域生态环境保护。2009—2010 年，各设区市纷纷加快水污染防治工程的建设，促进辖区内地表水环境质量的改善。各设区市也根据生态补偿金分配情况，积极进行生态补偿金项目的申报。这些项目的实施，在福建省流域水环境整治中取得了很好的成效。

（1）资金募集使用情况

2009 年福建省流域整治任务重，各级政府积极拓宽融资渠道，加大资金投入。省里整合各部门资金，2009 年起闽江、九龙江、敖江流域整治资金提高到 20 500 万元。厦门市、区两级政府和各部门筹集近 10 亿元投入辖区内八条流域三大港湾环境综合整治工作；漳州市累计投入 4.725 亿元资金强化整治；龙岩市整合市级财政 1 亿元专项资金，新罗区政府还向银行贷款 3 000 万元专项用于生猪养殖场关闭拆除补助；泉州市将原有的晋江流域上下游生态补偿资金延长五年，并从原有的每年 2 000 万元提高到 3 000 万元；莆田市财政每年拿出 1 000 万元作为流域整治专项治理资金；宁德市和古田县分别安排专项治理资金 500 万元和 1 000 万元。

2010 年为了促进项目的顺利开展，福建省环保厅积极协调财政等部门，筹集省级闽江、九龙江流域水环境整治专项补助资金共 1.9 亿元；各设区市政府也加大财政投入，除了加强本级项目资金投入外，还大力扶持县区项目。

至 2010 年，闽江、九龙江流域水环境综合整治共计完成投资 25.1 亿元，完成或基本完成项目 240 个。

（2）养殖污染整治

2009 年，在畜禽养殖污染整治方面，各地均重新划定畜禽养殖禁养区、禁建区。禁养区内养殖场整治推进较好，全省共拆除禁养区内养殖场约 2.7 万家，清栏生猪约 250 万头。其中，闽江流域共拆除禁养区内规模养殖场近 1 000 家，清栏生猪 50 多万头；九龙江流域全面完成禁养区内养殖场的拆迁，共拆除养殖场 2.4 万余家，面积 400 多万 m^2，清栏生猪 140 多万头；敖江、晋江、汀江、龙江、交溪、木兰溪流域共拆除禁养区内规模养殖场约 2 000 家，清栏生猪 50 多万头。禁养区外整治除九龙江流域的漳州、龙岩基本完成禁养区外规模化养殖场的治理任务外，大部分地方还在进行；九龙江流域已治理禁养区外规模养殖场 2.6 万余家。在网箱水产养殖污染整治方面，闽江流域共削减投饵类、施肥类网箱养殖 5 800 箱，其中宁德削减古田段水口库区网箱养殖 500 箱，削减幅度为 12.5%，福州削减闽清段水口库区支流网箱养殖 5 000 箱，削减幅度为 35.7%；九龙江流域，漳州市共取缔网箱 1 195 箱，龙岩市拆除网箱养殖面积 5.22 万 m^2；永定县搬迁完成棉花滩水库 2 000 m^2 养殖网箱。

2010 年，养殖污染整治继续推进。流域各地采取有力措施加强畜禽养殖污染整治、遏制禁养区内养殖回潮，同时大力推动禁养区外养殖场治理。闽江流域福州市完成畜禽养殖相关规划编制工作，已搬迁拆除禁养区内生猪养殖户 3 523 家，完成禁养区外规模化养殖场污染治理 477 家；南平市已拆除禁养区内规模化畜禽养殖场 125 家，清（减）栏生猪 12 万余头，完成光泽县凯圣生物质发电项目等 7 家规模化养殖场污染整治。九龙江流域漳州市完成南一水库网箱养殖整治工程，清理养殖回潮 201 户，41 家“零排放”养猪技术推广；龙岩市已关闭拆除九龙江流域生猪养殖场 968 户，清（减）栏生猪约 10 万余头。同时，进一步开展网箱水产养殖污染整治，全省共削减投饵类、施肥类网箱养殖 3 500 多箱，其中福州和宁德分别削减网箱养殖 1 400 和 1 500 余箱。

（3）工业污染整治

2009 年，福建省大力推进重点企业技术改造和产业升级，青山纸业、南纸股份等企业投入上千万元开展技改和治理工程改进。全面推进造纸、纺织印染、制革、食品、化工、制药、电镀等行业清理整治，全省造纸企业执行新排放标准要求的废水深度治理工作基本完成。为加强建筑饰面石材行业污染整治，省物价局牵头制定出台建筑饰面石材行业差别电价政策，大部分设区市已上报实行差别电价企业名单。敖江流域古田共关闭 24 家企业，拆除锯机 96 台，还有 62 家企业已断电停产并签订关闭或搬迁协议；连江、罗源等地完成石板材加工集中区布局规划，关闭 22 家企业和 29 家矿山。泉州市关闭 730 家石材加工企业或个体户，其中南安市取缔“三无”石材企业 248 家、安溪县取缔 94 家。加快工业园区污水处理工程建设，推进工业污染集中治理。福州保税物流园区、三明沙县金沙园等完成园区管网工程，将园区污水接入污水厂。

2010 年，闽江流域三明市完成 52 家纸浆造纸企业废水深度治理工作，完成宁化华侨经济开发区等 3 个工业园区污水处理管网建设工程；宁德市完成福兴医药有限公司污水深度治理项目；南平市完成 21 家纸浆造纸企业废水深度治理工作。九龙江流域厦门市已完成惠尔康食品有限公司污水设施改造工程；漳州市已完成永嘉家具有限公司等 10 家公司的废水治理设施改造。

（4）生活污水垃圾治理

2009 年福建省已有 25 座污水处理厂建成通水，新增日处理污水规模 52 万 t，新增 COD 减排量 1.95 万 t，使全省设市城市污水处理率达 75%、市县污水处理率达 70%；另有 5 座污水处理厂正在设备安装，3 座基本完成土建工程，4 座正在主体施工，5 座正在基础施工；龙岩、三明、厦门等市全面完成污水处理设施年度建设目标任务。同时，新建成垃圾处理场 20 座（含扩建），新增垃圾处理能力 3 500 t/d，使全省设市城市垃圾无害化处理率达 90%、市县垃圾无害化处理率达 75%；另有 3 座正在主体施工，4 座正在基础施工。全省 2009 年共投入近 13 亿元地方政府债券资金用于配套污水管网建设，已累计使用 9.12 亿元，占总额 70.2%，已铺设管网 695 km，占总长度的 45.5%。

2009 年，全省共有 160 个乡镇、2 780 个建制村的“农村家园清洁行动”达到省级验收标准，超额完成当年福建省政府下达的农村垃圾治理任务。目前，全省重点流域 1 km 范围内乡镇、建制村“农村家园清洁行动”累计通过省级验收的数量分别达到总数的 80%和 74%。

2010 年，闽江流域福州市马尾快安、长安污水处理厂等 8 座污水处理厂建成并投运，红庙岭垃圾填埋场扩容工程、闽清垃圾处理厂建设基本完成；南平市辖区内浦城、光泽、松溪、政和、顺昌等 5 座污水处理厂已建成投运，全市共新增配套污水管网 90.16 km；三明市建宁、沙县青州镇污水处理厂建成投运，新增配套污水管网 57.1 km；连城县完成 7 km 污水配套管网建设。九龙江流域厦门市已完成石渭头污水处理厂改扩建工程；漳州市华安县生活污水处理厂建成投运；龙岩市完成龙岩市医疗废物集中处置中心、龙岩污水处理厂二期工程建设。

（5）饮用水水源保护

2009 年，各地加快水源保护区经营性、生产性排污口取缔工作，共建设水源地截污工程 38.3 km，搬迁、关闭水源保护区排污单位 563 家，搬迁水源保护区内 203 户居民，完成水源保护区多个生活污水处理项目。规范 43 个县级以上饮用水水源保护区管理，建设隔离设施 52.8 km。

2010 年，重点实施并完成了建阳市狮子山水源地整治、龙海市前线水库饮水保障工程等 36 个水源保护项目，全省共搬迁、关闭水源保护区内排污单位 3 263 家，建设水源地截污工程 27.7 km，水源保护区围网等隔离设施 72.5 km，设立水源保护区标志 221 个，警示牌、宣传牌 135 面。

（6）生态环境建设与保护

2009 年，为整顿和规范河砂开采，福州、漳州等地重新编制河道采砂规划，成立河道采砂专项整治机构，强制拆除违法违规采砂机具，查封非法堆砂场，督促依法有序开采河砂。开展食藻类鱼类放流，在重点流域共放流 7 100 多万尾，其中九龙江北溪、闽江干流及沙溪、富屯溪、建溪等主要支流共放流 2 300 多万尾。同时，加强了流域绿化工作，各市、县（区）均制定了沿江绿化规划，林业部门还计划提高生态公益林补偿标准，对省级以上重点生态公益林补偿标准提高到每年每亩 12 元（省级以上自然保护区 15 元）。漳州市还在流域造林补植近 5 万亩。

2010 年，闽江流域三明市完成闽江流域一重山造林 14 140 亩，完成大田县矿山水土流失综合治理 5 000 亩；南平市完成建瓯、政和、顺昌辖区内 24 个乡镇、村的优美乡镇、生态村建设。九龙江流域厦门市完成大屿岛白鹭自然保护区珍稀鹭类繁育场围网建设；漳州市完成九龙江流域一重山造林 10 500 亩，北引石洲段水源保护工程建设等多项生态保障工程；龙岩市完成漳平市九龙江流域造林绿化与生态林建设 52 800 亩，规范整顿河砂开采并全面取缔无证开采。

8.7.3 保证流域水环境质量的持续稳定达标

随着福建省流域水环境生态补偿政策的逐步开展，各级政府对水污染防治工作的重视程度也不断加大，流域整治和饮用水水源保护项目的实施，有力推动了污染减排和流域生态保护工作，在经济社会高速发展的形势下，福建省流域水环境质量持续稳定达标甚至总体有所改善。

2009 年，闽江流域Ⅰ～Ⅲ类水质比例达 97.7%，水域功能达标率达 98.2%，与上年基本持平；九龙江流域Ⅰ～Ⅲ类水质比例达 90.8%，水域功能达标率达 91.7%，分别比上年提高 3.1 个和 4 个百分点；敖江流域Ⅰ～Ⅲ类水质比例和水域功能达标率均达 100%，均比上年提高 2.8 个百分点，浊度≤60 度的水质比例为 77.8%。2009 年全省设区城市、设市城市和县城集中式饮用水水源水质达标率分别为 95.2%、96.2%和 97.6%，其中县城水源地水质达标率比上年提高 2.5 个百分点。

2010 年，闽江水质有所提高，水域功能达标率和Ⅰ～Ⅲ类水质比例分别为 99.4%和 99.1%，比上年分别提高 1.2 个和 1.4 个百分点；九龙江水质保持良好，水域功能达标率和Ⅰ～Ⅲ类水质比例分别为 92.5%和 90.8%，水域功能达标率比上年提高 0.8 个百分点。全省设区城市、县级市和县城集中式饮用水水源水质达标率分别为 90.7%、97.9%和 98.8%，其中县级市和县城集中式饮用水水源水质达标率分别比上年提高 1.7 个和 1.2 个百分点。福建省生态环境继续名列前茅，成为海峡西岸经济区建设的重要品牌。

8.7.4 各部门积极配合实施流域生态补偿方案

在福建省环保厅起草了《福建省人民政府关于闽江、九龙江、敖江流域生态补偿实施意见（代拟稿）》上报福建省政府后，省政府及时向相关部门和流域各设区市政府征求了意见。各级政府对生态补偿工作高度重视，各部门也给予积极配合支持，提出了许多修改意见和建议。在收到相关部门和地方政府的反馈意见后，省政府分管领导几次召集省环保厅和相关部门针对反馈意见进行专题研究。根据本研究提出的向流域内水电站征收生态补偿金的方案以及基于交界断面的水质、水量指标为考核依据的生态补偿金的分配与考核办法，为保证今后生态补偿政策的顺利实施，省政府在 2009 年下发的《福建省人民政府关于加强重点流域水环境综合整治的意见》（闽政〔2009〕16 号）中对闽江、九龙江、敖江流域的水电站明确提出了安装下泄流量在线监控装置的要求。在省政府的领导和省经贸委、省环保厅、省水利厅、省物价局和福州电监办等部门的积极配合下，2009 年闽江、九龙江、敖江干流已有 26 座水电站完成下泄流量在线监控装置安装并联网。同时，2009 年九龙江流域漳州浦南、龙岩顶坊和闽江流域南平蓬墩的水质自动监测站已建成投入使用，2010 年又建成了 10 座水质自动站。因此，流域水电站下泄流量在线监控装置和交界断面水质自动监测站的先期建设，为流域生态补偿方案的尽快出台和顺利实施创造了条件。

此外，在福建省环保厅丛澜副厅长的支持下，课题组就生态补偿方案中有关污染行业企业交纳绿色保险金问题与中国人民财产保险股份有限公司福建分公司进行了多次协商，就实施绿色保险的污染企业类型、企业污染责任保险的保费和赔偿标准，以及保费的管理使用和赔偿的支付办法等进行了深入讨论，基本达成共识，为在生态补偿机制中引入绿色保险，拓展补偿资金的渠道奠定了基础。

8.8 存在问题与后续试点建议

考虑与现有生态补偿方式的衔接，本研究对闽江流域生态补偿的方案设计仍以设立流域生态环境保护专项资金的方式。虽然本子课题的研究为完善闽江流域生态补偿机制和福建省政府即将出台的《流域生态补偿实施意见》提供了技术支撑，但仍存在不足之处。目前，要在福建省环保厅的领导下，抓紧对已起草上报的《流域生态补偿实施意见》进行修订，促成省政府尽快正式颁布实施。为进一步推进闽江流域乃至福建省流域的生态补偿工作，对下一步试点示范研究提出以下建议：

1）开展多形式的补偿标准研究。应借鉴本阶段其他试点流域的成果，开展基于生态保护成本和污染治理成本的生态补偿标准核算以及基于发展机会成本的生态补偿标准核算，并进行支付意愿和支付能力的调查等，以构建一套符合闽江流域特点的生态补偿定量评估技术规范和指标体系。

2）开展多类型的生态补偿方案研究。闽江上游有 17 个国家级、省级自然保护区和 20 个重要生态功能区，对涵养闽江水源和保护生物多样性具有重大意义。同时闽江流域也是福建省供水量最大、饮用水水源地分布最多的流域，应专门开展流域水源地保护的生态补偿、流域重要生态功能区和自然保护区的生态补偿等各种生态补偿问题类型的方案研究。并开展“异地开发”的生态补偿政策研究，沿闽江流域开展异地开发试点，促进产业升级转移。

3）进一步深入研究水能资源开发的生态补偿标准，制定绿色保险的具体实施细则。目前国内在水能资源开发的生态补偿方面尚没有可借鉴、参考的技术方法，对绿色保险也尚无成熟的经验。本研究虽然对水能资源开发的生态补偿和绿色保险问题进行了初步探索，但在研究深度和技术方法上都存在不足之处，需要在后续试点和进一步深入研究的基础上进行完善。

4）以汀江作为跨省流域生态补偿的试点。汀江发源于福建省武夷山南段东南一侧的三明市宁化县治平乡境内木马山北坡，流经龙岩市的长汀、武平、上杭、永定 4 县，在永定县峰市镇出境进入广东省，至大埔县三河坝与梅江汇合后纳入韩江。汀江支流众多，流域大于 500 km^2 以上的支流有濯田河、桃澜溪（又名小澜溪）、旧县河、黄潭河、永定河、金丰溪等 6 条。根据国务院《关于支持福建省加快建设海峡西岸经济区的若干意见》（国发〔2009〕24 号）：“完善闽江、九龙江等流域上下游生态补偿办法，推动龙岩、汕头、潮州建立汀江（韩江）流域治理补偿机制，推进生态环境跨流域、跨行政区域的协同保护。”建议在闽江和九龙江流域作为环保部生态补偿试点的基础上，将汀江（韩江）作为跨省流域生态补偿试点流域开展研究和试点工作。

第9章

湘江流域生态补偿与污染赔偿试点研究

本章在对湘江流域水环境污染状况及经济发展状况调查的基础上，以饮用水安全问题和重金属污染环境管理问题为切入点，研究确定湘江流域生态补偿与污染赔偿责任主体、补偿与赔偿因子、补偿与赔偿标准以及补偿与赔偿模式等，并在湘江干流和一级支流实施流域内跨界地市之间生态补偿与污染赔偿试点，对试点效果进行预评估，并逐步将试点效果向全流域推广。通过在湘江流域取得的试点经验，为形成国家层面上省内跨市流域生态补偿政策提供方法、技术与实践经验的支持。

9.1 湘江流域开展生态补偿的基础

9.1.1 流域自然环境状况

湘江是长江中游的重要支流之一，发源于广西壮族自治区，从全州进入湖南境内永州市区与潇水汇合，开始称湘江，向东流经永州、衡阳、株洲、湘潭、长沙，至湘阴县入洞庭湖后归长江。湘江干流全长 856 km，流域面积 94 660 km^2，湖南省境内长 670 km，流域面积 85 385 km^2。湘江水系水量丰富，支流众多，河网分布如树枝叉状，且大部分集中在右岸，干流沿途接纳了大小支流 2 157 条，主要支流有潇水、舂陵水、耒水、洣水、渌水等，集雨面积 8.51 万 km^2，多年平均入湖水量 624 亿 m^3，是洞庭湖水系中流域面积最大、产水最多的河流。湖南省也因有湘江而简称“湘”。湘江水系见图 9-1。

湘江流域属太平洋季风型气候，冬季受强大蒙古高压控制，夏季受东南季风影响。流域内热量、水分、光照等条件充沛，年平均气温 17.6℃，年降水量 1 400 mm，多年平均蒸发量 1 200 mm 左右，无霜期 270～311 天。流域水量年际变化较大。

9.1.2 流域社会经济状况

湘江是湖南的母亲河，是湖南人民赖以生存和发展的重要基础。湘江流域是湖南人口聚集地，2009 年年末，流域内人口约 4 070 万人，占全省人口的 59.5%，约 2 000

万人以湘江水体作为直接饮用水水源，2 000 万亩耕地以湘江为直接灌溉水源；湘江流域是湖南省最发达的区域，沿线地区是全省经济发达地区，全省工业布局的重点地带，工业园区以及产业聚集的经济带，全省 70%的大中型企业分布在湘江两岸，是全省经济增长极，其工业总产值占全省的 60%以上，经济实力不断增强，尤其“长株潭”经济圈已成为湖南省经济发展的核心区，为湖南省在中部崛起提供了区域示范。

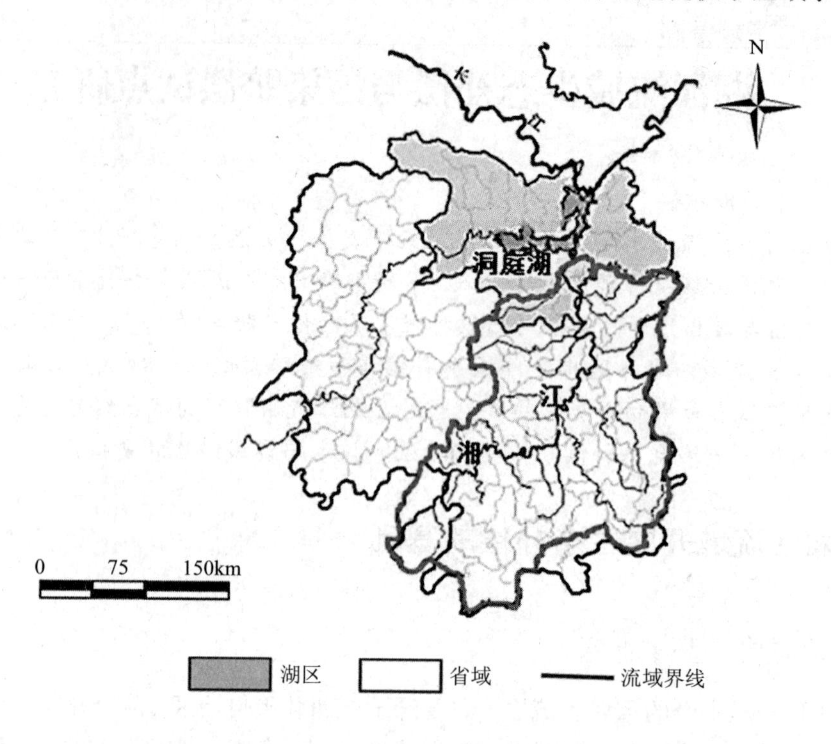

图 9-1 湘江流域范围图

9.1.3 流域水环境污染状况

湘江流域集饮用、灌溉、渔业、航运、工业用水、纳污等多功能于一体。多年来，湘江流域的自然资源禀赋造成了流域的产业结构具有高能耗、高物耗、高污染及生态环境受到破坏的基本特征，特别是近年来，随着湖南省经济建设的快速发展，湘江流域水环境质量恶化问题日益突出：

1）流域城市化进程加快，生活污水排放量大。湘江流域是湖南省人口聚居地和经济发达区域，近年来城市化进程不断加快，生活污水排放量大大增加，城市江段工业污染源及城市生活污水相互作用造成复合污染，致使湘江水污染治理的难度较大。在下游重点城市“长株潭”河段尤为突出，对城市居民的饮水安全构成极大的威胁。

2）流域内工业布局不合理，工业类型的环境风险高，重金属污染隐患重重。湘江流域内有色金属资源丰富，有色金属采选、冶炼、加工一直是湘江流域内主要产业之一，大量矿冶企业依江而建，环境设施不完善，另外还有大量的小采矿、小冶炼、小加工企业在中上游地区广泛分布，大量的有毒物质、重金属释放到环境中，汇集到湘江水系。近年来有毒有害重金属在部分河段超标频率越来越高，给湘江流域的水环境安全造成严重隐患。

3）湘江水系年内径流差异大，加剧了湘江流域环境污染。湘江枯水季节，水量较小，而湘江流域是湖南省人口密度最大、城市化发展最快的区域，也是湖南的经济带，水资源和水环境对生产生活都有极大的影响。在枯水季节，水量无法满足生产生活的需要，同时水量的减少也使得污染更加严重。

4）农业面源污染严重。化肥农药使用量逐年增加，农村规模化养殖数量增加，畜禽养殖废水处理率低，农业面源污染成为不可忽视的重要污染源，导致湘江有机污染严重。

因此，目前，湘江流域水环境污染特征主要表现为工业污染源的重金属污染及城市生活污水和农业面源污水的复合污染，总体水环境质量在逐年下降，严重威胁沿线城镇居民的饮水安全。同时，受全球气候变暖、三峡工程建设等综合因素影响，湘江水位近年枯水频率增多，沿江城市的供水、航运交通、工农业生产等均受到了较大的不利影响。

从 2006—2008 年流域常规和加密监测数据的分析结果来看，湖南省湘江流域水环境治理工作取得了显著的成效，各断面水质从监测数据来看都达到国家要求，维持了良好的水环境，截至 2008 年年末，各监测断面基本处于Ⅱ类水质范畴。部分断面在原有水环境质量的基础上有所提升，如马家河断面镉监测数据显示由原有的接近Ⅱ类标准上升到Ⅰ类标准（图 9-2 至图 9-4）。

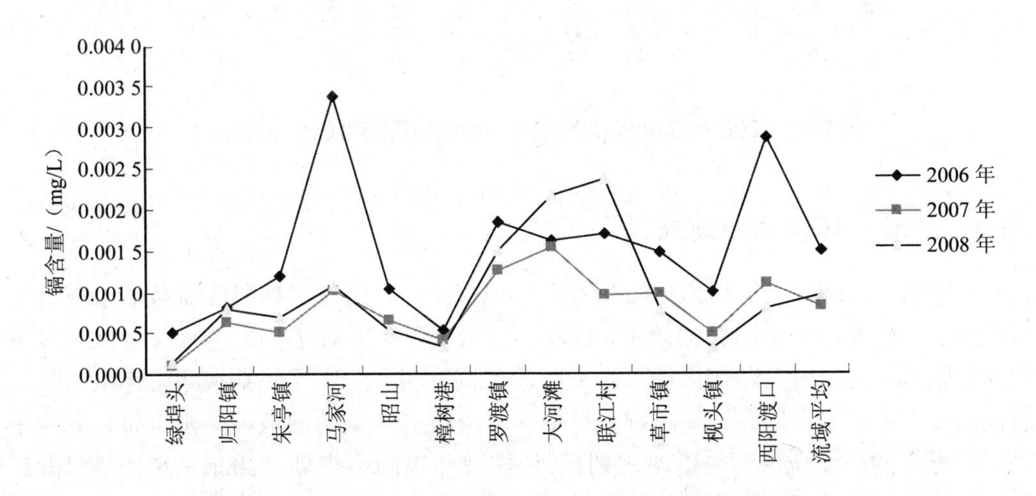

图 9-2　2006—2009 年湖南省湘江流域断面监测统计（镉）

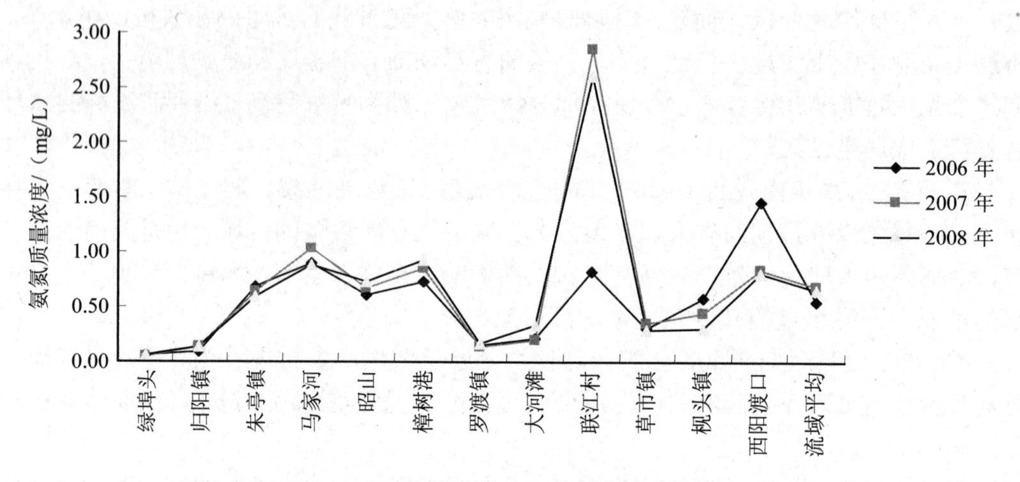

图 9-3 2006—2009 年湖南省湘江流域断面监测统计（氨氮）

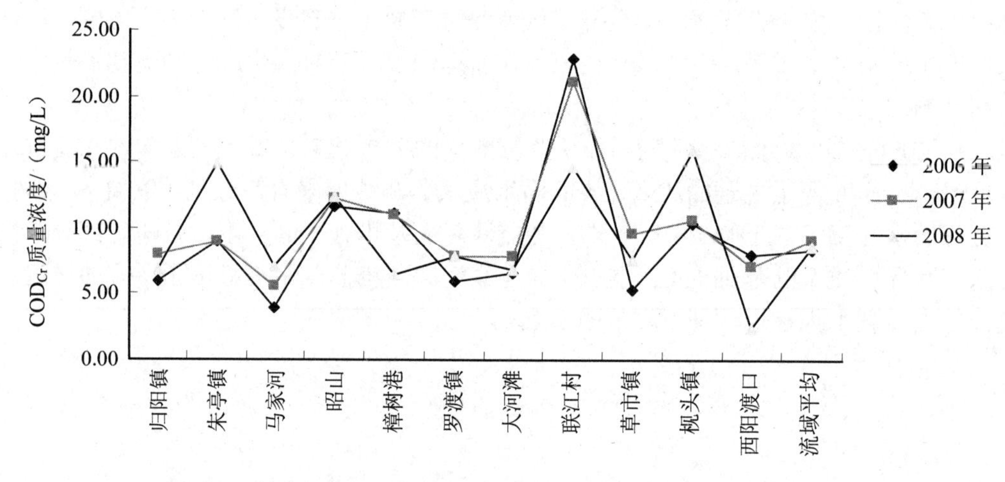

图 9-4 2006—2009 年湖南省湘江流域断面监测统计（COD_{Cr}）

9.1.4 流域水环境保护现状

近年来，围绕湘江流域水污染治理和环境保护，湖南省根据湘江流域的水环境的自身特点，相继出台了相关的政策、法律、法规文件，制订了相应的水环境保护专项规划，颁布了《湖南省湘江流域水污染防治条例》和《湘江流域枯水期防止水污染应急预案》。“十一五”期间，湖南省更是把湘江流域的污染防治放在突出地位，制定了《“十一五”湘江流域水污染防治规划》《长株潭环境同治规划（2006—2010）》《湘江镉污染防治规划》、《湘江流域水污染综合整治实施方案》。从 2008 年开始的三年内湖南投资 174 亿元治理湘江水污染，主要用于城镇污水处理、生活垃圾处理、工业污染防治以及畜禽养殖企业污染治理，涵盖采选、冶炼、化工、食品、畜禽养殖等主要行业的污染整治。“十一五”末，启动《湖南省重金属污染防治规划》《湘江流域重金属污染防治实施方案》等编制工作，全面展开了治理湖南母亲河的整治行动。

目前，湘江流域水环境保护以政府管制为主，主要依据水环境功能区划和相关准入、排放和监测标准，以政府指令的方式进行管制，然而，湘江流域内环境问题复杂，涉及范围广泛，环境监管能力薄弱，不能满足环境保护和管理的需要，湘江流域的水环境保护必须向更积极、主动的方向发展。随着湘江流域社会经济发展速度加快，流域水环境问题更加突出，湘江流域上游地区是经济发展比较落后的永州、郴州等地区，环境污染治理、污染产业退出和生态环境保护都需要大量投入，地方经济发展难以支撑流域环境保护的任务，而下游长株潭地区社会经济发展水平较高，饮用水安全严重依赖湘江水质，因此需要建立流域上下游协调的环境保护管理机制和激励机制，利用经济手段促进流域上下游地区政府的环境保护，促进流域协调发展。生态补偿和污染赔偿机制作为污染责任方对污染受体的一个直接经济补偿，实际上也是一个社会公平的问题，其从经济角度出发可以有效地缓解流域内资源分配不均造成地区社会发展差异的问题，防止由此引发的更深层次的社会问题，实行生态补偿和污染赔偿，对改善湘江水环境质量、保障水生态系统安全和人体健康、促进社会和谐具有重要意义。因此，加强湘江流域内生态补偿和污染赔偿机制、模式和技术体系研究非常必要和紧迫。

9.2　湘江流域实施生态补偿的必要性

“十一五”时期是湖南省经济腾飞的关键 5 年，根据湖南省统计年鉴资料，2006—2008 年湖南省各地市经济发展情况见表 9-1。

2006 年湖南省人均 GDP 达到 11 950 元；2007 年人均 GDP 增长至 14 492 元；2008 年人均 GDP 已经达到 17 521 元，且仍然呈现快速的增长势头；2009 年，按常住人口计算，湖南省的人均 GDP 首次突破 20 000 元，达到 20 226 元，这意味着一个地区进入了“黄金发展期”，标志着老百姓生活进入宽裕小康。从环境库兹涅茨曲线的角度来看，传统观点认为环境质量和经济增长成正比关系，湖南省处于传统倒“U”形曲线的上升阶段。但根据 2006 年、2007 年、2008 年水环境监测数据显示，湖南省湘江流域水环境质量呈现总体持平，局部地区略有好转的走势。

总体而言，湖南省湘江流域水环境质量良好。由此，可推测湖南省目前水环境质量状况已经突破“先污染，后治理”的老路，踏入一条摸索中的可持续发展之路。从湖南省环境统计数据可以看出，湖南省水环境呈现平稳好转的态势，除生活污染因人口上涨有所增加外，其他各污染因子排放量自 2005 年后逐年下降。其中，2008 年比 2007 年工业废水排放量减少 4.0%；生活污水排放量持续增加；废水排放总量在 2008 年有所回落。

表 9-1　2006—2008 年湖南省各地市经济发展统计表

年份	地市	人均 GDP/元	人均工业总产值/元	人均第一产业生产总值/元	人均第三产业生产总值/元	人均财政收入/元	社会消费品零售总额/万元	居民人口/万人	人均工业生产总值/元
2006	长沙	27 982	20 225.17	1 958.49	14 070.45	2 112.51	8 656 061	628.80	9 553.33
	株洲	16 526	14 918.12	1 992.88	5 751.45	783.36	2 084 940	379.00	7 141.01
	湘潭	15 455	16 144.84	2 079.96	5 764.98	654.58	1 306 575	291.64	5 685.56
	岳阳	14 331	17 163.50	2 488.06	4 590.20	532.32	2 458 373	540.26	5 893.11
	衡阳	10 057	7 472.98	2 176.19	3 329.80	344.49	2 310 845	726.50	3 396.25
	永州	8 103	3 305.24	2 069.26	3 117.23	255.83	1 172 636	577.50	1 615.62
	郴州	12 517	10 866.24	1 867.95	4 129.20	650.09	2 043 602	463.02	5 359.27
	娄底	9 330	10 030.31	1 534.56	2 999.22	371.88	1 103 873	412.04	3 830.93
	湖南省	11 950	9 014.46	1 968.40	4 558.088 7	706.147 07	28 342 207	6 768.1	3 980.60
2007	长沙	33 711	27 187.71	2 177.89	16 736.71	2 739.31	10 370 277	637.30	12 106.66
	株洲	20 387	20 891.62	2 542.27	6 801.44	989.14	2 475 733	379.90	9 137.007
	湘潭	19 171	22 415.57	2 852.05	6 750.26	826.65	1 531 965	292.70	7 390.174
	岳阳	17 799	23 360.66	3 262.89	5 415.85	646.47	2 594 115	542.94	7 513.09
	衡阳	12 232	10 356.99	2 640.19	4 111.37	426.31	2 723 614	728.88	4 130.005
	永州	9 887	4 461.13	2 590.59	3 678.57	313.06	1 179 619	580.16	2 005.378
	郴州	14 671	14 398.82	2 153.61	4 729.05	730.18	1 867 728	466.39	6 407.009
	娄底	11 493	14 212.58	2 107.48	3 496.01	457.75	1 151 592	416.11	4 718.238
	湖南省	14 492	12 380.335	2 389.937 8	5 373.495 7	891.239 4	33 564 185	6 805.7	4 960.357
2008	长沙	45 765	36 818.52	2 671.98	19 549.09	3 186.44	12 738 669	645.14	20 325.36
	株洲	24 560	25 941.49	2 876.56	7 940.18	1 226.32	2 876 165	381.15	11 534.83
	湘潭	23 672	31 645.63	3 159.63	7 837.68	1 050.31	1 402 387	293.99	10 140.14
	岳阳	21 410	30 982.05	3 487.78	6 302.28	787.16	2 450 247	545.39	9 678.945
	衡阳	14 858	14 336.52	3 224.42	4 814.13	518.90	3 304 882	731.14	5 211.314
	永州	11 554	5 694.94	2 772.88	4 278.15	378.90	1 704 367	583.22	2 583.759
	郴州	16 668	15 788.32	2 557.75	5 423.57	816.09	2 709 014	471.00	7 050.318
	娄底	13 509	20 022.71	2 300.43	3 965.58	533.77	1 563 730	418.40	5 882.648
	湖南省	17 521	16 435.65	2 932.57	6 159.29	1 055.79	3 356 500	6 845.2	6 252.79

同时，2008 年废水中化学需氧量排放量 88.46 万 t，比上年减少 2.1%。其中，工业化学需氧量排放量 23.72 万 t，比上年减少 2.0 万 t，减少 8.0%；生活化学需氧量排放量占化学需氧量排放量的 26.8%，比上年略低。废水中氨氮排放量 8.5 万 t，比上年减少 7.4%。其中，工业氨氮排放量 2.5 万 t，比上年减少 20.0%，占氨氮排放量的

29.7%；生活氨氮排放量5.96万t，比上年减少0.1%，占氨氮排放量的70.3%。工业废水中石油类排放量747.64 t，比上年降低12.0%。工业废水中其他主要有毒有害污染物（包括汞、镉、六价铬、铅、砷、氰化物和挥发酚）排放量为239.78 t，全省工业废水中有毒有害污染物排放量均有所下降，尤其是2008年六价铬的排放量下降幅度较大（图9-5至图9-7）。

近年来，湖南省水环境恶化趋势得到控制有着多方面的原因：一是流域经济发展方式转变取得的成效；二是加大环保投入；三是上游城市放弃了部分的发展机会。

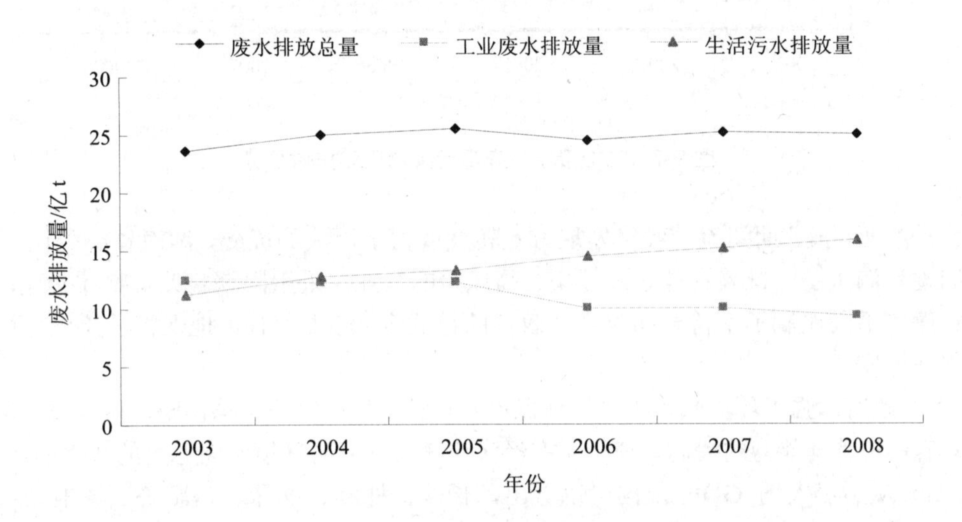

图9-5 湖南省废水排放量年际对比

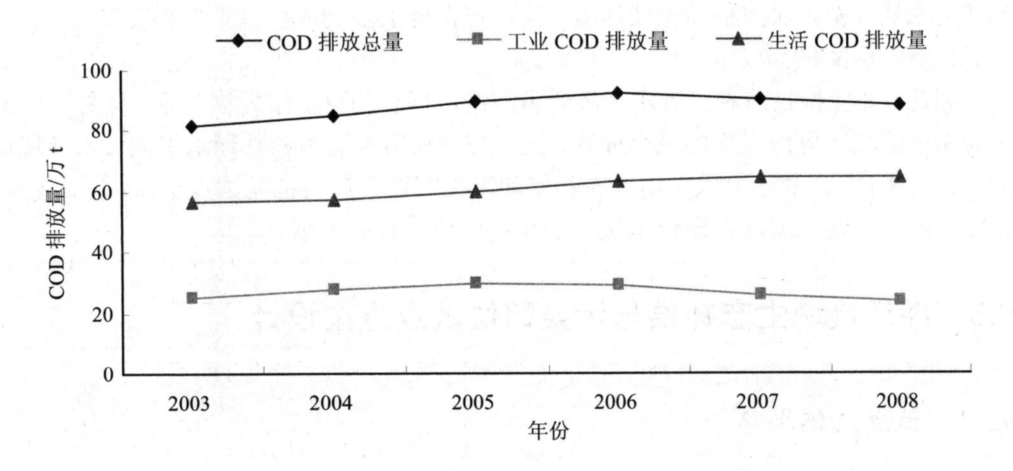

图9-6 湖南省化学需氧量排放量年际对比

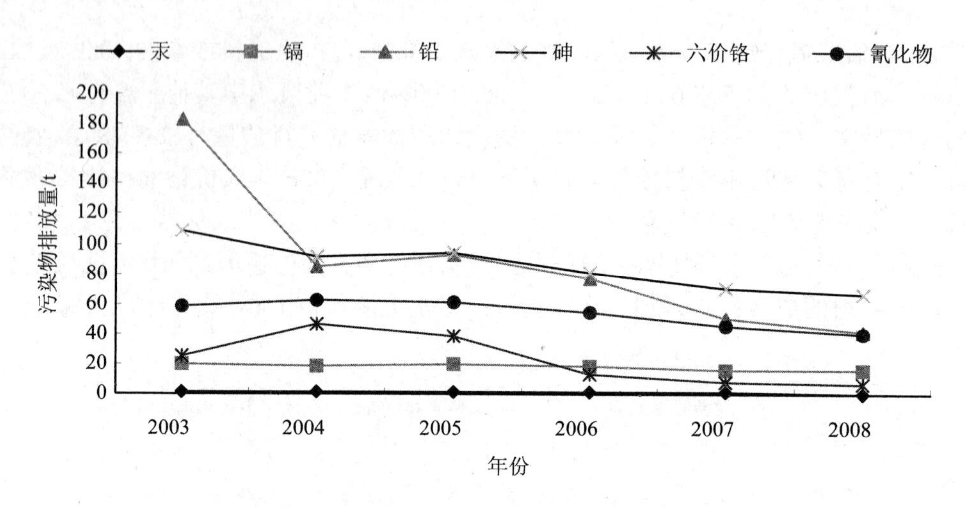

图 9-7 工业废水中有毒污染物历年排放趋势

1)“十一五”期间流域经济发展方式转变取得了巨大的成效，湖南省在“十一五”期间逐步淘汰了一批高耗能、高污染、高风险的行业。采用限期整改，整体搬迁，强制关停等手段遏制了不符合国家产业政策的行业企业发展，有力地保护了流域环境质量与环境安全。

2）政府加强了环境政策干预与环保投入，其中包括经济结构调整，科学技术进步与政府环境管理能力的提高，避免了在经济快速发展同时环境不断恶化的恶性循环。

3）从历年人均 GDP 数据可以看出，长沙、株洲、湘潭、岳阳等下游地区人均 GDP 远远超出衡阳市、永州市、娄底市、湘西自治州等下游地区水平。同时，从历年的水质监测数据来看，下游地区的水质数据超标频次较上游地区频繁，且根据湖南省水域功能区划相关要求，对上游地区水质提出了更高的要求，意味着上游地区为达到相关水质标准，保护整体流域环境，在一定程度上限制或牺牲了自身发展机会，丧失了自身发展的机会成本。

因此，要保持目前湖南省水环境质量与经济增长的可持续发展关系，弥补上游地区为保护流域环境而损失的机会成本，促进公平利用水资源和共同承担流域水环境保护义务与责任。在湘江流域实施生态补偿和污染赔偿政策与机制试点工作，以奖代惩、以奖促治，鼓励全流域各地市为保护水环境作出应有的贡献。

9.3 湘江流域生态补偿与污染赔偿试点方案设计

9.3.1 试点总体思路

湘江流域生态补偿与污染赔偿政策、机制试点工作通过在湘江流域实施生态补偿与污染赔偿机制试点，逐步实现公平利用流域环境资源，合理分担湘江流域在各段区域内的水环境保护责任，促进区域内共同治理流域水环境，弥补环境保护较好区域和企业为保护流域环境而损失的机会成本，促进湘江流域和谐发展与湘江流域环境保护。

湘江流域生态补偿与污染赔偿机制试点工作结合目前湖南省财政体制，以各级政府为责任主体，以水环境总体质量以及改善程度为依据，湖南省财政厅直接下拨环境保护资金的操作方式，对环境质量改善区域实施补偿奖励，实现湘江流域生态补偿与污染赔偿，促进环境保护工作的齐抓共管。

9.3.2 试点基本原则

按照"保护者补偿、污染者赔偿"原则以及"目标控制、有奖有罚"原则，在湘江流域实施湖南省对主要水系源头所在市生态环保财力转移支付试点。

1)"保护者补偿、污染者赔偿"原则：生态环境的保护并不是某一区域的事情，区域生态环境保护好了，受益的是整个流域。因此，污染者有责任对自己污染环境所造成的损失作出赔偿，同样，环境保护者也有权利得到因环境保护而损失发展机会的相应补偿。按照"保护者补偿、污染者赔偿"原则，环境质量保护地区应该得到合理的补偿，对区域环境保护成本进行补偿，同时按照"污染者赔偿"，污染地区或环境质量下降地区也应当承担一定环境保护责任，自行承担环境保护治理成本。

2)"目标控制、有奖有罚"原则：对流域水环境质量考核设立考核因子及指标目标控制值，将指标完成情况作为补偿与赔偿的参考因子，对于达标区域进行补偿、超标区域实施赔偿，对于突发重金属污染事故进行污染赔偿，同时，对于一定时间段内水环境质量得以稳定或改善区域，根据改善程度进行奖励。

3)"科学合理补偿"原则：在试点区域，根据与生态效益、生态服务功能密切相关的因素，选择合适的指标进行生态补偿的测算因素，在试点初期，必须考虑指标选取的可操作性和指标的典型性，选择主要指标和重点领域进行生态补偿。湘江流域因为历史原因、资源因素和政策因素等，各区域内的经济发展速度不一致，同时城市发展的规模也不相同，现有状态下环境质量现状不均衡，因此在补偿机制实施时，必须考虑各个地区环境质量的差异，如果补偿标准过少，会影响保护地区的环境保护决心，可能取而代之的为转变环保观念，舍环境而取经济的发展方式，以获取更高的经济利益，将不利于流域保护；如果采用一致的补偿与赔偿标准，使得承担环境污染责任均衡化，造成补偿的不公平性，也将导致各地区环境保护工作积极性缺乏。

4)"补偿资金落实到位"原则：湘江流域实施生态补偿与污染赔偿机制，必须将补偿资金落实到位，才能真正调动环境保护的积极性，真正实现实施生态补偿与污染赔偿政策的意义，促进流域内环境质量的提升，达到流域内可持续发展的目的。

5)"权责匹配"原则：湘江流域生态补偿与污染赔偿机制试点是促进湘江流域环境保护的政策，通过该机制政策的实施，增强生态建设自觉意识，承担环境保护的责任，提高各地区环保工作的积极性，严格控制水质污染，真正达到环境友好型、资源节约型社会的建设。因此，必须明确流域各责任主体权利与义务关系，确保环境与发展的公平性。环境保护区域和环境改善区域需要得到补偿，环境污染区域需要为自身行为付出更多的环境成本。

9.3.3 试点总体框架

9.3.3.1 补偿与赔偿范围确定

湘江流域生态补偿与污染赔偿机制实施确定在湘江干流与一级支流覆盖的地市范围内执行，以现有国控或省控交界断面为基础，具体涉及永州、衡阳、株洲、湘潭、长沙、岳阳、娄底、郴州八地市。因湖南省财政到县政策的实施，具体细化到八地市县，将涉及湘江流域八地市的46个县，但考虑到跨县监测断面的缺失，实施单元以地市为主，具体到县由各地市政府进行裁定。具体涉及县市以及国控或省控断面见表9-2、表9-3。

表9-2 湘江流域生态补偿与污染赔偿试点范围县市

地市	涉及的县	流域段特点
永州	永州市、东安县、道县、宁远县、江永县、江华县、蓝山县、新田县、双牌县、祁阳县	干流
衡阳	衡阳市、衡南县、衡山县、衡东县、常宁市、祁东县、耒阳市	干流
株洲	株洲市、株洲县、醴陵市、攸县、茶陵县、炎陵县	干流
湘潭	湘潭市、湘乡市、韶山市	干流
长沙	长沙市、望城县、浏阳市、宁乡县	干流
岳阳	汨罗市、湘阴县	干流
郴州	资兴市、桂阳县、永兴县、宜章县、嘉禾县、临武县、汝城县、桂东县、安仁县	一级支流
娄底	娄底市、冷水江市、双峰县、涟源市	一级支流

表9-3 湘江流域八市各跨界断面情况

断面名称	上游	下游	备注
绿埠头	广西	永州	干流
归阳镇	永州	衡阳	干流
朱亭镇	衡阳	株洲	干流
马家河	株洲	湘潭	干流
昭　山	湘潭	长沙	干流
樟树港	长沙	岳阳	干流
罗渡镇	郴州	衡阳	舂陵水
大河滩	郴州	衡阳	耒水
联江村	衡阳	邵阳	蒸水
草市镇	株洲	衡阳	洣水
枧头镇	江西	株洲	渌水
西阳渡口	娄底	湘潭	涟水

9.3.3.2　责任主体

从湘江流域生态补偿与污染赔偿的性质来看，涉及省政府、地市政府、各县政府。流域内各级政府作为生态补偿和污染赔偿的责任主体需要共同分担水资源环境保护的责任，并对辖区内的水环境质量负责，承担各自区域内的环境污染治理任务。流域受益者承担相应的生态补偿责任，流域环境破坏者承担相应的赔偿责任。因湘江从广西境内流入湖南，经岳阳流入洞庭湖，因此表 9-3 中的永州上游广西段、江西和邵阳段责任主体由省政府承担，流域八地市由各市市政府承担，县政府责任由各市市政府进行统一调配。

9.3.3.3　考核因子确定

根据 2006—2008 年所选考核断面的水质情况分析（表 9-4），12 个交界断面的主要超标项目为氨氮、COD_{Cr}等，同时重金属水质指标中，镉、砷、铅等指标也出现超标现象。从目前湘江流域主要水环境问题以及安全隐患来看，近年来，在加强工业污染源污染防治与整治过程中，城市生活污染与农业面源污染问题日益凸显，湘江流域重金属污染事故频频发生，历史遗留重金属污染问题不容忽视，因此确保饮用水安全与消除重金属污染隐患成为湘江流域以及湖南省水污染防治的重中之重，“十一五”期间，湖南省也针对重金属污染问题，对镉、砷重金属指标提出了总量控制要求。鉴于此，湘江流域生态补偿与污染补偿考核初步确定为氨氮、COD_{Cr}、镉、砷。

表 9-4　2006—2008 年湘江流域各市交界断面超标水质指标因子统计

河流名称		所在地	断面名称	执行标准	主要超标污染物		
					2006 年	2007 年	2008 年
湘江干流		永州市	绿埠头	II	—	—	—
		衡阳市	归阳镇	III	—	—	—
		株洲市	朱亭镇	III	氨氮、石油类	氨氮	COD_{Cr}
		湘潭市	马家河	III	氨氮、石油类、砷、镉	氨氮、BOD	氨氮、BOD
		长沙市	昭山	III	氨氮	氨氮	氨氮
		岳阳市	樟树港	III	氨氮	氨氮、COD_{Cr}、溶解氧	氨氮
湘江支流	舂陵水	衡阳市	罗渡镇	III	铅、镉、阴离子表面活性剂	—	—
	耒水	衡阳市	大河滩	III	—	—	镉
	蒸水	衡阳市	联江村	III	氨氮、氟化物、COD_{Cr}	氨氮、COD_{Cr}、氟化物、溶解氧	氨氮、氟化物、铅、镉、COD_{Mn}
	洣水	衡阳市	草市镇	III	总磷、溶解氧	石油类	—
	渌水	株洲市	枧头镇	III	石油类	COD_{Cr}、氟化物、总磷	总磷、COD_{Cr}
	涟水	湘潭市	西阳渡口	III	氨氮、镉、铅、石油类	氨氮	氨氮、挥发酚

9.3.3.4 考核因子控制值确定

在考核因子控制值的选取上，根据湘江流域水环境质量、水域功能区划、水文状况按以下三个方面进行分析。

（1）以地表水域功能区划为标准

根据所定考核断面的水域功能区划要求，除绿埠头交界断面为Ⅱ类水外，其他考核断面均执行Ⅲ类水质标准。若以地表水Ⅲ类水质指标控制值为考核因子控制值，符合水域功能区划的要求。通过湘江流域近三年的水质指标值来看，虽个别指标偶尔超过Ⅲ类水质指标控制值，但多数好于Ⅲ类水质要求。

（2）各断面三年平均水质指标值

以现有 2006—2008 年各断面的水质数据为基础，取所有断面的平均值作为考核因子控制值。此方法能促使水环境质量低于平均值的断面不断改善环境以达到平均水平从而带动整个流域水环境质量的改善。

（3）分平水期、丰水期、枯水期三年平均水质指标值

根据湘江的水文情况，平水期、丰水期、枯水期水文变化较大，对湘江水质存在一定影响。通过对湘江流域水环境监测数据分析，枯水季节超标次数明显多于平水期、丰水期，因此分平水期、丰水期、枯水期取各断面 2006—2008 年水质均值作为考核因子控制值，考虑了湘江流域水文变化情况，同时以平均值作为基准值，可推动湘江流域整体水环境质量的提升。

根据以上三个方面，对湘江流域 2006—2008 年考核断面水环境质量监测数据进行分析。由表 9-5 可知，地表水 III 类标准远远高于断面平均水质指标值，断面平水期、丰水期、枯水期三年平均水质指标值与各断面均水质指标值存在一定的差异，因此，本研究方案确定以平水期、丰水期、枯划分断面三年平均水质指标值作为考核因子控制值。即：COD 平水期 9.317 mg/L，丰水期 9.422 mg/L，枯水期 9.934 mg/L；NH_3-N 平水期 0.512 mg/L，丰水期 0.443 mg/L，枯水期 0.925 mg/L；砷（As）平水期 0.010 mg/L，丰水期 0.011 mg/L，枯水期 0.010 8 mg/L；镉（Cd）平水期 0.001 0 mg/L，丰水期 0.001 0 mg/L，枯水期 0.001 3 mg/L。

通过这些考核因子，可将湘江流域生态补偿试点的环境促进作用扩大，在现有经济增长速度的基础上保证水环境质量趋于平稳并有一定改善。

表 9-5 环境控制因子控制值 单位：mg/L

分类		COD	NH_3-N	As	Cd
地表水Ⅲ类标准		20	1.0	0.05	0.005
断面三年平均水质指标值		9.557	0.666	0.011	0.001
断面三年平均水质指标值	平水期	9.317	0.512	0.010	0.001 0
	丰水期	9.422	0.443	0.011 0	0.001 0
	枯水期	9.934	0.925	0.010 8	0.001 3

9.3.3.5　补偿与赔偿标准确定

补偿标准的问题就是补偿多少的问题，补偿标准的确定是流域生态补偿机制构建的关键，也是流域生态价值及水资源成本的体现，其涉及环境质量与生态效益、生态服务功能等密切相关因素。由于流域生态补偿与赔偿标准是一项系统而复杂的工程，目前还没有公认的方法与准则，特别是生态服务价值没有公认的评估方法和货币化标准，各种评估方法得出的结果差异很大，在实际操作中运用难度较大。同时还要考虑当地社会经济水平，即不同地区支付能力问题。如果支付标准超过赔偿地区的支付能力，会影响赔偿地区的经济发展，赔偿地区将会采取逃避污染控制、浪费水资源等方式以获得更高的经济利益，也不利于流域保护；而如果采用一致的补偿与赔偿标准，也使得承担环境污染责任均衡化，造成补偿的不公平性。鉴于目前许多因素都还未进行具体的量化，因此湘江流域生态补偿与赔偿标准制定从两个方面考虑。

（1）补偿与赔偿标准基数

暂不考虑流域各地市的支付能力，以目前湖南省水污染排污收费为依据，以赔偿严于补偿为原则，制定各个指标补偿与赔偿标准：

补偿标准：化学需氧量 700 元/t，氨氮 875 元/t，镉 14 万元/t，砷 3.5 万元/t。

赔偿标准：化学需氧量 2 100 元/t，氨氮 2625 元/t，镉 42 万元/t，砷 10.5 万元/t；

（2）补偿与赔偿标准系数

湘江流域生态补偿与污染赔偿只是一种相对的公平，不可能完全按照实际发生的损失或贡献大小来确定赔偿和补偿的标准。同时生态补偿与污染赔偿标准在流域内各地市实施统一标准，忽略了各个地区对环境污染贡献率的差异以及各地区实际支付能力。考虑到各个地区因经济发展程度和人口、环境治理能力、支付能力等因素的差异，制定补偿与赔偿标准系数。补偿与赔偿标准系数选取各地市人均 GDP、人均工业总产值、人均第一产业 GDP、人均第三产业 GDP、人均财政收入、社会消费品零售总额、居民人口、单位工业 GDP 水耗、人均工业 GDP、固定资产投资总额作为基本因子。由于各指标值差异较大，故将各指标因子的原始值标准化。根据标准化后的指标因子，采用社会经济统计学主成分分析法，利用 SPSS 软件求得各指标的相关贡献率。当各指标累积贡献率达到 85%以上时确定指标中存在三个主成分。通过分析各主成分中各指标贡献率可确定对主成分影响最大的几个指标因子，即：人均 GDP、人均第三产业 GDP、人均工业 GDP、居民人口与人均第一产业 GDP。

本研究尝试在湘江流域生态补偿与污染赔偿机制构建的探讨研究中对各个地区采用不同的补偿标准。考虑到影响因素较复杂，本研究以经过甄选的指标因子作为参考系数，以湖南省平均值作为标准值，各地区的补偿标准系数由各参考系数值决定。

补偿标准系数 A 计算公式为：

A =（各地区人均 GDP/湖南省人均 GDP + 各地区人均第三产业 GDP/湖南人均第三产业 GDP +各地区人均第一产业 GDP/湖南人均第一产业 GDP×各地区人均工业 GDP/湖南人均工业 GDP +各地区人口总数/湖南人口总数）/5

其中：人均 GDP、人均工业 GDP、人均第三产业 GDP 在一定程度上代表各地区的支付能力和相应的工业排污；人均第一产业 GDP 在一定程度上可以代表农业排污；人口总数在一定程度上可以代表生活排污。

由以上内容可得到表 9-6。

表 9-6 湖南省生态补偿标准参考系数

年份	长沙	株洲	湘潭	岳阳	衡阳	永州	郴州	娄底	湖南省
2006	1.78	1.10	1.02	1.01	0.73	0.58	0.86	0.65	1.00
2007	1.78	1.13	1.06	1.04	0.73	0.59	0.83	0.67	1.00
2008	2.01	1.11	1.07	1.01	0.73	0.56	0.78	0.64	1.00

根据表 9-6 的参考系数可对湖南省 8 个市进行排名，系数较大者排污量相对较高。从表中可看出，8 个市州大体可分三类：长沙市为第一类，株洲市、湘潭市、岳阳市为第二类，衡阳市、郴州市、永州市、娄底市为第三类。原因如下：

第一，长沙市作为湖南省的经济中心，其综合实力在湖南省遥遥领先。

第二，株洲市、岳阳市、湘潭市综合实力和农业都较强，但因综合实力不如长沙市，屈居其后，处于第二类。

第三，其他市州从社会经济发展指标分析来看，列为第三类。

以上分析，在指标选取的过程中，存在着主观因素，或多或少影响本研究结论，但从主成分分析综合评价湖南省 8 个市的生态补偿标准参考系数情况的结果来看，还是大致反映了湖南省各市的经济发展水平和相应环境污染“贡献”程度，因此将其综合指数作为湖南省生态补偿标准参考系数，以反映各地市的经济支付能力和支付份额。

9.3.3.6 补偿与赔偿方式

湘江流域生态补偿与污染赔偿具体实施分为三大块：一是按照设置的相关标准进行达标补偿超标赔偿；二是针对各地市水环境质量变化情况进行奖励；三是对发生环境污染事件进行污染赔偿。

（1）达标补偿、超标赔偿

根据确定的考核因子以及考核因子控制值，对各地市跨界考核断面水质监测数据与标准值进行比较，采取超标赔偿和达标补偿的双向补偿方式，以流经断面的污染物超出或低于控制目标的总量为依据核算赔偿或补偿金额。当监测值超过控制目标值，即需要赔偿；当监测值低于控制目标值，则进行补偿。

湘江流域生态补偿与污染赔偿资金测算方式：

补偿资金=（水质控制目标–目标断面月单污染因子水质指标实测值）×目标断面月流量×当月天数×达标补偿标准×补偿标准系数

（2）出境断面水环境质量改善情况

根据各市、交界断面出境水质考核年度较上年度的变化情况，实行水质提高或降低的奖罚机制。当每个断面考核年度分平水期、丰水期、枯水期考核因子平均值较上年度得到改善或稳定在上年度水平，将对该地市进行奖励。得到改善区域奖励 100 万元，水质稳定区域奖励 50 万元。

（3）污染事故赔偿

针对近年来湘江流域重金属污染事故突发事件频频发生的现象，为防治湘江流域重金属污染治理，促进实施《湘江重金属污染治理实施方案》《湖南省重金属污染防治规划》，对突发重金属污染事故的市、县实施惩罚制度，按照事故严重性对其进行罚款。经湖南省环保厅确定为重大事故罚款 200 万元，较重大事故罚款 100 万元，一般事故罚款 50 万元。

9.4　湘江流域生态补偿与污染赔偿的资金管理

9.4.1　补偿资金来源

湘江流域生态补偿与污染赔偿资金由国家财政、湖南省财政和地市财政共同出资建立。

国家财政：由中央财政拨付一定资金用于湘江流域生态补偿与污染赔偿机制的实施。

湖南省财政：由湖南省财政设立生态补偿与污染赔偿基金，初步预计每年启动资金为 8 000 万元。

各地市财政：由各地市财政建立生态补偿与污染赔偿基金。

9.4.2　资金管理制度

流域各地市生态补偿与污染赔偿资金：生态补偿资金由省财政厅设立的专用账户实现省财政与地市财政之间的转移支付，各地市补偿与赔偿资金每季度按照补偿与赔偿单与省财政厅设立的专用账户进行支付转移。补偿资金由各地区政府自行管理。资金专用于各地区之间的环境治理工作。各地区该项资金的使用情况每年由各地市环保局上报省环保厅。

9.4.3　资金拨款制度

生态补偿与污染赔偿资金：生态补偿与污染赔偿转移资金省财政厅、省环保局根据每季度环境统计统计数据，在下个季度开始的第一个月 15 日以前对各政府下达生态补偿与污染赔偿资金付款通知，各政府在收到通知 10 内即当月 25 日前由省财政厅直接通过专用账户实现各市政府与省政府之间财政转移支付。污染赔偿资金由事故发生地或事故造成地地方政府于接收到省环保厅事故鉴定单后 10 日内支付污染赔偿资金。

9.5 湘江流域生态补偿试点水质监测管理机制

湘江流域生态补偿与污染赔偿主要标准依据为流域内各地市入境交界断面水质情况。因此，水质监测数据管理与完善机制建立为生态补偿与污染赔偿机制实施的基础工作。

9.5.1 水质考核机制

对流域内各出境断面执行水质考核机制。考核水质标准值以考核因子的控制目标值为依据，湘江流域上下游之间建立“环境责任协议”制度，落实地方各级人民政府对各政府区域流域环境质量负责的职责，加强跨地区湘江交界断面水质保护。

9.5.2 水质监测管理机制

由湖南省环保厅组织，具体由湖南省环境监测中心站负责数据管理、运行和维护，断面水质一般采用自动在线监测的方法，监测数据以省环境保护行政主管部门校核的水质自动监测数据月平均值作为该断面当月水质指标值。未设自动监测站的断面，水质指标由湖南省环保厅委托湖南省环境监测中心站采用人工监测的方法，每周监测 1 次。数据经省环保厅行政部门审核后作为该断面当月水质指标值。

断面水质尽量采用自动在线监测，针对还没有安装自动在线监测系统的考核断面，由省环保厅作为技术牵头单位，运行和维护由第三方（湖南省环境监测中心站）管理，规范水质和流速监测站，尽快建设湘江流域水质自动监测系统，包括省控制中心和 4 个断面自动监测站，为补偿机制实施提供科学实时的数据库。

9.6 湘江流域生态补偿试点协商仲裁机制

建立湘江流域生态补偿与污染赔偿政策实施的协商仲裁机制是生态补偿与污染赔偿政策试点实施的必要条件。湖南省政府与各地市政府基于生态补偿与污染赔偿共建协商平台，按照赔偿标准和监测结果对赔偿额、赔偿方式等问题进行协商和仲裁。建议建立两个协商仲裁平台：湖南省政府与湘江流域地市政府协商平台，地方政府与县政府协商平台。

1）湖南省政府和湘江流域地市政府协商平台：由湖南省政府牵头，具体由湖南省环保厅负责相关事宜，以各市政府为仲裁对象，每半年进行一次。仲裁与协商的主要内容包括各政府补偿或赔偿额度、资金的拨付额度、生态环保项目立项情况、补偿与赔偿方式、补偿对象等。

2）地方政府与县政府协商平台：由各地市政府牵头，具体由各地方环保局负责相关事宜，对于市政府生态补偿与污染赔偿资金如何具体落实到县进行协商，共同承担该地市湘江段流域污染防治任务。

9.7　湘江流域生态补偿试点的激励机制

对生态补偿与污染赔偿机制实施建立生态补偿奖惩机制，促进该机制的顺利实施。

（1）奖励机制

根据各入境断面水质，以总体水质和污染物排放总量为控制目标，对在连续两年内水环境质量持续得到改善的地市水质政府实施年度奖励机制，奖励资金由省财政直接拨付给当地政府。

（2）惩罚机制

对于各政府生态补偿与污染赔偿，出现不按时或不按规定执行生态补偿转移资金支付违规现象，对此第一次罚款为应支付款数的 10%，重复出现罚款加倍，依此类推。

9.8　湘江流域试点效果评估和下一步建议

9.8.1　试点效果预评估

本研究通过对湘江流域水文条件、水环境质量、流域内八地市社会经济现状的调查分析，确定了湘江流域生态补偿与污染赔偿类型、考核断面及责任主体，水质考核因子、考核因子目标控制值、生态补偿标准等主要研究内容；同时对流域生态补偿的实施过程中涉及的生态补偿资金管理和相关数据监测问题提出了相关建议。在课题研究过程中，与湖南省环保厅进行了分步骤的沟通与协商，部分研究成果得到了省环保厅的认可和应用，目前，省环保厅已经将自动监测系统建立事宜提上日程。从促进湘江流域生态补偿制度实施方面，提出了省与市、市与市、市与县之间的协商仲裁机制，以提高生态补偿在操作层面的可行性。

9.8.2　下一步试点工作建议

从国内生态补偿机制试点来看，各地方政府以及各流域之间执行生态补偿机制的依据均仅为政府性文件。湘江流域生态补偿机制实施涉及八地市，对于跨行政辖区的水污染管理等问题，缺乏相关法律保障和配套的政策予以支持。如针对目前的财政体制改革，省财政直管县的财政体制变革，就目前实施的或即将示范的跨市之间的生态补偿问题，如何实现过渡与转变，以及如何制定配套的辅助政策也是今后研究的重点和必须解决的问题。

在生态补偿协调管理与合作上，湘江流域生态补偿涉及八个地市，涉及的利益方较多，有必要建立跨行政区生态补偿协调管理机构，促进八地市之间的生态补偿机制的顺利开展，解决生态补偿过程的争议问题。同时对于机制实施涉及的多个部门，如环保部门、财政部门、水利部门等，应协调合作，达成一定的共识，形成一个区域生态补偿的联合体，因此加强每个地区以及地区内各部门间的协调合作尤为重要。

在目前生态补偿责任主客体划分上，政府行为过于单一，在以政府为责任主体的情况下，如何在各市为主体单位范围内将实际造成污染的企业纳入生态补偿主体的范畴，实现全面从源头减少环境污染物的排放，责任具体到企业，是生态补偿需要长期研究的内容。

在生态补偿资金筹措方面，在目前明确的省、市财政为主的大体制下，应思考逐步开展多途径的补偿与激励方式，促进生态补偿逐渐向市场机制转变，向多元化运作模式转变，从单一的资金补偿到政策补偿、产业扶持转变。

第10章

南水北调中线水源区生态环境补偿方案研究

本章针对南水北调中线工程调水在水资源分配与利用过程中存在的生态服务利益关系，开展南水北调中线水源补给区跨区域跨流域调水生态补偿机制研究与政策示范，确定南水北调中线水源补给区生态补偿的范围和对象及定量化标准，构建南水北调中线水源补给区生态补偿运行机制和政策体系，提出南水北调中线水源补给区生态补偿的标准体系与政策实施方案。

10.1 南水北调中线水源区生态补偿的需求

10.1.1 水源区的生态环境保护现状

10.1.1.1 水源区范围

南水北调中线水源补给区为陕西、湖北、河南3省7个地（市）的43个县（市、区），其中研究重点区域为丹江口库区〔水库加坝淹没涉及的湖北省十堰市、丹江口市、郧县、郧西县及河南省淅川县、西峡县6县（市、区）〕。水源区范围见表10-1。

表10-1 南水北调中线工程水源区范围

省	地（市）	县（市、区）名称	总计
陕西	汉中	汉台区、南郑、城固、洋县、西乡、勉县、略阳、宁强、镇巴、留坝、佛坪	11
	安康	汉滨区、汉阴、石泉、宁陕、紫阳、岚皋、镇坪、平利、旬阳、白河	10
	商洛	商洛市、洛南、丹凤、商南、山阳、镇安、柞水	7
河南	三门峡	卢氏	1
	洛阳	栾川	1
	南阳	西峡、淅川、邓州、内乡	4
湖北	十堰	丹江口、郧县、郧西、竹山、竹溪、房县、张湾区、茅箭区、神农架	9
合计			43

10.1.1.2 水土流失状况

根据全国第3次水土流失遥感调查资料统计，丹江口水库及上游流域面积为9.6万 km^2，其中水土流失面积达到5.1万 km^2，占土地总面积的53.1%，年均土壤侵蚀量1.82亿t，年均土壤侵蚀模数2 900 t/（km^2 • a）。

水土流失分布与人口的分布规律基本一致，主要分布在丹江口库周、丹江上中游、旬河和金钱河流域、汉江干流沿岸区、汉中盆地周边地区和汉江源头区，其中汉江干流沿岸区、丹江上中游和汉江源头区水土流失最为严重。

水土流失特点：一是量大面广，水土流失面积占土地面积的比例和侵蚀模数，均与长江流域水土流失最严重的上游“四大片”相当；二是面蚀为主，部分地区存在沟蚀；三是突发性强，在遭遇强暴雨时，造成突发性的山洪和泥石流灾害；四是入库泥沙量少，1989年安康水库建成后，从汉江进入丹江口水库的泥沙量年均只有920万t，掩盖了水源区水土流失的严重性。

造成水土流失的自然因素主要是：坡陡沟深，地表岩层松散，片麻岩、砂页岩等岩层易破碎、风化，降雨时空分布不均且多暴雨。人为因素主要有：毁林开荒，破坏植被；不合理的土地开发利用方式；开发建设项目忽视水土保持。

水土流失对当地及下游的经济和社会发展造成的直接和间接危害主要表现为：一是破坏土地资源，威胁生存和生态安全；二是淤毁水利设施，动摇农业和经济社会发展基础；三是加剧洪涝灾害，威胁人民生命财产安全；四是降低土壤肥力，加重水质污染；五是制约地方经济发展，导致群众生活贫困。

10.1.1.3 植被状况

水源区植被区划属北亚热带常绿阔叶混交林地带，实际分布以夏绿阔叶、针叶林及针阔叶混交为主，植物种类繁多，生物多样性丰富。区内植被分布不均，中山区森林覆盖率较高，部分地方存在原始森林，低山丘陵区森林覆盖率较低。

南水北调中线水源区自然植被主要有针叶林、针阔叶混交林、落叶阔叶林、常绿落叶阔叶林、常绿阔叶林及灌木林6个类型。灌木林面积最大，占6大类型面积的48.00%，其次是落叶阔叶林和针叶林，分别占37. 00%和10.00%，其他类型所占面积比例都较小，针阔叶混交林和常绿落叶阔叶林分别占4.00%和1.00%，常绿阔叶林面积所占比例只有0.43%。区内植被分布不均，中山区森林覆盖率较高，部分地方存在原始森林，低山丘陵区森林覆盖率较低，全区森林覆盖率为22.91%。水源区自然植被类型主要分布在黄棕壤、山地黄棕壤上，在这两个土壤种类上分布的面积比例除针叶林为84.95%，低于90.00%外，其他类型皆在90.00%以上。各自然植被类型在其他31个土壤种类上分布面积之和，除针叶林比例为15. 05%外，其他类型皆小于10.00%。

针叶林优势树种共有12个，其中马尾松（*Pinus massoniana*）分布面积最大，占

85.70%，其次是柏树（*Cupressus funebris*）、杉木（*Cunninghamia laceolata*），分布面积分别为 7.40%、1.30%，其余树种分布面积皆未超过 1.00%。针阔叶混交林优势树种或树种组成共 31 个，主要是以马尾松或栎类为优势树种的松、栎混交林，面积比例占本类型总面积的 95.02%。落叶阔叶林优势树种或树种组成共 33 个，面积比例超过 5.00%的有 5 个，分别是硬阔、阔混、栎类、栓皮栎和软阔、化香。常绿落叶阔叶混交林优势树种或树种组成共 11 个，常绿树种主要是青冈栎，面积占 16.29%，落叶树种主要是以栓皮栎为主的栎类和以化香为主的软阔类。常绿阔叶林类型优势树种有青冈栎（*Quercus glauca Thunb.*）、樟（*Cinnamomum camphora*）等，其中青冈栎面积比例占 98.92%，其他树种面积比例极小。灌木林类型的树种主要是栎类（*Quercus*）、马桑（*Coriaria sinica*）、黄荆条（*Vieex negundo L.*）等。

10.1.1.4　库区水质

（1）评价标准

按《地表水环境质量标准》（GB 3838—2002）进行水质评价，采用单因子评价法，总氮、总磷和粪大肠菌群未列入评价项目。

（2）评价项目

按照《地表水环境质量评价技术规范（征求意见稿）》的规定，参与评价的项目是：pH 值、溶解氧、高锰酸盐指数、五日生化需氧量、氨氮、汞、铅、挥发酚、石油类 9 项。当其他项目超过《地表水环境质量标准》（GB 3838—2002）Ⅲ类标准限值时参与评价，其中总氮和总磷不参加水质类别的评价，只作为评价水体营养状态的指标；粪大肠菌群不参加水质类别的评价，只作为评价水体卫生状况的指标。

（3）评价方法

每个河流断面水质类别是根据评价时段内该断面选择参与评价的项目中类别最高的一项来确定，即采用单因子评价法进行评价。对丹江口库区及其支流 2001—2007 年水环境质量监测结果进行评价。

（4）评价结果

丹江口水库共布设坝上中、何家湾、江北大桥、陶岔 4 个国控监测断面和小太平洋 1 个市控监测断面。2006—2009 年水质监测结果显示，5 个断面的年均浓度均符合Ⅰ～Ⅱ类水质标准，水环境质量总体良好稳定。

汉江干流选取白河、羊尾 2 个省界断面和蔡湾 1 个入库断面进行评价。2006—2009 年水质监测结果显示，3 个断面水质均满足水环境功能区划要求，为Ⅰ～Ⅱ类，水环境质量总体稳定。

统计表明，入库河流中，属于Ⅳ～劣Ⅴ类水质的约占 50%，包括天河、神定河、远河（泗河）、剑河和老灌河。此外，还有未列入其中的排污沟——土沟，其污染物直排汉库。这些污染严重的河流的主要超标参数为高锰酸盐指数、氨氮、总磷、挥发酚等。

10.1.1.5 水源区存在的主要环境问题

（1）库区统筹经济发展与水源保护面临困境

科学发展观要求把发展作为第一要务。目前，丹江口库区在全国生态功能区划中定位于“限制开发区”。为确保一库清水，库区严格执行国家政策，限制了原有的一些优势产业发展、关停一批排污企业，切实保护生态环境。但与此同时，库区所辖县区大多为贫困县，经济发展严重不足。在这种形势下，库区面临着如何实施科学发展一系列困惑，诸如区域发展到底如何定位，限制、允许和鼓励发展的产业名录有哪些，需要配套哪些税费优惠等政策来进行产业引导等等。库区人民为保护水源已作出了巨大的牺牲，因此，如何创新发展理念、破解发展困境，切实统筹兼顾水源保护与经济建设，实现经济又好又快发展是库区人民面临的首要问题。

（2）人口密度大、土地负荷重、生态环境脆弱

丹江口初期工程建成后，移民安置区人口密度平均达 172 人/km^2，土地负荷量重，库周剩余可利用荒山荒地开垦难度大，耕作困难。并且由于现有耕地水利设施缺乏配套，不能发挥应有作用，加上提水修渠费用高，使旱涝保收面积的增加受到限制，难以抵御自然灾害。粮食生产不能自给。尽管十余年来库区经济有较大发展，但仍很落后，人民生活水平较低。

工程的扩建将进一步引起土地资源的紧张，势必引起当地森林资源的减少。近年来，由于植被退化而引起的上游植被涵养水分的减少，在洪水季节特别明显；同时也将严重影响枯水年的可调水量。

（3）水土流失严重，面源污染较大

由于土地资源的开发，森林植被减少，加之土地利用和耕作方式不合理，库区水土流失较为严重。据近年土地详查资料，郧县、丹江口市、郧西、淅川 4 县（市）大于 25°以上的坡耕地改果园的面积比例分别为 68.7%、91%、55%和 20%，其森林覆盖率分别为 38.1%、22.9%、29.5%和 17.4%；尚有 53.8%，32.3%、77.5%和 65%的水土流失面积未得到控制，年土壤流失量 1 096 万 t。

由于南水北调中线水源区农村产业结构比较单一，主要以种植业为主，农村面积大、农业人口多，因而面源污染问题比较严重。根据近年来的监测资料统计估算，水源区 COD 与氨氮的面源输入量已经超过点源入库总量。面源主要包括农田面源、畜禽养殖、农村生活以及水土流失等。据调查，水源区化肥施用折纯量已达 420 kg/hm^2 以上，且有增长趋势，加之该地区的水土流失面积大，化肥流失已成为库区面源污染的重要来源。近几年，库周畜禽养殖业的发展呈上升趋势，畜禽粪便随地表径流进入水体，成为区内重要的面源污染。另外，随着人口的增长，农村以及无污水处理设施集镇和城乡结合部排放的生活污水、人粪尿以及固体废物、生活垃圾等也是构成水源区面源污染的一个重要因素。

（4）城镇生活污染和工业污染尚未得到有效控制

在城镇生活污染治理方面，随着《丹江口库区及上游地区水污染防治和水土保持规划》（以下简称《规划》）的实施，水源区一批城镇污水处理厂、垃圾处理场已开工建设，有的已经建成运行。以十堰市为例，根据调查，十堰市共建有 12 座污水处理厂，其中 10 座建成并投入使用，包括城区 3 座，分别是升级改造神定河污水处理厂、新建泗河污水处理厂、犟河污水处理厂（在建并计划 2010 年内建成）；各市县区 9 座，分别为丹江口市 2 座、房县 2 座、郧西县（在建并计划 2010 年内建成）、郧县、竹山、竹溪、武当山特区各 1 座。除房县城区污水处理厂外，其余均纳入《规划》近期项目。全部项目共投资 10.47 亿元，其中，国家投资 8.15 亿元，地方配套投资 2.32 亿元，建成后日处理能力将达 47.6 万 t。

在工业污染治理方面，水源区各地政府开展了工业污染治理整顿工作，严格控制点源污染，重点对严重威胁南水北调中线水源区水质安全的黄姜产业生产废水进行集中处理。2008 年湖北省十堰市对黄姜加工企业采取强制性措施，先后关闭 63 家加工企业，仅保留 6 家停产治理，开展科技攻关。陕西省加大对黄姜产业科技投入，开发先进的废水治理技术，2007 年投资 1 719.8 万元，在商洛市山阳县金川封幸化工公司（民营企业）新建了年加工黄姜 1.4 万 t 的清洁生产示范工程项目，使黄姜加工中污染物 COD 排放量由原来的每升几万毫克降到不足 100 mg。

截至 2008 年，水源区五地市已先后关、停、并、转、治理污染企业 2 306 家，其中强制关闭污染严重的企业 1 145 家，关停治理 380 家，限期治理 638 家，取缔 153 家不符合产业政策、水污染严重的"十五小"企业；对重点排污企业安装废水在线监控系统，实行全天候监控。强制炸封一批非法矿井，依法关闭土法冶炼、汉江采金等严重污染和破坏环境的矿山企业 45 家，"一控双达标"取得一定成效，进一步提升了水源区防污和控污能力。

上述措施对控制城镇生活污染和工业污染起到了重要作用，使水源区城镇水污染整体有所好转，但水源区生活污染和工业污染尚未得到有效控制。一方面，水源区城镇生活和工业排污量以及入河排污量均持续增长；另一方面，水源区污水处理厂和垃圾处理场建成运行的数量还较少，在建的污水处理厂能否确保正常运行还存在一定的不确定性。已建成的垃圾处理场配套设施不完善，部分未配套相应的污水处理设施。现有企业尚未完全实现达标排放，更未实现全库区按照水域纳污能力实行污染物总量控制限制排放，导致库区部分支流和局部库湾水质不达标甚至污染严重。

（5）入库支流和局部库湾水质污染较严重

丹江口水库现状水质总体能符合《地表水环境质量标准》II 类标准（不考虑总氮指标），能满足南水北调中线水源地的要求。水源区水污染产生的根本原因在于丹江口水库库湾和小支流水域污染源汇入及面源污染。丹江口水库现为中营养状态，局部库湾氮、磷浓度已达中营养化标准的上限，局部库湾的水体有富营养化的可能。

丹江口水库入库干、支流汉江、堵河、天河、浪河、淄河、神定河、泗河、官山河、剑河、老鹳河等河流的沿岸城镇废水大都未经处理直接排入水库，库区已受到了汽车制造、机械加工、化工、建材、造纸、食品、采矿、制药等多行业的污染。很多入库支流污染严重，其中老灌河最严重时达到Ⅴ类水。十堰市境内排污量高，截至2010年，排放工业废水及生活污水将达到3亿m^3，通过神定河和泗河等入库支流直流入库区，直接影响库区水。2008年，汉江上游年接纳废水为6.1亿t，2010年排入汉江的工业废水将增至10.1亿t，而处理效率仅为40%。汉江上游的小矿业产生的大量微量元素也将会对水质安全构成严重威胁。

与此同时，库区诸如农用化肥、农药、畜禽养殖、灌溉排水及污水灌溉以及水土流失引起的非点源污染也很严重。每年因农用化肥进入库区的氮、磷分别为10.9×10^3 t和1 500 t。2000年库区农药使用总量为1 095 t，5.1亿t的农牧用水将土壤中的肥料和盐分带入库中；畜禽粪便达623万t，其中的58.85%随地表径流流入水库。这些将直接影响水库水质，库区流域面源污染负荷贡献比例占83%以上。

10.1.2 水源区生态补偿政策实施的现状及其效果

10.1.2.1 生态建设项目

我国实施了一系列生态补偿政策，先后启动了退耕还林工程、天然林保护工程和生态公益林建设，在农村地区还实施了农村沼气工程等一系列生态建设工程。实行了退耕还林粮食和现金补助政策、生态公益林补偿金政策、扶贫生态补偿政策、生态移民补助政策、耕地占有补偿政策、流域治理及水土保持补助政策等相关政策措施。以上政策的实施显著改善了水源区生态环境和水土流失状况。

天然林资源保护工程主要解决天然林的休养生息和恢复发展问题，工程实施期限为2000—2010年。根据国务院批准的工程实施方案，对工程的投入包括财政专项资金、基建投资、中央转移支付补助等。自2006年以来，中央财政逐步完善了天然林资源保护工程财政政策，补助政策包括森林管护费补助、政策性社会性补助、职工分流安置补助、职工四险补助、富余职工培训费等。南水北调中线丹江口库区及所在的河南、湖北、陕西三省是天然林资源保护工程政策实施的重点地区。2008年，中央财政共拨付河南、湖北、陕西三省天然林保护工程资金9.73亿元。

为加强对重点公益林管护，2004年中央财政建立了中央森林生态效益补偿基金制度，对国家区划界定的重点公益林的营造、抚育、保护和管理进行补偿，标准为每亩每年5元。2007年，完善中央财政森林生态效益补偿基金管理办法，将享受补偿基金的范围由有林地扩大到重点公益林地，并完善补偿资金的分配比例：每亩5元标准中，原每亩4.5元补偿性支出标准提高到4.75元；每亩0.25元用于省级部门组织开展的重点公益林管护情况检查验收、森林火灾预防、维护林区道路等开支。截至2008年，国家已将河南、湖北两省的1 889.4万亩公益林纳入重点公益林范围，中央财政每年安排森林生态效益补偿资金9 447万元。

为完善水资源有偿使用制度，发挥水资源费的调节作用，促进水资源节约、保护和管理，2008 年 11 月，国家发改委和水利部印发了《水资源费征收使用管理办法》，自 2009 年 1 月 1 日起施行。这项政策的实施，一是统一了全国水资源费管理政策，建立了规范的水资源费征收使用管理制度；二是建立了水资源费对水资源开发使用的经济调控机制，有利于水资源利用方式由粗放型向集约型转变，实现水资源的合理配置和可持续利用；三是确保将征收的水资源费安排用于水资源的节约、保护和管理，提高了水资源管理工作的保障水平，通过有效落实国家水资源管理规划和各项措施，全面提升水资源管理能力。

10.1.2.2 《规划》项目

根据 2010 年前应实现的水污染防治和水土保持目标、水污染物总量控制指标与水土流失控制指标，共确定总投资 69.89 亿元的 878 个近期项目。远期规划 2010—2020 年，将实施 1 234 个水污染防治和水土保持项目，总投资 124 亿元，《规划》项目分省投资统计，见表 10-2。

表 10-2　《规划》项目分省投资统计

分项	湖北省		河南省		陕西省	
	近期	远期	近期	近期	远期	近期
小流域治理	104 001	47 984	47 981	20 504	189 464	466 492
污水处理厂	89 225	76 300	22 000	42 000	61 000	162 000
垃圾处理场	15 800	14 350	3 600	21 200		72 160
垃圾清理	21 500		16 500			
工业点源治理	14 280	2 630	45 950	31 600	15 345	266 268
生态农业	10 500		8 500		15 000	
湿地恢复与保护	1 000		1 000		—	
治理示范	200		200		600	
能力建设	2 400	2 050	3 600	9 970	3 000	8 900
总计	402 220		274 605		1 260 229	

10.1.2.3 中央财政转移支付

由于中线工程水源区的水环境保护直接关系中线调水工程的水质安全，国家对水源区的生态环境保护和污染治理高度重视，制订实施了《丹江口库区及上游地区水污染防治和水土保持规划》。同时中央财政通过财政转移支付的方式，加大了对水源区的补偿力度。2008 年，国家对陕西省、湖北省和河南省分别支付生态补偿金额 10.96 亿元、3.51 亿元和 0.82 亿元；2009 年下达陕西省生态补偿资金 13.4 亿元，湖北省丹江口库区县市生态补偿金额 7.83 亿元，河南省生态补偿资金 3.38 亿元。其中大部分资金将通过转移支付方法落实到中线工程水源区地方政府。

生态补偿资金本质是用于水源区的生态环境保护和涉及的基本公共服务领域。但是目前国家拨付给地方的补偿资金属于一般性转移支付性质，一般性转移支付是上级政府为达到缩小地区间财力差距，实现地区间基本公共服务均等化的目标，对存在财力缺口的地区给予的补助。该项转移支付不规定具体用途，可自主安排使用。资金的用途没有得到明确，就很难保证补偿资金用于生态环境建设。因此，采取从水源区的生态补偿需求角度出发核算生态补偿资金的方法能够从源头上明确生态补偿资金的使用方案，合理确定补偿力度，与其他方法相比具有较好的可行性和可操作性。

在资金的分配方式上，目前根据财政部印发的《国家重点生态功能区转移支付（试点）办法》实施，国家重点生态功能区转移支付按县测算，下达到省，省级财政根据本地实际情况分配落实到相关市县。测算办法选取影响财政收支的客观因素，适当考虑人口规模、可居住面积、海拔、温度等成本差异因素，采用规范的公式化方式进行分配。用公式表示：

某省（区、市）国家重点生态功能区转移支付应补助数=（Σ该省（区、市）纳入试点范围的市县政府标准财政支出−Σ该省（区、市）纳入试点范围的市县政府标准财政收入）×（1−该省（区、市）均衡性转移支付系数）+纳入试点范围的市县政府生态环境保护特殊支出×补助系数

其中，①纳入试点范围的市县政府标准财政收入=该地方政府实际财政收入×所在省均衡性转移支付标准财政收入÷所在省实际财政收入；

②实际财政收入包括地方一般预算收入和转移性收入；

③纳入试点范围的市县政府标准财政支出根据总人口、全国人均支出水平、成本差异系数等因素，参照均衡性转移支付办法测算。按省汇总纳入试点范围市县标准收支时，仅计算标准收支存在缺口的市县。

该资金核算结果由地方政府的财政补偿和生态环保建设补偿两大部分组成。财政补偿比较复杂，涉及地方标准财政收入和支出，均衡性转移支付和生态功能区转移支付。该办法的补偿思路是：在没有实施生态功能区转移支付时，地方政府的财政支出高于财政收入，国家通过均衡性转移支付落实资金到省级，然后省级通过均衡性转移支付落实到市、县级。每年国家提供的均衡性转移支付的总数不同（与当年的财政收入情况有关），因此，落实到地方的均衡性转移支付的量就不同，各个地方根据标准财政支出和收入的差距分配均衡性转移支付的资金，一般情况下，均衡性转移支付小于地方标准财政收支差额。也就是说，每年国家提供的均衡性转移支付的资金不能弥补地方财政收入和支出的差值。在这种情况下，考虑水源区的环境保护需求和发展需求，提出了国家重点生态功能区转移支付，用于补偿均衡性转移支付实施后剩余的地方标准财政支出和财政收入差距。由此，通过均衡性转移支付和国家重点生态功能区

转移支付，水源区地方政府的财政收支可以达到平衡。

目前实施的重点生态功能区的补偿资金考虑平衡地方政府财政收支以及地方的环境保护投入。从方案设计的基本理念上能够体现基本需求，但是还存在以下问题：①公式中考虑到了平衡地方政府财政收支。但只是对现有财政收入的影响，没有考虑到不发达地区的经济增长潜力，没有体现发展机会成本损失。②不能体现调水对水源区区域影响程度的差异，没有体现出淹没区的损失。③生态环境保护特殊支出要考虑污染治理设施的运行维护成本，保障治理设施的正常运转。

10.1.2.4　中央和地方生态补偿专项资金

南水北调中线工程是国家合理配置水资源，缓解京津和华北水资源供需矛盾，促进国民经济与社会可持续发展的重大举措。国家决定由中央财政通过财政转移支付的方式，对南水北调水源地统一进行生态补偿。2008 年，国家对陕西省支付生态补偿金额 10.96 亿元、对湖北省支付 3.51 亿元、对河南省支付 0.82 亿元（表 10-3）。2009 年，继续加大对国家重点生态功能区转移支付力度。按照《国家重点生态功能区转移支付（试点）办法》，下达陕西省生态补偿资金 13.4 亿元，湖北省丹江口库区县市生态补偿金额 7.83 亿元，河南省生态补偿资金 3.38 亿元。

表 10-3　生态补偿资金分配　　单位：万元

行政区		2008 年	2009 年
湖北	十堰	1 540	2 062
	丹江口	5 514	8 518
	郧县	5 230	6 421
	郧西县	4 531	4 982
	竹山	4 154	4 589
	竹溪	3 965	4 390
	房县	4 961	5 458
	神农架	5 200	1 463
河南	栾川	600	33 800
	卢氏	1 200	
	西峡	2 400	
	淅川	4 000	
陕西	—	109 600	134 000

注：由于资料有限，此表没有陕西省具体行政区的资金情况；没有河南省 2009 年份行政区的资金数据。

生态补偿资金用于水源区的生态环境保护和涉及的基本公共服务领域。补偿资金的分配和使用主要基于以下因素：①地方政府财政支出；②部分环保设施的建设费用；③以建立长效机制为目的，充分考虑现有环保基础设施的管护费用；④农村面源污染整治造成农民收入的减少额；⑤人均财力，确保实现公共服务均等化；⑥扶植新兴产业，作为支持新型产业发展的奖励资金。

由于受调水水源地保护政策的限制，库区经济社会发展受到了较大程度的限制，地方政府财政收入减少，污染企业关停，就业岗位减少，当地群众生活水平下降。目前国家对地方的生态补偿政策在一定程度上缓解了遇到的诸多困难，实施以来，取得了明显的成效，但是还存在补偿力度较小、涉及面较窄、资金分配和使用规定不明确等问题。应该制订明确水源地的生态补偿分配和使用方案，合理确定补偿力度，建立南水北调中线水源地生态补偿的长效机制，形成库区地方政府和群众的环保激励机制，切实保障库区的水质安全。

10.1.3 水源区的生态补偿需求分析

流域生态保护的根本在于通过工程项目建设、政策措施保障及资金投入等手段保证流域水资源的可持续利用。南水北调中线工程成败的关键在于水质保护，而严格的水质保护要求，将对水源区经济社会发展和生态环境建设产生重大影响。一方面，水源区经济社会发展滞后，发展需求强烈，承受着资源匮乏、资金短缺的巨大压力，还要增加许多额外的投入用于保护水源区的污染防治和生态环境治理，增加了水源区经济社会发展的成本；另一方面，为保护水源区生态环境、确保中线调水水质达标，水源区丧失了许多加快经济社会发展的机会，不少适宜本地发展的产业被予以关停并转，很多项目因水环境保护问题不能上马，极大地影响了当地经济社会发展。这种状况使水源保护和经济社会发展面临两难困境，要突破这一困局，急需引入生态补偿机制。

目前水源区尚未建立有利于水源保护的跨流域生态补偿长效机制。尽管随着《规划》的实施，中央政府以转移支付的方式对南水北调中线水源区实施生态补偿，也取得了一定的成效。但从实际运行来看，国家对丹江口库区及其上游地区实施的生态补偿主要集中于污染治理和生态恢复项目，还属于还历史“欠账”的末端控制政策。同时也存在补偿标准偏低、补偿方式不灵活、补偿途径单一、协商参与机制不健全等问题，极大地减损了水源保护生态补偿机制功效的发挥，不利于水源区的生态环境保护。

水源区必须建立满足水源区的生态环境保护投入、污染治理投入、淹没区的机会成本及水源区保护丧失的发展机会成本等生态补偿需求的生态补偿政策方案。详细的项目需求内容如表 10-4 所示。

10.1.3.1 退耕还林

退耕还林工程是我国投资额最大、涉及面最广、民众参与度最高的一项生态建设工程，于 1999 年在四川、陕西、甘肃 3 省进行试点，2003 年范围扩大到 25 个省（市、区）及新疆建设兵团。2000 年颁布的《中华人民共和国森林法实施条例》第二十二条规定：25° 以上的坡耕地应当按照当地人民政府制定的规划，逐步退耕、植树和种草。退耕还林工程主要包括水土流失、风沙危害严重的重点地区。

表 10-4　生态补偿投入核算项目

成本类型	分项指标	指标解释	投入情况	近期补偿范围
生态保护建设投入	林业建设	流域上游水源涵养地区提高森林覆盖率发生的相应投入，主要包括：退耕还林、公益林建设、封山育林、林业资源保护、森林病虫害防治等项目的相应投入	国家专项资金投入	
	水土保持	小流域综合治理、坡改梯、溪沟整治等项目的相应投入	《规划》列入	
		水土保持设施维护成本	地方财政	√
	自然保护区	重要生态功能区建设和维护自然保护区的相关投入：主要包括：自然保护区的建设、运行和维护等费用	国家专项资金投入	
	生态移民	为了缓解水源涵养区的自然生态压力而迁出生态移民所发生的相应投入。移民补偿款，基础设施损失和建设等投入	国家专项资金投入	
水环境保护治理投入	城市污水处理厂	城镇生活污水设施及其配套设施的建设投入	《规划》列入	
		城镇生活污水设施及其配套设施的运行成本	地方财政	√
	生活垃圾填埋场	垃圾处理设施的建设投入	《规划》列入	
		垃圾处理设施的运行成本	地方财政	√
	危险废物处理	危险废物处理建设投入	《规划》列入	
	农村面源治理工程	农村面源污染治理投入。包括畜禽养殖废弃物的收集处置，沼气设施建设，生态农业园区	国家、地方共同承担	
	环境保护能力建设投入	为增强环境监测、管理能力人员及设施投入	《规划》列入	
淹没区机会成本	移民成本	淹没区的移民补偿	国家专项资金投入	
	财政收入	淹没区地方政府财政收入损失	地方承担	√
	淹没耕地的经济损失	淹没耕地的产值	地方承担	√
水源区发展机会成本	经济收入减少	包括政府的财政收入损失，税收损失，关停并转或限制审批工业企业造成的产值损失，就业岗位损失	地方承担	√
	发展权损失			

（1）现行退耕还林补偿标准

根据 2000 年《国务院关于进一步做好退耕还林还草试点工作的若干意见》、2002 年《国务院关于进一步完善退耕还林政策措施的若干意见》以及 2003 年 1 月 20 日起实施的《退耕还林条例》，丹江口水源区地处长江流域，退耕还林还草的经济补偿标准大致可以分为以下四类。

- 国家向退耕户无偿提供粮食补助：2 250 kg/（hm^2·a），按粮价 1.4 元/kg，折合现金 3 150 元/（hm^2·a）。补偿年限按经济林、生态林和退耕还草分别为 5 年、8 年和 2 年。
- 国家给退耕户 300 元/（hm^2·a）的现金补助，用于退耕农户退耕后维持医疗、教育、日常生活等必要开支成本。现金补偿年限与粮食补助年限相同。
- 国家向退耕户提供种苗和造林费补助 750 元/（hm^2·a）。年限与粮食补助年限相同，其中荒山荒地造林只享受本项补助。
- 对退耕还林的农户税征收采取减免政策。

参考国家对于退耕还林的有关补偿政策及标准，对应的退耕还林的投入成本包括农民的日常生活开支、粮食开支以及种苗造林投入。

2003—2006 年，退耕还林补助标准公式如下：

退耕还林补助标准（元/hm^2）=农民日常开支 300 元+粮食 2 250 kg×1.4 元+种苗补助 750 元=4 200 元/（hm^2·a）（生态林 8 年，经济林 5 年，还草 2 年，荒山造林仅种苗补助 750 元/hm^2）

退耕还林政策具有明确的时限，一般为 5～8 年，其主要目的是使退耕还林农户在这 5 年时间内进行生产活动的转移，不再依附于土地开展农业生产。因此，在目前退耕还林的补偿还存在的情况下，农户有能力来对已退耕还林的土地进行维护，确保政策的实施效果，但是政策实施期满后，如果没有相应的补偿政策跟上，退耕农民的利益就没有了保障，必然重新回到土地上，将土地的生态功能恢复为经济功能。

退耕还林的补偿标准低也是影响政策实施效果的重要原因。当退耕农民所获得的经济补偿低于农户在同一土地上开展农业生产所带来的效益时，农民退耕积极性减低，退耕还林政策的实施难度较大。目前实施的退耕还林政策采用固定的补偿标准。自 2003 年正式开始实施起，国家对于农业产品的收购价格一直为 1.4 元/kg，因此在退耕还林标准里按粮价 1.4 元/kg 将补偿粮食折合成现金，现粮食价格变化较大（表 10-5），特别是在 2008—2009 年由于国际粮价上涨，每公斤粮食价格超过了 1.8 元，2010 年陕西省小麦收购价格达到了 2 元/kg。因此，必须重新制定退耕标准，按粮食补助 2 元/kg，即折合现金 4 500 元/（hm^2·a）开展退耕才能保证政策顺利实施。

水源地陕西省、湖北省和河南省农村居民人均纯收入也有较大的增长，农村居民人均纯收入分别增长了 96.46%、90.50%和 120.5%。农村医疗、教育、日常生活等必要开支成本也大幅增加，按照农村居民人均纯收入的增长比例，国家给退耕户提供的现金补助需由 300 元/（hm^2·a）增长至 570～600 元/（hm^2·a）。

表 10-5　2004—2010 年的粮食收购价格

品种	2004 年	2005 年	2006 年	2007 年	2008 年		2009 年	2010 年
					年初	新粮上市前		
白小麦			1.44	1.44	1.5	1.54	1.74	1.8
红小麦			1.38	1.38	1.4	1.44	1.66	1.72
混合麦			1.38	1.38	1.4	1.44	1.66	1.72
早籼稻	1.4	1.4	1.4	1.4	1.5	1.54	1.8	
中晚籼稻	1.44	1.44	1.44	1.44	1.52	1.58	1.84	
粳米	1.5	1.5	1.5	1.5	1.58	1.64	1.9	

注：表中价格均为当年产普通中等最低收购价。

因此，增长后的退耕还林补助标准公式为：

退耕还林补助标准（元/hm^2）=农民日常开支 600 元+粮食 2 250 kg×2.0 元+种苗补助 750 元=5 850 元/（hm^2·a）（生态林 8 年，经济林 5 年，还草 2 年，荒山造林仅种苗补助 750 元/hm^2）

（2）退耕还林投入成本核算

退耕还林补偿包括退耕还生态林、退耕还经济林、荒山造林、退耕还草等，根据调查统计水源区市县的退耕还林面积和补偿标准核算得到总的补偿成本。2008 年以前退耕还林总投入为 21.988 亿元，平均每年 3.66 亿元。2008 年以后预计退耕还林总投入 10.45 亿元，平均每年投入 1.742 亿元。其中 60%以上用于退耕还生态林建设。

截至 2008 年，水源区实施的退耕还林面积如表 10-6 所示，水源区共实施退耕还林 142.61 万 hm^2，其中退耕还林 50.07 万 hm^2，荒山造林 92.54 万 hm^2；陕西省占 82.9%，湖北省占 13.6%，河南省占 3.5%。国家财政提供专项资金补偿退耕还林，同时对地方政府因退耕还林减少的财政收入由国家通过财政转移支付予以补偿。

表 10-6　截至 2008 年水源区实施的退耕还林面积　　单位：万 hm^2

省名	退耕还林	荒山造林	总计面积
陕西省	41.51	80	121.51
湖北省	6.81	7.59	14.4
河南省	1.75	4.95	6.7
总计	50.07	92.54	142.61

分别采用退耕还林补助的原标准和建议的新标准对已实施的退耕还林进行补偿核算，见表 10-7。

表 10-7　截至 2008 年水源区退耕还林补偿量

省名	总计面积/万 hm^2	现行标准/万元	新标准/万元
陕西省	121.51	510 342	637 927.5
湖北省	14.4	60 480	75 600
河南省	6.7	28 140	35 175
总计	142.61	598 962	748 702.5

10.1.3.2　生态公益林保护

森林具有显著的生态功能和生态效益，对维护地区生态平衡发挥着重要作用。为了解决生态公益林管护、抚育资金缺乏问题，并在一定程度上解决管护人员的经济收益问题，1998 年通过的《森林法修正案》规定，国家建立森林生态效益补偿基金，用于提供生态效益的防护林和特种用途林的森林资源、林木的营造、抚育、保护和管理。2001 年发布的《森林法实施条例》明确规定，防护林、特种用途林的经营者，有获得森林生态效益补偿的权利。2004 年公布《中央森林生态效益补偿基金管理办法》明确提出，为保护重点公益林资源，促进生态安全，根据《森林法》和《中共中央、国务院关于加快林业发展的决定》，天然林保护的投入成本主要用于封山育林、飞播造林、人工造林、种苗基础设施建设成本、森林防火及其他项目建设成本，以及现有森林的管理维护成本。根据现有的补偿标准：封山育林 210 元/（hm^2·a），飞播造林 750 元/（hm^2·a），人工造林中长江上游地区 3 000 元/（hm^2·a），黄河上中游地区 4 500 元/（hm^2·a），现有森林管理维护 150 元/hm^2。

水源区公益林管护成本见表 10-8。

表 10-8　水源区公益林管护成本

省名	公益林面积/hm^2	保护成本/万元
湖北	446 950	3 352.125
河南	443 913	3 329.347 5
陕西	3 706 143	27 796.072 5
总计	4 597 006	34 477.545

10.1.3.3　水土保持

（1）水土保持补偿标准

南水北调水源区水土保持生态建设就是以防治水土流失和涵养水源为主要目的，即以生态效益为基础，兼顾水源保护区经济发展，以可持续发展为最终目标，在水源区采取工程、植物、耕作和生态修复措施进行综合水土流失的综合治理。

水土保持生态建设系统包括水土保持工程措施、水土保持农业措施、水土保持植物措施和预防保护措施，只有各项措施相互协调、共同实施才能够保障水土保持生态建设的顺利实施。必须通过水源区的生态补偿措施才能有效保证水土保持各项措施的实施。

水土保持措施的投入包括水土保持设施的基本建设投入和每年的管护投入。

水源区水土流失面积 17 968 km^2，水土流失治理面积 3 200 km^2，水源区水土流失情况见表 10-9。

水源水土保持基本治理费用分项核算如下：

水土保持措施的加固提高费用：水源区水土保持措施治理程度及设计标准较低，部分水保措施已经满足不了涵养和保护水源的需要，要对修建时间早、设计标准较低的工程措施进行修缮，提高设计标准。参照小流域治理程度，按照水源区原有水保措施工程量的 50%对水保措施进行加固提高和新建。根据各典型小流域的水毁调查，使这些水土保持措施长期发挥水土保持作用，每年水土保持措施工程加固提高费用应占建设费用的 15%。

水土保持林封育管护：水土保持林建设是水土保持生态建设的重要部分，小流域治理一般在人类活动密集的地方，水土保持疏幼林和天然林的破坏比较严重，所以需要专门的设施和人员进行封育管护。

调查表明，陕南典型小流域单位水土流失治理费用为 50 万～80 万元/km^2，综合考虑可以取 60 万元/km^2。然而，目前《规划》中水土保持项目的投资标准平均为 23.9 万元/km^2，补偿标准过低。2007—2009 年，国家下达的水土流失治理规划中，中央投资和地方配套资金的比例各占 50%。由于项目区多为贫困地区，地方财政困难，配套资金难以全面落实。因此，综合考虑水土流失的现状和治理程度，应当提高水土流失治理的补偿标准。水土保持基本治理费用根据不同区域，施工困难程度各有不同，由于各个流域水土流失情况不同，维护成本也有较大差异。一般来说，每年水土保持措施工程加固提高费用占总建设费用的 10%～20%。

（2）水土保持补偿需求

水土保持治理工程费用包括：水土保持基本治理费用、水土保持措施的维修管护费、水土保持措施的加固提高费、水土保持林封育管护费用。

水土保持基本治理费用核算公式为：

水土流失维护成本=水土流失治理面积×单位治理面积投入成本×维护成本占治理成本的比例

水土流失治理的重点为中度以上流失程度区域。核算得到近期水源区水土流失治理面积 28 789 km^2。水土流失治理总投资费用为 68.81 亿元，每年的运行维护成本为 10.32 亿元（表 10-10）。

表 10-9 水源区水土流失情况 单位：km^2

	行政区	合计	轻度	中度	强度侵蚀区	极强侵蚀区	剧烈侵蚀区
陕西省	汉中	7 021.295	1 717.2	3 788.97	1 038.19	371.52	105.41
	安康	10 976.75	1 867.95	5 735.28	1 863.23	1 122.37	387.92
	商洛	7 754.1	1 638.42	4 246.95	1 139.44	510.84	218.45
湖北省	茅箭区	121.19	87.87	25.71	5.18	2.14	0.29
	张湾区	181.54	108.31	53.38	13.97	5.25	0.63
	郧县	1 711.75	620.11	644.91	271.32	128.51	46.9
	郧西县	1 607.83	780.6	576.48	116.95	90.41	43.39
	神农架	399.6	146.32	226.98	11.74	8.2	6.36
	竹山县	1 271.8	643.91	480.64	64.81	53.46	28.98
	竹溪县	945.51	405.36	439.82	40.08	38.14	22.11
	房县	1 837.68	827.58	869.29	75.18	44.91	20.72
	丹江口市	1 258.37	492.85	485.71	208.08	64.2	7.53
河南省		—	—	303 814			

表 10-10 水源区水土流失面积及治理投资维护成本

省名	水土流失面积/km^2	治理成本/万元	维护成本/万元
湖北省	5 222.36	124 814.40	18 722.16
河南省	3 038.40	72 617.76	10 892.66
陕西省	20 528.57	490 632.82	73 594.92
合计	28 789.33	688 064.99	103 209.75

10.1.3.4 污染治理

根据南水北调中线工程丹江口水库的水质要求，其库区水质必须要遵守和执行更为严格的Ⅱ类地表水水质标准。调水水源地各级政府必须对城市点源污染开展治理工作，加强污染治理设施和防治能力基础投资，主要涉及城市污水处理厂建设、城市生活垃圾填埋场建设、医疗废物处理设施建设和环境监测监管能力建设，同时提供资金用于保证污染治理设施的日常运转。污水处理厂建设投入包括工程建设成本、配套管网费用以及运行维护费用；垃圾卫生填埋场和医疗废物处理中心建设投入包括工程建设成本和每年的管护费用；环境监测能力建设投入包括新增监测人员、监测设备等的投入。由于当地没有开展农业非点源治理投入统计工作，因此本研究没有测算。

（1）城市污水处理基建投资和运行成本

1）城市污水处理设施建设和运行成本核算方法。污水处理总费用包括污水处理投资和运行成本。水源区城市污水处理设施建设和运行成本根据水源区城镇生活污水治理需求进行核算，水源涵养区（陕西省）城市污水处理要求达到Ⅰ级 B 排放标准，单位污水量的治理运行成本为 0.8 元/t（含折旧）。河南省和湖北省水源区周边市、县排放的城市污水将直接进入丹江口水库，城市污水处理不仅要考虑 COD 的治理要求，还要考虑 N、P 的处理，要求污水处理达到 I 级 A 排放标准，单位污水量的治理运行成本为 1.5 元/t（含折旧）。城市污水厂运行负荷按 80%核算，计算公式如下：

城市污水处理运行成本=城市污水排放量×污水收集率×单位污水量处理运行成本

城市污水排放量根据城镇工业、生活污水产生量和排放系数确定。采用 2008 年水源区城镇人口和工业产值预测水源区生活、工业用水量（表 10-11）。

表 10-11　水源区城镇生活及工业用水量　　单位：万 t

省名	城镇生活用水量	工业用水量	合计
湖北省	7 819.7	22 930.3	30 751
河南省	2 432	6 179	8 611
陕西省	10 862	18 372	29 232
总计	21 113.7	47 481.3	68 594

水源区 2008 年总用水量为 68 594 万 t。其中，城镇生活用水量占总用水量的 30.78%，工业用水量占总用水量的 69.22%。根据规划区城镇工业、生活排水量的实际调查数据，取规划区内生活排水系数 0.8，工业排水系数 0.7，确定 2008 年水源区的排水量（表 10-12）。

表 10-12　水源区城镇生活和工业污水排放量　　单位：万 t

省名	生活排水量	工业排水量	合计
河南省	1 945.8	4 325.1	6 270.9
湖北省	6 522.7	16 208.4	22 731.1
陕西省	8 771.6	13 508.3	22 280
总计	17 240.1	34 041.8	51 282

湖北、河南、陕西三省均是以工业废水排放为主。工业废水排放量在三省废水排放量中的比例：湖北省为 75.1%，河南省为 69%，陕西省为 55.1%。

2）城市污水处理项目的建设和运行成本分析。实际水源区需要建设污水处理设施的处理能力需要达到 140.5 万 t/d，需要投入的建设成本为 42.15 亿元，目前列入《规划》实施的近期污水处理项目共计 19 个，均已获得国家批复，“十一五”期间已建成 11 个项目。水源区近期城市污水处理总投资为 17.22 亿元，远期城市污水处理投资为 28.03 亿元，城市污水处理总建设投资为 45.25 亿元（表 10-13）。

随着水源区城镇化和工业发展速度加快，水源区城镇生活和工业污水排放量将进一步增加，水源区远期城市污水排放量将远大于目前规划建设的污水处理设施的处理能力。规划建设的污水处理厂只落实到县级，为了有效保障中线工程的调水安全，需要将污水处理设施及其管网的建设落实到乡镇，需要考虑结合地方需求增加污水处理厂的建设投入。

表 10-13 城市污水处理厂建设投入和运行成本需求

省名	排放量/（万 t/d）	建设成本/亿元	运行费用/（万元/a）
湖北省	62.28	18.68	34 096.65
河南省	17.18	5.15	9 406.35
陕西省	61.04	18.31	17 824
总计	140.50	42.15	61 327.00

（2）城市生活垃圾处理投资和运行成本

1）城市生活垃圾处理投资和运行成本核算标准。为了保证调水水质，水源区城镇必须建立良好的垃圾收集、分类系统，加强城市生活垃圾无害化处理场的建设。水源区城市生活垃圾目前都采用卫生填埋的方式处理和处置，城市生活垃圾的产生和清运量直接影响垃圾处理场建设规模和运行成本，其成本是基于垃圾填埋场建设的工程投资和垃圾处理运行费用的总和来核算的。

城市生活垃圾处理运行成本=城市生活垃圾处理量×单位生活垃圾处理成本
=城市人口×人均生活垃圾产生量×无害化处理率×单位生活垃圾处理成本

以 2008 年的城市人口为基准人口预测，人均生活垃圾产生量为 1.04 kg/（人·d）。根据《"十一五"全国城镇生活垃圾处理规划》，丹江口市生活垃圾无害化处理率要求达到 30%。作为南水北调中线工程的水源区，为了保证水源区的水质，防止城市垃圾随意堆置对水体造成污染，必须将水源区城市垃圾无害化处理率在 2012 年提高至 100%。

城市生活垃圾的处理成本主要由垃圾清运费、填埋费、渗滤液处理费、材料费等组成。该核算不考虑垃圾的清运费，不同规模的城市生活垃圾处理场，其生活垃圾填埋处理成本（不含收运成本）构成有着一定的区别。运行成本标准见表 10-14。

表 10-14 不同规模城市生活垃圾处理成本费用

处理规模/（t/d）	成本项目	成本费用/（元/t）	
		渗滤液外运处理	渗滤液深度处理
200	折旧费	40	40
	单位总成本	71.98	77.98
	单位经营成本	31.98	37.98
1 000	折旧费	16.2	16.2
	单位总成本	40.56	44.56
	单位经营成本	24.56	28.36

根据水源区城镇人口分析预测得到水源区各地市城市生活垃圾产生量。大部分县市的城市生活垃圾产生量都低于 200 t/d，因此，生活垃圾的处理运行成本为 37.98 元/t，

城市生活垃圾的清运费用取 16 元/t。

2）城市生活垃圾产生量及运行处理成本分析。基于水源区城镇人口和人均垃圾日产生量核算得到水源区城市生活垃圾产生量，进一步核算垃圾清运费和卫生填埋费。水源区总的城市生活垃圾卫生填埋的运行费用为 8 109.85 万元/a（表 10-15）。

表 10-15　城市生活垃圾产生量及处理运行成本分析

省名	城市生活垃圾产生量/（t/d）	清运费/（万元/a）	填埋费/（万元/a）
湖北省	1 255.70	733.33	1 740.73
河南省	748.80	437.30	1 038.04
陕西省	2 111.72	1 233.24	2 927.41
总计	4 116.11	2 403.81	5 706.04

基于《规划》所列城市垃圾填埋场建设项目，近期垃圾填埋场建设主要集中在湖北省和河南省，远期集中在陕西省水源区建设。建设投资占总投资比例：湖北省为 24.3%，河南省为 19.4%，陕西省为 56.3%。《规划》中近期城市垃圾填埋场建设投资为 2.04 亿元，低于水源区的实际需求（5.35 亿元）。为保证中线工程通水后水质安全，远期需要对水源区农村垃圾进行分类收集后进行卫生填埋处理，因此，水源区需要处理的城市垃圾量将更大（表 10-16）。

表 10-16　水源区城镇生活垃圾处理场建设及处理运行成本

省名	城镇人口/万人	城市生活垃圾产生量/（t/d）	建设成本/亿元	运行费用/（万元/a）
湖北省	120.74	1 255.70	1.63	2 474.06
河南省	72.00	748.80	0.97	1 475.34
陕西省	203.05	2 111.72	2.75	4 160.66
合计	395.78	4 116.11	5.35	8 109.85

（3）医疗废物处理处置成本分析

县级以上市应当建设医疗废物集中处置设施；城市交通发达、城镇密集地区的市也可以联合建设医疗废物处置设施。县（区）可以单独建设或者联合建设医疗废物集中处置设施。县（区）、乡镇、农村和个体医疗卫生机构的医疗废物应当按照就近的原则交由医疗废物集中处置单位处置，不得擅自进行处理。对于附近没有医疗废物集中处置单位或产生医疗废物较少的医疗卫生机构可以委托有贮存设施的医疗机构暂存，并且由受委托医疗卫生机构统一交由医疗废物集中处置单位处置。

医疗废物产生量的计算及预测，医疗机构产生的医疗废物总量按照固定病床的医疗废物产生量核算。病床的医疗废物产生量计算及预测可按以下公式计算：

病床的医疗废物产生量（kg/d）=床位医疗废物产生系数（kg/（床·d））×床位数（床）×床位使用率（%）

据统计，医疗废物的单位处理成本为 5 元/kg，由此得到水源区医疗废物年处理运行成本为 3 626.28 万元（表 10-17）。

表 10-17　2008 年水源区医疗废物产生量及处理运行成本

省名	床位数	床位使用率/%	医疗废物排放系数/（kg/床）	医疗废物产生量/（t/d）	处理成本/万元
湖北省	12 912	103.10	0.5	6.66	1 215.45
河南省	6 833	82.60	0.5	2.82	514.65
陕西省	24 451	85	0.5	10.39	1 896.18
总计	44 196			19.87	3 626.28

10.1.3.5　库区水产养殖

丹江口水库水产养殖方式主要有网箱养殖、围栏养殖和自然放养。水产活动对水库的污染主要来自网箱和围栏养殖。依据鱼类自然习性和养殖方式，网箱养殖分为不投饵和投饵两种形式。不投饵养殖鱼类生长是通过从水体中获取有机物，能够不断减少水溶性的 N、P 含量。因此，丹江口水库水产养殖对水库的污染主要源于投饵式养殖。

近年来，丹江口库区水质监测显示库区总氮指标已常年处在Ⅳ～Ⅴ类标准区间，丹江口库区的水产养殖量大幅增长。2007 年，丹江口市已发展网箱、库湾养鱼 77 750 亩，占人工养殖总面积 120 200 亩的 58.3%，形成了 52 500 只 2 550 亩 3.5 万 t 商品鱼的网箱养鱼规模，建成 350 处 75 200 亩 1.5 万 t 商品鱼的库湾养殖基地。投饵式养殖每年向水库排放总氮 2 916.2 t、总磷 793.9 t。根据 2008 年的统计，丹江口市水库鱼产量为 7 万 t，其中捕捞产量 0.96 万 t，养殖产量 6.04 万 t。已形成 5.3 万只滤食性鱼类养殖网箱和 1.2 万只肉食性鱼类投饵养殖网箱的规模。移植的太湖新银鱼已形成 3 000 t 资源和 2 000 t 起捕产量的规模效益。

丹江口水库水产养殖已成为库区水体的主要污染源之一，必须建立补偿机制逐步取缔库区网箱投饵养殖。水产养殖退出补偿包括养殖网箱的建设费用和养殖物的补偿两部分。按照单个网箱的建造成本 1 000 元补偿，另外补偿三年水产养殖的效益。1.2 万只肉食性鱼类投饵养殖网箱的产量计为 1.2 万 t [1 t/（a • 只网箱）]。1.2 万只肉食性鱼类投饵养殖网箱退出补偿合计 0.84 亿元。

10.1.3.6　生态移民

水源区生态环境保护是中线工程调水成功的关键，生态移民是保护水源区生态环境的一条重要解决途径。生态移民既有利于减轻环境压力，又有利于移民在新的社会环境中提高生活水平，保障水源区的稳定与发展。

中线工程水源区生态移民主要是指大坝加高实行的工程移民之外，为了保护水源区的生态环境和库区水质安全，进行的部分人口搬迁。南水北调工程丹江口库区实施生态移民，应该定位在政府主导的非自愿移民，要求强化政府在生态移民中的主导作用，同时制定相应的生态移民政策，引导库区居民部分自愿移民。为此，实施生态移民必须遵循以下几个原则：①国家层面统筹水源区的生态移民工程建设；②生态移民与生态建设相结合；③以人为本，开发性生态移民；④在搬迁对象的选择上，生态移民宜优先选择退耕还林地区的居民；⑤生态移民必须与库区产业结构调整相结合；⑥生态移民必须与库区环境保护非工程措施相结合。

十堰市环境容量狭小，人多地少，耕地后备资源严重不足。丹江口库区人均只有0.71亩耕地，其中人均耕地在0.5亩以下的有11.7万人。丹江口水库蓄水170 m后，可耕地数量减少15万亩以上，人地矛盾更加突出。截至2007年年底，十堰市共完成退耕地造林103万亩，有34.1万农村人口必须实施生态移民。

根据水源区各地方政府制定的南水北调中线工程水源区生态移民建设规划，移民投资用于以下几个方面：

❖ 移民住房：移民住房按户均5间建设，砖混结构，每套建筑面积120 m^2，造价控制在500～550元/m^2。
❖ 人畜饮水工程：建设标准参照《农村饮水安全项目建设管理办法》规定的农村饮水安全工程建设标准，投资按550元/人测算。
❖ 供电工程：按10 kV线路3 km/10^3人、380伏/220V低压线路50 m/户、变压器1台/10^3人测算。投资按10 kV线路7万元/km，380V/220伏线路3万元/km，变压器3万元/台测算。
❖ 移民道路：按照居民点巷道3万元/km、居民点干道6万元/km、对外连接道路按四级油路25万元/km测算。
❖ 移民安置区征地费：按每户占地150 m^2，每亩5万元测算。

根据以上测算标准得到生态移民每人投资约为2万元。生态移民总投资由国家财政和地方财政各承担50%。

水源区生态移民补偿需求见表10-18。

表10-18　水源区生态移民补偿需求

省名	生态移民/万人	移民补偿/亿元	国家财政/亿元	地方财政/亿元
湖北省	34.1	68.2	34.1	34.1
河南省	4.05	8.1	4.05	4.05
陕西省	35.93	71.86	35.93	35.93
合计	74.08	148.16	74.08	74.08

10.1.3.7　发展机会成本

丹江口库区及上游地区多为国家级和省级贫困县，经济发展的要求十分迫切，而南水北调中线工程的建设不可避免地对库区水污染防治、水土保持、生态保护提出了比经济发达地区更为苛刻的要求，这使得库区社会经济发展面临更大的挑战和压力。库区在支付额外的生态保护成本和污染治理成本的同时，还承受了社会经济发展的机会损失，导致库区工业、农业生产发展受限，政府税源萎缩，居民就业困难，部分群众生活水平下降等问题。

由于流域生态保护的需要，上游不得不关闭或者限制拒批污染较大的企业，从而影响了流域上游地区经济的发展，因此需要计算上游地区的发展机会成本。通过比较补偿地区与周围地区的经济发展差距计算出补偿地区的发展权损失。

（1）水源区财政增支减收和地方经济损失调查情况

中线工程水源区社会经济影响及损失情况：

湖北省。中线工程的实施，因企业关闭、企业迁建、发电减少等原因，静态算账，将直接减少十堰财政收入 5.02 亿元。与此同时，地方财政支出却将大幅度增加。在工程建设时期：一是财政刚性支出多、负债大。其中因企业迁建停产，预计增加下岗失业人员 2 万人，年增加财政社会保障支出 5 148 万元，减少社会保险五项基金收入 9 000 万元。二是移民搬迁导致行政成本增加。按每迁 1 人 100 元的行政成本计算，需增加行政经费支出 1 800 万元。三是丹江口库区的郧阳、均州为千年古城，丹江大坝加高后，文物保护管舍建设投入需 2 亿元左右。四是与库区建设相配套的财政支出大大增加，仅生态环境建设及配套设施建设需增加支出 27 亿元以上。

陕西省。陕南三市作为南水北调中线水源涵养地和保护区，在生态保护过程中，不可避免地对地区经济发展做出了一些限制和调整，增加了生态保护成本，蒙受了生态保护的机会成本损失，导致产业发展受限、政府税源萎缩、居民就业困难、生活水平下降。主要表现在以下三个方面：①影响了农民收入。退耕还林后耕地面积减少，加上为控制农业面源污染，减少化肥、农药使用量，导致亩产降低，每年种植业收入减少 18.67 亿元。实行林木禁伐和控制养殖水域面积，林产品加工业、水产养殖业收入减少。②影响了工业发展。为了确保水质，陕南三市已累计关停医药、化工、矿产、造纸等污染企业 668 家，年产值减少 46 亿元，利税减少 8.8 亿元。同时大量工业项目停止建设，严重限制了当地经济的发展。关停企业造成 4.49 万城镇人口下岗失业，再就业压力加大。地处高寒偏远山区需要易地搬迁安置的农村人口多达 35.93 万人。③减少地方财政收入。生态建设直接导致陕南地区年经济损失 28.9 亿元，影响税收 11.4 亿元。城镇居民可支配收入汉中、安康和商洛分别相当于全省的 76.3%、74.8% 和 82.4%，农村居民收入相当于全省的 90%、85%和 67%。

河南省。每年影响财政收入 3.07 亿元。据统计对工业企业影响，水源区累计关、停、并、转污染严重的化工、造纸等企业 394 家，固定资产投资损失 21 亿元，年均财政减收 2.57 亿元，下岗职工 20 189 人。为保护水质，对水源区农田限制化肥、农药、种植业减产 20%～50%，减产量 12.4 万 t。影响财政收入 5 000 万元。每年增加地方财政支出，主要为地方政府对与规划项目实施的配套资金，大幅提高的污染治理项目运行成本，为保护水质关闭企业造成的下岗职工安置费用，此外还有大坝加高造成的淹没损失。

（2）水源区财政增支减收和地方经济损失调查结果分析

水源区发展机会成本的调查基于三大产业的收入减少（图 10-1）和地方政府财政的增支减收。

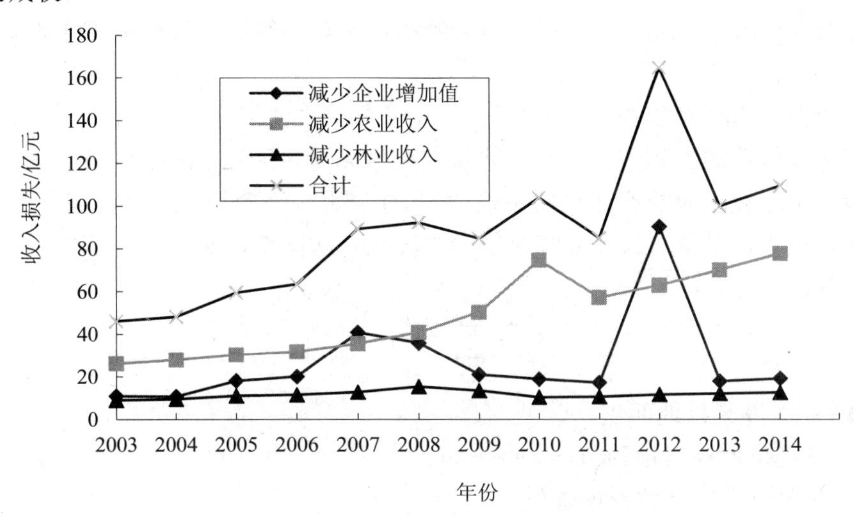

图 10-1　水源区三大产业收入影响

受退耕还林、退耕还草的影响，耕地面积减少造成三大产业中的农业损失最大。水源区减少的企业增加值在 20 亿～40 亿元，水源区在调水之前关停了一些排污企业，对 2012 年的企业增加值产生较为明显的影响。林业经济损失较为稳定，每年为 10 亿～15 亿元。

地方财政的减收主要因为水源区关停或者限制拒批 1 183 家污染较大的企业，核算至 2008 年造成水源区地方政府财政收入每年减少 18.43 亿元，减少就业人口约 7.66 万人（表 10-19）。

表 10-19　水源区关停企业调查

省名	关停搬转企业/家	财政收入损失/亿元	下岗职工/人
湖北省	121	5.02	11 500
河南省	394	2.57	20 189
陕西省	668	10.84	44 900
总计	1 183	18.43	76 589

10.1.3.8　淹没区生态补偿

水库大坝加高淹没将涉及湖北、河南两省 5 个县市区的 41 个乡镇，淹没与影响面积达 307.7 km^2，需安置搬迁 27.21 万人。其中涉及湖北辖区丹江口市、郧县、郧西县和十堰市张湾区 4 个县市区的 26 个乡镇，淹没区移民人口 11.61 万人；涉及河南辖区南阳市淅川县 11 个乡镇，淹没区移民人口 15.6 万人。

由于丹江口库区大坝加高，大量耕地、林地被淹没，同时部分城镇人口外迁，对地方政府财政收入和居民生活造成了很大的影响，对其的影响和损失评价基于以下三方面考虑。

（1）淹没区农业经济损失

根据淹没区耕地面积和农产品产量及结构核算淹没区农业发展经济损失，得到的补偿资金用于淹没区农业产业结构调整，农民生产和安置补贴人均耕地面积减少带来的农民收入损失，以及农村环境综合整治农民收入的减少，表 10-20 为淹没区农业经济损失及补偿。

$$C_{\text{ao}} = \sum_i A_i \times p_i \times c_i$$

式中，A_i——淹没区耕地面积；

p_i——单位面积耕地种植产品的产量；

c_i——单位农产品的市场价值。

表 10-20 淹没区农业经济损失及补偿

省名	耕地面积/万亩	农产品产量/（kg/hm²）	农业产值/万元
湖北省	12.46	3 990	66 287.2
河南省	13.18	5 046	88 675.04

（2）淹没区林业经济损失

根据淹没区林地面积和单位面积林地产值核算淹没区林业发展经济损失，表 10-21 为淹没区林业经济损失。十堰市 2008 年的林业产值为 57.37 亿元，林地面积为 109.5 万 hm^2，单位面积的林地产值为 0.52 万元/hm^2。对大坝加高淹没林地的产值核算结果见公式：

$$C_{\text{ao}} = \sum_i F_i \times c_i$$

式中，F_i——淹没区林地面积；

c_i——单位面积林地产值。

表 10-21 淹没区林业经济损失

省名	面积/万亩	单位产值/（万元/hm²）	补偿量/亿元
湖北省	5.11	0.52	0.18
河南省	1.48	0.52	0.08

（3）淹没区工业经济损失

根据淹没区面积占行政区面积比例及淹没前单位面积工业生产总值核算淹没对城镇经济发展的影响。

湖北省库区淹没迁建企业 121 个，迁建前实现税收 18 300 万元，按 5 年平均增长 13%计算，则迁建期三年累计减少税收 29 837 万元，影响财政收入 11 935 万元。企业因迁建停产关闭，预计增加下岗职工 11 500 人，地方财政省每年增加社会保障支出 17 450 万元。除固定资产损失外，每年将减少生产经营收入 10 亿元。淹没及环保关停企业 110 家，关停前实现税收 16 500 万元，关停后湖北每年将减少地方财政收入 6 600 万元。

大坝加高对淹没区造成的经济损失及长远影响难以评价，特别是淹没区移民造成水源区居民生存空间压缩，政府财政支出增加，因此，采用淹没区面积及所在行政区的总的面积比补偿地方政府财政支出，表 10-22 为淹没区工业经济损失。

表 10-22　淹没区工业经济损失

省名	淹没面积/km^2	工业生产总值/亿元	单位面积工业生产总值/（万元/km^2）	补偿量/（亿元/a）
河南省	158.6	237.31	134.88	1.94
湖北省	143.9	228.12	83.70	1.33

10.1.4　水源区生态补偿需求的时空分布

（1）空间范围

本研究水源区范围确定为陕西、湖北、河南 3 省 7 个地（市）的 43 个县（市、区），土地总面积 8.81 万 km^2。受水区范围为河南省、河北省、北京市、天津市。水资源受损区为湖北省汉江中下游地区。随着水源区生态补偿方案的逐步完善，方案实施涉及的空间范围逐步由水源区扩大至包括水源区、受水区和水资源受损区，其过程包括：

- ❖ 中线工程建设期采取中央财政对水源区的补偿方式。空间上只涉及水源区。
- ❖ 中线工程运行期，建设受水区对水源区的生态补偿方式，涉及的空间范围为水源区和受水区。
- ❖ 随着国家财力的增强，中线工程效益的显现，逐步实现对水资源受损区的生态补偿，构建完整的生态补偿方案。完整的调水工程生态补偿空间范围包括水源区、受水区和水资源受损区。

（2）时间范围

南水北调中线工程的建设时间可以分为建设期（2003—2014 年）和运行期（2014 年之后）。根据中线工程的建设时间以及污染防治和水土保持项目的实施规划，以 2014

年中线工程运行为关键时间节点将水源区生态补偿的落实与完善分为 3 个阶段。

第一阶段（2003—2010 年），对水源区实施的补偿政策整合，完善工程建设期专项资金投入。

第二阶段（2010—2014 年），落实对中线工程水源区污染防治水土保持维护资金，保障工程运行的通水水质。

第三阶段（2014—2020 年），进一步落实规划项目资金，同时提供持续性的维护资金投入，逐步解决水资源效益的分配问题。

10.1.5 水源区生态补偿需求量

（1）水源区生态保护和污染治理建设投入需求

中线工程建设期，国家通过退耕还林、生态公益林等专项资金及《规划》资金保障水源区的生态环境保护投入和污染治理建设投入（表 10-23）。其中，水土保持项目资金由国家与地方各承担 50%，污染治理项目分别由国家承担 70%和地方承担 30%，表 10-24 为生态环境保护和污染治理运行维护费用需求的情况。

表 10-23 水源区生态保护和污染治理建设投入 单位：亿元

指标	湖北省	河南省	陕西省	总计
水土保持	12.48	7.26	49.06	68.81
污水处理	18.68	5.15	18.31	42.15
垃圾处理	1.63	0.97	2.75	5.35
医疗废物	0.1	0.06	0.1	0.26
总计	32.89	13.44	70.22	116.57

表 10-24 生态环境保护和污染治理运行维护费用需求 单位：亿元

	指标	湖北省	河南省	陕西省	合计
水源区	水土保持	1.87	1.09	7.36	10.32
	污水处理	3.41	0.94	1.78	6.13
	垃圾处理	0.25	0.15	0.42	0.81
	医疗废物	0.12	0.05	0.19	0.36
	政府财政收入	0.99	2.01	8.35	11.36
淹没区	农业	6.63	8.87	—	15.50
	林业	0.18	0.08		0.26
	工业	1.94	1.33		3.27
总计		15.39	14.53	18.10	48.02

（2）生态移民补偿需求

水源区生态移民安置总人口为 74.08 万人，总搬迁安置费用为 148.16 亿元，其中湖北省 68.2 亿元，河南省 8.1 亿元，陕西省 71.86 亿元。

（3）机会成本补偿需求

根据调查得到水源发展机会成本损失，其中财政收入损失湖北省为 5.02 亿元/a，陕西省为 10.84 亿元/a，河南省为 2.57 亿元/a。

10.2　南水北调中线水源区生态补偿政策框架

10.2.1　水源区生态补偿政策指导思想

南水北调中线工程水源区生态补偿政策以科学发展观为指导，以水源区的水环境安全保障为目标，以水源区的生态环境保护和经济社会发展需求核算为基础，以水源区、受水区对流域水资源的利用效益为生态环境保护责任分配原则，构建水源区生态补偿政策框架，明确生态补偿主体、对象、范围和责任。基于保护者的补偿需求与受益者的支付责任和能力，建立中线工程水源区生态补偿政策的实施路线，优化整合水源区现有环境保护政策，分阶段研究水源区生态补偿策略，逐步体现调水水资源效益和水源区生态系统服务功能。完善水源区生态补偿财政制度，在资金来源上逐步由国家纵向财政转移支付向受水区和水源区的横向转移支付转变，由政府主导型向市场主导型转变，在补偿资金的分配上形成保护与激励并行的财政资金分配机制。生态补偿方案将为水源保护各利益主体之间架起协商沟通桥梁，生态补偿政策是水源区生态环境保护的长效机制，将有力增强环境保护能力，有效遏制生态整体退化趋势，促进水源区生态系统服务功能正常发挥，促进广大水源区居民的生产生活条件改善和征收致富，切实保障南水北调中线工程调水的顺利实施。

10.2.2　水源区生态补偿政策总体框架

10.2.2.1　设计原则

（1）公平和谐、共同发展

为了保障水源区的水质安全，调水水源地地区在产业发展上受到了许多限制，在受水区享受调水工程带来的发展机遇和资源的同时，水源地政府、企业和居民在收入等各个方面都受到了不同程度的损失。因此，调水水源地生态补偿方案要解决水源地和受水区的财富公平问题。水源地和受水区之间是有机联系的、不可分割的整体。如果调水水源地地区水质恶化，可以降低对水源区的补偿标准甚至水源区对受水区赔偿，体现的是“污染者付费原则”（PPP）；反之，如果调水水源地地区提供给受水区的是经过保护的、优质标准的水质，受水区地区就应该对水源地地区所作的贡献给予适当的补偿，体现的是“受益者付费原则”（BPP）。只有这样，才能最终实现调水区和受水区的共同发展和水资源的永续利用。

（2）中央统筹、地方参与

南水北调中线工程涉及范围广，工程投资大，建设周期长，调水水源地地区、影响区和受益区涉及多个省市，调水实施后，水资源保护和生态环境建设也需要多个省市的共同参与，因此，应按照“中央统筹、地方参与”的原则，建立生态补偿协商机制。中央政府不仅在建立水源区生态补偿机制方面起着关键性的作用，而且也要鼓励地方政府建立省市两级的水源区生态补偿机制。中央政府不仅要在南水北调中线工程建设期起到关键作用，而且在南水北调中线工程完成后的运行期也要起到生态补偿机制监督实施的作用。

（3）科学制定、注重实效

调水工程水源区生态环境保护的生态补偿政策制定要在水源区经济社会发展现状、生态环境保护现状及要求、区域详细调查分析和各方面、多层次的影响预测评估基础上制定，生态补偿方案的制定既要反映水源区补偿需求，也要考虑受水区的支付意愿和支付能力，同时要方便操作和有助于绩效评估。生态补偿标准要根据建设期和运行期分别制定，既要考虑水源区提供的生态系统服务价值及其差异性，又要考虑生态补偿标准与社会经济发展水平的相适应性。

（4）多种策略、分步实施

从 2008 年开始的水源区的生态补偿工作，补偿资金已经落实到位，但是具体的补偿方案还处于从研究到实践的过渡阶段。目前实施的基于地方财力的生态补偿政策，从补偿主体确定、补偿需求核算到补偿资金分配还存在很大的争议，缺乏成熟的理论和丰富的实践支持。因此，水源区生态补偿方案设计要继续扩大水源区补偿范围，形成分建设期和运行期、合理需求下的生态补偿标准、给定补偿规模下的合理补偿资金分配等多种补偿方案，分阶段落实补偿政策。

10.2.2.2 设计思路

由于水源区保护涉及范围广，当地经济社会发展落后、生态环境脆弱，国家陆续在水源区开展了大量的生态环境保护工作，因此，水源区的生态补偿政策的制定不仅要综合现有国家和地方政策及投资的绩效，而且要覆盖现有政策还没有体现的内容以及水源保护亟待解决的问题。分阶段、分区域地逐步推进水源区生态补偿政策的制定与实施，逐步扩大补偿与保护的内容和范围，最终形成水源区生态环境保护的长效机制。主要的实施步骤与阶段内容如下：

1）优化整合现有生态环境保护政策。综合分析国家和地方政策的实施绩效，提出政策的优化、更新建议，解决水源区生态环境设施建设，综合考虑水土保持设施、污染治理设施建设成本，为水源区生态补偿方案的制定提供政策的基础。目前实施的政策及投资包括《丹江口库区及上游水污染防治和水土保持规划》，农村环境保护建设、重点功能区的生态保护等。

2）完善水源区生态环境保护维护机制。以国家重点生态功能区转移支付资金为生态补偿资金来源，解决水源区水土保持设施维护成本、污染治理设施运行成本和地方的机会成本等问题，满足水源区保护污染治理的需求，形成水源保护的公平和谐发展机制。

3）制定水源区生态补偿资金的分配机制。考虑水源区的用水量、受水区的调水量、水资源对生态环境和社会经济的效益，制订生态补偿量在水源区和受水区的分配方案，逐步实现由国家对水源区的纵向生态补偿向受水区对水源区的横向生态补偿转变。

4）制订完整的生态补偿方案。将水资源开发生态环境受损区（汉江中下游地区）纳入水源补给区生态补偿范围，协调水源区、受损区和受水区的利益需求。

5）优化生态补偿方案。以上四个阶段的生态补偿量的核定是以水源区的生态环境保护、污染治理和区域发展机会成本为基础，以国家和受水区政府的实际支付能力为原则，由此形成的生态补偿方案，在今后中线工程调水长期运行阶段，应逐步体现水资源的生态环境服务功能价值和社会经济效益。

水源区生态补偿政策阶段实施思路如图 10-2 所示。

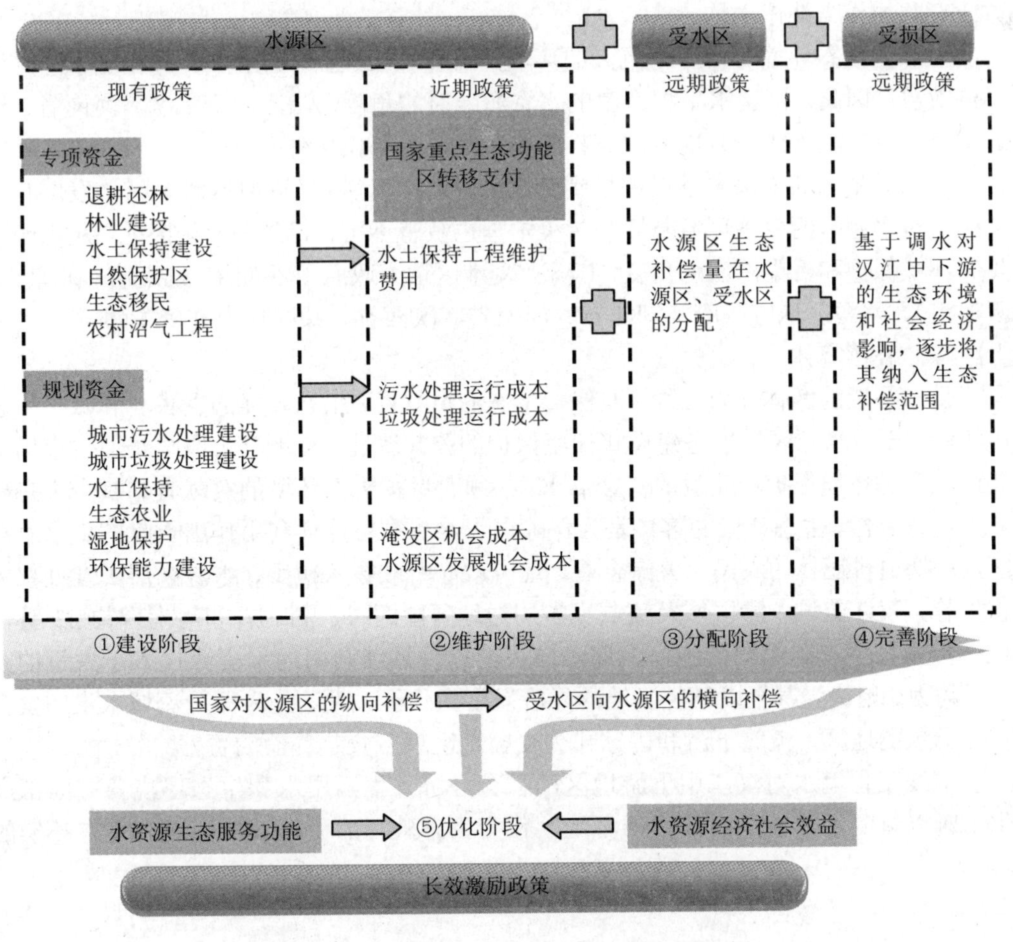

图 10-2　水源区生态补偿政策阶段实施思路

10.2.2.3 补偿主体与客体

（1）补偿主体

依据“谁破坏、谁恢复，谁受益、谁补偿”的责任原则，水源区生态补偿的主体包括中央政府、受水区地方政府、水源区地方政府。

在生态补偿过程中，由于水源区的生态环境及提供的调水水资源是一种公共物品，使得水源区和受水区对水资源及其服务的占有和使用并不存在侵权行为，任何明确产权的方法都无法使其他地区或群体承担一部分甚至全面的水源区生态环境保护所额外支出的成本。因此，在中线工程建设期，无法通过调水产生的水资源效益满足水源区生态环境建设和保护需求，社会资本也不愿涉足生态补偿领域，水源区生态建设和保护过程中所产生的外部正效应很难依靠市场机制内部化，只有通过政府公共资金及制定相关政策，才能有效解决生态建设和保护过程中的正外部效应内部化的问题，这就决定了国家在生态补偿中的主体地位。在中线工程运行期，中央和受水区地方政府共同作为补偿主体。

水源区生态环境保护产生巨大的环境效益和社会效益，调水水资源在受水区产生经济效益。因此，从调水工程产生的水资源效益的角度，国家、受水区（河南省、河北省、北京市、天津市）地方政府作为受益者成为补偿主体。

水源区生态环境保护不仅关系到受水区的水环境质量，同时水源区经济发展和社会生活对水源区的生态环境破坏和污染治理也负有不可推卸的责任。因此，从水源区生态环境保护和污染治理的角度，国家、受水区地方政府（河南省、河北省、北京市、天津市）、水源区地方政府（湖北省、河南省、陕西省）共同作为补偿主体。

（2）补偿客体

生态补偿的客体分为三种，即保护生态的贡献者、生态破坏的受害者和减少生态破坏者。由于水源区的生态建设和环境保护的公共属性，在现有阶段很难通过市场机制满足生态环境保护和建设的资金需求。必须对保护生态环境的贡献者和减少生态破坏者进行补偿。生态补偿的客体是为保障调水水资源可持续利用作出贡献的供水水源区，包括退耕还林的农民、关停企业、地方政府财政收入减少、水源区居民发展权的丧失等。汉江流域上游区域及流域上游周边地区陕西省、湖北省和河南省共 43 县，他们实施各项水源保护措施，为保障向下游提供持续利用的水资源投入了大量的人力、物力、财力，甚至以牺牲当地的经济发展为代价。对这些为保护流域水生态安全作出贡献的地区，流域下游和国家作为受益地区理应负起补偿的责任。

中线工程调水对汉江中下游地区的社会经济、生活用水和生态环境各方面都产生了难以恢复的影响，汉江中下游地区作为生态破坏的受害者也应成为生态补偿的客体。

10.2.2.4　补偿范围

本课题研究范围——南水北调中线水源补给区拟与《丹江口库区及上游污染防治和水土保持规划》的规划范围相同，即陕西、湖北、河南 3 省 7 个地（市）的 43 个县（市、区），其中研究重点区域为丹江口库区（即水库加坝淹没涉及的湖北省十堰市、丹江口市、郧县、郧西县及河南省淅川县、西峡县等 6 县市区）。水源区范围见表 10-25。

表 10-25　本研究水源区范围

省	地（市）	县（市、区）名称	总计
陕西	汉中	汉台区、南郑、城固、洋县、西乡、勉县、略阳、宁强、镇巴、留坝、佛坪	11
	安康	汉滨区、汉阴、石泉、宁陕、紫阳、岚皋、镇坪、平利、旬阳、白河	10
	商洛	商洛市、洛南、丹凤、商南、山阳、镇安、柞水	7
河南	三门峡	卢氏	1
	洛阳	栾川	1
	南阳	西峡、淅川、邓州、内乡	4
湖北	十堰	丹江口、郧县、郧西、竹山、竹溪、房县、张湾区、茅箭区、神农架	9
合计			43

10.2.2.5　政府主导型生态补偿

政府主导型生态补偿主要是以国家或上级政府为实施和补偿主体，以区域、下级政府或农牧民为补偿对象，以国家生态安全、社会稳定、区域协调发展等为目标，以财政补贴、政策倾斜、项目实施、税费改革和人才技术投入等为手段的补偿方式。在我国，财政转移支付是主要的政府补偿机制。中线工程水源区生态补偿采取政府主导型生态补偿和市场主导型生态补偿相结合的方式，在中线工程的投资建设阶段过渡到运行阶段后逐步由政府主导型生态补偿向市场主导型转变。中线工程建设期对水源区生态补偿采取政府主导型生态补偿方式。目前水源区政府主导型生态政策的制定与实施要解决好以下几个问题。

（1）整合现有生态补偿财政政策

2000 年以后，水源区实施了退耕还林、生态公益林补偿金、天然林保护工程等政策，对生态建设中的利益损失者进行了必要补偿。这些生态政策都是按照项目预算设计的，项目规模有限，时间有限，面临许多问题。一是项目结束后，利益损失者将无法继续取得补偿，必将回归到生态破坏的生产和生活方式，使得生态功能再回归到经济功能，难以维持现有的生态建设成果。二是补偿标准过低，水源区内退耕农户得到的退耕补助不足以弥补农业生产的机会成本，生态功能区补偿经费来源不足。

（2）资金补偿

政府财政转移支付是调节政府间关系的一项重要工具，是弥补地方政府环境责任财力不足的一项重要工具。建设期实施的重点生态功能区转移支付为生态纵向财政转移支付，即上下级政府间自上而下的纵向财政平衡模式，也称“父子资助式”，是中央政府依据特定的财政管理体制，把地方政府财政收入的一部分集中起来，再根据各地方财政平衡状况和中央宏观调控目标的需要，同时考虑各地方的国土面积和生态功能等因素，把集中起来的财政收入再分配给各地方，以达到生态保护并均衡各地财力的目的。2008 年，国家支付生态补偿金额陕西省 10.96 亿元、湖北省 3.51 亿元、河南省 0.82 亿元；2009 年继续加大对国家重点生态功能区转移支付力度，按照《国家重点生态功能区转移支付（试点）办法》，下达陕西省生态补偿资金 13.4 亿元，湖北省丹江口库区县市生态补偿金额 7.83 亿元，河南省生态补偿资金 3.38 亿元。虽然国家逐年增加了纵向财政转移支付的补偿力度，但还应存在补偿力度小、涉及面窄、资金分配和使用规定不明确等问题。因此，要依据水源区生态补偿需求进一步提高补偿标准，根据水源区生态要素的特点制定落实补偿资金使用分配政策。

中线工程运行期，在中央政府主导下的生态纵向财政转移支付向水源区和受水区的生态横向财政转移支付转变，即考虑到同级地方政府之间的生态功能及其关联程度，各同级地方政府之间的横向财政平衡的“兄弟互助式”模式。采用这种模式一方面减少中央财政负担，另一方面体现水资源的价值，有助于政府主导型生态补偿向市场主导型生态补偿过渡。南水北调中线工程涉及五个省市，就现在行政管理体制而言，每级地区都可能涵盖多个同一级别的政府，每个同一级别的政府又下辖多个层级的政府，政府之间的财政资金横向转移将形成一个极为复杂的网络。因而，北方受水区对汉江中下游的横向财政转移支付补偿，应横向补偿纵向化。借鉴南水北调工程基金模式，设立生态补偿基金，由中央确定横向补偿标准后，由南水北调中线水源有限责任公司代收，并将其纳入国家预算，由财政部门统一管理，由中央财政通过纵向转移支付将横向生态补偿资金拨付给水源区。

（3）项目补偿

建立《丹江口库区及上游地区经济社会发展规划》，通过多种渠道、多种形式解决项目投资和投入问题，并根据形势发展需要，不断充实完善支持政策，创新支持方式。国家有关部门正在实施或计划实施的国家专项规划，优先、重点在库区及上游地区实施，并在投资力度和投资规模等方面对水源区项目给予重点支持。同时有关部门还应研究安排中央财政专项补助资金，用于解决库区及上游地区现有专项规划和投资渠道不能解决的问题；地方各级财政还可根据项目市场化和公益性的情况，安排库区及上游生态保护区一般性财政转移支付资金或地方财政补助资金给予支持；受水区地方通过政府之间和部门之间的对口支援给予财政资金、物资装备的支持，通过企业之间的对口支援进行合资合作。对于病险水库除险加固、生态建设、农村饮水安全、大中型灌区配套改造等公益性建设项目，取消县及县以下资金配套。

（4）异地开发

异地开发是现阶段生态补偿的一种有效形式。水源区和受水区省市各划出部分区域，分别由对方来建设和发展。在受水区省市划出部分园区，由水源区政府来进行招商引资，发展经济，以发展所取得的利税和技术经验返回支持水源地区的生态环境保护和建设工作以及其他各项社会发展事业。在水源区划出相应范围，由北方四省市投资作为技术管理推广示范区进行开发。加强受水区和水源区的技术经济合作，加快水源区经济发展，促使水源区经济逐步由“输血型”向“造血型”转变，全流域建设成为生态优美、经济快速发展、产业层次较高、城乡协调发展的功能区。

（5）智力补偿。

北京市、天津市、河北省和河南省等受水地区对口帮扶南水北调中线水源区社会经济发展，围绕基础设施、社会事业、人才培训、劳务输出和特色优势产业发展等开展对口支援工作。国务院南水北调办公室要会同有关部门适时研究提出对口支援库区的工作方案，明确对口帮扶关系和任务要求。

10.2.2.6　市场主导型生态补偿

市场主导型生态补偿是指市场交易主体在政府制定的各类生态环境标准、法律法规的范围内，依托市场法则，规范市场行为，将生态服务功能或环境保护效益打包推入市场，通过市场交易的方式，降低生态保护的成本，实现生态保护的价值。和政府补偿机制相比，市场补偿机制具有补偿方式灵活、管理和运行成本较低、适用范围广泛等特点。但信息不对称、交易成本过高将影响市场补偿机制的运行。同时市场机制本身难以克服其交易的盲目性、局部性和短期行为。在流域生态补偿及赔偿中，当利益相关者以及买卖双方关系明确，存在现实的购买关系时，就是一种市场的补偿机制。

借鉴浙江义乌水权交易案例、宁蒙水权转让案例，建立大规模跨流域调水市场化运作机制，在调水沿线建立水权交易市场。通过市场作用，使水资源从低效益的用户转向高效益的用户，提高水资源的利用效率。市场交易具有动态性，以价格来真实反映水的供求关系、总水量的变化和用水需求的变化，通过市场重新分配现有水资源，地区用水量通过市场得到强有力的控制，可带动其内部各区域水资源配置的优化，进而拉动基层部门用水优化，促进节约用水。

建立专门的水市场交易机构负责水资源交易的组织管理，供水方提供用水证明，申请卖出限额。卖出限额标明水量、水质和使用时限。供水方和用水方通过交易系统提交交易意向，订单买卖数量和价格由供求双方确定。交易系统按照价格优先、时间优先的原则成交。水资源交易实行保证金制度，根据交易规模确定保证金标准。

南水北调中线调水规模大、范围广，能满足大市场、大流通的要求，有利于稳定水的供应，促进水资源的合理配置，有利于供水企业经验理念、信息化管理水平和整体素质提高，有利于形成全流域统一的大市场，体现水资源的价值，为水源区生态补偿资金提供重要来源。

10.2.3 工程建设期的生态补偿政策方案

国家在水源区实施天然林保护工程、退耕还林工程、森林生态效益基金，水土保持规划，已经形成了稳定的资金渠道、实施考核方案，然而《规划》建设的水土保持和污染治理工程建设完成后没有稳定的维护和运行经费保障。以规划建设项目为基础，沟通工程维护运行资金补偿需求和转移支付资金的使用。建立转移支付资金的指导性规范，保障工程的稳定运行维护。

10.2.3.1 一般性转移支付

南水北调中线工程是国家战略性水资源配置工程，然而建设期由于没有真正实现通水，无法通过受水区的水资源费和用水费等途径解决水源区的生态环境建设问题，因此国家在工程建设期应作为生态效益的主要购买者。建设期国家在水源区统筹安排退耕还林、林业建设以及规划项目等，形成了稳定的资金渠道和实施方案，但在工程的维护运行方面还缺乏稳定的资金来源，因此，除了保证原有的专项资金投入，在水源区还应采取国家重点生态功能区转移支付方式，解决好工程的运行维护问题。需要解决的项目投资见表 10-26。

表 10-26 建设期水源区补偿项目统计 单位：亿元

指标	湖北省	河南省	陕西省	合计
水土保持	1.66	0.76	2.7	5.12
污水处理	1.79	0.35	0.83	2.97
垃圾处理	0.25	0.15	0.42	0.82
医疗废物	0.12	0.05	0.19	0.36
政府财政收入	5.02	2.57	10.84	18.43
总计	8.84	3.88	14.98	27.7

依据水源区用水量、用水效益和支付能力等确定水源区生态补偿量分摊系数（第4章），水源区共承担项目运行维护成本的 9.51%，建设期国家财政应承担项目运行维护成本的 90.49%。对水源区的补偿项目在国家和各省水源区分摊。建设期总维护费为 27.7 亿元/a，其中国家转移支付为 25.06 亿元/a，地方配套 2.64 亿元/a（表 10-27）。

表 10-27 一般性转移支付补偿项目统计 单位：亿元

指标	来源	湖北省	河南省	陕西省	合计
运行维护成本	地方配套	1.04	0.83	0.77	2.64
	国家转移支付	2.78	0.48	3.37	6.63
财政机会成本	国家转移支付	5.02	2.57	10.84	18.43
总计		8.84	3.88	14.98	27.7

此外，《规划》所列的污染治理项目的资金分别由国家承担 70%和地方承担 30%。《规划》所列的水土流失治理项目资金由国家和地方各承担 50%。依据水源区生态补偿量分摊结果（见第 4 章），水源区共承担生态补偿总量的 9.51%，建设期国家财政应承担污染治理建设项目投资的 90.49%，因此，按照《规划》实施的比例通过一次性转移支付向水源区提供工程项目建设资金 20.49%、生态治理项目资金 40.49%的补偿，《规划》建设项目一次性转移支付见表 10-28。

表 10-28 《规划》建设项目一次性转移支付 单位：亿元

指标	湖北省	河南省	陕西省	合计
水土保持	4.21	1.94	7.67	13.82
污水处理	1.83	0.45	1.25	3.53
垃圾处理	0.34	0.07	0.42	0.84
合计	6.38	2.47	9.34	18.19

10.2.3.2 财政资金分配方案

工程建设期水源区生态补偿资金由国家财政和水源区地方财政共同承担。总资金使用分为两部分：一是生态环境保护和污染治理资金，该部分资金专用于水源区的污染治理设施的运行维护，不参与考核。二是地方政府财政补偿资金。补偿地方政府因水源保护而丧失的发展机会，造成财政收入减少等的损失，对该部分资金的分配采取激励机制，建立考核办法激励水源区各县政府采取积极有效的方式参与水源保护。

（1）生态环境保护和污染治理资金

生态环境保护和污染治理资金根据各县实际投入进行补偿。建设投入根据国家财政和地方财政投入比例，直接落实到工程项目，对于已经完成建设的工程项目，生态补偿资金落实到运行维护管理单位。生态环境保护和污染治理资金由各县实际发生的水土流失治理工程完成情况进行分配。

（2）地方政府财政补偿资金

将水源区发展机会损失补偿资金核算到水源区各省，各省分别建立考核制度将资金进一步分配到县级政府。对于生态建设和环境保护实施成效明显的县在其转移支付资金基数的基础上增加支付比例，优先提供水源区生态建设环境保护基金支持。对于规划实施缓慢、考核结果较差的县抵扣转移支付比例，并将扣减补偿资金转入生态建设环境保护基金账户用于激励其他地区的生态环境建设。

水源区各县国土面积直接决定了各县集水量。因此，采用县域国土面积占水源区省辖国土面积比例为各省发展机会成本分摊系数，将发展机会成本分摊至县级政府，作为各县财政补偿基数，参与进一步的资金分配考核。

$$\text{各县财政补偿基数}=\frac{\text{县域国土面积（km}^2\text{）}}{\text{水源区省辖面积（km}^2\text{）}}\times\text{各省发展机会损失（亿元）}$$

10.2.3.3 资金使用政策

生态补偿资金分为专项资金和一般性转移支付资金。专项资金用于生态环境保护和城市污水处理、垃圾填埋处理、工业废水处理等污染治理。一般性转移支付资金用于水源区地方政府财政支出。

1）建设期生态补偿资金来源于国家重点生态功能区转移支付资金和地方相关配套资金。总资金为 27.7 亿元/a，其中国家转移支付资金 25.06 亿元/a，地方配套 2.64 亿元/a。资金主要分为两部分，一部分通过专项转移支付用于水源区生态环境保护和污染治理设施的运行维护，保障资金专款专用于环境保护。另一部分主要用于弥补地方政府的财政损失，维持地方政府财政收支平衡，建立流域上下游水质水量生态补偿办法考核。

2）水土保持设施和污染治理设施的运行资金落实到县级单位，保证资金落实到具体项目，资金不得挪作他用，定期汇报资金的使用情况。

3）地方政府转移支付以县为核算单位，建立资金考核机制。考核内容主要有干流支流水质、生态环境保护情况、规划落实情况等。当年考核结果直接与下一年的生态补偿资金挂钩。

4）配套的生态补偿资金，应与国家转移支付资金同时下拨到具体项目规划执行单位。

5）严格执行补偿资金、项目公告、公示制度。保证补偿资金安排公开、透明。

6）实行奖惩制度，对资金投向有偏差、项目实施进度慢、工程运行不良、挤占挪用项目资金的县（市、区），将酌情扣减补偿资金分配指标，用于奖励工作突出的县。

10.2.3.4 污水与垃圾处理投资和运行补偿

工程建设期水源区的城市污水与垃圾处理投资和运行补偿的重点为《丹江口库区及上游水污染防治和水土保持规划》投资建设的城市污水处理厂和垃圾填埋场。其中，建设投资依据规划所列投资核算，《规划》所列的污染治理项目分别由国家承担 70%和地方承担 30%。按照《规划》实施的比例通过一次性转移支付向水源区提供工程项目建设资金 20.49%的补偿。

（1）污水处理投资与运行补偿

污水处理总费用包括污水处理投资和运行成本。目前需要的补偿部分是地方政府承担的配套资金比例以及污水处理设施运行成本。污水处理设施运行成本根据不同区域需要达到的排放标准要求分别核算。水源涵养区（陕西省）城市污水处理要求达到Ⅰ级 B 排放标准，单位污水量的治理运行成本为 0.8 元/t（含折旧）。由于河南省和湖北省水源区周边市、县排放的城市污水将直接进入丹江口水库，城市污水处理不仅要考虑 COD 的治理要求，还要考虑 N、P 的处理，为了保障库区的水质安全，要求污水处理达到Ⅰ级 A 排放标准，单位污水量的治理运行成本为 1.5 元/t（含折旧）。城市污水厂运行负荷按 80%核算，公式如下：

城市污水处理运行成本=污水处理厂建设规模×运行负荷（80%）×单位污水量处理运行成本（0.8 元/t）

表 10-29　《规划》城市污水处理厂项目建设投入和运行成本分析

建设时间	省名	近期	总投资/亿元	运行费用/（亿元/a）
近期	湖北	11	8.922 5	1.79
	河南	4	2.2	0.35
	陕西	4	6.1	0.83
	总计	19	17.222 5	2.97

《规划》中近期污水处理项目共计 19 个，均已获国家批复，已建成 11 个。水源区近期城市污水处理总投资为 17.22 亿元，其中地方承担 5.17 亿元，运行费用为 2.97 亿元/a（表 10-29）。远期项目为 52 个，远期城市污水处理投资为 28.03 亿元，地方承担 8.4 亿元，运行费用为 2.74 亿元/a。城市污水处理总建设投资为 45.25 亿元。

中线工程建设期，国家通过一次性转移支付补偿水源区政府承担的污水处理建设投资为 3.34 亿元，每年提供污水处理运行费用为 2.97 亿元。

（2）垃圾处理投资和运行补偿

基于《规划》所列城市垃圾填埋场建设项目，近期垃圾填埋场建设主要集中在湖北省和河南省，远期集中在陕西省水源区建设。水源区规划建设的城市生活垃圾目前都采用卫生填埋的方式处理和处置，城市生活垃圾的产生和清运量直接影响垃圾处理场建设规模和运行成本，其成本核算基于垃圾填埋场建设的工程投资和垃圾处理运行费用的总和。

城市生活垃圾处理运行成本=城市生活垃圾填埋场处理能力×单位生活垃圾处理成本

建设期规划的城市生活垃圾卫生填埋量都低于 200 t/d，因此，生活垃圾的处理运行成本取 37.98 元/t。核算总投资和运行成本见表 10-30。

表 10-30 《规划》城市垃圾填埋场项目建设投入和运行成本分析

建设时间	省名	数量	处理规模/（t/d）	总投资/亿元	运行成本/万元
近期	湖北	6	1 255	1.68	1 740
	河南	2	300	0.36	416
	总计	8	1 555	2.04	2 156

《规划》中近期垃圾卫生填埋场建设项目共计 8 个，均已获国家批复，已建成 3 个，5 个项目在建。垃圾处理设施总投资为 2.04 亿元，运行费用为 2 156 万元/a。

中线工程建设期，国家通过一次性转移支付补偿水源区政府承担的垃圾处理建设投资为 0.4 亿元，每年提供处理运行费用为 2 156 万元。

10.2.3.5 生态保护工程补偿

南水北调水源区生态保护工程以防治水土流失和涵养水源为主，《规划》在水源区采取工程措施、植物措施、耕作措施和生态修复措施进行水土流失的综合治理。水土保持生态建设系统包括水土保持工程措施、水土保持农业措施、水土保持植物措施和预防保护措施。只有各项措施相互协调、共同实施才能够保障水土保持生态建设的顺利实施。必须通过水源区的生态补偿措施才能有效保证水土保持各项措施的实施。《规划》中近期水土保持项目规划总投资 35.0 亿元，截至 2009 年年底，实际完成总投资 25.4 亿元，占规划总投资的 72.6%。其中，小流域治理项目规划投资 34.1 亿元，实际完成投资 25.30 亿元，占其规划投资的 72.3%；水土保持监测项目规划投资 0.25 亿元，实际完成投资 0.1 亿元，占其规划投资的 40%。水源区水土流失面积 17 968 km^2，水土流失治理面积 3 200 km^2。

水土保持措施的投入包括水土保持设施的基本建设投入和每年的管护投入。水土保持基本治理费用根据不同区域，施工困难程度各有不同，因此维护成本也有较大差异，一般情况下，每年水土保持措施工程加固提高费用占建设费用的 10%～20%。目前《规划》中水土保持项目的投资标准平均为 23.9 万元/km^2，2007—2009 年国家下达的水土流失治理规划中，中央投资和地方配套的比例各占 50%。由于项目区多为贫困地区，地方财政困难，配套资金难以全面落实。因此，综合考虑水土流失的现状和治理程度，应当提高水土流失治理的补偿标准。水土保持治理工程费用包括水土保持基本治理费用、水土保持措施的维修管护费、水土保持措施的加固提高费、水土保持林封育管护费用。

水源区水土保持工程措施见表 10-31。水土保持工程维护成本见表 10-32。

表 10-31　水源区水土保持工程措施

措施			陕西省	河南省	湖北省	合计
建设规模/km²			4 893.1	575.63	826.12	6 294.85
综合治理面积/hm²			209 407	16 119	22 049	247 575
坡面整治	坡改粮梯	土坎/hm²	3 151	2 301	120	5 572
		石坎/hm²	4 727	177	574	5 478
	坡改果梯	土坎/hm²	890	748	257	1 895
		石坎/hm²	49		248	297
	水系工程	蓄水池窖/口	1 901	956	838	3 695
		排灌沟渠/km	560	71	184	815
		沉沙凼/个	1 966	956	894	3 816
	田间道路/km		475	82	147	704
水土保持林草	水土保持林/hm²	退耕还生态林	44 069	827	6 853	51 749
		退耕还经济林	27 304	1 203	4 944	33 451
		荒山造生态林	110 803	8 766	8 137	127 706
	退耕还草/hm²		3 227	200	550	3 977
	等高植物篱	长度/km	8 769	3 261	183	12 213
		面积/hm²	15 187	1 897	366	17 450
沟道防护	谷坊/座		1 524	481	248	2 253
	拦沙坝/座		58	49	115	222
疏溪固堤/km	整治河堤		74	27	29	130
	新建河堤		197	28	30	255
治塘筑堰/座	整治塘堰		197	31	60	288
	新建塘堰		36	17	20	73
生态修复面积/hm²			279 903	41 444	60 563	381 910
生态修复措施	封育管护	管护人员/人	1 383	201	294	1 878
		疏林补植/万株	23 980	3 158	4 887	32 025
		封禁标牌/个	1 383	200	302	1 885
		网围栏/km	1 068	159	211	1 438
	能源替代	省柴灶/个	13 193	1 250	620	15 063
		沼气池/座	8 020	860	1 936	10 816
	舍饲养畜畜棚/间		6 442	520	1 178	8 140

表 10-32　水土保持工程维护成本

建设时间	省名	治理面积/hm^2	总投资/亿元	维护成本/（万元/a）
近期	湖北	463 984	10.40	1.66
	河南	212 688	4.80	0.76
	陕西	753 488	18.95	2.70
	总计	1 430 160	34.14	5.13

《规划》中近期水源区水土流失治理面积为 14 301 km^2。水土流失治理总投资费用为 34.14 亿元，每年的运行维护成本为 5.13 亿元。建设投资依据《规划》所列投资核算，建设期国家需要向水源区提供水土流失治理资金 40.49%的补偿，即一次性支付 13.82 亿元的建设资金。

10.2.4　工程运行期的生态补偿政策方案

10.2.4.1　社会经济发展规划制度

按照有利于保护生态环境、有利于发挥特色优势、有利于增加就业岗位、有利于增加农民收入、有利于移民稳定发展的原则，加快转变经济发展方式，推进产业结构调整和优化升级，逐步形成以农业为基础、加工和制造业为支撑、服务业加快发展的产业新格局。

（1）加强产业结构调整，大力发展生态农业

国家通过政府和财政支持等多种形式，大力推进水源区的经济结构调整，建立水源区和受水区政府的互动互助开发机制，由政府牵头引进受水区的资金和技术，采取中央、受水区和水源区共建共享方式，加强调水三方的互动合作。鉴于水源区的地形资源特征和传统经济结构采取多元化的发展思路，逐步改造提升水源区的传统产业结构，全面发展生态特色经济，建立绿色产业示范基地，引导水源区居民转变传统的生产生活方式，发展特色产业，通过发展非农产业项目引导农业人口向城镇转移和集中，以减轻农业人口对土地资源和农业经济的依赖性，缓解并减轻对生态系统的压力。

水源区各区域中心城市发展方向：

十堰市。充分利用十堰拥有的东风车、武当山、丹江水等国内外知名品牌的资源优势，巩固汽车城、水电城、旅游城、生态城的功能定位，在促进城市向东扩展的同时，积极谋划向北延伸，拓展城市发展空间，优化城市形态，提升城市功能，塑造城市形象，增强中心城市的吸引力和辐射带动能力，进一步提升在区域交通网络中的地位，构建中西部黄金旅游圈的结合点，提高十堰对整个库区的辐射带动能力。

安康市。推进安康中心城市建设。加快江北新区开发，改造提升江南老城区，南北互动，整体发展，积极构建“一江两岸、四桥连接、组团分布、环道串联”的中等城市框架，努力把安康建设成为区域交通枢纽、物流中心和环境优美的宜居城市、优

秀旅游城市。

汉中市。壮大汉中中心城市实力，加快建设生态宜居城市。依托“一江两桥”桥闸工程，拓展城区规模和发展空间，集聚人口和经济活动，促进产业结构调整升级，不断完善城市功能；发挥自然地理优势和山水城市特色，塑造城市形象，力争把汉中建成连接关中、成渝、江汉经济圈的重要节点中心城市。

商洛市。以商州—丹凤工业循环经济圈为载体，加快商丹城市一体化建设步伐，促进商洛城市发展融入关中城市群；打造优质绿色产业基地、秦岭最佳生态旅游目的地、现代材料工业基地和商洛特色劳务品牌基地，提升城市对人口和经济活动的集聚吸纳能力。

（2）社会事业发展建设

加快完善公共卫生和医疗体系。加强农村三级卫生服务网络建设，全面实行新型农村合作医疗制度和医疗救助制度。加快以社区卫生服务为基础、预防保健与基本医疗相结合、社区卫生服务机构与医院分工协作的城镇新型医疗卫生服务体系建设。到 2015 年规划区城乡建立起比较完善的公共卫生信息、疾病预防控制、卫生监督、妇幼保健、医疗救治和环境卫生体系。

扩大就业渠道和就业岗位。加大对中小企业、自主创业和自谋职业的小额信贷支持力度。积极发展劳动密集型产业和服务业，采取多种就业形式，拓宽公益性岗位范围。鼓励劳动力跨区劳务合作，加强农村富余劳动力就业指导和服务，积极实施“农村劳动力跨地区转移就业工程”。

加强社会保障支撑能力建设。这是妥善解决待业和维护社会稳定的关键。中央和三省财政要安排专项转移支付资金，解决规划区内由于水环境保护所关停企业造成的下岗待业、移民就业安置等问题。人力资源和社会保障部会同民政部、财政部提出具体支持措施和实施方案。中央有关部门对规划区内地方政府的“就业专项预算资金”和所实施的“就业援助计划”予以倾斜安排。加大中央财政职业教育专项资金对规划区内的扶持力度。完善城镇职工社会统筹与个人账户相结合的基本养老保险制度，规范和做实基本养老保险个人账户管理。健全城镇职工基本医疗保险制度，推进城镇非职工居民的基本医疗保险试点。健全城镇居民最低收入保障和特困户救助制度，建立动态的低保标准调整机制。健全和完善农村最低生活保障制度，加大实施扶贫开发力度，创新养老保障方式。按照贯彻广覆盖、保基本、多层次、可持续发展原则，加快健全农村社会保障体系。中央和省级财政对贫困县建立两项制度给予资金支持。

（3）加快基础设施建设

大力支持水源区全流域加快城镇化进程和城镇基础设施建设，增加中央资金在项目建设中的投资比例，到 2013 年，实现水源区所有县城以及人口较多、濒临库区和汉丹江干流的重点乡镇全部建成污水和垃圾处理设施。

加强工业点源污染防治。加大黄姜皂素生产、汽车电镀等重点水污染行业的治理，强化环境监管。淘汰严重污染的企业，对于限期内排污不达标的企业坚决予以关停。

严格新建项目的环境影响评价，从源头上控制污染排放。规划建设危险废物和工业固体废物集中处理设施。

稳步推进区域对外通道建设。以现有国家铁路、高速公路、国道和省道为依托，以襄渝铁路复线、汉银高速公路等建设为重点，加快对外交通干线的建设力度。做好新建高速公路以及与现有高速公路连接线的前期工作，加快打通省际断头路，努力形成与周边区域通达的交通体系，保障对外联系的通畅与便利。

加快县乡及农村公路建设。打通县级路，提高区域内部县域之间、乡镇之间的交通通达水平。继续实施二级公路骨架路网工程，实现市县全部通达二级以上公路，县城与乡镇基本通达三级以上公路。着力提高农村公路普及率和道路标准。加强贫困地区乡村道路的建设，基本实现行政村通达硬化路。加快库周断头路建设，改善库周居民基本生产和生活条件。

（4）落实重点项目资金渠道

通过多种渠道、多种形式解决《规划》项目投资和投入问题，并根据形势发展需要，不断充实完善支持政策，创新支持方式。要落实《规划》项目比照振兴东北地区等老工业基地和西部大开发有关政策。国家有关部门正在实施或计划实施的国家专项规划，优先、重点在库区及上游地区实施，并在投资力度和投资规模等方面对《规划》项目给予重点支持。同时有关部门还应研究安排中央财政专项补助资金，用于解决库区及上游地区现有专项规划和投资渠道不能解决的问题；地方各级财政还可根据项目市场化和公益性的情况，安排库区及上游生态保护区一般性财政转移支付资金或地方财政补助资金给予支持；受水区地方通过政府之间和部门之间的对口支援给予财政资金、物资装备的支持，通过企业之间的对口支援进行合资合作。对于病险水库除险加固、生态建设、农村饮水安全、大中型灌区配套改造等公益性建设项目，降低县及县以下资金配套比例。

10.2.4.2 生态补偿金与水价方案

南水北调中线工程将于 2014 年通水进入工程运行期，在工程运行期，为了保证调水水质，必须全面开展对水源区的生态环境保护，例如巩固现有退耕还林成果，继续推行退耕地粮食和现金补助政策；加强水土保持，解决中度以上水土流失问题；全面建设乡镇一级污水处理设施和垃圾收集填埋设施；解决库区水产养殖问题，全面取缔网箱投饵养殖；解决好水源区的生态移民安置和产业转型发展问题。

水源区退耕还林项目、水土保持项目、污染治理项目通过专项资金和规划实施，应继续加强资金的落实，根据经济的发展适当提高补偿标准。对于没有固定资金来源同时又关系水质安全的关键问题，设立生态补偿金，通过横向转移支付的方式落实。具体补偿项目见表 10-33。

表 10-33　工程运行期水源区补偿金　　　单位：亿元

区域	指标	湖北省	河南省	陕西省	合计
水源区	水土保持	1.87	1.09	7.36	10.32
	污水处理	3.41	0.94	1.78	6.13
	垃圾处理	0.25	0.15	0.42	0.81
	医疗废物	0.12	0.05	0.19	0.36
	政府财政收入	8.08	4.14	17.46	29.68
淹没区	农业	6.63	8.87	—	15.50
	林业	0.18	0.08	—	0.26
	工业	1.94	1.33	—	3.27
总计		22.48	16.65	27.21	66.33

工程运行期除了保证原有补偿政策的继续实施，水源区其他生态补偿资金的需求为 66.33 亿元/a。工程建设期水源区的补偿采用国家纵向转移支付补偿方式，工程运行期逐步转向受水区和水源区的横向转移支付形式，但是考虑到受水区的支付能力，采取国家承担 50%补偿资金，受水区和水源区承担 50%补偿资金的方式。因此，国家承担补偿资金 33.165 亿元/a，其余地区依据分摊系数的分担见表 10-34。水源区各省分摊金额在 1 亿元/a，受水区各省分摊金额在 5 亿～10 亿元/a。

表 10-34　水源区和受水区补偿资金分摊

区域	省份	分摊系数/%	分摊额/亿元	水价/元
水源区	湖北省	3.76	1.25	
	河南省	2.99	0.99	
	陕西省	2.77	0.92	
	合计	9.51	3.15	
受水区	河南省	16.6	5.51	0.15
	河北省	20.16	6.69	0.19
	北京市	24.06	7.98	0.64
	天津市	29.68	9.84	0.97
	合计	90.49	30.01	0.32

10.3　南水北调中线工程水源区生态补偿标准

10.3.1　水源区生态补偿标准核算框架

生态补偿量的确定是跨流域调水水源区生态补偿中的重点和难点。由于跨流域调水水源区、受水区和受损区隶属于不同的省际政府、不同的流域，牵涉多方责任主体的利益，生态补偿量核算结果直接关系着机制的顺利实施，目前基于补偿主体、补偿对象以及补偿能力研究了多种补偿核算方法，但是在不同利益主体角度分析补偿需求得出的结果相差很大。中线工程得到了党和政府的高度重视，大量建设资金的投入将大大改善水源区的生态环境质量，目前面临的很多环境问题将逐步缓解，同时不可否认的是中线工程调水实施后会产生更多新的环境问题，对于水源区生态补偿政策制定来说也是随着不断的改变，旧问题解决新问题产生而处在不断修正完善的过程。因此，从不同利益主体的角度分析补偿需求，制订多种生态补偿标准以供在不同的发展阶段选择，才能在生态效益的供给方和受益方的支付能力之间取得平衡，不同的阶段采取不同的核算方法制订生态补偿方案才更加可行。

中线工程调水涉及的利益主体包括调水水源区、受水区和受损区。因此，为了反映水源区的保护需求可以采用对水源区生态环境保护的直接投入和机会成本核算的方法确定补偿标准；为了反映受水区获取的水资源效益可以采用基于水资源效益的核算方法；为了反映水资源在受水区产生的综合服务功能，可以采用基于生态服务功能价值的生态补偿方法；为了反映中线工程调水对汉江中下游地区的生态环境和经济社会造成的影响，可以采用基于生态破坏损失价值的生态补偿方法。对四种方法的核算结果及方法比较如下。

（1）直接投入和机会成本

生态保护者为了保护生态环境，投入的人力、物力和财力应纳入补偿量的计算之中。同时，由于生态保护者要保护生态环境，牺牲了部分的发展权，这一部分机会成本也应纳入补偿标准的计算之中，从理论上讲，直接投入与机会成本之和应该是生态补偿的最低量。

（2）水资源效益

受水区地方财政能力和居民的收入水平是水源区生态服务的经济补偿过程中必须考虑的重要方面。如果支付标准超过受水区的支付能力，会影响受水区的经济发展，同时受水区可能会采取逃避污染控制、浪费水资源等方式以获得更高的经济利益，不利于水源保护。

（3）生态系统服务价值

生态系统服务价值被认为是确定生态补偿量的重要参考依据。受水区需要对水源区保护水源的环境容量或排污权损失进行补偿，采取跨流域生态服务补偿政策后，受水区给水源区一定补偿，用于水环境的保护，将会使生态服务价值有所增加，包括水质改善、水量增加或在时间上的均匀分布、水土流失面积的减少等。这种有偿补偿有两个明显的特征：①只能是受水区给水源区补偿，即具有单向性。②发展选择机会是指转让方在水源区非点源控制治理补偿研究允许发展的限度内，可以选择发展、排污，也可以选择放弃发展机会，转让排污权。就目前的实际情况，由于在采用的指标、价值的估算等方面尚缺乏统一的标准，结果差异很大，价值估算结果都很高，在生态系统服务功能与现实的补偿能力方面有较大的差距，因此，一般按照生态服务功能计算出的补偿量只能作为补偿量的参考和理论上限值。

（4）基于生态破坏损失价值的生态补偿标准

在生态补偿标准的设计中，除了要体现为保证水量水质对水源区采取的补偿政策和补偿措施，中线工程建设淹没区和对调水工程实施后汉江中下游地区的生态环境造成的严重破坏也不容忽视。应将这部分破坏和影响损失逐步纳入水源区整体方案。

10.3.2　水源区生态补偿标准设计模型

10.3.2.1　基于生态保护和发展机会成本的流域生态补偿标准

水源区生态保护与发展机会成本，包括水源区为保护流域环境而付出的成本以及为保护水质而放弃的发展权益损失。生态保护成本包括水源涵养与生态保护开展的各项措施，包括在林业建设、水土流失治理和污染防治方面的人力、物力、财力的直接投入。发展机会成本则是为保护流域上游水源涵养区的水源涵养和生态功能维护，当地限制部分行业发展，关、停、并、转部分企业所遭受的潜在发展损失，还包括水源涵养与生态保护所涉及的移民安置费用。

通过实地调查和财务数据的统计，分析计算上游地区生态建设与保护的总成本，即：

$$C_t=DC_t+IC_t$$

式中，C_t——生态建设与保护总成本；

DC_t——直接成本；

IC_t——间接成本。

（1）生态保护成本核算

详见生态补偿需求核算。

（2）发展机会成本核算

为达到提高水源区生态环境保护的要求，湖北省、河南省和陕西省水源区关闭和拒批了一批污染较大的企业，今后对污染较大的行业的发展有明显限制，从而影响了区域经济的发展，减少了地方政府的财政收入和水源区居民的收入。

由于限制企业发展造成的经济损失及其对地区经济的影响难以精确统计和确定，将水源区居民的人均可支配收入和所在省的人均可支配收入进行对比，给出与其他条件相近的城市居民收入水平的差异，从而反映发展权的限制可能造成的经济损失。作为补偿参考依据的补偿测算公式如下：

年补偿额度=（参照县市的城镇居民人均可支配收入−上游地区城镇居民人均可支配收入）×上游地区城镇居民人口+（参照县市的农民人均纯收入−上游地区农民人均纯收入）×上游地区农业人口

陕西省水源区发展机会成本计算：对照县市的城镇居民人均可支配收入参照2008年陕西省城镇居民人均可支配收入，对照县市的农民人均纯收入参照2008年陕西省农民人均纯收入。湖北省水源区发展机会成本计算：对照县市的城镇居民人均可支配收入参照2008年十堰市城镇居民人均可支配收入，对照县市的农民人均纯收入参照2008年十堰市农民人均纯收入。河南省水源区发展机会成本计算：对照县市的城镇居民人均可支配收入参照2008年河南省城镇居民人均可支配收入，对照县市的农民人均纯收入参照2008年河南省农民人均纯收入。

水源区发展机会成本见表10-35。

表10-35 水源区发展机会成本

地区		城镇居民可支配收入/元	城市人口/万人	农村居民纯收入/元	非农业人口/万人	总补偿金额/亿元
陕西省	汉中	10 155	75.56	2 884	304.58	28.1
	安康	10 150	47.66	2 769.52	254.21	22.22
	商洛	10 688	39.85	2 401	202.15	23.51
湖北省	十堰市	10 535	125.54	2 841	243.28	77.03
河南省	南阳市	12 395	72	4 570	262.74	6.02
对照数据	河南省	13 231		4 454		
	湖北省	13 152.86		4 656.38		
	陕西省	12 858		3 136		

核算结果表明，陕西省水源区补偿需求为73.83亿元，湖北省水源区补偿需求为77.03亿元，河南省水源区补偿需求为6.02亿元。河南省补偿需求核算结果偏低，主要因为河南省水源区城镇人口数量相对较少。

10.3.2.2 基于水资源效益的生态补偿标准

南水北调中线工程利用南方地区的水资源优势来增强北方地区的经济优势，有利于提高受水区水资源与水环境承载能力，改善资源配置效率，促进经济结构的战略性调整，遏制并逐步改善日趋恶化的生态环境。调水工程的实施对于拉动内需、扩大就业也将起到重要作用，有利于地区间经济社会的协调发展。

南水北调工程的建设将有利于利用南方地区水资源优势增强北方地区的经济优势；有利于提高受水区的水资源与水环境承载能力，增加其经济发展的后劲；有利于遏制并逐步改善日益恶化的生态环境；有利于地区间经济社会和生态的协调发展。随着影响经济发展的水资源“瓶颈”的逐步消除，同时增加工程建设设备和建筑材料等产品的需求，进一步刺激相关上游产业和关联产品的发展，带动相关产业创造更多就业机会，对于扩大内需具有双重作用，有利于资源配置效率的改善和经济结构调整目标的实现。

南水北调工程实施后产生的国民经济效益，主要包括工业和居民生活供水效益、农业供水效益、防洪效益和生态环境效益等。这里仅对工程效益的工业和居民生活供水效益部分进行核算。

（1）水资源效益核算方法

水资源消耗量与经济增长之间存在一定的统计关系，可以对供水带来的经济效益作粗略的量化分析。目前，计算供水效益的方法主要有分摊系数法、最优等效替代法和影子水价法。由于水在生活和生产中的不可替代性、采用国内供水工程规划设计中惯用的分摊系数法计算工业供水效益。分摊系数计算公式为：

$$B_x = {axW}/{q}$$

式中，B_x——多年平均供水效益；

a——工业供水效益分摊系数；

x——工程多年平均工业供水量；

q——供水区规划水平年工业万元产值用水量；

W——该地区总供水量。

（2）水资源效益核算结果

实施中线工程调水后，主要向沿线城市工业及居民生活供水，按 2008 年的价格水平对受水区国民经济效益进行的初步分析，采用国内供水工程规划设计中常用的分摊系数法计算工业及居民生活供水效益，结果表明水源区和受水区城市工业及生活多年平均供水效益为 520.92 亿元/a。

表 10-36 中线工程受水区和水源区的水资源效益

功能区	行政区	用（受）水量/万 m^3	万元工业产值用水量/m^3	供水效益分摊系数	水资源效益/亿元
水源区	湖北省	30 751	125	1.60	3.94
	河南省	8 611	64	1.60	2.15
	陕西省	29 232	48	1.60	9.74
	合计	68 594	237	4.80	15.83
受水区	河南省	317 000	64	1.60	79.25
	河北省	347 000	36	1.78	171.57
	北京市	124 000	24	1.90	98.17
	天津市	102 000	12	1.66	141.10
	合计	890 000	136	6.94	490.09
总计		958 594			505.92

南水北调中线工程直接增供农业用水 6 亿 m^3，可使低保证率的缺水农田得到有效灌溉，并可在水资源较丰沛地区适当发展新的灌溉面积，为保证粮食生产提供良好

的水资源条件，多年平均的供水效益为 6.2 亿元/a。

南水北调工程的实施，将较大地改善黄淮海平原地区的自然环境，特别是提高受水区水资源与水环境承载能力，对实现受水区的可持续发展具有重要的战略意义。工程实施后，通过对水资源的严格管理，可以有效遏制地下水水位的下降，对地面沉陷等环境地质问题的缓解起到重要作用。同时，随着受水区一些河道常年输水，大部分湿地可得到正常的补给，有利于回升地下水位和保护生物多样性，不仅可以缓解生态环境恶化的趋势，还可以增加地下水资源的战略储备，中线工程实施将产生巨大的经济效益、社会效益和环境效益。

10.3.2.3 基于水资源服务功能价值的生态补偿标准

生态服务功能价值评估主要是针对生态保护或者环境友好型的生产经营方式所产生的水土保持、水源涵养、气候调节、生物多样性保护、景观美化等生态服务功能价值进行综合评估与核算。国内外已经对相关的评估方法进行了大量的研究。就目前的实际情况，由于在采用的指标、价值的估算等方面尚缺乏统一的标准，且在生态系统服务功能与现实的补偿能力方面有较大的差距，因此，一般按照生态服务功能计算出的补偿标准只能作为补偿的参考和理论上限值。

10.3.2.4 基于生态破坏损失价值的生态补偿标准

南水北调中线工程对于我国水资源优化配置、缓解我国北方地区水资源短缺具有巨大的生态效益、经济效益和社会效益。然而，中线工程建设对生态环境造成的严重破坏也不容忽视。受到中线工程破坏影响最为严重的地区主要有大坝加高造成的淹没区和调水工程实施后水资源量减少的汉江中下游地区。

水库大坝加高淹没将涉及湖北、河南两省 5 个县市区的 41 个乡镇，淹没与影响面积 307.7 km^2，需安置搬迁 27.21 万人。由于丹江口库区大坝加高，大量耕地、林地被淹没，同时部分城镇人口外迁，对地方政府财政收入和居民生活造成了很大的影响，对其影响和损失评价见第 2 章相关内容。

工程实施调水后对汉江中下游生态环境和经济社会发展的影响是明显的、深远的和全面的，有些甚至是目前无法准确预测的。调水工程对汉江中下游的影响也得到了党中央的高度重视，国家将汉江中下游四项治理工程纳入南水北调中线总体工程中，并全额投资建设。然而，四项治理工程只是解决了汉江中下游生态环境方面的部分河段、部分时段的部分问题，不能完全消除调水对汉江中下游的影响。因此，必须对汉江中下游地区的影响和损失进行评价和核算，建立汉江中下游地区的生态补偿长效机制。最终与库区及上游地区生态补偿方案结合形成完整的跨流域调水生态补偿政策方案。本节内容基于“南水北调中线工程对汉江中下游生态环境影响及生态补偿政策研究”课题。

调水工程对社会经济的影响主要表现在水资源量减少对汉江中下游产业发展与

产业结构的影响，汉江中下游地区是湖北省重要的工业基地（图 10-3），调水后工业企业用水增加与水量减少的矛盾日益凸显，水资源量减少将直接增加企业的用水成本，同时对污染企业的排污标准和准入标准将更加严格，因此，必须淘汰大量的中小型企业，限制中小企业的发展。汉江年平均水位下降影响了农业灌溉，鄂中丘陵和鄂北岗地各县市主要靠灌区引水的农业灌溉系统必须重新进行规划、改造、更新建设。此外，取水灌溉成本会相应增加。关停并转企业间接减少了地方政府财政收入，但同时增加了用于污染防治和设施改造建设的支出。

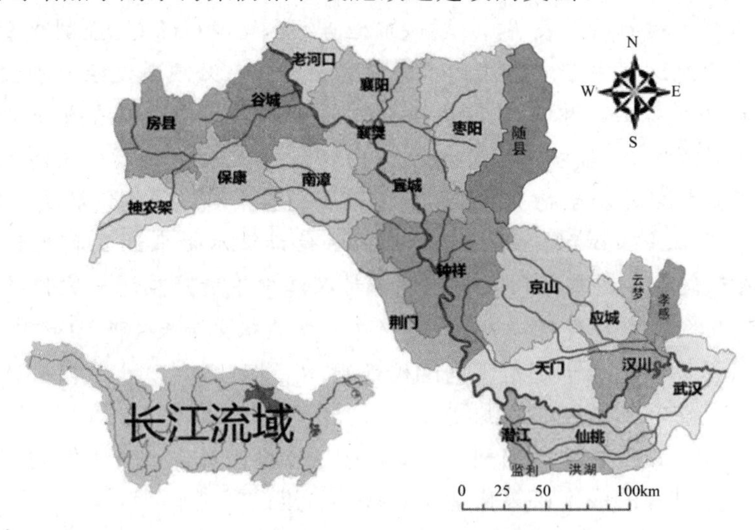

图 10-3　汉江中下游地区

中线工程调水将增进受水区水安全，有利于受水区减轻水资源“瓶颈”，优化产业结构，加快产业化进程及形成新的经济增长点。对受水区的工业及城市生活年供水效益为 447.93 亿元。随着经济增长，其供水效益将逐年提高。然而，调水将严重制约汉江中下游地区的社会经济发展，对汉江中下游地区的生态环境造成难以估量的损失。因此，基于中线调水工程对汉江中下游产业发展损失以及为了部分缓解工程影响采取的污染防治措施和工程措施投入进行成本核算，核算包括经济损失和环境损失两部分。

❖ 经济损失核算结果表明：因关闭停产企业每年减少税收收入 11 973 万元；因搬迁企业每年减少税收收入 0.93 亿元。此外，2.37 万企业职工的安置财政投入为 27 550 万元。水产业每年因调水造成的天然鱼产量减少产生的经济损失为 0.95 亿元。汉江中下游地区航行条件大幅度受到影响，到 2020 年运输收入将比原有发展减少收益 5.6 亿元。浅滩疏浚维护、港口泊位改造总投资增加约 68.4 亿元。四项治理工程的运行管理费合计 1.534 亿元。调水打破了原有的水资源平衡，若按 2008 年农业灌溉、工业生产、航运、人民生活用水比例供水，则 2020 年的水资源价值损失为 12.3 亿～45.7 亿元，导致的税收减少 0.7 亿～2.85 亿元，若按照未来预测的比例调整，则 2020 年水资源价值损失为 73.1 亿元。由于调水工程造成水环境容量减少，因此需要新增 120 万 t/d 的城市污水处理能力，共需新增城市生活污水处理厂建设投入 36.4 亿元，污水处理设施的年运行成本 3.5 亿元。所需的配套垃圾处理场总投资约 8.4 亿元，运行费用为 7 151 万元/a。以上合计需一次性投入 197.73 亿元，其中包括经济损失 84.53 亿元和建设总投入 113.2 亿元。此外，每年还需运行费和补偿费合计 5.75 亿元。

❖ 环境损失核算结果表明：新增城市生活污水处理厂的 COD 削减量不能完全弥补调水对汉江中下游造成的水环境容量损失，必须通过经济手段对无法通过治理手段弥补的水环境容量损失进行补偿。保守计算该项补偿价值为每年 47.4 亿元。其他生态环境功能价值损失，如气候调节功能、河流输沙功能、土壤保持功能和生物多样性维持功能价值损失难以通过经济手段估算。此外，根据汉江中下游的经济社会发展趋势估计调水带来的发展机会成本损失为 156.5 亿元。核算结果表明，调水对汉江中下游产生的一次性损失及投入为 197.73 亿元，年度性损失 65.35 亿元，发展权限损失 156.50 亿元。

资源开发活动会造成一定范围内的植被破坏、水土流失、水资源破坏、生物多样性减少等，直接影响到区域的水源涵养、水土保持、景观美化、气候调节、生物供养等生态服务功能，减少了社会福利。因此，按照“谁破坏，谁恢复”的原则，需要以环境治理与生态恢复的成本核算作为生态补偿标准的参考。

10.3.3 水源区生态补偿量分摊

10.3.3.1 水源区生态补偿量分摊原则

在跨流域调水工程中，受水区和水源区之间补偿金额的合理分担，直接关系着参与者投资生态环境建设的驱动力，是决定跨流域调水生态补偿机制能否良性和持久运作的重要因素。在跨流域调水生态补偿机制中能否建立公平、合理的成本分担模型，不仅关系到补偿金额分担中各成员的合法权益能否得到保障，而且直接决定着各成员参与补偿、保护水源区生态环境的积极性、创造性的发挥程度。受水区与水源区区际生态补偿量计算和确定是区际生态补偿建立的前提，是区际生态补偿的关键环节，是决定能否顺利进行区际生态补偿的关键所在。如果发达地区所提供的补偿数量过少，未能满足落后贫困地区的基本要求，落后贫困地区就不会认真处理污染问题和加大生态建设强度；发达地区被征收补偿的数量过多，超过财政承受能力，发达地区就不会愿意提供补偿；只有当补偿数量能够让发达地区和落后地区双方满意和接受时，区际生态补偿才能有效进行。参照水利工程投资分担的原则，结合跨流域调水的实际情况，总结生态补偿量分担时应遵循的原则为：

1）公平的原则。指参与分担的水源区与受益区都是平等的主体，在分担过程中必须被平等的对待，不应因某地方在联盟中处于劣势地位，而侵占其应享有的权利。

2）个体合理性原则。即各参与分担的地区所承担的补偿额不应大于其从其他途径可能获得的收益水平即机会成本，否则会导致补偿的不可实施。

3）补偿额分担与受水量相对应的原则。即参与受水量越大，其分担的补偿额越多。

4）结构利益最优化原则。指补偿金额分担方案的制定应综合考虑各种影响因素，合理确定补偿金额分担的最优结构。

5）互惠互利原则。即补偿金额分担方案应使每个成员地区的基本利益得到充分保证，否则会影响到各参与地区的积极性。

6）有效性原则。指水源区保护水源所产生的补偿金额必须被全部分担。

7）风险与利益相对称的原则。指补偿金额的分担，应充分考虑各参与地区所承担的风险，对承担风险大的地区给予适当的补偿，以增强合作的积极性。

在以上原则的基础上，建立了生态补偿量分担模型。

10.3.3.2　生态补偿量分担模型

（1）按受益区用水量分担法

由水源区和受水区从水源区的取水量比重来反映直接受益系数，通常的做法是依据各地区的受益量采用平均成本定价方法进行分配，其数学表达式为：

$$c_i = \frac{q_i}{\sum_{i=1}^{n} q_i} C \qquad (i=1,\ 2,\ \cdots,\ n)$$

式中，c_i——第 i 个受益地区的投资分担值；

C——总补偿金额；

q_i——第 i 个地区的用水量（i=1，2，…，n）

（2）按水源区和受益区用水效益分摊

详见 10.3.2.2（1）水资源效益核算方法。

（3）受益区最大支付能力分担法

采用各受益区人均国内生产总值来确定各地相应的补偿系数，人均国内生产总值是衡量地区经济发展水平最为直接有效的参数，同时也可以间接反映地区人们用水的支付能力。具体做法为：假设水源涵养保护受益地区有 n 个，其国内生产总值分别为 GDP_i，人口为 P_i（i=1，2，…，n），各地区人均国内生产总值占受益区人均生产总值比例为α，计算公式为：

$$\alpha_i = \frac{\dfrac{\mathrm{GDP}_i}{p_i}}{\dfrac{\sum \mathrm{GDP}_i}{\sum p_i}} = \frac{\mathrm{GDP}_i \times \sum p_i}{p_i \times \sum \mathrm{GDP}_i}$$

$\alpha > 1$ 表示地区经济发展水平高于受益区平均水平；$\alpha < 1$ 表示地区经济发展水

平低于受益区平均水平；α=1 表示地区经济发展水平处于受益区平均水平。这样，地区间的经济发展水平得以定量区别。按照公平效益原则，经济水平低的地区适当承担较低的水源涵养林补偿费用，经济水平高的则承担较多的补偿费用。各地区补偿费承担比例通过各地区人均国内生产总值比例系数占受益区人均生产总值比例系数来确定。即：

$$\beta_i = \alpha_i / \sum \alpha_i$$

（4）综合指标分析法

综合指标分析法是在所选单指标分担方法计算的基础上，对各单指标分担方法合理性的综合，通过专家打分评定各计算方法合理性权重大小。

陈丁江在非点源污染河流的水环境容量估算和分配中构建了水环境分配模型，其在模型建立中，依据公平和效益的原则，为了充分体现水环境容量分配的社会性、经济性和历史性，保证实际的可操作性，把各污染源的 GDP 产值、社会效益（各污染源所承载的就业人口）、当前各污染源对河流污染的贡献率大小作为共同参与因素。

借鉴陈丁江在水环境容量分配中的思路，根据水源区和受水区的经济发展状况，建立综合指标分担模型，使水源区生态补偿量的分担更加合理、公平，以消除单指标分担的片面性。模型中的参与因子：①效益；②用水量；③最大支付能力。设定各参与因子权重相等。

$$C_d = C_m \times \frac{P_n + Q_n + H_n}{3}$$

其中：$P_{\mathrm{n}} = \dfrac{P'_{\mathrm{n}}}{\sum\limits_{i=1}^{n} P'_{\mathrm{n}}}, Q_{\mathrm{n}} = \dfrac{Q'_{\mathrm{n}}}{\sum\limits_{i=1}^{n} Q'_{\mathrm{n}}}, H_{\mathrm{n}} = \dfrac{H'_{\mathrm{n}}}{\sum\limits_{i=1}^{n} H'_{\mathrm{n}}}$

式中，C_{d}——分担补偿量；

C_{m}——补偿量总额；

P_{n}——效益分担系数；

P'_{n}——各受益区受益量；

Q_{n}——水量分担系数；

Q'_{n}——各受益区用水量；

H_{n}——受益区最大支付能力系数；

H'_{n}——受益区最大支付能力。

10.3.3.3 水源区生态补偿量分摊方案

（1）基于用水量的分摊比例

南水北调中线工程计划从丹江口水库年调水 95 亿 m^3，根据《丹江口库区及上游水污染防治和水土保持规划》，预计水源区湖北省、河南省和陕西省 2010 年城镇和工业用水量分别为2.79亿m^3、0.86亿m^3和2.79亿m^3，结合95亿m^3调水水资源在受水区分配，采用用水量分摊的计算方法，得到水源区和受水区各自承担的生态补偿量分摊（表10-37）。

表10-37　基于用水量的生态补偿量分摊

功能区	行政区	用水量/万m^3	分配比例/%
水源区	湖北省	27 864.6	2.75
	河南省	8 631.8	0.85
	陕西省	27 948.8	2.76
	合计	64 445.3	6.35
受水区	河南省	377 000	37.16
	河北省	347 000	34.21
	北京市	124 000	12.22
	天津市	102 000	10.05
	合计	950 000	93.65

水源区城镇和工业用水量为6.44亿m^3，承担水源区总生态补偿资金的6.35%。中线工程受水区共承担总生态补偿资金的93.65%。

（2）基于用水效益的分摊比例

根据用水效益模型核算得到水资源总效益为505.92亿元，其中水源区城镇生活和工业用水效益为15.83亿元，受水区城镇生活和工业用水效益为490.09亿元。因此，水源区分摊比例为3.13%，受水区分摊比例为96.87%（表10-38）。

表10-38　基于用水效益的生态补偿量分摊

功能区	行政区	用（受）水量/万m^3	万元工业产值用水量/m^3	供水效益分摊系数	水资源效益/亿元	分摊比例
水源区	湖北省	30 751	125	1.60	3.94	0.78
	河南省	8 611	64	1.60	2.15	0.43
	陕西省	29 232	48	1.60	9.74	1.93
	合计	68 594	237	4.80	15.83	3.13
受水区	河南省	317 000	64	1.60	79.25	15.66
	河北省	347 000	36	1.78	171.57	33.91
	北京市	124 000	24	1.90	98.17	19.40
	天津市	102 000	12	1.66	141.10	27.89
	合计	890 000	136	6.94	490.09	96.87
总计		958 594.00			505.92	100.00

（3）基于最大支付能力分担

水源区和受水区作为用水受益区共同承担总资金。根据2008年统计年鉴中水源区和受水区的GDP数据和人口数据核算得到的最大支付能力分担核算结果见表10-39。

表 10-39 基于最大支付能力的生态补偿量分摊

功能区	行政区	人口	GDP	人均 GDP	α_i 比例	β_i 承担比例
水源区	湖北省	351.03	487.64	1.39	0.51	0.07
	河南省	409.48	675.80	1.65	0.61	0.08
	陕西省	920.72	661.32	0.72	0.26	0.04
	合计	1 681.23	1 824.76			0.19
受水区	河南省	5 667.00	12 321.32	2.17	0.80	0.11
	河北省	4 490.10	9 083.92	2.02	0.74	0.10
	北京市	1 695.00	10 488.00	6.19	2.27	0.32
	天津市	1 176.00	6 354.38	5.40	1.98	0.28
	合计	13 028.10	38 247.62			0.81

（4）综合指标法

由水量分摊系数可知，水源区和受水区的补偿量分摊系数分别为 0.064 和 0.936。由效益分摊系数可知，水源区和受水区的补偿量分摊系数分别为 0.031 和 0.096 9，最大支付能力的分担系数分别为 0.19 和 0.81。得到水源区的综合指标法计算结果为 9.51%和 90.49%（表 10-40）。

表 10-40 生态补偿综合分摊

功能区	行政区	水量分摊系数	效益分摊系数	最大支付能力分摊系数	综合分摊系数
水源区	湖北省	2.75	0.78	7	3.76
	河南省	0.85	0.43	8	2.99
	陕西省	2.76	1.93	4	2.77
	合计	6.35	3.13	19	9.51
受水区	河南省	37.16	15.66	11	16.60
	河北省	34.21	33.91	10	20.16
	北京市	12.22	19.40	32	24.06
	天津市	10.05	27.89	28	29.68
	合计	93.65	96.87	81	90.49

10.4 南水北调中线工程水源区生态补偿实施方案

构建生态补偿机制，旨在通过利用有关各类政策工具，特别是经济激励政策工具，实现环境资源在不同利益相关者之间的合理公平使用。具体来讲，要明确生态环境补偿的补偿主体、补偿方式、管理体制安排等基础问题，并基于此组织实施水源区的生态环境补偿工作，也要建立相应的法律机制、生态补偿绩效评价机制、生态补偿实施的协调机制等实施保障机制，使生态补偿机制能协调有序地运行。

合理的南水北调中线工程水源区生态补偿实施方案设计，应根据共建共享、协商参与、需求与现实相结合、促进和保障水源区可持续供给达标水原则来设计，由于生态补偿机制实际上是一种利益平衡或促进利益公平分配的机制，在南水北调中线工程水源区实施方案设计过程中，对生态补偿主体、对象、不同阶段的补偿方式、财政资金的分配安排、实施保障机制等认识不同，对补偿机制中相关方的利益影响也就不同，这势必影响补偿方案的实施效果。因此，南水北调中线工程水源区生态补偿实施方案设计必须明确这些基本问题，实施方案的设计也必须充分考虑利益相关方的基础条件、意愿等因素来综合制定。

南水北调中线工程水源区在建设期和运营期的生态环境建设任务和侧重点不同，因此，生态补偿实施在建设期和运营期有着不同的特点。

南水北调中线工程水源区生态补偿实施框架如图 10-4 所示。

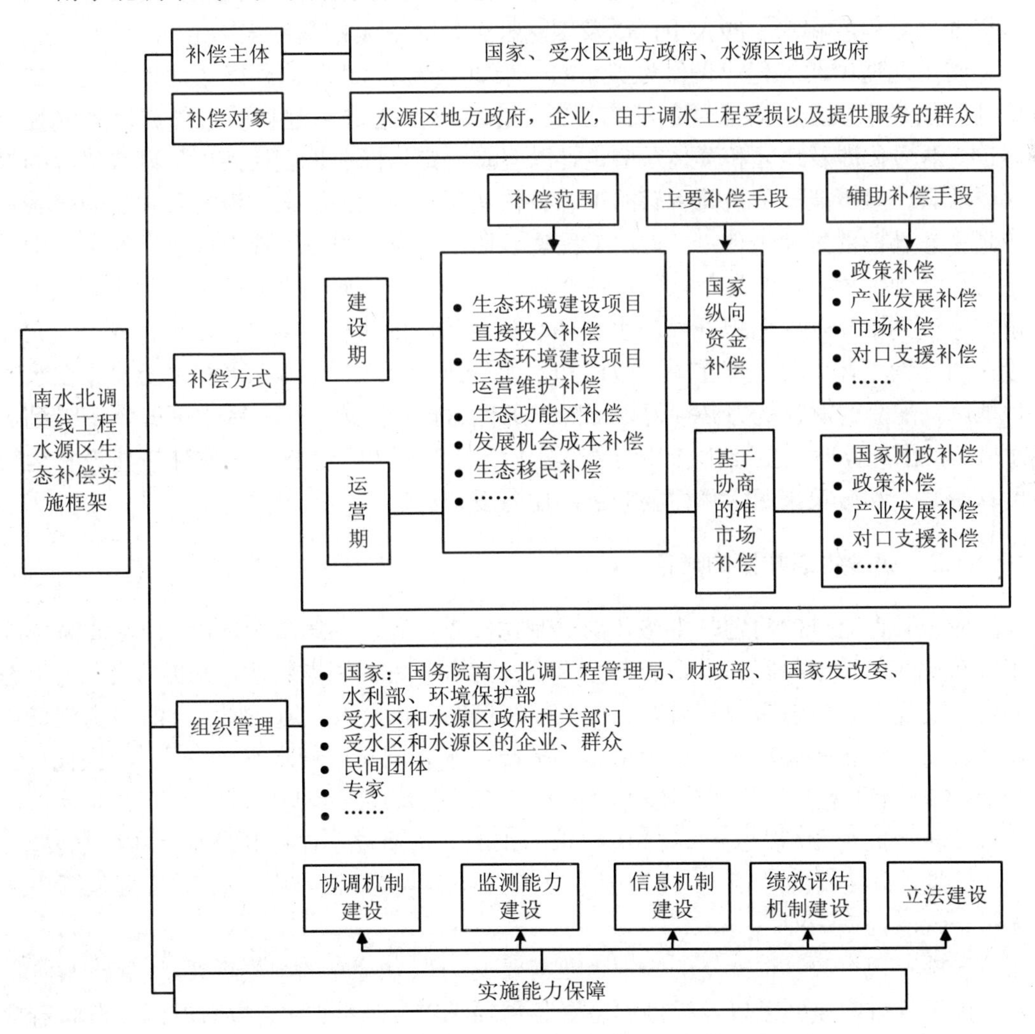

图 10-4　南水北调中线工程水源区生态补偿实施框架

10.4.1 生态补偿实施的组织保障

10.4.1.1 明确生态补偿的主体

生态补偿首先要解决的一个问题是补偿责任主体如何确定，即应该由谁补偿的问题。南水北调中线工程水源区生态补偿机制中，从宏观层面来看，生态补偿主体主要包括国家、中线工程水源区豫、鄂、陕三省 43 个县区，以及京、津、冀、豫、鄂、陕的受水区；从微观层面来看，受水区，当然也包括水源区的群众、企业是主要受益群体。因此中央政府、受水区地方政府，以及水源区生态环境建设受益的群众、企业均应为南水北调中线工程水源涵养区建设生态补偿的主体。各受益主体的责任分工应该根据受益程度和水平的大小，以及国家社会经济制度的基础来确定。

南水北调中线工程建设作为国家的一项重要战略安排，对保障华北地区尤其是京津地区的供水安全具有重要的战略意义，水源区生态环境建设的正外部性外溢性很强，受益主体涉及地区和群体众多，难以明确界定，特别是后代人也是调水工程的未来受益者，但不能担负当前所有的生态补偿费用。因此，国家作为公共利益的代表者应是生态补偿的重要主体之一，在工程建设期由国家主导，尽管工程建设的目标主要是为华北地区供水，但是考虑到在现有的社会制度下，通过横向的区际生态补偿，要求在建设期由受水区承担一部分生态环境建设补偿的责任，事实上难以操作。因此建设期的补偿主体主要定位在中央政府和水源地所在地政府，由于事权主要安排在水源地地区，配套的财权能力必须得以保障。工程运营期阶段，华北受水区开始享受到供水服务，因此此时的主要生态补偿主体应该为水源地和受水区，生态环境建设和运营的补偿资金和政策来源主体主要为供水服务受益区。

10.4.1.2 明确生态补偿的对象

应该补偿给谁的问题是生态补偿机制建设需要关注的第二个问题。南水北调中线工程水源区的地方政府和人民群众为保障向受水区可持续提供达标水的服务，是生态补偿的受损者和生态服务外溢者。在工程建设期，要投入人力、物力、财力实施退耕还林、封山育林等各项水土保护措施，提高污水和固废治理水平，完成《规划》（包括于 2010 年调整后）中的生态环境建设任务。也要加强面源治理，严格产业准入，关停并转一批企业，以达到《规划》要求的水源地水质常年保持Ⅱ类水水质标准要求。在运营期，需要水源区相关方积极维护各项生态环境基础设施的运营，发展低污染或无污染、清洁型产业。

一些在现有政策框架下的合规企业需要关、迁、并、转的损失需要予以合理补偿；群众由于地方限制开发以及提供生态服务需要予以合理补偿；地方政府既具有政府提供公共服务物品的特性，也具有“经济人”的特性，利益受损主要体现在地方政府经济财力增长受限、官员政绩在当前唯 GDP 的考核体系下难以如实体现，因此对地方政府也需要予以合理补偿。

10.4.1.3　明确生态补偿的方式

可以采取现金补偿、实物补偿、技术和智力补偿等方式对补偿对象进行补偿，补偿方式的选择要能对水源地的生态环境建设产生有效的激励。在建设期建议以政府主导的财政转移支付补偿为主，在运营期建议以市场补偿为主，要明确政府主导为主的财政转移支付补偿和市场补偿两种方式在不同阶段的作用，同时积极运用政策补偿、产业补偿等补偿形式。

（1）资金补偿

资金补偿是生态补偿的最为主要的方式。资金补偿的形式主要有直接的财政投入、社会资本投入、费、税、补贴、证券（彩票、债券等）等。水源区建设期和运营期的生态补偿的特征不同，资金来源也不同。

在建设期，水源区生态环境建设的直接投入应尽可能以财政资金的形式予以补偿。治理总投入成本包括水源区废水、固体废弃物、危险废物、面源污染的治理投入等。补偿应该是额外国家污染管制标准下的治理投入，这部分投入是水源区为提供优质水而付出的现有环保制度框架下的额外性投入，应该予以合理补偿，以保证水源区污染治理投入资金的来源，激发水源区的积极性，特别是对于水源区的那些贫困县。生态建设投入成本主要是小流域综合治理、退耕还林、封山育林及各种水利基础设施建设、维护等的投入。此外，对于水源区由于生态环境建设产生的机会成本，如企业关停并转造成的财政资金损失、工人下岗成本、基础设施损失和重建成本、产业引入受限带来的成本等，财政资金也应给予合理考虑。资金来源除了由《丹江口库区及上游水污染防治规划》确定的生态环境建设项目财政资金投入外，应该积极进行财政政策创新，开辟更多的资金来源渠道，保证直接投入的充分补偿。如 2008 年开始实施的对国家重要生态功能区的一般性财政转移支付资金对鄂、豫、陕水源区的发展起到了积极作用①。

在运营期，华北受水区开始享受供水服务，建议水源区的生态补偿建设资金可通过向华北受水区②征收“南水北调水源区水资源补偿费”的形式来实现，并纳入当地水价，构建“半市场化”的生态补偿长效机制，并逐渐引导其走向市场化，这可由中央政府专门机构负责协调、监督。

水价一般由工程成本、管理成本和水资源成本组成。一般而言，工程成本、管理成本相对固定，上涨空间较小，而水资源成本的上涨空间通常比较大，因此，华北受水区可以通过提高水资源费征收标准，作为对水源区的生态补偿资金，这样水源区的生态补偿资金来源就有了稳定的渠道，这个做法的可操作性较强。

补偿标准的确定以生态环境建设和运营的成本核算作为基础，适当考虑水源区的

---

① 见《国家重点生态功能区转移支付（试点）办法》，财政部，2009。

② 此处主要指华北受水区。

发展机会成本损失，实际的补偿标准确定由水源区和华北受水区地方政府间协商来确定，该过程也需要考虑华北地区企业和群众的承受能力。这部分资金可在华北受水区建立专门的财政账户，通过横向财政转移支付机制，补偿给水源区，专项用于水源区的生态环境建设。“南水北调水源区水资源补偿费”征收也可采取分时段增加策略，逐步提高，以减少对华北受水区社会经济的冲击。国家也应通过中央财政转移支付的方式继续对水资源建设进行投入，在渐进式的水价增调过程中，中央财政资金对水源区生态环境建设的投入要起到“润滑”、“缓冲”功能。

（2）政策补偿

政策补偿是利用制度资源和政策资源开展生态补偿的一种重要方式。通过给予南水北调中线工程水源区所在地地方政府在授权的权限内的政策优惠待遇，在投资项目、产业发展、银行贷款和社会融资的财政税收等方面加大对水源区的支持和优惠，促进水源区经济发展及资金筹集。政策工具主要有：①财政投融资政策。针对水源区所在地的生态建设与环境保护特点给予针对性的财政政策，如目前对南水北调中线工程水源区所在地的财政转移支付政策、国债政策等。②技术项目补偿政策。中央政府以及受水区各级政府在水源区内安排一定数量的技术项目，帮助水源区发展替代产业、生态产业、循环经济等。这种政策由于受多种制度和相关政策变量影响，往往操作成本较高。③鼓励异地开发政策。允许并支持水源区地方政府在适宜地区设异地开发试验区，当地政府要在土地使用、招商引资、企业搬迁等方面给予开发试验区以政策优惠，引导其在开发试验区内安排一些水源地因生态保护而不能布置的且符合国家当前政策法规要求的污染项目。但考虑到这种模式受我国目前行政管理体制的限制，操作成本较大。④对口支援和合作补偿。南水北调中线水源地总体上属于农业落后、经济贫困的地区，面临发展经济和改善生态环境的双重任务，华北受益区多为经济发达地区，具有资金、人才、技术等方面的优势。除了积极运用上述补偿方式外，还应积极引导、鼓励受益区城市与调水区建立对口帮扶交流，通过技术交流、人员培训、生态标志产品的“绿色”销售通道等，引导沿线经济发达地区来投资，促进水源区保护地的经济发展。

（3）产业补偿

借鉴由经济发展梯度差异而引发的产业转移机制来解决水源区和受水区的生态补偿问题，这种补偿方式把调水区和受水区作为一个系统来考虑，在一个流域框架内考虑产业的布局与资源的配置，把受水区补偿水源区的发展落实到具体的产业项目上。产业补偿是壮大与发展水源地经济，增强水源地的“造血”功能，提高当地人民生活水平的一种较好的办法。在现有的制度和体制安排下，自发促进受水区和调水区之间的产业补偿政策往往难以实现，需要中央政府出台利好政策，鼓励受水区资本投入到调水工程水源区产业发展中，但这种补偿政策在跨省操作时往往政策操作成本过大。产业转型是项复杂的工程，仅靠水源区自身难以解决，需要国家出台产业扶持政策，促进水源区加快产业结构调整，大力扶持环境友好型工业企业、生态旅游、绿色农业等绿色产业，国家要在产业政策补偿方式中起到积极推动作用。

10.4.1.4　生态补偿的组织管理

南水北调中线工程是政府为了解决水资源供需矛盾采用行政手段和措施来平衡不同区域水资源的人为调水活动。它不同于单一的市场行为，其决策、实施及监督带有浓厚的行政色彩。因此，生态补偿的实施离不开各级政府和调水相关行政管理部门的积极配合；群众是生态补偿的补偿对象，是生态补偿组织管理中的重要参与方；水的多重价值属性决定了其涉及公共的利益，社会公众及其他社会组织、社会团体也是重要的参与、监督主体。因此生态补偿的组织管理也需要将相关方考虑在内。

（1）国家有关部门

①国务院南水北调工程建设委员会。作为南水北调工程建设的高层决策机构，南水北调工程建设委员会负责南水北调工程建设的重大方针、政策、措施和其他重大事项，应负责生态补偿有关政策文件的制定、工程项目实施的考评监督等，由于生态补偿涉及的利益相关方众多，而且在实施过程中易产生利益纠纷，因此生态补偿实施过程中也要发挥该机构的沟通协调和组织实施功能。积极组织水利部、国家发改委、环保部等中央政府有关部门，以及水源区陕、豫、鄂和华北京津冀地区有关政府部门，建立水资源分配和利益补偿的定期磋商和谈判机制，在协商基础上促进相关政策的制定，并通过长期的动态博弈，强化水源区和受水区的区际激励和约束机制，保证工程总体目标的顺利实现。

②国家发改委。配合国务院南水北调工程建设委员会，组织制定有关南水北调中线工程生态补偿政策。在运营期，负责联合水利部、环保部等有关部委组织协调纳入华北受水区水价中的南水北调中线工程水资源费定价政策的制定。

③财政部。在南水北调中线工程建设期，财政部主要负责生态补偿资金政策的制定，组织制定年度生态环境建设项目财政投入的预算、财政资金使用考评等。在工程运营期，受水区通过水资源费等手段征收的补偿费上缴财政后形成专门的财政账户，财政部则要负责账户的管理、财政资金在不同补偿对象之间的分配等。

④水利部。水利部要负责南水北调中线工程水利设施项目的管理，包括与生态补偿有关的水土保持项目的管理，要对这些项目投入和运营维护的成本摸底、核算，组织有关机构和人员监督工程项目的质量和效果，也要负责南水北调中线工程水资源补偿费的征收政策制定等。

⑤环境保护部。环境保护部负责南水北调中线工程环境保护基础设施建设、运行的监管，调水区环境行为、水源地水质的考核测评，负责生态功能区、汉江流域上下游综合管理政策的制定和实施，环保优惠政策的落实等。

⑥其他部门。建议国家建立“南水北调中线水源区管理委员会”常设管理机构，作为国务院或者有关部委派出的区域管理机构（不同于作为工程行政管理的“南水北调办”），对南水北调中线水源区的各个县市区生态补偿机制建设实行统一的管理协调

监督。

（2）受水区和水源区政府相关部门

水源区的各有关政府部门应紧密配合国家有关部门开展生态环境建设项目的实施、落实以及项目的运营维护；按照中央政府有关部门的要求，制定相应的生态补偿政策文件，组织管理国家到地方财政转移支付资金的发放，并制定相应的资金分配办法。要保证政策和计划项目的层层逐级落实。受水区的各有关政府部门应按照国家政策要求，配合国家发改委、水利部等中央政府部门，制定南水北调中线工程生态补偿金或生态补偿费的征缴办法，做好南水北调中线工程生态补偿金或生态补偿费的征缴工作。

（3）水源区和受水区的企业、群众

水源区的企业、群众是生态补偿机制的主要补偿对象，各有关受偿主体要明确自己的义务和责任，积极采用清洁能源，采用绿色、清洁型工艺，做好生态环境建设项目，积极维护国家生态补偿政策赋予的权利，监督地方政府生态补偿资金的发放等。受水区企业、群众要认识到水源区供水的不易，“一江清水送北京”是水源地做出巨大牺牲换来的，应节约用水，积极通过技术、项目投资、人才交流等形式，为水源区的发展和生态环境建设提供支持。在项目运营期，要积极缴纳水资源补偿费。

（4）民间团体

有关政府部门应积极支持民间团体纳入南水北调中线工程生态补偿政策制定和实施监督过程中。环保民间组织通常以维护公众环境权益为目标，集中民智、凝聚民心、反映民意，在提高公众生态环境意识、直接参与生态环境保护、开展环境监督和环境法律援助等方面，发挥着越来越重要的作用，是连接公众与政府的桥梁与纽带，是生态环境保护的重要社会力量。有关部门应积极公开生态补偿有关的各项信息，给环保民间团体提供参与的平台和机会。

（5）科研专家

南水北调中线工程生态补偿政策制定涉及的利益相关方多、需要考虑的因素复杂，政策制定过程需要遵循科学的思维和方法，特别是生态补偿标准的制定，没有该领域的专家参与很难完成。在生态补偿政策制定过程中，要积极吸纳科研院所的生态补偿和公共政策专家参与，综合各方专家的意见，提高生态补偿政策制定的科学性、合理性和可操作性。

10.4.2 生态补偿的财政制度安排

国家在水源区统筹安排退耕还林、林业建设以及规划项目等，保证稳定的资金来源和渠道。此外，还应建立生态补偿金补偿水源区生态工程维护和污染治理运行以及地方政府财政损失，核算得到建设期总维护费为 27.7 亿元/a，其中国家转移支付为 25.06 亿元/a，地方配套 2.64 亿元/a。

（1）建设期生态补偿财政制度思路

建设期生态环境补偿主要是以生态环境建设项目的方式。当前，水源区生态补偿的资金来源除了退耕还林、天然林资源保护工程、森林生态效益补偿基金以及对城镇污水处理设施配套管网建设专项奖励补助资金等专项资金外，还有中央对三江源等生态保护区下达的一般性转移支付资金。建议国务院有关部门梳理生态补偿相关政策，加快研究建立完善的生态补偿机制。针对丹江口库区、上游地区和汉江中下游等不同区域，以及水源地保护、水源区生态环境建设、城镇污水和生活垃圾处理设施建设和运行等不同用途，确定生态补偿范围和资金分配比例。同时，在生态补偿中特别要重视对库区群众的政策补偿。

南水北调中线工程的实施，将淹没库区上百家企业，山林、耕地面积大量减少，地方经济损失严重。同时，为保护水质，水源区提高了项目准入门槛，加严了污染排放标准，增大了治污成本，影响了地方经济发展。建议将南水北调水源区作为生态补偿机制试点，加大生态补偿力度。汉江中下游作为南水北调中线工程的影响区，建议将其纳入中央生态补偿范围，明确资金渠道。

（2）合理设计生态补偿财政转移支付测算办法

1）一般性财政转移支付的办法要综合考虑各项财政减收增支因素核定补偿。生态补偿资金采取一般性转移支付方式从根本上调动了水源涵养区环境保护的积极性。地方可将该项资金统筹用于解决公共服务提供方面的问题，解决因调水工程而产生的财政减收和增支压力，有利于地方根据当地的切实情况、经济社会发展的轻重缓急来自主地使用好这项资金。

- ❖ 在现有办法的基础上，在转移支付测算公式中适当增加合理的工作量因素考核。在调研中，一些县市（特别是临近库区核心水源区）强烈呼吁：国家应该充分重视不同地区工作量负荷的不同，并在生态补偿转移支付资金中予以足够体现，以体现公平原则。如移民安迁任务的工作量，尽管有国家专项经费对移民进行补偿和支持，但实际工作中地方政府还要建立专门的移民工作组、自行配套大量的工作经费来推动此项工作；如河南省反映，第一批 1.6 万人的移民中，省本级就支出了 1 000 多万元的配套经费，而淅川县则支出了 2 000 多万元的工作经费、环境设施的运行费用等。对于以上诉求，需要认真理清其属性，是属于一次性的资本性（建设性）支出还是经常性支出，是否已经由国家专项支出覆盖？如果没有专项资金的支持，是否在标准支出计算时就已经覆盖？对于确实未能在标准财政支出反映的工作任务支出，可考虑通过完善专项补助的方式予以解决。专项转移支付重点用于解决环保工程建设期及更新期的建设资金需要。同时有必要考虑将其与目前《规划》中功能类似的有关专项资金进行整合。
- ❖ 适当区分核心水源区、水源涵养区等不同生态功能区位，体现补偿与成本付出相对应的原则。建议考虑将南水北调丹江口库区生态功能区所在县市因水质保护关停转产的企业所承受的损失、农林水生态治理经费、垃圾处理场及污水处理厂建设地方配套经费和运行经费、社会事业等项目建设增加的环保成本等作为资金分配考量因素。

❖ 需进一步改进基于一般性转移支付生态补偿标准收支的测算方法。当前，标准财政收支的测算还不尽科学。根据财政部发布的《2008 年中央对地方一般性转移支付办法》，目前标准财政收支很多还只是以财政供养人口的负担数等历史数据为依据，而不是基于因素法真正意义上的标准财政收支。特别是标准财政支出的测算基本上还只是从财政供养人口的角度考虑，对客观因素如各地区公共服务成本差异等因素考虑不足。因此，需要加快改进标准财政收入、标准财政支出、标准财政供养人员数等测算方法，综合考虑影响市县收入支出的各项因素，不断调整完善一般性转移支付制度测算中选取的相关因素，使一般性转移支付办法更加完善。完善后的生态补偿机制将不再单纯以标准财政收支缺口为唯一的补偿依据，而是按照“谁保护，谁得益”、“谁改善，谁得益”、“谁贡献大，谁多得益”的原则，结合生态功能保护、环境（水、气）质量改善、移民迁建等综合因素，形成科学的生态补偿标准体系，逐年增加补偿额度，进一步向库区特别是核心水源区倾斜。另外，标准财政收入计算时只计算一般预算收入，对于具有指定用途的专项收入不应计算在标准收入之内，因为这些收入无法统筹用于水源区环境保护和公共服务提供。建议在计算标准收入时，剔除专项收入等具有特定支出用途的非税收入。

❖ 调整转移支付分配办法。建议将生态保护转移支付分为两部分测算。一是基本公共服务均等化转移支付。按照现行测算办法，通过测算生态保护市县标准收入和标准支出，对存在收支缺口的市县区给予全额补助，提高水源保护区地方财政基本公共服务保障能力。二是测算并核定生态保护特殊性支出。根据丹江口库区及上游生态的特点，以生态补偿为目标，生态保护特殊性支出是指因为保持“一库清水北调”而额外增加的一些特殊性支出，除国家专项规划和专项资金安排外，需地方额外负担或配套的部分，如为完成移民安迁任务配套的工作经费及《规划》近期规划投资地方配套支出等。根据各县生态保护任务计算生态保护特殊支出，当标准收入与标准支出缺口大于生态保护特殊支出时，补助额按收支缺口确定；当收支缺口小于生态保护特殊支出时，补助额按生态保护特殊支出确定。避免部分县因财力状况较好，生态保护支出全部由自有财力消化的不公平现象，体现中央财政支持地方不断加强生态保护的政策导向。

2）生态补偿专项转移支付。以一般性转移支付方式安排生态补偿具有均衡地方财力、调动地方积极性等制度优越性，但仅靠这一种方式还不能有效解决生态补偿的全部问题。应客观看到，现阶段我国财政一般性转移支付制度还不尽完善，均等化转移支付的分配公式相关因素也还不充分科学，不能完全适应生态环境保护的需要，特别是还存在着一些环保特殊支出因素尚没有纳入一般性转移支付测算的制度框架中的问题，因此在完善一般性转移支付生态补偿机制的同时，还需要进一步健全专项的生态补偿转移支付，来共同实现生态补偿的目标。

在这方面，一是配合《丹江口库区及上游水污染防治和水土保持规划》的修编以及《丹江口库区及上游经济社会发展规划》的制定，统筹通盘考虑丹江口库区及上游生态建设的需要，并考虑到水源区各县市不同区位的具体特点，通过国家专项支出的方式来合理安排生态环境保护建设具体项目支出；二是积极整合现有的专项转移支付，调整有关专项资金的使用方向，适当增加生态补偿功能类的专项资金项目，或在与生态环境有关的专项转移支付中增加“生态补偿”的支出科目。此外，还可以考虑从未来调水收取的水资源费中拨出一部分资金设立“水源地生态补偿与生态建设基金”，或从国家重大水利建设基金中提取专项扶持基金，以政府性基金的方式安排专项支持水源地生态保护和经济社会事业发展。

3）优化生态补偿资金的安排方式，提高生态补偿的效率。为最大程度地发挥财政转移支付生态补偿资金投入的效率和效果，还要积极创新生态补偿资金的安排方式，充分调动水源地各级主体投入的积极性，提高投入绩效，建立起生态环境保护投入的长效机制。当前，可积极探索“以奖代补”、“以奖促治”、“因素分配法”等创新型环保资金预算分配机制和方式，以体现财政性资金的政策性引导作用，发挥中央财政环保资金的政策放大效应，最大程度地提高生态补偿金的投资效率。为此，建议在增加生态补偿资金预算安排的同时，进一步创新和优化生态补偿资金的安排方式，对适宜的项目采取“以奖代补”激励型的安排方式，例如，可以采取生态服务政府购买方式，对污水处理量按照一定的标准实施“以补促提”的方式解决污水处理厂投产后的运行费用，也可以对于生态环境保护工作做得好、水环境指标显著改善的水源地区，进一步增加对其安排生态补偿转移支付金。

（3）运营期生态补偿财政制度安排

1）运营期生态补偿财政制度思路。运营期生态补偿服务供给方与受益方利益关系明确，建议逐步构建基于市场机制的南水北调中线工程生态补偿机制。逐步建立中央政府协调监督下的基于供水区和受水区协商的市场交易制度。

戴尔斯认为，外部性的存在导致了市场机制的失效，造成了生态破坏和环境污染。单独依靠政府干预，或者单独依靠市场机制，效果都不能令人满意，只有将两者结合起来才能有效地解决外部性，把污染控制在令人满意的水平。

除了在国家当前生态补偿政策体系下，使退耕还林、天然林资源保护工程、森林生态效益补偿基金以及对城镇污水处理设施配套管网建设专项奖励补助等专项资金，以及中央对三江源等生态保护区下达的一般性转移支付资金向水源区倾斜外，应在中央政府的协调下，通过供水区和受水区协商，将供水区水生态环境服务价值适当纳入受水区水价中，支持供水区和受水区政府达成基于水量分配和水质控制的生态补偿合作协议，南水北调中线工程生态补偿费可基于供给水量来计征，从而形成受水区对供水区的横向财政转移支付资金，用于对供水区的水土保持、污染治理和弥补经济损失，实现水源区和用水区共同受益、共同发展。在长期，应探索建立水源区与受水区之间水权转让机制，受水区按照市场价格定期支付区域水资源费用。

2）运营期生态补偿财政制度。运营期水源区其他生态补偿资金需求为66.33亿元/a。考虑受水区的支付能力，采取国家承担50%补偿资金，由受水区和水源区承担补偿资金50%的方式实施。因此，国家承担补偿资金33.165亿元/a，其余地区依据分摊系数分摊。

向水源区用户征收水资源费和污水处理费，征收标准为水资源费0.3元/m^3，污水处理费0.8元/m^3。对受水区各省的工业和城市生活用水在现有标准情况下，提升标准。其中，河南省增加0.15元/m^3，河北省增加0.19元/m^3，北京市增加0.64元/m^3，天津市增加0.97元/m^3。

征收和提升的水价资金纳入生态补偿基金，通过横向转移支付落实到水源区。

10.4.3 生态补偿的实施能力保障

10.4.3.1 协调机制

为保障生态补偿机制的实施，需要加大各相关部门之间以及水源区和受水区政府之间的协调力度，强化南水北调工程协调管理机制。建议逐渐建立健全由中央政府主导的、流域内地方政府为主体的南水北调协调管理机构，建立水资源分配和利益补偿的定期磋商及谈判机制，在协商的基础上对用水、环保等作出决定，通过长期的动态博弈，强化区际激励和约束机制，实现南水北调中线工程的总体目标。

水源区政府各级各部门要进一步提高对生态补偿机制建设的认识，加强辖区内生态补偿工作的组织领导，建立区域范围内的流域协调管理机构，推进区域生态建设和生态补偿各项工作的落实。各级政府要积极研究和制定、完善生态补偿的各项政策措施，各级环保、水利等有关政府部门要会同财政部门加强生态补偿专项资金的使用管理，提高资金使用效益。发展改革、经济、建设、环保、农业、国土资源、林业等部门要各司其职，相互配合，共同推进生态补偿机制的建立健全。落实实施生态补偿的各项具体要求。各级各部门要加强生态补偿措施的督促落实，对实施生态补偿过程中的有关重大问题要及时向相关工作领导小组汇报，并将落实生态补偿工作纳入生态建设与环境保护目标责任制的考核内容。

10.4.3.2 监测机制

生态环境质量监测信息可为生态补偿政策实施效果的评估提供基础信息，要高度重视水源区生态保护监测体系建设。①各级环境保护部门要积极会同相关部门制定具体办法，切实加强辖区内生态环境日常监测，定期对生态环境质量及变化趋势进行评估和预测，为生态补偿目标考核提供参考依据。②各水源地应当确保出境水质达到考核目标。

③重视对生态补偿建设工程项目实施效果的监测。目前主要是由政府机构作为评价机构，这与政策评价的独立性原则相矛盾，今后应重视建立独立的第三方评估机构。

10.4.3.3　信息机制

及时、有效的信息交流和沟通是生态补偿政策实施的关键。①在中央政府有关部门的组织协调下，水源区和受水区联合建立水质监测信息发布系统，确保水源区供给达标水；②从汉江流域综合管理的角度出发，水源区鄂、豫、陕三省以及三省内有关各县的数据，应实现共享；③公众参与（参与主体包括媒体、游客、专家、NGOs及普通公众等）跨流域调水工程环境影响评价、环境质量监测、环境执法监督是促进生态补偿工作顺利进行的有力保障，各有关部门要通过便捷的渠道，确保有关信息能够为公众便捷地获取；④各级政府部门要自觉接受各级人大和政协的监督，及时将有关信息报送，增强生态补偿制度建立健全过程中决策的科学化和民主化；⑤实行生态补偿接受地年度生态补偿实施情况的报告制度和生态补偿实施情况部门年度审计制度；⑥各级政府和有关部门应当定期公布生态补偿重点工程项目进展情况和流域交界断面的水质达标情况，建立健全实施生态补偿的信息公开制度，促进生态补偿制度在公开透明、有效监督的层面上运行。

10.4.3.4　监督机制

监督机制主要包括生态补偿资金的监管和生态补偿监督执行机制的构建。①无论是南水北调中线工程一期（工程建设期）和二期（工程运营期），都必须重视水源区生态补偿基金使用的监管，特别是工程运营期。根据调水量规模所得的生态补偿资金，建议在中央的统一协调下，由水源保护区的代表组成水源保护区补偿基金管理委员会，并确保补偿费建立专户储存，专款专用。水源保护部门提出计划，财政、审计等部门按程序监督，以保证补偿费及时落实到水源保护部门，用于水源涵养区的生态环境保护和发展绿色产业等。②各地区、各有关部门要根据各自的职责和分工，细化具体工作措施，切实加强生态补偿资金的使用和管理。县财政部门要建立健全生态补偿资金使用管理制度，强化生态补偿资金日常监管，自觉接受同级以上人大常委会、政协、纪检等部门的监督检查。水源区鄂、豫、陕三省财政厅和审计厅要加大对辖区内各地资金监管和审计力度，积极采取定期检查、重大项目跟踪检查、重点抽查等方式，随时了解和掌握各地补偿资金安排使用情况，发现问题及时报省政府研究。对推进生态补偿机制有序有力的，要给予通报表扬，并在安排下年度补偿资金时给予适当倾斜；对工作不力、出现重大问题的地区，要进行通报批评，并追究当事人和主要领导责任。③中线工程生态补偿机制关系中央以及京、津、冀、豫、鄂、陕七个地区，各级水行政主管部门、环境保护部门、林业部门等机构应代表国家行使好监督权，构建生态补偿监督执行机制，采取强有力的行政措施来加强水资源的公平合理利用，保障生态补偿的顺利进行。

10.4.3.5 绩效评价机制

南水北调中线工程生态补偿是通过投入大量的人力、物力和财力来实现生态环境的改善，改进生态系统的服务功能。但是，这些投入的效果与生态补偿目标是否一致，特别是南水北调中线工程丹江口库区及上游地区生态补偿的资金使用是否有效，直接影响生态补偿政策目标的最终实现程度，因此有必要建立生态补偿绩效评价制度，对各项生态补偿政策和资金使用情况进行绩效评价，特别是对其中的项目补偿进行跟踪评价；对地方政府和相关主体形成约束机制，构建基于绩效的生态补偿政策调整机制，这样可实现以下政策目标：①能够为生态建设和生态补偿提供科学依据；②生态补偿政策绩效评价可实现静态控制、动态管理的生态补偿资金管理制度，促进生态补偿资金的科学合理使用，提高资金的使用效益，促进资金用于解决生态补偿的关键问题；③通过对生态补偿政策绩效的评价可确定生态补偿的标准，为改进生态补偿效益提供基础信息；④可进一步调动参建单位积极性；⑤生态补偿政策在执行过程中往往容易走样，绩效评价可提高生态补偿政策执行的严谨性，确保生态补偿政策目标的真正落实。

建立生态补偿绩效评价体系时应坚持以下原则：①科学性原则。在制定相关绩效评价指标体系时，指标的选择要能客观反映生态补偿的效益。②可操作性原则。主要体现在生态补偿绩效评价所需要的数据易于获取。③完整性原则。在建立生态补偿绩效评价体系时，应涵盖生态补偿各个方面的影响，做到全面反映生态补偿的效益。④动态性原则。生态补偿在不同的阶段侧重点有所不同，因此，生态补偿绩效评价体系的建立应是一个动态的过程，根据生态建设的不同阶段确定不同的评价标准，客观反映生态补偿的效益。

生态补偿绩效评价主要包括三个方面：生态效益、经济效益和社会效益评价。生态效益评价是指实施生态补偿所带来的生态环境质量改善的评价，主要包括植被覆盖率、水土流失水平、涵养水土与净化空气能力等；经济效益评价是指实施生态补偿地区生态建设对当地群众增收和地区经济发展的贡献，主要对生态建设后当地群众收入来源、收入变化、未来收入预期等进行评价；社会效益评价是生态补偿的实施对生态建设地区发展、社会公平、基础设施供给等方面影响的评价。

南水北调中线工程生态补偿的具体内容包括以下两点：①可根据生态补偿政策的基本目标，建立绩效评价指标体系，包括评价方法、评价指标、评价标准或准则等，采用定量和定性结合的方式判断生态补偿政策的实施效果；②需要建立配套的区域生态环境质量评估、生态环境质量的年度调查和统计制度、水质定期监测评估制度，掌握该区域生态环境的基本情况和变化趋势。建立与生态补偿机制相结合的生态环境评价考核机制，将生态环境指标纳入县区考核评价体系。生态环境达标情况越好，生态补偿额度就越高，政绩考核就更优秀，以此调动地方政府的积极性，引导地方政府行为朝着有利于生态环境保护的方向发展。

第 *11* 章

河南省辖流域生态环境补偿试点研究

河南省是本课题唯一全省流域范围实施生态补偿的试点地区，并取得了很好的试点效果。本章在对河南省辖流域社会经济、污染排放、河流水质等分析的前提下，研究确定河南省辖流域生态补偿与污染赔偿试点类型。根据不同类型的特点，分别采用多种方法深入研究生态补偿或赔偿标准，并对生态补偿与污染赔偿标准科学性、可行性加以论证。深入探讨生态补偿与污染赔偿的长效运行机制，研究动态激励方式、资金管理与使用等。结合各部门职能，提出实施机制，促进河南省辖流域试点工作开展。

11.1　河南开展流域生态补偿的基础

多年来，河南省为了保障流域的生态安全、保证流域水资源的可持续利用，投入了大量的人力、物力和财力进行生态建设和环境保护。尽管随着水污染防治工作力度的加大，河南省流域水环境逐步得到改善，但水质污染仍然严重，水环境压力仍然十分突出，上下游经济发展与环境保护的矛盾日益凸显。为了理顺流域上下游间的生态关系和利益关系，促进全流域的社会经济可持续发展，自 2007 年年底，河南省环境保护厅组织郑州大学、河南省环境监测中心站等单位开展了生态补偿环境经济政策研究，先后对沙颍河流域、海河流域、南水北调源头水源地进行了实地调研，并开展了河南省流域生态补偿机制的研究工作。

11.1.1　沙颍河流域生态补偿试点

沙颍河流域生态补偿试点工作是河南省流域生态补偿机制研究工作的初步探索阶段。沙颍河流域是淮河最大的一条支流，流域面积 32 539 km^2，包括颍河、沙河、澧河、贾鲁河、双洎河、清潩河 6 条支流，涉及郑州、开封、许昌、漯河、平顶山和周口 6 个省辖市。随着沙颍河流域工农业的发展，该流域水质不断遭到恶化，水环境问题已十分突出。据 2008 年相关数据统计，河南省沙颍河流域全年废水量、化学需氧量和氨氮排放量分别占淮河流域总排放量的 71.5%、64.3%和 70.3%。6 条支流中，只有澧河和颍河上游水体具备使用功能，10 个考核断面中有 8 个考核断面水质监测为劣Ⅴ类。鉴于此，2007 年年底，河南省环保局按照国家和省政府要求，组织技术力量，开始探索研究沙颍河流域水环境生态补偿机制，并于 2008 年制定并颁发了《河南省沙颍河流域水环境生态补偿暂行办法》（豫政办文〔2008〕36 号）。

11.1.1.1 试点研究内容

沙颍河流域生态补偿机制的研究是以一条河流的污染负荷为基数，测算河流水质达到目标考核要求时，需要补充的生态调水量投入的水资源费，从而确定应扣缴的生态补偿金，主要研究内容如下：

1）研究确定了责任主体。沙颍河流域涉及郑州、开封、许昌、漯河、平顶山和周口 6 个省辖市，流域内 13 个责任目标考核断面基本分清了流域上下游各市的责任，由此确定补偿的责任主体为流域上下游的各省辖市政府。

2）研究确定了扣缴标准。研究以“生态调水成本”作为扣缴生态补偿金的测算标准依据，按照“污染重，扣缴额度大、污染轻，扣缴额度小”的原则实施扣缴生态补偿金，并根据考核断面水质的不同对Ⅰ～Ⅴ类（COD≤40 mg/L，氨氮≤2 mg/L）和劣Ⅴ类水质实施不同的扣缴标准。

3）研究明确了资金使用方向。扣缴生态补偿金用于流域内生态补偿、水污染防治、环境监测监控能力建设和对水环境责任目标完成情况好的省辖市的奖励等。

综上所述，沙颍河流域生态补偿以地表水责任目标考核为基础，制定了“超标罚款”和“达标奖励”相结合的“双向”补偿机制。该研究主要是以河流水质（浓度值）来进行考核的，没有考虑水量的问题，不能解决相同浓度前提下，水量差别导致总量有差异，而补偿金额没有差别的问题。

11.1.1.2 试点研究应用情况

（1）《办法》实施前各地市意见

《河南省沙颍河流域水环境生态补偿暂行办法》（以下简称《办法》）制定过程中，沙颍河流域上游的郑州、开封、平顶山、许昌和漯河 5 个城市对生态补偿的实施持反对意见，主要意见集中在两点：一是河南省实施生态补偿机制的时机还不成熟，在当前的经济发展条件下，大额度生态补偿金的扣缴会给当地财政以及环保主管部门带来很大压力；二是考核断面的责任目标值制定过于严格，在当前的治污技术条件下，难以确保达标。

位于沙颍河流域下游的周口市则同意生态补偿的实施。一直以来，上游 5 个省辖市的超标排污导致周口市出省境断面不能达标，周口市希望可以通过生态补偿机制的实施，改善其上游来水水质，实现出省境断面的稳定达标。为了改善沙颍河流域水环境质量，解决周口市出省境断面达标问题，急需建立沙颍河流域生态补偿机制。

（2）《办法》实施后各地市采取措施

《办法》实施后，各地纷纷采取有效措施改善区域水环境。如许昌市为保证清潩河考核断面达标，加大对污染企业的监控力度，对重点污染源限产减排，并在清潩河中补充了生态用水，因此，许昌市是《办法》实施后该流域扣缴金额最少的城市；漯河市要求各县区加强对污水处理厂和重点排污企业的监管，确保漯河市 5 条省控河流考核断面达标。

还有一些地区在《办法》的基础上，制定了辖区内的生态补偿暂行办法，对各县区出境水质进行考核。如郑州市制定的《郑州市沙颍河流域水环境生态补偿暂行办法》和郑州市人民政府办公厅下发的《关于对索须河实施水环境生态补偿的通知》，除考虑《办法》外，还规定“考核断面水质低于目标值 10%的，下游城市给予上游城市每吨 COD 500 元，每吨氨氮 1 000 元的补偿资金”。

（3）存在的问题

《办法》的实施使沙颍河流域水环境质量得到了明显的改善，但在实施过程中也发现了一些弊端，主要有：一是以污染物浓度作为定量考核指标，缺乏污染物总量控制概念；二是扣缴标准偏高，扣款额度较大，部分市级财政难以支撑；三是扣缴频次高，补偿金计算时，扣缴梯度较多。

（4）资金扣缴及使用

根据河南省政府《河南省沙颍河流域水环境生态补偿暂行办法》（豫政办〔2008〕36 号）和省财政厅、省环境保护厅《河南省沙颍河流域水环境生态补偿奖励资金管理暂行办法》（豫财办建〔2009〕20 号）文件中的有关规定，生态补偿金的扣缴由省环保厅和省财政厅联合执行，每月向市人民政府及其财政局、环保局通报一次。省环境监测中心站每季度统计生态补偿金的扣缴额度，省环保厅每季度在新闻发布会上公布。2009 年沙颍河流域共扣缴生态补偿金 8 407.55 万元。采取省财政年终结算时扣缴该市财力的办法办理，扣缴的财力作为生态补偿金。

扣缴的补偿金主要用于以下几个方面：

- 上游城市对下游城市的补偿。根据“上游城市出境水质超过责任目标时，上游城市对下游城市进行生态补偿”的规定，许昌市、平顶山市应对漯河市进行补偿，郑州市、开封市、漯河市应对周口市进行补偿。
- 对有关省辖市的奖励。根据“对水环境责任目标完成情况较好的省辖市进行奖励”的规定，经考核，叶舞公路桥断面目标值为Ⅳ类，连续两年化学需氧量和氨氮达标率均为 100%，扶沟摆渡口断面目标值为劣Ⅴ类，化学需氧量和氨氮达标率均在 90%以上，两项考核因子达标率较上年增加 4.8 个百分点，对叶舞公路桥断面所在的平顶山市和扶沟摆渡口断面所在的开封市分别进行奖励。
- 水污染防治和监测监控能力建设。鉴于部分省辖市水污染防治任务较重，环境监测监控能力急需加强，此部分资金的使用进行适当倾斜。

11.1.2 海河流域生态补偿试点

海河流域生态补偿的试点是河南省流域生态补偿机制研究进一步改进的体现。河南省海河流域包括安阳、鹤壁、濮阳、焦作和新乡 5 个省辖市。总人口为 1 948 万人，占全省人口的 19.7%；2007 年国内生产总值 3 244 亿元，占全省的 21.6%；人均国内生产总值 15 449 元，低于全省平均水平。海河流域地表水环境污染严重，2008 年，在监控的 788.8 km 河段长度中，Ⅰ～Ⅲ类水质河段长 205.5 km，占监控河段长度的 26.0%，Ⅴ类水质河段长 73.3 km，占监控河段长度的 9.3%，劣Ⅴ类水质河段长 510.0 km，占监控河段长度的 64.7%。课题组在总结沙颍河流域开展生态补偿机制实施经验的基础上，以海河流域为研究对象，着力突破沙颍河流域生态补偿办法实施过程中存在的问题。根据海河流域生态补偿机制研究成果，河南省环保厅开展了《河南省海河流域水环境生态补偿办法》设计，在多方征求意见的基础上，省环保厅和省财政厅联合颁布了《河南省海河流域水环境生态补偿办法（试行）》（豫环文〔2009〕222 号）。

11.1.2.1 试点研究突破内容

在沙颍河流域生态补偿机制研究的基础上，海河流域水环境生态补偿研究在研究内容及成果方面均有深入阶梯式的提升，主要体现在：

1）引入以行政区域废水量为核算依据的“考核系数”，弥补了单一浓度考核的不足，相对合理地解决了“总量的问题”，使生态补偿考核办法更加科学，且考核系数为动态系数，当废水量减少时，考核系数也会随之减小，具有激励各地区减少废水排放量的作用。

2）研究制订了以污水治理成本核算为依据的“生态补偿基准金”，比单独用“水资源”为计算依据的扣缴标准更为合理。

3）扣缴梯度由 5 级变为 3 级，同时降低了扣缴起点，使扣缴额度有很大程度降低，易于达到各省辖市的财政承受能力范围。

4）增加了饮用水水源地的补偿，既体现污染赔偿又体现生态补偿。

5）更加明确细化了资金使用方向，给出了各项资金的比例。

11.1.2.2 试点研究应用情况

（1）《河南省海河流域水环境生态补偿办法（试行）》实施前各省辖市意见

在《河南省海河流域水环境生态补偿办法（试行）》制定过程中，课题组对海河流域 5 个省辖市进行调研、座谈及意愿调查。各省辖市意见如下：海河流域涉及的 5 个城市均认为海河流域地表水系无天然径流，现状水体大多已丧失生态功能，实施生态补偿机制将会给流域内各地市带来巨大压力；虽然引入“考核系数”相对解决了总量的问题，但海河流域为严重缺水地区，很多废水未能流入河流，以水质和废水量修正的扣缴金计算模型不尽合理；部分城市认为考核断面当前设定的目标值过于严格；

此外，还有部分城市建议出境断面自动监测实行第三方运营制度，以解决上下游之间由于监测数据引起的争议。

（2）《河南省海河流域水环境生态补偿办法（试行）》实施后地市采取的措施

《河南省海河流域水环境生态补偿办法（试行）》实施后，受沙颍河流域水环境生态补偿办法的影响，流域内 5 个省辖市积极采取措施，加强水污染防治工作。如安阳市分别制定了《安阳河水污染防治管理办法》和《安阳市地表水生态补偿办法》，同时对省控、市控断面实施加密监测，针对存在问题和隐患及时排查，加大涉水污染源监管力度，确保污染源达标排放。

（3）存在的问题

海河流域生态补偿采用废水量作为考核系数，只是相对解决了总量的问题，但仍不全面，不能准确反映上下游之间的水质、水量关系。主要原因有两点：一是各行政区域产生的废水量比河流断面的流量大；二是在平水期，特别是丰水期河流有很大径流量，没有真正反映河流断面的流量。

（4）资金使用

根据河南省环保厅和省财政厅联合颁布的《河南省海河流域水环境生态补偿办法（试行）》有关规定，省财政主管部门依据省环境保护主管部门核定的各考核断面生态补偿金，对有关省辖市进行补偿和奖励。资金具体使用方向如下：

- ❖ 扣缴金额的 50%用于上游城市对下游城市的补偿；
- ❖ 扣缴金额的 30%用于水污染防治和环境监测监控能力建设；
- ❖ 扣缴金额的 15%用于对考核断面化学需氧量和氨氮年度达标率均超过 90%的省辖市进行奖励；
- ❖ 扣缴金额的 5%用于对淇河上游区域的补助。

省环境保护主管部门负责核定各考核断面每周超标倍数和扣缴补偿金的数额，并会同省财政主管部门将补偿金扣缴情况每季度在新闻媒体上通报。生态补偿和奖励资金从省财政扣缴的有关省辖市生态补偿金中列支。年度终了后，省财政主管部门依据省环保主管部门核定的各考核断面年度生态补偿和奖励资金的数额，对有关省辖市进行补偿和奖励。

11.1.3　流域生态补偿试点实施基础

《河南省沙颍河流域水环境生态补偿暂行办法》和《河南省海河流域水环境生态补偿办法（试行）》环境经济政策的实施，使流域内考核断面水质达标率明显提高，流域内治理工程明显加快，为河南省全流域实施生态补偿与污染赔偿奠定了坚实的基础。但从水环境管理现状来看，仍存在一些问题，对生态补偿与污染赔偿机制的研究及相应经济政策的实施带来一定的制约。

根据对沙颍河和海河流域生态补偿机制实施情况的总结，生态补偿机制的研究工作仍任重道远，现有的实施办法与稳定长效的生态补偿机制尚有很大的差距。根据水环境实际工作的需要，在河南省辖流域生态补偿与污染赔偿机制研究中尚需进一步研究的内容有：①责任主体的合理划分；②考核断面合理的设置；③考核目标合理的确定；④生态补偿标准的核算；⑤水质与水量协同结合；⑥“区别而又有共同责任”管理机制的建立等。

11.2 河南流域生态环境补偿试点方案设计

11.2.1 流域行政基本情况

河南省地跨淮河、海河、黄河和长江四大流域，其中省辖淮河流域面积为 8.83 万 km^2，占全省总面积的 52.8%，涉及 11 个省辖市 58 个县（市）。省辖海河流域面积为 1.53 万 km^2，占全省总面积的 9.2%，涉及 5 个省辖市 17 个县（市）；省辖黄河流域面积 3.62 万 km^2，占全省总面积的 21.6%，涉及 8 个省辖市 27 个县（市）；省辖长江流域面积 2.76 万 km^2，占全省总面积的 16.4%，涉及 4 个省辖市 13 个县（市）。其中，南水北调水源地及汇水区涉及 6 个县；南水北调中线总干渠纵穿全省南北，从南阳陶岔渠首到北京团城湖，全长 1 276 km，河南省境内渠道长度为 731 km，占 58%，共涉及 8 个省辖市 22 个县（市）。

11.2.1.1 流域经济状况

河南是全国第一人口大省，2009 年年底总人口 9 967 万人，自然增长率 4.99‰。其中，城镇人口 3 758 万人，占总人口的 37.7%；农村人口 6 209 万人，占总人口的 62.3%。全省常住人口 9 487 万人。全省人口密度 597 人/km^2。河南是全国散居地区少数民族人口最多的省份，除汉族外还有 55 个少数民族，少数民族人口 137.46 万人，占全省总人口的 1.36%，其中，回族人口 118.67 万人，居全国第 3 位。

2009 年，全年生产总值达到 19 367.28 亿元，比上年增长 10.7%。全部工业增加值达到 9 858.4 亿元，比上年增长 11.4%，其中，规模以上工业增加值增长 14.6%。全社会固定资产投资完成 13 704.65 亿元，比上年增长 30.6%，其中，城镇投资完成 11 455.01 亿元，比上年增长 31.3%；社会消费品零售总额 6 746.38 亿元，比上年增长 19.1%；初步测算，内需拉动经济增长 12 个百分点以上。财政总收入完成 1 921.6 亿元，比上年增长 7.8%；地方财政一般预算收入完成 1 126.1 亿元，支出完成 2 902.6 亿元，分别比上年增长 11.6%和 27.2%。居民消费价格总水平较上年下降 0.6%。

11.2.1.2 流域水资源状况

根据河南省水利厅《2008 年河南省水资源公报》，2008 年全省平均降水量 738.1 mm，折合降水总量 1 221.788 亿 m^3，与上年相比减少 6.2%，比多年均值偏少 4.3%，属平水年份。其中，黄河流域减少 11.4%，长江流域减少 8.2%，海河流域减少

2.1%，淮河流域减少最少，为 1.1%。

2008 年，全省地表水资源量 259.06 亿 m^3，比多年均值偏少 14.8%，比上年偏少 25.7%。全省地下水资源量为 188.3 亿 m^3（其中山丘区 71.0 亿 m^3，平原区 130.5 亿 m^3，平原区与山丘区地下水重复计算量为 13.2 亿 m^3），比多年均值减少 3.9%。全省水资源总量为 371.3 亿 m^3，比多年均值偏少 8.0%，其中，省辖黄河流域减少 30.9%，长江流域减少 19.0%，海河流域减少 6.0%，淮河流域增加 0.4%。平均产水模数 22.4 万 m^3/km^2，产水系数 0.30。

2008 年年末，全省大、中型水库蓄水总量 45.85 亿 m^3，比上年末减少 2.64 亿 m^3。其中，大型水库年末蓄水量 36.83 亿 m^3，比上年末减少 1.41 亿 m^3；中型水库 9.02 亿 m^3，比上年末减少 1.23 亿 m^3。2008 年年末，全省平原区浅层地下水位与上年末相比略有下降，平均下降 0.15 m。地下水储存量相应减少 4.6 亿 m^3，其中，黄河流域减少 2.2 亿 m^3，淮河流域减少 2.2 亿 m^3，长江流域减少 0.7 亿 m^3，海河流域增加 0.5 亿 m^3。

2008 年各种水利工程全省总供水量 227.53 亿 m^3，比上年增加 18.25 亿 m^3，其中，地表水源供水量 92.67 亿 m^3，比上年增加 9.23 亿 m^3；地下水源供水量 134.40 亿 m^3，比上年增加 8.94 亿 m^3；集雨及其他水源工程供水 0.46 亿 m^3。在地表水开发利用中，引用入过境水量 31.10 亿 m^3（包括引黄河干流水量 24.87 亿 m^3），其中，流域间相互调水 15.31 亿 m^3。在地下水利用量中，开采浅层地下水约 107.51 亿 m^3，中深层地下水约 26.89 亿 m^3。

2008 年，全省总用水量 227.53 亿 m^3，其中农、林、渔业用水 133.49 亿 m^3（农田灌溉用水 123.12 亿 m^3）；工业用水 51.40 亿 m^3；城乡生活、环境综合用水 42.64 亿 m^3（城市生活、环境综合用水 23.51 亿 m^3）。由于 2008 年全省降水量较上年偏少，农田灌溉用水量比上年增加了 12.40 亿 m^3；工业用水量与上年持平；城乡生活、环境综合用水量比上年增加 4.72 亿 m^3。全省用水消耗总量 132.85 亿 m^3，占总用水量的 58.4%。其中，农、林、渔业用水消耗量占用水消耗总量的 69.7%；工业用水消耗占 9.6%；城乡生活、环境用水消耗占 20.7%。

2008 年，全省人均用水量为 226 m^3。万元 GDP 用水量（即一、二、三产业用水总量与当年 GDP 总量之比）为 102 m^3；农田灌溉用水亩均为 172 m^3，吨粮用水量约 195 m^3；万元工业增加值（当年价）取水量，含火电为 54 m^3，不含火电为 47 m^3；人均生活用水量，城镇综合每人每日为 210L（含城市环境），农村为 73L（含牲畜用水）。

11.2.1.3　流域水环境状况

（1）地表水环境质量现状

2005—2009 年，河南省地表水 COD、氨氮质量浓度年均值总体呈现下降的趋势。具体见图 11-1、表 11-1。

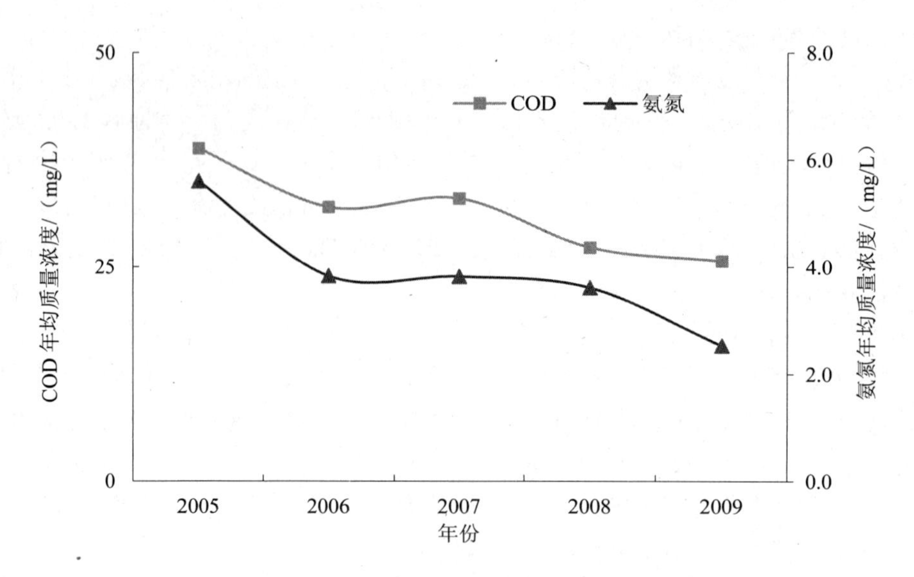

图 11-1 河南省各流域水环境质量变化趋势

表 11-1 河南省各流域水环境质量变化趋势 单位：mg/L

污染因子	流域	2005 年	2006 年	2007 年	2008 年	2009 年	2009 年与 2005 年比较/%	2009 年与 2008 年比较/%
COD	淮河流域	35.0	31.7	30.0	27.3	26.9	−23.2	−1.6
	海河流域	71.3	50.6	65.5	43.5	38.6	−45.8	−11.2
	黄河流域	35.0	24.1	24.2	20.8	18.0	−48.6	−13.4
	长江流域	23.8	22.0	19.2	19.3	18.5	−22.3	−4.0
	全省	38.8	32.0	33.0	27.3	25.7	−33.7	−5.9
氨氮	淮河流域	5.44	5.17	5.20	4.29	2.76	−49.3	−35.6
	海河流域	13.19	7.81	7.68	5.85	5.60	−57.6	−4.3
	黄河流域	3.09	1.70	1.86	1.83	0.91	−70.4	−50.0
	长江流域	0.68	0.65	0.56	0.49	0.66	−2.8	34.9
	全省	5.60	3.83	3.82	3.61	2.53	−54.8	−29.9

根据省监测站提供的资料，2009 年河南省地表水水质级别为轻污染，主要污染因子为氨氮、五日生化需氧量和高锰酸盐指数；在监控的 7 979.4 km 河段长度中，Ⅰ～Ⅲ类水质河段长 4 253.4 km，占监控河段总长度的 53.3%；Ⅳ类水质河段长 1 049.7 km，占 13.2%；Ⅴ类水质河段长 633.3 km，占 7.9%；劣Ⅴ类水质河段长 2 043.0 km，占 25.6%。

与 2008 年相比，2009 年全省地表水 COD 质量浓度年均值由 27.3 mg/L 下降为 25.7 mg/L，降低 5.9%；氨氮质量浓度年均值由 3.61 mg/L 下降为 2.53 mg/L，降低 29.9%。

与 2005 年相比，2009 年全省地表水 COD 质量浓度年均值由 38.8 mg/L 下降为 25.7 mg/L，降低 33.7%；氨氮质量浓度年均值由 5.60 mg/L 下降为 2.53 mg/L，降低 54.8%。

1）淮河流域。2005—2009 年，淮河流域地表水 COD、氨氮质量浓度年均值总体呈现下降的趋势。具体见图 11-2。

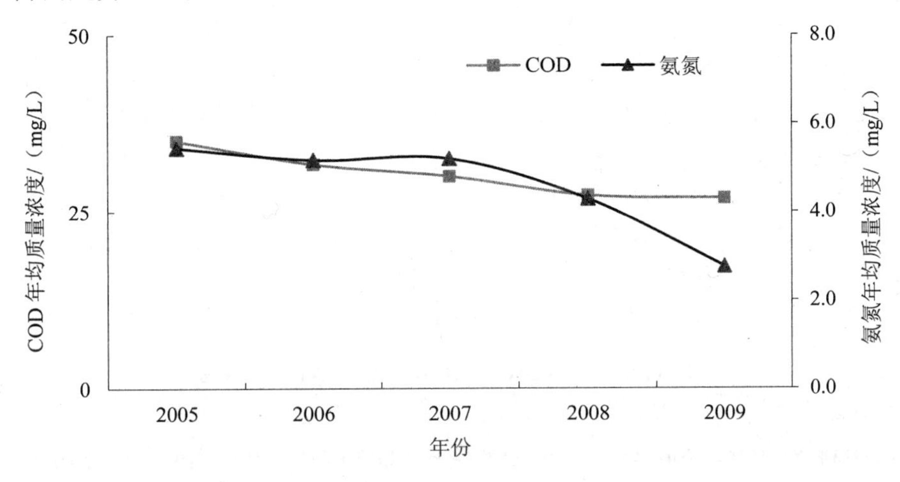

图 11-2　河南省省辖淮河流域水环境质量变化趋势

2009 年，淮河流域水质级别为轻污染。主要污染因子为氨氮、五日生化需氧量和高锰酸盐指数。在监控的 4 513.1 km 河段长度中，Ⅰ～Ⅲ类水质河段长 2 185.0 km，占监控河段长度的 48.4%，比 2008 年减少 329.8 km；Ⅳ类水质河段长 809.8 km，占 17.9%，增加 368.4 km；Ⅴ类水质河段长 299.9 km，占 6.7%，增加 237.9 km；劣Ⅴ类水质河段长 1 218.4 km，占 27.0%，减少 276.5 km。

与 2008 年相比，2009 年淮河流域地表水 COD 质量浓度年均值由 27.3 mg/L 下降为 26.9 mg/L，降低 1.6%；氨氮质量浓度年均值由 4.29 mg/L 下降为 2.76 mg/L，降低 35.6%。

与 2005 年相比，2009 年淮河流域地表水 COD 质量浓度年均值由 35.0 mg/L 下降为 26.9 mg/L，降低 23.2%；氨氮质量浓度年均值由 5.44 mg/L 下降为 2.76 mg/L，降低 49.3%。

2）海河流域。2005—2009 年，海河流域地表水 COD、氨氮质量浓度年均值总体呈现下降的趋势。具体见图 11-3。

2009 年，海河流域水质级别为中污染。主要污染因子为氨氮、五日生化需氧量和高锰酸盐指数。在监控的 788.8 km 河段长度中，Ⅰ～Ⅲ类水质河段长 205.5 km，占监控河段长度的 26.0%，与 2008 年持平；无Ⅳ类水质河段，与 2008 年持平；Ⅴ类水质河段长 73.3 km，占监控河段长度的 9.3%，与 2008 年持平；劣Ⅴ类水质河段长 510.0 km，占 64.7%，与 2008 年持平。

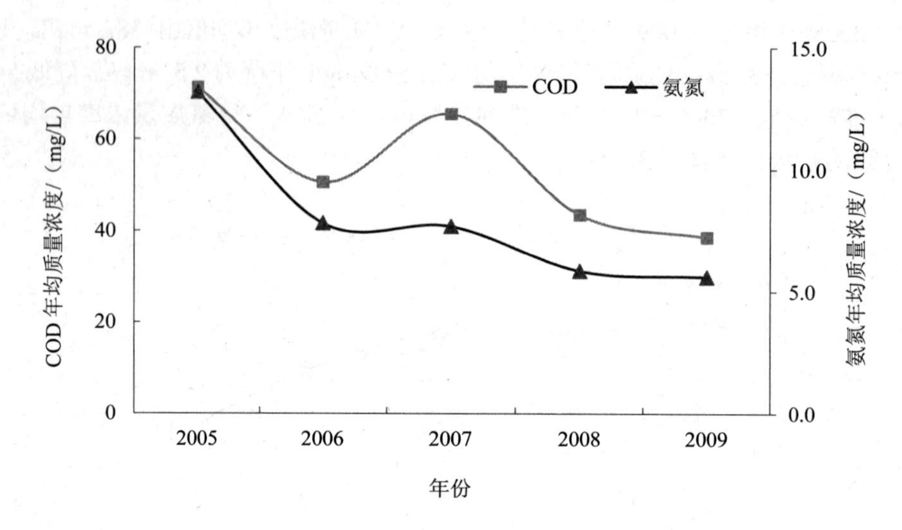

图 11-3 河南省辖海河流域水环境质量变化趋势

与 2008 年相比，2009 年海河流域地表水 COD 质量浓度年均值由 43.5 mg/L 下降为 38.6 mg/L，降低 11.2%；氨氮质量浓度年均值由 5.85 mg/L 下降为 5.60 mg/L，降低 4.3%。

与 2005 年相比，2009 年海河流域地表水 COD 质量浓度年均值由 71.3 mg/L 下降为 38.6 mg/L，降低 45.8%；氨氮质量浓度年均值由 13.19 mg/L 下降为 5.60 mg/L，降低 57.6%。

3）黄河流域。2005—2009 年，黄河流域地表水 COD、氨氮质量浓度年均值总体呈现下降的趋势。具体见图 11-4。

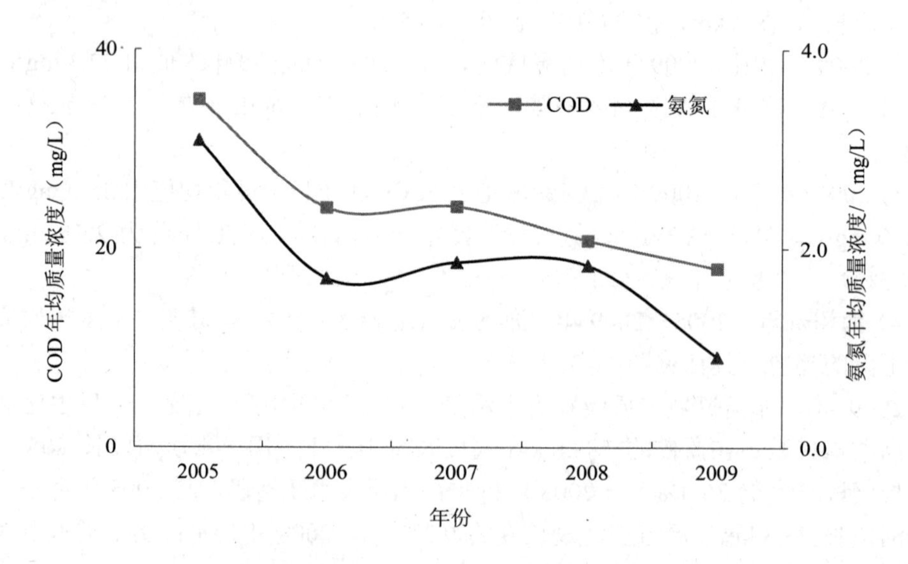

图 11-4 河南省辖黄河流域水环境质量变化趋势

2009 年，黄河流域水质级别为轻污染。主要污染因子为五日生化需氧量、高锰酸盐指数和氨氮。在监控的 1 912.9 km 河段长度中，Ⅰ～Ⅲ类水质河段 1 351.0 km，占监控河段长度的 70.6%，比 2008 年增加 55.0 km；Ⅳ类水质河段长 88.0 km，占 4.6%，比 2008 年减少 19.0 km；Ⅴ类水质河段长 159.3 km，占 8.3%，与 2008 年持平；劣Ⅴ类水质河段长 314.6 km，占 16.4%，比 2008 年减少 36.0 km。

与 2008 年相比，2009 年黄河流域地表水 COD 质量浓度年均值由 20.8 mg/L 下降为 18.0 mg/L，降低 13.4%；氨氮质量浓度年均值由 1.83 mg/L 下降为 0.91 mg/L，降低 50.0%。

与 2005 年相比，2009 年黄河流域地表水 COD 质量浓度年均值由 35.0 mg/L 下降为 18.0 mg/L，降低 48.6%；氨氮质量浓度年均值由 3.09 mg/L 下降为 0.91 mg/L，降低 70.4%。

4）长江流域。2005—2009 年，长江流域地表河流主要污染物 COD 总体上呈现下降的趋势，氨氮质量浓度年均值变化不大。具体见图 11-5。

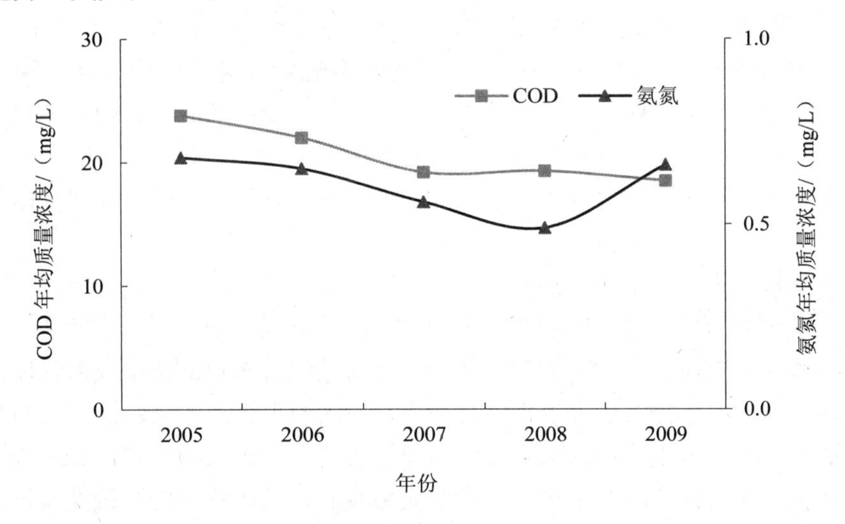

图 11-5　河南省辖长江流域水环境质量变化趋势

2009 年，长江流域水质级别为轻污染。主要污染因子为五日生化需氧量、高锰酸盐指数和氨氮。在监控的 764.6 km 河段长度中，Ⅰ～Ⅲ类水质河段长 511.9 km，占监控河段长度的 66.9%，与 2008 年持平；Ⅳ类水质河段长 151.9 km，占 19.9%，比 2008 年减少 100.8 km；Ⅴ类水质河段长 100.8 km，占 13.2%，比 2008 年增加 100.8 km；无劣Ⅴ类水质，与 2008 年持平。

与 2008 年相比，2009 年长江流域地表水 COD 质量浓度年均值由 19.3 mg/L 下降为 18.5 mg/L，降低 4.0%；氨氮质量浓度年均值由 0.49 mg/L 升高为 0.66 mg/L，升高 34.9%。

与 2005 年相比，2009 年长江流域地表水 COD 质量浓度年均值由 23.8 mg/L 下降为 18.5 mg/L，降低 22.3%；氨氮质量浓度年均值由 0.68 mg/L 下降为 0.66 mg/L，降低 2.8%。

（2）水库

根据《2008 年河南省环境质量报告书》，2008 年全省水库总体水质较好。在监控的 23 座大中型水库中，洛阳故县水库、平顶山昭平台水库、三门峡窄口水库、南阳丹江口水库水质达到 I 类标准；郑州尖岗水库、白沙水库，洛阳陆浑水库，平顶山孤石滩水库、白龟山水库、石漫滩水库，安阳彰武水库，济源小浪底水库，南阳鸭河口水库，信阳南湾水库、鲇鱼山水库、石山口水库、五岳水库，驻马店板桥水库、薄山水库 15 座水库水质达到Ⅱ类标准；三门峡水库，信阳泼河水库，驻马店宿鸭湖水库、宋家场水库水质达到Ⅲ类标准。南水北调水源地南阳丹江口水库水质达到 I 类标准，当总氮参与评价时水质达到Ⅳ类标准。

11.2.1.4　流域水环境面临的压力

（1）河南省资源性缺水问题极为严重

河南省资源性缺水问题极为严重，人均水资源量约为全国的 1/10，除丰水期以外，许多河道几乎无天然径流，没有生态自净能力，如：淮河流域的黑泥泉河、惠济河、包河；黄河流域的蟒河、金堤河；海河流域的卫河、马颊河等，以上河流上游来水几乎全是处理过的工业废水和生活污水，要达到水质考核目标及规划目标有巨大的困难。

（2）农村水污染防治严重滞后

全省农村环境污染加剧的趋势尚未改变，村庄环境“脏、乱、差”的问题严重，已成为制约河南省新农村建设的主要瓶颈。特别是随着农业的快速发展，种植养殖业污染物逐年增加，化肥农药施用量居高不下，加之城市工业污染逐渐向农村转移，广大农村地区已经呈现出点源污染与面源污染共存、生活污染与工业污染叠加、各种新旧污染互相交织的混合型污染局面，严重威胁着农村经济社会的可持续发展，个别地区甚至危及广大农民的生产、生活和健康。

（3）水污染防治规划项目进展缓慢

《“十一五”水污染防治规划》（以下简称《规划》）2008 年才发布实施，“十一五”时间过半，工作才刚刚开始，列入规划的项目由于准备时间不足，加之资金缺乏，许多项目没有按照规划建成甚至尚未启动。截至 2009 年年底，淮河流域列入《规划》的 174 个项目已完成 122 个，完成率为 70.1%；海河流域列入《规划》的 93 个项目已完成 75 个，完成率为 80.6%；黄河流域列入《规划》的 67 个项目已完成 52 个，完成率为 77.6%。项目进展缓慢加剧了水质改善与治理资金短缺的矛盾。

（4）流域地方水污染排放标准亟待健全

河南省淮河和海河流域大部分地表水体天然径流量小，工业废水和生活污水在水体中所占比例较大，水环境容量十分有限，即使流域内所有的排污单位都能实现达标排放，流域规划的水质目标也难以实现。目前，河南省大部分重点企业已经执行了国家及地方最新最严的水污染物排放标准，要求企业进一步减排缺乏法律依据，流域地方水污染排放标准研究及制定亟待健全。

（5）流域水环境管理缺乏“区别而又有共同责任”的机制

流域水环境管理重中之重是水污染防治，水污染防治一般会涉及城镇生活污水治理、工业污染防治、农业面源治理及流域综合整治等多方面工作内容，要使流域水污染防治工作切实达到水环境管理的需求，流域内缺乏“区别而又有共同责任”的机制，对流域水污染防治实行统筹调度、综合协调和目标管理。

11.2.2　生态补偿与污染赔偿类型及责任主客体划分

11.2.2.1　生态补偿与污染赔偿类型的划分

流域生态补偿与污染赔偿都是流域环境保护中对上下游造成损失的一种弥补行为，它是寻求流域上下游实现经济利益、环境利益均衡和流域和谐健康的两个方面，“补偿”强调的是受益者的支付行动，而“赔偿”侧重于强调破坏者的支付行动。

河南省流域生态补偿与污染赔偿机制研究涉及河南省辖淮河、黄河、长江、海河四大流域。实施河南省流域生态补偿与污染赔偿机制，应首先确定各流域生态补偿和污染赔偿类型，然后再按照流域生态补偿和污染赔偿的不同类型展开相应研究工作。目前，国内相关研究机构在进行流域生态补偿和污染赔偿研究时，主要依据流域特征来判别和识别流域生态补偿和污染赔偿类型，一般基于以下三个方面进行考虑：

- ❖ 基于流域的主体功能。从流域的主体功能考虑，主要分为三种类型：一是集中式饮用水水源地生态补偿类型；二是江河源头水源涵养区生态补偿类型；三是跨行政区河流的生态补偿与污染赔偿类型。
- ❖ 基于流域的尺度。从流域尺度考虑，主要涉及两个层次三个类型，两个层次是指：跨省的生态补偿问题和省内跨市的生态补偿问题。三个类型是指：大江大河尺度生态补偿问题、跨 2～3 个行政区的尺度生态补偿问题和省内跨市的生态补偿问题。
- ❖ 基于流域突出的环境与发展问题。从流域突出的环境与发展问题考虑，主要涉及两个层面，一是保护“清水”并发展经济，二是发展经济并有效治理“污水”。

基于流域的主体功能和流域的尺度生态补偿类型划分技术方法均适应于全国范围内或省域内区域性生态补偿类型的划分，基于流域突出的环境与发展问题生态补偿类型划分技术适应于以流域为控制单元生态补偿类型的划分。但河南省辖淮河、长江和黄河流域属于水环境质量空间变化趋势显著，既涉及生态补偿问题，又涉及污染赔偿问题，从省域内跨市生态补偿机制的实用性和可操作性，以及省域内环境管理需求的角度考虑，本研究在考虑以上三种生态补偿类型划分技术的基础上，提出基于流域责任目标考核断面的生态补偿与污染赔偿类型划分技术研究。

（1）责任目标考核断面设置情况

2008 年河南省四大流域共设置目标考核断面 52 个，各考核断面及考核目标设置见图 11-6 和表 11-2。

图 11-6　河南省四大流域考核断面设置情况

表 11-2　2008 年河南省辖各流域责任目标考核断面设置　　单位：mg/L

序号	断面名称	河流名称	流域名称	考核城市	监测城市	2008 年考核目标		水功能区划目标值	
						COD	氨氮	COD	氨氮
1	中牟陈桥	贾鲁河	淮河	郑州	开封	75	15	30	1.5
2	白沙水库	颍河	淮河	郑州	许昌	15	1.5	15	0.5
3	新郑黄甫寨	双洎河	淮河	郑州	许昌	40	5	30	1.5
4	睢县板桥	惠济河	淮河	开封	商丘	80	18	40	2
5	扶沟摆渡口	贾鲁河	淮河	开封	周口	60	13	30	1.5
6	通许邸阁	涡河	淮河	开封	开封	30	1.5	30	1.5
7	睢县长岗	小蒋河	淮河	开封	商丘	80	18	40	2
8	太康轩庄桥	铁底河	淮河	开封	周口	60	5	—	—
9	郭河村桥	小温河	淮河	开封	商丘	60	5	—	—
10	舞阳马湾	沙河	淮河	平顶山	漯河	30	5	20	1
11	叶舞公路桥	澧河	淮河	平顶山	漯河	15	1.5	15	0.5
12	舞钢石庄桥	八里河	淮河	平顶山	平顶山	150	5	30	1.5

序号	断面名称	河流名称	流域名称	考核城市	监测城市	2008 年考核目标		水功能区划目标值	
						COD	氨氮	COD	氨氮
13	临颍高村桥	清潩河	淮河	许昌	漯河	70	10	30	1.5
14	郾城漯邓桥	黑河	淮河	漯河	漯河	100	10	40	2
15	舞阳栗园桥	三里河	淮河	漯河	漯河	110	12	30	1.5
16	西华址坊	颍河	淮河	漯河	周口	40	4	30	1.5
17	柘城砖桥	惠济河	淮河	商丘	商丘	60	15	30	1.5
18	永城黄口	浍河	淮河	商丘	商丘	50	1.5	30	1.5
19	永城马桥	包河	淮河	商丘	商丘	55	8	40	2
20	睢阳包公庙	大沙河	淮河	商丘	商丘	50	2	40	2
21	永城张桥	沱河	淮河	商丘	商丘	30	1.5	20	1
22	淮滨水文站	淮河干流	淮河	信阳	信阳	20	1	20	1
23	沈丘李坟	泉河	淮河	周口	周口	30	1.5	30	1.5
24	鹿邑东孙营	惠济河	淮河	周口	周口	60	15	30	1.5
25	西华大王庄	贾鲁河	淮河	周口	周口	55	12	30	1.5
26	鹿邑付桥	涡河	淮河	周口	周口	30	1.5	30	1.5
27	沈丘纸店	颍河	淮河	周口	周口	30	1.5	30	1.5
28	郸城杨楼闸	洺河	淮河	周口	周口	90	12	—	—
29	新蔡班台	洪河	淮河	驻马店	驻马店	30	1.5	30	1.5
30	巩义七里铺	伊洛河	黄河	郑州	郑州	30	2	20	1
31	伊洛汇合处	伊洛河	黄河	洛阳	洛阳	30	2	20	1
32	濮阳大韩桥	金堤河	黄河	安阳	濮阳	120	10	30	1.5
33	滑县孔村桥	黄庄河	黄河	新乡	安阳	100	10	30	1.5
34	濮阳渠村桥	天然文岩渠	黄河	新乡	濮阳	40	2	30	1.5
35	武陟渠首	沁河	黄河	焦作	焦作	60	8	30	1.5
36	温县汜水滩	蟒河	黄河	焦作	焦作	90	10	40	2
37	济源南官庄	蟒河	黄河	济源	济源	50	12	20	1
38	台前贾垓桥	金堤河	黄河	濮阳	濮阳	120	10	30	1.5
39	渑池吴庄	涧河	黄河	三门峡	洛阳	20	1	20	1
40	南乐元村集	卫河	海河	安阳	濮阳	100	12	40	2
41	林州黄花营	淇河	海河	安阳	鹤壁	15	1	15	0.5
42	汤河水库	汤河	海河	鹤壁	安阳	30	2	20	1
43	汤阴五陵	卫河	海河	鹤壁	安阳	100	12	40	2
44	卫辉皇甫	卫河	海河	新乡	新乡	100	12	40	2
45	卫辉下马营	共产主义渠	海河	新乡	鹤壁	100	12	40	2
46	滑县黄塔桥	西柳青河	海河	新乡	安阳	120	10	30	1.5
47	修武水文站	大沙河	海河	焦作	焦作	60	10	30	1.5
48	获嘉东碑村	共产主义渠	海河	焦作	新乡	100	12	40	2
49	南乐水文站	马颊河	海河	濮阳	濮阳	40	12	30	1.5
50	大名龙王庙	卫河	海河	濮阳	濮阳	90	12	40	2
51	新野梅湾	唐河	长江	南阳	南阳	20	1.5	20	1
52	新野新甸铺	白河	长江	南阳	南阳	30	2	30	1.5

由图11-6和表11-2可知，河南省设置的各河流考核断面基本覆盖了18个省辖市，为河流跨市责任主体的划分和补偿主客体的确定奠定了一定的基础。

（2）生态补偿与污染赔偿类型划分的原则

根据河南省各河流考核断面的设置情况，为明确省辖河流跨市责任主体的划分和补偿主客体，提升生态补偿机制实施的可操作性和实用性，对生态补偿与污染补偿类型的划分确定如下原则：

❖ 以省域跨市河流为划分对象；
❖ 以省辖市行政区为划分单元；
❖ 以省辖市行政区出境控制断面的考核目标为依据，未设定考核责任目标的，以控制断面的水环境功能目标为依据；
❖ 以控制河段水环境功能为判断依据。

（3）生态补偿与污染赔偿类型划分技术方法

在河南省内跨市生态补偿与污染赔偿类型划分中，采取的技术方法为：

❖ 首先确定生态补偿划分的范围是跨省或是省内跨市；
❖ 核定河流考核断面的设定情况、考核目标、水环境功能及目标等河流基本情况；
❖ 根据以上核定情况，划分生态补偿的责任主体，根据划分结果，对考核断面设置是否能满足生态补偿责任主体划分的需求，提出补充和完善的意见；
❖ 收集考核断面常规的水质现状监测数据，并对数据进行整理、分析；
❖ 根据水质分析结果，对应考核断面考核目标或水环境功能目标进行判断；
❖ 水质级别在Ⅰ～Ⅲ类，且被划定为饮用水水源地或饮用水水源保护区或者向饮用水水源地或保护区提供水源的，其划为跨界饮用水水源地生态补偿类型；水质级别在Ⅰ～Ⅲ类或水质级别在Ⅳ～Ⅴ类，且未被划定为饮用水水源地或饮用水水源保护区，同时未向饮用水水源地或保护区提供水源的，其划为有水质功能的跨界河流生态补偿类型；水质级别在Ⅴ类以上即劣Ⅴ类，其划为跨界污染赔偿类型。

（4）生态补偿与污染赔偿类型划分结果

根据研究确定的生态补偿与污染赔偿划分的原则和技术方法，对河南省辖流域内的生态补偿与污染赔偿的类型进行划分，其划分结果为跨界污染赔偿类型考核断面共35个，有水质功能的生态补偿类型考核断面共15个，饮用水水源地生态补偿类型的考核断面共2个。

1）跨界污染赔偿类型考核断面。河南省流域跨界污染赔偿类型考核断面为水质级别为Ⅴ类以上，即无水质功能的考核目标断面。结合表11-2内容，2008年河南省无水质功能跨界河流共涉及35个考核断面，其中海河流域8个，黄河流域7个，淮河流域20个，见表11-3。

表 11-3　跨界污染赔偿考核断面　　单位：mg/L

序号	监控断面	河流名称	流域名称	2008 年年均值		考核目标值		水功能区划目标值	
				COD	氨氮	COD	氨氮	COD	氨氮
1	中牟陈桥	贾鲁河	淮河	51.3	16.9	75	15	30	1.5
2	睢县板桥	惠济河	淮河	72.2	16	80	18	40	2
3	扶沟摆渡口	贾鲁河	淮河	34	13.5	60	13	30	1.5
4	睢县长岗	小蒋河	淮河	50.2	13.9	80	18	40	2
5	太康轩庄桥	铁底河	淮河	37.2	6.35	60	5	—	—
6	郭河村桥	小温河	淮河	48.5	17.6	60	5	—	—
7	舞钢石庄桥	八里河	淮河	104	0.79	150	5	30	1.5
8	临颍高村桥	清濮河	淮河	65.7	4.29	70	10	30	1.5
9	郾城漯邓桥	黑河	淮河	86.6	6.85	100	10	40	2
10	舞阳栗园桥	三里河	淮河	86	6.3	110	12	30	1.5
11	柘城砖桥	惠济河	淮河	37.4	12	60	15	30	1.5
12	永城马桥	包河	淮河	43.2	6.12	55	8	40	2
13	鹿邑东孙营	惠济河	淮河	31.3	10.9	60	15	30	1.5
14	西华大王庄	贾鲁河	淮河	33.3	13.4	55	12	30	1.5
15	郸城杨楼闸	洺河	淮河	29.7	9.02	90	12	—	—
16	舞阳马湾	沙河	淮河	18.39	1.60	30	5	20	1
17	睢阳包公庙	大沙河	淮河	32.68	0.26	50	2	40	2
18	西华址坊	颍河	淮河	22.73	3.98	40	4	30	1.5
19	新郑黄甫寨	双洎河	淮河	45.36	4.49	40	5	30	1.5
20	永城黄口	浍河	淮河	26.30	0.35	50	1.5	30	1.5
21	濮阳大韩桥	金堤河	海河	104	3.05	120	10	30	1.5
22	南乐元村集	卫河	海河	52	4.5	100	12	40	2
23	汤阴五陵	卫河	海河	73.8	7.18	100	12	40	2
24	卫辉皇甫	卫河	海河	61.2	5.66	100	12	40	2
25	卫辉下马营	共产主义渠	海河	99.1	8.82	100	12	40	2
26	滑县黄塔桥	西柳清河	海河	166	8.7	120	10	30	1.5
27	修武水文站	大沙河	海河	37.2	4.36	60	10	30	1.5
28	获嘉东碑村	共产主义渠	海河	87.3	4.76	100	12	40	2
29	台前贾垓桥	金堤河	海河	52.4	1.85	120	10	30	1.5
30	大名龙王庙	马颊河	海河	56.7	6.53	90	12	40	2
31	南乐水文站	马颊河	海河	31.54	5.12	40	12	30	1.5
32	滑县孔村桥	黄庄河	黄河	55.5	5.35	100	10	30	1.5
33	武陟渠首	沁河	黄河	35.9	1.85	60	8	30	1.5
34	温县汜水滩	蟒河	黄河	61	7.17	90	10	40	2
35	济源南官庄	蟒河	黄河	25.4	6.76	50	12	20	1

2）有水质功能的跨界河流生态补偿类型考核断面。河南省有水质功能的跨界河流生态补偿类型考核断面为水质级别在Ⅳ～Ⅴ类或水质级别在Ⅰ～Ⅲ类但未被划定为饮用水水源地的跨界河流的考核目标断面，见表 11-4。

表 11-4 有水质功能的跨界河流生态补偿类型考核断面 单位：mg/L

序号	断面名称	河流名称	流域名称	类别	2008 年年均值		2008 年目标值		水功能区划目标值	
					COD	氨氮	COD	氨氮	COD	氨氮
1	淮滨水文站	淮河干流	淮河	跨省界	14.05	0.33	20	1	20	1
2	渑池吴庄	涧河	黄河	跨市界	15.76	0.51	20	1	20	1
3	新野梅湾	唐河	长江	跨省界	10.85	0.56	20	1.5	20	1
4	通许邸阁	涡河	淮河	跨市界	23.72	2.70	30	1.5	30	1.5
5	永城张桥	沱河	淮河	跨省界	20.36	0.28	30	1.5	20	1
6	沈丘李坟	泉河	淮河	跨省界	20.38	2.65	30	1.5	30	1.5
7	鹿邑付桥	涡河	淮河	跨省界	25.32	6.73	30	1.5	30	1.5
8	沈丘纸店	颍河	淮河	跨省界	21.76	2.97	30	1.5	30	1.5
9	新蔡班台	洪河	淮河	跨省界	15.81	0.39	30	1.5	30	1.5
10	伊洛汇合处	伊洛河	黄河	跨市界	20.75	1.33	30	2	20	1
11	巩义七里铺	伊洛河	黄河	—	19.58	1.23	30	2	20	1
12	汤河水库	汤河	海河	跨市界	21.02	0.99	30	2	20	1
13	新野新甸铺	白河	长江	跨省界	20.04	1.74	30	2	20	1
14	濮阳渠村桥	天然文岩渠	黄河	跨省界	17.70	0.25	40	2	30	1.5
15	白沙水库	颍河	淮河	跨市界	13.7	0.23	15	1.5	15	0.5

3）跨界饮用水水源地生态补偿类型考核断面。河南省跨界饮用水水源地生态补偿类型考核断面为水质功能区划在Ⅰ～Ⅲ类，且已被划定为跨界饮用水水源地或饮用水水源保护区或者向下游饮用水水源地或保护区提供水源的河流考核目标断面，见表 11-5。

表 11-5 跨界饮用水水源地生态补偿类型考核断面 单位：mg/L

河流名称	流域名称	省辖市	断面名称	控制河段	水功能区划目标值	
					COD	氨氮
澧河	淮河	平顶山（上游）	叶舞公路桥	平舞铁路桥—叶舞县界	15	0.5
		漯河市（下游）	饮用水水源地			
淇河	海河	安阳（上游）	林州黄花营	河口—林州黄花营	15	0.5
		鹤壁市（下游）	饮用水水源地			

4）河南省四大流域生态补偿考核断面变化情况。由于河南省四大流域 2008 年各考核断面资料较为齐全，因此研究主要以河南省 2008 年四大流域 52 个考核断面为基础进行了类型划分。通过调查，2009 年河南省对省辖四大流域目标考核断面进行了部分调整。四大流域责任目标考核断面由 2008 年的 52 个增加为 57 个，同时对部分断面的考核目标也进行了调整。

依据 2009 年调整过的四大流域目标考核断面，2009 年跨界污染赔偿考核断面减少了舞阳马湾断面，新增了浚县柴湾、浚县王湾、西华程湾、郾陵陶城闸断面；有水质功能跨界河流考核断面增加了舞阳马湾断面和临颍吴刘闸断面；跨界饮用水水源地生态补偿断面没有发生变化。2009 年河南省四大流域污染赔偿与生态补偿类型划分见表 11-6 至表 11-8。

表 11-6　2009 年跨界污染赔偿考核断面　　单位：mg/L

序号	监控断面	河流名称	流域名称	考核目标值		水功能区划目标值	
				COD	氨氮	COD	氨氮
1	中牟陈桥	贾鲁河	淮河	60	12	30	1.5
2	睢县板桥	惠济河	淮河	70	12	40	2
3	扶沟摆渡口	贾鲁河	淮河	55	11	30	1.5
4	睢县长岗	小蒋河	淮河	70	12	40	2
5	太康轩庄桥	铁底河	淮河	50	5	—	—
6	郭河村桥	小温河	淮河	50	5	—	—
7	舞钢石庄桥	八里河	淮河	120	5	30	1.5
8	临颍高村桥	清潩河	淮河	70	6	30	1.5
9	鄢陵陶城闸	清潩河	淮河	50	4	30	1.5
10	西华程湾	沙河	淮河	30	4	30	1.5
11	郾城漯邓桥	黑河	淮河	85	7	40	2
12	舞阳栗园桥	三里河	淮河	90	7	30	1.5
13	柘城砖桥	惠济河	淮河	55	10	30	1.5
14	永城马桥	包河	淮河	50	7	40	2
15	鹿邑东孙营	惠济河	淮河	50	11	30	1.5
16	西华大王庄	贾鲁河	淮河	50	10	30	1.5
17	郸城杨楼闸	洺河	淮河	70	11	—	—
18	睢阳包公庙	大沙河	淮河	50	1.5	40	2
19	西华址坊	颍河	淮河	30	4	30	1.5
20	新郑黄甫寨	双洎河	淮河	35	3	30	1.5
21	永城黄口	浍河	淮河	50	1.5	30	1.5
22	濮阳大韩桥	金堤河	海河	90	8	30	1.5
23	浚县柴湾	卫河	海河	80	8	40	2
24	浚县王湾	卫河	海河	80	8	40	2
25	南乐元村集	卫河	海河	75	8	40	2
26	汤阴五陵	卫河	海河	75	8	40	2
27	卫辉皇甫	卫河	海河	80	8	40	2
28	卫辉下马营	共产主义渠	海河	80	8	40	2
29	滑县黄塔桥	西柳清河	海河	90	8	30	1.5
30	修武水文站	大沙河	海河	40	8	30	1.5
31	获嘉东碑村	共产主义渠	海河	80	8	40	2
32	台前贾垓桥	金堤河	海河	90	8	30	1.5
33	大名龙王庙	马颊河	海河	70	8	40	2
34	南乐水文站	马颊河	海河	30	10	30	1.5
35	滑县孔村桥	黄庄河	黄河	80	8	30	1.5
36	武陟渠首	沁河	黄河	50	5	30	1.5
37	温县汜水滩	蟒河	黄河	70	8	40	2
38	济源南官庄	蟒河	黄河	40	8	20	1

表 11-7　2009 年有水质功能的跨界河流生态补偿类型考核断面　　单位：mg/L

序号	断面名称	河流名称	流域名称	类别	2009 年考核目标值		水功能区划目标值	
					COD	氨氮	COD	氨氮
1	淮滨水文站	淮河干流	淮河	跨省界	20	1	20	1
2	渑池吴庄	涧河	黄河	跨市界	20	1	20	1
3	新野梅湾	唐河	长江	跨省界	20	1	20	1
4	通许邸阁	涡河	淮河	跨市界	30	1.5	30	1.5
5	永城张桥	沱河	淮河	跨省界	30	1.5	20	1
6	沈丘李坟	泉河	淮河	跨省界	30	1.5	30	1.5
7	鹿邑付桥	涡河	淮河	跨省界	30	1.5	30	1.5
8	沈丘纸店	颍河	淮河	跨省界	30	1.5	30	1.5
9	新蔡班台	洪河	淮河	跨省界	30	1.5	30	1.5
10	伊洛汇合处	伊洛河	黄河	跨市界	30	2	20	1
11	巩义七里铺	伊洛河	黄河	—	30	1.5	20	1
12	汤河水库	汤河	海河	跨市界	30	2	20	1
13	新野新甸铺	白河	长江	跨省界	30	1.5	20	1
14	濮阳渠村桥	天然文岩渠	黄河	跨省界	30	1.5	30	1.5
15	白沙水库	颍河	淮河	跨市界	15	1.5	15	0.5
16	临颍吴刘闸	颍河	淮河	跨市界	30	1.5	30	1.5
17	舞阳马湾	沙河	淮河	跨市界	30	2	20	1

表 11-8　2009 年跨界饮用水水源地生态补偿类型考核断面　　单位：mg/L

河流名称	流域名称	省辖市	断面名称	控制河段	水功能区划目标值	
					COD	氨氮
澧河	淮河	平顶山（上游）	叶舞公路桥	平舞铁路桥—叶舞县界	15	0.5
		漯河市（下游）	饮用水水源地			
淇河	海河	安阳（上游）	林州黄花营	河口—林州黄花营	15	0.5
		鹤壁市（下游）	饮用水水源地			

5）研究结论。研究采用基于流域考核目标划分生态补偿与污染赔偿类型的技术方法，并据此对河南省辖流域生态补偿与污染赔偿类型进行划分，得出如下验证研究结论：

❖ 基于流域考核目标划分生态补偿与污染赔偿类型的技术方法适用于实施环保责任目标考核制度的区域，有利于生态补偿机制政策与现行环保责任目标考核制度的有机衔接，有利于生态补偿机制的实施及推广；

- ❖ 基于流域考核目标划分生态补偿与污染赔偿类型的技术方法适用于省内跨市或市内跨县（区）行政区的应用，有利于责任主体的划分和补偿主客体的确定；
- ❖ 基于流域考核目标划分生态补偿与污染赔偿类型的技术方法是在基于流域尺度和基于流域突出的环境和发展问题生态补偿与污染赔偿类型划分方法上的进一步深入和细化，更具有可操作性和实用性；
- ❖ 基于流域考核目标划分生态补偿与污染赔偿类型的技术方法具有动态性，对当地政府有一定的激励作用。

11.2.2.2　责任主体的划分

（1）生态补偿责任主体划分原则

河南省流域生态补偿的责任主体应是以流域上下游的行政区政府为主导，同时在当地政府的指导下，上下游行政区利益相关企业和个人应当分别承担相应的生态补偿及污染赔偿责任。本次河南省流域生态补偿责任主体划分主要依据以下原则：

1）污染者付费原则。即让生态环境污染者和破坏者支付相应的费用，使流域生态环境建设与环境保护转变为投入与收益对称的经济行为。

2）保护者受益原则。即让流域环境保护者所付出的代价得到公平的补偿，从而使环境保护产品变为经济效应，激励流域人民更好地保护流域生态环境。

3）受益者付费原则。即流域内全部受益者按照一定分摊机制对环境服务功能提供者支付相应的费用，以体现谁受益谁付费，共同保护流域水生态环境。

4）因地制宜原则。即流域生态补偿机制在进行责任主体界定时，应密切结合流域涉及的各行政区的水环境状况、经济支付能力等内容，使实施方案切实可行。

5）公平、公正原则。即在对流域内各个行政区的水环境状况充分调研的基础上，合理界定责任主体，真正明确生态补偿利益相关者的责、权、利统一，做到奖惩分明。

（2）生态补偿责任主体划分结果

结合流域生态补偿考核断面的确定情况，研究确定河南省跨界饮用水水源地生态补偿类型河流的责任主体和对象划分见表 11-9，有水质功能的跨界河流生态责任主体和对象划分见表 11-10，无水质功能的跨界河流生态责任主体和对象划分见表 11-11。

表 11-9　跨界饮用水水源地生态补偿类型责任主体和对象划分

序号	断面名称	河段名称	流域名称	控制范围	补偿客体	责任主体
1	叶舞公路桥	澧河	淮河	平舞铁路桥—叶舞县界	平顶山	漯河
2	林州黄花营	淇河	海河	河口—林州黄花营	安阳	鹤壁

表 11-10　有水质功能的跨界河流生态补偿类型责任主体和对象划分

序号	断面名称	河流名称	流域名称	补偿客体	责任主体
1	淮滨水文站	淮河干流	淮河	跨省界（信阳）	—
2	渑池吴庄	涧河	黄河	三门峡	洛阳
3	新野梅湾	唐河	长江	跨省界（南阳）	—
4	通许邸阁	涡河	淮河	开封	周口
5	永城张桥	沱河	淮河	跨省界（商丘）	—
6	沈丘李坟	泉河	淮河	跨省界（周口）	—
7	鹿邑付桥	涡河	淮河	跨省界（周口）	—
8	沈丘纸店	颍河	淮河	跨省界（周口）	—
9	新蔡班台	洪河	淮河	跨省界（驻马店）	—
10	伊洛汇合处	伊洛河	黄河	洛阳	郑州
11	巩义七里铺	伊洛河	黄河	—	郑州
12	汤河水库	汤河	海河	鹤壁	安阳
13	新野新甸铺	白河	长江	跨省界（南阳）	—
14	濮阳渠村桥	天然文岩渠	黄河	—	新乡
15	白沙水库	颍河	淮河	郑州	许昌

表 11-11　无水质功能的跨界生态责任主体和补偿客体划分

序号	监控断面	河流名称	流域名称	补偿客体	责任主体
1	中牟陈桥	贾鲁河	淮河	开封	郑州
2	睢县板桥	惠济河	淮河	商丘	开封
3	扶沟摆渡口	贾鲁河	淮河	周口	开封
4	睢县长岗	小蒋河	淮河	商丘	开封
5	太康轩庄桥	铁底河	淮河	周口	开封
6	郭河村桥	小温河	淮河	商丘	开封
7	舞钢石庄桥	八里河	淮河	漯河	平顶山
8	舞阳马湾	沙河	淮河	漯河	平顶山
9	濮阳大韩桥	金堤河	海河	鹤壁	安阳
10	南乐元村集	卫河	海河	鹤壁	安阳
11	汤阴五陵	卫河	海河	安阳	鹤壁
12	卫辉皇甫	卫河	海河	鹤壁	新乡
13	卫辉下马营	共产主义渠	海河	鹤壁	新乡
14	滑县孔村桥	黄庄河	黄河	安阳	新乡
15	滑县黄塔桥	西柳清河	海河	安阳	新乡
16	武陟渠首	沁河	黄河	—	焦作
17	温县汜水滩	蟒河	黄河	—	焦作
18	修武水文站	大沙河	海河	新乡	焦作
19	获嘉东碑村	共产主义渠	海河	新乡	焦作
20	济源南官庄	蟒河	黄河	焦作	济源

序号	监控断面	河流名称	流域名称	补偿客体	责任主体
21	台前贾垓桥	金堤河	海河	跨省界（濮阳）	—
22	大名龙王庙	马颊河	海河	跨省界（濮阳）	—
23	临颍高村桥	清潩河	淮河	漯河	许昌
24	郾城漯邓桥	黑河	淮河	漯河	—
25	舞阳栗园桥	三里河	淮河	漯河	—
26	柘城砖桥	惠济河	淮河	周口	商丘
27	永城马桥	包河	淮河	跨省界（商丘）	—
28	鹿邑东孙营	惠济河	淮河	跨省界（周口）	—
29	西华大王庄	贾鲁河	淮河	周口	—
30	郸城杨楼闸	洺河	淮河	跨省界（周口）	—
31	睢阳包公庙	大沙河	淮河	周口	商丘
32	南乐水文站	马颊河	海河	跨省界（濮阳）	—
33	西华址坊	颍河	淮河	周口	漯河
34	新郑黄甫寨	双洎河	淮河	许昌	郑州
35	永城黄口	浍河	淮河	跨省界（商丘）	—

11.2.3　流域生态环境补偿框架

11.2.3.1　总体思路

河南省辖流域建立生态补偿与污染赔偿机制的目的是：在分析流域水环境特征的基础上，划分不同流域不同行政区域的生态补偿与污染赔偿的类型，依据“谁污染，谁补偿；谁受益，谁补偿；谁保护，谁受益”的原则，进一步明确界定生态补偿与污染赔偿责任主体之间的关系，在当地政府的指导下，上下游行政区利益相关的企业和个人公平分担流域生态补偿责任和水环境保护责任，有效解决流域经济发展与水生态环境的矛盾，保证流域水资源的可持续利用，从而促进流域上下游地区社会经济的可持续发展。

在明确界定生态补偿与污染赔偿责任主体的基础上，科学合理的生态补偿和污染赔偿标准的制定是各个相关责任主体公平分担流域水生态环境保护的重要基础。由于河南省辖流域试点范围内社会经济发展水平的地区差异较大，因此，流域生态补偿与污染赔偿标准的制定将充分考虑流域上下游各相关责任主体的责任及经济承受能力，因地制宜地选择不同的补偿方式与途径实施生态补偿与污染赔偿机制。

11.2.3.2　基本原则

（1）污染者付费原则

“污染者付费原则”将具有很强外部经济效应活动的流域生态环境保护行为内部化，让生态环境污染者和破坏者支付相应的费用，使流域生态环境建设与环境保护不再停留在政府的强制性行为上，而是转变为投入与收益对称的经济行为。

（2）保护者受益原则

“保护者受益原则”是针对流域环境保护者的原则，因为流域环境保护具有很强的外部经济效应，让流域环境保护者所付出的代价得到公平的补偿，从而避免“搭便车”行为，使环境保护产品变为经济效应，激励流域人民更好地保护流域生态环境。

（3）受益者付费原则

“受益者付费原则”是指流域内全部受益者按照一定分摊机制对环境服务功能提供者支付相应的费用，以体现谁受益谁付费，共同保护流域水生态环境。

（4）因地制宜原则

“因地制宜原则”是流域生态补偿与污染赔偿机制试点方案的研究充分考虑河南省人口众多、经济发展水平低、空间差异较大的背景，在进行责任主体界定、补偿测算标准等关键问题时，要体现差异性，密切结合流域内各个试点范围涉及的行政区的水环境状况，经济支付能力等内容，以使试点方案切实可行。

（5）公平、公正原则

“公平、公正原则”是指在对流域内各个行政区的水环境状况充分调研的基础上，分析目前存在的问题，合理界定责任主体、科学研究生态补偿与污染赔偿的计算方法、生态补偿程序以及监督机制等相关内容，真正明确生态补偿与污染赔偿利益相关者的责、权、利，做到奖惩分明。

11.2.3.3 污染物指标选择

河南省辖流域水污染主要来自于生活污水和工业废水，主要污染因子为 COD 和氨氮，在污染物控制及总量控制中主要控制因子为 COD 和氨氮。“十一五”期间，河南省人民政府与各地市签订的政府责任目标书中确定的责任目标考核指标为 COD 和氨氮，没有对重金属、磷等污染因子进行控制，所以重金属、磷等污染因子在本次试点方案中未予考虑。

因此，河南省辖流域生态补偿与污染赔偿污染物指标拟选择为 COD 和氨氮。

11.2.4 流域生态环境补偿标准核算

11.2.4.1 基于污染治理成本的流域污染赔偿标准核算

（1）标准核算技术路线

首先通过方法筛选，确定基于聚类分析的污染治理成本表征法为污染赔偿标准确定的方法，结合河南省实际情况，选择河南省城市污水处理厂运行数据作为研究对象。利用聚类分析原理，研究进水 COD 浓度与污水治理成本之间的曲线关系，结合河南省水质情况，根据污水处理厂数据分析的结果（即进水 COD 浓度与污水治理成本的曲线关系）确定河南省污水治理成本。最终，利用污染物处理效益这一概念，大致确定污染赔偿因子 COD 和氨氮占污水处理成本的比例，进而确定各因子赔偿标准。

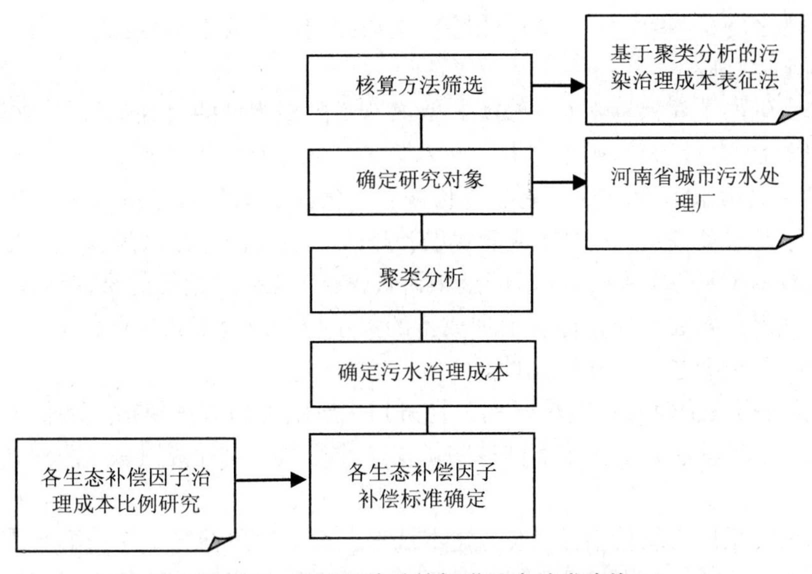

图 11-7　流域污染赔偿标准研究技术路线

（2）基于污染治理成本的流域污染赔偿标准核算方法筛选

当上游对下游造成污染时，由于区域内流域污染排放超过了相应的跨界断面水质考核标准，不仅提高了下游地区的治理费用，还可能对下游直接造成经济损失，产生负的外部效应，因此上游地区对下游地区的赔偿可依据下游地区的超标治污成本或对下游造成损害的经济损失进行核算。

据此流域污染赔偿标准确定方法包括两种：污染治理成本表征法和经济损失价值表征法。本研究将对比分析这两种赔偿标准的确定方法，并筛选出适合于流域污染赔偿的方法。

1）污染治理成本研究。目前刘晓红等采用污水治理成本法研究污染赔偿标准，其基于计量经济学原理，根据中国 26 个城镇污水处理厂的成本数据，通过最小二乘法估算治理总成本或直接成本，建立了以进水污染物浓度为变量的治理总成本或治理直接成本模型，其方程式为：

$$Y = a\mathrm{e}^{-bx}$$

式中，Y——治理 10 mg 污染物的总成本或直接成本；

x——污染物含量；

a、b——待定参数。

另外，对城镇污水处理厂治理总成本或直接成本进行模型研究中，一般主要研究治理总成本或直接成本与 COD 和氨氮两种污染物的相互关系。其中，北京城市排水集团对北京、广州、成都、无锡等地的 11 个污水处理厂进行调研，通过对这 11 家污水处理厂 2～3 年的数据分析认为：①处理水量与污染物削减量之间不存在明显的相关性。②当只需要去除有机物时，应采用 COD 削减成本确定运行成本。削减 COD

负荷与成本之间呈乘幂关系。③当去除有机物的同时需要去除氨氮时，应采用氨氮削减成本确定运行成本。

清华大学的王佳伟等在对 COD 和氨氮总量削减模型的研究中，以 COD 和氨氮总量削减所需的电耗为基础，建立了污水处理厂的运行成本模型。

由目前对污水治理成本研究的现状来看，虽然我国学者已进行了许多有益的探索，但对于污水处理厂内 COD 或氨氮的治理成本研究仍存在着问题。一是污水处理厂内样本数据不足，从地域上、时间上来讲代表性不强；二是目前研究结果差异较大。对于污水处理厂相关水质指标与治理成本的关系模型研究形式多样，没有形成相对统一的模型，各模型之间不具可比性。

2）经济损失价值评估方法研究。经济损失价值评估方法包括市场价值法、人力资本法、影子工程法、机会成本法、防护支出费用法、旅行费用法、医疗费用法、支付意愿法等。

吴迪梅等采用市场价值法、人力资本法和工程费用法估算了污水灌溉带来的土壤污染、地下水污染、作物产量影响与品质污染、人群健康影响及防止环境污染而额外增加的环境防护费用。核算结果表明，2000 年河北省污水灌溉造成的环境污染经济损失总价值为 7.37 亿元。

王亚华等采用影子价格法估算的海河流域经济损失（767.03 亿元）相当于流域 GDP 的 7.3%；利用边际机会成本法估算的海河流域经济损失（66.57 亿元）相当于流域 GDP 的 0.63%，海河流域现状水生态环境恶化造成的经济损失值处在历史最高峰期。

王艳等采用恢复费用法估算山东省 1997—1999 年水污染损失，造成的经济损失分别为 41.04 亿元、30.51 亿元、55.51 亿元，占当年全省 GDP 的 0.43%～0.72%。

宋赪等采用市场价值法、修正人力资本法和工程费用法对 2002 年西安市大气污染、水污染和固体废弃物污染造成的经济损失进行测算评估，2002 年西安市因环境污染造成的直接经济损失高达 7.3 亿元。

由目前研究现状可看出，采用不同方法对经济损失价值评估的结果虽有差别，但总体来看其额度均较大。若以其为依据确定补偿标准，在当前阶段还不合适，测算结果远超出个人或政府的承受能力范围，因此暂不宜将其作为确定生态补偿标准的方法。

3）流域生态补偿标准方法筛选。流域水污染经济损失需及时、公正地评估，才能作为流域生态补偿的基础，但从理论上来讲其不能较真实地反映污染损失情况。尤其是当发生流域跨区水污染事件时，突发性及偶然性使得水污染经济损失估算更加困难，而且估算额度较大，政府的财政支付能力有限，难以实行。

污染治理成本更具有可行性与操作性：①赔偿标准测算较准确。通过收集城市污水处理厂的数据，可以较准确地测算超标排放污染物如 COD、氨氮等的治理成本。②赔偿金额相对公平，便于各方接受。

因此本研究采用污染治理成本法确定赔偿标准。针对目前研究存在的问题，将在已有研究的基础上，加强样本数据的收集与筛选，综合考虑污水处理厂水质、水量与污水处理成本关系。该方法的应用建立在对污水处理厂数据的收集、整理、聚类分析的基础上，因此本研究提出基于聚类分析的污染治理成本表征法作为流域污染赔偿标准确定的方法。

（3）研究对象

通过对城市污水处理厂运行情况研究分析，可确定污染治理成本。选择城市污水处理厂运行数据作为污染治理成本研究的对象，一是由于运行数据具有代表性，能够体现河南省污水治理成本。据统计，2009 年河南省省辖市城市污水处理率达 75%左右，大部分的居民生活污水及部分工业废水进入城市污水处理厂进行处理，而且城市污水处理厂进水水质、水量相对较为稳定。二是可操作性较强。根据河南省城市污水处理厂运行数据确定污染治理成本，并在此基础上确定污染赔偿标准，符合河南省实际情况，标准容易被接受，可操作性较强。

根据污水处理厂运行情况，课题组收集了河南省 125 座城市污水处理厂 2008 年的运行数据，包括进水 COD 浓度（mg/L）、出水 COD 浓度（mg/L）、污水处理量（m^3/a）、年运行费用（万元）等。样本厂共涉及河南省 18 个省辖市 122 个县（区），其中新郑市、安阳市文峰区、许昌市魏都区、禹州市均建有两座污水处理厂。

河南省污水处理厂中奥贝尔氧化沟、卡鲁赛尔氧化沟、A^2/O 脱氮除磷工艺分别位于二级生物处理工艺的前三位。从数量上看，这三种工艺的污水处理厂占全省污水处理厂个数的 79.07%；从处理规模上看，这三种工艺的污水处理厂占全省污水处理规模的 66.26%。由此可见，这三种二级生物处理工艺是河南省城镇污水处理厂采用的主要工艺。

（4）基于聚类分析法的污染治理成本曲线研究

在污水处理过程中，COD 和氨氮同时得到削减。在不同处理阶段，COD 和氨氮的去除率不同，在生物池中随溶解氧量的改变起主要作用的微生物群也随之改变，削减 COD 和氨氮的微生物之间存在协同或抑制作用，同时有机氮、氨氮、硝态氮在污水处理的不同阶段存在相互转化现象，较难区分 COD 和氨氮的治理成本。因此本书选择污水处理行业的代表性指标 COD 来确定污水治理成本。

根据对河南省城市污水处理厂数据分析，在收集的 125 个污水处理厂中，121 个污水处理厂的 COD 去除率在 70%以上，其中 COD 去除率在 70%～80%之间的污水处理厂有 17 个，在 80%～90%之间的污水处理厂有 92 个，90%以上的污水处理厂有 12 个，即河南省污水处理厂 COD 去除率主要集中在 70%以上，由此可知该部分数据具有较强的代表性。在这 121 个污水处理厂中有 1 个污水处理厂进水 COD 浓度为 960 mg/L，因不具普遍性，将其剔除掉。因此，选择去除效率在 70%以上的其中 120 个污水处理厂作为研究的对象。

污水处理厂的处理规模不尽相同，污水处理成本也存在差异。经对初步选择的 120 个污水处理厂污水处理规模与治理成本研究可知，其基本符合“污水处理规模越大，单位治理成本相对越低；处理规模越小，单位治理成本相对越高”的规律。据此，筛选掉 3 个较为异常的数据，则样本数据剩余 117 个。筛选掉的 3 个异常数据与选用的 117 个样本数据如图 11-8 所示。

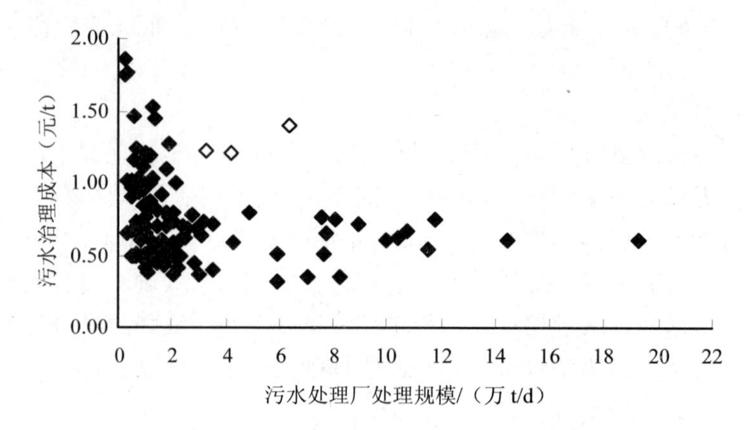

注：“◇”表示剔除的样本数据；“◆”表示选用的样本数据。

图 11-8　河南省污水处理厂处理规模与治理成本散点图

选用的样本厂进水 COD 质量浓度范围为 136～650 mg/L，为便于分析，采用聚类分析法，将选用的 117 个污水处理厂进水 COD 质量浓度按每隔 30 mg/L 进行分组。由于进水 COD 质量浓度在 370 mg/L 以上的污水处理厂数据较为分散，若仍按进水 COD 质量浓度每隔 30 mg/L 分组，则会出现分组不连贯现象，且各组数据较少，因此将进水 COD 质量浓度为 370 mg/L 以上的污水处理厂数据（共 12 个）分为一组。在每组数据中取其 COD 质量浓度降低 1 mg/L 的平均运行成本与进水 COD 质量浓度中位值（其中最后一组数据中位值根据该组数据进水 COD 质量浓度的均值确定）建立数据表，见表 11-12。

表 11-12　1 t 水中 COD 质量浓度每下降 1 mg/L 的平均成本

序号	进水 COD 质量浓度/（mg/L）	COD 质量浓度中位值/（mg/L）	1 t 水中 COD 质量浓度每下降 1 mg/L 平均成本/（元/g）
1	130～160	145	0.005 406
2	160～190	175	0.005 114
3	190～220	205	0.003 329
4	220～250	235	0.004 081
5	250～280	265	0.003 305
6	280～310	295	0.003 039
7	310～340	325	0.003 047
8	340～370	355	0.002 538
9	370 以上	491	0.001 569

根据表 11-12 中 COD 质量浓度中位值与 1 t 水 COD 质量浓度每下降 1 mg/L 的平均成本，以 COD 质量浓度中位值数据为横坐标，1 t 水 COD 质量浓度每下降 1 mg/L 的平均成本为纵坐标，做出其趋势线，如图 11-9 所示。由图可知，拟合曲线方程为

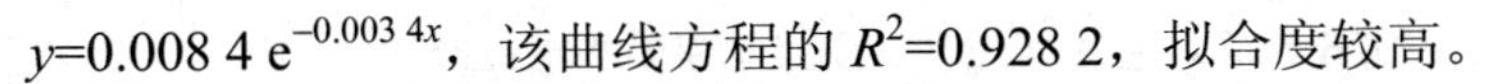
y=0.008 4 $e^{-0.003\,4x}$，该曲线方程的 R^2=0.928 2，拟合度较高。

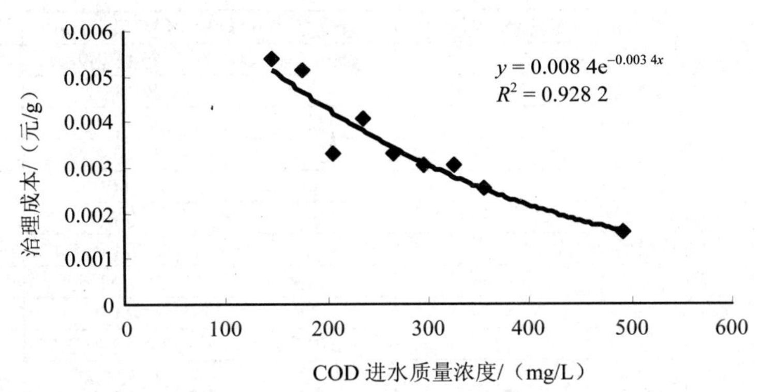

图 11-9　COD 进水质量浓度与治理成本的关系

（5）污染治理成本表征法确定标准

根据流域污染赔偿的含义，上游污染增加下游地区的治理成本，上游应对下游地区赔偿。由此污染赔偿标准可利用治理成本曲线，计算劣 V 类水水质改善到目标水质时的成本作为虚拟治理成本，然后依据核算出的 COD 治理成本与氨氮治理成本的比例，得到 COD 和氨氮的治理成本，并以此表征污染赔偿标准。

1）污水虚拟治理成本。关于 COD 进水质量浓度与污水治理成本的曲线方程为：

$$y = 0.008\,4\, e^{-0.003\,4x}$$

式中，x ——COD 进水质量浓度，mg/L；

y ——治理成本，元。

以劣 V 类水水质改善到有水质功能水质的虚拟治理成本作为确定标准的依据，计算公式：

$$S = Q\times（C-C_0）\times S'$$

式中，S——污水治理成本；

Q——劣 V 类水水质断面水量；

C——劣 V 类水水质断面现状水质；

C_0——劣 V 类水水质断面目标水质；

S'——单位污水治理成本。

❖　劣 V 类水水质监测断面水量。

断面水量数据可通过河南省水文水资源局监测的数据得到，但对于河南省来说，并不是每个水质监测断面附近均有水文站或附近水文站均能提供可利用的数据，因此根据水质监测断面情况分别确定水量。

通过对比河南省劣 V 类水水质监测断面与河南省水文水资源局设置的水文站站点所属流域、所属乡镇、经纬度等，确定有效反映水质监测断面水量数据的水文站有 20 个，见表 11-13。根据水文站监测的流量，计算得到该断面 2008 年的径流量。

表 11-13　2008 年河南省劣 V 类水水质监测断面水量数据

被考核城市	监控断面	废水排放量/万 t	年均流量/(m^3/s)	径流量/万 m^3	断面水量/万 t
郑州	中牟陈桥	—	17.4	55 022.98	55 022.98
	新郑黄甫寨	—	2.8	8 854.27	8 854.27
开封	睢县板桥	—	8.81	27 859.33	27 859.33
	扶沟摆渡口	—	23.85	75 419.42	75 419.42
	睢县长岗*	603	—	0.00	603.00
	太康轩庄桥*	172	—	0.00	172.00
	郭河村桥*	86	—	0.00	86.00
平顶山	舞阳马湾	—	3.4	10 751.62	10 751.62
	舞钢石庄桥*	712	—	0.00	712.00
安阳	南乐元村集	—	29.83	94 329.62	94 329.62
	濮阳大韩桥	—	2	6 324.48	6 324.48
鹤壁	汤阴五陵	—	21.1	66 723.26	66 723.26
新乡	滑县孔村桥*	961	—	0.00	961.00
	卫辉皇甫	—	0.35	1 106.78	1 106.78
	卫辉下马营	—	11.24	35 543.58	35 543.58
	滑县黄塔桥*	746	—	0.00	746.00
焦作	修武水文站	—	4.48	14 154.59	14 154.59
	武陟渠首	—	4.48	14 154.59	14 154.59
	获嘉东碑村*	15 513	—	0.00	15 513.00
	温县汜水滩	6 756	1.73	5 470.68	12 226.68
济源	济源南官庄	—	1.73	5 456.56	5 456.56
濮阳	南乐水文站	—	0	0.00	0.00
	大名龙王庙	—	29.83	94 320.30	94 320.30
	台前贾垓桥	—	4.00	12 641.51	12 641.51
许昌	临颍高村桥	—	18	56 920.32	56 920.32
漯河	郾城漯邓桥*	5 510	—	0.00	5 510.00
	舞阳栗园桥*	2 602	—	0.00	2 602.00
	西华址坊	1 574	18	56 920.32	58 494.32
商丘	柘城砖桥	—	6.63	20 965.65	20 965.65
	永城黄口	—	4.11	12 996.81	12 996.81
	永城马桥*	4 506	—	0.00	4 506.00
	睢阳包公庙*	3 022	—	0.00	3 022.00
周口	鹿邑东孙营	—	6.63	20 965.65	20 965.65
	西华大王庄	439	23.85	75 419.42	75 858.42
	郸城杨楼闸*	1 410	—	0.00	1 410.00
合计					816 933.75

数据来源：《水利统计年鉴》、河南省环境统计数据。

注：*表示使用第二种方法确定流量数据的断面。

对于附近没有水文站或水文站数据不能代表该水质监测断面的流量数据的断面，其流量数据可根据实际情况采用两种方法确定。第一种方法是在上游断面水量数据的基础上加上该区域废水排放量作为下游断面的流量数据；第二种方法是对于无天然径流的河流，直接采用监测断面汇水区内的废水量作为该断面的流量数据。

如表 11-13 所示，根据第一种方法确定流量数据的断面有温县汜水滩、西华址坊、西华大王庄 3 个断面。其中温县汜水滩上游断面为济源南官庄，西华址坊上游断面为临颍高村桥，西华大王庄上游断面为扶沟摆渡口。

除此之外，根据第二种方法确定流量数据的断面有 12 个。

❖　劣 V 类水水质监测断面现状水质

河南省劣 V 类水质断面（责任目标值的化学需氧量质量浓度大于 40 mg/L、氨氮质量浓度大于 2.0 mg/L）2008 年水质数据见表 11-14。

表 11-14　2008 年河南省劣 V 类水水质监测断面现状水质　　单位：mg/L

考核城市	监控断面	断面水量/万 t	加权系数	COD 质量浓度年均值	氨氮质量浓度年均值	COD 质量浓度加权平均值	氨氮质量浓度加权平均值
郑州	中牟陈桥	55 022.98	0.067 4	51.3	16.9	3.46	1.14
	新郑黄甫寨	8 854.27	0.010 8	45.2	4.46	0.49	0.05
开封	睢县板桥	27 859.33	0.034 1	72.2	16	2.46	0.55
	扶沟摆渡口	75 419.42	0.092 3	34	13.5	3.14	1.25
	睢县长岗*	603.00	0.000 7	50.2	13.9	0.04	0.01
	太康轩庄桥*	172.00	0.000 2	37.2	6.35	0.01	0.00
	郭河村桥*	86.00	0.000 1	48.5	17.6	0.01	0.00
平顶山	舞阳马湾	10 751.62	0.013 2	18.2	1.69	0.24	0.02
	舞钢石庄桥*	712.00	0.000 9	104	0.79	0.09	0.00
安阳	南乐元村集	94 329.62	0.115 5	52	4.5	6.00	0.52
	濮阳大韩桥	6 324.48	0.007 7	104	3.05	0.81	0.02
鹤壁	汤阴五陵	66 723.26	0.081 7	73.8	7.18	6.03	0.59
新乡	滑县孔村桥*	961.00	0.001 2	55.5	5.35	0.07	0.01
	卫辉皇甫	1 106.78	0.001 4	61.2	5.66	0.08	0.01
	卫辉下马营	35 543.58	0.043 5	99.1	8.82	4.31	0.38
	滑县黄塔桥*	746.00	0.000 9	166	8.7	0.15	0.01
焦作	修武水文站	14 154.59	0.017 3	37.2	4.36	0.64	0.08
	武陟渠首	14 154.59	0.017 3	35.9	1.85	0.62	0.03
	获嘉东碑村*	15 513.00	0.019 0	87.3	4.76	1.66	0.09
	温县汜水滩	12 226.68	0.015 0	61	7.17	0.91	0.11
济源	济源南官庄	5 456.56	0.006 7	25.4	6.76	0.17	0.05
濮阳	南乐水文站	0.00	0.000 0	33.3	7.99	0.00	0.00
	大名龙王庙	94 320.30	0.115 5	56.7	6.53	6.55	0.75
	台前贾垓桥	12 641.51	0.015 5	52.4	1.85	0.81	0.03
许昌	临颍高村桥	56 920.32	0.069 7	65.7	4.29	4.58	0.30
漯河	郾城漯邓桥*	5 510.00	0.006 7	86.6	6.85	0.58	0.05
	舞阳栗园桥*	2 602.00	0.003 2	86	6.3	0.27	0.02
	西华址坊	58 494.32	0.071 6	22.6	3.93	1.62	0.28
商丘	柘城砖桥	20 965.65	0.025 7	37.4	12	0.96	0.31
	永城黄口	12 996.81	0.015 9	25.9	0.35	0.41	0.01
	永城马桥*	4 506.00	0.005 5	43.2	6.12	0.24	0.03
	睢阳包公庙*	3 022.00	0.003 7	32.7	0.26	0.12	0.00
周口	鹿邑东孙营	20 965.65	0.025 7	31.3	10.9	0.80	0.28
	西华大王庄	75 858.42	0.092 9	33.3	13.4	3.09	1.24
	郸城杨楼闸*	1 410.00	0.001 7	29.7	9.02	0.05	0.02
	合计	816 933.75	1.000 0	55.8	7.12	51.47	8.22

数据来源：《河南省 2008 年水质监测通报》。

注：*表示使用第二种方法确定流量数据的断面。

考虑到各断面流量不同，直接计算劣 V 类水质断面的平均值会与实际有偏差，因此采用加权平均的方法计算其平均值。计算公式：

$$C = \sum C_i \times P_i$$

式中，C——劣 V 类水质断面的加权平均浓度值；

C_i——各断面的水质监测值；

P_i——各断面的水质加权系数，根据各断面所在汇水区域的水量占劣 V 类水水质断面汇水区域水量的比例确定。

如表 11-14 所示，2008 年劣 V 类水水质监测断面 COD 年均值的加权平均值为 51.47 mg/L，氨氮年均值的加权平均值为 8.22 mg/L。

❖ 劣 V 类水水质监测断面水环境功能区划目标。

根据《河南省水环境功能区划》，河南省劣 V 类水质断面（责任目标值的化学需氧量质量浓度大于 40 mg/L、氨氮质量浓度大于 2.0 mg/L）水环境功能区划目标值见表 11-15。

表 11-15 河南省劣 V 类水水质监测断面水环境功能区划目标 单位：mg/L

考核城市	监控断面	断面水量/万 t	加权系数	COD 水功能区划目标值	氨氮水功能区划目标值	COD 水功能区划目标值加权平均值	氨氮水功能区划目标值加权平均值
郑州	中牟陈桥	55 022.98	0.067 4	30	1.5	2.02	0.10
	新郑黄甫寨	8 854.27	0.010 8	30	1.5	0.33	0.02
开封	睢县板桥	27 859.33	0.034 1	40	2	1.36	0.07
	扶沟摆渡口	75 419.42	0.092 3	30	1.5	2.77	0.14
	睢县长岗*	603.00	0.000 7	40	2	0.03	0.00
	太康轩庄桥*	172.00	0.000 2	—	—	0.00	0.00
	郭河村桥*	86.00	0.000 1	—	—	0.00	0.00
平顶山	舞阳马湾	10 751.62	0.013 2	20	1	0.26	0.01
	舞钢石庄桥*	712.00	0.000 9	30	1.5	0.03	0.00
安阳	南乐元村集	94 329.62	0.115 5	40	2	4.62	0.23
	濮阳大韩桥	6 324.48	0.007 7	30	1.5	0.23	0.01
鹤壁	汤阴五陵	66 723.26	0.081 7	40	2	3.27	0.16
新乡	滑县孔村桥*	961.00	0.001 2	30	1.5	0.04	0.00
	卫辉皇甫	1 106.78	0.001 4	40	2	0.05	0.00
	卫辉下马营	35 543.58	0.043 5	40	2	1.74	0.09
	滑县黄塔桥*	746.00	0.000 9	30	1.5	0.03	0.00
焦作	修武水文站	14 154.59	0.017 3	30	1.5	0.52	0.03
	武陟渠首	14 154.59	0.017 3	30	1.5	0.52	0.03
	获嘉东碑村*	15 513.00	0.019 0	40	2	0.76	0.04
	温县汜水滩	12 226.68	0.015 0	40	2	0.60	0.03
济源	济源南官庄	5 456.56	0.006 7	20	1	0.13	0.01

考核城市	监控断面	断面水量/万 t	加权系数	COD 水功能区划目标值	氨氮水功能区划目标值	COD 水功能区划目标值加权平均值	氨氮水功能区划目标值加权平均值
濮阳	南乐水文站	0.00	0.000 0	30	1.5	0.00	0.00
	大名龙王庙	94 320.30	0.115 5	40	2	4.62	0.23
	台前贾垓桥	12 641.51	0.015 5	30	1.5	0.46	0.02
许昌	临颍高村桥	56 920.32	0.069 7	30	1.5	2.09	0.10
漯河	郾城漯邓桥*	5 510.00	0.006 7	40	2	0.27	0.01
	舞阳栗园桥*	2 602.00	0.003 2	30	1.5	0.10	0.00
	西华址坊	58 494.32	0.071 6	30	1.5	2.15	0.11
商丘	柘城砖桥	20 965.65	0.025 7	30	1.5	0.77	0.04
	永城黄口	12 996.81	0.015 9	30	1.5	0.48	0.02
	永城马桥*	4 506.00	0.005 5	40	2	0.22	0.01
	睢阳包公庙*	3 022.00	0.003 7	40	2	0.15	0.01
周口	鹿邑东孙营	20 965.65	0.025 7	30	1.5	0.77	0.04
	西华大王庄	75 858.42	0.092 9	30	1.5	2.79	0.14
	郸城杨楼闸*	1 410.00	0.001 7	—	—		0.00
合计		816 933.75	1.000 0	33.13	1.66	34.16	1.71

数据来源：《河南省水环境功能区划》。

注：*表示使用第二种方法确定流量数据的断面。

如表 11-15 所示，各断面水环境功能区划目标值有差别，考虑各断面水质、水量的差异，仍采用加权平均方法确定劣 V 类水水质断面水环境功能区划目标值。计算公式：

$$C_0 = \sum C_{0i} \times P_i$$

式中，C_0——劣 V 类水质断面的加权平均水环境功能区划目标值；

C_{0i}——各断面的水环境功能区划目标值；

P_i——各断面的水质加权系数，根据各断面所在汇水区域的水量占劣 V 类水水质断面汇水区域水量的比例确定。

如表 11-15 所示，2008 年劣 V 类水水质监测断面 COD 水环境功能区划目标值的加权平均值为 34.16 mg/L，氨氮水环境功能区划目标值的加权平均值为 1.71 mg/L。

❖　劣 V 类水虚拟治理成本。

2008 年河南省劣 V 类水质断面汇水区域的水量为 816 933.75 万 t，COD 年均值的加权平均值为 51.47 mg/L，水功能区划目标值的平均值为 34.16 mg/L，根据曲线方程 y=0.008 4e$^{-0.003\ 4x}$ 可得，1 t 水削减 1 mg/L 治理成本为 y=0.008 4e$^{-0.003\ 4\times 51.47}$ =0.0 071 元，则将河南省 816 933.75 万 t 劣 V 类水 COD 质量浓度由 51.47 mg/L 削减到 34.16 mg/L 的虚拟治理成本为：816 933.75×（51.47–34.16）×0.007 1= 99 715.47 万元。

2）COD 治理成本与氨氮治理成本的比例采用下式计算：

$$k=\frac{\text{COD治理成本}}{\text{氨氮治理成本}}=\frac{\text{COD削减量/COD标准值}}{\text{氨氮削减量/氨氮标准值}}$$

在上式中，引入了污染物处理效益的概念，并以此为依据计算 COD 与氨氮的治理成本比例。污染物处理效益可表示为污染物的削减量与污染物的标准值的比例，其中污染物的削减量表示由某一水质改善到另一水质的浓度变化值。

COD 与氨氮削减量指其浓度值的变化量，在此削减量分别为 COD、氨氮的加权浓度平均值与 COD、氨氮的水环境功能区划目标值的加权平均值之差，即 COD 由 51.47 mg/L 降到 34.16 mg/L，氨氮由 8.22 mg/L 降到 1.71 mg/L 的削减量。COD 与氨氮标准值选择水环境功能区划目标值的加权平均值，分别为 34.16 mg/L、1.71 mg/L。则根据上式计算出 COD 与氨氮治理成本的比例 k=0.13。

3）COD 与氨氮治理成本。由于废水在得到治理的同时，COD 与氨氮同时被削减，因此污水的虚拟治理成本包括 COD 和氨氮的治理成本。

由上述计算，将 2008 年河南省 816 933.75 万 t 劣 V 类水由 51.47 mg/L 治理到 34.16 mg/L 的虚拟治理成本为 99 715.47 万元。

令氨氮治理成本为 n 元/t，则 COD 治理成本为 0.13 n 元/t，则劣 V 类水中削减的 COD 总量约为：816 933.75×（51.47−34.16）=141 411.2 t，削减的氨氮总量约为：816 933.75×（8.22−1.71）=53 182.39 t。则河南省废水治理成本可表示为：

$$141\,411.2\ \text{t}\times 0.13\,n\ \text{元/t}+53\,182.39\ \text{t}\times n\ \text{元/t}=99\,715.47\ \text{万元}$$

经计算可得 n =1.39 万元/t，即氨氮的治理成本为 1.39 万元/t，COD 治理成本为 0.18 万元/t。

4）标准合理性分析。标准的确定是生态补偿机制研究的核心内容，其合理性是保障生态补偿机制顺利实施的关键。近年来，国家生态补偿相关政策的出台不仅带来了流域生态补偿研究的热潮，也促进我国各地方政府，如江苏、福建、浙江、河北、山西、辽宁、贵州、陕西、山东、广东等省份纷纷进行生态补偿实践的探索。

通过对目前已经出台的相关流域生态补偿办法进行总结分析，只有江苏省和山西省吕梁市采用了依据考核断面超标污染物通量的治理成本来确定赔偿标准的方法。理论上其办法中确定的补偿标准可与本次研究中确定的污染赔偿标准进行对比，但是山西省吕梁市生态补偿的考核指标只有化学需氧量，与本次研究相比，没有涉及氨氮，故仅将本次研究得出的标准与江苏省生态补偿标准进行对比，见表 11-16。

表 11-16 生态补偿标准对比

对比样本	COD 标准/（元/t）	氨氮标准/（元/t）	比例系数（COD/氨氮）
江苏环保厅	15 000	100 000	0.15
本研究	1 800	13 900	0.13

根据表 11-16，从补偿标准值的大小来看，无论是 COD 还是氨氮，江苏省均远高于本研究，这主要与其自身的水质情况、经济条件以及考核周期有关，即江苏省境内水质基本能够维持在Ⅲ类，其以Ⅲ类标准进行考核，考核要求较为严格，并且江苏省经济发展水平相对较高，其相应的责任主体的支付能力也相对较高。此外，两者的考核周期不同，江苏省按月进行考核，而河南省则进行周考核。

然而，由于 COD 与氨氮是伴随着污水处理过程而被同时去除，尽管其各自成本难以被精确地分开，但是理论上二者之间应存在着某种关系，而这种关系可能会因处理工艺、生产技术等因素的不同而稍有不同，但理论上不会受地域不同的影响。从 COD 与氨氮补偿标准比例来看，本研究与江苏省较为接近，即江苏省为 0.15，本研究为 0.13。所以就目前来看，通过对本研究与其他研究结果的比较，认为本研究结论相对较为合理。

11.2.4.2　基于生态保护的饮用水水源地生态补偿标准核算方法

河南省基于生态保护的饮用水水源地生态补偿是以行政区为单位，由获得饮用水使用权益的下游政府以补偿金的形式支付给上游政府，补偿金额由下游地区取用饮用水水源地的水量与补偿标准确定。下游地区取水量可由相关官方统计获得，而如何辨识上游饮用水水源保护区对保护饮用水水源所作的贡献，生态补偿标准如何确定，是基于生态保护的饮用水水源地生态补偿顺利实施的关键。根据河南省饮用水水源地生态补偿的特点和饮用水水源地的功能，饮用水水源地的生态补偿标准可以通过以下几种方法来研究分析：

一是依据上游投入净成本的成本核算法。饮用水水源保护区是确保饮用水安全的重要屏障，上游水源供给区为保障饮用水的水环境质量和水资源总量，对饮用水水源保护区加大资金、政策的投入，开展多项生态工程建设，在为生态保护投资涵养水源的同时相应地获得了一定的生态效益。如果上游地区生态建设成本大于获得的生态效益，下游地区就要以上游地区生态建设成本与生态效益差额作为补偿标准向上游支付生态补偿资金，因此，可依据生态建设成本与生态效益差额作为基于生态保护的饮用水水源地生态补偿标准。

二是依据跨界考核断面水质差异的费用分析法。费用分析法是基于饮用水水源地上游水源供给区入境断面和出境断面的水质变化来估算水质级别提升需要的治理费用，并将由此核算出的治理费用确定为下游受水区对水源供给区的补偿标准。

三是依据受水区居民对水资源价值支付意愿的最大支付意愿法。最大支付意愿法是指通过对消费者的直接调查，了解消费者的最大支付意愿，或者他们对产品或服务的数量选择愿望来评价消费品的价值。基于生态保护的饮用水水源地生态补偿标准的确定，可以采用最大支付意愿法，通过对受水区饮用水消费者进行实地调查，得出人均最大支付意愿，并与饮用水消费人口乘积估算出饮用水资源的价值，从而以此确定出下游受水区对上游饮用水水源保护区的补偿资金。按照经济人的假设，消费者通常会选择较低的一个标准来支付补偿，因此以下游受水区居民的支付意愿值确定的补偿标准可作为水源地生态补偿标准的下限来考虑。

四是依据上下游地区友好协商的协议补偿法。协议补偿法就是从“公平”的角度出发，各利益相关者之间通过协商、协调，公平、合理地确定生态补偿标准，从而使利益双方达成一个“双赢”的补偿结果。

（1）基于上游投入净成本的成本核算法

1）生态建设成本核算。上游饮用水水源保护区保护水资源的生态建设成本主要包括退耕还林、封山育林、水土流失治理和改善水质的城市污水处理厂的建设、水质监测站的建设等生态建设投入，以及实施环境综合整治对企业关停、环保门槛提高对区域相关产业发展的限制而造成的机会成本。

由于区域生态系统服务功能受土地利用/覆盖的变化影响较大，土地利用的变化必然会影响生态系统的结构和功能。水源保护区生态建设实施后土地利用类型可能由原有的耕地、荒地变更为生态功能价值较高的林地和草地，从而引起生态服务功能价值即生态环境效益的增加。可以看出，上游饮用水水源保护区生态建设投入成本的同时，也获得了区域生态环境的改善，从而实现了生态服务功能价值的增加。本研究将以澧河饮用水水源地为例，通过核算上游地区生态建设投入和获得生态效益的差值以研究确定饮用水水源地生态补偿标准。

澧河发源于南阳市方城县，在平顶山市叶县入境，流经 60 km 后进入漯河境内，是漯河市市区的集中式饮用水水源地。为保护澧河水源，上游平顶山市叶县投入大量资金用于植树造林、退耕还林、禁伐减伐树木、修建污水处理厂等生态建设，同时关闭、搬迁了澧河沿岸几十家污染密集型企业，并对引资项目严格筛选，主动放弃如砂石采选、制革、畜禽养殖等排污企业，为保护澧河水源地生态环境而牺牲了部分发展权，经济发展受到一定程度的影响。澧河上游生态保护各项投入见表 11-17。

表 11-17　澧河饮用水水源地生态环境保护投入成本

序号	投入类别	投资金额/万元
1	限制发展权	6 020
2	关闭沿岸排污企业	3 845
3	退耕还林、封山育林、河流治理、水源涵养等工程	17 946
4	农村环境综合整治	1 000
总计		28 811

由表 11-17 可以看出，澧河饮用水水源地上游平顶山市为保护澧河饮用水水源地共计投入成本 28 811 万元。

2）生态效益核算研究。据统计，澧河饮用水水源保护区上游叶县为保护澧河，通过退耕还林、封山育林等途径新增林地 3 328.5 hm^2。人工林地的建设，为饮用水水源地提供了水源涵养和水土保持的调节服务，为区域环境提供了生物多样性、气候调节、净化空气等生态服务。人工林向饮用水水源及区域提供的生态功能服务价值，也可以看成用于建设生态公益林的那部分土地原来作为耕地和其他土地类型所产生的产品收益，即建设人工林的机会成本。由于澧河沿岸水源保护区域原有耕地、荒坡零散分布，产品收益及生态价值均较低且难以统计，因此，本研究不考虑原有土地的经济效益和生态服务价值，以新增林地的生态功能服务价值作为饮用水水源地区域新增的生态效益。

当前我国尚未建立生态系统服务功能价值化评价体系。对于不同类型生态系统的生态效益，目前生态科学工作者开发出多种生态系统效益的评价方法并得出相应的结果，其中 Robert Costanza 等发表的论文《全球生态系统服务价值和自然资本》，被认为是近年来生态学界最有影响力的科研成果。该研究中对某些类别的生态服务价值存在较大偏差。针对 Costanza 生态系统估算中部分生态系统类型价值系数不合理的问题，谢高地等在参考 Costanza 研究的部分成果以及对我国 200 位生态学者进行问卷调查的基础上，修正制订了中国陆地生态系统单位面积生态服务价值，其研究中将森林的生态服务功能划分为气候调节、土壤形成与保护、生物多样性等 9 项功能，我国森林生态系统服务功能价值见表 11-18。

表 11-18　中国森林生态系统服务价值　　单位：元/hm^2

类别	功能	服务价值
1	气体调节	3 097
2	气候调节	2 089.1
3	水源涵养	2 831.5
4	土壤形成与保护	3 450.9
5	废物处理	1 159.2
6	生物多样性保护	2 884.6
7	食物生产	88.5
8	原材料	2 300.6
9	娱乐文化	1 132.6
总价值		18 201

谢高地研究中对森林生态系统服务价值的评估为自然生态系统的服务价值，而对于人工生态系统，如本研究中的城市人工林地的生态服务价值就不能完全适用。为合理确定澧河饮用水水源保护区人工林的生态服务功能，本研究在采用谢高地研究成果的基础上，结合本地区的实际情况，排除人工系统中不具备的生态功能，定量估算饮用水水源地人工林生态服务价值。人工林作为城市人工景观不具备食物生产的功能，且水源涵养这一功能也是上游水源保护区不能获得的，因此，本研究中澧河饮用水水源保护区新增林地的生态服务价值应该除去食物生产和水源涵养两项。同时，通过对类似区域人工林平均生物量和自然林平均生物量的初步估算，人工林的生态功能价值

系数约为自然林的 60%，由此可估算出澧河饮用水水源保护区人工林生态服务价值为 9 168.6 元/hm^2；澧河饮用水水源保护区新增林地面积为 3 328.5 hm^2，可计算出澧河饮用水水源保护区上游叶县获得的生态服务价值为 3 051.77 万元。

上文核算出的澧河饮用水水源保护区生态建设成本为 28 811 万元，而获得的生态服务价值仅为 3 051.77 万元，其生态建设成本大于获得的生态效益，下游地区就要以上游地区生态建设成本与生态效益差额作为生态补偿的依据。生态建设成本和生态效益的投入和收益均是长期性和持续性的，而生态补偿资金的支付也不可能一次拨付，因此，本研究将这些资金差额按机会成本年均收益法进行计算，根据经济学观点，这部分资本失去了投资其他行业的机会，因而产生机会成本，可根据机会成本分析保护水源地的年投入成本，按照饮用水水源保护工程总投资和社会资本年均收益率估算生态建设工程的年均成本，估算公式为：

$$C = T \times R$$

式中，C——生态建设工程的年均成本；

T——生态建设工程的总投资；

R——社会资本年均收益率。

社会资本年均收益率在过去 50 年是 7%（数据来源于中国经济学教育科研网），按资本的年均收益率为 7%计算人工生态建设的年成本，计算得出澧河上游生态投入的年成本 C 为 1 803.15 万元。

上游地区作为水源地的涵养区，在生态建设和保护工作中所付出的成本是针对整条河流的。资料显示，澧河在平顶山境内多年平均年径流量为 1.58 亿 m^3，由此可得出澧河水源地吨水成本为 0.11 元，以此确定基于生态保护的饮用水水源地补偿标准为 0.11 元/t。

（2）费用分析法

根据《河南省水环境功能区划》，河南省现有跨市界有饮用水功能的河流在不同河段有不同的功能区划，其具体水质功能情况见表 11-19。

表 11-19　河南省跨界饮用水水源地上游断面情况

<table>
<tr><th>河流</th><th>省辖市</th><th>断面类别</th><th>断面名称</th><th>控制河段</th><th>水质目标</th></tr>
<tr><td rowspan="3">澧河</td><td rowspan="2">平顶山（上游）</td><td>入市考核断面</td><td>平舞铁路桥</td><td>孤石滩水库出口—平舞铁路桥</td><td>III</td></tr>
<tr><td>出市考核断面</td><td>叶舞公路桥</td><td>平舞铁路桥—叶舞县界</td><td>II</td></tr>
<tr><td>漯河市（下游）</td><td colspan="4">饮用水水源地</td></tr>
<tr><td rowspan="3">淇河</td><td rowspan="2">安阳（上游）</td><td>入市考核断面</td><td>河口</td><td>要街水库出口—河口</td><td>III</td></tr>
<tr><td>出市考核断面</td><td>盘石头水库</td><td>河口—盘石头水库</td><td>II</td></tr>
<tr><td>鹤壁市（下游）</td><td colspan="4">饮用水水源地</td></tr>
</table>

由表 11-19 可以看出，澧河和淇河两条河流在水源地上游城市的入境断面水质目标均为Ⅲ类，而出境断面水质目标则为Ⅱ类。由此可见，上游给水城市为确保市境出水水质满足Ⅱ类，需要将上游水质为Ⅲ类的来水治理为Ⅱ类。可以通过核算水质由Ⅲ类治理到Ⅱ类所投入的治理成本来确定下游受水区对水源供给城市的补偿额，并以此作为补偿标准。本研究拟根据污染赔偿部分得出的污水处理厂污染物治理曲线核算河流水质由Ⅲ类治理到Ⅱ类的成本，但经分析验证发现，上文研究出水污染物治理成本曲线只适应于在污水处理厂进出口浓度区间范围内的削减成本，而饮用水水源地所在河流的水质均不在污水处理厂进出口浓度区间内，因此，饮用水水源地河流水质由Ⅲ类治理到Ⅱ类的成本暂时难以确定。本研究将该方法作为一种思路提出，待以后的研究工作中将合理的污水治理成本确定后，将可以在治理成本合理测算的基础上确定基于生态保护的饮用水水源地生态补偿标准。

（3）支付意愿法

为了解饮用水水源地受水区居民对上游饮用水水源保护区供水给予补偿的支付意愿，本研究的课题组对河南省省内商丘、周口、漯河、平顶山、南阳等市进行了调查，并发放了 100 多份公众意愿调查表，仅收回 75 份，且收回的 75 份调查表中仅有 10 多份对补偿标准给出了明确的最大支付意愿。由于目前大部分公众对生态补偿的目的和意义缺乏了解，同时被调查公众既有生态补偿机制中的补偿者，也有被补偿对象，所处立场的不同导致补偿意愿差异较大，如受补偿的饮用水保护区居民的意愿有的高至 2 000 万元/（a・人），而提供补偿的受水区居民意愿有的却低至 1 000 元/（a・人）。可见，通过实地调查公众支付意愿的形式不能准确反映水资源消费者的真实意愿。因此，以最大支付意愿法确定饮用水水源地生态补偿标准在河南省现阶段缺乏可操作性。

（4）协商补偿法

协商机制是一种在利益相关者之间公平、合理地开展生态补偿的有效途径。协商补偿法就是从“公平”的角度出发，建立的一种流域上下游各区域间的谈判和投票机制，各主体功能区的利益主体通过广泛参与、反映地方利益，实行地方投票、中央拍板、民主集中，在一定规则下达成补偿合约。协商最终形成的结果不一定是谈判各方的最优解，但却是较优解或妥协解。流域生态补偿的协商是利益相关者之间的相互作用，被协调的利益双方达成一个“双赢”的补偿结果，但协商补偿法的实现还需要解决 3 个方面的问题，首先，要求具有相应的法律依据，如类似领海、大陆架、专属经济区的法律公约和国际河流的国际法，明确流域中协商各方的权益；其次，要求在规定的权益框架下明确，协商、谈判是一个解决问题的机制；最后，要求对流域协商、谈判平台的设计，应该有仲裁者或调节者，他们是上级政府或中央政府的生态补偿管理机构，应当包括环境、水利、财政、林业、国土等多个部门参加。至于具体是什么形式，如召开联席会议或是其他形式，视具体情况而定。协商是一个长期的过程，不可能通过一两次联席会议就能解决问题。协商不仅包括在谈判桌上起草协议书、制定交易计划以及处理取水争议、水污染纠纷，还包括用水户对国家机关或其他用水户水资源利用的意见。综上分析，该方法对实施的要求较高，而由于河南省乃至国家对该种方法的探索性实践较少，且缺乏相应的法规政策约束指导，当前尚不具备成熟的操作条件。

综合上述 4 种方法对比分析，当前只有基于生态建设成本和生态效益差值的成本核算法操作可行；费用分析法理论上较为合理，但污水治理成本暂时难以确定，而支付意愿法和协议补偿法由于利益关系及对补偿的认知不同，目前缺乏操作可行性。综上所述，本研究选用成本核算法进行跨界饮用水水源地生态补偿标准的核定。

11.2.5 流域生态环境补偿方式

补偿方式是指补偿方采用何种方式来对被补偿方实施补偿，它是补偿活动的具体形式和补偿制度的载体，科学的补偿方式是促进补偿机制朝着科学化和规范化方向发展的必要条件，理清生态补偿方式是顺利开展生态补偿实施机制的重要步骤之一。

按照不同的分类准则，生态补偿有不同的分类体系。从实施主体和运作机制的差异出发，可划分为政府补偿和市场补偿；从政府介入程度角度出发，可分为政府的“强干预”补偿和“弱干预”补偿；从补偿条块角度出发，可划分为纵向补偿和横向补偿，上下游之间的补偿和部门间的补偿；从补偿效果的角度出发，可分为“输血型”补偿和“造血型”补偿；而从补偿方式的角度出发，则主要划分为资金补偿、项目补偿、政策补偿、实物补偿和技术与智力补偿等几个方面，但随着研究的不断深入，更多更新的补偿方式也会逐渐出现。

11.2.5.1 传统补偿方式

（1）资金与项目补偿方式

资金补偿是最常见的补偿方式，也是最迫切、最急需的补偿方式，其常见的补偿形式主要有补偿金、捐款、减免税收、退税、信用担保的贷款、补贴、财政转移支付、贴息、加速折旧等。

与其他补偿方式相比，资金补偿的作用非常明显，产生效果的速度也较快，能够直接地帮助被补偿地区进行经济发展的基础建设。急需补偿的地区也往往只有在收入得到保障之后，才会有进行生态保护和建设的积极性，而资金补偿的方式能够使受偿地区立刻感受到最直接的效益。所以，资金补偿方式最能够提高受补偿地区人们保护生态环境和进行生态建设的积极性。

但是，仅仅如此完全不够，虽然资金补偿是最直接、最快速的补偿方式，但它也同时存在着不足之处，补偿地区对于纯粹的资金补偿也会产生不满，因而会带来这种补偿方式的可持续性问题，即其可持续性的稳定性不够好。

目前，河南省流域污染治理的资金投入不足是影响河南省流域生态环境保护的“瓶颈”。上游地区的水源涵养区、饮用水水源保护区以及下游经济发展水平比较低的地区都需要资金连续投入到森林植被建设、污染处理工程建设等生态环境保护工程中去。同时河南省先前开展沙颍河和海河流域污染赔偿机制中所采用的资金补偿方式大大刺激了各地政府对水环境生态保护工作的积极性。所以，资金补偿方式是河南省全流域生态补偿的优先选择方式，但资金补偿要以被补偿地区通过生态建设项目引入资金为主，以避免纯粹的资金补偿引起补偿地区的不满。

（2）政策补偿方式

政策补偿是受补偿地区为了保护生态环境而限制了当地的经济发展，政府在其他方面对其进行适当的政策放宽，从而不影响当地的发展，即中央政府对省级政府、省级政府对市级政府的权力和机会的补偿。通常包括针对水源区生态建设与环境保护特点制定的财政政策、市场补偿政策和鼓励异地开发政策等。受补偿者在授权的权限内，利用制定政策的优先权和优惠待遇，制定一系列创新性的政策，促进发展并筹集资金。

利用政策资源和制度资源进行补偿是十分重要的，尤其是对资金匮乏，经济落后的流域上游地区更为重要。对于河南省各流域经济较薄弱的地区，当其为保护生态环境而放弃其发展机会时，政府除了应给予其一定的资金补偿，还应适当放宽其他方面的政策，使当地人民生活得以发展。

（3）实物补偿方式

实物补偿是指补偿者运用物质、劳力和土地等进行补偿，为受补偿者提供部分的生产要素和生活要素，改善受补偿者的生活状况，增强其生产能力。

实物补偿适合用于退耕还林（草）、生态移民等大型的政策中国家对这些经济发展受到限制、人民生活水平相对落后地区的补偿，它还有利于提高物质使用效率，如退耕还林（草）政策中运用大量粮食对被补偿地区进行补偿。而针对河南省初步开展省内跨市的小型流域生态补偿的实际情况，就目前而言，实物补偿方式不太适用于河南省的流域生态补偿。

（4）技术与智力补偿方式

在生态补偿方式中，技术补偿往往与智力补偿相结合，为受补偿地区提供污染治理等相关的环境保护类技术，即技术与智力补偿方式就是补偿者直接向受偿地区输送各类专业高素质的人才，开展技术与智力服务，为受偿地区提供无偿技术咨询和指导，培养其技术和管理人才，提高受补偿地区的生产技能、技术含量和管理组织水平，运用现代技术搞好受偿地区的生态建设。

技术与智力补偿是提高受补偿者生产技能、科技文化素质和管理水平的有效补偿形式，尤其是对于经济发展水平较低的水源地区和生态移民在适应新的生活（生产）方式时有较好的帮助和指导。这些地区由于经济发展相对较为落后而对人才的吸引力度不够，造成受补偿地区人才的缺乏，而为了促进该地区经济发展和平衡区域经济，也需要有专业的高级人才来为该地区提供一些新型的工农业高新技术。如果一个地区没有技术增长来保证企业的活力，不仅会影响该地区的财政收入，而且会削弱该地区对环境保护的投入。所以，技术与智力补偿方式对于河南省水源地的生态补偿是一个较好的选择。

11.2.5.2 新型补偿方式

（1）异地开发补偿方式

异地开发是一种相对较新兴的生态补偿方式，是对传统生态补偿方式的完善和补充，它是指给生态保护区居民一个异地发展的空间，帮助生态保护区居民建立替代产业，从而实现保护区社会经济发展和生态环境保护的双赢。

对于河南省没有足够空间来发展工业或者根本不允许发展工业的饮用水水源地保护区，可以开展异地开发试验区，即在被补偿地区的下游选择水环境容量较大的地区进行定向异地开发，发展企业，所取得的利税返回原地区，作为水源地的生态环境保护资金；同时允许水源地居民到企业内就业，增加该地区居民就业率，提高其居民生活水平，使水源地经济与环境共同发展。

（2）动态激励补偿方式

随着各地生态补偿实施过程中出现的问题，生态补偿工作的开展对补偿方式的要求也越来越高，原有静态的补偿方式缺乏可持续性，已不能满足生态补偿机制发展的需要。所以，随着研究的不断深入，更多更新的补偿方式将会出现，动态激励补偿方式就是本研究所采用的新颖的补偿方式。

经过环保部门各种环境管理、污染治理措施，河南省流域的水质在逐步得到改善，生态补偿办法实施后，今后水质改善幅度会更大。若要形成生态补偿的长效机制，则需要确定一种水环境保护的奖励机制，所以，便产生了动态激励补偿方式，对具有水体功能的水质改善进行动态激励，水质改善越好，奖励程度越高，即当水质处于劣Ⅴ类时，水质持续改善空间较大，水质改善相对容易，对其采用较小程度的激励；当水质能够满足Ⅳ～Ⅴ类水环境功能目标时，水质持续改善潜力相比水质处于劣 Ⅴ 类时较小，对其采用比前者稍高程度的奖励措施；当水质满足饮用水水源地水质要求时，水质持续改善潜力相比前两者更小，治理难度更大，因此在其水质改善时对其采用更高的奖励措施。充分发挥和调动流域水生态环境保护的责任主体的积极性，激发其环保创新的热情，使其持续有效地投入到水质改善工作中去。

综上所述，理论上上述生态补偿方式中资金与项目补偿和动态激励补偿方式适合于河南省全流域的生态补偿，而政策补偿、技术与智力补偿以及异地开发补偿方式适合于其水源地的生态补偿。但一个经济政策的实施往往要受其他多种因素的影响，考虑到工作的统一性、初步实行的易开展性等因素，河南省流域生态补偿政策实行初期主要采取资金与项目补偿和动态激励补偿的方式，但从长远来看，生态补偿方式应该朝着多元化方向发展。

11.2.6 流域生态补偿实施机制

生态补偿实施机制是生态补偿理论研究付诸实践的基本保障，完善的生态补偿实施机制是由一系列机构和组织构成，不同机构和组织在生态补偿实施过程中扮演着不同的角色，起着不同的作用。为推动河南省流域生态补偿机制的建立，确保生态补偿工作的顺利开展，建立一系列的生态补偿实施配套机制尤为重要。

11.2.6.1　生态补偿运行机制

（1）政府协调和部门协作机制

为保证生态补偿工作的顺利进行，多行政主管部门之间的协作是必不可少的。随着水环境问题的多元化，学者们对生态补偿的研究不断深入，对补偿类型的划分也越来越细致，多重补偿问题仅靠环境保护行政主管部门独立组织实行是远远不够的。为保证河南省全流域生态补偿的顺利实施，需要做好省发改委、财政厅、环保厅、水利厅、林业厅、国土资源局等行政主管部门之间的协调工作，在省委、省政府的统一领导下，统筹管理河南省水环境保护生态补偿的工作。由上述各机构作为成员单位，共同成立由省政府领导，各部门参与的联席会议机制，促进各部门间的相互沟通和通力合作，部门联系、上下联动，提高有关部门的工作效率，及时有效地解决生态补偿过程中存在的问题。

然而，考虑到河南省是初步在全省范围内开展流域的生态补偿工作，同时进行众多部门间的协作可操作性相对较差，因此，河南省全流域生态补偿工作的开展由省政府组织实施，省环境保护主管部门、省水利主管部门以及省财政主管部门积极配合，共同保证水环境生态补偿工作的顺利开展。其中省环境保护主管部门负责生态补偿考核断面的水质监测，并负责水环境生态补偿考核断面的水质监测数据质量保证及管理工作；省水利主管部门负责生态补偿考核断面的水量监测，并负责水环境生态补偿考核断面水量监测数据质量保证及管理工作；省财政主管部门负责生态补偿金扣缴及资金转移支付工作。

（2）责任关联和仲裁机制

1）责任关联机制。伴随着部门协作机制的建立，有必要建立生态补偿的责任关联机制，当生态补偿的相关环节出现重大问题时，相关行政主管部门都要承担相应的责任，这将会引起各部门对生态补偿工作的重视，避免在部门协作机制的成员单位中出现“事不关己，高高挂起”的局面，有利于保障部门协作机制的有效实行，促进各部门之间协调工作的开展。

2）仲裁机制。在责任关联机制出现的同时，需要建立起一个仲裁机制来衡量生态补偿相关环节中出现的重大问题和生态补偿过程中所出现的纠纷。省政府作为流域这一“公共物品”的中间人，负责成立关于生态补偿实施的仲裁机构，分别由责任关联机制中的成员单位组成，负责裁定生态补偿相关环节中出现的重大问题和协调流域上下游之间的利益关系。当重大问题衡量不定时，省政府可组织其他行政主管部门开展会议，通过讨论、投票表决或参照相关法律法规的方式进行裁定。

（3）责任目标考核机制

在省委、省政府的正确领导下，河南省水污染防治工作取得了显著成绩，为经济社会可持续发展作出了重要贡献。但是，河南省水环境污染形势仍很严峻。为进一步加大水污染防治工作力度，切实改善流域水环境质量，依据当地人民政府对本辖区环境质量负责的法律规定，省人民政府与各省辖市人民政府签订了《环境保护目标责任书》。

为科学严谨地考核各省辖市人民政府执行《环境保护目标责任书》的情况，加快改善河南省水环境质量，确保河南省各地区主要污染物削减目标责任书水质目标按期完成，必须坚持科学防治、综合防治的方针，落实地方各级政府负责的制度，而依据“谁污染谁治理，谁破坏谁补偿”的原则，生态补偿机制可作为一项有效的措施服务于责任目标考核工作。同时，责任目标考核断面可以相对分清上下游城市的责任，为生态补偿机制的顺利实施提供基本保障，二者互相促进，共同为水环境保护工作作出贡献。

此外，生态补偿的实施采用责任目标考核机制也是建立在认真总结各地生态补偿工作经验的基础上，责任目标考核无论是在理论上还是在实践经验上讲都可以较合理地应用于生态补偿机制的实施。

11.2.6.2 生态补偿资金管理机制

（1）资金管理方式

资金管理方式的合理设计是建立生态补偿长效机制不可缺少的内容。将扣缴的生态补偿金设立为专项资金，同时吸纳社会资金，由省财政对专项资金进行专户统一管理，统一分配，同时在生态补偿专项资金中再分为扣缴资金、社会融资资金两个专项，对扣缴资金和社会融资资金分别进行管理，制定不同的管理办法。对于扣缴资金，按照补偿办法中的使用方向来制定其管理办法；对于社会融资资金，按照资金提供方的要求与意愿来制定其管理办法。该种资金管理方式利于拓宽生态补偿融资渠道，适用于长远发展。

（2）补偿金扣缴通报机制

补偿金扣缴通报制度，即对生态补偿金的扣缴情况进行通报，由省环境监测中心站每月统计生态补偿金的扣缴额度，省环保厅和财政厅联合，每月向市人民政府及其财政局、环保局通报一次各市生态补偿金的扣缴情况。省环境监测中心站每季度统计生态补偿金的扣缴额度，省环保厅每季度在新闻发布会上公布。补偿金扣缴通报制度可以及时地提醒各省辖市对生态补偿工作的重视，有利于生态补偿工作的开展，尤其是对初步建立生态补偿机制的地区，有利于使该地区快速投入到生态补偿工作中去。

11.2.6.3 生态补偿监督机制

（1）信息公开机制

信息公开是对生态补偿工作进行监督的有效途径。信息公开机制可以从以下两个方面建立：①实行生态补偿年度实施情况报告制度，即省政府每年年终召开生态补偿工作总结会，参会单位主要为与生态补偿相关的单位，如环保厅、财政厅、水利厅以及地方政府等单位，各单位对生态补偿的相关实施情况分别进行汇报。②各级政府和有关部门按季度或年度公布生态补偿重点工程项目进展情况和补偿金应用情况。

（2）补偿费使用监督机制

由省财政主管部门为生态补偿金建立专户储存，实行专款专用制度，并提出合理的管理计划，省政府按照管理计划程序进行监督，并按照信息公开机制，将补偿金的使用情况，包括使用方向、使用额度等信息进行公开，接受其他责任关联行政主管部门、各地级市政府以及社会公众的监督。

为保证补偿资金运行的安全，防止补偿金在落实于建设项目时被侵吞、挪用、截留等违规现象的发生，被补偿地区政府在接受补偿金后，按季度或年度将补偿金落实于建设项目的情况进行公开，接受上级政府、责任关联行政主管部门以及社会公众的监督。努力实现生态补偿制度在公开透明、有效监督的层面上运行。

综上所述，理论上上述各实施机制的建立有助于河南省流域生态补偿机制的长效发展。但考虑到工作的易开展性，在河南省生态补偿机制实行初期主要采用政府协调和部门协作机制、责任目标考核机制以及补偿金扣缴通报机制等，随着生态补偿政策的实施，应逐步地完善河南省流域生态补偿的实施机制。

11.3　河南流域生态补偿试点监测体系设计

责任目标断面水质的监测是落实河南省水环境生态补偿政策的基础，监测支撑体系的合理安排是生态补偿工作得以扎实有效开展的基本保障。

11.3.1　基于补偿的监测系统

河南省水环境生态补偿机制的开展涉及省辖各流域，监测范围包括全省 18 个省辖市的地表水环境质量责任目标考核断面，监测项目主要包括 COD 和氨氮。结合河南省实际情况设定自动监测系统和手动监测系统。

（1）自动监测系统

自动监测系统主要针对已建并已验收的水质自动站的监测断面，每 4 h 监测 1 次，每天监测 6 次，每周一至周日为一个监测周期。当自动站出现故障或停机时，改由手工采样监测，每周至少监测 1 次。当手工采样监测数据超出目标值时，上下游城市再另外同步监测 1 次。

关于自动监测系统，各水质自动站的托管站每周进行实际水样比对监测，如果自动监测数据与实验室监测数据的相对误差超出允许范围（即当自动监测数据和实验室监测数据同时在Ⅲ类以内时，不考虑允许相对误差，认为自动监测数据有效；当水质为Ⅳ类时，允许相对误差为 50%；当水质为Ⅴ类时，允许相对误差为 30%；当水质为劣Ⅴ类时，允许相对误差为 20%），托管站检查水质自动站的运行情况，及时上报存在的问题。

（2）手动监测系统

手动监测系统主要针对未建水质自动站的监测断面，主要由下游城市实施监测，每周监测 1 次，如果 COD 或氨氮浓度超出目标值，则由下游城市立即通知上游城市；并且，在同一周内，上、下游城市再同步监测 1 次，并留样备查。

此外，省环境监测部门不定期地对全省地表水环境质量考核断面进行抽查抽测，重点抽测出省境断面、污染严重断面。当上、下游城市对水质监测数据有异议时，省环保厅将组织进行仲裁监测。

11.3.2 基于补偿的监测通报制度

根据河南省已有的污染在线周监测制度，河南省环保主管部门对水环境生态补偿考核断面实行水质周考核，每周考核结果被列入《河南省地表水责任目标断面监测通报》，并于河南省环境保护厅网站进行公布。

11.4 河南流域生态补偿试点财政政策设计

生态补偿机制是一种有效保护生态环境的环境经济手段，它的建立以内化外部成本为原则，可通过完善生态补偿政策来实现，生态补偿政策则通过（公共）财政政策和市场手段实现。（公共）财政政策的设计对建立生态补偿机制具有重要的作用，较符合我国国情；市场手段则是在成熟的市场条件下自发形成的，包括一对一的市场交易、可配额的市场交易和生态标志等。

生态补偿机制的建立与完善，取决于筹集足够的补偿资金，使其不仅能够补偿生态建设的经济成本，而且可能补偿其生态效益价值。故研究通过进行公共财政政策设计，以经济利益调节资源分配、引导社会的经济发展方式、保障生态环境建设与保护的资金，加快生态补偿试点工作，逐步建立多元化的筹资渠道，促进生态补偿机制的完善。

11.4.1 生态补偿财政税收与收费政策

生态补偿机制是通过市场规则合理解决环境保护与受益、破坏与赔偿之间经济利益关系的最好手段。应完善现行保护环境的各项税收政策，为生态补偿机制的建立提供财力保证。根据水环境破坏程度不同，征收差别税率的水资源税，规定一定比例专项用于生态补偿金，这在操作层面上是可行的。

行政性收费是政府运用经济手段促进排污单位治理污染、改善环境的一项主要措施，目前在国内主要是指由环保部门向排污单位和个体工商户收取的排污费。应完善行政性水污染收费政策，按一定比例用于生态补偿专项资金，拓宽生态补偿专项资金建立的融资渠道。

11.4.2 生态补偿财政投入政策

生态补偿财政投入政策的建立有助于完善生态补偿机制的激励政策，政策应重点向生态环境建设及流域水环境污染治理方向倾斜。

环境是公共产品，是公共财政支出的重点，省级财政应设立生态补偿专项资金，并列入省财政预算予以保证。专项资金的建立主要来源于生态补偿扣缴金和环保专项资金，同时政府还应充分运用财政贴息、投资补助等投入渠道，吸引社会企业、公众等资金投资生态环境保护与治理领域，积极利用国债资金、开发性贷款等，形成多元化的融资体制。同时，各市县级财政也要加大生态补偿和生态环境保护的投入和支持力度。

按照生态补偿的机制的要求，资金的安排使用应重点用于支持河南省内重要生态功能区、流域源头地区、自然保护区等区域的生态环境建设和流域水环境污染防治、流域水环境治理新技术、新工艺等的开发和应用。

11.4.3　建立生态补偿法律法规体系

环境财政税收政策的稳定实施，生态项目建设的顺利进行，生态环境管理的有效开展，都要以相关法律法规为保障。应尽快建立相关法律法规，解决生态补偿的法律缺位问题，明确有关税收、财政转移支付和补偿资金筹集、运作和管理等措施，从法律法规上确定生态补偿财政投入的必要性和合法性，并对自然资源开发与管理、生态环境保护与建设、资金投入与补偿的方针、政策、制度和措施等进行统一规定和协调，为河南省流域生态补偿机制的规范化运作提供法律依据。

11.4.4　河南省流域生态补偿金财政管理安排

基于上述理论研究，结合河南省自身情况，考虑到政策开展的难易程度和生态补偿工作开展的急迫性，河南省流域生态补偿机制开展目前主要采用曾用于沙颍河和海河流域生态补偿中的生态补偿资金财政管理方式，即由省财政主管部门负责依据省环保主管部门核定的各考核断面年度生态补偿金对有关省辖市进行补偿和奖励。补偿和奖励资金来源于对超标污染赔偿断面扣缴的生态补偿金和省级环保专项资金，但以扣缴的生态补偿金为主；当省财政扣缴的生态补偿金用于对各省辖市的生态补偿和奖励不足时，则从省级环保专项资金中弥补。同时，为使生态补偿资金扣缴落到实处，省环保厅根据省财政厅文件按照生态补偿暂行办法拿出资金使用方案，由省财政厅暂垫资金来提前使用扣缴的生态补偿金，待省财政年终结算时从各市财政转移支付资金中一并扣缴。

从长远来看，随着生态补偿机制的实施，结合上述研究内容应逐步地完善河南省流域生态补偿税费政策、财政投入政策及相关法律法规体系等。

11.5　河南流域生态补偿试点效果评估

生态补偿效果评估是检验生态补偿机制研究成果合理性、实用性的有效途径。同时，做好生态补偿效果评估工作可促进生态补偿工作的改进与研究的进一步深入。

11.5.1 流域生态补偿立法过程

根据本研究成果，结合河南省自身情况，省环保厅分别在不同时期进行了不同范围的流域生态补偿办法设计，即 2008 年由河南省人民政府办公厅颁发的《河南省沙颍河流域水环境生态补偿暂行办法》（豫政办〔2008〕36 号），2009 年由省环保厅和省财政厅联合颁发的《河南省海河流域水环境生态补偿办法（试行）》（豫环〔2009〕222 号），2010 年由河南省人民政府办公厅颁发的《河南省水环境生态补偿暂行办法》（豫政办〔2010〕9 号）。由此可见，河南省流域生态补偿试点是一个逐步推进、逐步完善、逐步总结的过程

（1）《沙颍河流域生态补偿暂行办法》

该《办法》在 2008 年 12 月 16 日正式颁发，使用于沙颍河流域地表水的生态补偿，主要涉及郑州、开封、平顶山、许昌、漯河以及周口 6 市。《办法》中明确了补偿金的计算方法，分别按照污染物的不同质量浓度对补偿金进行了分类计算，具体如下。

目标值的化学需氧量质量浓度小于或等于 40 mg/L、氨氮质量浓度小于或等于 2.0 mg/L 时，0.1＜超标倍数≤1.0 的，补偿金按照 5 万元×（1+超标倍数）计算；1.0＜超标倍数≤2.0 的，补偿金按照 10 万元×（1+超标倍数）计算；超标 2 倍以上的，补偿金按照 50 万元×（1+超标倍数）计算。

目标值的化学需氧量质量浓度大于 40 mg/L、氨氮质量浓度大于 2.0 mg/L 时，0.1＜超标倍数≤0.5 的，补偿金按照 10 万元×（1+超标倍数）计算；0.5＜超标倍数≤1.0 的，补偿金按照 25 万元×（1+超标倍数）计算；1.0＜超标倍数≤1.5 的，补偿金按 50 万元×（1+超标倍数）计算；1.5＜超标倍数≤2.0 的，补偿金按 100 万元×（1+超标倍数）计算；超标 2 倍以上的，补偿金按照 200 万元×（1+超标倍数）计算。

（2）《海河流域生态补偿暂行办法》

该《办法》自 2009 年 7 月 28 日正式实行，适用于河南省辖海河流域（包括金堤河）的地表水环境生态补偿，主要包括安阳、鹤壁、新乡、焦作和濮阳五市，涉及大沙河、卫河、共产主义渠、汤河、淇河、马颊河、金堤河、西柳青河和黄庄河九条河流。由于海河水质较差，均属于跨界污染赔偿的范围。所以，该《办法》中对补偿金的计算仅按照污染物的超标倍数不同，对补偿金进行了不同梯度的计算，具体如下。

①0.2＜超标倍数≤1.0 时，生态补偿金按照“超标倍数×生态补偿基准金”计算。

②1.0＜超标倍数≤2.0 时，生态补偿金按照“2×超标倍数×生态补偿基准金”计算。

③超标倍数≥2.0 时，生态补偿金按照“4×超标倍数×生态补偿基准金”计算。

（3）《河南省全流域生态补偿暂行办法》

该《办法》自 2010 年 1 月 1 日正式实行，主要适用于河南省行政区域内长江、淮河、黄河和海河四大流域 18 个省辖市的地表水水环境生态补偿。

该《办法》中明确生态补偿标准为 COD 每吨 2 500 元，氨氮每吨 10 000 元，同

时也明确了基于超标污染物通量的生态补偿金计算模型，即当考核断面水质浓度责任目标值的化学需氧量质量浓度小于或等于 40 mg/L、氨氮质量浓度小于或等于 2 mg/L 时，单因子生态补偿金按照“（考核断面水质浓度监测值–考核断面水质浓度责任目标值）×周考核断面水量×生态补偿标准”计算；当考核断面水质浓度责任目标值的化学需氧量质量浓度大于 40 mg/L、氨氮质量浓度大于 2 mg/L 时，单因子生态补偿金按照“（考核断面水质浓度监测值–考核断面水质浓度责任目标值）×周考核断面水量×生态补偿标准×2”计算。对于水源地生态补偿金按照“下游省辖市每年度利用水量×0.06 元/m^3”计算。

生态补偿工作由省环境保护厅、省水利厅和省财政厅三个部门在互相独立分工基础上相互合作，共同推进，取得了突出的环境效益、社会效益以及其他效益。

11.5.2　流域生态补偿试点成效分析

11.5.2.1　试点总体效果

河南省通过开展水环境生态补偿，有力地促进了各地对流域水环境生态的保护，水环境生态补偿政策取得了显著效果，政府不仅在研究过程中对该研究给予了大力支持，而且对研究成果也给予了充分肯定。

在沙颍河流域生态补偿试点的基础上，课题组针对海河流域开展深入研究，河南省环保厅根据研究成果起草了《河南省海河流域水环境生态补偿办法（试行）》，并报省政府请示与河南省财政厅联合发文，得到张大卫副省长、李克副省长和张庆义秘书长的批示。

在开展全省流域水环境生态补偿研究时，为使研究工作顺利开展，环保厅向省政府做了成立河南省流域水环境生态补偿工作领导小组的请示，得到张大卫副省长批示。

在河南省 2010 年“两会”记者招待会上，省环境保护厅段金生副厅长在针对记者提出问题做出回答时强调：总体来讲，生态补偿机制试点工作取得了明显成效，促进了地方政府水污染防治的力度和进度，使水环境质量明显改善。

通过上述相关文件和领导在“两会”记者招待会上的回答，可看出河南省政府对流域水环境生态补偿工作的重视及对生态补偿效果的肯定，也充分说明其对《河南省水环境生态补偿暂行办法》，即本研究成果的肯定。

11.5.2.2　试点对地表水环境改善的效果

（1）沙颍河流域水环境质量明显改善

自《河南省沙颍河流域水环境生态补偿暂行办法》于 2008 年 12 月 16 日开始实施后，沙颍河流域水环境质量明显改善，对 2009 年的水质与 2008 年的水质进行比较的结果见表 11-20。

表 11-20 沙颍河流域生态补偿考核断面水质监测数据变化情况 单位：mg/L

监测断面名称	河流名称	考核城市	2008 年		2009 年		水质变化百分比/%	
			COD	氨氮	COD	氨氮	COD	氨氮
中牟陈桥	贾鲁河	郑州	51.32	16.86	50.55	8.78	–1.50	–47.90
白沙水库	颍河	郑州	13.67	0.23	13.70	0.22	0.25	–0.84
新郑黄甫寨	双洎河	郑州	45.18	4.46	40.29	3.93	–10.81	–11.91
扶沟摆渡口	贾鲁河	开封	34.04	13.54	33.30	7.05	–2.17	–47.95
舞阳马湾	沙河	平顶山	18.22	1.69	15.31	1.72	–16.00	1.99
叶舞公路桥	澧河	平顶山	5.81	0.16	5.42	0.19	–6.65	18.49
临颍高村桥	清濮河	许昌	65.74	4.29	62.48	3.25	–4.97	–24.44
临颍吴刘闸	颍河	许昌	—	0.00	17.70	0.22	—	0.00
西华址坊	颍河	漯河	22.56	3.93	21.06	3.18	-6.63	–19.26
西华程湾	沙河	漯河	—	—	17.00	0.82	—	—
鄢陵陶城闸	清濮河	漯河	—	—	42.30	3.66	—	—
西华大王庄	贾鲁河	周口	33.27	13.35	30.98	6.33	–6.86	–52.54
沈丘纸店	颍河	周口	22.06	2.96	23.03	2.17	4.39	–26.93
全流域平均			31.19	5.59	28.70	3.19	–7.97	–42.85

根据表 11-20，作出 2008 年与 2009 年沙颍河流域各断面的 COD 和氨氮质量浓度变化对比图，各断面水质具体变化情况如图 11-10 和图 11-11 所示。

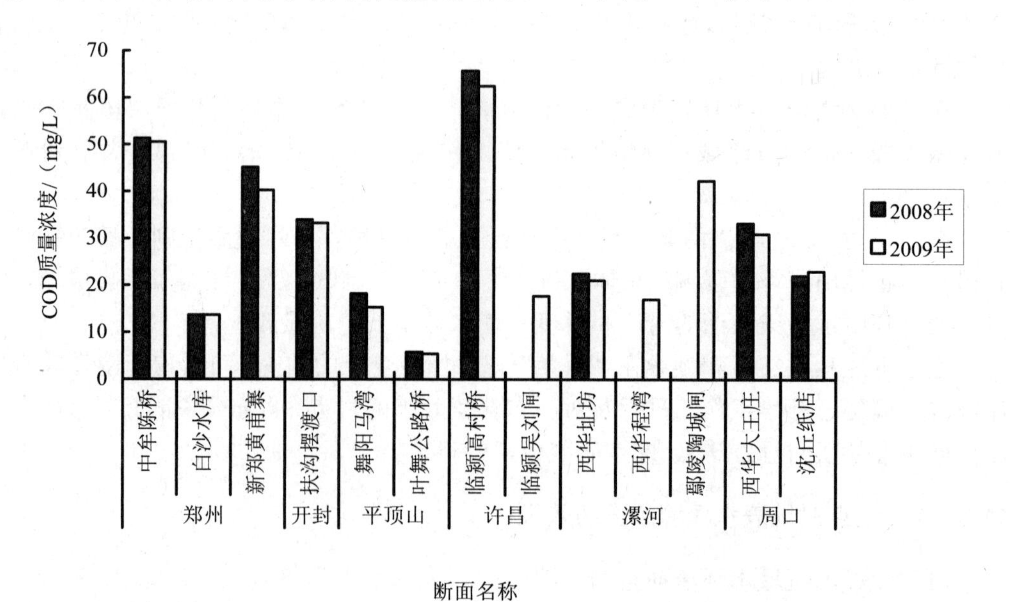

图 11-10 2008 年与 2009 年沙颍河流域 COD 质量浓度变化趋势对比

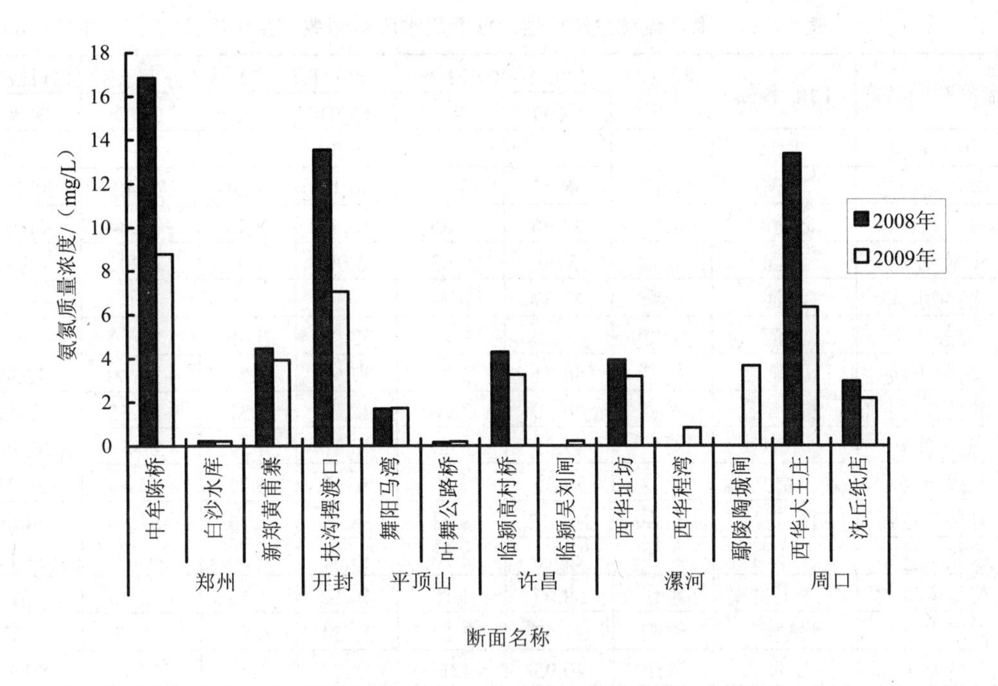

图 11-11　2008 年与 2009 年沙颍河流域氨氮质量浓度变化趋势对比

可以看出，与 2008 年相比，2009 年沙颍河全流域化学需氧量质量浓度平均值降低了 7.97%，氨氮质量浓度平均值降低了 42.85%，总体水质有了明显的改善。沙颍河的舞阳马湾断面的 COD 质量浓度值降低幅度最大，降低了 16%；而贾鲁河的西华大王庄断面所测氨氮质量浓度值降低幅度最大，降低了 52.54%。6 条河流中，贾鲁河、双洎河和清溵河水质改善情况较为明显。其中，双洎河 COD 质量浓度降低了 10.81%，氨氮质量浓度降低了 11.91%；贾鲁河的 COD 质量浓度平均值降低了 3.51%，氨氮质量浓度平均值降低了 49.46%；清溵河 COD 和氨氮质量浓度平均值分别降低了 2.49% 和 12.22%。在这三条河流中，双洎河的 COD 质量浓度平均值降低幅度最大，而贾鲁河的氨氮质量浓度平均值降低最为明显。此外，2009 年 6 月下旬（25 周、26 周）贾鲁河入颍河的西华大王庄断面氨氮质量浓度在 0.5 mg/L 左右，达到Ⅳ类水质，为近 10 年来的第一次。

（2）海河流域水质改善效果显著

自 2009 年 8 月起，河南省海河流域实施水环境生态补偿政策后，2009 年 8—12 月份的水质较上年同期有了显著改善，具体变化情况见表 11-21。

根据表 11-21，作出 2008 年与 2009 年海河流域各断面 COD 和氨氮质量浓度变化对比图，各断面水质具体变化情况如图 11-12 和图 11-13 所示。

表 11-21 海河流域生态补偿考核断面水质监测数据变化情况 单位：mg/L

监测断面名称	河流名称	考核城市	2008 年 8—12 月		2009 年 8—12 月		水质变化百分比/%	
			COD	氨氮	COD	氨氮	COD	氨氮
浚县柴湾	卫河	安阳	—	—	50.30	5.31	—	—
南乐元村集	卫河	安阳	38.27	3.13	46.10	4.24	20.48	35.35
濮阳大韩桥	金堤河	安阳	83.96	1.85	40.44	0.78	−51.84	−58.06
林州黄花营	淇河	安阳	5.00	0.03	5.00	0.02	0.00	−45.45
汤河水库	汤河	鹤壁	21.37	0.72	—	—	—	—
浚县王湾	卫河	鹤壁	—	—	52.04	5.08	—	—
汤阴五陵	卫河	鹤壁	58.71	5.22	37.99	3.81	−35.30	−26.98
滑县孔村桥	黄庄河	新乡	40.10	3.70	22.72	3.31	−43.35	−10.59
卫辉皇甫	卫河	新乡	47.05	3.45	48.20	4.17	2.45	20.90
卫辉下马营	共产主义渠	新乡	79.35	7.48	52.92	4.77	−33.30	−36.23
滑县黄塔桥	西柳青河	新乡	167.12	8.23	58.73	2.13	−64.86	−74.09
修武水文站	大沙河	焦作	29.18	2.76	35.32	6.26	21.03	127.17
获嘉东碑村	共产主义渠	焦作	68.07	4.15	46.12	4.18	−32.25	0.72
南乐水文站	马颊河	濮阳	31.49	7.14	28.54	6.88	−9.37	−3.67
大名龙王庙	卫河	濮阳	40.95	4.00	42.27	4.35	3.21	8.84
台前贾垓桥	金堤河	濮阳	49.93	1.01	38.45	0.97	−22.98	−4.02
全流域平均			54.32	3.78	40.34	3.75	−25.74	−0.67

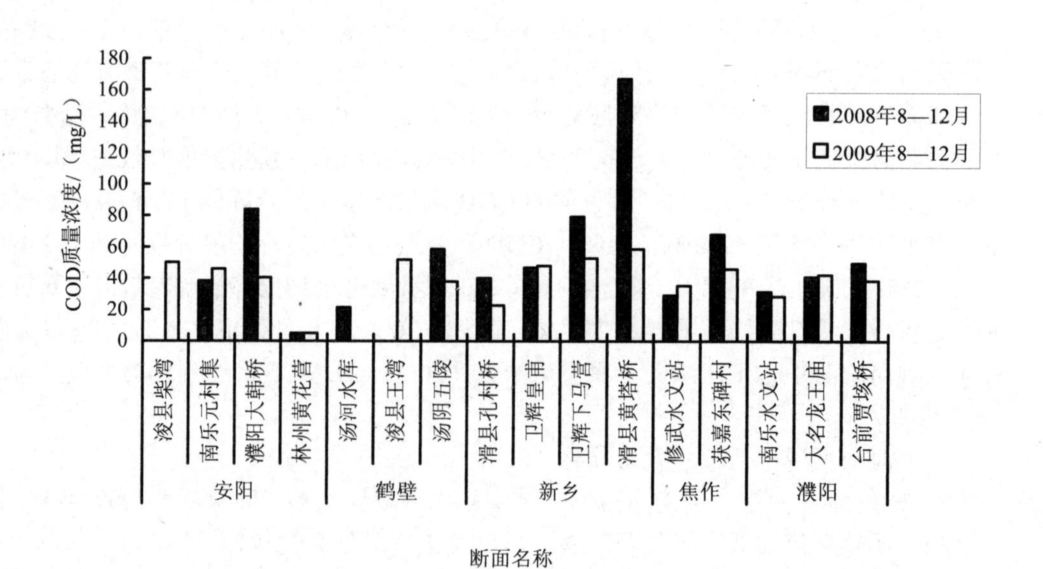

图 11-12 2008 年 8—12 月与 2009 年 8—12 月海河流域 COD 浓度变化对比

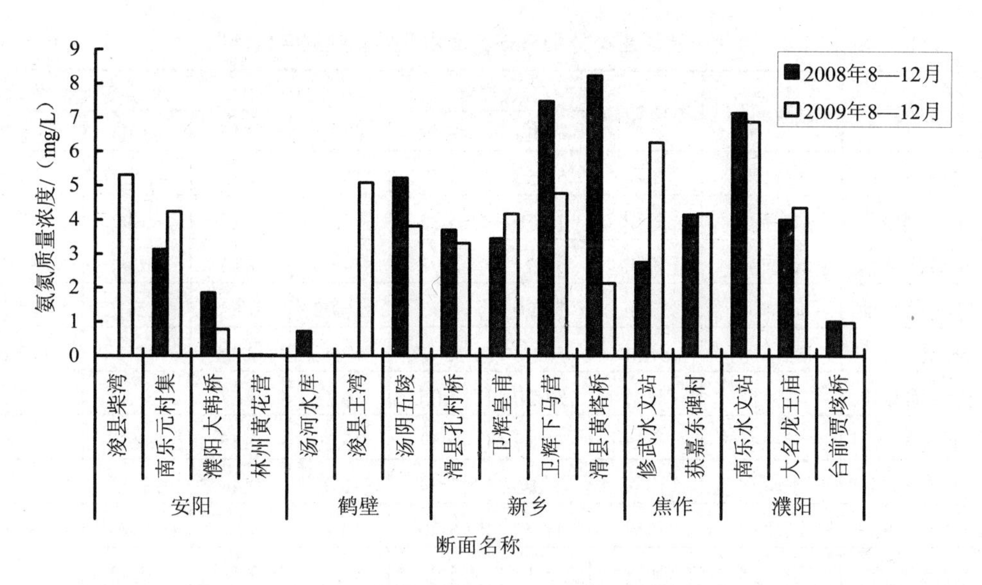

图 11-13　2008 年 8—12 月与 2009 年 8—12 月海河流域氨氮质量浓度变化对比

根据表 11-21、图 11-12 和图 11-13 分析，与 2008 年 8—12 月相比，2009 年 8—12 月海河全流域的 COD 和氨氮质量浓度有了明显的降低，尤其是 COD 质量浓度平均值降低了 25.74%，总体水质有了明显改善。9 条河流整体而言，西柳青河、共产主义渠、黄庄河、马颊河以及金堤河水质改善较为明显，无论是 COD 还是氨氮的质量浓度值均未出现上升。在这 5 条河流中，西柳青河的水质改善最为明显，其 COD 质量浓度降低了 64.86%，氨氮质量浓度降低了 74.09%；而共产主义渠的 COD 质量浓度降低了 33.30%，氨氮质量浓度降低了 36.23%；黄庄河的 COD 质量浓度降低了 43.35%，氨氮质量浓度降低了 10.59%；马颊河的 COD 质量浓度降低了 9.37%，氨氮质量浓度降低了 3.67%；金堤河的两个断面 COD 和氨氮质量浓度监测值均有明显降低，其中濮阳大韩桥断面 COD 质量浓度降低了 51.84%，氨氮质量浓度降低了 58.06%，台前贾垓桥断面的 COD 质量浓度降低了 22.98%，氨氮质量浓度降低了 4.02%。此外，由图 11-12 和图 11-13 中也可以看出，个别断面 COD 或氨氮质量浓度值偶尔也出现了升高的现象，但整体而言，多数断面污染物质量浓度监测值还是有了明显降低，海河流域整体水质有了明显的改善。

（3）河南省流域水环境质量得到明显改善

自 2010 年 1 月起，河南省在省辖四大流域范围内全面开展水环境生态补偿机制后，当年河南省全流域的水质较 2009 年的水质有了较明显的改善。除去 2010 年新增的三个考核断面，即沁阳西宜作、沁阳伏背和灵宝坡头桥，其余可比的 57 个考核断面的具体变化情况见表 11-22。

表 11-22 河南省流域生态补偿考核断面水质监测数据变化情况 单位：mg/L

断面名称	河流名称	考核城市	2009 年		2010 年		水质变化百分比/%	
			COD	氨氮	COD	氨氮	COD	氨氮
中牟陈桥	贾鲁河	郑州	50.57	8.78	43.20	6.85	–14.59	–21.95
白沙水库	颍河	郑州	13.70	0.22	13.16	0.27	–3.97	19.27
新郑黄甫寨	双洎河	郑州	40.31	3.93	39.93	4.16	–0.94	5.92
巩义七里铺	伊洛河	郑州	17.70	0.78	15.02	0.64	–15.13	–18.28
睢县板桥	惠济河	开封	56.92	15.84	49.98	11.45	–12.18	–27.69
扶沟摆渡口	贾鲁河	开封	33.30	7.05	30.11	5.67	–9.59	–19.55
通许邸阁	涡河	开封	21.19	0.32	23.20	0.35	9.51	6.96
睢县长岗	小蒋河	开封	26.06	5.74	31.05	9.46	19.13	64.78
太康轩庄桥	铁底河	开封	47.23	6.90	48.25	4.34	2.16	–37.09
郭河村桥	小温河	开封	35.15	5.02	34.13	3.48	–2.92	–30.72
伊洛汇合处	伊洛河	洛阳	17.39	1.01	13.77	0.70	–20.85	–30.54
舞阳马湾	沙河	平顶山	15.33	1.73	12.27	1.21	–19.96	–29.84
叶舞公路桥	澧河	平顶山	5.42	0.19	6.06	0.18	11.67	–8.50
舞钢石庄桥	八里河	平顶山	94.34	2.09	48.63	1.00	–48.45	–52.27
浚县柴湾	卫河	安阳	50.24	5.30	43.67	6.13	–13.07	15.76
南乐元村集	卫河	安阳	46.34	5.04	46.32	4.55	–0.04	–9.72
濮阳大韩桥	金堤河	安阳	40.18	0.87	34.15	1.12	–15.00	28.32
林州黄花营	淇河	安阳	5.00	0.02	5.00	0.01	0.00	–58.76
汤河水库	汤河	鹤壁	35.67	3.79	19.58	2.86	–45.10	–24.45
浚县王湾	卫河	鹤壁	52.12	5.06	40.97	6.19	–21.39	22.42
汤阴五陵	卫河	鹤壁	48.81	5.44	40.05	4.99	–17.93	–8.30
滑县孔村桥	黄庄河	新乡	27.59	2.46	22.02	3.01	–20.18	22.59
卫辉皇甫	卫河	新乡	47.99	4.89	40.58	5.41	–15.42	10.70
卫辉下马营	共产主义渠	新乡	60.43	6.54	50.01	5.43	–17.25	–17.01
濮阳渠村桥	天然文岩渠	新乡	—	—	20.98	0.44	—	—
滑县黄塔桥	西柳青河	新乡	94.60	2.72	50.84	3.49	–46.26	28.46
修武水文站	大沙河	焦作	33.89	5.21	33.69	6.02	–0.59	15.66
武陟渠首	沁河	焦作	34.20	2.73	31.40	1.72	–8.21	–36.76
获嘉东碑村	共产主义渠	焦作	49.97	4.31	47.95	4.38	–4.05	1.57
温县汜水滩	蟒河	焦作	46.45	5.83	50.83	4.68	9.44	–19.75
济源南官庄	蟒河	济源	26.08	6.02	27.81	5.06	6.63	–15.90
南乐水文站	马颊河	濮阳	29.34	9.26	34.56	7.56	17.81	–18.33

断面名称	河流名称	考核城市	2009 年		2010 年		水质变化百分比/%	
			COD	氨氮	COD	氨氮	COD	氨氮
大名龙王庙	卫河	濮阳	44.34	5.22	46.57	4.77	5.03	–8.71
台前贾垓桥	金堤河	濮阳	43.26	1.54	43.00	1.70	–0.60	10.41
临颍高村桥	清潩河	许昌	62.50	3.25	53.11	1.91	–15.03	–41.30
临颍吴刘闸	颍河	许昌	17.75	0.22	14.27	0.16	–19.59	–26.89
郾城漯邓桥	黑河	漯河	70.22	6.90	65.85	5.16	–6.23	–25.25
舞阳栗园桥	三里河	漯河	73.68	5.20	61.76	5.09	–16.17	–2.09
西华址坊	颍河	漯河	21.08	3.18	17.98	0.58	–14.73	–81.90
西华程湾	沙河	漯河	16.98	0.82	14.00	0.47	–17.55	–42.53
鄢陵陶城闸	清潩河	漯河	42.33	3.66	33.20	2.13	–21.56	–41.81
渑池吴庄	涧河	三门峡	13.98	0.53	15.85	0.56	13.38	5.55
新野梅湾	唐河	南阳	13.91	0.33	14.33	0.29	2.95	–13.92
新野新甸铺	白河	南阳	17.85	0.74	18.30	0.76	2.52	2.96
柘城砖桥	惠济河	商丘	24.88	7.82	23.48	7.49	–5.65	–4.30
永城黄口	浍河	商丘	24.42	0.32	22.92	0.30	–6.15	–8.16
永城马桥	包河	商丘	29.86	4.25	28.61	2.15	–4.18	–49.45
睢阳包公庙	大沙河	商丘	22.46	0.58	20.22	0.52	–9.98	–11.07
永城张桥	沱河	商丘	20.30	0.33	20.36	0.39	0.32	18.32
淮滨水文站	淮河干流	信阳	10.39	0.33	12.02	0.32	15.72	–0.86
沈丘李坟	泉河	周口	24.06	2.48	21.55	1.71	–10.43	–30.93
鹿邑东孙营	惠济河	周口	26.95	7.80	22.50	7.47	–16.49	–4.25
西华大王庄	贾鲁河	周口	30.98	6.33	27.16	4.58	–12.33	–27.65
鹿邑付桥	涡河	周口	22.04	1.26	20.87	0.26	–5.31	–79.60
沈丘纸店	颍河	周口	23.05	2.17	19.14	1.53	–16.96	–29.52
郸城杨楼闸	洺河	周口	36.02	9.59	36.04	9.43	0.06	–1.68
新蔡班台	洪河	驻马店	13.81	0.39	15.43	0.46	11.71	17.52
全流域平均值			34.83	3.76	30.49	3.21	–12.48	–14.53

根据表 11-22，作出全省各流域 2009 年与 2010 年各断面 COD 和氨氮质量浓度变化对比图，各断面水质具体变化情况如图 11-14 和图 11-15 所示。

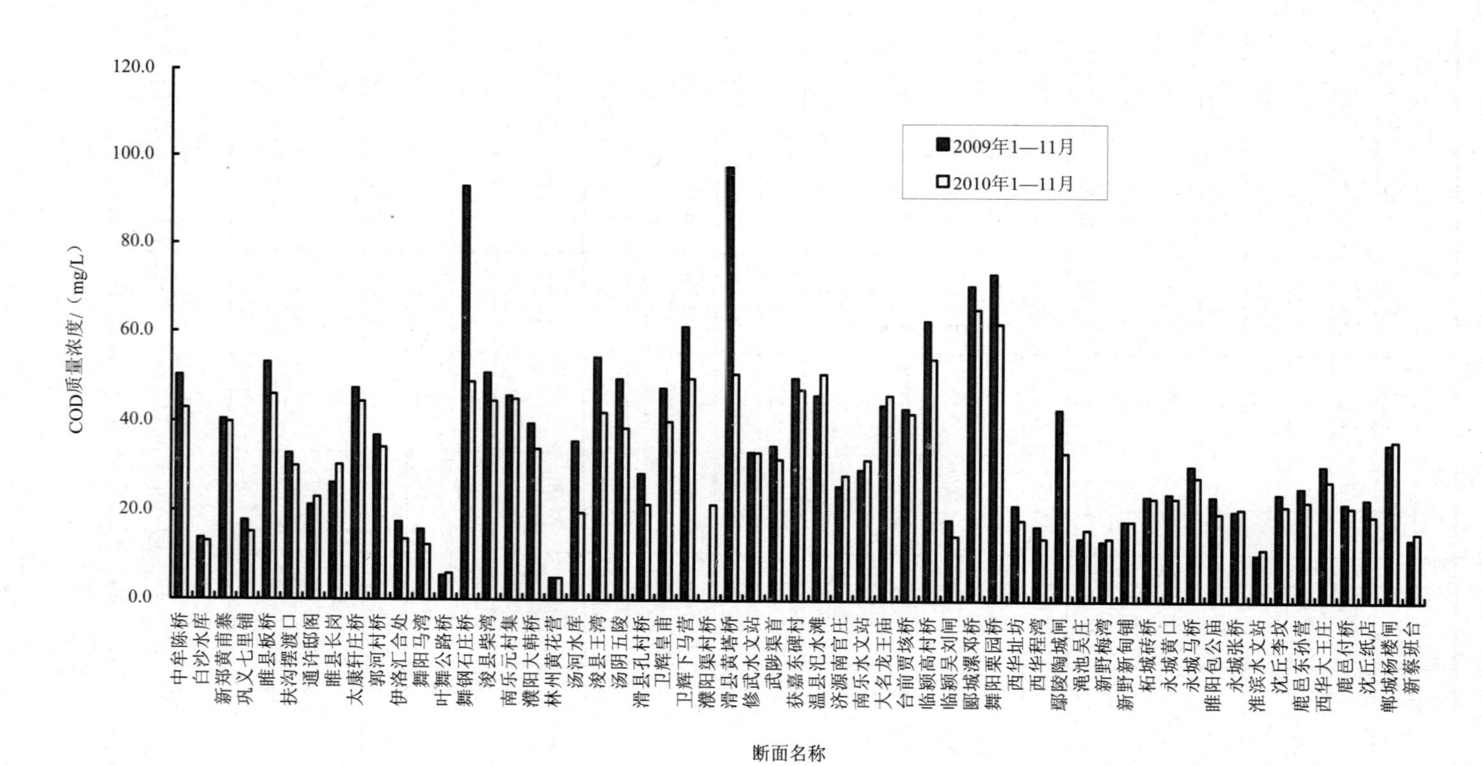

图 11-14　2009 年与 2010 年河南省各流域考核断面 COD 质量浓度变化对比

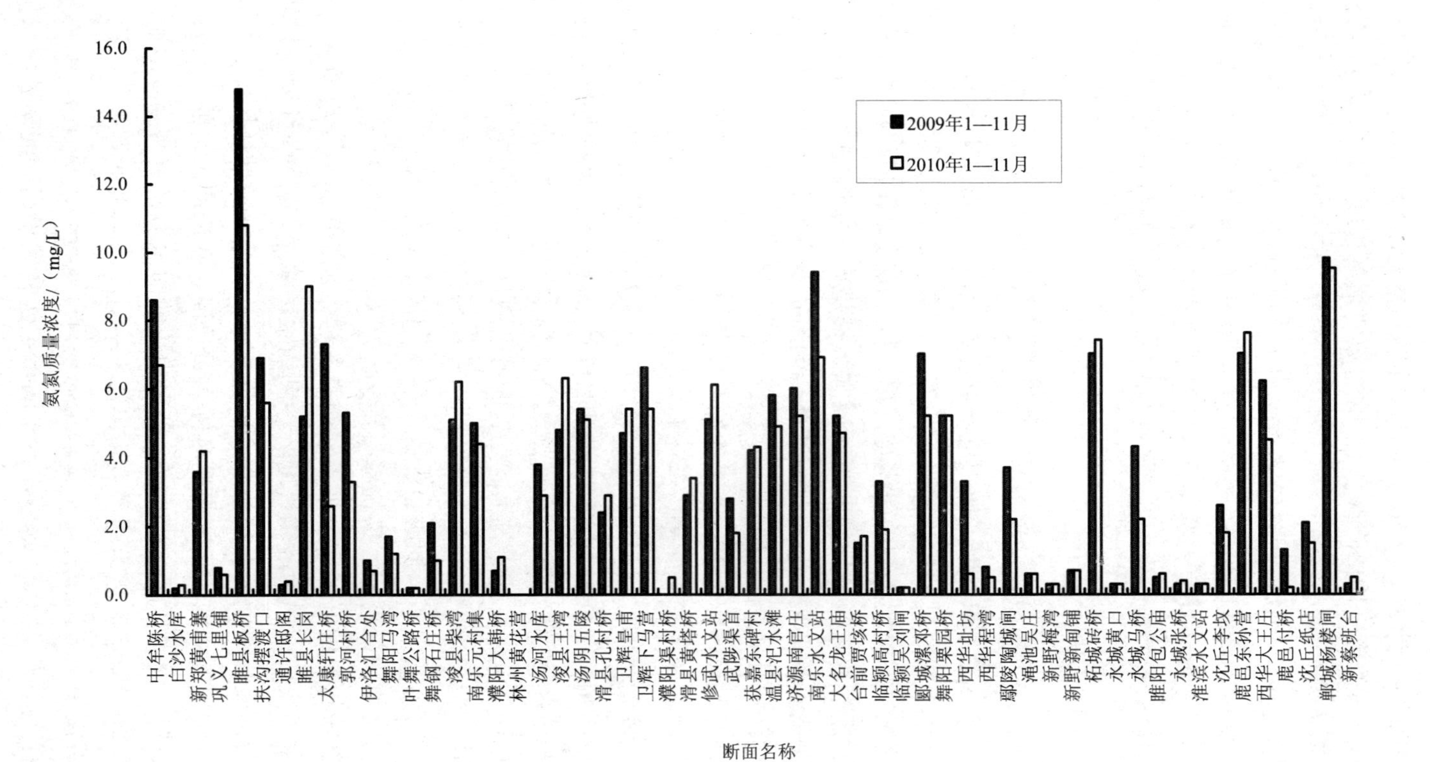

图 11-15　2009 年与 2010 年河南省各流域考核断面氨氮质量浓度变化对比

可以看出，与 2009 年相比，2010 年河南省全流域的 COD 和氨氮质量浓度有了明显的降低，即 COD 质量浓度平均值降低了 12.48%，氨氮质量浓度平均值降低了 14.53%，总体水质有了明显改善。其中伊洛汇合处、舞钢石庄桥、汤河水库、鄢陵陶城闸等断面的 COD、氨氮质量浓度平均值均降低了 20%以上，其他断面 COD 质量浓度或氨氮质量浓度还有更大幅度的降低。当然，由图 11-14 和图 11-15 也可以看出，个别断面 COD 或氨氮质量浓度变化不明显，甚至出现了稍有升高的现象，但整体而言，河南省流域水环境质量明显得到好转，生态补偿机制的实施起到了显著的环境效果。

11.5.2.3 试点的社会效果

（1）创造优美环境，构建和谐社会

近年来，河南省环境保护管理工作力度不断在加大，但一直以来河南省水环境保护都是从水污染防治、政府目标考核等政策角度，依靠行政手段来进行管理，环境改善效果不明显。流域生态补偿机制的研究与开展，从经济政策角度为河南省流域水环境管理提供了一种新思路，有效地遏制了流域水污染趋势，营造优良的水环境氛围，为河南省创造一个优美的环境，为构建和谐社会创造了良好的条件。

（2）促进部门间协作机制的发展

一直以来，河南省水环境生态补偿工作的开展受到省政府的高度重视。为保证河南省水环境生态补偿政策的顺利实施，经省政府协调，专门建立了环保部门、财政部门以及水利部门的联动协作机制，即由省环保厅和省水利厅分别负责水环境生态补偿的水质监测和水量监测，在每周一 12 时前，通过互联网登录省环保厅责任目标断面网页，报送上周水量监测数据，而省环保厅也将水环境生态补偿周报抄送省水利厅，月报报送省财政厅会签，同时抄送省水利厅，而省财政厅会同省环保厅每年对各考核断面扣缴的生态补偿金提出使用意见。三个部门互相协作，共同为河南省生态补偿工作的顺利实施提供有力的保障，同时也加强了各部门间的互相交流。

（3）提高了污水集中处理和污染物减排能力

水环境生态补偿机制的开展，带来了河南省各地方加强改善水环境质量的热潮，促进了地方政府水污染防治的力度和进度。沙颍河水环境生态补偿暂行办法实施后，郑州市规划了贾鲁河流域环境综合整治共 15 项工程及双洎河流域环境综合整治共 6 项工程，通过以上工程的实施，基本实现对排入贾鲁河、双洎河污水的全收集、全处理，促进双洎河、贾鲁河水质的持续改善，确保出境断面水质稳定达到省政府目标要求；许昌市对影响其出境水质达标的重点污染源——河南一林纸业有限公司进行了深度治理，新建了浅层高效气浮工程；平顶山市对现有污水处理厂进行提档升级改造，将污水处理能力提高了 7 万 t/d。这些水污染防治工作大大提高了河南省污水集中处理能力，减少了主要污染物的排放。

（4）促进水环境监测系统进入数字化时代

地表水责任目标断面水质监测系统是河南省水环境生态补偿配套实施机制之

一。为保障水环境生态补偿的顺利实施，河南省环境自动监控系统的完善加快了步伐，于 2010 年 8 月 26 日正式启动，其中包括 134 个地表水责任目标断面水质自动监测站、14 个饮用水水源地水质自动监测站，标志着河南省地表水质监测真正进入数字化时代，走在全国的前列。

11.5.3　试点存在的问题分析

河南省水环境生态补偿政策的实施取得了显著的环境效果和社会效果，研究成果得到了政府的充分肯定。但同时通过政策实施也发现，无论从研究角度还是从实践角度来讲，河南省水环境生态补偿机制仍存在着一些问题与不足：

1）宣传教育力度不够。水环境生态补偿是河南省一项新兴经济政策，部分基层政府还不能完全领会生态补偿的真正意义，一些企业和群众为“开展生态补偿工作”做贡献的意识也较薄弱，“污水偷排”现象也往往给政府带来很大压力。

2）开展环保工作的资金紧张。开展生态补偿工作的大量投入，特别是资金投入给地方政府带来较大压力。此外，不但地方政府有较大的资金投入压力，而且根据《河南省水环境生态补偿暂行办法》规定，当省财政扣缴的生态补偿金用于对各省辖市的生态补偿和奖励不足时，由省级环保专项资金中弥补，这就给省级环保部门也带来了一定压力。

3）资金管理体系不够完善。目前，河南省水环境生态补偿政策的实施缺乏完整的资金管理体系，尤其是资金的监督管理体系。

4）缺乏激励性的补偿标准。目前河南省跨界河流生态补偿标准主要针对基于政府责任目标考核的超标断面，而对达标断面水质的继续改善缺乏激励性。

11.5.4　生态补偿机制完善思路

水环境生态补偿工作的开展，在河南省水生态环境质量改善、水环境管理政策的完善以及促进其他机制的建立等方面都取得了显著成效，但在实施过程中也发现其有不足之处，所取得的成效也是初步的、阶段性的。为使生态补偿政策经受住足够时间的考验，可从以下方面进行生态补偿长效机制的完善。

（1）完善生态补偿配套机制

1）构建生态补偿知识的宣传机制。加强人们对生态补偿的正确认识，提高其保护环境的责任感。

2）建立生态补偿项目资金保障体系。一是加大财政投入。二是构建多元化的生态环境补偿基金融资渠道，积极吸收民间组织、金融机构、企业及个人等各种形式对生态保护建设的资助和援助。集中更多的资金用于加快水污染防治与水环境保护工程建设的步伐，减轻省环保部门和地方政府的压力。

3）完善资金管理机制。良好的资金管理机制与管理方法有利于流域生态补偿政策的长效发展。探索建立水环境生态补偿管理委员会，并设立专门的资金管理机构，以“信息公开”为原则，将补偿金使用方向、使用额度等信息公开化，接受其他部门及社会公众的监督，努力实现生态补偿资金的使用在公开透明、有效监督的层面上进行，促使生态补偿资金的科学、有效利用。

（2）探索阶梯式生态补偿标准研究

随着生态补偿机制的实施，水环境质量不断得到改善，断面水质达标率不断升高，为督促各地市在完成水质责任考核目标的情况下，能够继续不断地采取措施改善水质，可探索阶梯式生态补偿标准的研究，在水质改善的不同阶段，不断地激励各地进行水资源的保护与改善。

1）概念的提出。阶梯式生态补偿标准，是以“行政区域政府为其流域范围内自然环境负责，即对水环境的生态贡献越多，则得到的生态补偿金额就越高”为原则，把水质按照优劣程度不同分为若干个阶梯，针对每个阶梯设置不同的补偿标准，即水质越好，标准越高，反之，标准越低，从而激励补偿对象在任何阶段都能够不断地进行水质改善与保护。

2）研究方法初步探索。

阶梯的确定。根据水质类别功能，Ⅰ～Ⅲ类水主要是源头水、饮用水等，水质较好，改善空间较小，主要以保护为主，故研究可针对考核目标值处于劣Ⅴ类、Ⅴ类以及Ⅳ类的水质确定阶梯式补偿标准，即当劣Ⅴ类水质改善到Ⅴ类时执行第一阶梯标准，当Ⅴ类水质改善到Ⅳ类时执行第二阶梯标准，当Ⅳ类水质改善到Ⅲ类或优于Ⅲ类时执行第三阶梯标准，见表 11-23。

表 11-23　生态补偿激励标准阶梯确定思路

考核目标＼监测水质	Ⅴ类	Ⅳ类	Ⅲ类或优于Ⅲ类
劣Ⅴ类	第一阶梯标准		
Ⅴ类		第二阶梯标准	
Ⅳ类			第三阶梯标准

标准的确定。由于所确定每一个标准值的大小直接影响到对被补偿对象的激励效果，所以阶梯补偿标准的合理确定是研究的核心内容和关键问题。

建立阶梯式补偿标准主要是为了能够激励补偿对象不断地进行水环境质量改善，所以，其确定首先应该有激励思想的体现。故可以此为依据确定标准研究的总体思路，即每个阶梯标准的核算可包括两部分内容，一部分是水质改善所需成本的核算，主要作为补偿对象进行水质改善的基本保障；另一部分是水质改善后，其价值的增值核算，主要作为激励补偿对象改善水质的动力。

综上所述，要建立长效完善的生态补偿机制，还需要在生态补偿实施过程中不断地发现问题、解决问题，不停地探索新的研究方法与管理思路，使生态补偿机制逐渐走向成熟，真正达到保护生态环境、促进人与自然和谐的目的。

第 12 章 结论与建议

本课题首次系统地研究了流域生态补偿与污染赔偿制度，特别是基于跨界水质的生态环境补偿机制的框架设计、补偿标准、技术支撑和财政安排等，开展了6个流域的生态补偿试点示范，取得了预期效果。同时，为国家生态补偿立法以及其他流域生态补偿试点提供了技术支持。本章在前面11章的基础上，提出以下研究结论和建议。

12.1 明确了流域生态补偿的内涵及地方需求

12.1.1 建立流域生态补偿的概念

流域生态补偿是指当流域内水资源利用或污染排放能够控制在相应的总量控制或跨界断面的考核标准之内时，如果没有充分利用的水量和环境容量被其他地区占用，产生了正的外部效应，同时流域上游为了给下游地区提供优质的水源而放弃了许多发展机会并增加许多额外的生态与环境保护的投入，那么，下游应该对上游提供的高于基准的水生态服务进行补偿；流域污染赔偿是指当区域内流域水资源利用或污染排放超过了相应的总量控制标准或跨界断面的考核标准时，不仅提高了下游地区治污的费用，还可能对下游直接造成经济损失，产生了负的外部效应，则上游地区应该承担下游地区的超标治污成本并赔偿对下游地区造成的损害，即给予下游地区一定的经济赔偿。正如“补偿”与“赔偿”是一个问题的两个方面，流域生态补偿与污染赔偿都是流域环境保护中对上下游造成损失的一种弥补行为，它是寻求流域上下游实现经济利益、环境利益均衡和流域和谐健康的两个方面。

12.1.2 识别流域生态补偿的类型

流域生态补偿的类型主要依据流域特征来判定和识别。首先，基于流域的主体功能考虑，主要分有三种类型：一是集中式饮用水水源地生态补偿；二是江河源头水源涵养区生态补偿；三是跨行政区河流的生态补偿。其次，基于流域的尺度考虑，主要涉及两个层面三种类型，一是跨省的生态补偿问题和省内跨市的生态补偿问题，其中跨省流域还分为大江大河尺度和跨 2～3 个行政区的尺度。例如东江流域、南水北调中线工程水源区、辽河流域等就属于跨省的流域生态补偿问题，而闽江、湘江、河南省辖流域则属于省内跨市的流域生态补偿问题。大江大河尺度，如长江、黄河等，受益者广泛、补偿对象相对不明确、涉及问题复杂，暂不考虑。最后，基于流域突出的环境与发展问题，主要涉及两个层面，保护“清水”并发展经济和发展经济并有效治理“污水”，例如南水北调中线工程水源区和东江源就属于在保护好“清水”的前提下，做到经济社会的可持续发展，因此，这里更多地涉及下游向上游提供生态补偿问题；而湘江、闽江、河南省辖流域等则属于在发展经济的同时，有效保护“清水”并治理“污水”，因此，这里既涉及下游补偿上游也涉及上游赔偿下游的问题。基于上述几种类型情况，将我国流域生态补偿划分为三大类型：一是跨界流域污染赔偿；二是跨界流域生态补偿；三是水源地保护的生态补偿。此外，针对跨省生态补偿，可考虑设立跨省的生态功能区以解决跨省生态补偿中存在的利益相关方责任与权利的不明确性等问题。

12.1.3 地方实践与长效的生态补偿尚有差距

目前，地方实施的流域水质生态补偿并不是严格意义上的生态补偿，大部分是一种基于水质协议的“超标罚款”性质的污染赔偿制度。这些流域水质生态补偿仍然是以政府平台为主，即使是受损方和受益方易于明确界定的水源地生态补偿，也基本上没有形成市场机制。流域水质生态补偿形式较单一，主要采用资金形式，而且存在财政支付生态补偿金的合法性问题。对于政策补偿、实物补偿、技术补偿、智力补偿等形式没有足够考虑。利益相关者的责任关系界定不明确，上下游水污染治理和水质保护的责任没有完全理清，基于上下游“环境责任协议”的流域水质水量协议模式没有形成。因此，这些生态补偿实践与稳定长效、具有生态含义的生态补偿机制尚有很大的差距。

12.1.4 跨省流域生态补偿推进相对较难

我国很多学者都很关注跨省流域生态补偿机制的研究，但是延伸到实施层面却很难推动和实现，跨省流域生态补偿尚未开展实质性工作。在流域生态补偿中，上游通常是生态补偿的受益者，而下游则是生态补偿的承担方。因此就出现了上游省份积极性高，四处奔走呼吁，而下游省份被动、回避的现象。下游省份一般能够认识到上游因保护流域而丧失的发展机会，对于省内的上游地区往往会给予较多的补偿，但是就整个流域而言，两省之间很难协商生态补偿的问题。究其原因在于国家层面没有出台相关政策，还存在着利益相关者责任关系界定不明确，上下游水污染治理和水质保护的责任没有完全理清，补偿标准有待厘定等问题。

12.2 初步建立了流域生态补偿机制框架

12.2.1 明确流域生态补偿的原则

坚持“谁开发、谁保护，谁破坏、谁恢复，谁受益、谁补偿，谁污染、谁付费”的原则，明确流域生态补偿的责任主体，确定流域生态补偿的对象、范围；坚持“应补则补，奖惩分明”的原则，合理分析生态保护的纵向、横向权利义务关系，研究制定合理的生态补偿标准、程序和监督机制，确保利益相关者责、权、利相统一；坚持“共建共享，双赢发展”的原则，加强流域生态保护和环境治理方面的相互配合，并积极加强经济活动领域的分工协作，共同致力于改善流域生态环境质量，拓宽发展空间，推动流域上下游可持续发展；坚持“政府引导，市场调控”的原则，充分发挥政府在流域生态补偿机制建立过程中的引导作用，改进公共财政对生态保护投入机制，并引导建立多元化的筹资渠道和市场化的运作方式；坚持“试点先行，以点带面”的原则，积极总结借鉴国内外经验，结合试点流域特点，探索建立多样化的流域生态补偿模式，取得试点经验，形成示范效应，为国家提供决策支持。

12.2.2 把握流域生态补偿的阶段目标

“十二五”期间，在“十一五”流域生态补偿试点经验的基础上，进一步跟踪国家试点，开展跨省流域水质生态补偿的监测机制研究，明确跨省流域水质生态补偿与经济责任机制的实施机制和财政机制安排，突破实践过程中的生态补偿政策评估、财政机制、计算模式与实施机制等技术难点，选择典型流域试点示范，提炼出跨省流域水质生态补偿与经济责任机制政策建议。展望“十三五”，围绕流域生态补偿，继续突破相关关键技术，深化关键领域的研究，总结形成完善的流域生态补偿技术方法体系与政策方案，为国家全面实施流域生态补偿机制提供技术、方法、实践与政策方案设计的支持。开展典型流域试点示范，取得试点经验，形成示范效应，为形成国家层面流域生态补偿长效机制提供实践经验的支持。

12.2.3 突破流域生态补偿的关键技术

1）识别流域生态补偿相关利益主体。流域生态补偿的主体取决于资源及生态效益影响涉及的范围，不同层次的补偿以不同的方式或机制来实现。流域生态补偿的客体包括生态保护者和减少生态破坏者两方面。

2）确定流域生态补偿标准。下游地区需要为其享用上游提供的生态服务价值买单，补偿标准通过成本确定；上游地区需要补偿其水资源利用或污染排放超过相应的标准对下游地区造成的损失。

3）选择适宜的流域生态补偿方式。根据补偿主客体的不同以及流域实际的社会经济状况确定不同流域生态补偿机制下选择资金补偿、政策补偿、产业补偿或者市场补偿。

4）理清流域生态补偿和污染赔偿资金来源。主要包括固定来源，体现在项目预算中、中央对地方转移支付中的生态补偿资金，体现在上下游同级政府之间的横向财政转移支付，流域上下游政府本级财政收入中可以用于流域补偿的其他支出以及市场领域中流域生态补偿资金。

5）评估流域生态补偿和污染赔偿实施效果。量化生态补偿机制对流域污染防治的政策效应，评估地方政府和管理部门履行生态补偿与污染赔偿职能的状况，并提出若干政策建议。

12.3 制订了六个流域的生态补偿试点方案

12.3.1 辽河流域生态补偿与污染赔偿试点方案

1）提出辽河流域实施分阶段补偿政策。流域跨界的污染赔偿是当前阶段的重点，在这一问题解决的基础上，再开展辽河流域水源涵养区的生态补偿政策试点。

2）突破生态补偿与污染赔偿方法。污染赔偿标准以单位水量、单位超标倍数、单位污染物排放量为主，以上下游经济发展差异为补充，选取相关的指标，计算出赔偿资金。生态补偿标准体现辽河流域水源涵养区的土地利用变化、污染治理、调整产业结构限制污染企业生产带来的生态效益。

3）建立流域跨界水污染行政协调机制。在确保整个流域及各地区达到环境质量标准的约束条件下，以整个流域的环境成本最小为优化目标，确定各地区污染物最优削减配额和转移方法，然后对污染物转移地区和接受污染物转移地区进行环境补偿。

4）明确资金来源途径。主要包括根据断面水质扣缴的污染赔偿金，各级政府的财政收入、生态建设与保护项目预算、中央与省级财政转移支付中的生态补偿金，利用市场方式筹集生态补偿金。

12.3.2 东江流域生态补偿与污染赔偿试点方案

1）提出江西省辖东江流域生态补偿与污染赔偿试点方案。主要内容有：补偿主体为中央财政、广东省和香港，补偿客体为源区寻乌县、安远县和定南县；基于生态服务价值的补偿标准适合东江源现阶段；以资金补偿为主，政策补偿和项目补偿为辅；通过纵向转移支付、省本级财政、社会基金等渠道建立生态补偿专项资金；从省、市和县三级角度成立相应的管理协调机构。

2）提出广东省跨行政区交界水质达标考核与生态补偿方案。主要内容有：补偿主体为省政府和上下游政府；从水质达标和水质超标两个方面利用水污染物通量法计算补偿标准，考核因子定为氨氮、COD、总磷；根据流域的特性选择横向或纵向转移支付方式；省财政设立生态补偿启动专项基金，每年一次支付和收取。

3）建立生态补偿技术支持体系。根据东江流域的实际情况，构建合适的流域通量监测体系、水质保护与生态补偿协调机制、资金监督管理机制、激励与赔偿机制以及后评估机制。

4）设计生态补偿财政政策。江西省辖层面着重完善国家和江西省级纵向财政转移支付政策，广东省辖层面除纵向转移支付以外通过协商的模式建立横向转移支付制度，跨省层面建立国家东江流域跨省生态补偿基金。

12.3.3　闽江流域生态补偿与污染赔偿试点方案

1）提出生态补偿资金的分配模型。以流域范围内设区市为单位，确定生态补偿资金分配基数，根据上一年度交界断面水质、水量的考核结果进行增补或核减。考虑到生态补偿的对象主要为上游地区，则上游地区的补偿系数要高于下游地区。

2）建立闽江流域生态补偿与污染赔偿的考核指标及考核办法。生态补偿标准按水质 40%、水量 30%和主要污染物排放总量 30%的比例计算，污染赔偿根据发生重大或特别重大水环境污染事件的频率确定扣减比例。奖励资金由省里统筹安排，用于受奖励设区市的生态补偿工作。

3）研究多渠道的补偿资金筹措方案。流域内各级政府按照一定的权重因子分担相应的补偿资金；向水力发电企业等用水企业提取水资源费；向流域水能资源开发受益者征收补偿金；对流域内重污染行业企业强制要求购买污染责任保险，缴纳绿色保险金。

12.3.4　湘江流域生态补偿与污染赔偿试点方案

1）明确补偿与赔偿标准确定原则。以湖南省水污染排污收费为依据确定各指标的补偿与赔偿标准，利用 SPSS 软件分析各地区差异性因子得到各指标的相关贡献率，确定补偿与赔偿标准的系数，补偿与赔偿额度按照污染物通量法计算。

2）建立资金管理机制。建立流域生态补偿专项资金库，由国家、省和地市财政共同出资。专项资金由省财政厅和省环保局共同监管，由省财政厅设立的专用账户实现省级财政对各县级政府进行支付转移。

3）提出实施机制安排。建立“环境责任协议”制度落实各级政府的水质考核职责，湖南省环境监测中心站具体负责水质监测管理，以水质断面水环境质量为目标制定奖励机制，以是否按规定支付补偿资金为依据制定惩罚机制。

12.3.5　南水北调中线水源区流域生态环境补偿政策方案

1）分析源区生态补偿需求。分析了源区退耕还林、生态公益林保护、水土保持等共八类生态补偿的投入，明确了源区生态补偿的需求程度。

2）提出源区生态补偿政策框架。以“分阶段、分区域”为原则，工程建设期重点解决转移支付资金的分配使用问题，工程运行期重点解决资金来源问题。

3）建立源区生态补偿标准核算方法体系。从生态保护和发展机会成本、水资源效益、水资源服务功能价值、生态破坏损失价值四个方面计算源区补偿标准，从受益区用水量、水源区和受益区用水效益、受益区最大支付能力等指标确定生态补偿量分摊方案。

4）构建源区生态补偿实施方案。在建设期以政府主导为主的财政转移支付补偿为主，在运营期以市场补偿为主并积极运用政策和产业补偿等方式；建设期的财政制度以生态环境建设项目方式为主并要合理设计转移支付测算办法，运行期要逐步构建中央政府协调监督下的基于供水区和受水区协商的市场交易制度。

12.3.6 河南省辖流域生态环境补偿政策方案

1）提出基于流域责任目标考核断面的生态补偿与污染赔偿类型划分技术。划分生态补偿的责任主体，收集考核断面常规的水质现状监测数据，对应考核断面考核目标或水环境功能目标进行判断。

2）突破流域生态环境补偿标准核算方法。利用聚类分析原理计算污染治理成本，确定流域污染赔偿标准核算方法；利用生态建设成本与生态效益的差额作为生态补偿标准的依据。

3）研究流域生态补偿实施机制。成立由省政府领导各部门参与的联席会议机制，并建立责任关联机制、仲裁机制和责任目标考核机制。

4）设计生态补偿财政政策。根据水环境破坏程度不同，征收差别税率的水资源税，完善行政性水污染收费政策；省级财政设立生态补偿专项资金并列入省财政预算，充分运用财政贴息、投资补助等投入渠道，积极利用国债资金、开发性贷款等，形成多元化的融资体制。

12.4 流域生态补偿试点研究取得了预期效果

本课题选取辽河流域、东江流域、湘江流域、闽江流域、南水北调中线水源区以及河南省辖流域开展试点研究，积极开展试点流域的调查并与政府相关管理部门沟通，保证了研究成果的科学性、可操作性和及时性，大部分试点流域的研究成果已经作为试点地区设计流域生态补偿相关政策法规的依据，有效地推广和应用了研究成果。

12.4.1 辽河流域生态补偿试点效果

2008 年 8 月，辽宁省颁布了《辽宁省跨行政区域河流出市断面水质目标考核暂行办法》，对监测机制、补偿资金总额、资金管理与用途等做出了明确规定，辽河流域生态补偿机制在辽宁省全面启动。该政策的实施有效地改善了辽河流域的水质状况，但是对于补偿的性质、补偿资金的确定依据、资金来源以及行政管理关系等问题没有一个很明确的规定，本课题的研究很好地补充说明了以上问题，为解决辽宁省境内河流水质污染问题提供了政策基础。

12.4.2　东江流域生态补偿试点效果

1）结合本课题研究提出的《江西省辖东江流域生态补偿与污染赔偿试点方案》，江西省先后颁布了《江西省“五河”和东江源头保护区生态环境保护奖励资金管理办法》（赣财办〔2008〕269 号）和《江西省人民政府关于加强“五河一湖”及东江源头环境保护的若干意见》（赣府发〔2009〕11 号），使东江源区生态补偿工作逐步步入法制轨道。

2）结合本课题研究提出的《广东省辖东江流域生态补偿与污染赔偿试点方案》，重点推动了广东省政府逐步接纳、建立生态补偿机制的政策思路，部分研究成果已纳入《转发省财政厅关于调整完善激励型财政机制意见的通知》（粤府办〔2010〕1 号）、《珠江三角洲环境保护一体化规划（2009—2020 年）》的通知（粤府办〔2010〕42 号），以及正在进行的《广东省环境保护条例（修订版征求意见稿）》等政府规章中。

12.4.3　湘江流域生态补偿试点效果

基于湘江流域生态补偿与污染赔偿试点方案的研究成果，子课题研究人员参与起草了《湘江流域生态补偿实施办法（试行）》草案，并先后四次征求流域八个地市政府和相关部门意见，对考核指标、考核值、考核指标的监测、补偿与赔偿标准、经费筹措等方面进行了多次修改与完善。

为推动《办法》的实施，调动地方政府的积极性，省环保厅与省财政厅就补偿经费的筹措进行了多次协商，初步确定省财政第一年拨付 8 000 万元资金用于湘江流域生态补偿与污染赔偿机制的实施，以后每年根据省财政收入的增长而增加。目前，正在进一步协商具体操作细节。

12.4.4　闽江流域生态补偿试点效果

1）为即将出台的福建省流域生态补偿实施意见提供了技术支撑。根据本子课题研究成果，子课题研究人员参与起草了《福建省人民政府关于闽江、九龙江、敖江流域生态补偿实施意见（代拟稿）》，并由省政府征求了相关部门和流域各设区市政府的意见，经进一步修订后将由省政府正式颁布实施。结合本子课题研究成果，省政府已要求省环保厅着手开展省内仅有的跨省界流域——汀江流域（福建流入广东）的生态补偿方案设计。

2）为福建省重点流域综合整治专项资金的筹措和分配提供技术依据。根据本子课题研究成果，《关于 2010 年度福建省环境保护专项资金申报事项的通知》（闽建财〔2010〕41 号）、《中共福建省委、福建省人民政府关于进一步加快县域经济发展的若干意见》(闽委发〔2011〕3 号)等文件中对资金总额与分配做了明确规定。

3)促进了流域生态补偿配套能力的建设。根据本子课题的研究,省政府在 2009 年下发的《福建省人民政府关于加强重点流域水环境综合整治的意见》(闽政〔2009〕16 号)中对闽江、九龙江、敖江流域的水电站明确提出了安装下泄流量在线监控装置的要求。

12.4.5 南水北调水源区生态补偿试点效果

结合本课题完成的《南水北调中线水源区生态补偿方案研究报告》,课题研究制订了《关于完善南水北调中线水源区生态环境补偿机制的建议方案》和《南水北调中线水源区生态补偿资金考核分配办法(建议稿)》,并报送国务院南水北调工程建设委员会办公室,供决策参考。

1)课题组对南水北调中线水源区进行了一年多的调查研究,形成了《关于完善南水北调中线水源区生态环境补偿机制的建议方案》,提出“十二五”期间进一步完善中线水源区生态环境补偿机制的建议。

2)在《南水北调中线水源区生态补偿资金考核分配办法(建议稿)》中,重点约束了补偿资金考核机制、补偿资金分配机制,并明确了资金来源、资金用途等事宜,为南水北调中线水源区开展生态补偿工作提供了操作性较强的建议。

12.4.6 河南省辖流域生态补偿试点效果

本课题形成的河南省辖流域生态环境补偿政策方案为河南省各省辖市流域生态补偿办法的制定提供了技术支撑,子课题研究人员参与制定了若干生态补偿的管理办法,推动了河南省生态补偿政策的全面开展。

1)为全省流域水环境管理提供依据。应用本研究成果,河南省省级层面先后颁发了《河南省沙颍河流域水环境生态补偿暂行办法》(豫政办〔2008〕36 号)、《河南省海河流域水环境生态补偿办法(试行)》(豫环〔2009〕222 号)及《河南省水环境生态补偿暂行办法》(豫政办〔2010〕9 号),分别为省辖沙颍河、海河以及全省流域水环境管理提供了依据。三个流域水环境生态补偿暂行办法颁发后,各省辖市政府纷纷以此为依据制定其辖区内的流域水环境生态补偿办法。

2)为监测支撑体系安排提供依据。结合本研究成果,河南省专门建立了生态补偿的监测支撑体系,并于 2010 年 3 月,由河南省环境保护厅正式印发了《河南省水环境生态补偿水质监测方案的通知》(豫环〔2010〕16 号),明确了具体的水质监测与水量数据上报的工作程序,保证了河南省水环境生态补偿考核断面水质、水量数据。

3)为资金管理体系安排提供依据。根据本研究成果,结合河南省实际情况,河南省构建了生态补偿资金的管理机制,并在 2010 年 5 月,由省环保厅、省财政厅和省水利厅联合印发《河南省水环境生态补偿工作程序的通知》(豫环〔2010〕16 号),文件中专门明确了水环境生态补偿金的使用管理程序。

12.5　抓好流域生态补偿机制的几个关键环节

12.5.1　重点突破补偿赔偿标准核定方法

从生态建设与保护成本、发展机会成本、流域生态系统服务价值三个角度分析了流域生态补偿标准核定方法，从跨界断面水质目标、污染物通量及总量、水污染经济影响损失函数三个角度分析了流域污染赔偿标准核定方法。

（1）生态补偿标准核定方法

基于生态建设与保护成本的核定方法：根据直接调查法或者间接的水环境容量推算法确定补偿总量，计算流域水量分摊系数、水质修正系数、受益区最大支付能力、成本分摊率等确定上下游的分配比例。

基于发展机会成本的核定方法：利用相邻县市居民的人均可支配收入与上游地区人均可支配收入对比，估算出相对于相邻县市居民收入水平的差异，从而反映发展权的限制可能给上游地区造成的经济损失。

基于生态服务价值的核定方法：将生态系统服务价值划分为自然价值、社会价值和经济价值三部分，每种服务价值采用不同的方法计算，或者以土地利用类型面积为指标确定单项服务功能价值系数作为计算依据。

（2）污染赔偿标准核定方法

基于跨界断面水质目标的核定方法：依据“谁污染，谁治理”的原则，以水质指标含量、污染治理成本、下游入境水量、水质提高的级别、超标倍数等指标计算受偿区获得的赔偿金额。

基于污染物通量及总量的扣缴标准核定方法：超过水质控制目标的断面按照超标的污染物项目、河流水量（河长）以及商定的补偿标准确定超标补偿金额，基于这个思路，考虑流域环境成本最小化、污染物最优削减配额等因素，达到上下游地区达到“双赢”的效果。

基于水污染经济影响损失函数的扣缴标准核定方法：根据受偿区受到污染物超标排放影响的程度，结合水污染对受偿区经济的影响，确定水污染损失赔偿的补偿区对各个受偿区应该承担的赔偿量。

12.5.2　系统设计补偿赔偿的政策工具包

按照现行的分税制财政体制，环境治理的责任主要体现在地方政府。对地方政府的财力不足以解决其环境治理责任的，由中央政府通过转移支付解决。根据这一制度设计的基本原理，以及流域水质目标，可以形成相应的财政制度安排。

（1）财政体制政策工具

在政府主导型的生态补偿制度下，财政制度成为流域生态补偿与污染赔偿最基础的制度：通过对各级政府事权的界定，明确各级政府在流域生态治理中的责任；通过各级政府财权的界定，明确各级政府本级财力中可用于生态补偿和污染赔偿的资金来源；通过政府间转移支付制度，明确上级政府或同级政府弥补本级政府在流域生态治理中事权与财权的差异，实现本级政府财权与事权的一致。

（2）上级或下游政府的转移支付政策工具

专项转移支付资金，是上级政府围绕着流域治理，从其本级政府财力中集中部分资金，作为一项长期的资金，按照确定的计算方法，给予上游政府一定的财力支持。省内上下游政府的横向转移支付制度，重点要形成规范、有序、透明、公开的资金管理流程以及计算横向转移支付的标准模式。省间横向转移支付制度，比较可行的办法是由上下游政府共同建立起流域生态治理的和生态补偿的基金，以基金作为交易平台，共同承担起“补偿标准”的事权。

（3）税收和非税收入工具

税收工具。根据绿色税制的要求，对我国现行税制进行微调，特别是调整增值税、消费税、所得税、关税、资源税的有关政策规定；推行费改税，将原先具有收费功能的收费改为环境税或能源税；研究开征独立的环境税和能源税。

税费减免工具。通过税收优惠等形式鼓励节能、防污产品的生产与消费，或引导激励厂商采取防污治污措施，从而保护环境。

（4）财政补贴政策工具

将生态补偿资金纳入上游政府的本级预算，并主要通过“211”科目，分列到该科目下属的各款项中，支付给补偿或赔偿的对象，通过支农支出等其他预算科目，形成各项支出，专项用于对生态补偿对象和污染赔偿对象的各项补贴。此外，通过下游政府以横向转移支付的方式或者上游政府直接通过转移性支出的方式实现补偿或赔偿的目标。

（5）企业财会政策工具

1）企业社会责任核算。我国目前的所得税制设计中，税前扣除项目很难体现支持企业、个人承担社会责任，新出台的所得税法在这方面进行了必要的调整：一是对企业在环境领域的贡献，给予了一定的优惠；二是对企业的公益性捐赠支出上限，从原来的年度利润总额3%调整为12%。

2）环境成本核算。采取多种渠道控制环境治理成本，这是环境成本控制的关键部分，应加强对企业各生产环节影响环境的因子进行跟踪监测。

3）环境成本信息披露。逐步扩大范围，使更多企业纳入环境成本信息披露机制之中，在财务会计报告的附表和报表附注中披露企业的环境成本及相关信息，从环境成本项目、环境成本政策和其他说明事项三个方面，监管企业在履行生态社会责任的情况。

12.5.3 加快建立责权清晰的实施机制

（1）流域跨界断面水质考核制度

跨省界流域生态补偿的关键在于省与省之间的沟通与协调，达成流域生态环境协议，在此环境协议下，确定流域跨省界断面水质考核标准，构建流域跨省界断面水质考核机制。跨市流域生态补偿更多地由省级政府推动，在省级环保部门的协调下，建立流域环境协议，明确流域在各行政交界断面的水质要求，按水质情况确定补偿或赔偿的额度。

（2）流域生态补偿与污染赔偿相配套的污染在线监测制度

水质监测考核时段为全年，考核因子根据各流域自身特点确定，断面水质状况评价采用每月监测1次共12次的人工监测值或水质自动监测站全年52周的月均值。流域污染在线监测制度框架中，要有环保、水利、发改、建设等数个部门参与，以环保部门为主，各个部门协商，最终形成运转有效的统一综合治理机制。

（3）流域生态补偿与污染赔偿的组织制度

跨省层面的流域生态补偿与污染赔偿组织制度由国家组织实施，国家和流域相关省建立流域生态补偿与污染赔偿政策试点工作组，工作组由领导小组、咨询专家组和技术组组成。省内跨市层面的流域生态补偿与污染赔偿组织制度由省组织实施，各省政府本着对本辖区环境质量负责的法律责任，以“谁污染、谁付费，谁破坏、谁补偿”为原则，结合本省实际，制定出适用于本省的生态补偿与污染赔偿标准，对损害环境资源做出赔付补偿。

（4）流域生态补偿与污染赔偿的仲裁制度

以相关的地方人民政府为责任主体，仲裁跨省或跨市流域生态补偿纠纷和污染赔偿纠纷。仲裁的具体程度参照一般性的行政裁决程序，以跨界断面水质考核的数据为依据，确定责任的归属以及补偿金额。

12.6 “十二五”继续开展流域生态补偿试点研究的建议

虽然课题在研究层面取得了较大的进展，但同时我们也发现一些新的问题，需要深入开展研究。比如，“十一五”期间从宏观上提出了各试点领域的财政政策，对于指导流域水质生态补偿和水源地经济补偿的财政政策需进一步强化研究，“十二五”期间拟开发出流域水质和水源地经济补偿的财政政策工具包；在“十一五”期间通过开展试点研究发现建立跨界断面生态补偿机制可以很好地指导地方开展相关工作，针对尚未突破的技术难点，需要在“十二五”期间把这部分内容强化研究，以便更好地指导地方实践。总之，在“十一五”研究工作的基础上，流域水质生态补偿和水源地经济补偿问题仍然是“十二五”期间需要解决的重要问题，急需继续开展相关研究，确保国家层面能够出台相关技术导则与标准规范或者相关的政策文件。因此，提出在以下几方面深入研究的建议。

12.6.1 技术支撑：重点流域跨省断面生态经济责任机制

总结提炼跨省流域生态补偿的财政政策路径与实施机制，为国家流域水质生态补偿提供政策参考方案，围绕流域水质生态补偿和水源地保护经济补偿，继续突破相关关键技术，深化关键领域的研究，开展典型流域试点示范，探讨重点流域跨省界断面生态补偿机制和水源地保护经济补偿机制，取得试点经验，形成示范效应，为形成国家层面跨省流域水质生态补偿和经济责任机制提供技术和实践经验的支持。

12.6.2 基础评价：国家流域生态补偿试点绩效跟踪评价

评估课题“十一五”流域生态补偿与污染赔偿试点成效，跟踪全国各地流域生态补偿政策实施效果，开展流域生态补偿政策绩效评价，“自下而上”提炼出流域水质生态补偿与经济责任机制试点建议，并通过试点示范，形成流域水质生态补偿政策框架。建议的主要研究内容包括：①“十一五”流域生态补偿与污染赔偿政策试点跟踪评估；②地方流域生态补偿政策试点跟踪评价；③流域生态补偿绩效评价制度研究；④解析流域水质生态补偿关键问题。

12.6.3 财政制度：流域水质生态补偿的财政转移支付

根据生态补偿的基本理论和近年来国家有关生态补偿机制的相关精神，开展生态补偿财政机制模式研究，分析不同生态补偿模式的适用条件、范围、实现机制及其政策实施影响、制度利弊等。基于外部性理论，探讨综合运用成本测定法、生态服务价值法、灰箱系统法、市场博弈法等多种方式方法，建立健全流域水环境保护经济补偿和污染损失赔偿机制。深入研究流域断面水质考核与经济补偿机制相结合的机制和具体办法。

根据跨界断面水质情况界定流域上下游政府的事权，研究建立流域水质生态补偿资金的来源，根据流域水质生态补偿的特点，建立规范的资金管理制度和资金监督制度，研究提出流域水质生态环境补偿账户的具体方案，建立能反映流域上下游生态保护的责任与义务的账户机制。

12.6.4 试点组织：流域跨省界断面监测支撑能力研究

研究流域跨省界断面监测体系。采取聚类分析法、专家评估法等研究方法，解决流域跨省界监测断面优化布局的问题，并提出监测站位布设动态管理的方案；分析流域水环境质量情况、水量变化情况以及水污染治理压力与能力等因素，并参考国内相关经验，明确流域水质监测指标与考核目标的原则；从人员编制与结构、监测业务经费、监测基本仪器设备配置、监测业务用房等方面分析跨省界断面监测网络能力建设的投资需求，构建投资需求分析的指标体系，并基于需求研究环境监测经费来源渠道。

研究流域跨省界断面监测能力建设。研究建立跨省界流域监测网络。根据不同流域的特点，以单个流域为单位研究建立流域监督、应急与预警监测网络的原则与流程，分析各级政府或者监测站的配套政策；完善组织管理机制。研究监测人员考核、用人与领导责任机制，完善监测人员管理机制，分析各级监测站的职责与合作机制。

12.6.5　关键突破：流域水质补偿计算模式与实施机制

从流域生态系统服务或者流域水质水量等指标量化生态补偿的必要性，进一步完善"十一五"提出的流域生态补偿标准核算方法体系并开展试点研究，总结经验，进一步细化标准核算方法的原则、使用程序、适用性等问题，形成流域水质生态补偿标准核算技术体系。

建立流域水质生态补偿基准模拟模型，选取某一重点流域为案例区，分析水质指标基准的不同所带来的减污策略以及对流域水环境质量的改善情况，建立符合我国重点流域实际情况的流域水质生态补偿标准核算模拟技术，为我国建立流域生态环境补偿模拟技术平台提供技术支持。

根据"十一五"对实施机制安排的研究成果研究制订试点地区的生态补偿实施方案，重点研究跨省界水质生态补偿与水源地经济补偿的组织机制、监测机制、资金管理机制、协商仲裁机制等。对三个试点地区开展示范研究，提炼出跨省界断面水质生态补偿实施机制安排与跨省界饮用水水源地经济补偿实施机制安排，以点带面，提炼出国家重点流域生态补偿实施机制安排。

参考文献

[1] 《中国生态补偿机制与政策研究》课题组. 中国生态补偿机制与政策研究. 北京：科学出版社，2007.

[2] 万本太，等. 走向实践的生态补偿——案例分析与探索. 北京：中国环境科学出版社，2008.

[3] 王金南，庄国泰，等. 生态补偿机制与政策设计国际研讨会论文集. 北京：中国环境科学出版社，2006.

[4] 张惠远，刘桂环. 流域生态补偿与污染赔偿机制. 世界环境，2009（2）.

[5] 张惠远，刘桂环. 我国流域生态补偿机制设计. 环境保护，2006（10A）.

[6] 刘桂环，文一惠，张惠远. 中国流域生态补偿地方实践解析. 环境保护，2010（23）.

[7] 郑海霞，等. 中国流域生态服务补偿机制与政策研究——基于典型案例的实证分析. 北京：中国经济出版社，2010.

[8] 陈尉，刘玉龙，杨丽. 流域生态补偿特点及对策. 水电能源科学，2010（8）.

[9] 阮本清，许凤冉，张春玲. 流域生态补偿研究进展与实践. 水利学报，2008，39（10）.

[10] 王金南，万军，张惠远，等. 中国生态补偿政策评估与框架初探. 环境科学研究，2005（2）.

[11] 《环境科学大辞典》编委会. 环境科学大辞典. 北京：中国环境科学出版社，1991.

[12] 王金南，等. 中国生态补偿机制与政策评述//中国环境与发展评论（第三卷）. 北京：社会科学文献出版社，2007.

[13] 中国科学院可持续发展战略研究组. 中国可持续发展战略报告（2009）. 北京：科学出版社，1999.

[14] 庄国泰，高鹏，王学军. 中国生态环境补偿费的理论与实践. 北京：中国环境科学出版社，1995.

[15] 王青云. 关于我国建立生态补偿机制的思考. 宏观经济研究，2008（7）.

[16] 国家发展改革委关于建立和完善生态补偿机制有关工作的报告，发改农经〔2006〕2528号，2006-11-15.

[17] 国务院关于编制全国主体功能区规划的意见，国发〔2007〕21号，2007-07-26.

[18] 生态功能区划暂行规程，2002.9.

[19] 任勇，冯东方，俞海，等. 中国生态补偿理论与政策框架设计. 北京：中国环境科学出版社，2008.

[20] 国家环境保护总局. 国家重点生态功能保护区规划纲要，2007.

[21] 世行课题组. 少数民族地区资源开发利益共享机制研究.

[22] 刘立峰，王元京. 推进形成主体功能区的公共服务均等化政策研究. 国家发改委投资研究所，2004.

[23] 郑海霞，张陆彪. 中国流域生态服务补偿支付案例进展与政策建议，世界银行政策分析和建议项目（AAA），2006. 8.

[24] 财政部预算司. 2008 政府收支分类科目. 北京：中国财政经济出版社，2007.

[25] 财政部预算司. 中央部门预算编制指南（2007 年）. 北京：中国财政经济出版社，2006.

[26] 财政部财政科学研究所. 热点与对策：2002 年度财政研究报告. 北京：中国财政经济出版社，2003.

[27] 高小萍. 中国生态补偿财政制度研究. 北京：经济科学出版社，2010.

[28] 李萍主. 中国政府间财政关系图解. 北京：中国财政经济出版社，2006.

[29] 陆新元，等. 环境经济手段在中国和 OECD 国家中的应用. 北京：中国环境科学出版社，1997.

[30] 苏明. 完善环境保护财政政策的总体思路. 中国财政，2008（9）.

[31] 王钦敏. 建立补偿机制，保护生态环境. 求是，2004（13）.

[32] 高小萍. 矿产资源分配体制改革的新思路：价、税、费、租联动. 财政部科研所研究报告，2007（59）.

[33] 孔志峰. 两个层次的生态补偿财政政策. 财政部科研所研究报告，2007（18）.

[34] 孙钢、许文. 中国环境税制建设若干问题的思考. 财政部科研所研究报告，2007（76）.

[35] 张志强，徐中民，程国栋. 生态系统服务与自然资本价值评估. 生态学报，2001（11）.

[36] MA Secretariat. History of the Millennium Assessment [EB/OL]. http：//www.millennium assessment. Org/en/about history aspx. 2002.

[37] 《中国生态补偿机制与政策研究》课题组. 中国生态补偿机制与政策研究. 科学出版社，2007，29.

[38] 李远，严岩，吴钢，等. 走向实践的生态补偿——试点进展及建议. 环境保护，2009（10）.

[39] 郭梅，彭晓春，腾宏林. 东江流域基于水质的水资源有偿使用与生态补偿机制. 水资源保护，2011（3）.

[40] 彭晓春，刘强，周丽旋，等. 基于利益相关方意愿调查的东江流域生态补偿机制探讨. 生态环境学报，2010，19（7）.

[41] 周映华. 流域生态补偿的困境与出路——基于东江流域的分析，公共管理学报，2008，2（15）：79-85.

[42] 曹俊. 2010 年生态补偿立法从地方实践走向制度规范，《中国环境报》，2010 年 12 月 30 日.

[43] 李元钊，吕志贤，李佳喜. 生态补偿机制中的物质流分析框架及指标体系. 中国石油和化工标准与质量，2011（4）.

[44] 于鲁冀，王燕鹏，梁亦欣. 基于污水治理成本的流域污染赔偿标准研究. 生态经济，2011（9）.

[45] 于鲁冀，葛丽燕，梁亦欣. 河南省水环境生态补偿机制及实施效果评价. 环境污染与防治，2011（4）.

[46] 张惠远，刘桂环. 流域生态补偿与污染赔偿机制. 世界环境，2009（2）：34-35.

[47] 刘晓红，虞锡君. 基于流域水生态保护的跨界水污染补偿标准研究[J]. 生态环境，129-135.

[48] 王佳伟，张天柱，陈吉宁. 污水处理厂 COD 和氨氮总量削减的成本模型[J]. 中国环境科学出版社，2009，29（4）：443-448.

[49] 过孝民，於方，赵越. 环境污染成本评估理论与方法[M]. 北京：中国环境科学出版社，2009.

[50] 吴迪梅，张从，孟凡乔. 河北省污水灌溉农业环境污染经济损失评估[J]. 中国生态农业学报，2004，12（2）：176-179.

[51] 王亚华，张宁，施祖麟. 海河流域水生态环境破坏的经济损失估算[J]. 中国农村水利水电，2006（1）：33-41.

[52] 王艳，王倩，赵旭丽，等. 山东省水环境污染的经济损失研究[J]. 中国人口·资源与环境，2006，16（2）：83-87.

[53] 宋赪，王丽，董小林. 西安环境污染经济损失估算与分析[J]. 长安大学学报：社会科学版，2006，8（4）：56-61.

[54] 胡熠. 论构建流域跨区水污染经济补偿机制[J]. 中共福建省委党校学报，2006（9）：58-62.

[55] 谭亚荣，郑少锋. 环境污染物单位治理成本确定的方法研究[J]. 生产力研究，2007（24）：52-53.

[56] 蔡邦，陆根发，等. 南水北调东线水源地保护区生态建设的生态经济效益评估. 长江流域资源与环境，2006（3）.

[57] 刘青. 江河源区生态系统服务价值与生态补偿机制研究——以江西东江源区为例[D]. 南昌大学，2007.

[58] 柴艳. 昆明市饮用水源区生态补偿机制研究——以昆明市松花坝水库调研为例[D]. 浙江大学，2008.

[59] 虞锡君. 构建太湖流域水生态补偿机制探讨[J]. 农业经济问题，2007（9）：59.

[60] 徐大伟，郑海霞，刘民权. 基于区域水质水量指标的流域生态补偿量测算方法研究[J]. 中国人口·资源与环境，2008，18（4）：193.

《流域生态补偿与污染赔偿机制研究》

编写委员会成员名单

（按姓氏笔画顺序）

丁卫东　万军　马晓玲　于鲁冀　文一惠　孔志峰　王金南
王春雷　文秋霞　王振宇　王留锁　王慧丽　王燕鹏　石广明
田仁生　冯东方　田石强　冯时　付晓　田野　丛澜
庄一廷　刘乙敏　闫伟　刘成付　吕志贤　刘建　刘昕
朱厚菲　刘剑筠　江钱　刘涛　刘桂环　杨小南　陈少强
李元钊　邱宇　迟妍妍　李忻漪　严岩　杨泽华　李佳喜
吴钢　李春明　杨姝影　陈晓飞　张根源　李彩艳　邵跃章
张斌　李琳　张惠远　邹新　李德海　周丽旋　郑春林
胡小华　饶胜　俞海　贺涛　姜萍　禹雪中　赵乾杰
赵颖　骆辉煌　高小萍　高彤　徐波　徐威　郭梅
容誉　梁亦欣　黄春林　葛丽燕　董战峰　蒋艳　彭晓春
廖文根　蔡如钰　蔡俊雄　熊鹏　管鹤卿　戴群英